Kombiniertes Ausdauer- und Krafttraining

Moritz Schumann • Bent R. Rønnestad
Hrsg.

Kombiniertes Ausdauer- und Krafttraining

Wissenschaftliche Grundlagen und Ableitungen für die Trainingspraxis

Springer Spektrum

Hrsg.
Moritz Schumann
Institut für Angewandte Bewegungswissenschaften, Professur für Sportmedizin und Sporttherapie
Technische Universität Chemnitz
Chemnitz, Deutschland

Bent R. Rønnestad
Department of Sports Sciences
Lillehammer, Inland Norway
University of Applied Sciences
Lillehammer, Norwegen

Dieses Buch ist eine Übersetzung des Originals in Englisch „Concurrent Aerobic and Strength Training" von Schumann, Moritz, publiziert durch Springer Nature Switzerland AG im Jahr 2019. Die Übersetzung erfolgte mit Hilfe von künstlicher Intelligenz (maschinelle Übersetzung durch den Dienst DeepL.com). Eine anschließende Überarbeitung im Satzbetrieb erfolgte vor allem in inhaltlicher Hinsicht, so dass sich das Buch stilistisch anders lesen wird als eine herkömmliche Übersetzung. Springer Nature arbeitet kontinuierlich an der Weiterentwicklung von Werkzeugen für die Produktion von Büchern und an den damit verbundenen Technologien zur Unterstützung der Autoren.

ISBN 978-3-031-36309-2 ISBN 978-3-031-36310-8 (eBook)
https://doi.org/10.1007/978-3-031-36310-8

Die Deutsche Nationalbibliothek verzeichnet diese Publikation in der Deutschen Nationalbibliografie; detaillierte bibliografische Daten sind im Internet über https://portal.dnb.de abrufbar.

Planung/Lektorat: Ken Kissinger
Springer Spektrum ist ein Imprint der eingetragenen Gesellschaft Springer Nature Switzerland AG und ist ein Teil von Springer Nature.
Die Anschrift der Gesellschaft ist: Gewerbestrasse 11, 6330 Cham, Switzerland

Das Papier dieses Produkts ist recyclebar

Vorwort

Die konditionellen Fähigkeiten Ausdauer und Kraft bilden die Grundlage für sportliche Leistungen und gelten als grundlegende Elemente der körperlichen Fitness und Gesundheit. Darüber hinaus werden in grundlegenden Trainingsempfehlungen sowohl Ausdauer- als auch Krafttraining für den Erhalt oder die Verbesserung der körperlichen Fitness und Gesundheit sowie der Prävention chronischer Erkrankungen empfohlen. Ausdauer- und Krafttraining stimulieren jedoch spezifische biologische Effekte, die in Kombination zu kompromittierenden Trainingsanpassungen führen können. Die Ausgestaltung von Trainingsprogrammen die sowohl Ausdauer- als auch Krafttraining beinhalten, erfordert daher besondere Überlegungen. Im Vordergrund stehen hierbei methodische Besonderheiten, die in ihrer Summe die kardiovaskulären und neuromuskulären Anpassungen optimieren können. Dabei stehen zentrale Fragen wie beispielsweise ob Ausdauer- und Krafttraining in der gleichen Trainingse inheit oder an verschiedenen Tagen durchgeführt werden sollten und ob die Sequenz beider Trainingsarten dabei eine entscheidende Rolle spielt, im Vordergrund. Darüber hinaus ist die Bedeutung des Krafttrainings für die sportliche Leistung sowohl in Mannschafts- als auch ausdauerdominierenden Einzelsportarten zumindest unter Trainern und Athleten noch nicht vollständig geklärt.

Obwohl kombiniertes Ausdauer- und Krafttraining seit der Antike ein Teil der sportlichen Praxis ist, hat sich das wissenschaftliche Interesse erst vor relativer kurzer Zeit verstärkt. So zeigte Robert C. Hickson in 1980, dass die Entwicklung der Kraft-, nicht aber der Ausdauerleistungsfähigkeit kompromittiert werden kann, wenn intensives Ausdauer- und Krafttraining in Kombination durchgeführt werden [1]. Seit seiner bahnbrechenden Untersuchung ist dieses Phänomen als „Interferenz-Effekt" bekannt und wurde seither in unzähligen Studien genauer untersucht. Dabei haben insbesondere neure Untersuchungen dargelegt, dass das Ausmaß möglicher kompromittierter neuromuskulärer Anpassungen von einem komplexen Zusammenspiel der jeweiligen Belastungsnormative und biologischen Prädispositionen beeinflusst wird. Dies wurde nicht zuletzt auch durch wissenschaftliche Studien unterstrichen, welche positive Effekte von supplementärem Krafttraining auf die Ausdauerleistungsfähigkeit gezeigt haben.

Fast vier Jahrzehnte nach dem Erscheinen der ersten wissenschaftlichen Untersuchung zum kombinierten Ausdauer- und Krafttraining, hat sich die wissenschaftliche Evidenz zu der Thematik um einiges verbessert. Dennoch ranken sich insbesondere in der Fitness- und Breitensportszene, aber auch im Leistungssport zahlreiche Mythen um den Interferenz Effekt, welche zu einem großen Teil aber nicht auf wissenschaftlichen Belegen beruhen. Mit dem Buch „Kombiniertes Ausdauer- und Krafttraining: Wissenschaftliche Grundlagen und Ableitungen für die Trainingspraxis“, möchten wir einen umfassenden wissenschaftlichen Überblick über die Konzepte des kombinierten Ausdauer- und Krafttrainings für die körperliche Fitness, Gesundheit und sportliche Leistung geben. Aufgeteilt in 5 Abschnitte und 27 Kapitel, versteht sich dieses Buch als ein Kompendium für Sport- und Gesundheitsexperten, Studenten, Wissenschaftler, Trainer und Athleten. Beginnend mit einem kurzen historischen Überblick über die wissenschaftlichen Erkenntnisse der vergangenen Jahrzehnte, werden in Teil I die physiologischen und neuromuskulären Unterschiede zwischen Ausdauer- und Krafttraining erörtert. Teil II bietet eine aktuelle Analyse der bestehenden Erklärungsansätze für mögliche Interferenz Effekte, während in Teil III die trainingsmethodischen Besonderheiten des kombinierten Ausdauer- und Krafttrainings erläutert werden. In den Teilen IV und V werden die theoretischen Überlegungen aus den vorangegangenen Abschnitten dann praktisch auf spezifische Populationen, von Kindern und älteren Menschen bis hin zu Sportlern verschiedener Sportarten, angewandt.

Mit diesem Buch hatten wir das Privileg, mit renommierten Wissenschaftlern und Trainern aus der ganzen Welt zusammenzuarbeiten, um einen umfassenden Überblick zu einer der „hot topics“ des Gesundheits- und Leistungssports zusammenzustellen. Unser oberstes Ziel war es dabei, dieses Buch zu einem leicht verständlichen und gleichzeitig wissenschaftlich fundierten Leitfaden für die tägliche Praxis zu machen. Wir hoffen aufrichtig, dass Sie unsere Freude an diesem Buch teilen werden.

Literatur

1. Hickson RC. Interference of strength development by simultaneously training for strength and endurance. Eur J Appl Physiol Occup Physiol. 1980;45(2–3):255–63.

Köln, Deutschland
Lillehammer, Norwegen

Moritz Schumann
Bent R. Rønnestad

Inhaltsverzeichnis

1 **Ein kurzer historischer Überblick über den Forschungsstand des kombinierten Ausdauer- und Krafttrainings** 1
Moritz Schumann und Bent R. Rønnestad

Teil I Ausdauer vs. Krafttraining

2 **Das funktionelle Genom bei körperlicher Belastung** 11
Wilhelm Bloch

3 **Molekulare und physiologische Anpassungen an Ausdauertraining** 23
Anthony C. Hackney

4 **Neuronale Anpassungen an Ausdauertraining** 41
Guillaume Y. Millet und John Temesi

5 **Physiologische und molekulare Anpassungen an Krafttraining** 59
Juha P. Ahtiainen

6 **Neuronale Anpassungen an Krafttraining** 85
Simon Walker

Teil II Der Interferenzeffekt

7 **Zugrundeliegende Mechanismen möglicher Interferenzeffekte** 101
Stian Ellefsen und Keith Baar

8 **Molekulare Anpassungen an kombiniertes Ausdauer- und Krafttraining** 111
Eduardo O. De Souza

9 **Auswirkungen von Ausdauer-, Kraft- und kombiniertem Training auf Zytokine und Inflammation** 141
Jorming Goh, Chin Leong Lim und Katsuhiko Suzuki

10 **Akute Auswirkungen eines Ausdauertrainings auf die Kraftleistungsfähigkeit** 157
Thomas W. Jones und Glyn Howatson

11 Akute Auswirkungen eines Krafttrainings auf die Ausdauerleistungsfähigkeit 175
Kenji Doma

12 Langfristige Effekte von kombiniertem Ausdauer- und Krafttraining auf die Muskelhypertrophie 187
Tommy Lundberg

Teil III Methodische Überlegungen zum kombinierten Ausdauer- und Krafttraining

13 Methodische Besonderheiten des kombinierten Ausdauer- und Krafttrainings 207
David J. Bishop, Jon Bartlett, Jackson Fyfe und Matthew Lee

14 Auswirkungen des Trainingsdesigns auf physiologische Anpassungen und die Leistungsfähigkeit 223
Moritz Schumann

15 Regenerationsstrategien zur Optimierung der Anpassungen an kombiniertes Ausdauer- und Krafttraining 241
Nicholas G. Allen, Samuel M. Higham und Rob Duffield

16 Aspekte der Ernährung bei kombiniertem Ausdauer- und Krafttraining 259
Timothy Etheridge und Philip J. Atherton

Teil IV Kombiniertes Ausdauer- und Krafttraining über die Lebensspanne

17 Kombiniertes Ausdauer- und Krafttraining für Kinder und Jugendliche 287
Martijn Gäbler und Urs Granacher

18 Kombiniertes Ausdauer- und Krafttraining für ältere Menschen 311
Eduardo Lusa Cadore und Mikel Izquierdo

19 Einfluss von kombiniertem Ausdauer- und Krafttraining auf die Körperzusammensetzung und Gesundheit 327
Eurico Nestor Wilhelm und Ronei Silveira Pinto

20 Geschlechtsspezifische Unterschiede in Bezug auf kombiniertes Ausdauer- und Krafttraining 343
Olav Vikmoen

Teil V Kombiniertes Ausdauer- und Krafttraining zur Verbesserung der sportlichen Leistung

21 Langfristige Auswirkungen von Krafttraining auf die aerobe Kapazität und die Ausdauerleistungsfähigkeit 359
Øyvind Sandbakk

22 Krafttraining für Radsportler 367
Bent R. Rønnestad

23 Krafttraining für Ausdauerläufer 377
Kris Beattie

24 Krafttraining für Skilangläufer 393
Thomas Losnegard

25 Krafttraining für Schwimmer 407
Iñigo Mujika und Emmet Crowley

26 Allgemeine Aspekte des kombinierten Ausdauer- und Krafttrainings zur Steigerung der Leistungsfähigkeit in den Spielsportarten 427
Julien Robineau

27 Kombiniertes Ausdauer- und Krafttraining zur Leistungssteigerung im Fußball 439
Joao Renato Silva

Ein kurzer historischer Überblick über den Forschungsstand des kombinierten Ausdauer- und Krafttrainings

1

Moritz Schumann und Bent R. Rønnestad

Einführung

Die Geschichte der Menschheit ist geprägt von Pionieren wie Marco Polo, Christoph Kolumbus und Sir Edmund Hillary, die allesamt versucht haben, die Grenzen der menschlichen Existenz zu erforschen. Auch Sportwissenschaftler werden von dem Wunsch angetrieben, die Grenzen der biologischen Leistungsfähigkeit ständig zu erweitern. Obwohl körperliche Aktivität und Bewegung schon seit der Antike Teil der Menschheit sind, wurden erst zu Beginn des 20. Jahrhunderts die ersten Versuche unternommen, die biologischen Prozesse, die den durch regelmäßige körperliche Betätigung hervorgerufenen Anpassungen zugrunde liegen, wissenschaftlich zu untersuchen. Als Pionier der Sportwissenschaft entwickelte August Krogh zwischen 1910 und 1920 die ersten Geräte zur eingehenden Untersuchung der Physiologie körperlicher Aktivität. Dazu gehörten beispielsweise ein elektromagnetisches Fahrradergometer und ein Gerät zur Gasanalyse, mit denen er den relativen Anteil von Kohlenhydraten und Fett als Energiequellen für Muskelkontraktionen untersuchen konnte [1]. Krogh war auch der erste, der nachwies, dass die Kapillaren die Sauerstoffversorgung bei körperlicher Anstrengung aufrechterhalten [2], wofür er einige Jahre später den Nobelpreis für Medizin und Physiologie erhielt. Diese ersten Entdeckungen waren auch der Auslöser für eine Reihe weiterer bahnbrechender Forschungen, wie z. B. der Nobelpreis des Engländers

M. Schumann (✉)
Institut für Angewandte Bewegungswissenschaften, Professur für Sportmedizin und Sporttherapie, Technische Universität Chemnitz, Chemnitz, Deutschland
E-Mail: moritz.schumann@hsw.tu-chemnitz.de

B. R. Rønnestad
Department of Sports Sciences, Lillehammer, Inland Norway University of Applied Sciences, Lillehammer, Norwegen
E-Mail: bent.ronnestad@inn.no

M. Schumann, B. R. Rønnestad (Hrsg.), *Kombiniertes Ausdauer- und Krafttraining*, https://doi.org/10.1007/978-3-031-36310-8_1

A. V. Hill für seine Erkenntnisse über die Thermoregulation in den Muskeln im Jahr 1922 und die späteren Arbeiten von Roger Bannister in den 1950er-Jahren und Bengt Saltin im Jahr 1960 [3, 4], die heute alle als Grundlage der sportwissenschaftlichen Forschung gelten.

Auch die Untersuchungen des progressiven Krafttrainings sind eine Entwicklung des zwanzigsten Jahrhunderts. Während des Zweiten Weltkriegs glaubten die meisten Ärzte noch, dass Krafttraining der Gesundheit und dem Wohlbefinden abträglich sein könnte, und teilten damit die Meinung eines bekannten Zeitungskolumnisten, der erklärte, dass „extreme Anstrengung bei jeder Art von körperlichem Training weder wünschenswert noch gut für das Herz sei" [5]. Nur wenige Jahre später wurden jedoch die ersten wissenschaftlichen Arbeiten zum progressiven Krafttraining (definiert als das Heben mehrerer Sätze des individuellen 10-Wiederholungsmaximums) von Thomas L. Delorme veröffentlicht, der dieses für die Rehabilitation verletzter Soldaten einsetzte [5]. Delorme's Buch „Progressive Resistance Exercise: Technic and Medical Application" und seine wissenschaftlichen Veröffentlichungen gelten heute als Grundlage für die Erforschung des Krafttrainings, und seine Arbeiten wurden weit über das offizielle Ende des Zweiten Weltkriegs hinaus weiterentwickelt. Die erste wissenschaftliche Studie, in welcher Krafttraining gezielt zur Verbesserung der körperlichen Fitness umgesetzt wurde, erschien 1946 in „The Physiotherapy Review" und zeigte, dass junge Frauen mit 5 wöchentlichen Trainingseinheiten ihre Maximalkraft innerhalb von nur 4 Wochen mehr als verdoppeln konnten – eine für die damalige Zeit bahnbrechende Erkenntnis [6]. Auch in den Folgejahren gewannen die Untersuchungen des Krafttrainings weiter an Popularität, beispielsweise durch die bahnbrechenden Forschungen von Paavo Komi [7] sowie von Michael H. Stone, William J. Kraemer und Keijo Häkkinen in den 1980er-Jahren [8, 9].

Der „Interferenz-Effekt" von kombiniertem Ausdauer- und Krafttraining

Interessanterweise wurden erst 1980 die ersten Studien zur Kombination von Ausdauer- und Krafttraining veröffentlicht. Robert C. Hickson entdeckte, dass die Entwicklung der Kraft-, nicht aber der Ausdauerleistungsfähigkeit beeinträchtigt werden kann, wenn eine hohe Frequenz intensiver Lauf- und Krafttrainingseinheiten (11 wöchentliche Einheiten bei zuvor untrainierten Personen!) über einen Zeitraum von mehr als 6–8 Wochen durchgeführt wird [10]. In der Tat wurde in dieser Studie geschlussfolgert, dass es für Kraftsportler schädlich sein könnte, gleichzeitig intensive Ausdauertrainingseinheiten durchzuführen. Noch bemerkenswerter ist, dass Hickson auch zu dem Schluss kam, dass die beeinträchtigten Kraftanpassungen trotz des hohen Umfangs des Ausdauer- und Krafttrainings nicht auf eine Residual-Ermüdung zurückzuführen waren. Tatsächlich wurden in dieser Studie aber keine spezifischen Mechanismen für die beobachteten Überschneidungen genannt. Seit dieser bahnbrechenden Studie ist das Phänomen von Fehlanpassungen der Kraftleistungsfähigkeit als „Interferenz-Effekt" bekannt.

Bereits 5 Jahre später 1985, griffen Dudley und Djamil die anfänglichen Beobachtungen von Hickson wieder auf, indem sie eine Studie mit einer viel geringeren Trainingsfrequenz (d. h. 3 wöchentliche Einheiten Ausdauer- bzw. Krafttraining), aber auch einer viel kürzeren Trainingsdauer von nur 7 Wochen durchführten [11]. Die wichtigsten Ergebnisse dieser Studie waren, dass der „Interferenz-Effekt" nur bei hohen, nicht aber bei niedrigen Winkelgeschwindigkeiten beobachtet wurde. Während daraus geschlussfolgert wurde, dass die Kraftentwicklungsrate bei gleichzeitigem aeroben Training besonders anfällig sein könnte, muss eingeräumt werden, dass die Dauer von 7 Wochen möglicherweise zu kurz war, um Beeinträchtigungen in der Entwicklung der Maximalkraft zu zeigen. Diese Annahme ist insbesondere damit zu begründen, dass in der Studie von Hickson das Levelling-Off der Kraftverbesserungen in der Gruppe mit gleichzeitigem Ausdauertraining erst nach 6–8 Wochen zu beobachten war [10].

Die frühen Schlussfolgerungen über die Unvereinbarkeit von Ausdauer- und Krafttraining wurden etwa 10 Jahre später in Frage gestellt, als die ersten Arbeiten über die Auswirkungen verschiedener gleichzeitiger Trainingsformen veröffentlicht wurden. So wurde die Hypothese aufgestellt, dass die durch das aerobe Training hervorgerufene Residual-Ermüdung die Muskelspannung der darauffolgenden Kraftbelastung beeinträchtigen kann [12, 13], wenn beide Trainingsarten mit wenig oder keinem Abstand zueinander durchgeführt werden. Es wurde sogar spekuliert, dass die daraus resultierende beeinträchtigte „Qualität" des Krafttrainings (erkennbar an einer geringeren absoluten Belastung) zu einer Beeinträchtigung der chronischen neuromuskulären Anpassungen führen könnte [12], wie in der ersten Studie von Hickson bezogen auf die Maximalkraft beobachtet. Interessanterweise wurden in dieser Studie nur geringfügige Kraftzuwächse im Unterkörper bei zuvor untrainierten Studenten beobachtet, wenn vor dem Krafttraining konsequent gelaufen wurde. Beeinträchtigungen der Kraftleistungsfähigkeit im Oberkörper wurden aber nicht gefunden, was darauf hindeutet, dass der „Interferenz-Effekt" eher ein lokales als ein zentrales Phänomen darstellt.

Etwa zur gleichen Zeit untersuchten Sale und Kollegen umfassend die Auswirkungen eines an einem Tag durchgeführten Ausdauer- und Krafttrainings im Vergleich zu dem gleichen Training aber durchgeführt an alternierenden Tagen [14]. Das Training wurde über einen Zeitraum von 20 Wochen mit zwei wöchentlichen Trainingseinheiten durchgeführt. Die erhobenen Daten zeigten eine deutliche Verbesserung der Maximalkraft in der Gruppe, in welcher das Training an unterschiedlichen Tagen durchgeführt wurde. Allerdings wurden hinsichtlich der Muskelhypertrophie und Verbesserungen der aeroben Kapazität keine Gruppenunterschiede festgestellt. Das Training an alternierenden Tagen führte jedoch zu einer Erhöhung der Citrat-Synthase-Aktivität, was sich wiederrum positiv auf die aerobe Leistungsfähigkeit und die fraktionelle Nutzung der maximalen Sauerstoffaufnahme (VO_{2max}) auswirken könnte.

Im Jahr 1993 erweiterten Collins und Snow [15] die Ergebnisse dieser früheren Studien, indem sie die physiologischen Anpassungen von Ausdauer- und Krafttraining in Abhängigkeit der Trainingsreihenfolge untersuchten (d. h. Ausdauertraining gefolgt von Krafttraining und umgekehrt) [16, 17]. In dieser Studie führten sowohl Männer als auch Frauen über einen Zeitraum von 7 Wochen dreimal wöchentlich eines der beiden Trainingsprogramme durch. Es zeigte sich, dass sowohl die neuromuskulären als auch die kardiorespiratorischen Anpassungen nach dem Training unabhängig konnten keine Unterschiede in der Trainingsintensität (d. h. der „Qualität") des Ausdauer- und Krafttrainings gefunden werden [15].

Die Entwicklung der Untersuchungen des kombinierten Ausdauer- und Krafttrainings wurden nur wenige Jahre später durch eine Studie von Häkkinen et al. ergänzt [18]. In dieser Studie wurde letztlich die Annahme bestätigt, dass das Trainingsvolumen ein entscheidender Mediator für das Ausmaß neuromuskulärer Fehlanpassungen über einen Trainingszeitraum von 21 Wochen sein könnte [18]. Während in dieser Studie keine Beeinträchtigung Maximalkraftentwicklung beobachtet wurde, wurde im Hinblick auf die Kraftentwicklungsrate bereits nach 7 Wochen ein Levelling-Off verzeichnet, was die Beobachtung von Dudley und Djamil aus dem Jahr 1985 bestätigte, dass die Explosivkraft möglicherweise anfälliger für gleichzeitiges Ausdauertraining ist als die Entwicklung der Maximalkraft [11]. Tatsächlich ist dieses Phänomen bis heute von wissenschaftlichem Interesse [18, 19].

Ein weiterer Meilenstein wurde gleichzeitig mit den Fortschritten in der Molekularwissenschaft und den Möglichkeiten gesetzt, die Mechanismen, die der potenziellen Überschneidung der Signaltransduktion auf Zellebene bei kombiniertem Ausdauer- und Krafttraining zugrunde liegen, genauer zu untersuchen. Einer der ersten vorgeschlagenen Mechanismen für den „Interferenz-Effekt" war die von Atherton und Kollegen vorgestellte Hypothese des „AMPK-PKB-Schalters" [20]. Diese Hypothese basierte auf einem Tiermodell, in welchem elektrische Stimulation zur Simulation von Ausdauer- und Krafttraining genutzt wurde. Nach dieser Hypothese führt die AMPK-Aktivierung durch den Ausdauerreiz letztlich zu einer Hemmung des mTOR-Signalwegs, was wiederrum translationale Prozesse verhindert [20]. Diese Hypothese wurde in späteren Übersichtsarbeiten, z. B. von Coffey und Hawley [21] und Hawley [22], weiterentwickelt und ist nach wie vor eine der meist untersuchten Hypothesen, obwohl es mittlerweile deutliche Hinweise darauf gibt, dass diese Erklärung die komplexen Zusammenhänge der Signaltransduktion zu stark vereinfacht [23].

Krafttraining und die Ausdauerleistungsfähigkeit

In seiner ersten Studie kam Hickson ebenfalls zu dem Schluss, dass es für Ausdauersportler wenig oder gar keinen Nutzen bringt, gleichzeitig Krafttraining zu betreiben [10]. Doch bereits in einer im selben Jahr veröffentlichten Arbeit zeigte dieselbe Gruppe, dass untrainierte Männer nach 10 Wochen reinem Krafttraining die Zeit bis zur Erschöpfung auf dem Fahrradergometer fast verdoppeln konnten, ohne dass sich die VO_{2max} signifikant veränderte [24]. Da die Auswirkungen beim Laufen auf dem Laufband wesentlich geringer waren, wurde der Schluss gezogen, dass die Verbesserungen der Radfahrleistung in erster Linie auf die Steigerung der Maximalkraft und nicht auf Veränderungen der oxidativen Kapazität zurückzuführen sind.

Darüber hinaus waren die Teilnehmer dieser Studie zuvor untrainiert, so dass jede Art von Training wahrscheinlich zu Leistungssteigerungen geführt hätte.

Im Jahr 1988 erweiterte Hickson seine früheren Studien, indem er Krafttraining in das Trainingsprogramm von Ausdauersportlern einbezog. Dabei kam er zu dem Schluss, dass zumindest Ausdauerleistungen, die zu einem großen Teil auch Typ 2 Muskelfasern einschließen (d. h. die kurzfristige, eher anaerobe Ausdauerleistung), durch zusätzliches Krafttraining tatsächlich verbessert werden können [25]. Darüber hinaus gab es keine Hinweise auf eine Beeinträchtigung der Ausdauerleistung, und keine nennenswerten Veränderungen wurden hinsichtlich des Körpergewichts und Oberschenkelumfangs gefunden (obwohl in dieser Studie eine Kontrollgruppe fehlte). Trotz fehlender Belege für eine übermäßige Zunahme der Muskelmasse ist vor allem die Muskelhypertrophie für Ausdauersportler und -trainer heutzutage immer noch von Belang, da ein erhöhtes Körpergewicht die Leistung in gewichtstragenden Disziplinen wie den Laufsportarten beeinträchtigen kann.

In den darauffolgenden Jahren waren die Auswirkungen des Krafttrainings auf die aerobe Leistung zunächst nur von geringem Forschungsinteresse. Im Jahr 1999 lieferten jedoch Studien von Paavolainen et al. [26] und Hoff et al. [27] weitere Belege für eine verbesserte Bewegungsökonomie und folglich eine verbesserte Leistungsfähigkeit bei Skilangläufern. Ähnlich wie die frühe Studie von Hickson zeigten auch diese Studien, dass Leistungsverbesserungen unabhängig von Verbesserungen der $\dot{V}O_{2max}$ auftraten und vielmehr mit Veränderungen der neuromuskulären Eigenschaften zusammenhingen. Dies begründet sich unter anderem damit, dass in der Studie von Paavolainen et al. die Verbesserungen der 5 km-Laufzeit tatsächlich mit kürzeren Bodenkontaktzeiten und damit einem ökonomischeren Laufmuster verbunden waren.

Auch wenn bis Ende des letzten Jahrhunderts nur in wenigen Studien die Auswirkungen von Krafttraining für Ausdauersportler untersucht wurden, deuteten die meisten dieser Studien interessanterweise auf positive Effekte für die Ausdauerleistungsfähigkeit hin. In einem Lehrbuch, das sich mit Trainings- und Ernährungsstrategien im Sport beschäftigt [28], wurde dies jedoch recht kontrovers dargestellt. In dem in diesem Buch enthaltenden Kapitel „Training techniques for successful endurance performance“ wurden die Auswirkungen von Krafttraining für Sportarten wie Schwimmen, Rudern, Skilanglauf und Ausdauerradsport diskutiert. Die Schlussfolgerung für alle diese Ausdauersportarten lautete, dass regelmäßiges Krafttraining die Leistung von Ausdauersportlern nicht positiv beeinflusst, sondern vielmehr den Umfang des „nützlichen“, sportartspezifischen Trainings limitiert. Außerdem „spricht vieles dagegen, dass gut trainierte Ausdauersportler ein Krafttraining in ihr normales Training integrieren, um ihre Ausdauerleistung zu verbessern“ ([28], S. 136). Während die frühen Studien von Hickson und anderen benannt wurden, wurde weiter vorgeschlagen, dass „[…] für hochtrainierte Athleten, die bereits in der Lage sind, in ihrer Disziplin hohe Leistungen zu erbringen, weitere Verbesserungen der Kraft ein weniger wichtiger Faktor für eine verbesserte Ausdauerleistung sind. Auf höchstem Wettkampfniveau sind Kraft- und Leistungssteigerungen per se nicht so entscheidend für eine erfolgreiche Leistung wie die Entwicklung einer korrekten Technik. Das Fazit ist, dass moderne Trainingsstudien den Einsatz von Krafttrainingsprogrammen zur Verbesserung der Leistung hochtrainierter Athleten nicht unterstützen“ ([28], S. 137–138).

Während diese Ansicht immer noch von zahlreichen Trainern und Athleten geteilt wird, hat sich rund 20 Jahre später eine Vielzahl von Studien kumuliert, die belegen, dass Krafttraining sehr wohl ein integraler Bestandteil erfolgreicher sportlicher Leistungen ist, auch in Ausdauersportarten. Es ist daher an der Zeit, das Potenzial von regelmäßigem Krafttraining zur Steigerung der sportlichen Leistung zusammenzutragen und dabei die „Do's“ und „Don't's“ des kombinierten Ausdauer- und Krafttrainings zu erörtern, um Sportpraktiker, Trainer und Athleten von dessen Bedeutung für eine optimale sportliche Leistung und Gesundheit zu überzeugen.

Literatur

1. Rehberg PB. August Krogh, November 15, 1874–September 13, 1949. Yale J Biol Med. 1951;24(2):83–102.
2. Krogh A. The number and distribution of capillaries in muscles with calculations of the oxygen pressure head necessary for supplying the tissue. J Physiol. 1919;52(6):409–15.
3. Bannister RG. The effects on the respiration and performance of adding oxygen to the inspired air during exercise. J Physiol. 1953;120(4):66P–7P.
4. Christensen EH, Hedman R, Saltin B. Intermittent and continuous running. (A further contribution to the physiology of intermittent work.). Acta Physiol Scand. 1960;50:269–86. https://doi.org/10.1111/j.1748-1716.1960.tb00181.x.
5. Todd JS, Shurley JP, Todd TC, Thomas L. DeLorme and the science of progressive resistance exercise. J Strength Cond Res. 2012;26(11):2913–23. https://doi.org/10.1519/JSC.0b013e31825adcb4.
6. Houtz SJ, Parrish AM, Hellerbrandt FA. The influence of heavy resistance exercise on strength. Physiotherap Rev. 1946;26(6):299–304.
7. Komi PV, Buskirk ER. Reproducibility of electromyographic measurements with inserted wire electrodes and surface electrodes. Electromyography. 1970;10(4):357–67.
8. Häkkinen K, Komi PV. Electromyographic changes during strength training and detraining. Med Sci Sports Exerc. 1983;15(6):455–60.
9. Stone MH, Byrd R, Tew J, Wood M. Relationship between anaerobic power and olympic weightlifting performance. J Sports Med Phys Fitness. 1980;20(1):99–102.
10. Hickson RC. Interference of strength development by simultaneously training for strength and endurance. Eur J Appl Physiol Occup Physiol. 1980;45(2–3):255–63.
11. Dudley GA, Djamil R. Incompatibility of endurance- and strength-training modes of exercise. J Appl Physiol (Bethesda, MD: 1985). 1985;59(5):1446–51. https://doi.org/10.1152/jappl.1985.59.5.1446.
12. Craig BW, Lucas J, Pohlman R, Stelling H. The effects of running, weightlifting and a combination of both on growth hormone release. J Strength Cond Res. 1991;5(4):198–203.
13. Lee A, Craig BW, Lucas J, Pohlman R, Stelling H. The effect of endurance training, weight training and a combination of endurance and weight training upon the blood lipid profile of young male subjects. J Strength Cond Res. 1990;4(3):68–75.
14. Sale DG, Jacobs I, MacDougall JD, Garner S. Comparison of two regimens of concurrent strength and endurance training. Med Sci Sports Exerc. 1990;22(3):348–56.
15. Collins MA, Snow TK. Are adaptations to combined endurance and strength training affected by the sequence of training? J Sports Sci. 1993;11(6):485–91. https://doi.org/10.1080/02640419308730017.

16. Schumann M, Eklund D, Taipale RS, Nyman K, Kraemer WJ, Häkkinen A, et al. Acute neuromuscular and endocrine responses and recovery to single-session combined endurance and strength loadings: "order effect" in untrained young men. J Strength Cond Res. 2013;27(2):421–33. https://doi.org/10.1519/JSC.0b013e31827f4a10.
17. Taipale RS, Häkkinen K. Acute hormonal and force responses to combined strength and endurance loadings in men and women. The "order effect". PLoS One. 2013;8(2):e55051. https://doi.org/10.1371/journal.pone.0055051.
18. Häkkinen K, Alen M, Kraemer WJ, Gorostiaga E, Izquierdo M, Rusko H, et al. Neuromuscular adaptations during concurrent strength and endurance training versus strength training. Eur J Appl Physiol. 2003;89(1):42–52. https://doi.org/10.1007/s00421-002-0751-9.
19. Schumann M, Küüsmaa M, Newton RU, Sirparanta A-I, Syväoja H, Häkkinen A, Häkkinen K. Fitness and lean mass increases during combined training independent of loading order. Med Sci Sports Exerc. 2014;46(9):1758–68. https://doi.org/10.1249/MSS.0000000000000303.
20. Atherton PJ, Babraj J, Smith K, Singh J, Rennie MJ, Wackerhage H. Selective activation of AMPK-PGC-1alpha or PKB-TSC2-mTOR signaling can explain specific adaptive responses to endurance or resistance training-like electrical muscle stimulation. FASEB J. 2005;19(7):786–8. https://doi.org/10.1096/fj.04-2179fje.
21. Coffey VG, Hawley JA. The molecular bases of training adaptation. Sports Med (Auckland, NZ). 2007;37(9):737–63.
22. Hawley JA. Molecular responses to strength and endurance training. Are they incompatible? Appl Physiol Nutr Metab. 2009;34(3):355–61. https://doi.org/10.1139/H09-023.
23. Apró W, Wang L, Pontén M, Blomstrand E, Sahlin K. Resistance exercise induced mTORC1 signaling is not impaired by subsequent endurance exercise in human skeletal muscle. Am J Physiol Endocrinol Metab. 2013;305(1):E22–32. https://doi.org/10.1152/ajpendo.00091.2013.
24. Hickson RC, Rosenkoetter MA, Brown MM. Strength training effects on aerobic power and short-term endurance. Med Sci Sports Exerc. 1980;12(5):336–9.
25. Hickson RC, Dvorak BA, Gorostiaga EM, Kurowski TT, Foster C. Potential for strength and endurance training to amplify endurance performance. J Appl Physiol (Bethesda, MD: 1985). 1988;65(5):2285–90. https://doi.org/10.1152/jappl.1988.65.5.2285.
26. Paavolainen L, Häkkinen K, Hämäläinen I, Nummela A, Rusko H. Explosive-strength training improves 5-km running time by improving running economy and muscle power. J Appl Physiol (Bethesda, MD: 1985). 1999;86(5):1527–33. https://doi.org/10.1152/jappl.1999.86.5.1527.
27. Hoff J, Helgerud J, Wisløff U. Maximal strength training improves work economy in trained female cross-country skiers. Med Sci Sports Exerc. 1999;31(6):870–7.
28. Hawley J, Burke L, Peak performance. Training and nutritional strategies for sport. St. Leonards: Allen & Unwin; 1998.

Teil I

Ausdauer vs. Krafttraining

2 Das funktionelle Genom bei körperlicher Belastung

Wilhelm Bloch

Einführung

Verschiedene Arten der körperlichen Betätigung wie aerobes, anaerobes und Krafttraining sowie die Kombination dieser Trainingsformen tragen wesentlich zur Verbesserung der körperlichen Leistungsfähigkeit im Spitzen- und Freizeitsport bei. Darüber hinaus führt körperliche Aktivität zu einer Verringerung des Risikos, einer besseren Prognose und einer Verringerung der spezifischen medizinischen Behandlungsnebenwirkungen bei verschiedenen Volkskrankheiten, darunter Krebs, Herz-Kreislauf-, Stoffwechsel- und neurodegenerative Erkrankungen [1–3]. Jüngste Forschungsergebnisse deuten darauf hin, dass körperliche Aktivität durch epigenetische Veränderungen einen starken Einfluss auf das funktionelle Genom hat. Es kann kurz- und langfristige Schwankungen von Gesundheit und Leistung in Abhängigkeit von körperlicher Aktivität und Training erklären. Außerdem ist das funktionelle Genom ein Produkt des Genoms, einschließlich der Polymorphismen und der epigenetischen Modulationen der Genverfügbarkeit. Daher ist es notwendig, Genpolymorphismen und epigenetische Veränderungen sowie die Kombination aus beidem zu berücksichtigen, um das funktionelle Genom zu verstehen, das der individuellen Leistung zugrunde liegt.

W. Bloch (✉)
Abteilung für Molekulare und Zelluläre Sportmedizin, Deutsche Sporthochschule Köln, Köln, Deutschland
E-Mail: w.bloch@dshs-koeln.de

M. Schumann, B. R. Rønnestad (Hrsg.), *Kombiniertes Ausdauer- und Krafttraining*, https://doi.org/10.1007/978-3-031-36310-8_2

Polymorphismen/Genom

Das Genom ist der Bauplan des menschlichen Organismus in Form der Desoxyribonukleinsäuresequenz (DNA) der 23 Chromosomenpaare, die in jeder kernhaltigen Zelle zu finden sind, und der in der mitochondrialen DNA kodierten Gene. Ein Chromosom wird durch zwei komplementäre DNA-Stränge gebildet. DNA-Moleküle sind große Polypeptide, deren Grundgerüst aus fünfkettigen Zuckerresten, d. h. Desoxyribose, besteht. Die genetische Information jedes Chromosoms ist in einem langen Strang, der von vier DNA-Basen gebildet wird, gespeichert: Adenin (A), Cytosin (C), Guanin (G) und Thymin (T). Die Reihenfolge und die Anzahl der Basen bestimmen den Informationsgehalt eines jeden Gens, das den Bauplan für bestimmte Proteine kodiert. Jedes Gen besteht aus kodierenden Sequenzen (Exons), nicht kodierenden Bereichen (Introns) und regulatorischen Sequenzen. Die Gene können Variationen in der Basensequenz der DNA aufweisen [4]. DNA-Sequenzvariationen, die in der Bevölkerung häufig vorkommen, werden als Polymorphismen bezeichnet, im Gegensatz zu seltenen Genvariationen, die als Mutationen bezeichnet werden. Die weniger häufige Base muss in der Bevölkerung eine Häufigkeit von mindestens 1 % aufweisen. Die häufigste Art von genetischen Variationen zwischen Individuen ist ein Einzelnukleotid-Polymorphismus, der meist als SNP (ausgesprochen „snips") bezeichnet wird. Dabei werden einzelne Basen durch eine andere Base ersetzt, was zu einer Veränderung der genetischen Sequenz führt. Solche Variationen der DNA-Sequenz können die Expression des Gens beeinflussen und die von diesem Gen kodierten Produkte verändern. Außerdem können diese Genvarianten Unterschiede im individuellen Phänotyp erklären. Die SNPs können Unterschiede in den körperlichen Fähigkeiten und trainingsinduzierten Effekten zwischen den Probanden aufzeigen. Daher konzentriert sich die Forschung seit mehr als 20 Jahren auf die Erkennung von Polymorphismen, die für die Vorhersage der körperlichen Leistungsfähigkeit und des Trainingsengagements relevant sind [4], obwohl es offensichtlich ist, dass solche Polymorphismen den menschlichen Phänotyp oder die trainingsbezogenen individuellen Varianten nicht ausreichend erklären können.

Epigenetik/Funktionelles Genom

Die Grundlage für das Verständnis der Bedeutung des funktionellen Genoms wurde von Conrad Waddington geschaffen. Er definierte es als „den Zweig der Biologie, der die kausalen Wechselwirkungen zwischen den Genen und ihren Produkten untersucht, die den Phänotyp hervorbringen" [5]. Heute wissen wir, dass die epigenetischen Mechanismen, die der Regulierung des funktionellen Genoms zugrunde liegen, „kausale Wechselwirkungen" sind, die vor allem aus drei Hauptmechanismen bestehen:

1. DNA-Veränderungen durch Methylierung von Basen, die die Basenfolge nicht beeinflussen

2. Posttranslationale Veränderungen von Histonproteinen durch verschiedene Mechanismen wie Acetylierung, Methylierung und Phosphorylierung
3. Expression kleiner RNA-Moleküle, auch bekannt als Mikro-RNAs (mi-RNAs).

Die Cytosin-Methylierung innerhalb der DNA ist der wichtigste Mechanismus für langfristige Veränderungen des funktionellen Genoms. Solche Veränderungen können das funktionelle Genom über unterschiedliche Zeiträume hinweg verändern, von kurz (Minuten bis Tage) bis lang (Wochen bis Jahre). Darüber hinaus wird deutlich, dass diese Veränderungen teilweise über die gesamte Lebenszeit und auch über Generationen hinweg stabil sind. Eine Hypermethylierung in cytosinreichen Regionen (d. h. sogenannten CpG-Inseln) korreliert mit einer Gensuppression und einer Modulation der Transkriptionsaktivität des Gens, abhängig von der Lokalisation der methylierten Genabschnitte. Die Methylierung von CpG-Inseln in der Promotorregion macht die DNA für transkriptionsrelevante Faktoren unzugänglich. Außerdem kann sie zur Rekrutierung von Enzymen und anderen Molekülen führen, die weitere hemmende epigenetische Modifikationen hervorrufen. Die DANN-Methylierung wird von Enzymen, sogenannten DNA-Methyltranferasen (DNMTs), durchgeführt [6].

Ein zweiter Mechanismus, der die Aktivität der Genverfügbarkeit reguliert, ist die Histonpackung des DNA-Strangs. Dieser Mechanismus ist wichtig, um den DNA-Strang in einem relativ kleinen Zellkern zu verdichten, ohne dass die grundsätzliche Verfügbarkeit der DNA verloren geht. Histonproteine und die angrenzende DNA werden als Chromatin bezeichnet. Die Histon-Isoformen 2A, 2B3 und 4, bilden eine oktamere Struktur, bei der die DNA mit jeweils 2,5 Windungen aufgerollt wird. Der DNA-Teil (genannt Linker-DNA), der zwei dieser Komplexe miteinander verbindet, wird durch Histonproteine 1 stabilisiert. Elektrostatische Anziehungskräfte des negativ geladenen DNA-Rückgrats und der positiv geladenen Aminosäureseitenketten im N-Terminus der Histonproteine sind für die DNA/Histonprotein-Verbindung verantwortlich. Die Verbindung kann durch Neutralisierung der Bindungskraft durch positive Ladungen zwischen diesen Aminosäureseitenketten verhindert werden. Die Neutralisierung der Bindungskraft führt zu einer weniger kompakten und besser zugänglichen DNA und/oder erzeugt Rekrutierungsstellen für Gen-aktivierende und Silencing-Proteine. Die Modifikationen werden von spezifischen Enzymen wie Histon-Acetyl-Transferasen (HATs) und Histon-Deacetylasen (HDACs) durchgeführt [7, 8]. HATs und HDACs vermitteln die Modulation des Acetylierungsgrads der Histone.

Der dritte epigenetische Mechanismus, der der DNA-Methylierung und den Histonmodifikationen zugrunde liegt, ist die Expression von miRNAs, die nicht die DNA-Verfügbarkeit, sondern die Stabilität der Transkriptionsprodukte, d. h. der mRNAs, regulieren. MicroRNAs sind kurze RNA-Moleküle (im Durchschnitt 21 Basen), die an komplementäre Boten-RNA (mRNA) binden können, wodurch die Translation gehemmt und der Abbau der mRNA eingeleitet wird [9]. Zusätzlich zu der klassischen Rolle, die den miRNAs zugeschrieben wird, haben neue Forschungen ergeben, dass diese auch in der Lage sind, Translationsprozesse zu aktivieren [10].

Die ersten Beschreibungen epigenetischer Veränderungen erfolgten im Zusammenhang mit Imprinting und X-Chromosomen-Silencing. Epigenetische Prozesse wurden in erster Linie als statische und dauerhafte Veränderungen verstanden. Heute hat sich das Verständnis dahingehend geändert, dass das funktionelle Genom durch epigenetische Mechanismen moduliert wird. Je nach Art der epigenetischen Veränderungen wurden diese als eher dynamisch angesehen. Insbesondere Histonmodifikationen und die Expression von miRNAs sind sehr dynamische Prozesse. Sie reagieren sehr empfindlich auf intrinsische und extrinsische Faktoren, was zu kurz- bis langfristigen Veränderungen der Verfügbarkeit von Genen und Genprodukten führt. Es gilt jedoch zu berücksichtigen, dass epigenetische Modifikationen hauptsächlich gen- und gewebespezifische Veränderungen mit unterschiedlichen Zeitverläufen darstellen [11]. Daher ist es nicht verwunderlich, dass epigenetische Veränderungen durch verschiedene Arten von Reizen (d. h. verschiedene Trainingsreize) hauptsächlich für alle Organe, Gewebe und Zellen im Säugetierorganismus gezeigt werden. Darüber hinaus sind epigenetische Veränderungen des funktionellen Genoms wichtig für die körperliche Leistungsfähigkeit und verschiedene chronische Erkrankungen, die durch körperliche Aktivität moduliert werden können [12].

Interaktion von Polymorphismen und epigenetischen Modulationen

Veränderungen in der DNA-Sequenz, bspw. durch Polymorphismus, sind die Hauptursache für die Genregulation. Andererseits reguliert die Chromatinstruktur die Genaktivität auf der epigenetischen Ebene. Wenn ein Polymorphismus zu einer punktuellen Verarmung einer methylierbaren Stelle führt und sich dies auf benachbarte Sequenzen auswirkt, würde man erwarten, dass ein Zusammenhang zwischen dem DNA-Methylierungszustand und der proximalen DNA-Sequenz zu beobachten ist. Darüber hinaus werden histonabhängige epigenetische Prozesse durch Polymorphismen beeinflusst, was die komplexe Interaktion zwischen Genom und Epigenom zeigt. Eine weitere Ebene der Komplexität im Zusammenspiel zwischen Genom und Epigenom besteht in der miRNA. Es gibt Hinweise darauf, dass sich Polymorphismen auf die Funktion von miRNA auswirken können [13]. Daher kann davon ausgegangen werden, dass das funktionelle Genom nur in der Gesamtheit verstanden werden kann, wenn epigenetische Modulationen mit dem strukturellen Genom einschließlich der Polymorphismen in Verbindung gebracht werden und umgekehrt.

Körperliche Aktivität verändert das funktionelle Genom in Abhängigkeit von Polymorphismen und epigenetischen Modulationen

Die Diskussion über die Bedeutung von Genom und Epigenom für die körperliche Leistungsfähigkeit wird vielleicht einfacher und verständlicher, wenn der Schwerpunkt der Betrachtung auf das ACE-Gen gelegt wird. Der ACE-I/D-Polymorphismus

(d. h. der Insertions-/Deletions-Polymorphismus) steht mit der Ausdauerleistung in Zusammenhang. In Übereinstimmung mit Studien, in denen genetische Assoziationen zwischen dem ACE-Gen und dem entsprechenden I/D-Polymorphismus nachgewiesen wurden, scheinen jedoch auch epigenetische Modulationen die Aktivität des ACE-Gens zu beeinflussen, sowohl mit als auch ohne den ACE-Polymorphismus. Es wird vermutet, dass die epigenetische Regulierung des ACE-Gens für die menschliche Ausdauerleistung ebenso relevant ist wie der I/D-Polymorphismus [14]. Andererseits wirkt sich körperliche Aktivität durch epigenetische Modulation des funktionellen Genoms auf die Gesundheit und die körperliche Fitness/Leistung aus, was zur Erklärung der lang anhaltenden Auswirkungen körperlicher Aktivität beitragen könnte.

Vor etwa 10 Jahren, haben Pedersen und Kollegen gezeigt [15], dass akute körperliche Aktivität zu einem kurzfristigen entzündungsähnlichen Zytokinmuster führt (insbesondere zu einem Anstieg von Interleukin 6 (IL-6)), dem eine mittelfristige entzündungshemmende Reaktion folgt (d. h. ein Anstieg von IL-10, eine Verringerung der TNF-α-Produktion und die Expression löslicher Rezeptoren für proinflammatorische Zytokine). Daher schlugen sie ein Modell vor, das besagt, dass regelmäßige körperliche Aktivität eine chronische entzündungshemmende Wirkung hat, was möglicherweise die präventive Wirkung von körperlicher Aktivität für viele chronische Erkrankungen erklärt. Darüber hinaus berichteten zahlreiche Studien über verringerte Serumspiegel des Akutphasenproteins C-reaktives Protein (CRP) nach verschiedenen Trainingsinterventionen [16]. Solche mittel- und langfristigen Veränderungen des Entzündungsstatus könnten mit epigenetischen Veränderungen zusammenhängen [12]. Daher ist es nicht überraschend, dass die Gruppe von Nakajima et al. [17] zeigte, dass das ASC-Gen (ein Gen, das proinflammatorische Zytokine kodiert) einen altersabhängigen Verlust an Methylierung in der Promotorregion aufweist. Die Folge dieser Hypomethylierung ist eine erhöhte Expression von pro-inflammatorischen Zytokinen bei älteren Menschen, welche durch ein 6-monatiges Intervall-Ausdauertrainingsprogramm teilweise revidiert werden kann (Nakajima et al. [17]). Die höheren Methylierungswerte in der Promotorregion des ASC-Gens im Vergleich zu inaktiven Kontrollen können zu einer verringerten Expression von pro-inflammatorischen Zytokinen führen. Darüber hinaus wird über weitere durch körperliche Betätigung induzierte epigenetische Veränderungen des funktionellen Genoms berichtet.

Skelettmuskel

Es wird angenommen, dass epigenetische Regulationen wie DNA-Methylierung, Histonmodifikationen und microRNAs für morphologische Veränderungen der Skelettmuskulatur entscheidend sind. Die DNA-Methylierung wirkt sich auf die Expression vieler Gene aus, die für die Entwicklung der Skelettmuskulatur von entscheidender Bedeutung sind, bspw. die Homeobox-Gene, die T-Box-Gene und die Sine-Oculis-Homeobox 1, die stark hypermethyliert sind, während die Gene für die kontraktilen Fasern hypomethyliert sind. Darüber hinaus induzieren körperliche

Belastungen eine Hypomethylierung des gesamten Genoms im menschlichen Skelettmuskel und eine dosisabhängige Expression des Pyruvatdehydrogenase-Kinase-Isoenzyms 4, des Peroxisom-Proliferator-Aktivator-Rezeptors delta und des Glukosetransporters GLUT 4, was der alters- und krankheitsbedingten Hypermethylierung entgegenwirkt [18]. Neben mehreren weiteren Beispielen für Histonmodifikationen durch Bewegung haben McGee und Kollegen [19] HDAC-spezifische Hemmungsmuster und Veränderungen in der Histonacetylierung nach einer akuten körperlichen Belastung nachgewiesen. Während HDAC 4 aus dem Zellkern in das Zytosol verlagert wird, weist HDAC 5 unter Belastung erhöhte Ubiqitinierungswerte auf. Darüber hinaus können Belastungs-induzierte hohe Laktatwerte im Blut die Histonacetylierung verändern und die p38-MAPK-Signalübertragung sowie die Genexpression und damit die Zelldifferenzierung und -anpassung in Myoblasten und Skelettmuskeln in vitro und wahrscheinlich auch in vivo beeinflussen [20]. Safdar et al. [21] zeigten bei konditionierten Mäusen eine erhöhte Konzentration von miRNA sowie eine verringerte Expression von HDAC 4. Da HDAC 4 bekanntermaßen ein transkriptioneller Repressor für muskelspezifische Differenzierungsfaktoren (bspw. MyoD) ist, veranschaulicht diese Studie die Komplexität epigenetischer Modifikationen und Regulation. Weitere Studien zum besseren Verständnis der DNA-Methylierung, der Histonmodulation und der miRNA-Regulierung in der Muskelentwicklung und -homöostase können dazu beitragen, die Rolle von körperlicher Aktivität für die Erhaltung, das Wachstum, die Anpassung und die Reparatur der Skelettmuskulatur besser zu verstehen.

Vaskuläres System

Die Funktion und Gesundheit des Gefäßsystems hängt von der Struktur und Funktion der glatten Muskelzellen (SMC) und der Endothelzellen (EC) sowie von der extrazellulären Matrix (ECM) ab. Der Phänotyp der SMCs und ECs sowie die Zusammensetzung der ECM spielen eine Schlüsselrolle für den Schutz vor Atherosklerose und anderen Gefäßerkrankungen. SMCs und ihre Produkte machen bei atherosklerotischen Ereignissen fast 70 % der Masse von Läsionen aus [22, 23]. Sie sind in hohem Maße anpassungsfähig und reagieren auf Umweltveränderungen [24]. Epigenetische Veränderungen sind an der Anpassung des Phänotyps der SMCs beteiligt [25]. Für die epigenetische Regulation des Gefäßsystems lassen sich mehrere Beispiele anführen, die alle für die Erklärung von Veränderungen des funktionellen Genoms relevant sind. Zum Beispiel: (1) Spezifische Histonmodifikationen, wie die Acetylierung von H3 K9 und die Deacetylierung an verschiedenen Lysinresten in H4, induzieren die Bindung von SRF an seine DNA-Bindungsstelle, was zu einer Veränderung der Proliferation von SMCs führt. (2) Myocardin (ein SRF-Ko-Aktivatorprotein) rekrutiert verschiedene Arten von HATs und HDACs, die zu den oben genannten Veränderungen führen können [26, 27]. (3) Epigenetische Veränderungen im Superoxiddismutase-Gen führen zu einer Proliferation der SMC und einer verringerten Apoptoserate [28, 29]. (4) Erhöhte oxidative Stresswerte sind mit einer veränderten Aktivität von HDACs und HATs verbunden [30]. (5) Matrix-Metallo-Proteinasen (MMPs), die das Potenzial haben, die ECM zu reorganisieren. Neben MMP-2 und -9 unterliegt auch die Expression anderer MMPs, wie MMP-1, MMP-3 und MMP-13 einer epigenetischen Regulation [31]. Neben den beispielhaft beschriebenen DNA- und Histonmodifikationen sind miRNAs maßgeblich an den hypertensiv-induzierten pathologischen Veränderungen der SMCs beteiligt [32]. Obwohl bekannt ist, dass körperliches Training alle beschriebenen Mechanismen beeinflussen kann, wissen wir weniger über die Auswirkungen von Training auf epigenetische Veränderungen des Gefäßsystems. In einem Atherosklerosemodell mit fettreicher Ernährung wiesen sportlich aktive Mäuse eine veränderte Endothelfunktion auf, die zu signifikant niedrigeren Konzentrationen von Angiotensin-Endothelin exprimierenden Plaques und Schaumzellen im Vergleich zu sitzenden Tieren führte. Diese Modulationen waren mit Veränderungen der miRNA-Expression (Aktivierung der miRNA 155; Hemmung der miRNA 146 und 126) bei konditionierten Tieren verbunden [33]. Interessanterweise ist bekannt, dass die Expression der gefäßerweiternden eNOS durch miRNA gehemmt wird [34], was auf eine trainingsinduzierte epigenetische Regulierung der Endothelfunktion in Bezug auf die NO-Produktion hindeutet. Eine Hemmung von miRNA 126 führt zu einer endothelialen Dysfunktion und unterdrückt die Expression von Integrinen, was zu einer Beeinträchtigung der Eigenschaften für die Extravasation von Leukozyten führt [35]. Daher könnte der durch das Training ausgelöste Anstieg der miRNA 126 Konzentration auch ein positiver epigenetischer Effekt sein. Es erscheint also vielversprechend, in weiteren Studien einen Zusammenhang zwischen der durch körperliche Aktivität ausgelösten Scherbelastung und der epigenetischen Regulierung von eNOS sowie weiteren epigenetischen Genmodulationen durch Bewegungsreize in Endothelzellen herzustellen [36]. Darüber hinaus wiesen konditionierte Mäuse verringerte Spiegel von miRNA auf, von denen bekannt ist, dass sie die Expression von VEGF hemmen [37] und damit das Gefäßwachstum, die Gefäßreparatur und den Gefäßumbau unterdrücken. In Bezug auf die Endothel- und Gefäßreparatur haben jüngste Studien gezeigt, dass epigenetische Mechanismen wichtige Transkriptionsregulatoren angiogener Gene in Endothelzellen sind (einschließlich der Modifikationen der DNA und der Histone sowie der nichtcodierenden RNA) [12]. Außerdem spielen sie eine wichtige Rolle bei der Regulierung der Funktion von endothelialen Stamm-/Progenitorzellen [38], aber bisher fehlt eine direkte Verbindung zwischen epigenetischen Modulationen von Endothelzellen und endothelialen Stamm-/Progenitorzellen.

Herz

Das funktionelle Genom spielt eine wichtige Rolle bei der physiologischen und pathophysiologischen Entwicklung und Anpassung von Kardiomyozyten im Zusammenhang mit adaptiver und maladaptiver kardialer Hypertrophie und Funktion/Dysfunktion. Epigenetische Mechanismen scheinen für die Ausprägung des funktionellen Genoms in Kardiomyozyten entscheidend zu sein. Tierexperimente deuten darauf hin, dass die Hemmung von HDAC 3 in Abhängigkeit der Ernährung zur Entstehung von Kardiomyopathien führen kann [39]. Kommt zur Hemmung der HDAC 3 noch eine fettreiche Diät hinzu, wird der Verlauf der Kardiomyopathie erschwert, was letztlich zu einer erhöhten Sterblichkeit führt. Die Hemmung von HDAC 4 behindert die durch Herzstammzellen induzierte Regeneration und Reparatur des Herzens [40]. Eine miRNA-vermittelte Induktion einer Hypertrophie des Herzmuskels wird ebenfalls in zahlreichen Studien berichtet [41]. Auf der Ebene der epigenetischen Regulation des Chromatins wurden die Auswirkungen von körperlicher Aktivität auf Kardiomyozyten bisher in Humanstudien noch nicht untersucht, während erste Hinweise auf eine epigenetische Regulation des Chromatins bereits bei Mäusen nachgewiesen werden konnten. Dabei wurde gezeigt, dass körperliche Belastungen den HDAC 4-Spiegel verändern und bei Mäusen mit HDAC 4 Deletion und zusätzlichem Training, akutes Herzversagens begünstigen [42], was die Bedeutung des HDAC 4 bei Protektion des Myokards unter körperlichem Training unterstreicht. In Bezug auf miRNAs wurde berichtet, dass die Expression der kardialen miRNA-208a bei Mäusen durch körperliche Aktivität verringert wird [43]. Weitere Spekulationen über eine belastungsabhängige Regulierung von Kardiomyozyten durch miRNA gibt es für miRNA-208a, die zu einer Umkehrung der pathologischen Veränderungen der Expression der schweren Myosinkette (MHC) führt [44]. Die pathologischen Veränderungen sind gekennzeichnet durch eine Überexpression der fetalen βMHC, was zu einer langsamen ATPase-Aktivität führt, sowie eine Herabregulierung der adulten αMHC (schnelle ATPase-Aktivität). Die Tatsache, dass Bewegung das Gleichgewicht von αMHC und βMHC verbessert, wurde bereits früher beschrieben, aber die Ergebnisse dieser Studien zeigen, dass der zugrunde liegende Mechanismus möglicherweise auf epigenetischen Veränderungen beruht.

Extrazelluläre Matrix, Adipozyten und Immunzellen

Neben der Fehlanpassung der Kardiomyozyten sind pathophysiologische Veränderungen der ECM ein Merkmal verschiedener Erkrankungen, darunter auch Herzerkrankungen. Veränderungen der ECM sind meist durch eine Anhäufung von Kollagen gekennzeichnet, die entweder durch eine Überexpression oder einen verminderten Kollagenabbau durch MMPs und eine veränderte Funktion der Fibroblasten (bspw. Produktion von Zytokinen wie TNF-α und TGF-β) verursacht wird. Darüber hinaus sind Veränderungen der DNA-Methylierung mit diesen Mechanismen verbunden [45] und zahlreiche miRNAs scheinen ebenfalls an diesen fibrotischen Prozessen beteiligt zu sein. Es ist bekannt, dass körperliche Aktivität die ECM verschiedenster Gewebe beeinflusst und das Kollagenmuster verändern kann (bspw. im Herzen von konditionierten Ratten durch die Hemmung mehrerer aktiver MMPs), während sie einem altersabhängigen Anstieg von TGF-β entgegenzuwirken scheint [46]. Darüber hinaus induziert körperliche Aktivität eine Hochregulation der miRNA-29c, von welcher bekannt ist, dass sie an fibrotischen Veränderungen beteiligt ist. Da diese erhöhte miRNA-29c-Expression mit einer verringerten Expression von Kollagen I und III einhergeht, ist dies ein weiterer Hinweis auf eine positive trainingsinduzierte epigenetische Regulation [47].

Neben Fibroblasten werden auch andere mesenchymale Zelltypen, wie bspw. Adipozyten, epigenetisch reguliert. Bei Adipozyten kann ein 6-monatiges Trainingsprogramm eine erhöhte Hypermethylierung von HDAC4 und eine verringerte Expression von HDAC4 bewirken. Dies könnte der Fettleibigkeit durch eine Verringerung der Lipogenese in Adipozyten entgegenwirken [48]. Darüber hinaus sind auch andere aus dem Knochenmark stammende nicht-mesenchymale Zelltypen Ziele für eine trainingsinduzierte epigenetische Regulation. So wurde vermutet, dass ein 4-wöchiges hochintensives Trainingsprogramm bei jungen, gesunden Erwachsenen einen empfindlichen Einfluss auf das Methylom von Leukozyten hat. Darüber hinaus führt die Demethylierung zahlreicher CpG-Inseln durch Sport zu einer epigenetischen Aktivierung von Lymphozyten [49]. Dieselbe Gruppe hat auch gezeigt, dass ein Krafttraining, das die Muskelkraft verbessert, mit einer Umprogrammierung des DNA-Methyloms und des Transkriptoms der Leukozyten einhergeht [50]. Diese Daten unterstützen die Erkenntnisse anderer Studien, die eine trainingsinduzierte epigenetische Regulation von Leukozyten beschreiben [17, 51, 52]. Diese Ergebnisse unterstreichen damit in ihrer Gesamtheit einen deutlichen Einfluss von körperlicher Aktivität auf das funktionelle Genom von aus dem Knochenmark stammenden mesenchymalen und hämatopoetischen Zelllinien.

Zusammenfassung

Sowohl das Genom als auch das Epigenom wirken zusammen, um den individuellen menschlichen Phänotyp zu bestimmen, einschließlich der Merkmale der körperlichen Fitness, Leistung und Gesundheit. Das Wissen über dieses Zusammenspiel und die zugrundeliegenden Mechanismen ist jedoch noch sehr limitiert. Insbesondere gibt es kaum Erkenntnisse über die Regulierung des funktionellen Genoms durch die Art des körperlichen Trainings. So unterscheiden die meisten epigenetischen Studien nicht zwischen verschiedenen Trainingsarten, obwohl bekannt ist, dass Ausdauer- und Krafttraining unterschiedliche Mechanismen und Signalwege induzieren, die für die Bestimmung des funktionellen Genoms von Bedeutung sein könnten. Darüber hinaus ist auch der prädiktive Wert des funktionellen Genoms, einschließlich Polymorphismus und Epigenetik, für die Ausdauer- und Kraftleistungsfähigkeit noch nicht ausreichend beschrieben. Dennoch gibt es deutliche Hinweise darauf, dass neben epigenetisch modulierenden Medikamenten auch körperliche Aktivität das Potenzial hat, den menschlichen Phänotyp zu regulieren, indem es sowohl das funktionelle Genom, als auch das Produkt aus Genom und Epigenom verändert. Damit wird deutlich, dass das funktionelle Genom die Grundlage für biologische Anpassungen an körperliches Training bildet. Für den Transfer von Studienergebnissen aus dem Labor in die Praxis sind allerdings weitere Forschungsstrategien erforderlich. Diese müssen sowohl die Art und Weise des Trainings als auch die zugrundeliegenden Mechanismen und Signalwege berücksichtigen.

Danksagungen Der Autor dankt Frau Christine Koliamitra für die redaktionelle Unterstützung.

Literatur

1. Lee IM, Shiroma EJ, Lobelo F, Puska P, Blair SN, Katzmarzyk PT, Lancet Physical Activity Series Working Group. Effect of physical inactivity on major non-communicable diseases worldwide: an analysis of burden of disease and life expectancy. Lancet. 2012;380(9838):219–29.
2. Mattson MP. Lifelong brain health is a lifelong challenge: from evolutionary principles to empirical evidence. Ageing Res Rev. 2015;20:37–45.
3. Schmid D, Leitzmann MF. Association between physical activity and mortality among breast cancer and colorectal cancer survivors: a systematic review and meta-analysis. Ann Oncol. 2014;25(7):1293–311.
4. Bouchard C, Rankinen T, Timmons JA. Genomics and genetics in the biology of adaptation to exercise. Compr Physiol. 2011;1(3):1603–48.
5. Waddington CH. The epigenotype. Endeavour. 1942;1(18–20):7.
6. Klose RJ, Bird AP. Genomic DNA methylation: the mark and its mediators. Trends Biochem Sci. 2006;31(2):89–97.
7. Kouzarides T. Chromatin modifications and their function. Cell. 2007;128:693–705.
8. Kouzarides T, Berger SL. Chromatin modifications and their mechanism of action. In: Allis CD, Jenuwein T, Reinberg D, Herausgeber. Epigenetics. 1. Aulf. New York: Cold Spring Harbor Laboratory; 2006. S. 191–209.
9. Mercer TR, Dinger ME, Mattick JS. Long non-coding RNAs: insights into functions. Nat Rev Genet. 2009;10(3):155–9.
10. Lee S, Vasudevan S. Post-transcriptional stimulation of gene expression by microRNAs. Adv Exp Med Biol. 2013;768:97–126.
11. Jenuwein T, Allis CD. Translating the histone code. Science. 2001;293:1074–80.
12. Zimmer P, Bloch W. Physical exercise and epigenetic adaptations of the cardiovascular system. Herz. 2015;40(3):353–60.
13. Zaina S, Pérez-Luque EL, Lund G. Genetics talks to epigenetics? The interplay between sequence variants and chromatin structure. Curr Genomics. 2010;11(5):359–67.
14. Raleigh SM. Epigenetic regulation of the ACE gene might be more relevant to endurance physiology than I/D polymorphism. J Appl Physiol. 2012;112:1082–3.
15. Pedersen BK, Febbraio MA. Muscle as an endocrine organ: focus on muscle-derived interleukin-6. Physiol Rev. 2008;88(4):1379–406.
16. Hayashino Y, Jackson JL, Hirata T, Fukumori N, et al. Effects of exercise on C-reactive protein, inflammatory cytokine and adipokine in patients with type 2 diabetes: a meta-analysis of randomized controlled trials. Metabolism. 2014;63(3):431–40.
17. Nakajima K, Takeoka M, Mori M, Hashimoto S, et al. Exercise effects on methylation of ASC gene. Int J Sports Med. 2010;31:671–5.
18. Moresi V, Marroncelli N, Coletti D, Adamo S. Regulation of skeletal muscle development and homeostasis by gene imprinting, histone acetylation and microRNA. Biochim Biophys Acta. 2015;1849(3):309–16.
19. McGee SL, Fairlie E, Garnham AP, Hargreaves M. Exercise-induced histone modifications in human skeletal muscle. J Physiol. 2009;587(Pt 24):5951–8.
20. Willkomm L, Gehlert S, Jacko D, Schiffer T, Bloch W. p38 MAPK activation and H3K4 trimethylation is decreased by lactate in vitro and high intensity resistance training in human skeletal muscle. PLoS One. 2017;12(5):e0176609.
21. Safdar A, Abadi A, Akhtar M, Hettinga BP, et al. miRNA in the regulation of skeletal muscle adaptation to acute endurance exercise in C57Bl/6J male mice. PLoS One. 2009;4:e5610.
22. Owens GK. Regulation of differentiation of vascular smooth muscle cells. Physiol Rev. 1995;75(3):487–517.
23. Ross R. The pathogenesis of atherosclerosis: a perspective for the 1990s. Nature. 1993;362:801–9.
24. Hoofnagle MH, Wamhoff BR, Owens GK. Lost in transdifferentiation. J Clin Invest. 2004;113(9):1249–51.

25. Alexander MR, Owens GK. Epigenetic control of smooth muscle cell differentiation and phenotypic switching in vascular development and disease. Annu Rev Physiol. 2012;74:13–40.
26. McDonald OG, Owens GK. Programming smooth muscle plasticity with chromatin dynamics. Circ Res. 2007;100:1428–41.
27. McDonald OG, Wamhoff BR, Hoofnagle MH, Owens GK. Control of SRF binding to CArG box chromatin regulates smooth muscle gene expression in vivo. J Clin Invest. 2006;116:36–48.
28. Archer SL, Marsboom G, Kim GH, et al. Epigenetic attenuation of mitochondrial superoxide dismutase 2 in pulmonary arterial hypertension: a base for excessive cell proliferation and a new therapeutic target. Circulation. 2010;121:2661–71.
29. Kim GH, Ryan JJ, Archer SL. The role of redox signaling in epigenetics and cardiovascular disease. Antioxid Redox Signal. 2013;18(15):1920–36.
30. Ito K, Hanazawa T, Tomita K, Barnes PJ, Adcock IM. Oxidative stress reduces histone deacetylase 2 activity and enhances IL-8 gene expression: role of tyrosine nitration. Biochem Biophys Res Commun. 2004;315:240–5.
31. Chen KC, Wang YS, Hu CY, Chang WC, et al. OxLDL up-regulates microRNA-29b, leading to epigenetic modifications of MMP-2/MMP-9 genes: a novel mechanism for cardiovascular diseases. FASEB J. 2011;25(5):1718–28.
32. Bátkai S, Thum T. MicroRNAs in hypertension: mechanisms and therapeutic targets. Curr Hypertens Rep. 2012;14:79–87.
33. Wu XD, Zeng K, Liu WL, Gao YG, et al. Effect of aerobic exercise on miRNA-TLR4 signaling in atherosclerosis. Int J Sports Med. 2014;35(4):344–50.
34. Zhang J, Zhao F, Yu X, Lu X, Zheng G. MicroRNA-155 modulates the proliferation of vascular smooth muscle cells by targeting endothelial nitric oxide synthase. Int J Mol Med. 2015;35(6):1708–14.
35. Zhuang Y, Peng H, Mastej V, Chen W. MicroRNA regulation of endothelial junction proteins and clinical consequence. Mediat Inflamm. 2016;2016:5078627. https://doi.org/10.1155/2016/5078627.
36. Gielen S, Sandri M, Erbs S, Adams V. Exercise-induced modulation of endothelial nitric oxide production. Curr Pharm Biotechnol. 2011;12(9):1375–84.
37. Fernandes T, Magalhães FC, Roque FR, Phillips MI, et al. Exercise training prevents the microvascular rarefaction in hypertension balancing angiogenic and apoptotic factors: role of microRNAs-16, -21 and -126. Hypertension. 2012;59:513–20.
38. Shiva Shankar TV, Willems L. Epigenetic modulators mitigate angiogenesis through a complex transcriptomic network. Vascul Pharmacol. 2014;60(2):57–66.
39. Montgomery RL, Hullinger TG, Semus HM, Dickinson BA, Seto AG, et al. Therapeutic inhibition of miR-208a improves cardiac function and survival during heart failure. Circulation. 2011;124:1537–47.
40. Zhang LX, DeNicola M, Qin X, Du J, et al. Specific inhibition of HDAC4 in cardiac progenitor cells enhances myocardial repairs. Am J Physiol Cell Physiol. 2014;307(4):C358–72.
41. Nguyen MA, Karunakaran D, Rayner KJ. Unlocking the door to new therapies in cardiovascular disease: microRNAs hold the key. Curr Cardiol Rep. 2014;16(11):539.
42. Lehmann LH, Jebessa ZH, Kreusser MM, Horsch A, et al. A proteolytic fragment of histone deacetylase 4 protects the heart from failure by regulating the hexosamine biosynthetic pathway. Nat Med. 2018;24(1):62–72.
43. Soci UP, Fernandes T, Rosa KT, Irigoyen MC, et al. The role of microRNA-208a in cardiac hypertrophy. Clin Sci. 2016. pii:CS20160480. Epub ahead of print.
44. Montgomery RL, Potthoff MJ, Haberland M, et al. Maintenance of cardiac energy metabolism by histone deacetylase 3 in mice. J Clin Invest. 2011;118(11):3588–97.
45. Tao H, Yang JJ, Shi KH, Deng ZY, Li J. DNA methylation in cardiac fibrosis: new advances and perspectives. Toxicology. 2014;323:125–9.
46. Kwak HB. Aging, exercise, and extracellular matrix in the heart. J Exerc Rehabil. 2013;9(3):338–47.

47. Soci UP, Fernandes T, Hashimoto NY, Mota GF, et al. MicroRNAs 29 are involved in the improvement of ventricular compliance promoted by aerobic exercise training in rat. Physiol Genomics. 2011;43:665–73.
48. Rönn T, Volkov P, Davegårdh C, Dayeh T, et al. A six months exercise intervention influences the genome-wide DNA methylation pattern in human adipose tissue. PLoS Genet. 2013;9(6):e1003572.
49. Denham J, O'Brien BJ, Marques FZ, Charchar FJ. Changes in the leukocyte methylome and its effect on cardiovascular related genes after exercise. J Appl Physiol (1985). 2015;118(4):475–88.
50. Denham J, Marques FZ, Bruns EL, O'Brien BJ, Charchar FJ. Epigenetic changes in leukocytes after 8 weeks of resistance exercise training. Eur J Appl Physiol. 2016;116(6):1245–53.
51. Zimmer P, Bloch W, Schenk A, Zopf EM, et al. Exercise-induced natural killer cell activation is driven by epigenetic modifications. Int J Sports Med. 2015;36(6):510–5.
52. Zimmer P, Baumann FT, Bloch W, Schenk A, et al. Impact of exercise on pro inflammatory cytokine levels and epigenetic modulations of tumor-competitive lymphocytes in Non-Hodgkin-Lymphoma patients-randomized controlled trial. Eur J Haematol. 2014;93(6):527–32.

Molekulare und physiologische Anpassungen an Ausdauertraining

3

Anthony C. Hackney

Einführung

In diesem Kapitel soll ein Überblick über den aktuellen Forschungsstand zu den molekularen und physiologischen Anpassungen an Ausdauertraining gegeben werden. Die Historie von Arbeiten, die die Anpassungsreaktionen des menschlichen Organismus auf Ausdauertraining untersucht, ist lang. Man kann argumentieren, dass die historischen Berichte über das körperliche Training der griechischen Olympioniken oder der römischen Militäreinheiten in den antiken Zivilisationen zu den ersten aufgezeichneten Informationen gehören. Zeitgenössischere Berichte, die auf der Anwendung der „wissenschaftlichen Methode" und empirischen Beweisen beruhen, beginnen im achtzehnten Jahrhundert und reichen bis zum heutigen Tag [1]. Die Entwicklung und die Details der letztgenannten Arbeiten in den letzten vier Jahrhunderten sind faszinierend und bieten einen kontextuellen Rahmen für das Verständnis der wissenschaftlichen Untersuchungen unserer heutigen Zeit. Der historische Kontext und die Erkenntnisse dieser früheren Arbeiten bilden die Grundlage für die in diesem Kapitel behandelten Themen. Im Einzelnen stellen diese sich wie folgt dar:

- Molekulare Anpassungen
- Kardiovaskuläre Anpassungen
- Metabolische Anpassungen
- Anpassungen von Skelettmuskeln, Sehnen und Knochen
- Hormonell-endokrine Anpassungen

A. C. Hackney (✉)
Department of Exercise and Sport Science, University of North Carolina, Chapel Hill, USA

Department of Nutrition, Gillings School of Global Public Health, University of North Carolina, Chapel Hill, USA
E-Mail: ach@email.unc.edu

M. Schumann, B. R. Rønnestad (Hrsg.), *Kombiniertes Ausdauer- und Krafttraining*, https://doi.org/10.1007/978-3-031-36310-8_3

Jedes dieser Themen rechtfertigt und verdient ein eigenes Kapitel, da eine einfache PubMed- und Scopus-Suche zu diesen Themen fast 100.000 Veröffentlichungen ergibt, was darauf hindeutet, dass es eine Fülle von Belegen zu diskutieren gibt. Die Leser werden auf die in diesem Kapitel zitierte Schlüsselliteratur verwiesen, wenn ausführlichere Diskussionen über die ausgewählten Themen erwünscht sind.

Adaptive Reaktionen auf Ausdauertraining

Molekulare Anpassungen

Molekulare Mechanismen sind von entscheidender Bedeutung, wenn es darum geht, dass sich Organismen an verschiedene Umweltherausforderungen anpassen und diese überleben können – unabhängig davon, ob sie ihnen aufgezwungen wurden oder vom Organismus selbst ausgewählt wurden. In den letzten Jahren haben genomische und proteomische Ansätze den Fortschritt im Bereich der Biowissenschaften entscheidend vorangetrieben, z. B. durch die Bereitstellung von Wissen über die Gen- und Proteinexpression, die Regulierung von Signaltransduktionswegen und die funktionelle Kontrolle von Enzymen/Proteinen durch reversible Proteinphosphorylierung. Diese wissenschaftlichen Fortschritte haben sich in der Physiologie der körperlichen Aktivität und der sportlichen Leistung sowie in anderen biologischen Lebenswissenschaften niedergeschlagen.

Wissenschaftliche Untersuchungen belegen nachdrücklich, dass die wiederholten Muskelkontraktionen beim Ausdauertraining spezifische mechanische Reize erzeugen, die eine Anpassung bewirken und fördern. Das heißt, es gibt eine Reihe primärer mechano-sensorischer Reize, die diese Anpassungsreaktionen auf molekularer Ebene „einschalten". Einige der Schlüsselreize, die an diesem Mechanismus beteiligt sind, sind die muskuläre Dehnung, der intrazelluläre Kalziumfluss, die Verwertung von Substraten, der gesamte Energiestatus und der oxidative Stress im Organismus [2–4]. Darüber hinaus ist es wichtig zu verstehen, dass das Training auf einem angemessenen Niveau (z. B. Intensität, Dauer, Häufigkeit) durchgeführt werden muss, um reizbedingte Störungen in einer Größenordnung hervorzurufen, die eine Anpassung bewirkt.

Die durch diese Trainingsreize ausgelöste(n) molekulare(n) Anpassungsreaktion(en) konzentrieren sich auf die Entnahme einer Sequenz des genetischen Codes aus der DNA für ein spezifisches Zellprotein und die Generierung funktioneller Genprodukte – die sogenannte Genexpression – für kritische ausdauerbezogene physiologische Prozesse wie mitochondriale Atmung und Biogenese, signalgebende und katalytische Enzyme und Transportproteine. Zu diesem Zweck ist bekannt, dass die trainingsinduzierte Zunahme des mitochondrialen Gehalts der Skelettmuskulatur – speziell die mitochondriale Biogenese – für die Anpassung an das Ausdauertraining von grundlegender Bedeutung ist und dass der Transkriptions-Co-Aktivator PGC-1α (Peroxisom-Proliferator-aktivierter Rezeptor-Gamma-Co-Aktivator 1-alpha) ein wichtiger Regulator dieses Prozesses ist. Abb. 3.1 zeigt die grundlegenden Aspekte des PGC-1α-Wegs, über den dieser Prozess durch körperliches Training aktiviert wird, und die kritischen Folgen der Aktivierung [4, 5].

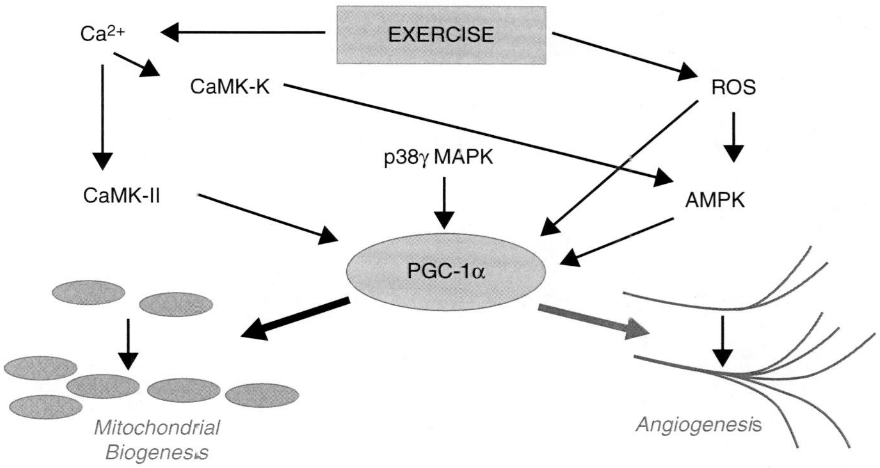

Abb. 3.1 Diskutierte Signalwege, die an der trainingsinduzierten Regulierung des Peroxisom-Proliferator-γ-Koaktivators-1α (PGC-1α) im Skelettmuskel beteiligt sind. Derzeitige Erkenntnisse deuten darauf hin, dass Kalzium (Ca^{2+}), Calcineurin (CnA), Ca^{2+}/calmodulinabhängige Proteinkinasen (CaMK), AMP-aktivierte Proteinkinase (AMPK) und p38 γ mitogen-aktivierte Kinase (p38γMAPK) bei der PGC-1α-Regulation eine Rolle spielen. *ROS* reaktive Sauerstoffspezies

Darüber hinaus bewirkt das Ausdauertraining auf molekularer Ebene Veränderungen in der Substratverfügbarkeit und -verwertung. So wird beispielsweise die Fähigkeit, Glukose und Fettsäuren aus dem Blut in die Muskelzellen zu transportieren, durch eine Erhöhung der Substrat-Transporter GLUT4 und FAT/CD36 verbessert. Der Glukosetransporter Typ 4 (GLUT4) ist von entscheidender Bedeutung aufgrund dessen metabolischer Rolle in der insulinregulierten Glukoseaufnahme im Ruhezustand, aber auch für die Fähigkeit, bei körperlichen Belastungen insulinunabhängig zu arbeiten. FAT/CD36 (Fettsäuretranslokase) ist ein ebenso wichtiger Membrantransporter, der die Aufnahme von Fettsäuren in den Muskel ermöglicht und dadurch den Fettstoffwechsel (d. h. β-Oxidation) reguliert. Durch die Aktivierung der mitochondrialen Biogenese wird die Kapazität für die β-Oxidation und die ATP-Produktion des Zitronensäurezyklus (CAC; häufig auch als Krebszyklus bezeichnet) erhöht. Dies führt zu einer größeren potenziellen Nutzung dieser Schlüsselsubstrate während körperlicher Belastungen, da die Aufnahmekapazität steigt (siehe späterer Abschn. „Metabolische Anpassungen") [4, 6].

Eine wichtiger extrazellulärer Mechanismus ist die Angiogenese, der physiologische Prozess, durch den neue Blutgefäße gebildet werden. Die Neubildung von Gefäßen führt zu einem verbesserten Verhältnis von Kapillaren zu Fasern im Skelettmuskel, was zu einer verbesserten Durchblutung und Sauerstoffversorgung des Muskels führt (siehe nächster Abschnitt). Der vaskuläre endotheliale Wachstumsfaktor (VEGF) wurde als ein zentraler Regulator der Angiogenese identifiziert, der vom Skelettmuskel freigesetzt wird, um das Gefäßwachstum zu stimulieren. Interessanterweise scheint die Expression von VEGF im Muskel zu den Genen zu gehören, deren Expression auch durch den PGC-1α-Signalweg reguliert wird (Abb. 3.1) [4, 6, 7].

Die maximale Aktivierung der molekularen Anpassungsprozesse und der Anstieg der funktionellen Proteine im Skelettmuskel durch körperliches Training erfolgt schnell. In der Tat wird dies innerhalb von Stunden bis Tagen nach wiederholter Ausdauerbelastung erreicht (Abb. 3.2). Mit der Zeit wird der Reiz bei wiederholter Belastung jedoch als maximal angesehen und stagniert (kurz danach), wenn

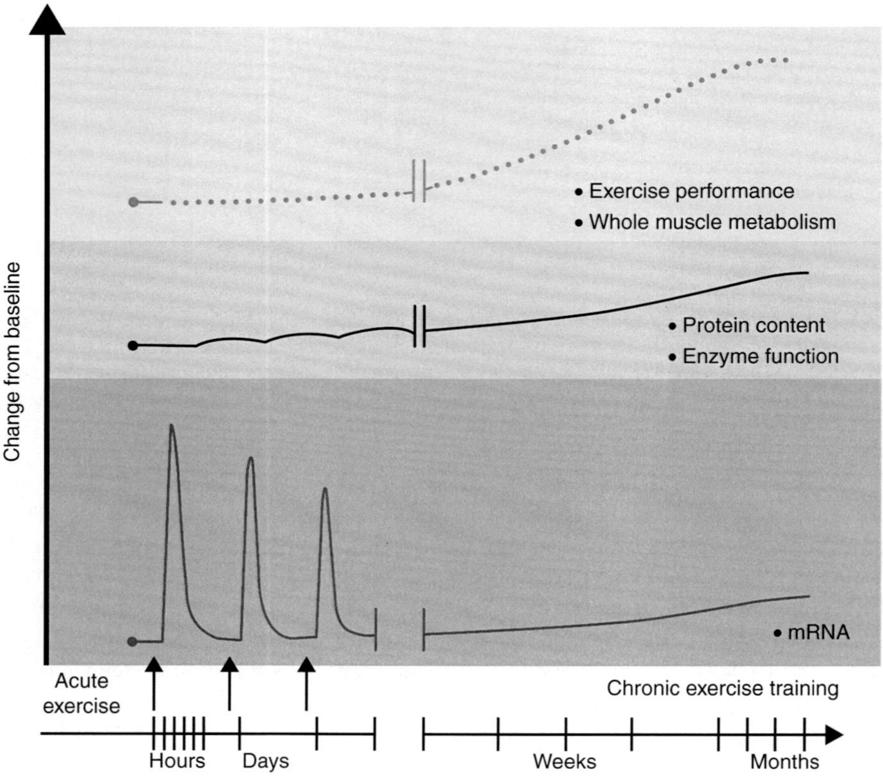

Abb. 3.2 Schematische Darstellung der Veränderungen der Genexpression (mRNA) (unten) und des Proteingehalts (Mitte) über die Zeit, als Folge von akuten Belastungen und chronischem (repetitiven) Training. Bei Genen, die durch körperliche Belastungen hochreguliert werden, führt eine einzelne Trainingseinheit zu einem schnellen, aber vorübergehenden Anstieg der relativen mRNA-Expression eines bestimmten Gens während der Erholungsphase. Die Veränderungen in der mRNA-Expression sind in der Regel 3–12 h nach Beendigung des Trainings am stärksten und kehren innerhalb von 24 h auf das Ausgangsniveau zurück. Die Translation und eine erhöhte Proteinsyntheserate nach dem Training führen zu einer gleichgerichteten Veränderung des Proteingehalts. Chronisches Training führt zu einer allmählichen Anhäufung von Proteinen als Reaktion auf wiederholte, pulsierende Anstiege der relativen mRNA-Expression. Die langfristige Anpassung an das Training ist auf die kumulativen Effekte jeder akuten Trainingseinheit zurückzuführen, die zu einer neuen „Funktionsschwelle" führen. Trainingsbedingte Veränderungen des Proteingehalts/der Enzymfunktion führen zu veränderten Stoffwechselreaktionen auf das Training (z. B. Substratstoffwechsel), was zu einer verbesserten Leistungsfähigkeit führt (oben). Reproduziert mit Genehmigung Reproduziert mit Genehmigung [8]

das Training fortgesetzt wird (d. h., es sei denn, es erfolgt eine Steigerung des Reizes auf ein höheres Niveau – „progressive Überlastung") [4].

Kardiovaskuläre Anpassungen

Die kardiovaskulären Reaktionen körperlichen Trainings drehen sich um die klassischen physiologischen Elemente Herzfrequenz, Schlagvolumen, Herzzeitvolumen, mittlerer arterieller Druck und gesamter peripherer Widerstand. Diese Determinanten der kardiovaskulären Funktion beeinflussen die primären physiologischen Faktoren, die mit dem Erfolg bei Ausdauersportveranstaltungen in Verbindung gebracht werden: maximale Sauerstoffaufnahme (VO_{2max}), die Fähigkeit, mit einem hohen Anteil der VO_{2max} zu arbeiten, und die Bewegungsökonomie (*Anmerkung:* Die Begriffe „Ökonomie" und „Effizienz" werden manchmal als Synonym verwendet. Die Ökonomie bezieht sich jedoch auf das Verhältnis zwischen Sauerstoffverbrauch und Bewegungsgeschwindigkeit [bspw. Laufgeschwindigkeit] oder Last (bspw. Radleistung), während die Effizienz das Verhältnis zwischen der bei der Belastung erzeugten mechanischen Energie und den Energiekosten der Belastung ist).

Diese drei leistungsdeterminierenden Faktoren werden durch die Herz-Kreislauf-Funktion beeinflusst, da diese eine zentrale Rolle bei der Sauerstoffversorgung spielt. Die Sauerstoffversorgung wiederum gilt als einer der bedeutendsten Parameter der aeroben Kapazität und Leistung bei Ausdauersportlern [3]. Ein wirksamer Ausdauertrainingsplan führt dazu, dass ein Sportler eine erhöhte VO_{2max}, die Fähigkeit, mit einer höheren Auslastung der VO_{2max} zu arbeiten, und eine verbesserte Bewegungsökonomie entwickelt [3, 9].

Die Verbesserung des Herzzeitvolumens (in english cardiac output, CO) spielt eine zentrale Rolle bei der Beurteilung von Verbesserungen der VO_{2max}. Während die VO_{2max} eine starke Vererbungskomponente für die potenzielle genotypische Ausprägung aufweist, ist die Fähigkeit, das CO durch Training zu vergrößern, ein bedeutender Einflussfaktor für die Ausprägung des Phänotyps der VO_{2max}, da das maximale HZV bei ausdauertrainierten Personen um 20–50 % höher sein kann als bei untrainierten, vergleichbaren Personen [9–11].

Die wichtigsten kardialen Anpassungen zur Verbesserung des CO durch Ausdauertraining sind eine verbesserte ventrikuläre Füllung (↑ enddiastolische Volumen [EDV]-Parameter) und die Fähigkeit, den Frank-Starling-Mechanismus während des Trainings zur Erhöhung der Ejektionsfraktion zu nutzen. Zusammengenommen führen diese Veränderungen zu einer Erhöhung des Schlagvolumens. Zu den entscheidenden Faktoren, die für die erhöhte EDV-Kapazität nach dem Training verantwortlich sind, gehören eine verbesserte Compliance des linken Ventrikels (LV), die Vergrößerung der Herzdimensionen (d. h. LV-Hypertrophie vor der Belastung), ein schnellerer LV-Druckabfall, eine Verringerung der durch das Perikard vermittelten diastolischen ventrikulären Interaktionen, ein verstärkter diastolische Unterdruck, eine verstärkte Kalziumaufnahme im myokardialen sarkoplasmatischen Retikulum und Anpassungen des Gefäßvolumens. Zusammengenommen führen diese Veränderungen zu einer stark verbesserten Pumpleistung (d. h. CO) des Herzens [9–11]. An diese Veränderungen gekoppelt sind auch eine trainingsbedingte Hypervolämie des Blutes und die Erythropoese, die zu einem höheren Hämoglobingehalt und damit zu einer größeren Sauerstofftransportkapazität und einer größeren arteriell-venösen Sauerstoffdifferenz (a-v O_2 Differenz) führen [3, 9, 10]. Kurz gesagt, im Wesentlichen werden alle Faktoren, die die VO_{2max} verändern verstärkt (siehe folgende Gleichung [3]).

$$\text{Fiksches Prinzip:} \, VO_2 = CO \times a - v\,O_2 \, \text{differenz}$$

Bezogen auf die Laktatschwelle führt Ausdauertraining zu einer Verschiebung des „Haltepunkts“ für die beschleunigte anaerobe Energiebereitstellung während einer Trainingseinheit zu einer höheren Trainingsintensität [2]. Solche Darstellungen werden in der Regel durch die Untersuchung von Veränderungen der Laktatschwellen bei Sportlern dargestellt und quantifiziert [3]. Dieses Phänomen wird zu einem großen Teil durch die (bereits erwähnte) Steigerung der mitochondrialen Biogenese angetrieben, die zu einer höheren mitochondrialen Dichte führt. In Verbindung mit der verbesserten Sauerstoffversorgungskapazität des Herz-Kreislauf-Systems führt dies schlussendlich zu einer geringeren Laktatproduktion und -akkumulation aufgrund der verstärkten Pyruvatoxidation. Metabolisch gesehen bedeutet diese Anpassung auch eine verbesserte Fähigkeit der Muskelzellen, Fett aufzunehmen und zu oxidieren und die Kohlenhydratoxidation durch die Glykolyse zu verringern (d. h. reduzierte Pyruvatbildung, siehe folgender Abschnitt). Darüber hinaus führt die erhöhte CO-Fähigkeit nach chronischem Training zu einem erhöhten Laktatabbau im Blut während des Trainings [2, 3]. Die daraus resultierende Verschiebung des Laktat-Kipppunkts zu einer höheren Intensität ermöglichen, helfen dem Sportler höhere Belastungen aufrechtzuerhalten [2]. Schließlich führt die durch das Training gesteigerte Stoffwechseleffizienz in Verbindung mit einer verbesserten biomechanischen Effizienz durch die Anpassung an chronisch repetitive Muskelkontraktionen zu einer verbesserten Trainingsökonomie (d. h. einem geringeren Energiebedarf für eine bestimmte Belastung) [3, 9].

Tab. 3.1 fasst die Anpassungen in den kritischen kardiovaskulären Komponenten als Reaktion auf chronisches Ausdauertraining zusammen [2, 3, 9, 10].

Metabolische Anpassungen

Dieser Abschnitt befasst sich mit den metabolischen Veränderungen im Skelettmuskel, die mit der verbesserten Leistungsfähigkeit durch Ausdauertraining verbunden sind. Im Allgemeinen ist die wichtigste metabolische Anpassungskomponente des Ausdauertrainings die gesteigerte Fähigkeit der Skelettmuskulatur, Substrate zur Energiegewinnung zu oxidieren. In Anbetracht der Tatsache, dass bei einem Ausdauerwettkampf wie einem Marathonlauf (42,2 km) in einem Zeitraum von etwa 2 h ein Gesamtenergieaufwand von mehr als 10.000 kJ entstehen kann, ist eine erhöhte

Tab. 3.1 Zusammenfassung der kardiovaskulären Anpassungen, die sich nach chronischem Ausdauertraining ergeben (d. h. spezifisch durch aerobes Ausdauertraining)

Zielvariable	Ruhebdingung	Submaximale Belastung	Maximale Belastung
Herzfrequenz	↓	↓	↓, NC
Schlagvolumen	↑	↑	↑
Herzleistung	↓, NC	↓, NC	↑
a-v O_2 diff	↑, NC	↑	↑
VO_2	NC	↓, NC	↑
Systolischer Blutdruck	↓, NC	↓, NC	NC
Diastolischer Blutdruck	↓, NC	↓, NC	↓, NC
MAP	↓, NC	↓, NC	NC
TPR	NC	↓, NC	NC
Blutvolumen	↑	–	–
Plasma-Volumen	↑	–	–
Erythrozytenmasse	↑	–	–
Herzvolumen	↑	–	–

Symbole: ↑ Zunahme, ↓ Abnahme, *NC* keine Änderung, – nicht anwendbar
Abkürzungen: *a-v O_2 diff* arteriell-venöse Sauerstoffdifferenz, *VO_2* Sauerstoffaufnahme, *BP* Blutdruck, *MAP* mittlerer arterieller Druck, *TPR* totaler peripherer Widerstand

Kapazität und Rate der Substratoxidation entscheidend für die Leistungsverbesserung (*Anmerkung*: Langstrecken-Triathlons, Radrennen oder bestimmte nordische Skirennen können sogar diesen Wert für den Energieaufwand übersteigen!) [2, 3].

Die gesteigerte Substratverwertungskapazität ist eine direkte Folge des erhöhten mitochondrialen Gehalts (siehe frühere Diskussion über die Biogenese) und des damit verbundenen Enzymaktivitätsprofils, insbesondere der Enzyme, die mit der β-Oxidation und dem Kohlenhydratstoffwechsel verbunden sind [2]. Im Wesentlichen führt ein eine erhöhte Stoffwechselrate beider Energieströme zu einer erhöhten Produktion von Elektronen für die Elektronentransportkette und damit zu einer verstärkten und letztlich hochregulierten mitochondrialen oxidativen Phosphorylierung (aerober Stoffwechsel) (*Anmerkung:* Als Stoffwechselrate bezeichnet man die Umsatzrate von Molekülen durch einen Stoffwechselweg). Die Hochregulierung der oxidativen Phosphorylierung ermöglicht eine effizientere Energieerzeugung und verringert den glykolytischen Stoffwechsel und damit die Kumulation von zytosolischen Abfallprodukten, die zur Muskelermüdung im Zusammenhang mit diesem Stoffwechselweg beitragen [12–14].

Weitere Folgen der metabolischen Anpassung an das Training sind eine verstärkte Nutzung von Fetten und eine anschließend reduzierte Nutzung von Kohlenhydraten als Brennstoff bei einer bestimmten submaximalen Belastungsintensität. Diese Verschiebung des Substratverbrauchs führt zu einer Schonung des Muskelglykogens, wodurch der Verbrauch und die Erschöpfung des Muskelglykogens während längerer submaximaler Belastung verringert und ein weiterer potenzieller Ermüdungsfaktor reduziert wird (d. h. die Erschöpfung des Muskelglykogens ist ein kritischer Faktor bei längeren Ausdauerbelastungen [~60–90 min, > 60 % VO_{2max}]).

Abb. 3.3 Cross-over-Konzept und der Einfluss des Ausdauertrainings. *CHO* Kohlenhydrat, *SNS* sympathisches Nervensystem. (Abbildung modifiziert von: [16]

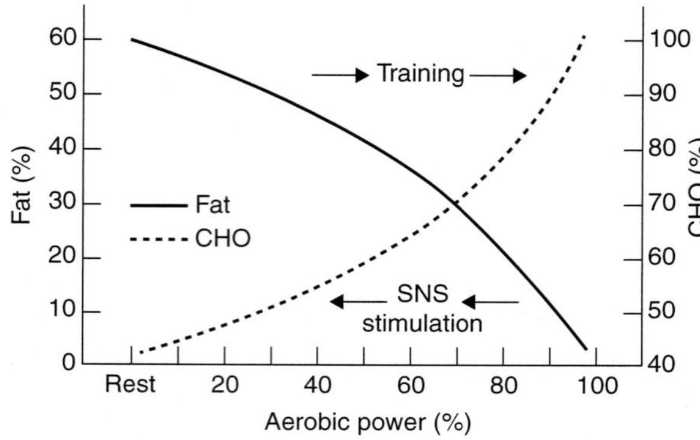

Entsprechend sind nach chronischem Training die Glykogenspeicher der Muskeln in Ruhe und die intra-muskulären Triglyceride erhöht, was zu einer effizienteren Nutzung der Substrate aufgrund der Nähe zum trainierenden Muskelgewebe führt. Darüber hinaus wird die Verfügbarkeit von extra-muskulären Brennstoffquellen durch die bereits im Abschn. „Molekulare Anpassungen" [12–15] erwähnten und diskutierten Veränderungen der Transporter verbessert.

Kurz gesagt, Ausdauertraining verschiebt die metabolische Energiebereitstellung hin zu einer größeren Abhängigkeit von Fetten als Brennstoff, was zu einer Einsparung von gespeicherten Kohlenhydraten führt. Abb. 3.3 veranschaulicht diese Veränderung der Substratverwertung durch das Training als Verschiebung des „Übergangspunkts" zu höheren Trainingsintensitäten. Gleichzeitig werden die Kohlenhydratspeicher (d. h. das Glykogen) aufgestockt. In Verbindung mit der bereits erwähnten molekularen Anpassung führt dies zu einer stark verbesserten Fähigkeit der ATP-Produktion während der Belastung, wodurch die Kapazität für körperliche Arbeit insgesamt und insbesondere bei höheren Intensitäten erhöht wird.

Anpassungen von Skelettmuskeln, Sehnen und Knochen

Die skelettal-muskulotendinöse Einheit ist ein bemerkenswertes Organsystem im menschlichen Körper und besitzt eine enorme Fähigkeit zur Plastizität. Die positiven Anpassungen in diesem System tragen wesentlich zur Leistungssteigerung im Zusammenhang mit Ausdauertraining bei [1, 2, 17].

In der Skelettmuskulatur ist die kleinste funktionelle Einheit, die aktiviert (d. h. rekrutiert) und für den Aufbau von Muskelspannung genutzt wird, die motorische Einheit und die Muskelfasern innerhalb dieser Einheit. Einzelne motorische Einheiten haben Fasern mit identischen Eigenschaften, aber der intakte gesamte Skelettmuskel besteht aus drei verschiedenen und unterschiedlichen Fasertypen. Die Nomenklatur, die zur Unterscheidung dieser Fasertypen verwendet wird, hat sich seit ihrer Identifizierung vor über 50 Jahren geändert, was beim Lesen der Literatur zu Verwirrung führen kann [2, 17, 18]. Hier wird das Benennungssystem mit römischen Ziffern verwendet, d. h. Typ I, Typ IIa und Typ IId/x. Typ I sind „langsam zuckende" oxidative Fasern, die eine langsame Krafterzeugung aufweisen, aber aufgrund eines hohen Mitochondriengehalts und einer hohen Expression oxidativer Enzyme sowie einer hohen Kapillardichte eine sehr gut ausgeprägte oxidative Kapazität besitzen. Typ IIa sind „schnell zuckende" oxidative Fasern, die relativ schnell Kraft erzeugen, aber ein ähnliches oxidatives Profil wie die Typ-I-Fasern aufweisen. Typ IId/x sind „schnell zuckende" Fasern mit einem hoch entwickelten glykolytischen Stoffwechselprofil (d. h. reich an glykolytischer Enzymexpression), schlechter Mitochondrien- und Kapillarentwicklung und Fähigkeit zur schnellen Kraftentwicklung. Entsprechend ergibt sich eine Ordnung basierend auf der Geschwindigkeit der Zuckungen wie folgt: IId/x > IIa > I (d. h. mehr oder weniger). Wissenschaftliche Untersuchungen, in denen Fasertypisierungen durchgeführt wurden, belegen, dass Athleten in Ausdauersportarten tendenziell einen höheren Anteil an Fasern des Typs I in der Muskulatur haben, die sie für ihre sportliche Aktivität nutzen [19]. Allerdings gibt es keine Belege dafür, dass der Fasertyp allein als starker Prädiktor für die Leistungskapazität dient [17, 19].

Bereits früher wurde festgestellt, dass Ausdauertraining Veränderungen des Mitochondriengehalts, der Expression oxidativer Enzyme und der Kapillardichte in den Skelettmuskelfasern begünstigt. Diese Merkmale sind Bestandteile der Klassifizierungskriterien für die Muskelfasertypisierung. Die trainingsbedingten Veränderungen dieser Merkmale werfen die Frage auf: „Führt körperliches Training zu einer Veränderung des Fasertyps?" Diese Frage wird in der Trainingswissenschaft schon seit langem gestellt, wobei bei der Untersuchung verschiedener Arten von Tieren widersprüchliche Ergebnisse erzielt wurden [1, 17]. Derzeit gibt es keine direkten experimentellen Beweise für eine Fasertypveränderung beim Menschen. Es ist wichtig zu bedenken, dass die Bestimmung des Fasertyps von einer Vielzahl neuronaler, metabolischer, funktioneller, histologischer und morphologischer Merkmale abhängt [3]. Nichtsdestotrotz verändert ein chronisches Ausdauertraining den biochemischen charakteristischen Phänotyp der Muskelfasern in Richtung des metabolischen Profils des Typs I, aber das Ausmaß einer solchen Veränderung variiert mit den einzelnen Fasertypen [1, 18]. Darüber hinaus gibt es zumindest einige Hinweise darauf, dass regelmäßiges Ausdauertraining (Radfahren) auch bei zuvor untrainierten Personen Muskelhypertrophie auslösen kann [20].

In diesem Zusammenhang wird das Krafttraining mit einer neuronalen und hypertrophen Adaptation in Verbindung gebracht, die zu einer Verbesserung der muskulären Kraft- und Leistungsfähigkeiten führt. Jahrelang wurde postuliert, dass Kraft- und Ausdauertraining die Anpassungsreaktionen jeder einzelnen Trainingsform beeinträchtigen. Neuere Arbeiten belegen jedoch, dass bei gleichzeitigem Ausdauer- und Krafttraining eine gewisse Optimierung des Ausmaßes der Muskelhypertrophie, der Maximalkraft und der Entwicklung der Ausdauerleistungsfähigkeit erreicht werden kann [20]. Diese Effekte wurden sowohl bei untrainierten als auch bei trainierten Läufern beobachtet und führen zu einer verbesserten Ausdauerleistungsfähigkeit [21].

Sehnen und Knochen sind für die Gesundheit und Funktionalität des Ausdauersportlers von entscheidender Bedeutung, werden aber im Vergleich zu einigen anderen adaptiven Komponenten, die in der Literatur diskutiert werden, nur selten so ausführlich behandelt [22–24]. Häufig konzentrieren sich die verfügbaren Diskussionen auf Verletzungen, Schäden oder Fehlanpassungen mit gesundheitsbezogenen Komorbiditäten wie Arthrose oder die Triade der weiblichen Athleten [24–26].

Sehnen zeigen eine gute Anpassungsfähigkeit an unterschiedliche Belastungen, die bei Ausdaueraktivitäten auftreten; das heißt, vorausgesetzt, der Zeitrahmen für die Anpassung ist ausreichend lang (z. B. Wochen, Monate und Jahre) und die Belastung progressiv [20]. Allerdings sind die Langzeiteffekte von chronischem Ausdauertraining auf den Zustand der Sehnen über die gesamte Lebensdauer wissenschaftlich nur unzureichend untersucht. Ähnlich steht es auch im Anpassungen der Knochen. Kontinuierliches Ausdauertraining scheint sich positiv auf die Knochengesundheit auszuwirken [23]. Insbesondere konstante Trainingsbelastungen, die aus hochfrequenten Stößen bestehen, stimulieren die osteogene Aktivität des Knochens in hohem Maße und fördern die Entwicklung dicker Kortikalis Knochen. Darüber hinaus ist Ausdauertraining ein guter Stimulus für die Verbesserung der Knochenfestigkeit durch Anpassung der geometrischen Modellierung. Diese Wirkung ist jedoch nicht bei allen Ausdauersportarten gleichermaßen gegeben. So wird beispielsweise das Laufen mit einer erhöhten Knochendichte, insbesondere in den Beinen, in Verbindung gebracht, während das Radfahren mit einer leichten Abnahme der Knochendichte in der Wirbelsäule einhergeht; und bei Sportlern, die beides betreiben, hat das Laufen einen stärkeren Einfluss als das Radfahren [27]. Diese Wirkungsunterschiede sind höchstwahrscheinlich auf die gewichtsbelastenden bzw. nicht gewichtsbelastenden Aspekte der Aktivitäten zurückzuführen.

Insgesamt führen diese adaptiven Reaktionen der Sehnen und Knochen in Folge von Ausdauertraining zu einer verbesserten Widerstandsfähigkeit gegenüber Verletzungen durch die chronische, sich wiederholende Belastungen. Chronische Überbeanspruchung oder Übertraining gelten allerdings als kontraproduktiv, und können das Verletzungsrisiko stark erhöhen (siehe Abschn. „Hormonell-endokrine Anpassungen") [22–28].

Hormonell-endokrine Anpassungen

Beim Menschen gibt es eine Vielzahl von Hormonen und hormonwirksamen Substanzen, die endokrine, parakrine und autokrine Wirkungen auf eine Vielzahl von Geweben entfalten. Diese Substanzen sind an der Regulierung zahlreicher physiologischer Prozesse beteiligt, z. B. des Stoffwechsels, des Wachstums und der Entwicklung, des Wasserhaushalts, der Herz-Kreislauf-Funktionen, der Immunantwort und der Stressreaktivität. Zahlreiche Forschungsergebnisse belegen, dass Ausdauertraining die Hormone, die für ihre Produktion verantwortlichen endokrinen Drüsen/Gewebe und damit die Prozesse, die diese Substanzen regulieren und steuern, tiefgreifend beeinflusst [2, 3].

Akute sportliche Belastung stimuliert das endokrine System stark und führt zu einer Vielzahl von hormonellen Veränderungen. Tab. 3.2 fasst die Auswirkungen eines einzigen akuten Ausdauertrainings (mit unterschiedlicher Intensität und Dauer)

Tab. 3.2 Verallgemeinerte hormonelle Reaktionen auf „akute" Ausdauerbelastungen unterschiedlicher Intensität und Dauer

Hormone	Wichtigste physiologische Funktion[a]	Reaktion auf die körperliches Training			
		Akut			Chronisch
		Kurzzeitige submaximale Belastungen	Hohe Intensität	Länger andauernde submaximale Belastungen	Ausdauertraining
		(z. B. <30 min; > LT)	(z. B. ≫ LT)	(z. B. >60 min; <LT)	
ACTH	Adrenoregulierung	↑	↑↑	↑↑	↔, ↓
AVP	Flüssigkeitszufuhr	↑ (>50 % VO_{2max})	↑↑	↑↑	↔
Aldosteron	Flüssigkeitszufuhr	↑	↑↑	↑↑	↔
Katecholamine	Katabolisch (z. B. Lipolyse, Glykogenolyse), kardio-regulierend	↑	↑↑	↑↑	↔, ↓
Cortisol	Katabolismus (z. B. Lipolyse, Proteolyse), Stressreaktivität	↑ (>60 % VO_{2max})	↑↑	↑↑	↔, ↓
Estradiol-β-17	Knochenstoffwechsel, Katabolismus (z. B. Lipolyse), Fortpflanzung	↑	↑	↑ ↓ (falls übermäßig)	↔, ↓
FSH-LH	Fortpflanzung	↑	↑, ↔	↑, ↓, ↔	↓
Glucagon	Glucoregulierung	↑	↑	↑↑	↓
Wachstumshormon	Anabolika (z. B. Myoplastizität, Osteogenese)	↑	↑↑	↑↑	↔, ↑
Insulin	Glukoseregulation	↓	↓	↓	↓
Nebenschilddrüse	Kalzium-Stoffwechsel	↑	↑	↑	↔
Prolaktin	Immunsystem, Stressreaktivität	↑	↑↑	↑↑	↑, ↓

(Fortsetzung)

Tab. 3.2 (Fortsetzung)

Hormone	Wichtigste physiologische Funktion[a]	Reaktion auf die körperliches Training			
		Akut			Chronisch
		Kurzzeitige submaximale Belastungen	Hohe Intensität	Länger andauernde submaximale Belastungen	Ausdauertraining
Progesteron	Fortpflanzung	↑	↑	↑ ↓ (falls übermäßig)	↔, ↓
Testosteron	Anabolika (z. B. Myoplastizität, Gluconeogenese, Erythropoese)	↑	↑	↑ ↓ (falls übermäßig)	↔, ↓
T_4-T_3	Kalorigenese, endo-permissiv	↔	↔	↑, ↓	↔, ↓
TSH	Thermoregulierung	↑	↔, ↑	↔, ↑	↔

Der Einfluss eines „chronischen" Ausdauertrainings auf die hormonelle Akutantwort auf eine Belastung wird ebenfalls dargestellt [z. B. ist das ACTH nach dem Training immer noch ↑, aber das Ausmaß des ↑ ist entweder unverändert (↔) oder leicht verringert (↓)]

Abkürzungen/Symbole: *LT* Laktatschwelle, ↑ Anstieg, ↑↑ starker Anstieg, ↓ Rückgang, ↔ keine Veränderung, *ACTH* adrenocorticotropes Hormon, *AVP* Arginin-Vasopressin, *FSH-LH* Follikel-stimulierendes Hormon-Luteinisierendes Hormon, T_4-T_3 Thyroxin-Triiodthyronin, *TSH* Schilddrüsen-stimulierendes Hormon

[a]Wichtigste Rolle in Bezug auf die körperliche Belastung

auf die wichtigsten menschlichen Hormone zusammen; *im* Wesentlichen dient der Trainingsreiz als Stressor, der zu einem Anstieg der zirkulierenden Hormonspiegel führt (Ausnahme → Insulin↓) – je anspruchsvoller der Trainingsstress, desto stärker die Reaktion. Tab. 3.2 zeigt auch, wie sich ein (chronisches) Ausdauertraining auf die Hormonreaktion auf nachfolgende Trainingseinheiten auswirkt, d. h., verallgemeinert gesagt, die Trainingsanpassungen spiegelt sich in einer Reduktion des Blutspiegels der Hormone in Ruhe und als Reaktion auf eine akute Trainingseinheit nach dem Training wider [28–31]. Je größer die allgemeine Trainingsanpassung ist, desto größer ist in der Regel die Abschwächung der hormonellen Akutreaktion auf das Training. Eine Ausnahme bildet das maximale oder supramaximale Training. In diesen Situationen ermöglichen die Trainingsanpassungen eine höhere Arbeitsbelastung bei maximalen oder supramaximalen Anstrengungen, und die erreichte höhere Arbeitsbelastung führt zu einem größeren physiologischen Reiz und damit in der Regel zu einer stärkeren hormonellen Akutreaktion [28, 29].

In den meisten Fällen sind die hormonellen Auswirkungen (Anpassungen) bei gut konzipierten und durchgeführten Ausdauertrainingsprogrammen äußerst positiv und führen zu einer verbesserten körperlichen Leistungsfähigkeit und erleichtern durch genomische und nichtgenomische Prozesse viele der in diesem Kapitel bereits erwähnten Anpassungsprozesse [28–30]. Bedauerlicherweise können jedoch schlecht geplante oder durchgeführte Trainingsprogramme zu kontraproduktiven Hormonreaktionen und negativen physiologischen Folgen (Fehlanpassungen) führen.

Die verringerten hormonellen Akutantworten nach einem Ausdauertraining kommen durch eine höhere Empfindlichkeit des Zielgewebes gegenüber dem hormonellen Reiz und durch eine geringere Menge an neuralen, humoralen und hormonellen Reizen zustande, die das Blut und andere Körperflüssigkeiten, die die verschiedenen endokrinen Drüsen regulieren, stören [29]. In Bezug auf den ersten Punkt der Empfindlichkeit erhöhen viele Zielgewebe als Reaktion auf ein Trainingsprogramm die Expression funktioneller Hormonrezeptoren. Auch wird die Rezeptoraffinität für Hormone erhöht, und die Postrezeptor-Verstärkungsmechanismen in den Zellen der Zielgewebe werden typischerweise verstärkt. Im Wesentlichen führen all diese Veränderungen dazu, dass ein Zielgewebe weniger durch Hormone gesteuerte Signale benötigt, um ein physiologisches Ergebnis/eine Veränderung der „Downstream"-Ereignisse in den Zellen zu bewirken [31–33].

Hormonell-endokrine Fehlanpassungen

Wird das Training mit Blick auf die Intensität des Trainings oder den Gesamtumfang exzessiv oder zusätzliche private Belastungen hinzu, ist es möglich, dass eine maladaptive Hormonreaktion auftritt. Solche Reaktionen sind in der Regel mit Überlastungs- oder Übertrainingsszenarien verbunden [34]. Kurz gesagt, wenn eine Person einer allmählich ansteigenden „Trainingsüberlastung" ausgesetzt wird und entsprechende Regenerationsphasen berücksichtigt werden, kommt es in der Regel zu positiven Anpassungen und einer entsprechenden Leistungssteigerung. Ist die Belastung jedoch zu hoch bzw. sind die Regenerationsphasen zu kurz, kommt es zu Fehlanpassungen und einer Leistungseinbuße. Das heißt, die Zustände können sich von „normalem“ Training zu „überforderndem“ Training und schließlich zu „Übertraining“ ändern. Wenn diese Entwicklung nicht kontrolliert wird, kann der Sportler schließlich die klinischen Merkmale des Übertrainingssyndroms, einer ernst zu nehmenden Erkrankung, entwickeln und zeigen [34, 35].

Untersuchungen bei Ausdauersportlern, bei denen eine Überlastung vermutet wird, deuten darauf hin, dass die Reaktion des endokrinen Systems in zwei Phasen verläuft: eine anfängliche Hyperaktivitätsphase, gefolgt von einer späteren Hypoaktivitätsphase [35, 36]. In der Hyperaktivitätsphase wurden Erhöhungen der zirkulierenden Hormonspiegel, wie z. B. des adrenokortikotropen Hormons, des Cortisols, des Prolaktins und der Katecholamine, in Ruhe und/oder als Akutreaktion auf eine Trainingseinheit berichtet [35, 36]; diese hormonellen Befunde sind jedoch nicht zwingend allgemeingültig [34]. Diese Hyperaktivitätsphase könnte auf die Überlastung im Trainingskontinuum zurückzuführen sein. Interessanterweise muss dabei berücksichtigt werden, dass Erholungsphasen (~2 Wochen) auch nach einer kurzfristigen Überlastung zum Teil zu verbesserten Anpassungen und entsprechenden Leistungssteigerungen führen können (d. h. Tapering) [34]. Die Phase der Hypoaktivität scheint eher dem klassischen „Übertrainingszustand“ bzw. dem Auftreten der medizinischen Manifestation des Übertrainingssyndroms zu entsprechen, d. h. einem Zustand chronischer Müdigkeit, Lethargie und verminderter Leistungsfähigkeit. In dieser Phase kommt es zu einer Unterdrückung bestimmter glukoregulatorischer und reproduktiver Hormone [36, 37]. Die Entwicklung der Hypoaktivitätsphase scheint die schwerwiegendere Folge zu sein, da sie monatelange Ruhe- und Erholungsphasen des Sportlers erfordern kann, um die normale endokrine Funktion und Leistungsfähigkeit wiederherzustellen [36]. Ob dieser Zustand und die damit verbundenen abgeschwächten hormonellen Akutreaktionen eine Erschöpfung der endokrinen Drüsen oder eine Dysregulation der hormonellen Steuerung darstellen, bleibt unklar.

Der genaue physiologische Mechanismus für die Entstehung des Übertrainings-Syndroms ist nicht bekannt. Allerdings wurde über viele Jahre angenommen, dass es bis zu einem gewissen Grad das letzte Stadium (Erschöpfung) des Modells des Allgemeinen Anpassungssyndroms von Selye widerspiegelt [38]. Dr. Lucille Lakier Smith [39] schlug jedoch im Jahr 2004 vor, dass Übertraining zu einer übermäßigen Belastung des Bewegungsapparats führt, ein Zustand welcher durch unzureichende Ruhezeiten, Erholung und schlechte Ernährung noch verstärkt wird und zu gewebeschädigungsbedingten lokalen und systemischen entzündlichen Prozessen führt. Die Konzentration pro-inflammatorischer Zytokine wie IL-6, TNF-α und IL-1β werden erhöht und wirken auf mehreren Ebenen der Hypothalamus-Hypophysen-Nebennierenrinden-Achse (HPA-Achse), wodurch die Hormone dieser Achse beeinflusst werden. Dies wiederum geht mit Veränderungen der Stimmungslage sowie Beeinträchtigungen der sexuellen Funktion, des Stoffwechsels und der kardiovaskulären Funktion einher [36, 39]. Darüber hinaus können Veränderungen dieses Zytokinkonzentrationen eine Unterdrückung der zellvermittelten Aspekte des adaptiven Immunsystems begünstigen. Dadurch entsteht ein erhöhtes Risiko für Infektionen und dem Krankheitsgefühl, welches mit vielen der bei übertrainierten Sportlern festgestellten Merkmale in Verbindung gebracht wird [40, 41]. Dieser vorgeschlagene Mechanismus umfasst zwar nicht die gesamte Symptomatik, bringt aber viele der wichtigsten pathogenen und klinischen Manifestationen, die mit dem Übertrainingssyndrom in Verbindung gebracht werden, in Einklang. Dennoch sind weitere experimentelle Untersuchungen und empirische Daten zu diesem Thema erforderlich.

Eine relativ neue Terminologie im Zusammenhang mit körperlicher Belastung und endokrin bedingter Fehlanpassung ist die sogenannte „Relative Energy Deficiency in Sports" (RED-S). Dieser Begriff wurde von einer Arbeitsgruppe der Medizinischen Kommission des Internationalen Olympischen Komitees als neue Bezeichnung für die reproduktiven endokrinen Störungen vorgeschlagen, von denen weibliche und männliche Athleten betroffen sind [42] und die typischerweise in Ausdauersportarten besonders häufig auftreten. Bei diesen Störungen handelt es sich im Wesentlichen um die „Female Athlete Triad" und die „Exercise-Hypogonadal Male Condition" (EHMC) [43, 44]. RED-S wurde als geschlechtsübergreifender Sammelbegriff vorgeschlagen. Es besteht eine gewisse Kontroverse darüber, ob dieser Begriff für beide Geschlechter geeignet ist. Die Ätiologie der weiblichen Triade, die mit der Energiezufuhr und -verfügbarkeit zusammenhängt (d. h. Energiemangel), ist gut dokumentiert, aber in Bezug auf EHMC ist dieser Punkt nicht ganz schlüssig und muss noch weiter untermauert werden [44]. Nichtsdestotrotz sind beide Erkrankungen mit einer endokrinen Dysregulation der HPA- und Hypothalamus-Hypophysen-Gonaden-Achse verbunden.

Zusammenfassung

Ausdauertraining hat die Fähigkeit, eine Vielzahl von Körpersystemen zu beeinflussen. Die Auswirkungen zeigen sich in Veränderungen der Ruhe- und Belastungsreaktionen bei fast allen physiologischen Parametern. Der Nettoeffekt dieser Veränderungen besteht darin, dass sich die Fähigkeit und Effizienz des Körpers zur Durchführung längerer aerober Belastungen verbessert. Diese adaptiven Veränderungen erstrecken sich über das gesamte Kontinuum der menschlichen Struktur: Molekulare, zelluläre, gewebliche, organische und organismische Systeme. Zu diesem Zweck sind die wichtigsten adaptiven Veränderungen beim Ausdauertraining folgende:

- ↑ Mitochondriale Biogenese
- ↑ Angiogenese
- ↑ Fettoxidation
- ↑ VO_{2max} (über ↑ CO und a-v O_2 Differenz)
- ↑ Fähigkeit, mit höherer fraktioneller Auslastung der VO_{2max} zu arbeiten
- ↑ Bewegungsökonomie
- ↑ Muskulotendinöse Elastizität
- ↑ Knochenmineraldichte (d. h. gewichtsbelastende Aktivitäten)

- ↑ Empfindlichkeit des Hormon-Zielgewebes
- ↑ Endokrine „nachgelagerte“ Reaktionen

Es ist wichtig sich vor Augen zu führen, dass diese Anpassungen nicht nur für den Ausdauersportler entscheidend sind, sondern auch für die Verbesserung der Gesundheit und des Wohlbefindens der Allgemeinheit. Bedauerlicherweise hat sich die überwiegende Mehrheit der Forschungsarbeiten über die Anpassungsprozesse bei körperlichen Belastungen auf Männer konzentriert, wobei davon ausgegangen wurde, dass die Erkenntnisse von Männern direkt auf Frauen übertragbar sind. Bei einigen Parametern ist diese Annahme zutreffend, aber nicht bei allen, und es sind noch weitere Untersuchungen erforderlich, um die adaptiven Reaktionen von Frauen auf Ausdauertraining zu verstehen [45].

Literatur

1. Hamilton MT, Booth FW. Skeletal muscle adaptation to exercise: a century of progress. J Appl Physiol. 2000;88(1):327–31.
2. Hackney AC. Exercise, sport, and bioanalytical chemistry: principles and practice. New York: Elsevier; 2016.
3. Stegemann J. Exercise physiology: physiologic bases of work and sport. Stuttgart: Georg Thieme; 1981.
4. Coffey VG. The molecular basis of endurance training adaption. In: Mujika I, Herausgeber. Endurance training: science and practice. Vitoria-Gasteiz: I. Mujika S.L.U.; 2012.
5. Lira VA, Benton CR, Yan Z, Bonen A. PGC-1α regulation by exercise training and its influences on muscle function and insulin sensitivity. Am J Physiol Endocrinol Metab. 2010;299(2):E145–61.
6. Coffey VG, Hawley JA. The molecular basis of training adaptation. Sports Med. 2007;37:737–63.
7. van der Schaft D, van Spreeuwel AC, van Assen HC, Baaijens F. Mechanoregulation of vascularization in aligned tissue engineered muscle: a role for VEGF. Tissue Eng Part A. 2011;17:2857–65.
8. Egan B, Zierath JR. Exercise metabolism and molecular regulation of skeletal muscle adaptation. Cell Metabolism. 2013;17(2):162–184.
9. Warburton DER, Bredin SSD. Cardiovascular adaptation to endurance training. In: Mujika I, Herausgeber. Endurance training: science and practice. Vitoria-Gasteiz: I. Mujika S.L.U.; 2012.
10. Ekblom B, Astrand PO, Saltin B, Stenberg T, Wallstrom B. Effects of training on circulatory to exercise. J Appl Physiol. 1968;24:518–28.
11. Ekblom B, Hermansen L. Cardiac output in athletes. J Appl Physiol. 1968;25:619–25.
12. Coyle EF. Substrate utilization during exercise in active people. Am J Clin Nutr. 1995;61:968S–79S.
13. Henriksson J. Training induces adaptation of skeletal muscle and metabolism during submaximal exercise. J Physiol. 1977;270:661–75.
14. Holliday A, Jeukendrup AE. The metabolic adaptation to endurance training. In: Mujika I, Herausgeber. Endurance training: science and practice. Vitoria-Gasteiz: I. Mujika S.L.U.; 2012.
15. Kiens B, Essen-Gustavsson B, Christensen NJ, Saltin B. Skeletal muscle substrate utilization during submaximal exercise in man: effects of endurance training. J Appl Physiol. 1993;469:459–78.
16. Brooks GA, Mercier J. Balance of carbohydrate and lipid utilization during exercise: the „cross-over“ concept. J Appl Physiol. 1994;76(6):2253–2261.

17. Hawley JA. Adaptation to prolonged, intense endurance training in human skeletal muscle. In: Mujika I, Herausgeber. Endurance training: science and practice. Vitoria-Gasteiz: I. Mujika S.L.U.; 2012.
18. Holloszy JO, Coyle EF. Adaptations of skeletal muscle to endurance exercise and their metabolic consequences. J Appl Physiol. 1984;56:831–8.
19. Joyner MJ, Coyle EF. Endurance exercise performance: the physiology of champions. J Physiol. 2008;586:35–44.
20. Mikkola J, Rusko H, Izquierdo M, Gorostiaga EM, Häkkinen K. Neuromuscular and cardiovascular adaptations during concurrent strength and endurance training in untrained men. Int J Sports Med. 2012;33(9):702–10.
21. Mikkola J, Vesterinen V, Taipale R, Capostagno B, Häkkinen K, Nummela A. Effect of resistance training regimens on treadmill running and neuromuscular performance in recreational endurance runners. J Sports Sci. 2011;29(13):1359–71.
22. Kannus P. Structure of the tendon connective tissue. Scand J Med Sci Sports. 2000;10:312–20.
23. Kannus P, Sievänen H. Tendon and bone adaptation to endurance training. In: Mujika I, Herausgeber. Endurance training: science and practice. Vitoria-Gasteiz: I. Mujika S.L.U.; 2012.
24. Sievänen H. Immobilization and bone structure in humans. Arch Biochem Biophys. 2010;38:597–600.
25. Harkey MS, Luc BA, Golightly YM, Thomas AC, Driban JB, Hackney AC, Pietrosimone B. Osteoarthritis-related biomarkers following anterior cruciate ligament injury and reconstruction: a systematic review. Osteoarthritis Cartilage. 2015;23(1):1–12.
26. Matzkin E, Curry EJ, Whitlock K. Female athlete triad: past, present, and future. J Am Acad Orthop Surg. 2015;23(7):424–32.
27. Stewart SD, Hannan J. Total and regional bone density in male runners, cyclists, and controls. Med Sci Sports Exerc. 2000;32(8):1373–7.
28. Galbo H. Hormonal and metabolic adaptation to exercise. Stuttgart: Georg Thieme; 1983.
29. Hackney AC. Stress and the neuroendocrine system: the role of exercise as a stressor and modifier of stress. Expert Rev Endocrinol Metab. 2006;1(6):783–92.
30. McMurray RG, Hackney AC. The endocrine system and exercise. In: Garrett W, Kirkendall D, Herausgeber. Exercise & sports science. Philadelphia: Williams & Wilkins; 2000. S. 135–162.
31. Viru A, Viru M. Biochemical monitoring of sports training. Champaign: Human Kinetics Publishing; 2001.
32. Lavoie C. Glucagon receptors: effect of exercise and fasting. Can J Appl Physiol. 2005;30(3):313–27.
33. Bricout VA, Germain PS, Serrurier BD, Guezennec CY. Changes in testosterone muscle receptors: effects of an androgen treatment in physically trained rats. Cell Mol Biol (Noisy-legrand). 1994;40(3):291–4.
34. Meeusen R, Duclos M, Gleeson M, Rietjens G, Steinacker J, Urhausen A. Prevention, diagnosis and treatment of the overtraining syndrome: ECSS position statement 'Task Force'. Eur J Sports Sci. 2006;6(1):1–14.
35. Lehmann M, Lormes W, Opitz-Gress A, Steinacker J, Netzer N, Foster C, Gastmann U. Training and overtraining: an overview and experimental results in endurance sports. J Sports Med Phys Fitness. 1997;37:7–17.
36. Fry AC, Steinacker JM, Meeusen R. Endocrinology of overtraining. In: Kraemer WJ, Rogol AD, Herausgeber. The endocrine system in sports and exercise. Oxford: Blackwell Publishing; 2005. S. 584–593.
37. Barron JL, Noakes TD, Levy W, Smith C, Millar RP. Hypothalamic dysfunction in overtrained athletes. J Clin Endocrinol Metab. 1985;60:803–6.
38. Selye H. A syndrome produced by diverse nocuous agents. Nature. 1936;138:32–6.
39. Smith LL. Tissue trauma: the underlying cause of the overtraining syndrome? J Strength Cond Res. 2004;18:185–93.
40. Robson PJ. Elucidating the unexplained underperformance syndrome in endurance athletes. Sports Med. 2003;33:771–81.

41. Robson-Ansley PJ, Blannin A, Gleeson M. Elevated plasma interleukin-6 levels in trained male triathletes following an acute period of intensive interval training. Eur J Appl Physiol. 2007;99:353–60.
42. Mountjoy M, Sundgot-Borgen J, Burke L, Carter S, Constantini N, Lebrun C, Meyer N, Sherman R, Steffen K, Budgett R, Ljungqvist A. The IOC consensus statement: beyond the Female Athlete Triad – Relative Energy Deficiency in Sport (RED-S). Br J Sports Med. 2014;48(7):491–7.
43. Hackney AC. Effects of endurance exercise on the reproductive system of men: the "exercise-hypogonadal male condition". J Endocrinol Invest. 2008;31(10):932–8.
44. Lane AR, Hackney AC. Reproductive dysfunction from the stress of exercise is not gender specific: the "exercise hypogonadal male condition". J Endocrinol Diabet. 2014;1(2):4–5.
45. Prakash MD, Stojanovska L, Nurgali K, Apostolopoulos V. Exercise in menopausal women. In: Hackney AC, Herausgeber. Sex hormone, exercise, and women. New York: Springer; 2017.

Neuronale Anpassungen an Ausdauertraining

4

Guillaume Y. Millet und John Temesi

Neuronale Anpassungen an Krafttraining sind in der Literatur sehr gut beschrieben, auch wenn der Zugang zu neueren Technologien (bspw. transkranielle Magnetstimulation [TMS]) stetig neue Erkenntnisse liefert. Die neuronalen Anpassungen an Ausdauertraining sind weniger gut beschrieben und werden in der Regel als viel geringer angesehen als die nach einem Krafttraining beobachteten Effekte. In diesem Kapitel wird nicht die eigentliche Definition von Ausdauer verwendet, nämlich die Fähigkeit, einen hohen Prozentsatz der maximalen Sauerstoffaufnahme (VO_{2max}) aufrechtzuerhalten. Stattdessen wird der allgemeine Sprachgebrauch des Wortes Ausdauer verwendet, d. h. lang andauernde Belastungen mit niedriger Intensität, in der Regel unter Einsatz großer Muskelmasse, wie bspw. Radfahren, Laufen und Skilanglauf. Die Theorie der chronischen Anpassungen steht im Zusammenhang mit akuten negativen Auswirkungen und der Regeneration (z. B. [1, 2]). Im ersten Teil dieses Kapitels werden die Verfahren zur Bestimmung neuronaler Anpassungen kurz beschrieben. Anschließend liegt der Fokus auf den neuronalen Akutantworten, die durch eine einzelne Ausdauertrainingseinheit ausgelöst werden. Am Ende dieses zweiten Abschnitts wird ein besonderes Augenmerk auf den Unterschied zwischen Ausdauerlauf und Radfahren/Langlauf gelegt. Der dritte Teil dieses Kapitels widmet sich dann den chronischen neuronalen Anpassungen nach Ausdauertraining.

G. Y. Millet (✉) · J. Temesi
Faculty of Kinesiology, Human Performance Laboratory, University of Calgary, Calgary, Kanada
E-Mail: gmillet@ucalgary.ca

M. Schumann, B. R. Rønnestad (Hrsg.), *Kombiniertes Ausdauer- und Krafttraining*, https://doi.org/10.1007/978-3-031-36310-8_4

Methoden zur Bewertung neuronaler Anpassungen

Die zur Bestimmung der neuronalen Anpassungen verwendeten Methoden sind in Abb. 4.1 beschrieben. Die zur Bewertung der neuromuskulären Ermüdung und der Trainingsanpassungen verwendeten Messgrößen sind die Kraft und die (in der Regel auf der Oberfläche gemessene) elektromyographische Aktivität (EMG). Zur Durchführung der EMG-Testung werden Elektroden auf dem/den zu erfassenden Muskel(n) (Agonist und Antagonist) angebracht, um die elektrische Aktivität (d. h. die Summe der Aktionspotenziale) in den Muskeln zu messen. Die Kraft wird im Allgemeinen isometrisch über einen Kraftaufnehmer gemessen. Der Goldstandard für die Evaluation der zentralen Ansteuerung und der Entstehung zentraler Ermüdung ist die willkürliche Aktivierung (VA), die mittels Muskelstimulation (d. h. „interpolated twitch") gemessen wird. Während einer maximalen willkürlichen Kontraktion (MVC) wird ein supramaximaler elektrischer Reiz auf den peripheren Nerv oder den Muskel gegeben, und die daraus resultierende überlagerte Zuckung (d. h. die durch den Reiz hervorgerufene zusätzliche Kraft) wird mit einer Zuckung (die evozierte mechanische Reaktion auf einen supramaximalen Reiz) verglichen, die durch eine supramaximale elektrische Stimulation unmittelbar danach im ruhenden Muskel hervorgerufen wird [4]. Dies ermöglicht einen Vergleich zwischen der Kraft, die durch die Rekrutierung aller nicht willkürlich rekrutierten motorischen Einheiten (MUs) erzeugt wird (theoretisch werden alle MUs während MVCs rekrutiert), und der maximalen Kraftkapazität bei gleichzeitiger Rekrutierung aller MUs im Muskel. Während diese Methode nur die Ermüdung der zentralen Kompo-

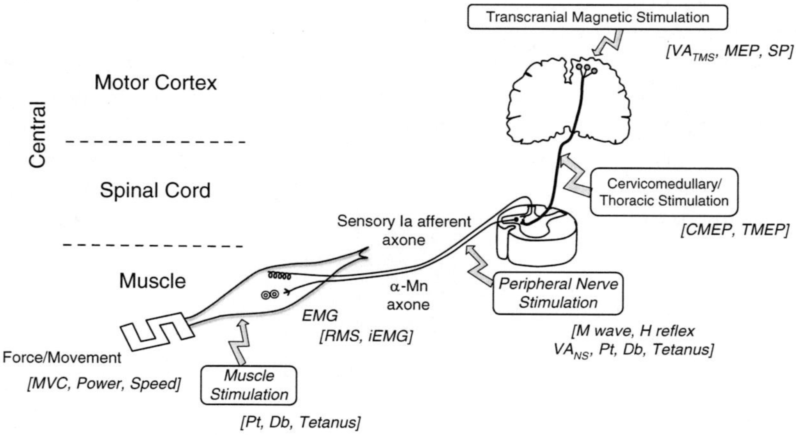

Abb. 4.1 Neuromuskuläre Funktion: Wie kann sie gemessen werden? Modifiziert von [3]. Die wichtigsten Ergebnisse sind kursiv dargestellt. *CMEP* zervikomedulläres motorisch evoziertes Potenzial, *Db* Doublette, *H-Reflex* Hoffmann-Reflex, *iEMG* integriertes EMG, *MEP* motorisch evoziertes Potenzial, *MVC* maximale willkürliche Kontraktion, *M-Welle* zusammengesetztes Muskelaktionspotenzial, *NS* Nervenstimulation, *Pt* Spitzenzuckung, *RMS* root mean square, *SP* Innervationsstille, *TMEP* thorakales motorisch evoziertes Potenzial, *TMS* transkranielle Magnetstimulation, *VA* maximale willkürliche Aktivierung

nente als Ganzes (d. h. des zentralen Nervensystems einschließlich des Gehirns und der Motoneuronen) quantifiziert, liefert die Untersuchung der VA mit TMS Informationen über die supraspinale Ermüdung [5]. Ein methodischer Unterschied bei der Nutzung von TMS zur Bestimmung der VA besteht darin, dass die Zuckungen unter Ruhebedingungen aus durch Stimulation provozierten Zuckungen über eine Reihe von Kontraktionen zwischen 50 und 100 % der MVC geschätzt werden muss. Der Grund dafür liegt in der raschen Zunahme der Erregbarkeit der kortikospinalen Bahnen beim Übergang von Ruhe zu leichten/mittelschweren willkürlichen Kontraktionen.

Andere Methoden zur Evaluation der neuronalen Ansteuerung der Muskeln nutzen das EMG. Die elektrische Gesamtaktivität des Muskels (d. h. die zentrale Innervation) wird gewöhnlich als Root Mean Square (RMS) oder integriertes EMG (iEMG) ausgedrückt. Die supramaximale Stimulation des motorischen Nervs während nahezu maximal oder maximaler willkürlicher Kontraktionen kann auch zur Provokation von V-Wellen genutzt werden. V-Wellen sind das Resultat von Kollisionen zwischen evozierten antidromen und willkürlichen orthodromen Impulsen und der daraus resultierenden Reflexantwort. Nur Axone, die aktiv an der willkürlichen Kontraktion beteiligt sind, tragen zur anschließenden EMG-Antwort bei [6].

Die Erregbarkeit der Motoneuronen kann durch submaximale Stimulation des motorischen Nervs in einem entspannten oder leicht kontrahierenden Muskel beurteilt werden, welcher notwendig ist, um einen afferenten Impuls auszulösen, bevor die Motoneuronen rekrutiert werden. Die resultierende EMG-Antwort wird als Hoffmann-Reflex (H-Reflex) bezeichnet. Diese Methode gibt zwar Aufschluss über die Erregbarkeit der Motoneuronen, ist jedoch auf bestimmte Muskeln (z. B. Soleus, SOL) beschränkt und wird durch präsynaptische Hemmung beeinflusst [6]. Zunehmend verbreitet ist die Durchführung der spinalen Stimulation durch direkte (meist elektrische) Stimulation der efferenten Bahnen im Rückenmark. Die transmastoidale Stimulation liefert Informationen über die Erregbarkeit des Motoneuronenpools und löst zervikomedulläre motorisch evozierte Potenziale (CMEP) in den Muskeln der oberen Gliedmaßen aus, die als EMG aufgezeichnet werden [7]. Da es schwierig ist, CMEPs in den unteren Gliedmaßen zu provozieren, wird die spinale Stimulation im Allgemeinen auf der oberen Thorax-Ebene durchgeführt, um thorakale motorisch evozierte Potenziale (TMEP) auszulösen [6].

Bei der Untersuchung der kortikalen Erregbarkeit wird mittels TMS ein Magnetimpuls an den motorischen Kortex abgegeben, der die pyramidalen Axone trans-synaptisch erregt und eine Reaktion hervorruft, die über die Motoneuronen an den Muskel weitergeleitet und im EMG als motorisch erregtes Potenzial (MEP) aufgezeichnet wird [8]. Da das MEP ein Indikator für die Erregbarkeit der gesamten kortikospinalen Bahn ist, muss es auf ein entsprechendes CMEP oder TMEP normiert werden, das zur gleichen Zeit und unter den gleichen Bedingungen ausgelöst wurde, um die kortikale Erregbarkeit zu isolieren. Ein weiterer TMS-ausgelöster Parameter, die Innervationsstille (in English „silent period", SP), wird gemeinhin als Indikator für die intrakortikale Hemmung angesehen, obwohl die ersten 150 ms hauptsächlich von spinalen Mechanismen und erst danach von kortikalen Mechanismen beeinflusst werden [9].

Da EMG auf Muskelebene aufgezeichnet wird, müssen Methoden, die EMG-Aufnahmen zur Quantifizierung der zentralen Ermüdung und der Veränderungen der motoneuronalen und kortikospinalen Erregbarkeit verwenden, alle Veränderungen berücksichtigen, die innerhalb des Muskels auftreten. Die supramaximale Stimulation des motorischen Nervs löst im EMG ein zusammengesetztes Muskelaktionspotenzial (M-Welle, Mmax) aus, das auf die sarkolemmale Ausbreitung im Muskel hinweist. M-Wellen, die zur gleichen Zeit und im gleichen Muskelzustand ausgelöst werden, werden zur Normalisierung der EMG-Signale verwendet, um muskuläre Veränderungen zu berücksichtigen.

Es ist jedoch wichtig, die Limitationen der oben genannten Methoden zur Evaluation neuronaler Anpassungen und akuter Veränderungen zu verinnerlichen. Methoden wie die V-Welle und der H-Reflex werden unter sehr spezifischen Bedingungen durchgeführt, die möglicherweise nicht immer auf praxisnah durchzuführen sind [6]. Die beobachteten Veränderungen der MEPs und SPs unter Ermüdungsbedingungen können auch durch die TMS-Stimulusintensität allein beeinflusst werden [10] und, wie im späteren Abschnitten beschrieben, zu widersprüchlichen Ergebnissen bei ein und derselben Trainingseinheit führen. Die Methoden werden aber stetig weiterentwickelt, so dass Untersuchungen sowohl die Art als auch das Ausmaß der Ermüdung genauer erfassen können. Ein Beispiel für eine aktuelle methodische Entwicklung ist ein neues Fahrradergometer, das eine dynamische Belastung und anschließende isometrische neuromuskuläre Untersuchungen innerhalb von ~1 s nach Ende der Belastung ermöglicht [11]. Mit diesem neuartigen Ergometer entfällt die Erholungsphase zwischen dem Ende der Belastung und der Durchführung des Tests. Da sich ermüdungsbedingte neuromuskuläre Veränderungen schnell, manchmal innerhalb von Sekunden, wieder normalisieren, sind dies entscheidende Entwicklungen zur noch genaueren Beurteilung der neuromuskulären Ermüdung [12–14].

Akute neuronale Veränderungen nach einer akuten Ausdauer-Trainingseinheit: Zentrale Ermüdung

Definition von neuromuskulärer Ermüdung und ihrer zentralen Komponente

Ermüdung ist die Verringerung der Fähigkeit, willkürliche Kraft zu erzeugen (bspw. [15]). Die Ermüdung kann weiter unterteilt werden in periphere und zentrale Ermüdung. Periphere Ermüdung tritt distal der neuromuskulären Verbindung auf. Zentrale Ermüdung tritt innerhalb des zentralen Nervensystems auf und führt zu einer Abnahme der maximalen neuralen Innervierung des Muskels. Dies äußert sich meist in einer Abnahme der Fähigkeit, einen Muskel willkürlich maximal zu kontrahieren, und die auftretende Ermüdung kann je nach verwendeter Technik entweder in der gesamten zentralen Komponente (d. h. im Gehirn und in den Motoneuronen) oder ausschließlich auf der supraspinalen Ebene (d. h. im Gehirn) festgestellt werden (siehe Abschn. „Methoden zur Bewertung neuronaler Anpassungen" für einen Überblick über die Methoden zur Erfassung der Ermüdung).

Zentrale Ermüdung durch Ausdauertraining

In zahlreichen Studien wurde die Ätiologie einer akuten, ermüdenden Ausdauerbelastung (d. h. einer einzelnen Trainingseinheit) untersucht. Eine zentrale Ermüdung wurde nach akuten Trainingseinheiten beobachtet, insbesondere beim Radfahren und Laufen. Daher konzentriert sich dieses Kapitel ausschließlich auf die Muskelgruppen der Knieextensoren und der Plantarflexoren, da diese Muskelgruppen direkt mit dem Radfahren und Laufen in Verbindung stehen. Bei den Knieextensionsmuskeln nimmt das Ausmaß der supraspinalen Ermüdung (d. h. die Abnahme der VA_{TMS}) mit zunehmender Trainingsdauer zu, und zwar von etwa 8–11 % bei einem mehrstündigen Training [16, 17] auf 16 % bei einem Training von mehr als 13 h [10]. Eine Ausnahme bilden Klass et al. [18], die nach 60 min Radfahren bei 55 % der maximalen aeroben Leistung (Wmax), gefolgt von einem ~30-minütigen Zeitfahren, keine Veränderung des VA_{TMS} feststellten; allerdings wurde der VA_{TMS} 10 min nach Beendigung des Radfahrens gemessen. Das Ausmaß der zentralen Ermüdung der Knieextensoren steigt von < 20 % bei einer Trainingsdauer von bis zu 5 h (z. B. [16, 19–22]) auf > 25 % bei einer Trainingsdauer von über 13 h [10, 20, 21]. Das Ausmaß der zentralen Ermüdung, das bei den Plantarflexoren beobachtet wird, ist geringer als bei den Kniestreckern und liegt zwischen 6 und 15 % bei einer Dauert von mehr als 13 h [20, 21, 23]. Die hemmende Wirkung der Afferenzen der Gruppen III und IV wurde als einer der Hauptfaktoren für die Beeinträchtigung der willkürlichen Aktivierung nach einem ermüdenden Radtraining hervorgehoben [16, 24].

Mögliche Veränderungen der kortikospinalen Bahnen, die durch EMG gemessen werden, wurden ebenfalls beobachtet. Die kortikospinale Erregbarkeit der Knieextensoren (d. h. die Größe des MEP) kann nach einem längeren akuten Training zunehmen [10, 16] oder unverändert bleiben [10, 16–18, 25]. Eine verringerte motoneuronale Erregbarkeit wurde nach 90 min Laufen beobachtet, was durch eine verringerte Magnitude sowohl der V-Wellen- als auch der H-Reflex-Antworten in den Plantarflexoren belegt wurde [26]. Umgekehrt war die motoneuronale Erregbarkeit, die durch die CMEP-Fläche dargestellt wird, nach kürzeren (~8–9 min), hochintensiven Radfahreinheiten unverändert [27, 28]. Auch können sowohl eine Zunahme [10] oder keine Veränderung [10, 16, 18, 24, 29] der SP-Dauer der Knieextensoren nach einem akuten Radfahrtraining auftreten. Eine Limitation all dieser Studien besteht darin, dass die Zeit bis zur Testung nach der Belastung bereits zu einer Regeneration bestimmter neuronaler Prozesse geführt haben könnte, was bedeutet, dass das Ausmaß der zentralen Ermüdung und die Veränderungen im kortikospinalen Signalweg sehr wahrscheinlich unterschätzt wurden. Wie oben beschrieben, kann diese Einschränkung aber durch die jüngsten methodischen Entwicklungen überwunden werden.

Beeinflusst die Art des Ausdauertrainings die zentrale Ermüdung?

Die Antwort auf diese Frage ist ein klares Ja. Auch wenn ein direkter Vergleich mit denselben Probanden, die für die gleiche Dauer und mit der gleichen Intensität trainieren, noch aussteht, haben wir systematisch festgestellt, dass Laufen eine größere zentrale Ermüdung hervorruft als Radfahren oder Skilanglauf, zwei Sportarten, die eine geringere mechanische Belastung/Ermüdung der Muskeln hervorrufen [30, 31]. Dies war der Fall beim Vergleich von 5-stündigen Lauf- und Radfahreinheiten bei 55 % der maximalen VO_2 [19, 22] und eines Skilanglauf-Marathons mit einem 30-km-Trail-Running-Wettbewerb [15, 32]. Diese Ergebnisse deuten darauf hin, dass neurobiologische Veränderungen, wie bspw. die Anhäufung von Serotonin, wenn überhaupt, nur eine mäßige Rolle bei der Entwicklung der zentralen Ermüdung bei längerer Belastung spielen. Die potenzielle inhibierende Wirkung von Signalen aus den dünneren afferenten Fasern (d. h. Gruppe III-IV), die durch die Freisetzung von entzündungsfördernden Botenstoffen während eines langen Lauftrainings sensibilisiert werden können, könnte das Ausmaß der zentralen Ermüdung nach Ultramarathons erklären [20, 21, 33]. Indirekte Hinweise, die Entzündungszeichen bis zu 2 Tage nach einem 165-km-Ultra-Marathon in den Bergen zeigten, während die VA bereits wieder auf dem Ausgangsniveau lag [21], unterstützen diese Hypothese jedoch nicht. Eine weitere mögliche Erklärung für den Unterschied zwischen der Ermüdungsreaktion beim Laufen und Radfahren ist, dass die Ermüdung der Afferenzen der Gruppe Ia beim Laufen aufgrund der wiederholten exzentrischen Muskelbewegungen ausgeprägter sein könnte als beim Radfahren. Dies könnte möglicherweise zu einer Ermüdung/Schädigung auf der Ebene der Muskelspindel führen oder einfach die Muskelflexibilität erhöhen [34].

Neuronale Anpassungen durch chronisches systematisches Ausdauertraining

Es ist bekannt, dass Ausdauertraining die Fitness verbessert. Mechanismen wie ein erhöhtes Schlagvolumen, das zum Teil auf ein größeres Blutvolumen zurückzuführen ist, und eine erhöhte oxidative Kapazität der Muskeln (bspw. des Mitochondriengehalts) dienen als Erklärungsansätze für Verbesserungen der aeroben Leistungsfähigkeit (z. B. [35, 36]). Es ist auch bekannt, dass Krafttraining, insbesondere explosives und plyometrisches Training, neuronale Anpassungen induzieren kann (z. B. [37, 38]). So wiesen Aagaard et al. [37] anhand einer Kombination aus V-Wellen-, H-Reflex- und Mmax-Antworten nach, dass ein 14-wöchiges Krafttraining mit schweren Gewichten einen Anstieg der maximalen Ansteuerung bewirkte, der wahrscheinlich durch eine Kombination aus supraspinalen und spinalen Anpassungen vermittelt wurde. Eine frühere MU-Aktivierung, eine Zunahme der Anzahl von Dubletten und Tripletten und eine erhöhte maximale Feuerungsrate wurden nach 12 Wochen dynamischem Training (bei 30–40 % der Maximalkraft) beobachtet [39]. Veränderungen der kortikospinalen Erregbarkeit wurden auch nach

Krafttraining nachgewiesen (siehe unten). Hier sollen nun zunächst die weniger bekannten neuronalen Anpassungen nach Ausdauertraining beschrieben werden. Obwohl die Anpassungen innerhalb des Nervensystems nicht der Hauptgrund sind, warum Patienten, untrainierte Individuen oder Sportler Ausdauertraining betreiben, ist es wichtig, die potenziellen positiven aber auch mögliche negative Effekte zu verstehen, die Ausdauertraining auf die neuronale Funktion haben kann. Wir werden daher zunächst die neuronale Funktion im Hinblick auf das zentrale Nervensystems (ZNS, z. B. VA, H-Reflex) von Ausdauerathleten mit untrainierten Probanden und Athleten der Kraft- bzw. Power-determinierenden Sportarten vergleichen. Danach werden die Studien besprochen, die die Auswirkungen eines Ausdauertrainings auf das Nervensystem in Ruhe und als direkte Antwort auf eine Akutbelastung (d. h. in einem ermüdeten Zustand) untersucht haben.

Vergleich der Eigenschaften des zentralen Nervensystems bei Ausdauersportlern, untrainierten Personen und Kraft- bzw. Powerathleten

Eine Möglichkeit, Trainingsanpassungen zu untersuchen, besteht darin, Personen mit unterschiedlichem Trainingsniveau zu vergleichen. Diese Methode hat offensichtliche Schwächen (z. B. Einfluss der Genetik, fehlende Standardisierung im Hinblick auf Art und Umfang des Trainings), aber es gibt auch einen großen Vorteil: Es ermöglicht die Untersuchung von Trainingsanpassungen durch mehrere Jahre Training im Gegensatz zu einigen Wochen (oftmals nur 3–12 Wochen) wie es oftmals in Interventionsstudien der Fall ist. Entsprechend ist der Vergleich unterschiedlicher Populationen viel näher an der eigentlichen Realität der Sportler. Lattier et al. [40] konnten zeigen, dass krafttrainierte Athleten (POW) bei Squat-Jumps zwar viel besser abschnitten als ausdauertrainierte Athleten (END), dass aber beide Gruppen bei isometrischen MVC gleich stark waren. Außerdem waren beide Gruppen stärker als untrainierte Personen (SED). Der Unterschied könnte auf eine signifikant niedrigere VA bei SED zurückzuführen sein, während sich die VA bei END und POW sehr ähnelte. Die Ergebnisse von Lattier et al. [40] wurden von Garrandes et al. [41] bestätigt, die keinen Unterschied in der VA der Knieextensoren zwischen END und POW feststellten. Dies deutet darauf hin, dass sowohl POW- als auch END-Athleten gleichermaßen in der Lage sind, ihre Muskeln maximal zu aktivieren, wenn die Aktivierung unter isometrischen Bedingungen gemessen wird. Dies ist wahrscheinlich nicht mehr der Fall, wenn bei explosiven Bewegungen eine viel höhere Feuerungsrate erforderlich ist. Diese Ergebnisse wurden jedoch von Cohen et al. [42] in Frage gestellt, die keinen Unterschied in der isometrischen MVC zwischen END und SED feststellten. Obwohl die VA in dieser Studie nicht angegeben wurde, ist es sehr unwahrscheinlich, dass die VA bei SED niedriger war als bei END. Sowohl Lattier et al. als auch Cohen et al. [40, 42] beobachteten jedoch keinen Unterschied zwischen SED und END in Bezug auf den Squat-Jumo und die Kraftentwicklunsgrate (RFD). Es wurde auch gezeigt, dass selbst wenn die Kraft als Prozentsatz des Maximums ausgedrückt wird, die Kraft-Zeit-Kurven von POW schneller waren als die von END. Während die neuronale Aktivierung dieses

Ergebnis teilweise erklären kann, schließen diese Daten aber die qualitativen Charakteristika des Muskelgewebes selbst nicht aus [43]. Interessanterweise war die RFD bei END nicht niedriger als bei krafttrainierten Athleten.

In Übereinstimmung mit anderen Studien (siehe [44]) zeigten Maffiuletti et al. [45], dass der SOL H-Reflex, normalisiert auf Mmax, bei POW signifikant geringer ausfiel als bei END, was auf eine erhöhte α-motoneuronale Erregbarkeit nach Ausdauertraining hindeutet. Allerdings wies POW ein größeres Kraft-zu-EMG-Verhältnis auf, was bedeutet, dass POW eine größere Kraft pro Anzahl aktivierter MUs generieren konnten [46]. Während der stärker ausgeprägte H-Reflex möglicherweise einfach auf einen größeren Prozentsatz von Typ-I-Fasern zurückzuführen ist, könnte die präsynaptische Inhibierung durch die Aktivierung von $GABA_A$ und/oder $GABA_B$ Rezeptoren der afferenten Ia-Terminals bei END größer sein als bei POW oder SED [47]. Ebenso wurde gezeigt, dass sich die Dehnungsreflexe [48, 49] je nach Trainingsniveau unterscheiden, was möglicherweise auf einen höheren Prozentsatz der Muskelspindeldichte der Typ-I-Fasern in END zurückzuführen ist.

Trainingsinterventionen: Auswirkungen auf das ZNS in Ruhe

Es hat sich gezeigt, dass Ausdauertraining die kognitive und neuronale Plastizität in verschiedenen Hirnregionen wie Kleinhirn, Hippocampus und Großhirnrinde sowie die Angiogenese im motorischen Kortex verbessert [48]. Hier werden nur die Auswirkungen des Ausdauertrainings auf die motorischen kortikalen und kortikospinalen Faktoren diskutiert, hauptsächlich VA, MEP und SP sowie V-Welle und H-Reflex, gemessen in Ruhe, d. h. ohne Vorbelastung. Die Daten sind in Tab. 4.1 zusammengefasst.

Im Gegensatz zur großen Mehrheit der Krafttrainingsstudien änderte sich die MVC bei den meisten (z. B. [25, 44, 50, 52, 54]) Ausdauertrainingsinterventionen nicht. In einer Studie [53] wurde ein Anstieg der MVC festgestellt, aber das Training bestand aus konzentrischen und isometrischen Muskelkontraktionen mit geringer Kraft, d. h. kein traditionelles Rad- oder Lauftraining. Globale Eigenschaften des ZNS (d. h. PNS oder TMS) scheinen sich durch Ausdauertraining (oder Krafttraining) nicht zu ändern, aber es ist möglich, dass dies auf einen Sättigungseffekt zurückzuführen ist. In der Tat verfügen gesunde Probanden prinzipiell schon über eine fast maximale VA, zumindest in der unteren Extremität, so dass nur wenig Spielraum für Trainingsanpassungen besteht. Darüber hinaus ist die VA bekanntermaßen ein semi-quantitatives Maß zur Bestimmung der neuronalen Anpassungen, so das wahrscheinlich kleinere Verbesserungen der Ansteuerung nicht erfasst werden können [55]. Man muss auch bedenken, dass in den meisten Studien zwar dynamisch trainiert wird, die Tests der VA (und oft auch der MVC) aber isometrisch durchgeführt werden. Mit anderen Worten, das scheinbare Ausbleiben möglicher Trainingsanpassungen kann auch ein Indiz auf die hochspezifische Natur der Adaptationen sein [56]. Ein entscheidender Unterschied zwischen Ausdauer- und Krafttraining zur möglichen Erklärung der Verbesserungen der MVC (auch bereits

Tab. 4.1 Auswirkungen des Ausdauertrainings auf ZNS-Eigenschaften in Ruhe

Studie	Probanden	Alter als Mittelwert ± SD oder [Spannweite] (Jahr)	Kontrollgruppe	Dauer der Trainingsintervention (Wochen)	Anzahl der Einheiten oder Dauer/Woche	Art des Trainings	Muskel(n) (Muskelgruppe)	Hauptergebnisse (in Ruhe)
Behrens et al. [50]	10 F, 12 M	CG: 23 ± 2 ZUG: 24 ± 2	Y	8	2 × 1 h	Training auf dem Radergometer bei 70–90 % HRmax	SOL (PF)	VA_{PNS} ↔ H-Reflex in Ruhe ↔ H-Reflex während MVC ↔ V-Welle ↔ RFD ↔
O'Leary et al. [25]	2 F, 8 M	27 ± 6	N	6	3	Training auf dem Radergometer mit hoher IT-Intensität (6–8 × 5 min bei Δ50 %)	VL (KE)	VA_{PNS} ↔ VA_{TMS} ↔ MEP/Mmax ↔
O'Leary et al. [25]	2 F, 8 M	27 ± 4	N	6	3	Training auf dem Radergometer mit mäßiger Intensität und kontinuierlichem Training (~60–80 min bei 90 % LT)	VL (KE)	VA_{PNS} ↔ VA_{TMS} ↔ MEP/Mmax ↔
Perot et al. [51]	6 F, 14 M	[19–23]	N	8	2 h	Laufen bei 60 % MAV	SOL (PF)	Hmax/Mmax ↑ T-Reflex ↑/↔
Vila-Cha et al. [52]	18 M	26,1 ± 3,9[a]	Y	6	3	Training auf dem Radergometer mit einer Steigerung von 20–30 min bei 50–60 % HRR auf 40–50 min bei 65–75 % HRR	VM, VL (KE)	MU-Feuerrungsrate bei 30 % MVC ↓ MU-Leitungsgeschwindigkeit ↑

(Fortsetzung)

Tab. 4.1 (Fortsetzung)

Studie	Probanden	Alter als Mittelwert ± SD oder [Spannweite] (Jahr)	Kontrollgruppe	Dauer der Trainingsintervention (Wochen)	Anzahl der Einheiten oder Dauer/Woche	Art des Trainings	Muskel(n) (Muskelgruppe)	Hauptergebnisse (in Ruhe)
Vila-Cha et al. [44]	2 F, 11 M	24,0 ± 2,6[a]	N[b]	3	3	Training auf dem Radergometer mit einer Steigerung von 30–40 min bei 55–65 % HRR auf 40–50 min bei 65–75 % HRR	SOL (PF)	Hmax/Mmax ↑ V-Welle ↔ Schwelle der Erregbarkeit des H-Reflexes ↓
Zghal et al. [53]	23 M	CG: 23,9 ± 2,0 ZUG: 25,2 ± 2,3	Y	8	3	Konzentrische und isometrische Kontraktionen mit geringer Kraft	RF, VL, VM (KE)	VA_{PNS} ↔ VA_{TMS} ↔ MEP ↔ SP ↔
Zghal et al. [54]	16 M	23,6 ± 2,6	Y	8	2–3	Laufen als kurze IT (80–100 % MAV) + kontinuierlich (60–65 % MAV)	RF, VL, VM(KE)	VA_{PNS} ↔ VA_{TMS} ↔ MEP ↔ SP ↔

↔ statistisch nicht signifikant, ↑ stellt eine statistisch signifikante Zunahme dar, ↓ stellt eine statistisch signifikante Abnahme dar, Δ50 % auf halber Strecke zwischen Laktatschwelle und maximaler Sauerstoffaufnahme, *CG* Kontrollgruppe, *F* weiblich, *Hmax* maximaler Hoffmann-Reflex, *HRmax* maximale Herzfrequenz, *HRR* Herzfrequenzreserve, *KE* Kniestrecker, *LT* Laktatschwelle, *M* männlich, *MAP* maximale aerobe Leistung, *MAV* maximale aerobe Geschwindigkeit, *MEP* motorisch evozierte Potenziale, *Mmax* M-Wellenamplitude oder -fläche, *MVC* isometrische maximale willkürliche Kontraktion, *MU* motorische Einheit, *PF* Plantarflexoren, *RF* Rectus femoris, *RFD* Kraftentwicklungsrate, *SOL* Soleus, *SP* Innervationsstille, *TRAIN* Trainingsgruppe, *T-Reflex* Sehnenreflex der Achillessehne (Dehnungsreflex), VA_{PNS} willkürliche Aktivierung, erfasst durch periphere Nervenstimulation, VA_{TMS} kortikale willkürliche Aktivierung, erfasst durch transkranielle Magnetstimulation, *VL* vastus lateralis, *VM* vastus medialis

[a] Alle Probanden, einschließlich einer Gruppe, die ein Krafttraining durchgeführt haben

[b] Diese Studie umfasste auch eine Krafttrainingsgruppe

bei kurzfristigem Training, bei dem Anpassungen in der Regel ausschließlich auf neurale Anpassungen zurückzuführen sind [44]), könnte eine Zunahme der Innervierung der Efferenzen sein, welcher in der Regel nur nach Krafttraining auftritt. Während nämlich festgestellt wurde, dass die V-Wellen nach einem Krafttraining um 50–80 % zunehmen (z. B. [37, 44], und die erhobenen Veränderungen der V-Wellen auch mit den MVC-Verbesserungen korrelierten [44]), blieben diese nach Ausdauertraining unverändert [44, 50].

Auf der Ebene des Rückenmarks wurde in Übereinstimmung mit Querschnittsstudien (z. B. [45]) zunächst festgestellt, dass der H-Reflex bei Ausdauertraining zunimmt [44, 51]. So zeigten Perot et al. [51], dass sich sowohl der H-Reflex, als auch der Sehnenreflex bei 75 % der Probanden nach einem 8-wöchigen Ausdauertraining (Laufen) erhöhten. Es wurde vermutet, dass Ausdauertraining sowohl die Erregbarkeit der Motoneuronen als auch die Reaktion der Muskelspindeln auf Dehnung erhöht. Die Wirkung von Ausdauertraining auf den H-Reflex wurde jedoch erst kürzlich in Frage gestellt [50]. Tatsächlich nutzten Behrens et al. [50] ein besseres Studiendesign mit zusätzlicher Kontrollgruppe. Zwar wurde mittels t-Test eine Veränderung des Hmax/Mmax-Verhältnisses vor und nach dem Training erfasst und entsprechend könnte man schlussfolgern, dass Ausdauertraining die normalisierte H-Reflex-Antwort erhöht. Dies war jedoch bei einer besser geeigneten statistischen Analyse (ANCOVA) nicht der Fall. Alternative Erklärungsansätze für die fehlende signifikante Veränderung der H-Reflex-Antwort in der letztgenannten Studie [50] können die niedrigere Trainingsfrequenz mit nur zwei wöchentlichen Trainingseinheiten und die Tatsache, dass das Training als Radfahren durchgeführt wurde (bei welchem die Aktivierung der SOL-Muskeln im Vergleich zu den Knieextensionsmuskeln relativ gering ist) sein. Dies könnte auch den Unterschied zu Studien erklären, in denen über mehrere Jahre hinweg eine höhere Dosis an Ausdauertraining durchgeführt wurde. Daher ist es möglich, dass (1) eine längere Dauer regelmäßigen aeroben Trainings notwendig ist, um Veränderungen in den H-Reflex-Reaktionen hervorzurufen, und (2) dass Lauftraining stärkere Auswirkungen auf die spinalen Reflexreaktionen hat als Radtraining [50].

Soweit uns bekannt ist, wurden nur in vier Studien ZNS-Eigenschaften nach Ausdauertraining mittels TMS untersucht [25, 50, 53, 54]. Obwohl diese Studien signifikante Verbesserungen der Ausdauerleistung nach 6–8 Wochen verschiedener Ausdauertrainigsmodi (Laufen vs. Radfahren, kontinuierliches vs. Intervalltraining, lokale Muskelausdauer) feststellten, fand keine der Studien signifikante Veränderungen in VA, MEP oder SP unter Ruhebedingungen. Die Auswirkungen des Krafttrainings auf die kortikospinale Erregbarkeit sind unklar, da einige Studien eine Verringerung oder keine Veränderung [38, 57] oder eine Erhöhung [58–60] der MEP-Antworten zeigen konnten.

Es hat sich gezeigt, dass ein sechswöchiges Kraft- und Ausdauertraining zu ähnlichen Steigerungen der Muskelfaserleitgeschwindigkeit bei 30 % MVC, aber zu entgegengesetzten Veränderungen der MU-Feuerrungsraten führt. In der Tat wurde festgestellt, dass die MU-Feuerrungsrate nach einem Krafttraining zu- und nach einem Ausdauertraining abnimmt [52]. Es ist dabei jedoch wichtig zu beachten, dass dies nicht während der MVC, sondern lediglich bei 30 % der MVC getestet wurde. Kurzfristiges Ausdauertraining hat keinen Einfluss auf die maximale RFD oder die Muskelaktivierung zu Beginn der Kontraktion [50]. Ein Ausdauertraining, das zusätzlich zum Krafttraining durchgeführt wird, kann jedoch die Entwicklung der Explosivkraft einschränken (z. B. [61]), wie an anderer Stelle in diesem Buch ausführlich erläutert wird.

Trainingsinterventionen: Akute Effekte auf das ZNS nach intensiver Belastung

Es ist bekannt, dass Ausdauertraining die Ausdauerleistungsfähigkeit steigert, doch die Zeit bis zum Leistungsabbruch (oder jegliche andere Art von Leistungsindex) gibt keinen Aufschluss über die neuronalen oder muskulären Faktoren einer verbesserten Ermüdungsresistenz. Dieser letzte Abschnitt konzentriert sich daher genau auf diesen Aspekt. Eine der ersten Längsschnittstudien, die die Wirkung von Ausdauertraining auf neuronale Anpassungen untersuchte, wurde von Cafarelli et al. durchgeführt [62]. Diese Studie zeigte, dass nach dem Training eine geringere zusätzliche Rekrutierung von MUs während einer 20-minütigen Radbelastung im Vergleich zu vor der Intervention auftrat. Dies ist im Einklang mit Korrelationen, die wir zwischen Veränderungen der RMS und der Ermüdung während einer Radbelastung gefunden haben [63]. Die geringere MU-Rekrutierung ging auch mit einer Verzögerung der Kraftentwicklung einher. Seit dieser ersten Studie sind nur drei neuere Experimente (2015–2017, Stand 2019) der Frage nach Veränderungen der neuromuskulären Ermüdung nach einem Ausdauertraining nachgegangen. Eine Zusammenfassung der Probandencharakteristika und der Trainingsprotokolle für diese drei Studien findet sich in Tab. 4.1. Die durchgeführten Belastungen dieser Studien werden im Folgenden beschrieben. Behrens et al. [50] setzten eine Belastung um, die aus einer dynamischen Plantarflexion im isotonischen Modus eines Cybex-Dynamometers bei 40 % isometrischer MVC und einer Frequenz von 35 rpm bestand. Es wurde nur die Ermüdung im Vergleich zu vor der Belastung erfasst, aber die eigentliche Radfahrleistung wurde nicht untersucht. In der Untersuchung von Zghal et al. [53] wurden die Probanden gebeten, eine isometrische Muskelaktion mit niedriger Intensität (15 % der MVC) bis zum Muskelversagen aufrechtzuerhalten. Nach dem Training wurde der Test einmal bis zum Versagen und einmal über die gleiche Zeit wie im Prä-Test wiederholt. Noch interessanter ist die Studie von O'Leary et al. [25], bei der die Anpassungen nach dem Training mittels einer Radbelastung sowohl bei absoluter Trainingsintensität (basierend auf der VO_{2max} von vor dem Training) als auch bei relativer Trainingsintensität (basierend auf der VO_{2max} von nach dem Training) quantifiziert wurden. Wichtig ist, dass nur O'Leary et al. [25] die Ermüdung während einer für das Training spezifischen Aufgabe untersuchten. Im Folgenden wird zwischen den Auswirkungen des Trainings (1) bei einer definierten Belastung und (2) bei Belastungsabbruch (d. h. Muskelversagen) unterschieden.

1. *Für eine definierte Belastung.* Überraschenderweise zeigten Behrens et al. [50], dass sich zwar einige neuromuskuläre Parameter in der ausdauertrainierten Gruppe im Vergleich zur Kontrollgruppe nach der akuten Belastung tendenziell verbesserten (z. B. isometrische MVC, normalisierte V-Welle und maximales Drehmoment), aber keiner dieser Parameter erreichte eine statistische Signifikanz. Ein Vergleich der Veränderungen der isometrischen MVC nach der Belastung vor und nach dem Training mittels eines gepaarten t-Tests ergab jedoch eine signifikante Verbesserung der Ermüdungsresistenz. Bei den beiden anderen Protokollen wurden signifikante Reduktionen der Ermüdungsindizes festgestellt. Sowohl Zghal et al. [53] als auch O'Leary et al. [25] zeigten, dass Ausdauertraining den zeitlichen Verlauf der zentralen Ermüdung verzögern kann. Die Autoren führten diese Ergebnisse auf die Verringerung des inhibierenden afferenten Feedbacks von den trainierenden Muskeln aufgrund eines verbesserten oxidativen Stoffwechsels der Muskeln zurück, d. h. auf eine geringere periphere Ermüdung, wie sie in den beiden Studien nachgewiesen wurde. Wichtig ist, dass die Auswirkungen des Ausdauertrainings auf die schnelle Komponente der $\dot{V}O_2$ -Kinetik ebenfalls eine Rolle bei der Minimierung der peripheren Ermüdung spielen könnte, wie wir kürzlich gezeigt haben [64]. Zusätzlich zu einer verminderten Ermüdung nach dem Training wurde vorgeschlagen, dass die Empfindlichkeit der Muskel-Afferenzen als Reaktion auf körperliches Training reduziert werden könnte (d. h. Hochregulierung ihrer Schwelle), so dass die zentrale Ermüdung nach dem Training verringert und/oder verzögert werden kann. Allerdings gibt es derzeit keine direkten Nachweise für diese Hypothese [53]. In keiner dieser beiden Untersuchungen wurden Anpassungen in der Erregung oder Hemmung der kortikospinalen Bahnen nach dem Training festgestellt, aber Zghal et al. [53] zeigten, dass die Zunahme der SP-Dauer mit zunehmender Ermüdung nach dem Training nicht mehr vorhanden war (in [25] wurden die SPs nicht gemessen). Es wurde auch gezeigt, dass unter Ermüdungsbedingungen die Leitungsgeschwindigkeit der motorischen Einheiten während der Belastung (30 % MVC bis zum Belastungsabbruch) nach 6 Wochen Ausdauertraining weniger stark abnimmt als vor dem Training [65].
2. *Bei Muskelversagen. Die* periphere Ermüdung war sowohl bei O'Leary et al. [25] als auch bei Zghal et al. [53] nach dem Training größer. Interessanterweise trat die stärkere periphere Ermüdung bei Abbruch der Belastung nur nach dem hochintensiven Intervalltrainingsprotokoll und nicht nach dem niedrigintensiven Dauertrainingsprotokoll von O'Leary et al. auf [25]. Zwei Anpassungen innerhalb des Nervensystems könnten die verstärkte periphere Ermüdung bei Belastungsabbruch nach dem Training erklären: (1) die oben vorgeschlagene Hochregulierung der Innervierungsschwelle afferenter Nervenfasern III–IV [53], die zu einer größeren Toleranz gegenüber Stoffwechselstörungen führt und sich in einer größeren peripheren Ermüdung niederschlägt und/oder (2) die Verbesserung der Toleranz des sensomotorischen Systems gegenüber schädlichen inhibitorischen Signalen, d. h. eine bessere Schmerztoleranz (z. B. gegenüber Azidose) durch das ZNS. In diesem Zusammenhang hat einer der Autoren dieses Buchkapitels ein „Flush-Modell" vorgeschlagen, um die Leistungsregulation bei

Ausdauer- und Ultra-Ausdauerbelastungen zu beschreiben [30]. Eine verbesserte Toleranz des sensomotorischen Systems würde eine Verringerung der „Sicherheitsreserve" im Gehirn darstellen, die (neben anderen Faktoren) durch ein akzeptables Maß an peripherer Ermüdung für den Probanden beeinflusst wird.

Im Gegensatz zur peripheren Ermüdung nimmt die zentrale Ermüdung bei Muskelversagen nach dem Training entweder ab [25] oder bleibt erhalten [53]. O'Leary et al. [25] zeigten, dass ein sechswöchiges hochintensives Intervalltraining die trainingsbedingte Verringerung der VA_{PNS} deutlich abschwächt. Obwohl diese Autoren eine signifikante Verbesserung der Zeit bis zum Belastungsabbruch sowohl nach Intervall- als auch nach kontinuierlichem Training bei absoluter Trainingsintensität fanden, beobachteten sie keine Veränderung der kortikospinalen Erregbarkeit (MEPs), Hemmung (SPs) oder der supraspinalen willkürlichen Aktivierung (VA_{TMS}) als Antwort auf die beiden Trainingsarten. Neben der möglichen Hochregulierung von Afferenzen der Gruppen III–IV spekulierten O'Leary et al. [25], dass es auch zu Anpassungen zentraler Mechanismen (verbesserte Verarbeitung von Serotonin [66], verringerte zerebrale Ammoniakaufnahme [67], verbesserte zerebrale Sauerstoffversorgung [68] und verbesserte spinale Reflexerregbarkeit [44]) kommen könnte. Eine Limitation der Studie von O'Leary et al. [25] besteht allerdings darin, dass die Probanden für die Untersuchung direkt nach der Belastung vom Rad-Ergometer in die Kraftdiagnostik wechseln musste. Die dadurch entstandene zeitliche Verzögerung der neuromuskulären Untersuchung, hat möglicherweise die kortikospinalen Effekte verringert [13] (siehe Abschn. „Methoden zur Bewertung neuronaler Anpassungen").

Zusammenfassend lässt sich sagen, dass die durch Ausdauertraining induzierte zentrale Ermüdung in den letzten 15 Jahren umfassend untersucht wurde und dass sie eine wichtige Rolle bei der neuromuskulären Ermüdung spielt, insbesondere bei längerem Laufen, auch wenn die bisher verfügbaren Untersuchungsmethoden kein vollständiges Verständnis über die Ursache der Ermüdung ermöglichen. Dagegen sind die neuronalen Akutantworten auf Ausdauertrainingseinheiten erstaunlich wenig untersucht. So wurden beispielsweise nur in einer einzigen Studie die Auswirkungen des Trainings auf die Ermüdung während einer für die Art des durchgeführten Trainings spezifischen Testung untersucht. Ähnlich wie bei den Muskelanpassungen sind die meisten neuronalen Veränderungen spezifisch für das Ausdauertraining im Vergleich zum Explosiv- oder Krafttraining. Die Literatur zur spinalen Erregbarkeit (H-Reflex) und kortikalen Erregbarkeit/Inhibierung (TMS-Parameter) unter Ruhebedingungen ist jedoch wenig informativ. Nach dem Training ist die zentrale Ermüdung bei einer gegebenen absoluten Belastung geringer, was wahrscheinlich mit der Verringerung des inhibierenden afferenten Feedbacks zusammenhängt, da die periphere Ermüdung erwartungsgemäß geringer ist, auch wenn eine geringere Empfindlichkeit der Afferenzen der Gruppen III und IV ebenfalls eine Rolle spielen könnte. Obwohl bei Belastungen bis zum Muskelversagen keine Veränderungen der kortikospinalen Erregbarkeit, der Inhibierung oder der supraspinalen willkürlichen Aktivierung nach dem Training festgestellt wurden, ist die periphere Ermüdung größer (insbesondere wenn das Training ein Intervalltraining umfasst), aber die zentrale Ermüdung ist abgeschwächt, wenn sie mit herkömmlichen Nervenstimulationstechniken gemessen wird. Diese Trainingsanpassungen könnten sich positiv auf die Ausdauer- bzw. Ultra-Ausdauerleistung auswirken, zumal die zentrale Ermüdung umso größer ist, je länger die Belastung dauert. Weitere Längsschnittstudien, insbesondere Studien zur Untersuchung von Veränderungen der neuromuskulären Funktion nach dem Training mit modernen Techniken sind erforderlich, um besser zu verstehen, wie sich das zentrale Nervensystem an chronisches Ausdauertraining anpasst.

Literatur

1. Burtin C, Saey D, Saglam M, Langer D, Gosselink R, Janssens W, Decramer M, Maltais F, Troosters T. Effectiveness of exercise training in patients with COPD: the role of muscle fatigue. Eur Respir J. 2012;40:338–44.
2. Gathercole RJ, Stellingwerff T, Sporer BC. Effect of acute fatigue and training adaptation on countermovement jump performance in elite snowboard cross athletes. J Strength Cond Res. 2015;29:37–46.
3. Millet GY, Martin V, Martin A, Verges S. Electrical stimulation for testing neuromuscular function: from sport to pathology. Eur J Appl Physiol. 2011;111:2489–500.
4. Belanger AY, McComas AJ. Extent of motor unit activation during effort. J Appl Physiol Respir Environ Exerc Physiol. 1981;51:1131–5.
5. Todd G, Taylor JL, Gandevia SC. Measurement of voluntary activation of fresh and fatigued human muscles using transcranial magnetic stimulation. J Physiol. 2003;551:661–71.
6. McNeil CJ, Butler JE, Taylor JL, Gandevia SC. Testing the excitability of human motoneurons. Front Hum Neurosci. 2013;7:152.
7. Taylor JL, Gandevia SC. Noninvasive stimulation of the human corticospinal tract. J Appl Physiol. 1985;2004(96):1496–503.
8. Taylor JL, Gandevia SC. Transcranial magnetic stimulation and human muscle fatigue. Muscle Nerve. 2001;24:18–29.
9. Yacyshyn AF, Woo EJ, Price MC, McNeil CJ. Motoneuron responsiveness to corticospinal tract stimulation during the silent period induced by transcranial magnetic stimulation. Exp Brain Res. 2016;234:3457–63.
10. Temesi J, Rupp T, Martin V, Arnal PJ, Feasson L, Verges S, Millet GY. Central fatigue assessed by transcranial magnetic stimulation in ultratrail running. Med Sci Sports Exerc. 2014;46:1166–75.
11. Doyle-Baker D, Temesi J, Medysky ME, Holash RJ, Millet GY. An innovative ergometer to measure neuromuscular fatigue immediately after cycling. Med Sci Sports Exerc. 2018;50(2):375–87.
12. Froyd C, Millet GY, Noakes TD. The development of peripheral fatigue and short-term recovery during self-paced high-intensity exercise. J Physiol. 2013;591:1339–46.
13. Mira J, Lapole T, Souron R, Messonnier L, Millet GY, Rupp T. Cortical voluntary activation testing methodology impacts central fatigue. Eur J Appl Physiol. 2017;117(9):1845–57.
14. Taylor JL, Allen GM, Butler JE, Gandevia SC. Supraspinal fatigue during intermittent maximal voluntary contractions of the human elbow flexors. J Appl Physiol. 2000;89:305–13.
15. Millet GY, Martin V, Lattier G, Ballay Y. Mechanisms contributing to knee extensor strength loss after prolonged running exercise. J Appl Physiol. 2003;94:193–8.
16. Jubeau M, Rupp T, Perrey S, Temesi J, Wuyam B, Levy P, Verges S, Millet GY. Changes in voluntary activation assessed by transcranial magnetic stimulation during prolonged cycling exercise. PLoS One. 2014;9:e89157.

17. Sidhu SK, Bentley DJ, Carroll TJ. Locomotor exercise induces long-lasting impairments in the capacity of the human motor cortex to voluntarily activate knee extensor muscles. J Appl Physiol. 2009;106:556–65.
18. Klass M, Roelands B, Levenez M, Fontenelle V, Pattyn N, Meeusen R, Duchateau J. Effects of noradrenaline and dopamine on supraspinal fatigue in well-trained men. Med Sci Sports Exerc. 2012;44:2299–308.
19. Lepers R, Maffiuletti NA, Rochette L, Brugniaux J, Millet GY. Neuromuscular fatigue during a long-duration cycling exercise. J Appl Physiol. 2002;92:1487–93.
20. Martin V, Kerhervé H, Messonnier LA, Banfi JC, Geyssant A, Bonnefoy R, Féasson L, Millet GY. Central and peripheral contributions to neuromuscular fatigue induced by a 24-h treadmill run. J Appl Physiol. 2010;108:1224–33.
21. Millet GY, Tomazin K, Verges S, Vincent C, Bonnefoy R, Boisson RC, Gergele L, Feasson L, Martin V. Neuromuscular consequences of an extreme mountain ultra-marathon. PLoS One. 2011;6:e17059.
22. Place N, Lepers R, Deley G, Millet GY. Time course of neuromuscular alterations during a prolonged running exercise. Med Sci Sports Exerc. 2004;36:1347–56.
23. Temesi J, Arnal PJ, Rupp T, Feasson L, Cartier R, Gergele L, Verges S, Martin V, Millet GY. Are females more resistant to extreme neuromuscular fatigue? Med Sci Sports Exerc. 2015;47:1372–82.
24. Sidhu SK, Cresswell AG, Carroll TJ. Motor cortex excitability does not increase during sustained cycling exercise to volitional exhaustion. J Appl Physiol. 1985;2012(113):401–9.
25. O'Leary TJ, Collett J, Howells K, Morris MG. Endurance capacity and neuromuscular fatigue following high- vs moderate-intensity endurance training: a randomized trial. Scand J Med Sci Sports. 2017;27(12):1648–61.
26. Racinais S, Girard O, Micallef JP, Perrey S. Failed excitability of spinal motoneurons induced by prolonged running exercise. J Neurophysiol. 2007;97:596–603.
27. Sidhu SK, Weavil JC, Mangum TS, Jessop JE, Richardson RS, Morgan DE, Amann M. Group III/IV locomotor muscle afferents alter motor cortical and corticospinal excitability and promote central fatigue during cycling exercise. Clin Neurophysiol. 2017;128:44–55.
28. Weavil JC, Sidhu SK, Mangum TS, Richardson RS, Amann M. Fatigue diminishes motoneuronal excitability during cycling exercise. J Neurophysiol. 2016;116:1743–51.
29. Goodall S, Gonzalez-Alonso J, Ali L, Ross EZ, Romer LM. Supraspinal fatigue after normoxic and hypoxic exercise in humans. J Physiol. 2012;590:2767–82.
30. Millet GY. Can neuromuscular fatigue explain running strategies and performance in ultra-marathons?: the flush model. Sports Med. 2011;41:489–506.
31. Millet GY, Lepers R. Alterations of neuromuscular function after prolonged running, cycling and skiing exercises. Sports Med. 2004;34:105–16.
32. Millet GY, Martin V, Maffiuletti NA, Martin A. Neuromuscular fatigue after a ski skating marathon. Can J Appl Physiol. 2003;28:434–45.
33. Millet GY, Lepers R, Maffiuletti NA, Babault N, Martin V, Lattier G. Alterations of neuromuscular function after an ultramarathon. J Appl Physiol. 2002;92:486–92.
34. Avela J, Kyrolainen H, Komi P. Altered reflex sensitivity after repeated and prolonged passive muscle stretching. J Appl Physiol. 1999;86:1283–91.
35. Coffey VG, Hawley JA. The molecular bases of training adaptation. Sports Med. 2007;37:737–63.
36. Egan B, Zierath JR. Exercise metabolism and the molecular regulation of skeletal muscle adaptation. Cell Metab. 2013;17:162–84.
37. Aagaard P, Simonsen EB, Andersen JL, Magnusson P, Dyhre-Poulsen P. Neural adaptation to resistance training: changes in evoked V-wave and H-reflex responses. J Appl Physiol. 1985;2002(92):2309–18.
38. Carroll TJ, Riek S, Carson RG. The sites of neural adaptation induced by resistance training in humans. J Physiol. 2002;544:641–52.

39. Van Cutsem M, Duchateau J, Hainaut K. Changes in single motor unit behaviour contribute to the increase in contraction speed after dynamic training in humans. J Physiol. 1998;513(Pt 1):295–305.
40. Lattier G, Millet GY, Maffiuletti NA, Babault N, Lepers R. Neuromuscular differences between endurance-trained, powertrained, and sedentary subjects. J Strength Cond Res. 2003;17:514–21.
41. Garrandes F, Colson SS, Pensini M, Seynnes O, Legros P. Neuromuscular fatigue profile in endurance-trained and power-trained athletes. Med Sci Sports Exerc. 2007;39:149–58.
42. Cohen R, Mitchell C, Dotan R, Gabriel D, Klentrou P, Falk B. Do neuromuscular adaptations occur in endurance-trained boys and men? Appl Physiol Nutr Metab. 2010;35:471–9.
43. Hakkinen K, Keskinen KL. Muscle cross-sectional area and voluntary force production characteristics in elite strength- and endurance-trained athletes and sprinters. Eur J Appl Physiol Occup Physiol. 1989;59:215–20.
44. Vila-Cha C, Falla D, Correia MV, Farina D. Changes in H reflex and V wave following short-term endurance and strength training. J Appl Physiol. 1985;2012(112):54–63.
45. Maffiuletti NA, Martin A, Babault N, Pensini M, Lucas B, Schieppati M. Electrical and mechanical H(max)-to-M(max) ratio in power- and endurance-trained athletes. J Appl Physiol. 1985;2001(90):3–9.
46. Koceja DM, Davison E, Robertson CT. Neuromuscular characteristics of endurance- and power-trained athletes. Res Q Exerc Sport. 2004;75:23–30.
47. Earles DR, Dierking JT, Robertson CT, Koceja DM. Pre- and post-synaptic control of motoneuron excitability in athletes. Med Sci Sports Exerc. 2002;34:1756–72.
48. Kumpulainen S, Avela J, Gruber M, Bergmann J, Voigt M, Linnamo V, Mrachacz-Kersting N. Differential modulation of motor cortex plasticity in skill- and endurance-trained athletes. Eur J Appl Physiol. 2015;115:1107–15.
49. Kyrolainen H, Komi PV. Stretch reflex responses following mechanical stimulation in power- and endurance-trained athletes. Int J Sports Med. 1994;15:290–4.
50. Behrens M, Weippert M, Wassermann F, Bader R, Bruhn S, Mau-Moeller A. Neuromuscular function and fatigue resistance of the plantar flexors following short-term cycling endurance training. Front Physiol. 2015;6:145.
51. Perot C, Goubel F, Mora I. Quantification of T- and H-responses before and after a period of endurance training. Eur J Appl Physiol Occup Physiol. 1991;63:368–75.
52. Vila-Cha C, Falla D, Farina D. Motor unit behavior during submaximal contractions following six weeks of either endurance or strength training. J Appl Physiol (1985). 2010;109:1455–66.
53. Zghal F, Cottin F, Kenoun I, Rebai H, Moalla W, Dogui M, Tabka Z, Martin V. Improved tolerance of peripheral fatigue by the central nervous system after endurance training. Eur J Appl Physiol. 2015;115:1401–15.
54. Zghal F, Martin V, Thorkani A, Arnal PJ, Tabka Z, Cottin F. Effects of endurance training on the maximal voluntary activation level of the knee extensor muscles. Eur J Appl Physiol. 2014;114:683–93.
55. de Haan A, Gerrits KH, de Ruiter CJ. Counterpoint: the interpolated twitch does not provide a valid measure of the voluntary activation of muscle. J Appl Physiol (1985). 2009;107:355–7; discussion 357–8.
56. Shield A, Zhou S. Assessing voluntary muscle activation with the twitch interpolation technique. Sports Med. 2004;34:253–67.
57. Jensen JL, Marstrand PC, Nielsen JB. Motor skill training and strength training are associated with different plastic changes in the central nervous system. J Appl Physiol. 1985;2005(99):1558–68.
58. Goodwill AM, Pearce AJ, Kidgell DJ. Corticomotor plasticity following unilateral strength training. Muscle Nerve. 2012;46:384–93.
59. Griffin L, Cafarelli E. Transcranial magnetic stimulation during resistance training of the tibialis anterior muscle. J Electromyogr Kinesiol. 2007;17:446–52.
60. Weier AT, Pearce AJ, Kidgell DJ. Strength training reduces intracortical inhibition. Acta Physiol (Oxford). 2012;206:109–19.

61. Häkkinen K, Alen M, Kraemer WJ. Neuromuscular adaptations during concurrent strength and endurance versus strength training. Eur J Appl Physiol. 2003;89:42–52.
62. Cafarelli E, Liebesman J, Kroon J. Effect of endurance training on muscle activation and force sensation. Can J Physiol Pharmacol. 1995;73:1765–73.
63. Decorte N, Lafaix PA, Millet GY, Wuyam B, Verges S. Central and peripheral fatigue kinetics during exhaustive constant-load cycling. Scand J Med Sci Sports. 2012;22:381–91.
64. Temesi J, Mattioni Maturana F, Peyrard A, Piucco T, Murias JM, Millet GY. The relationship between oxygen uptake kinetics and neuromuscular fatigue in high-intensity cycling exercise. Eur J Appl Physiol. 2017;117:969–78.
65. Vila-Cha C, Falla D, Correia MV, Farina D. Adjustments in motor unit properties during fatiguing contractions after training. Med Sci Sports Exerc. 2012;44:616–24.
66. Jakeman PM, Hawthorne JE, Maxwell SR, Kendall MJ, Holder G. Evidence for downregulation of hypothalamic 5-hydroxytryptamine receptor function in endurance-trained athletes. Exp Physiol. 1994;79:461–4.
67. Nybo L, Dalsgaard MK, Steensberg A, Moller K, Secher NH. Cerebral ammonia uptake and accumulation during prolonged exercise in humans. J Physiol. 2005;563:285–90.
68. Rooks CR, Thom NJ, McCully KK, Dishman RK. Effects of incremental exercise on cerebral oxygenation measured by near-infrared spectroscopy: a systematic review. Prog Neurobiol. 2010;92:134–50.

Physiologische und molekulare Anpassungen an Krafttraining

5

Juha P. Ahtiainen

Krafttraining (RT) kann funktionell als die progressive Belastung eines Skelettmuskels, die durch hohe Muskelkontraktionskraft und anaerobe ATP-Resynthese gekennzeichnet ist, definiert werden. Langfristiges RT führt zu einer Reihe physiologischer Anpassungen, die zu Veränderungen der Muskelfunktion beitragen. Insbesondere stimuliert RT einen adaptiven Mechanismus, der zu einer erhöhten maximalen kontraktilen Kraftleistung führt, welche in erster Linie durch die kombinierte Wirkung von erhöhter Muskelaktivierung und Muskelfaserhypertrophie gefördert wird [1]. Die Skelettmuskulatur spielt eine wesentliche Rolle bei der Fortbewegung und bei der Steuerung des Energiestoffwechsels. Daher wird RT in großem Umfang von Sportlern zur Verbesserung der sportlichen Leistung, von der Allgemeinbevölkerung zur Förderung der Gesundheit, der fettfreien Körpermasse und der allgemeinen Fitness sowie in der Rehabilitation zum Erhalt von Muskelmasse und -kraft bei pathologischen Zuständen durchgeführt [2, 3].

Skelettmuskeln können als Reaktion auf RT eine bemerkenswerte Plastizität aufweisen. Anpassungen innerhalb des Muskelmilieus an die mechanischen und metabolischen Anforderungen des RT dienen dazu, den zellulären Stress während der nachfolgenden Trainingseinheiten zu reduzieren [4]. Die wichtigste krafttrainingsinduzierte morphologische Anpassung, ist eine deutliche Vergrößerung der Muskelquerschnittsfläche (CSA) der trainierten Muskeln. Die Gestaltung des RT (d. h. Umfang, Intensität und Frequenz der RT-Einheiten, Kontraktionsarten, Progression, Periodisierung, Vielfalt der RT-Reize und Integration von RT mit komplementären Trainingsformen) nimmt jedoch besonderen Einfluss auf die nachfolgenden chronischen physiologischen Anpassungen [5]. Auch Faktoren wie genetische Prädispositionen, Geschlecht, biologisches Alter, Trainingshistorie, Gesundheitszustand und

J. P. Ahtiainen (✉)
Neuromuscular Research Center, Faculty of Sport and Health Sciences, University of Jyväskylä, Jyväskylä, Finnland
E-Mail: Juha.ahtiainen@jyu.fi

M. Schumann, B. R. Rønnestad (Hrsg.), *Kombiniertes Ausdauer- und Krafttraining*, https://doi.org/10.1007/978-3-031-36310-8_5

mögliche Medikation, Diäten und Nahrungsergänzungsmittel, persönlicher Lebensstil und gewohnheitsmäßige körperliche Aktivität/Inaktivität, andere physische und psychische Stressoren (z. B. arbeitsbedingt) und die Bewältigung von psychischem Stress, Trainingsadhärenz sowie Umweltfaktoren können die chronischen Anpassungen an RT beeinflussen [4, 6].

Veränderungen der Muskelgröße

Größenzuwächse der Skelettmuskulatur (d. h. Hypertrophie) sind die auffälligsten Anpassungen an RT. Muskelhypertrophie ist bereits wenige Wochen nach dem Beginn von regelmäßigen RT nachweisbar und verläuft zumindest in den ersten Monaten des Trainings linear [1]. In der Regel wird bei zuvor untrainierten Personen nach einigen Monaten RT eine durchschnittliche Zunahme der Muskelgröße im M. quadrizeps um 6–9 % beobachtet [7]. Das Erreichen des individuellen Maximums an Muskelmassezuwachs kann jedoch mehrere Jahre systematischen RTs erfordern.

In der Wissenschaft wird in der Regel eine stärkere Hypertrophie der Oberkörpermuskeln im Vergleich zu den Muskeln der unteren Extremitäten beobachtet, was möglicherweise auf eine höhere Bewegungsaktivität in den Beinmuskeln zurückzuführen ist, die das Potenzial für weitere durch den Trainingsreiz ausgelöste Muskelreaktionen verringern kann [1]. Alter und Geschlecht haben wahrscheinlich keine wesentlichen Auswirkungen auf die anfängliche RT-induzierte Muskelhypertrophie [1, 8, 9]. Bei Frauen und älteren Personen fällt die Muskelhypertrophie jedoch möglicherweise auch nach Jahren systematischem RTs geringer aus als bei jüngeren erwachsenen Männern. RT-induzierte Muskelhypertrophie tritt spezifisch in trainierten Muskeln auf und hängt von der Gestaltung des RT-Programms ab. Im untrainierten Zustand können verschiedene Trainingsprogramme in den ersten Monaten des Trainings Muskelhypertrophie induzieren [10]. Um das Muskelwachstum durch langfristiges RT zu maximieren, sollte das RT-Programm jedoch grundsätzlich mehrere Sätze pro Übung mit 6–12 schweren Wiederholungen pro Satz und relativ kurzen Ruhepausen zwischen den Sätzen umfassen. Außerdem sollten im Rahmen eines Split-Trainings mehrere verschiedene Übungen pro Muskelgruppe durchgeführt werden [5, 11, 12].

Veränderungen der Myofasergröße und Fasertyp-Transformation

Die durch RT induzierte Skelettmuskelhypertrophie erfolgt durch einen erhöhten Proteingehalt der einzelnen Muskelfasern. Der größte Teil des Zytoplasmas der Skelettmuskelfasern wird von Myofibrillen eingenommen, wobei die am meisten vorkommenden Proteine Myosin- und Aktinfilamente sind. Somit ist die RT-induzierte Faserhypertrophie in erster Linie das Ergebnis der Biosynthese und Akkumulation neuer kontraktiler Myofilamente mit einer gleichzeitigen Vergrößerung des Faservolumens [13–15]. Der mögliche Mechanismus des Faserwachstums ist eine erhöhte CSA und Proliferation von Myofibrillen, die zu einer erhöhten Anzahl von parallel angeordnetem kontraktilem Material und folglich zu einer Steigerung der Kraftproduktionskapazität führt. Diese Steigerungen treten vor allem bei schnell zuckenden Typ-II-Fasern nach RT auf [1].

Skelettmuskelfasern entwickeln während der postnatalen Periode unterschiedliche phänotypische Merkmale, und daher ist die Verteilung der Fasertypen genetisch bedingt. Muskelfasern werden entsprechend der Zusammensetzung der schweren Myosinketten (MHC)-Polymorphismen als Typ 1 (langsam zuckend) sowie 2A und 2X (schnell zuckend) charakterisiert. Obwohl das Fasertyp-Profil genetisch festgelegt ist, können die Fasern während der gesamten Lebensspanne durch verschiedene physiologische Reize wie den Trainingszustand umprogrammiert werden [16]. Viele Humanstudien haben gezeigt, dass längere RT Interventionen die Transformation von Muskelfasern vom glykolytischen Typ 2X zu den eher oxidativen Fasern des Typs 2A fördert, während der Anteil der Fasern des Typs I weitgehend unverändert bleibt [17]. Während der Transformation des Fasertyps werden die Expression der MHC-Isoformen und die Mitochondriendichte, die Aktivität der oxidativen Phosphorylierung (OXPHOS), die Gefäße und die Ermüdungsresistenz entsprechend umprogrammiert. Die Fähigkeit, Skelettmuskelfasern von einer eher glykolytischen Faser zu einer eher oxidativen Faser zu „verschieben“, ist entscheidend für die Energieverfügbarkeit zur Unterstützung der kontraktilen Aktivität der Skelettmuskeln während des Trainings [18].

Veränderungen der Muskelarchitektur

Die Muskelarchitektur ist definiert als die strukturelle Anordnung der Muskelfasern und Bindegewebselemente innerhalb des Muskels, im Verhältnis zum Vektor der Krafterzeugung auf makroskopischer Ebene. Die Muskelarchitektur ist eine wichtige Determinante für die mechanische Funktion des Muskels, da sie das Verhältnis zwischen Kraft und Geschwindigkeit beeinflusst [19]. Schlüsselkomponenten dieser Beziehung sind die Faserlänge und der Fiederungswinkel. Muskelfaszikel sind Bündel von Muskelfasern, und der Winkel, in dem sie an der Sehne oder Aponeurose ansetzen (d. h. der Fiederungswinkel), kann mit Ultraschalltechniken in vivo untersucht werden. Der physiologische CSA (d. h. die Fläche des Querschnitts eines Muskels senkrecht zu seinen Fasern) steht in engem Zusammenhang mit der vom Muskel erzeugten Kraft und wird weitgehend durch den Fiederungswinkel bestimmt. Andererseits ist die Muskelgeschwindigkeit proportional zur Muskelfaserlänge [20].

Mehrere Studien haben gezeigt, dass die RT-induzierte strukturelle Umgestaltung der kontraktilen Maschinerie in den hypertrophierten Muskeln den Fiederungswinkel bis zu einem gewissen Grad erhöhen kann [21]. Diese strukturellen Veränderungen in trainierten Muskeln beeinflussen die Art und Weise, wie die Kraft von den kontrahierenden Muskelfasern auf Sehnen und Knochen übertragen wird. RT-induzierte Vergrößerungen des Fiederungswinkels ermöglichen eine vermehrte Anlagerung von kontraktilem Material (d. h. die parallele Anlagerung von

Sarkomeren), was den physiologischen CSA weiter erhöht und folglich eine Steigerung der kraftgenerierenden Kapazität des Muskels ermöglicht. Mathematisch gesehen kann eine starke Vergrößerung des Fiederungswinkels die Generierung der Kraft des kontrahierenden Muskels aufgrund einer ungünstigen Anordnung der Muskelfasern im Verhältnis zur Achse der Krafterzeugung zur Sehne negativ beeinflussen. Wenn also der Fiederungswinkel durch übermäßige Hypertrophie zunimmt, kann die pro physiologischem CSA erzeugte Kraft abnehmen [22]. Andererseits kann eine Zunahme der myofibrillären Größe ohne Veränderungen der Muskelarchitektur (d. h. Zunahme der myofibrillären Proteindichte oder der lateralen Kraftübertragung) Veränderungen der spezifischen Spannung (d. h. der von den Fasern pro Einheit des physiologischen CSA ausgeübten Kraft) erklären. Dies könnte teilweise erklären, warum anfängliche Kraftzuwächse durch RT ohne messbare Zunahme des Muskel-CSA erzielt werden können [22, 23].

Zuwachs von Satellitenzellen und Myonuklei

Satellitenzellen der Skelettmuskulatur sind ruhende myogene Vorläuferzellen, die sich in der Nähe des Muskels unter der Basallamina, aber außerhalb des Sarkolemmas befinden. Die Rolle der Satellitenzellen bei der Muskelregeneration ist gut beschrieben. Satellitenzellen können als Reaktion auf traumatische Läsionen, die eine Muskelregeneration erfordern, aktiviert werden. Sobald sie aktiviert sind, vermehren sich die Satellitenzellen und/oder fusionieren mit bereits vorhandenen Fasern, um Muskelgewebe zu regenerieren [24].

Auch eine erhöhte Muskelaktivität während des Trainings kann zur Aktivierung und Proliferation von Satellitenzellen führen. Die anschließende Fusion mit einer bestehenden Myofaser führt zur Hinzufügung eines Myonukleus zum Fasersynzytium, wodurch sich die Gesamtzahl der Myonuklei erhöht. Die Anzahl der Myonuklei ist ein entscheidender Faktor für die Fähigkeit zur Proteinsynthese, da sie die zur Aufrechterhaltung der Gentranskription erforderliche DNA-Menge bereitstellt [25]. Die vorgeschlagene Rolle der Satellitenzellen bei der Muskelhypertrophie beruht auf dem Konzept einer myonuklearen Domäne, was bedeutet, dass ein einzelner Myonukleus ein bestimmtes Volumen an Zytoplasma trägt [24, 26]. Myofasern setzen sich aus vielen myonuklearen Domänen zusammen, und die Größe der myonuklearen Domäne wird als praktisch konstant angesehen. Satellitenzellen stellen eine Quelle für neue Myonuklei in einer Rate dar, die ausreicht, um ein nahezu konstantes Verhältnis von Myonuklei zu Zytoplasma während der Skelettmuskelhypertrophie als Reaktion auf chronische RT aufrechtzuerhalten. In der Tat haben mehrere Studien gezeigt, dass die Muskelfaserhypertrophie beim Menschen während chronischen RTs von einer gleichzeitigen Zunahme des Anteils an Satellitenzellen und/oder Myonuklei begleitet wird [25].

Es scheint jedoch, dass zumindest zu einem gewissen Grad Muskelhypertrophie auch ohne die Hinzufügung neuer Myonuklei erreicht werden kann. So können die vorhandenen Myonuklei die Fähigkeit besitzen, ihre RNA- und Proteinsynthesekapazität so weit zu steigern, dass keine zusätzlichen Myonuklei erforderlich sind, um das anfängliche Muskelfaserwachstum zu unterstützen [2, 27]. Möglicherweise gibt es jedoch eine Obergrenze für die Größe der myonuklearen Domäne, über die hinaus eine Faser nicht in der Lage ist, ihre Hypertrophie umfassend fortzusetzen, wenn nicht mehr Myonuklei in die wachsende Faser eingebaut werden [24]. Außerdem wurde vermutet, dass Satellitenzellen gelegentlich mit den Muskelfasern verschmelzen müssen, um die Muskelmasse eines Erwachsenen zu erhalten. Es ist derzeit nicht bekannt, ob andere zirkulierende Stammzellpopulationen mit myogenem Potenzial zusammen mit Satellitenzellen während der RT-induzierten hypertrophen Reaktion aktiviert werden [25].

Es wurde vorgeschlagen, dass die Aktivierung von Satellitenzellen und deren myonukleare Ergänzung eine zentrale Rolle beim Phänomen des „Muskelgedächtnisses“ während des RT spielen, das beim Menschen sehr lange anhalten kann. Nach dieser Theorie rekrutieren zuvor untrainierte Fasern Myonuklei aus aktivierten Satellitenzellen, um das hypertrophe Wachstum zu unterstützen. Während des anschließenden De-Trainings und Muskelschwunds werden die Myonuklei vor der erhöhten apoptotischen Aktivität geschützt, und die höhere Anzahl von Myonuklei bleibt erhalten. Wenn die Muskeln einem hypertrophen Re-Training unterzogen werden, wachsen die Muskeln im Vergleich zur anfänglichen RT-Phase schneller. Überzeugende Beweise für diese Theorie fehlen jedoch noch beim Menschen [28].

Anpassungen des Bindegewebes an das Krafttraining

Das kollagenreiche Bindegewebe bildet die Sehnen und Bänder. Darüber hinaus gibt es Bindegewebe um und in den Skelettmuskeln. Sehnen spielen eine wichtige Rolle bei der Übertragung der kontraktilen Kraft auf den Knochen und bei der Erzeugung elastischer Energie, während Bänder die Gelenke stabilisieren und übermäßige Bewegungen, die das Gelenk beschädigen könnten, verhindern. Das intramuskuläre Bindegewebe trägt zur passiven Steifigkeit der Muskulatur und zur Kraftübertragung zwischen den Muskelfasern bei. Anpassungen im Bindegewebe finden spezifisch nur in Strukturen statt, die einer Belastung ausgesetzt sind [29, 30].

Wenn die Skelettmuskeln durch RT stärker werden, passen sich auch das intramuskuläre Bindegewebe sowie die Sehnen und Bänder an, um die erhöhte Muskelkraft durch Erhöhung des CSA zu unterstützen [31, 32]. Der Umsatz und damit die Erneuerung des Gewebes ist im Bindegewebe des Muskel-Skelett-Systems etwas langsamer als bei den kontraktilen Proteinen in den Skelettmuskelzellen selbst. Daher scheinen Sehnen im Vergleich zu Muskeln durch RT etwas langsamer zu hypertrophieren [33, 34]. Eine Zunahme der Sehnensteifigkeit kann jedoch vor der Sehnenhypertrophie auftreten. Dies ist möglicherweise auf Anpassungen in den inneren Strukturen der Sehne zurückzuführen, z. B. auf eine Modulation der Zusammensetzung der Querverbindungen zwischen den Kollagenmolekülen, die die mechanischen Eigenschaften der Sehne verbessern [35, 36]. Eine erhöhte Sehnensteifigkeit kann die Nutzung der elastischen Energie während der Dehnungs-Verkürzungs-Zyklen verbessern und die Geschwindigkeit der Kraftentwicklung während der explosiven (schnellen) Muskelaktionen erhöhen [33, 37].

Knochenmasse, -dichte und -architektur werden so verändert, dass sie den durch die mechanische Belastung entstehenden Belastungen standhalten. Osteozyten sind durch verschiedene mechanosensorische Mechanismen am Umsatz der Knochenmatrix beteiligt. Der Knochen passt sich der externen Belastung speziell an den belasteten Stellen an, wenn das Ausmaß der Spitzenbelastung angemessen ist. Die wirksamste Maßnahme zur Verbesserung der Knochenmineraldichte (BMD) scheint ein Training zu sein, das durch relativ hohe Belastungsstärken und -raten gekennzeichnet ist. Langfristiges RT mit ausreichender Intensität und Umfang erhöht nachweislich die BMD [38–41].

Metabolische Anpassungen an das Krafttraining

Schweres Krafttraining (d. h. mehrere Sätze mit submaximaler Belastung und kurzen Ruhezeiten zwischen den Sätzen) kann zu einer akuten Abnahme der ATP-, Phosphokreatin- (PCr) und Glykogenspeicher und einem deutlichen Anstieg der Blutlaktatkonzentration führen, was auf eine hohe Rate der anaeroben Glykolyse hinweist. Folglich können entleerte Glykogenspeicher teilweise die Muskelermüdung nach dem Training verursachen [42–44].

Je nach den durch das Training verursachten myofibrillären Schädigungen und dem Umfang des Belastungsprotokolls sowie dem Kohlenhydratgehalt der Ernährung können die Glykogenspeicher innerhalb weniger Tage nach dem Training wieder aufgefüllt werden [45–48]. Infolge von chronischem RT steigt die Aktivität anaerober Enzyme (z. B. Kreatinphosphokinase, Myokinase und Phosphofruktokinase) nachweislich an. Außerdem steigen die intramuskulären PCr- und Glykogenkonzentrationen an [49, 50]. Chronisches RT kann auch die oxidative Kapazität der Skelettmuskulatur erhöhen [51, 52]. Diese Anpassungen können zu einer Verbesserung des Energiestoffwechsels und insbesondere der glykolytischen Kapazität im trainierten Muskel durch langfristiges RT führen [2].

Die Skelettmuskulatur ist das wichtigste Gewebe für den Glukoseabbau und ist für bis zu 80 % der insulinvermittelten Glukoseaufnahme im postprandialen Zustand verantwortlich. Während des Krafttrainings steigt die Glukoseaufnahme in den belasteten Muskeln erheblich an [51, 53]. Forschungsergebnisse deuten darauf hin, dass chronisches RT die Insulinsensitivität wirksam verbessert, wenn die Intensität über 50 % des 1RM liegt und die Anpassungen vorwiegend lokal in den trainierten Skelettmuskeln stattfinden [54, 55]. Einer der Hauptmechanismen hinter den RT-induzierten muskulären Anpassungen zur Verbesserung der Insulinsensitivität ist vermutlich ein erhöhter Glukosetransport in die Myozyten durch eine gesteigerte Produktion des Glukosetransporters Typ 4 (GLUT 4), der der primäre Transporter ist, der die Diffusion der zirkulierenden Glukose in die Skelettmuskelzellen erleichtert [56, 57].

Das Kapillarwachstum erfolgt wahrscheinlich parallel zur Vergrößerung der Muskelfasern, so dass die Kapillardichte in hypertrophierten Muskeln mit RT überwiegend erhalten bleibt [58]. Der Mitochondriengehalt wird nach RT hauptsächlich beibehalten oder reduziert [59]. Chronisches RT kann zu keiner Veränderung oder

Verbesserung des Blutdrucks [60–62] und des Blutfettprofils führen, wobei eine Verringerung des LDL-Cholesterins die am häufigsten gezeigte Anpassung durch RT zu sein scheint [63–65]. Was die morphologischen Veränderungen des Herzens anbelangt, so können krafttrainingstrainierte Athleten einen normalen Innendurchmesser, aber eine deutlich dickere linke Ventrikel Wand aufweisen, was als konzentrische Hypertrophie bezeichnet wird, obwohl die Forschungsergebnisse diesbezüglich nicht einheitlich sind [66–69]. Im Allgemeinen wirkt sich langfristiges RT vorteilhaft auf die Körperzusammensetzung aus, da es zu einer Zunahme der fettfreien Masse und einer Abnahme der Fettmasse führt, was wiederum eine Erhöhung des Ruheumsatzes zur Folge haben kann [70–72].

Molekulare Anpassungen an das Krafttraining

Die Skelettmuskulatur zeigt eine bemerkenswerte Fähigkeit, auf kontraktile Aktivitäten zu reagieren und sich anzupassen. Es wird angenommen, dass die physiologische Belastung durch ein Krafttraining die zelluläre Homöostase stört. Die Zellen reagieren auf den Stress, indem sie ihre Zellfunktionen verändern, um die Homöostase während und nach dem Training wiederherzustellen. Wiederholte Störungen der Homöostase, gefolgt von ausreichender Erholung, führen zu schrittweisen strukturellen und funktionellen Anpassungen im Muskelgewebe, die mit langfristigem RT verbunden sind („Prinzip der progressiven Überlastung") [73, 74].

Aus molekularer Sicht beruhen die RT-Anpassungen auf der Anhäufung spezifischer Proteine, die die zellulären Eigenschaften verändern. Der Umbau der Skelettmuskulatur beginnt mit belastungsspezifischen Reizen, die die Aktivierung eines komplexen Netzwerks intrazellulärer Signalwege beeinflussen. Diese Signale bewirken Veränderungen der Enzymaktivitäten, der Genexpression und der Proteinbiosynthese, die schließlich das Muskelproteom modulieren (Abb. 5.1). Somit sind die funktionellen Ergebnisse des RT, wie die Zunahme der Muskelmasse und die Verbesserung des Stoffwechsels, an die Spezifität der molekularen Reaktionen gekoppelt [2, 75]. Obwohl das molekulare Netzwerk, das die Anpassungen der Skelettmuskulatur an RT reguliert, sehr umfangreich ist und von zahlreichen Faktoren beeinflusst wird, werden in diesem Kapitel nur einige wenige Mechanismen kurz vorgestellt, die bei der Anpassung an RT beim Menschen eine Schlüsselrolle spielen könnten.

Stimuli für Muskelanpassungen beim Krafttraining

Mechanische Belastung

Die mechanische Zugbelastung (Dehnung) ist ein wichtiger Stressor des RT. Alle Formen der Muskelaktivität, ob exzentrisch oder konzentrisch, führen zu einer Spannung (Kraft) durch den aktiven (oder die aktiven) Muskel(n). Die mit RT verbundene Spannung stört die Integrität des Skelettmuskels und führt zu mechano-

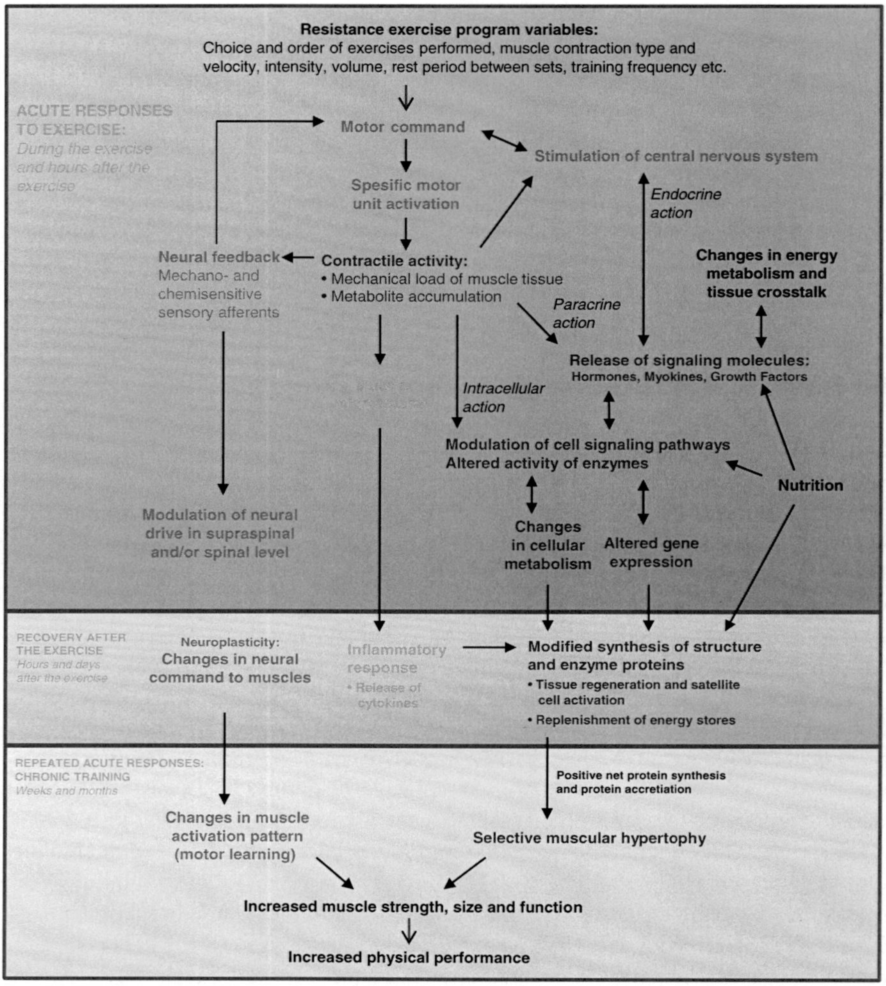

Abb. 5.1 Schematischer Überblick über die physiologischen Reize des Krafttrainings, die zu adaptiven Reaktionen führen. Abhängig von den Belastungsnormativen führt das Krafttraining zu einem spezifischen Milieu mechanischer und metabolischer Reize im kontrahierenden Muskel sowie zu einer systemischen und lokalen Freisetzung von Signalmolekülen, die zur Aktivierung von Signalwegen und zu einer veränderten Aktivität zellulärer Enzyme führen. Diese Stimuli des Krafttrainings induzieren zusammen mit der Verfügbarkeit von Nährstoffen die Proteinsynthese und die Geweberegeneration nach dem Training. Bei chronischem Krafttraining führt die positive Netto-Proteinsynthese zu Muskelhypertrophie

chemisch induzierten molekularen und zellulären Reaktionen (Mechanotransduktion), die den Anabolismus in Myofasern und Satellitenzellen begünstigen. Mechanischer Stress kann intrazelluläre Reaktionen auch unabhängig von Wachstumsfaktoren hervorrufen [76–79].

Mechanischer Stress, der durch hohe Kraftkontraktionen während des Krafttrainings ausgelöst wird, wird in belasteten Muskeln durch verschiedene Mechanismen wahrgenommen. Mechanische Belastung induziert die Freisetzung von Wachstumsfaktoren wie IGF-I und Hepatozyten-Wachstumsfaktor (HGF) aus der extrazellulären Matrix. HGF kann mit Satellitenzellen interagieren und Signalereignisse aktivieren, die zur Proliferation von Satellitenzellen führen [80–82]. Muskelkontraktionen führen zu einer vorübergehenden Störung der Integrität des Sarkolemmas (der Lipiddoppelschicht, die eine Muskelzelle umgibt), was die Konzentration des Membranlipids Phosphatidsäure (PA) erhöht und zur Aktivierung von Signalwegen führt, die Hypertrophie auslösen [83–85]. Die in den Sarkomeren erzeugte mechanische Belastung wird über die Costamere, einen Proteinkomplex, der die peripheren Myofibrillen über die z-Scheiben mit dem Sarkolemma verbindet, auf die extrazelluläre Matrix übertragen. Die Costamere bestehen aus einem Dystrophin/Glykoprotein-Komplex und einem fokalen Adhäsionskomplex, der den Transmembranrezeptor Integrin enthält. Die Aktivierung von Integrin kann über fokale Adhäsionskinasen (FAK) hypertrophe Signaltransduktionswege auslösen [86–90]. Der akute Anstieg der intrazellulären Hydratation (Zellschwellung) kann während des Krafttrainings aufgrund von Laktatakkumulation auftreten und zum osmotischen Gradienten im Skelettmuskel beitragen. Ein erhöhter intrazellulärer Druck kann die strukturelle Integrität der Zellmembran bedrohen und somit eine anabole intrazelluläre Signalreaktion über die Aktivierung von Integrin- und fokalen Adhäsionsproteinen auslösen [91–93]. Titin ist ein flexibles intra-sarkomerisches Protein, das zur Kraftübertragung beiträgt und die passive Steifigkeit der Skelettmuskulatur bestimmt. Titin ist ein wahrscheinlicher Kandidat für die Wahrnehmung von Veränderungen der mechanischen Belastung und interagiert mit verschiedenen zellulären Signalwegen, die Hypertrophie auslösen [94, 95]. Dehnungsaktivierte Kanäle (SACs) sind für Kalzium und Natrium durchlässige Kanäle, die sich bei mechanischer Belastung des Sarkolemmas öffnen. SACs können als Mechanosensor fungieren, indem sie einen Einstrom von Kalziumionen (Ca^{2+}) in die Myofaser ermöglichen, der Ca^{2+} -abhängige hypertrophe intrazelluläre Signalwege aktiviert [96–98].

Metabolischer Stress

Neben mechanischem Stress kann auch der mit RT verbundene metabolische Stress Muskelanpassungen fördern [99]. Eine hohe ATP-Umsatzrate während der Muskelkontraktionen und die daraus resultierende Akkumulation von AMP, die Freisetzung von Ca^{2+} aus dem sarkoplasmatischen Retikulum und die lokale Hypoxie in den trainierenden Muskeln können energiesensitive Signalwege stimulieren, die den Energiestoffwechsel während des Krafttrainings regulieren [2, 74, 76]. Im Allgemeinen steigt die metabolische Belastung während des Krafttrainings in Abhängigkeit von der Intensität und dem Volumen. Eine hohe metabolische Belastung in Verbindung mit einer hohen mechanischen Beanspruchung könnte vermutlich durch ein hypertrophie-orientiertes Krafttrainingsprotokoll mit 6–12 Wiederholungen pro Satz erreicht werden, wobei jeder Satz bis zum Versagen ausgeführt wird und die Ruhezeiten zwischen den Sätzen relativ kurz sind [12, 100].

Hypoxie

Lokale Gewebehypoxie kann bei Kraftübungen auftreten. Hypoxie ist ein wichtiger zellulärer Stressor, und die Sauerstoffsensorik ist bei der Regulierung von Anpassungsprozessen in Zellen gut etabliert [101]. HIF-1 gilt als Hauptregulator von Signaltransduktionswegen, die auf Veränderungen des intrazellulären Sauerstoffpartialdrucks (PiO_2) reagieren. Die Aktivierung von HIF-1 induziert die Transkription von Zielgenen, die an der Förderung von Glukosestoffwechsel und Glykolyse, Erythropoese und Angiogenese beteiligt sind [2, 74].

REDOX-Status

Der Skelettmuskel erzeugt während der kontraktilen Aktivität in erheblichem Maße reaktive Sauerstoffspezies (ROS), reaktive Stickstoffspezies (RNS) und Stickstoffmonoxid (NO). Die Erzeugung von ROS hängt von der zellulären antioxidativen Kapazität ab, und ROS reguliert seine eigene Abwehr, indem es zelluläre Antioxidantien zur Aufrechterhaltung des Redox-Gleichgewichts in Ruhe und während des Trainings fördert [102, 103]. Während des Krafttrainings ist die ROS-Produktion wahrscheinlich erhöht, und es wurde vermutet, dass sie ein wichtiges Signal für den Muskelumbau zu einem stärker oxidativen Phänotyp ist [104, 105]. Im Zusammenhang mit der Hypertrophie des menschlichen Muskels nach RT kann NO die Aktivierung von Satellitenzellen und ROS vermitteln, solang diese nicht übermäßig exprimiert werden. Das wiederum kann die Aktivierung mehrerer intrazellulärer Signalwege, wie IGF-I- und Mitogen-aktivierte Protein-Kinase (MAPK)-Kaskaden, die für das Muskelwachstum erforderlich sein könnten, zur Folge haben [82, 106, 107].

Calcium-Fluss

Kalzium erleichtert die Querbrückenverbindung zwischen Myosin- und Aktinfilamenten während der Myofibrillarkontraktion. Während der Muskelkontraktion hängen Amplitude und Dauer der Kalziumoszillationen von der Höhe der vom Muskel abgegebenen Kraft ab. Veränderungen der intrazellulären Ca-Konzentrationen^{2+} in Myofasern modulieren die Signalaktivität der Calcineurin- und Calmodulinabhängigen Proteinkinase (CaMKII). Die Ca^{2+} -Signalgebung beeinflusst den Glukosetransport, die Lipidaufnahme und -oxidation und reguliert die aktivitätsabhängige Muskelexpression, die die Verteilung der Fasertypen verändert, indem sie die Bildung langsamer Fasern fördert [108, 109].

Myofibrilläre Schädigungen und Inflammation

Krafttraining führt zumindest bis zu einem gewissen Grad zu lokalen Muskelschäden an den belasteten Muskeln, je nach Umfang und Intensität der Übung und der individuellen Trainingshistorie. Regelmäßiges RT verursacht typischerweise leichte Muskelschäden (Mikrotraumen der Myofibrillen), aber die vollständige Erholung erfolgt normalerweise innerhalb weniger Tage [110]. Eine Fehlstellung der Myofibrillen und der Z-Linienführung sind typische Merkmale nach RT, insbesondere wenn das Trainingsprogramm überwiegend exzentrische Muskelaktionen beinhaltet. Es wird angenommen, dass aufgrund der spezifischen neuronalen Aktivierungsstrategie für exzentrische Kontraktionen im Vergleich zu konzentrischen Kontraktionen weniger motorische Einheiten für eine bestimmte Belastung rekrutiert werden. Dies würde zu einem höheren Kraftbedarf pro aktiver motorischer Einheit führen, was die rekrutierten Muskelfasern insbesondere nach einer ungewohnten exzentrischen Belastung für eine Unterbrechung prädisponiert [111–113]. Es hat sich jedoch gezeigt, dass exzentrisches Training bei der Förderung von Muskelhypertrophie und Kraftzuwachs besonders effektiv ist [114].

Durch Krafttraining induzierte myofibrilläre Schädigungen werden wahrscheinlich durch physischen Stress auf die Muskelfasern (d. h. mechanischen Stress) und Stoffwechseldefizite verursacht, möglicherweise durch den Verlust der Ca^{2+} Homöostase (d. h. metabolischen Stress) [110]. Belastungsbedingte myofibrilläre Schädigungen können eine lokale akute Entzündungsreaktion auslösen, um die Beseitigung des geschädigten Gewebes und die Muskelregeneration zu fördern. Entzündungsreaktionen führen zu einer Verschiebung von Flüssigkeit, Plasmaproteinen und Leukozyten zum Ort der zellulären Schädigung, die sich in einem verzögerten Auftreten von Muskelschmerzen (d. h. Muskelkater), Muskelsteifheit und -schwellung sowie einer vorübergehenden Verringerung der kraftgenerierenden Kapazität in belasteten Muskeln äußert [115–117].

Die Infiltration von Immunzellen in die geschädigten Muskeln kann innerhalb von 2–3 Tagen nach der Verletzung beobachtet werden. Die Entzündungsreaktion fördert die Beseitigung des geschädigten Gewebes und die Regeneration der geschädigten Muskelfasern. Die akute Entzündungsreaktion nach dem Training umfasst die Infiltration von Neutrophilen und die lokale Freisetzung von proinflammatorischen Zytokinen wie Il-1, Il-6 und TNF-alpha, die den Proteinabbau fördern [118]. Freigesetzte Zytokine können auch die Proliferation von Satellitenzellen stimulieren [119]. Die anschließende sekundäre Entzündung beinhaltet eine signifikante Infiltration von Monozyten (d. h. Vorläufer von Makrophagen) innerhalb der geschädigten Muskelfaser, die eine weitere phagozytische Aktivität auslösen. In der Regenerationsphase nach der Belastung kommt es schließlich zum Umbau des Muskelgewebes [110, 120].

Systemische und lokale Mediatoren der Muskelplastizität: Hormone, Wachstumsfaktoren und Myokine

Systemische Hormone wie Testosteron, Wachstumshormon (GH), Insulin, insulinähnlicher Wachstumsfaktor (IGF-1) und Cortisol können die Muskelmasse und das Wachstum während der gesamten Lebensspanne beeinflussen. Je nach akuten Programmvariablen kann ein Krafttraining einen vorübergehenden Anstieg der zirkulierenden Hormonkonzentrationen nach der Belastung hervorrufen [121, 122]. Endokrine Reaktionen während des Trainings können in erster Linie auf die Regulierung des Ganzkörper-Energiestoffwechsels zurückzuführen sein, der Glukose und freie Fettsäuren für die Energieversorgung der arbeitenden Muskeln bereitstellt [123, 124]. Hormone können ihre zellulären Wirkungen durch Rezeptorinteraktionen hervorrufen, und systemische Erhöhungen der zirkulierenden Hormone erhöhen vermutlich die Wahrscheinlichkeit von Interaktionen mit Rezeptoren im Muskelgewebe und damit potenziell auch die Auswirkungen auf die Anpassungen an RT [122]. Allerdings scheinen normale physiologische Hormonschwankungen bei der Regulierung der Muskelgröße eher eine erhaltende als eine stimulierende Rolle zu spielen [125]. In vielen Studien haben sich die Hormonkonzentrationen im Ruhezustand während der RT nicht signifikant verändert, obwohl die Muskelkraft und die Hypertrophie zunahmen [121, 122]. Veränderungen der Testosteron- und Cortisolkonzentrationen können jedoch in einigen Fällen Veränderungen der Trainingsbelastung und damit des allgemeinen Stress- und Erholungsstatus bei Sportlern widerspiegeln [126].

Die anabole Wirkung von IGF-I in der Skelettmuskulatur wurde eindeutig nachgewiesen, doch hat das systemische IGF-I nur einen begrenzten Einfluss auf die hypertrophe Reaktion. Die lokale (autokrine/parakrine) Expression von Wachstumsfaktoren wie IGF-I innerhalb der belasteten Muskeln als Reaktion auf ein RT spielt jedoch wahrscheinlich eine wichtige Rolle bei der Skelettmuskelhypertrophie. IGF-I induziert die Proliferation von Satellitenzellen und steigert die Akkumulation kontraktiler Proteine in den Myofasern durch die Aktivierung von IGF-I-Rezeptoren in der Zellmembran [24]. Im Gegensatz zu IGF-I ist Myostatin ein wichtiger negativer Regulator des Skelettmuskelwachstums. Myostatin wird als „Myokin" eingestuft, d. h. es wird von kontrahierenden Muskelfasern produziert und ausgeschüttet und übt anschließend auto-, para- und/oder endokrine Wirkungen aus. Myostatin hemmt die Aktivierung von Satellitenzellen, unterdrückt die Expression von myogenen Regulationsfaktoren und fördert die Proteolyse. Myostatin wirkt auf die Zielzellen über die Smad2/3-Signalkaskade durch Bindung an Activin-Typ-II-Rezeptoren [76]. Neben Myostatin und IGF-I können auch viele andere extrazelluläre Signalmoleküle den Phänotyp der Skelettmuskulatur während des Krafttrainings beeinflussen [127–131].

Aminosäuren

Die Verfügbarkeit von Proteinen ist ein wirksamer Modulator der akuten molekularen Reaktionen auf RT. Essentielle Aminosäuren, insbesondere die verzweigtkettige Aminosäure Leucin, können unabhängig voneinander Signalwege stimulieren, die anschließend die Proteinsyntheseraten erhöhen. Somit wirken essenzielle Aminosäuren nicht nur als Substrat, sondern auch als Signal, das die Proteinsynthese anregt [109, 132]. Die Aufnahme von Nahrungsprotein scheint die Proteinsynthese dosisabhängig und sättigbar zu stimulieren. Die Aufnahme von 20 g einer isolierten hochwertigen Proteinquelle oder von 30 g Protein als Teil einer gemischten Mahlzeit wurde empfohlen, um eine maximale Proteinsynthesereaktion zu erreichen [133, 134].

Regulierung von Proteinsynthese und -abbau

RT führt zu einer erhöhten Proteinsyntheserate während der Erholungsphase und zu einem verhältnismäßig geringeren und kürzeren Anstieg der Proteinabbaurate [135, 136]. Ein akutes RT erhöht den Proteinumsatz der Skelettmuskulatur bis zu 48 h nach Beendigung des Trainings [137]. Es wird vermutet, dass der Anstieg der Proteinsynthese auf eine erhöhte Effizienz der Translation pro RNA-Molekül zurückzuführen ist [138]. Die positive Netto-Proteinsynthesereaktion nach einem Krafttraining führt im Laufe der Zeit zu einer Zunahme des Muskelproteins [139, 140]. Die Proteinsynthese muss den Proteinabbau über einen längeren Zeitraum (d. h. einige Wochen) übersteigen, bis RT-induzierte Veränderungen der Muskelgröße nachweisbar sind [141]. Es scheint, dass ungewohnte Trainingseinheiten zu übertriebenen lokalen und systemischen Stressreaktionen (z. B. dysreguliertes Redox-Gleichgewicht) führen und somit einen Anstieg der Proteinsynthese induzieren [75]. Wiederholte Trainingseinheiten stumpfen jedoch die Proteinsynthesereaktion ab, was zu einem abgeschwächten Anstieg der Proteinsynthese im trainierten Zustand führt [142, 143].

mTOR-Signalweg

Der am besten beschriebene Mechanismus, durch den Nahrungsprotein und Bewegung die Proteinsynthese der Skelettmuskulatur und in der Folge die Faserhypertrophie modulieren, ist der mTORC1-Signalweg (Mechanistic Target of Rapamycin Complex 1) [144, 145]. Die Aktivierung von mTORC1 wird über die Aktivierung des Insulin/IGF-1-Rezeptors durch Hormone und Wachstumsfaktoren und die Aktivierung des nachgeschalteten Phosphatidyl-Inositol-3-Kinase (PI3K)-Akt-Signalwegs vermittelt [146]. mTORC1 kann auch unabhängig von Akt durch kontraktile Aktivität (Mechanotransduktion) und die Bereitstellung essenzieller Aminosäuren aktiviert werden [147–149].

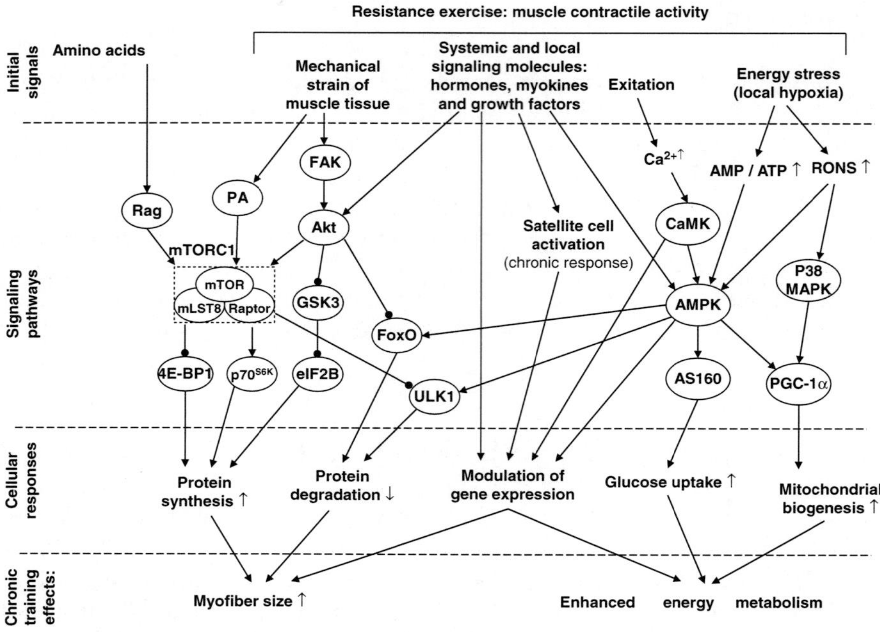

Abb. 5.2 Vereinfachter Überblick über die mTOR- und AMPK-Signalwege, die Größe und Funktion der Skelettmuskulatur durch Krafttraining regulieren. Mutmaßliche durch Krafttraining induzierte Stimuli (Aminosäuren und kontraktile Aktivität, induzierter mechanischer und metabolischer Stress sowie die Freisetzung systemischer und lokaler Signalmoleküle) aktivieren spezifische intrazelluläre Signalnetzwerke (einschließlich, aber nicht beschränkt auf mTOR- und AMPK-Signalwege), die akute und chronische Reaktionen der Skelettmuskulatur auf Krafttraining vermitteln. Die Stimulation der Signalwege hängt von den Variablen des Krafttrainingsprogramms ab [154–160]. *4E-BP1* eukaryotic initiation factor 4E-binding protein 1, Akt-Proteinkinase B, *AMPK* AMP-activated proteinkinase, *AS160 Akt substrate of 160 kDa*, *CaMK* calmodulin-dependent protein kinase, *eIF2B eukaryotic initiation factor 2B*, *FAK focal adhesion kinase*, *FoxO* forkhead-box-protein, *GSK3* glycogen synthase kinase 3, *mTORC1* mammalian/mechanistic target of rapamycin complex 1, *p38 MAPK* p38 mitogen-activated protein kinase, *p70S6K* ribosomale S6-kinase 1, *PA* Phosphatidsäure, *PGC-1α* peroxisome-proliferator-activated receptor gamma, coactivator 1, *Rag* ras-related small GTPase, *RONS* reactive oxygen and nitrogen species, *ULK1* Unc-51-like kinase 1. Pfeile bezeichnen die Aktivierung, ovale Pfeile die Hemmung

Die Aktivierung von mTORC1 löst eine nachgeschaltete Signalübertragung durch die p70 ribosomale S6-kinase (p70 S6K1) aus, die ein wichtiger Regulator der Proteinsynthese über die Proteintranslation und Ribosomenbiogenese ist [150, 151]. p70 S6K1 übt seine Wirkung über das ribosomale Protein S6 (rpS6), die eukaryotic elongation factor-2-kinase (eEF2) und das eukaryotic initiation factor 4E-binding protein (4E-BP1) aus, die zusammen die mRNA-Translationseffizienz und letztlich die Proteinsynthese für die zelluläre Hypertrophie erhöhen [152, 153]. Es hat sich gezeigt, dass eine Steigerung des Trainingsvolumens eine ausgeprägte Aktivierung der mTOR-Signalproteine auslöst [154–157] (Abb. 5.2).

AMPK-Signalweg

Die hohe Rate des ATP-Umsatzes während des Krafttrainings führt zu einem zellulären Energiedefizit und einem Anstieg des AMP/ATP-Verhältnisses. Die AMP-activated protein kinase (AMPK) registriert einen Anstieg des Energieumsatzes, wenn das Muskelgewebe aktiviert wird, und fungiert als Signalübermittler für metabolische Anpassungen [161, 162]. Akutes Training erhöht die enzymatische Aktivität von AMPK in Abhängigkeit von der Intensität, was die Auswirkungen des Trainings auf den ATP-Umsatz widerspiegelt. Darüber hinaus führen die kontraktionsbedingte Freisetzung von Ca^{2+} und die ROS-Produktion zur Aktivierung von AMPK. Wie erwartet hat sich gezeigt, dass Krafttraining die AMPK-Aktivität in der Skelettmuskulatur akut erhöht [163–165].

Insgesamt dient die AMPK-Aktivierung der ATP-Erhaltung, indem sie biosynthetische und anabole Stoffwechselwege hemmt und gleichzeitig katabole Stoffwechselwege anregt, um die zellulären Energiespeicher wiederherzustellen. In der Skelettmuskulatur moduliert die AMPK-Aktivierung während des Trainings akut den Zellstoffwechsel durch Phosphorylierung von Stoffwechselenzymen, die die Glykogen- und Proteinsynthese unterdrücken, aber den Lipidstoffwechsel und die Glukoseaufnahme fördern [161, 162, 166]. Die Proteinsynthese ist ein energieaufwändiger Prozess, und in Übereinstimmung mit der Rolle als Energiesensor kann die Aktivierung von AMPK die Proteinsynthese unterdrücken, indem sie direkt die mTORC1-Aktivität oder indirekt durch die Aktivierung der mTOR-upstream-kinase tuberin (TSC2) hemmt [164, 167, 168]. AMPK kann die Proteinsynthese auch durch Aktivierung der eukaryotic translation elongation factor 2 kinase (eEF2K) hemmen, was wiederum zur Hemmung der Proteintranslation durch eEF2 führt [4, 169]. Wie AMPK kann auch der Energiesensor REDD1 (regulated in DNA damage and development 1), der durch eine Reduktion des ATP und Hypoxie aktiviert wird, mTORC1 und damit die Proteinsynthese hemmen [4, 170]. Eine chronische AMPK-Aktivierung verändert die Genexpression im Stoffwechsel und induziert die mitochondriale Biogenese, was zur Förderung eines oxidativen Muskelphänotyps führt. Diese langfristigen regulatorischen Maßnahmen werden über die direkte Phosphorylierung von Transkriptionsfaktoren und des transkriptionellen Koaktivators PGC-1α vermittelt [171, 172].

Proteinabbau

Der Abbau von Protein durch das Ubiquitin-Proteasom-System wird über muskelspezifische E3-Ubiquitin-Ligasen, muscle atrophy F box (Atrogin-1/MAFbx) und muscle RING finger 1 (MuRF1) reguliert. Sie sind an der Ubiquitinierung spezifischer Proteine beteiligt, die an das 26S-Proteasom zum anschließenden Abbau weitergeleitet werden [173]. Beispielsweise reguliert die MuRF1-abhängige Ubiquitinierung den Abbau von kontraktilen Proteinen wie den schweren Myosinketten [174]. Die transkriptionelle Hochregulierung von Atrogin-1/MAFbx und MuRF1 wird durch die Aktivierung von forkhead box O (FOXO) Familie verstärkt [175]. Anabole und energiesensitive Prozesse regulieren die Aktivität des Ubiquitin-

Proteasom-Wegs. Akt, ein vorgeschalteter Regulator der mTORC1-Aktivität, inaktiviert FOXOs und hemmt somit die Proteolyse. Im Gegensatz dazu fördert die AMPK-Aktivierung die Aktivität der FOXOs [109, 176]. Auch eine Entzündungsreaktion über den NF-κB-Signalweg und Myostatin fördern die Proteolyse durch das Ubiquitin-Proteasom-System [177–180].

Autophagie bezeichnet einen Prozess des nicht-selektiven Abbaus zytosolischer Bestandteile durch das Lysosom. Die Autophagie ist für die Aufrechterhaltung der zellulären Homöostase sowohl in Ruhe als auch während des Trainings und der Erholung danach von Vorteil [106, 181]. Krafttraining kann bestimmte Schäden an belasteten Myofasern hervorrufen, und die Autophagie ermöglicht die Beseitigung beschädigter Organellen und Proteine durch die Lysosomen. Es wird vermutet, dass die Anpassung an das Training von einer angemessenen Aktivierung der Autophagie abhängt, und es hat sich gezeigt, dass akutes körperliches Training die Autophagie im Skelettmuskel stark innerviert [182–185]. Die Aktivität der Autophagie wird durch die unc-51-like autophagy activating kinase 1 (ULK1) reguliert. Die Aktivierung von mTORC1 kann die Autophagie hemmen, während AMPK die Autophagie durch Regulierung der ULK1-Aktivität stimuliert [164, 181, 186, 187]. Neben dem Autophagie-lysosomalen System sind auch nicht-lysosomale Proteasen wie die Gruppe der kalziumabhängigen Calpaine und die Caspasen an der Proteolyse beteiligt [104, 188, 189]. So löst beispielsweise die durch körperliche Anstrengung verursachte Sarkomerschädigung einen Calpain-vermittelten Abbau von gestörten Sarkomerfilamenten, wie z. B. Titin, aus [94].

Zusammenfassung

Ziel des RT ist es, einen Überlastungsreiz im Muskel zu erzeugen, der spezifische molekulare Reaktionen hervorruft und adaptive Veränderungen der Skelettmuskelmasse und der Stoffwechselfunktion fördert. Die durch Muskelkontraktionen erzeugte Umwandlung von intra- und extrazellulären Signalen in nachfolgende physiologische Anpassungen, umfasst eine Kaskade von Reizen, die spezifische Signalwege beeinflussen. Dazu gehören eine trainingsinduzierte Satellitenzellaktivierung, die Genexpression und/oder die Proteinumsatzrate durch Proteosynthese und die Proteolyse [24, 109, 125].

Die RT-induzierte Skelettmuskelhypertrophie scheint maßgeblich von der Aktivität der Translationsmaschinerie gesteuert zu werden, wobei mTORC1 als Hauptregulator fungiert. Mehrere Signalwege haben eine integrierte Wirkung auf die mTORC1-Aktivität, von denen autokrine/parakrine Wachstumsfaktoren, mechanischer und metabolischer Stress und die Verfügbarkeit von Aminosäuren die wichtigsten zu sein scheinen [2, 74, 76]. Die RT-induzierte Anpassung der Skelettmuskulatur ist jedoch ein komplexer Prozess, an dem verschiedene zelluläre Reaktionen und zahlreiche Signaltransduktionswege beteiligt sind. Die zellulären Signalwege umfassen komplexe Netzwerke, die in einem sich ständig verändernden zellulären Milieu aktiv sind, was es schwierig macht, spezifische Signalreaktionen und Veränderungen in der Gen- und Proteinexpression mit bestimmten Stoffwechselreaktionen nach RT in Verbindung zu bringen, geschweige denn mit langfristigen Anpassungen an RT [190, 191]. Zusätzlich zu den transkriptionellen und translationalen Signalnetzwerken, die an der Plastizität der Skelettmuskulatur beteiligt sind, stellen epigenetische Veränderungen der DNA, die sich auf die trainingsinduzierte Genexpression auswirken können, oder das posttranskriptionelle Silencing von Genen durch miRNAs zusätzliche Kontrollebenen für die Anpassungen an RT dar [192–196].

Um die adaptiven Veränderungen der Myofasern, vollständig zu verstehen, sollten Aspekte des neuromuskulären Systems (z. B. neuronaler Antrieb der Muskeln), des muskuloskelettalen Systems (z. B. Kraftübertragung von den Muskeln auf Sehnen und Knochen) und des kardiovaskulären Systems (z. B. das Muskelkapillarnetz) berücksichtigt werden. Darüber hinaus wirken sich RT-induzierte Anpassungen im Allgemeinen auf den gesamten Körper aus, so dass Anpassungen in der Muskulatur im Kontext der Wechselwirkungen zwischen Geweben und Organen in einem ganzen Körper betrachtet werden sollten [197–200].

Literatur

1. Folland JP, Williams AG. The adaptations to strength training: morphological and neurological contributions to increased strength. Sports Med. 2007;37:145–68.
2. Egan B, Zierath JR. Exercise metabolism and the molecular regulation of skeletal muscle adaptation. Cell Metab. 2013;17:162–84.
3. Westcott WL. Resistance training is medicine: effects of strength training on health. Curr Sports Med Rep. 2012;11:209–16.
4. Fyfe JJ, Bishop DJ, Stepto NK. Interference between concurrent resistance and endurance exercise: molecular bases and the role of individual training variables. Sports Med. 2014;44:743–62.
5. American College of Sports Medicine. American College of Sports Medicine position stand. Progression models in resistance training for healthy adults. Med Sci Sports Exerc. 2009;41:687–708.
6. Murach KA, Bagley JR. Skeletal muscle hypertrophy with concurrent exercise training: contrary evidence for an interference effect. Sports Med. 2016;46:1029–39.
7. Wernbom M, Augustsson J, Thomeé R. The influence of frequency, intensity, volume and mode of strength training on whole muscle cross-sectional area in humans. Sports Med. 2007;37:225–64.
8. Ahtiainen JP, Walker S, Peltonen H, Holviala J, Sillanpää E, Karavirta L, et al. Heterogeneity in resistance training-induced muscle strength and mass responses in men and women of different ages. Age (Dordr). 2016;38:10.
9. Hubal MJ, Gordish-Dressman H, Thompson PD, Price TB, Hoffman EP, Angelopoulos TJ, et al. Variability in muscle size and strength gain after unilateral resistance training. Med Sci Sports Exerc. 2005;37:964–72.
10. Konopka AR, Harber MP. Skeletal muscle hypertrophy after aerobic exercise training. Exerc Sport Sci Rev. 2014;42:53–61.
11. Hackett DA, Johnson NA, Chow C. Training practices and ergogenic aids used by male bodybuilders. J Strength Cond Res. 2013;27:1609–17.
12. Schoenfeld BJ. The mechanisms of muscle hypertrophy and their application to resistance training. J Strength Cond Res. 2010;24:2857–72.
13. Lüthi JM, Howald H, Claassen H, Rösler K, Vock P, Hoppeler H. Structural changes in skeletal muscle tissue with heavy-resistance exercise. Int J Sports Med. 1986;7:123–7.

14. Alway SE, MacDougall JD, Sale DG, Sutton JR, McComas AJ. Functional and structural adaptations in skeletal muscle of trained athletes. J Appl Physiol. 1988;64:1114–20.
15. MacDougall JD, Elder GC, Sale DG, Moroz JR, Sutton JR. Effects of strength training and immobilization on human muscle fibres. Eur J Appl Physiol Occup Physiol. 1980;43:25–34.
16. Schiaffino S, Sandri M, Murgia M. Activity-dependent signaling pathways controlling muscle diversity and plasticity. Physiology (Bethesda). 2007;22:269–78.
17. Fry AC. The role of resistance exercise intensity on muscle fibre adaptations. Sports Med. 2004;34:663–79.
18. Yan Z, Okutsu M, Akhtar YN, Lira VA. Regulation of exercise-induced fiber type transformation, mitochondrial biogenesis, and angiogenesis in skeletal muscle. J Appl Physiol. 2011;110:264–74.
19. Narici M, Franchi M, Maganaris C. Muscle structural assembly and functional consequences. J Exp Biol. 2016;219:276–84.
20. Lieber RL, Ward SR. Skeletal muscle design to meet functional demands. Philos Trans R Soc Lond B Biol Sci. 2011;366:1466–76.
21. Franchi MV, Reeves ND, Narici MV. Skeletal muscle remodeling in response to eccentric vs. concentric loading: morphological, molecular, and metabolic adaptations. Front Physiol. 2017;8:447.
22. Degens H, Erskine RM, Morse CI. Disproportionate changes in skeletal muscle strength and size with resistance training and ageing. J Musculoskelet Neuronal Interact. 2009;9:123–9.
23. Erskine RM, Jones DA, Maffulli N, Williams AG, Stewart CE, Degens H. What causes in vivo muscle specific tension to increase following resistance training? Exp Physiol. 2011;96:145–55.
24. Favier FB, Benoit H, Freyssenet D. Cellular and molecular events controlling skeletal muscle mass in response to altered use. Pflugers Arch. 2008;456:587–600.
25. Blaauw B, Reggiani C. The role of satellite cells in muscle hypertrophy. J Muscle Res Cell Motil. 2014;35:3–10.
26. Allen DL, Roy RR, Edgerton VR. Myonuclear domains in muscle adaptation and disease. Muscle Nerve. 1999;22:1350–60.
27. Snijders T, Nederveen JP, McKay BR, Joanisse S, Verdijk LB, van Loon LJ, et al. Satellite cells in human skeletal muscle plasticity. Front Physiol. 2015;6:283.
28. Gundersen K. Muscle memory and a new cellular model for muscle atrophy and hypertrophy. J Exp Biol. 2016;219:235–42.
29. Magnusson SP, Hansen P, Kjaer M. Tendon properties in relation to muscular activity and physical training. Scand J Med Sci Sports. 2003;13:211–23.
30. Magnusson SP, Langberg H, Kjaer M. The pathogenesis of tendinopathy: balancing the response to loading. Nat Rev Rheumatol. 2010;6:262–8.
31. Reeves ND, Maganaris CN, Narici MV. Effect of strength training on human patella tendon mechanical properties of older individuals. J Physiol (Lond). 2003;548:971–81.
32. Kongsgaard M, Reitelseder S, Pedersen TG, Holm L, Aagaard P, Kjaer M, et al. Region specific patellar tendon hypertrophy in humans following resistance training. Acta Physiol (Oxf). 2007;191:111–21.
33. Magnusson SP, Narici MV, Maganaris CN, Kjaer M. Human tendon behaviour and adaptation, in vivo. J Physiol (Lond). 2008;586:71–81.
34. Wiesinger H, Kösters A, Müller E, Seynnes OR. Effects of increased loading on in vivo tendon properties: a systematic review. Med Sci Sports Exerc. 2015;47:1885–95.
35. Kongsgaard M, Kovanen V, Aagaard P, Doessing S, Hansen P, Laursen AH, et al. Corticosteroid injections, eccentric decline squat training and heavy slow resistance training in patellar tendinopathy. Scand J Med Sci Sports. 2009;19:790–802.
36. Kubo K, Kanehisa H, Fukunaga T. Effects of resistance and stretching training programmes on the viscoelastic properties of human tendon structures in vivo. J Physiol (Lond). 2002;538:219–26.

37. Kubo K, Morimoto M, Komuro T, Yata H, Tsunoda N, Kanehisa H, et al. Effects of plyometric and weight training on muscle-tendon complex and jump performance. Med Sci Sports Exerc. 2007;39:1801–10.
38. Maïmoun L, Sultan C. Effects of physical activity on bone remodeling. Metab Clin Exp. 2011;60:373–88.
39. Hawkins SA, Schroeder ET, Wiswell RA, Jaque SV, Marcell TJ, Costa K. Eccentric muscle action increases site-specific osteogenic response. Med Sci Sports Exerc. 1999;31:1287–92.
40. Bolam KA, van Uffelen JGZ, Taaffe DR. The effect of physical exercise on bone density in middle-aged and older men: a systematic review. Osteoporos Int. 2013;24:2749–62.
41. Martyn-St James M, Carroll S. Effects of different impact exercise modalities on bone mineral density in premenopausal women: a meta-analysis. J Bone Miner Metab. 2010;28:251–67.
42. Knuiman P, Hopman MTE, Mensink M. Glycogen availability and skeletal muscle adaptations with endurance and resistance exercise. Nutr Metab (Lond). 2015;12:59.
43. Essén-Gustavsson B, Tesch PA. Glycogen and triglyceride utilization in relation to muscle metabolic characteristics in men performing heavy-resistance exercise. Eur J Appl Physiol Occup Physiol. 1990;61:5–10.
44. Tesch PA, Colliander EB, Kaiser P. Muscle metabolism during intense, heavy-resistance exercise. Eur J Appl Physiol Occup Physiol. 1986;55:362–6.
45. Pascoe DD, Costill DL, Fink WJ, Robergs RA, Zachwieja JJ. Glycogen resynthesis in skeletal muscle following resistive exercise. Med Sci Sports Exerc. 1993;25:349–54.
46. Beelen M, Burke LM, Gibala MJ, van Loon LJC. Nutritional strategies to promote postexercise recovery. Int J Sport Nutr Exerc Metab. 2010;20:515–32.
47. Doyle JA, Sherman WM, Strauss RL. Effects of eccentric and concentric exercise on muscle glycogen replenishment. J Appl Physiol. 1993;74:1848–55.
48. Ivy JL. Regulation of muscle glycogen repletion, muscle protein synthesis and repair following exercise. J Sports Sci Med. 2004;3:131–8.
49. MacDougall JD, Ward GR, Sale DG, Sutton JR. Biochemical adaptation of human skeletal muscle to heavy resistance training and immobilization. J Appl Physiol Respir Environ Exerc Physiol. 1977;43:700–3.
50. Tesch PA, Alkner BA. Acute and chronic muscle metabolic adaptations to strength training. In: Komi PV, Herausgeber. Strength and power in sport. 2. Aufl. Oxford: Blackwell Science Ltd; 2003. S. 265–80.
51. Pesta DH, Goncalves RLS, Madiraju AK, Strasser B, Sparks LM. Resistance training to improve type 2 diabetes: working toward a prescription for the future. Nutr Metab (Lond). 2017;14:24.
52. LeBrasseur NK, Walsh K, Arany Z. Metabolic benefits of resistance training and fast glycolytic skeletal muscle. Am J Physiol Endocrinol Metab. 2011;300:3.
53. Sylow L, Kleinert M, Richter EA, Jensen TE. Exercise-stimulated glucose uptake – regulation and implications for glycaemic control. Nat Rev Endocrinol. 2017;13:133–48.
54. Colberg SR, Sigal RJ, Fernhall B, Regensteiner JG, Blissmer BJ, Rubin RR, et al. Exercise and type 2 diabetes: the American College of Sports Medicine and the American Diabetes Association: joint position statement. Diabetes Care. 2010;33:147.
55. Mann S, Beedie C, Balducci S, Zanuso S, Allgrove J, Bertiato F, et al. Changes in insulin sensitivity in response to different modalities of exercise: a review of the evidence. Diabetes Metab Res Rev. 2014;30:257–68.
56. Holten MK, Zacho M, Gaster M, Juel C, Wojtaszewski JFP, Dela F. Strength training increases insulin-mediated glucose uptake, GLUT4 content, and insulin signaling in skeletal muscle in patients with type 2 diabetes. Diabetes. 2004;53:294–305.
57. Strasser B, Pesta D. Resistance training for diabetes prevention and therapy: experimental findings and molecular mechanisms. Biomed Res Int. 2013;2013:805217.
58. Hellsten Y, Nyberg M. Cardiovascular adaptations to exercise training. Compr Physiol. 2015;6:1–32.

59. Groennebaek T, Vissing K. Impact of resistance training on skeletal muscle mitochondrial biogenesis, content, and function. Front Physiol. 2017;8:713.
60. Lemes ÍR, Ferreira PH, Linares SN, Machado AF, Pastre CM, Netto J. Resistance training reduces systolic blood pressure in metabolic syndrome: a systematic review and meta-analysis of randomised controlled trials. Br J Sports Med. 2016; 50:1438–1442.
61. Cornelissen VA, Fagard RH, Coeckelberghs E, Vanhees L. Impact of resistance training on blood pressure and other cardiovascular risk factors: a meta-analysis of randomized, controlled trials. Hypertension. 2011;58:950–8.
62. Strasser B, Siebert U, Schobersberger W. Resistance training in the treatment of the metabolic syndrome: a systematic review and meta-analysis of the effect of resistance training on metabolic clustering in patients with abnormal glucose metabolism. Sports Med. 2010;40:397–415.
63. Mann S, Beedie C, Jimenez A. Differential effects of aerobic exercise, resistance training and combined exercise modalities on cholesterol and the lipid profile: review, synthesis and recommendations. Sports Med. 2014;44:211–21.
64. Gordon B, Chen S, Durstine JL. The effects of exercise training on the traditional lipid profile and beyond. Curr Sports Med Rep. 2014;13:253–9.
65. Tambalis K, Panagiotakos DB, Kavouras SA, Sidossis LS. Responses of blood lipids to aerobic, resistance, and combined aerobic with resistance exercise training: a systematic review of current evidence. Angiology. 2009;60:614–32.
66. Mihl C, Dassen WRM, Kuipers H. Cardiac remodelling: concentric versus eccentric hypertrophy in strength and endurance athletes. Neth Heart J. 2008;16:129–33.
67. Spence AL, Naylor LH, Carter HH, Buck CL, Dembo L, Murray CP, et al. A prospective randomised longitudinal MRI study of left ventricular adaptation to endurance and resistance exercise training in humans. J Physiol (Lond). 2011;589:5443–52.
68. Santoro A, Alvino F, Antonelli G, Caputo M, Padeletti M, Lisi M, et al. Endurance and strength Athlete's heart: analysis of myocardial deformation by speckle tracking echocardiography. J Cardiovasc Ultrasound. 2014;22:196–204.
69. Utomi V, Oxborough D, Whyte GP, Somauroo J, Sharma S, Shave R, et al. Systematic review and meta-analysis of training mode, imaging modality and body size influences on the morphology and function of the male athlete's heart. Heart. 2013;99:1727–33.
70. Fleck SJ, Kraemer WJ. Designing resistance training programs. Champaign: Human Kinetics; 2014. S. 109–15.
71. St-Onge M, Gallagher D. Body composition changes with aging: the cause or the result of alterations in metabolic rate and macronutrient oxidation? Nutrition. 2010;26:152–5.
72. Sparti A, DeLany JP, de la Bretonne JA, Sander GE, Bray GA. Relationship between resting metabolic rate and the composition of the fat-free mass. Metab Clin Exp. 1997;46:1225–30.
73. Hawley JA. Molecular responses to strength and endurance training: are they incompatible? Appl Physiol Nutr Metab. 2009;34:355–61.
74. Hoppeler H. Molecular networks in skeletal muscle plasticity. J Exp Biol. 2016;219:205–13.
75. Petriz BA, Gomes CPC, Almeida JA, de Oliveira GP, Ribeiro FM, Pereira RW, et al. The effects of acute and chronic exercise on skeletal muscle proteome. J Cell Physiol. 2017;232:257–69.
76. Blaauw B, Schiaffino S, Reggiani C. Mechanisms modulating skeletal muscle phenotype. Compr Physiol. 2013;3:1645–87.
77. Toigo M, Boutellier U. New fundamental resistance exercise determinants of molecular and cellular muscle adaptations. Eur J Appl Physiol. 2006;97:643–63.
78. Rindom E, Vissing K. Mechanosensitive molecular networks involved in transducing resistance exercise-signals into muscle protein accretion. Front Physiol. 2016;7:547.
79. Philp A, Hamilton DL, Baar K. Signals mediating skeletal muscle remodeling by resistance exercise: PI3-kinase independent activation of mTORC1. J Appl Physiol. 2011;110:561–8.
80. Sheehan SM, Allen RE. Skeletal muscle satellite cell proliferation in response to members of the fibroblast growth factor family and hepatocyte growth factor. J Cell Physiol. 1999;181:499–506.

81. Tatsumi R, Anderson JE, Nevoret CJ, Halevy O, Allen RE. HGF/SF is present in normal adult skeletal muscle and is capable of activating satellite cells. Dev Biol. 1998;194:114–28.
82. Tatsumi R. Mechano-biology of skeletal muscle hypertrophy and regeneration: possible mechanism of stretch-induced activation of resident myogenic stem cells. Anim Sci J. 2010;81:11–20.
83. Wang X, Devaiah SP, Zhang W, Welti R. Signaling functions of phosphatidic acid. Prog Lipid Res. 2006;45:250–78.
84. You J, Lincoln HC, Kim C, Frey JW, Goodman CA, Zhong X, et al. The role of diacylglycerol kinase ζ and phosphatidic acid in the mechanical activation of mammalian target of rapamycin (mTOR) signaling and skeletal muscle hypertrophy. J Biol Chem. 2014;289:1551–63.
85. Bond P. Phosphatidic acid: biosynthesis, pharmacokinetics, mechanisms of action and effect on strength and body composition in resistance-trained individuals. Nutr Metab (Lond). 2017;14:12.
86. Malik RK, Parsons JT. Integrin-dependent activation of the p70 ribosomal S6 kinase signaling pathway. J Biol Chem. 1996;271:29785–91.
87. Flück M, Carson JA, Gordon SE, Ziemiecki A, Booth FW. Focal adhesion proteins FAK and paxillin increase in hypertrophied skeletal muscle. Am J Physiol. 1999;277:152.
88. Crossland H, Kazi AA, Lang CH, Timmons JA, Pierre P, Wilkinson DJ, et al. Focal adhesion kinase is required for IGF-I-mediated growth of skeletal muscle cells via a TSC2/mTOR/S6K1-associated pathway. Am J Physiol Endocrinol Metab. 2013;305:183.
89. Kosek DJ, Bamman MM. Modulation of the dystrophin-associated protein complex in response to resistance training in young and older men. J Appl Physiol. 2008;104:1476–84.
90. Klossner S, Durieux A, Freyssenet D, Flueck M. Mechano-transduction to muscle protein synthesis is modulated by FAK. Eur J Appl Physiol. 2009;106:389–98.
91. Sjøgaard G. Water and electrolyte fluxes during exercise and their relation to muscle fatigue. Acta Physiol Scand Suppl. 1986;556:129–36.
92. Schliess F, Richter L, vom Dahl S, Häussinger D. Cell hydration and mTOR-dependent signalling. Acta Physiol (Oxf). 2006;187:223–9.
93. Lambert IH, Hoffmann EK, Pedersen SF. Cell volume regulation: physiology and pathophysiology. Acta Physiol (Oxf). 2008;194:255–82.
94. Krüger M, Kötter S. Titin, a central mediator for hypertrophic signaling, exercise-induced mechanosignaling and skeletal muscle remodeling. Front Physiol. 2016;7:76.
95. Lange S, Xiang F, Yakovenko A, Vihola A, Hackman P, Rostkova E, et al. The kinase domain of titin controls muscle gene expression and protein turnover. Science. 2005;308:1599–603.
96. Al-Shanti N, Stewart CE. Ca2+/calmodulin-dependent transcriptional pathways: potential mediators of skeletal muscle growth and development. Biol Rev Camb Philos Soc. 2009;84:637–52.
97. Spangenburg EE, McBride TA. Inhibition of stretch-activated channels during eccentric muscle contraction attenuates p70S6K activation. J Appl Physiol. 2006;100:129–35.
98. Butterfield TA, Best TM. Stretch-activated ion channel blockade attenuates adaptations to eccentric exercise. Med Sci Sports Exerc. 2009;41:351–6.
99. Feriche B, García-Ramos A, Morales-Artacho AJ, Padial P. Resistance training using different hypoxic training strategies: a basis for hypertrophy and muscle power development. Sports Med Open. 2017;3:12.
100. Pearson SJ, Hussain SR. A review on the mechanisms of blood-flow restriction resistance training-induced muscle hypertrophy. Sports Med. 2015;45:187–200.
101. Scott BR, Slattery KM, Sculley DV, Dascombe BJ. Hypoxia and resistance exercise: a comparison of localized and systemic methods. Sports Med. 2014;44:1037–54.
102. Jackson MJ, Pye D, Palomero J. The production of reactive oxygen and nitrogen species by skeletal muscle. J Appl Physiol. 2007;102:1664–70.
103. Powers SK, Talbert EE, Adhihetty PJ. Reactive oxygen and nitrogen species as intracellular signals in skeletal muscle. J Physiol (Lond). 2011;589:2129–38.
104. Powers SK, Duarte J, Kavazis AN, Talbert EE. Reactive oxygen species are signalling molecules for skeletal muscle adaptation. Exp Physiol. 2010;95:1–9.

105. Jackson MJ, Vasilaki A, McArdle A. Cellular mechanisms underlying oxidative stress in human exercise. Free Radic Biol Med. 2016;98:13–7.
106. Ferraro E, Giammarioli AM, Chiandotto S, Spoletini I, Rosano G. Exercise-induced skeletal muscle remodeling and metabolic adaptation: redox signaling and role of autophagy. Antioxid Redox Signal. 2014;21:154–76.
107. Steinbacher P, Eckl P. Impact of oxidative stress on exercising skeletal muscle. Biomolecules. 2015;5:356–77.
108. Wright DC, Geiger PC, Han D, Jones TE, Holloszy JO. Calcium induces increases in peroxisome proliferator-activated receptor gamma coactivator-1alpha and mitochondrial biogenesis by a pathway leading to p38 mitogen-activated protein kinase activation. J Biol Chem. 2007;282:18793–9.
109. Margolis LM, Rivas DA. Implications of exercise training and distribution of protein intake on molecular processes regulating skeletal muscle plasticity. Calcif Tissue Int. 2015;96:211–21.
110. Tee JC, Bosch AN, Lambert MI. Metabolic consequences of exercise-induced muscle damage. Sports Med. 2007;37:827–36.
111. Douglas J, Pearson S, Ross A, McGuigan M. Eccentric exercise: physiological characteristics and acute responses. Sports Med. 2017;47:663–75.
112. Proske U, Morgan DL. Muscle damage from eccentric exercise: mechanism, mechanical signs, adaptation and clinical applications. J Physiol (Lond). 2001;537:333–45.
113. Duchateau J, Enoka RM. Neural control of lengthening contractions. J Exp Biol. 2016;219:197–204.
114. Roig M, O'Brien K, Kirk G, Murray R, McKinnon P, Shadgan B, et al. The effects of eccentric versus concentric resistance training on muscle strength and mass in healthy adults: a systematic review with meta-analysis. Br J Sports Med. 2009;43:556–68.
115. Paulsen G, Mikkelsen UR, Raastad T, Peake JM. Leucocytes, cytokines and satellite cells: what role do they play in muscle damage and regeneration following eccentric exercise? Exerc Immunol Rev. 2012;18:42–97.
116. Hyldahl RD, Hubal MJ. Lengthening our perspective: morphological, cellular, and molecular responses to eccentric exercise. Muscle Nerve. 2014;49:155–70.
117. Howatson G, van Someren KA. The prevention and treatment of exercise-induced muscle damage. Sports Med. 2008;38:483–503.
118. Kerksick CM, Willoughby D, Kouretas D, Tsatsakis A. Intramuscular responses with muscle damaging exercise and the interplay between multiple intracellular networks: a human perspective. Food Chem Toxicol. 2013;61:136–43.
119. Peake JM, Neubauer O, Della Gatta PA, Nosaka K. Muscle damage and inflammation during recovery from exercise. J Appl Physiol. 2017;122:559–70.
120. Tidball JG. Regulation of muscle growth and regeneration by the immune system. Nat Rev Immunol. 2017;17:165–78.
121. Gonzalez AM, Hoffman JR, Stout JR, Fukuda DH, Willoughby DS. Intramuscular anabolic signaling and endocrine response following resistance exercise: implications for muscle hypertrophy. Sports Med. 2016;46:671–85.
122. Kraemer WJ, Ratamess NA. Hormonal responses and adaptations to resistance exercise and training. Sports Med. 2005;35:339–61.
123. Hansen D, Meeusen R, Mullens A, Dendale P. Effect of acute endurance and resistance exercise on endocrine hormones directly related to lipolysis and skeletal muscle protein synthesis in adult individuals with obesity. Sports Med. 2012;42:415–31.
124. McMurray RG, Hackney AC. Interactions of metabolic hormones, adipose tissue and exercise. Sports Med. 2005;35:393–412.
125. Marcotte GR, West DWD, Baar K. The molecular basis for load-induced skeletal muscle hypertrophy. Calcif Tissue Int. 2015;96:196–210.
126. Crewther BT, Cook C, Cardinale M, Weatherby RP, Lowe T. Two emerging concepts for elite athletes: the short-term effects of testosterone and cortisol on the neuromuscular system and the dose-response training role of these endogenous hormones. Sports Med. 2011;41:103–23.

127. Catoire M, Kersten S. The search for exercise factors in humans. FASEB J. 2015;29:1615–28.
128. Lightfoot AP, Cooper RG. The role of myokines in muscle health and disease. Curr Opin Rheumatol. 2016;28:661–6.
129. Huh JY. The role of exercise-induced myokines in regulating metabolism. Arch Pharm Res. 2018;41:14–29.
130. Oh K, Lee DS, Kim WK, Han BS, Lee SC, Bae K. Metabolic adaptation in obesity and type II diabetes: myokines, adipokines and hepatokines. Int J Mol Sci. 2016;18:8.
131. Zanou N, Gailly P. Skeletal muscle hypertrophy and regeneration: interplay between the myogenic regulatory factors (MRFs) and insulin-like growth factors (IGFs) pathways. Cell Mol Life Sci. 2013;70:4117–30.
132. Moro T, Ebert SM, Adams CM, Rasmussen BB. Amino acid sensing in skeletal muscle. Trends Endocrinol Metab. 2016;27:796–806.
133. Jäger R, Kerksick CM, Campbell BI, Cribb PJ, Wells SD, Skwiat TM, et al. International Society of Sports Nutrition Position Stand: protein and exercise. J Int Soc Sports Nutr. 2017;14:20.
134. Morton RW, McGlory C, Phillips SM. Nutritional interventions to augment resistance training-induced skeletal muscle hypertrophy. Front Physiol. 2015;6:245.
135. Biolo G, Maggi SP, Williams BD, Tipton KD, Wolfe RR. Increased rates of muscle protein turnover and amino acid transport after resistance exercise in humans. Am J Physiol. 1995;268:514.
136. Kumar V, Atherton P, Smith K, Rennie MJ. Human muscle protein synthesis and breakdown during and after exercise. J Appl Physiol. 2009;106:2026–39.
137. Phillips SM, Tipton KD, Aarsland A, Wolf SE, Wolfe RR. Mixed muscle protein synthesis and breakdown after resistance exercise in humans. Am J Physiol. 1997;273:99.
138. Chesley A, MacDougall JD, Tarnopolsky MA, Atkinson SA, Smith K. Changes in human muscle protein synthesis after resistance exercise. J Appl Physiol. 1992;73:1383–8.
139. Atherton PJ, Smith K. Muscle protein synthesis in response to nutrition and exercise. J Physiol (Lond). 2012;590:1049–57.
140. Rennie MJ, Wackerhage H, Spangenburg EE, Booth FW. Control of the size of the human muscle mass. Annu Rev Physiol. 2004;66:799–828.
141. Seynnes OR, de Boer M, Narici MV. Early skeletal muscle hypertrophy and architectural changes in response to high-intensity resistance training. J Appl Physiol. 2007;102:368–73.
142. Kim PL, Staron RS, Phillips SM. Fasted-state skeletal muscle protein synthesis after resistance exercise is altered with training. J Physiol (Lond). 2005;568:283–90.
143. Tang JE, Perco JG, Moore DR, Wilkinson SB, Phillips SM. Resistance training alters the response of fed state mixed muscle protein synthesis in young men. Am J Physiol Regul Integr Comp Physiol. 2008;294:172.
144. Bodine SC, Stitt TN, Gonzalez M, Kline WO, Stover GL, Bauerlein R, et al. Akt/mTOR pathway is a crucial regulator of skeletal muscle hypertrophy and can prevent muscle atrophy in vivo. Nat Cell Biol. 2001;3:1014–9.
145. Drummond MJ, Fry CS, Glynn EL, Dreyer HC, Dhanani S, Timmerman KL, et al. Rapamycin administration in humans blocks the contraction-induced increase in skeletal muscle protein synthesis. J Physiol (Lond). 2009;587:1535–46.
146. Deldicque L, Theisen D, Francaux M. Regulation of mTOR by amino acids and resistance exercise in skeletal muscle. Eur J Appl Physiol. 2005;94:1–10.
147. Goberdhan DCI, Wilson C, Harris AL. Amino acid sensing by mTORC1: intracellular transporters mark the spot. Cell Metab. 2016;23:580–9.
148. Bond P. Regulation of mTORC1 by growth factors, energy status, amino acids and mechanical stimuli at a glance. J Int Soc Sports Nutr. 2016;13:8.
149. Jacobs BL, Goodman CA, Hornberger TA. The mechanical activation of mTOR signaling: an emerging role for late endosome/lysosomal targeting. J Muscle Res Cell Motil. 2014;35:11–21.
150. Ma XM, Blenis J. Molecular mechanisms of mTOR-mediated translational control. Nat Rev Mol Cell Biol. 2009;10:307–18.

151. Proud CG. Signalling to translation: how signal transduction pathways control the protein synthetic machinery. Biochem J. 2007;403:217–34.
152. Goodman CA. The role of mTORC1 in regulating protein synthesis and skeletal muscle mass in response to various mechanical stimuli. Rev Physiol Biochem Pharmacol. 2014;166:43–95.
153. Ben-Sahra I, Manning BD. mTORC1 signaling and the metabolic control of cell growth. Curr Opin Cell Biol. 2017;45:72–82.
154. Ahtiainen JP, Walker S, Silvennoinen M, Kyröläinen H, Nindl BC, Häkkinen K, et al. Exercise type and volume alter signaling pathways regulating skeletal muscle glucose uptake and protein synthesis. Eur J Appl Physiol. 2015;115:1835–45.
155. Burd NA, Holwerda AM, Selby KC, West DWD, Staples AW, Cain NE, et al. Resistance exercise volume affects myofibrillar protein synthesis and anabolic signalling molecule phosphorylation in young men. J Physiol (Lond). 2010;588:3119–30.
156. Hulmi JJ, Walker S, Ahtiainen JP, Nyman K, Kraemer WJ, Häkkinen K. Molecular signaling in muscle is affected by the specificity of resistance exercise protocol. Scand J Med Sci Sports. 2012;22:240–8.
157. Terzis G, Spengos K, Mascher H, Georgiadis G, Manta P, Blomstrand E. The degree of p70 S6k and S6 phosphorylation in human skeletal muscle in response to resistance exercise depends on the training volume. Eur J Appl Physiol. 2010;110:835–43.
158. McKendry J, Pérez-López A, McLeod M, Luo D, Dent JR, Smeuninx B, et al. Short inter-set rest blunts resistance exercise-induced increases in myofibrillar protein synthesis and intracellular signalling in young males. Exp Physiol. 2016;101:866–82.
159. Mitchell CJ, Churchward-Venne TA, West DWD, Burd NA, Breen L, Baker SK, et al. Resistance exercise load does not determine training-mediated hypertrophic gains in young men. J Appl Physiol. 2012;113:71–7.
160. Popov DV, Lysenko EA, Bachinin AV, Miller TF, Kurochkina NS, Kravchenko IV, et al. Influence of resistance exercise intensity and metabolic stress on anabolic signaling and expression of myogenic genes in skeletal muscle. Muscle Nerve. 2015;51:434–42.
161. Kjøbsted R, Hingst JR, Fentz J, Foretz M, Sanz M, Pehmøller C, et al. AMPK in skeletal muscle function and metabolism. FASEB J. 2018;32(4):1741–77.
162. Mounier R, Théret M, Lantier L, Foretz M, Viollet B. Expanding roles for AMPK in skeletal muscle plasticity. Trends Endocrinol Metab. 2015;26:275–86.
163. Vissing K, McGee SL, Farup J, Kjølhede T, Vendelbo MH, Jessen N. Differentiated mTOR but not AMPK signaling after strength vs endurance exercise in training-accustomed individuals. Scand J Med Sci Sports. 2013;23:355–66.
164. Jessen N, Sundelin EIO, Møller AB. AMP kinase in exercise adaptation of skeletal muscle. Drug Discov Today. 2014;19:999–1002.
165. Morales-Alamo D, Calbet JAL. AMPK signaling in skeletal muscle during exercise: role of reactive oxygen and nitrogen species. Free Radic Biol Med. 2016;98:68–77.
166. Baar K. Using molecular biology to maximize concurrent training. Sports Med. 2014;44(Suppl 2):117.
167. Bolster DR, Crozier SJ, Kimball SR, Jefferson LS. AMP-activated protein kinase suppresses protein synthesis in rat skeletal muscle through down-regulated mammalian target of rapamycin (mTOR) signaling. J Biol Chem. 2002;277:23977–80.
168. Dreyer HC, Fujita S, Cadenas JG, Chinkes DL, Volpi E, Rasmussen BB. Resistance exercise increases AMPK activity and reduces 4E-BP1 phosphorylation and protein synthesis in human skeletal muscle. J Physiol (Lond). 2006;576:613–24.
169. Horman S, Browne G, Krause U, Patel J, Vertommen D, Bertrand L, et al. Activation of AMP-activated protein kinase leads to the phosphorylation of elongation factor 2 and an inhibition of protein synthesis. Curr Biol. 2002;12:1419–23.
170. Gordon BS, Steiner JL, Williamson DL, Lang CH, Kimball SR. Emerging role for regulated in development and DNA damage 1 (REDD1) in the regulation of skeletal muscle metabolism. Am J Physiol Endocrinol Metab. 2016;311:157.

171. Lira VA, Benton CR, Yan Z, Bonen A. PGC-1alpha regulation by exercise training and its influences on muscle function and insulin sensitivity. Am J Physiol Endocrinol Metab. 2010;299:145.
172. Thirupathi A, de Souza CT. Multi-regulatory network of ROS: the interconnection of ROS, PGC-1 alpha, and AMPK-SIRT1 during exercise. J Physiol Biochem. 2017;73:487–94.
173. Sandri M. Signaling in muscle atrophy and hypertrophy. Physiology (Bethesda). 2008;23:160–70.
174. Clarke BA, Drujan D, Willis MS, Murphy LO, Corpina RA, Burova E, et al. The E3 Ligase MuRF1 degrades myosin heavy chain protein in dexamethasone-treated skeletal muscle. Cell Metab. 2007;6:376–85.
175. Bodine SC, Baehr LM. Skeletal muscle atrophy and the E3 ubiquitin ligases MuRF1 and MAFbx/atrogin-1. Am J Physiol Endocrinol Metab. 2014;307:469.
176. Léger B, Cartoni R, Praz M, Lamon S, Dériaz O, Crettenand A, et al. Akt signalling through GSK-3beta, mTOR and Foxo1 is involved in human skeletal muscle hypertrophy and atrophy. J Physiol (Lond). 2006;576:923–33.
177. Murton AJ, Constantin D, Greenhaff PL. The involvement of the ubiquitin proteasome system in human skeletal muscle remodelling and atrophy. Biochim Biophys Acta. 2008;1782:730–43.
178. Bilodeau PA, Coyne ES, Wing SS. The ubiquitin proteasome system in atrophying skeletal muscle: roles and regulation. Am J Physiol Cell Physiol. 2016;311:392.
179. McCarthy JJ, Esser KA. Anabolic and catabolic pathways regulating skeletal muscle mass. Curr Opin Clin Nutr Metab Care. 2010;13:230–5.
180. Turner MD, Nedjai B, Hurst T, Pennington DJ. Cytokines and chemokines: at the crossroads of cell signalling and inflammatory disease. Biochim Biophys Acta. 2014;1843:2563–82.
181. Vainshtein A, Hood DA. The regulation of autophagy during exercise in skeletal muscle. J Appl Physiol. 2016;120:664–73.
182. Masiero E, Agatea L, Mammucari C, Blaauw B, Loro E, Komatsu M, et al. Autophagy is required to maintain muscle mass. Cell Metab. 2009;10:507–15.
183. Grumati P, Coletto L, Schiavinato A, Castagnaro S, Bertaggia E, Sandri M, et al. Physical exercise stimulates autophagy in normal skeletal muscles but is detrimental for collagen VI-deficient muscles. Autophagy. 2011;7:1415–23.
184. Tam BT, Siu PM. Autophagic cellular responses to physical exercise in skeletal muscle. Sports Med. 2014;44:625–40.
185. Martin-Rincon M, Morales-Alamo D, Calbet JAL. Exercise-mediated modulation of autophagy in skeletal muscle. Scand J Med Sci Sports. 2018;28(3):772–81.
186. Alers S, Löffler AS, Wesselborg S, Stork B. Role of AMPK-mTOR-Ulk1/2 in the regulation of autophagy: cross talk, shortcuts, and feedbacks. Mol Cell Biol. 2012;32:2–11.
187. Mihaylova MM, Shaw RJ. The AMPK signalling pathway coordinates cell growth, autophagy and metabolism. Nat Cell Biol. 2011;13:1016–23.
188. Baar K, Nader G, Bodine S. Resistance exercise, muscle loading/unloading and the control of muscle mass. Essays Biochem. 2006;42:61–74.
189. Pasiakos SM, Carbone JW. Assessment of skeletal muscle proteolysis and the regulatory response to nutrition and exercise. IUBMB Life. 2014;66:478–84.
190. McGlory C, Phillips SM. Exercise and the regulation of skeletal muscle hypertrophy. Prog Mol Biol Transl Sci. 2015;135:153–73.
191. Smiles WJ, Hawley JA, Camera DM. Effects of skeletal muscle energy availability on protein turnover responses to exercise. J Exp Biol. 2016;219:214–25.
192. Hitachi K, Tsuchida K. Role of microRNAs in skeletal muscle hypertrophy. Front Physiol. 2013;4:408.
193. Kirby TJ, McCarthy JJ. MicroRNAs in skeletal muscle biology and exercise adaptation. Free Radic Biol Med. 2013;64:95–105.
194. Rasmussen M, Zierath JR, Barrès R. Dynamic epigenetic responses to muscle contraction. Drug Discov Today. 2014;19:1010–4.

195. Sharples AP, Stewart CE, Seaborne RA. Does skeletal muscle have an 'epi'-memory? The role of epigenetics in nutritional programming, metabolic disease, aging and exercise. Aging Cell. 2016;15:603–16.
196. Silva GJJ, Bye A, El Azzouzi H, Wisløff U. MicroRNAs as important regulators of exercise adaptation. Prog Cardiovasc Dis. 2017;60:130–51.
197. Schnyder S, Handschin C. Skeletal muscle as an endocrine organ: PGC-1α, myokines and exercise. Bone. 2015;80:115–25.
198. Neufer PD, Bamman MM, Muoio DM, Bouchard C, Cooper DM, Goodpaster BH, et al. Understanding the cellular and molecular mechanisms of physical activity-induced health benefits. Cell Metab. 2015;22:4–11.
199. Hoffman NJ. Omics and exercise: global approaches for mapping exercise biological networks. Cold Spring Harb Perspect Med. 2017;7:a029884.
200. Giudice J, Taylor JM. Muscle as a paracrine and endocrine organ. Curr Opin Pharmacol. 2017;34:49–55.

Neuronale Anpassungen an Krafttraining

6

Simon Walker

Ziel dieses Kapitels ist es, Auswirkungen des Krafttrainings auf die Funktion des Nervensystems darzustellen. Für ein umfassendes Hintergrundwissen über den Aufbau und die Funktion der einzelnen Teile des Nerven- und Muskelsystems ist es ratsam, Anatomie- und Physiologie-Lehrbücher zu Rate zu ziehen. Wie aus Abb. 6.1 hervorgeht, arbeiten Muskel und Nerv jedoch nicht isoliert, sondern als eine miteinander verbundene und interaktive Einheit. Als Endpunkt des neuronalen Systems kann die neuromuskuläre Verbindung angesehen werden (der Punkt, an dem Motoneuron und Muskelfaser zusammenkommen). Der Anfangspunkt des neuronalen Systems ist schwieriger zu definieren, aber der Einfachheit halber sollte dieser als der motorische Kortex angesehen werden. Daher ist es wichtig, das System als Ganzes zu betrachten. In Anlehnung daran, wird im den folgenden Abschnitten zu den akuten und chronischen Anpassungen an Krafttraining überwiegend der Begriff „neuromuskulär" anstatt von „neural" verwendet.

Neuronale Effektoren der Kraftgenerierung

Die resultierende Kraft der Skelettmuskulatur(en) hängt von vielen verschiedenen System- und Gewebeeigenschaften ab, z. B. von den muskulotendinösen Eigenschaften wie Muskelgröße und Fasertyp sowie der Sehnensteifigkeit. Die gesamte Krafterzeugung ist dementsprechend die Summe aller Teile des neuromuskulärtendinösen Systems. Dennoch gibt es spezifische Elemente innerhalb des neuronalen Systems, die die Funktion des Muskels/der Muskeln für die spezifischen Bedürfnisse des Körpers zu jedem Zeitpunkt kontrollieren und manipulieren.

S. Walker (✉)
Neuromuscular Research Center, Faculty of Sport and Health Sciences,
University of Jyväskylä, Jyväskylä, Finnland
E-Mail: Simon.walker@jyu.fi

M. Schumann, B. R. Rønnestad (Hrsg.), *Kombiniertes Ausdauer- und Krafttraining*, https://doi.org/10.1007/978-3-031-36310-8_6

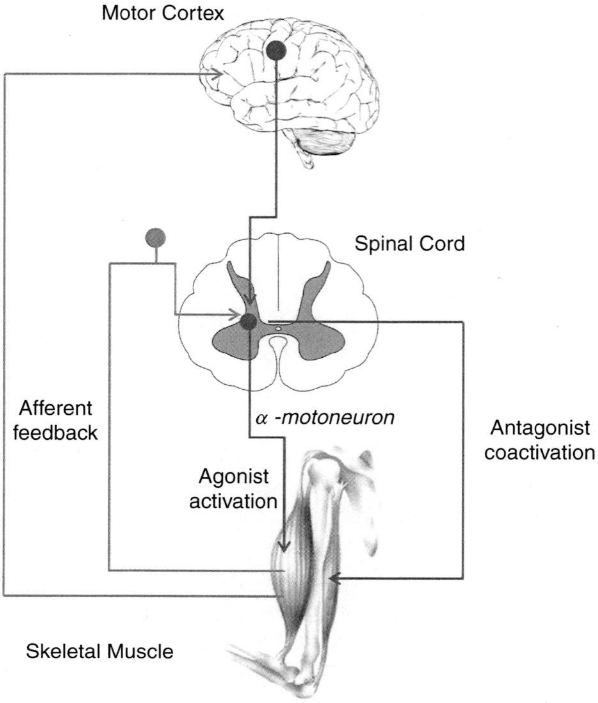

Abb. 6.1 Schematische Darstellung der Teile des neuronalen Systems, die die Kraftgenerierung beeinflussen. (Nach Moritani [1], Kap. 3, Kraft und Leistung im Sport)

Wenden wir uns zunächst dem Endpunkt des neuronalen Systems und der kleinsten Einheit des neuromuskulären Systems zu, der motorischen Einheit. Eine motorische Einheit besteht aus einem Alpha-(α-)Motoneuron und allen Muskelfasern, die es innerviert. Motorische Einheiten können anhand ihrer Eigenschaften nach Burke [2] als langsam (auch als Typ I bekannt), schnell ermüdungsresistent (Typ IIa) oder schnell ermüdbar (Typ IIx) klassifiziert werden. Folglich würde die Art und Anzahl der aktivierten motorischen Einheiten die Kraftgenerierung beeinflussen. Darüber hinaus wird die Rekrutierung der motorischen Einheiten durch das „Größenprinzip" [3] bestimmt. Dieses Prinzip besagt, dass die kleinsten α-Motoneuronen (und motorischen Einheiten) zuerst rekrutiert werden und danach eine geordnete Rekrutierung im Verhältnis zur Größe erfolgt. Dies scheint eine gute Strategie zu sein, da die kleineren motorischen Einheiten auch diejenigen sind, die am schwersten zu ermüden sind und lange Kontraktionsdauern aushalten können. Bei einer allmählichen Steigerung der Kraft rekrutieren die meisten Muskeln alle motorischen Einheiten zwischen 50 und 95 % der maximalen Kraft vollständig [4–6]. Bei schnellen Kontraktionen sinkt die Kraft, die erforderlich ist, um eine bestimmte motorische Einheit zu rekrutieren [7]. Mit anderen Worten: Größere motorische Einheiten (die so genannten hochschwelligen Einheiten) werden bei einem niedrigeren Kraftniveau rekrutiert (d. h. sie werden leichter rekrutiert), wenn die Kontraktion so schnell wie möglich durchgeführt wird, als bei einer langsamen Kontraktion.

Die Kraftgenerierung wird auch durch die Geschwindigkeit reguliert, mit der eine motorische Einheit aktiviert wird. Einfach ausgedrückt, wie oft eine elektrische Entladung entlang des α-Motoneurons (d. h. des Aktionspotenzials der motorischen Einheit) stattfindet. Dies wird als Feuerungsrate bezeichnet. Wie bei Kontraktionen mit allmählich ansteigender Kraft eindeutig nachgewiesen werden konnte, erhöhen bereits rekrutierte motorische Einheiten ihre Feuerungsrate, wenn das Kraftniveau steigt [7, 8]. Bei schnellen Kontraktionen scheint sich das Muster der Feuerungsrate umzukehren, mit einem anfänglichen Ausbruch hoher Feuerungsraten, gefolgt von niedrigeren Raten, sobald ein bestimmtes Kraftniveau erreicht ist [7, 9], aber die Rekrutierung folgt immer noch dem Größenprinzip. Unterschiede in der Interaktion zwischen der Rekrutierung der motorischen Einheiten und der Feuerungsrate können vom jeweiligen Muskel abhängen, wobei kleine Muskeln offenbar stärker auf die Feuerungsrate angewiesen sind, um die Kraftproduktion zu modulieren, während große kraftproduzierende Muskeln stärker auf die Rekrutierung angewiesen sind [10]. Letztendlich hängt die neuronale Kontrolle der Kraftgenerierung jedoch von der Rekrutierung der motorischen Einheiten und der Feuerungsrate ab, deren Kombination das endgültige Signal für den Muskel bestimmt.

Vor dem α-Motoneuron gibt es viele vorgeschaltete Regulatoren, die sowohl die Rekrutierung als auch die Feuerungsrate der motorischen Einheiten beeinflussen. Afferentes Feedback (in Abb. 6.1 durch blaue Linien gekennzeichnet) aus der Muskelkontraktion beeinflusst die ankommenden Signale in der Hirnrinde und im Rückenmark. Auf der Ebene der Wirbelsäule dient die afferente Rückkopplung von Muskelspindeln, die die Dehnung innerhalb der Muskelfasern wahrnehmen, der Verstärkung (d. h. der Erregung), während die Rückkopplung von Golgi-Sehnenorganen, die die Spannung innerhalb der Muskel-Sehnen-Verbindung wahrnehmen, der Dämpfung (d. h. der Hemmung) der an das α-Motoneuron gesendeten Signale dient. Außerdem fungieren die Renshaw-Zellen als negatives Rückkopplungssystem, das auf die Aktivierung des α-Motoneurons reagiert. Diese Regulatoren ermöglichen es dem neuronalen System, die Kraftproduktion kontinuierlich zu überwachen und zu modulieren.

Die Aktivierung der efferenten (absteigenden) Bahnen (in Abb. 6.1 durch rote Linien gekennzeichnet) hat seinen Ursprung im Kortex, von wo es über das Rückenmark zu den Muskelfasern gelangt. Eine Konvergenz von Signalen aus dem prämotorischen Kortex, dem Kleinhirn und anderen Kortexzentren beeinflusst das Signal des motorischen Kortex an das Rückenmark. Verschiedene Rückkopplungsquellen tragen zur Modulation des absteigenden Signals (Abb. 6.1) bei anhaltenden Kontraktionen bei. Eine größere Aktivierung der absteigenden Bahnen ist entweder durch eine verstärkte Erregung oder eine verringerte Hemmung (oder eine Kombination aus beidem) im Kortex möglich. Unter der Annahme, dass die Auswirkungen aller anderen Regulatoren des neuronalen Systems (wie oben erwähnt) konstant sind, würde ein größeres absteigendes Signal zu einer größeren Kraftproduktion führen. Es sollte jedoch bedacht werden, dass eine stärkere Aktivierung der absteigenden Bahnen gleichzeitig auch das Niveau der Koaktivierung des Antagonisten beeinflussen kann [11].

Schließlich wird die Kraftgenerierung der Agonisten- und Synergisten auch durch den Grad der Koaktivierung der Antagonisten beeinflusst, die als Bremse bei der willkürlichen Kontraktion angesehen werden kann. Man geht davon aus, dass die Koaktivierung notwendig ist, um das Gelenk sowohl für eine effektive Bewegung zu stabilisieren als auch schützend zu wirken, und dass diese auch bei Bewegungen mit mehreren Gelenken notwendig ist, um die flüssige Bewegung und die Koordination zwischen den Muskeln/Gelenken zu erleichtern (z. B. beim Laufen und Springen). Bei einfachen Ein-Gelenk-Bewegungen kann das Ausmaß der Koaktivierung der Antagonisten zwischen verschiedenen Populationen variieren, z. B. zeigen ältere Menschen tendenziell eine stärkere Koaktivierung der Antagonisten als junge Erwachsene [12]. Trotz zahlreicher experimenteller Studien gibt es aber nur eine Handvoll Belege dafür, dass Krafttraining die Antagonistenkoaktivierung verringert [13–16]. Aufgrund dieser Unsicherheit und im Interesse der Kürze konzentrieren sich die folgenden Abschnitte auf die Modulation der Agonistenaktivierung beim Krafttraining.

Akutantworten einzelner Krafttrainingseinheiten

Dem Gesetz der Spezifität folgend ist es von großer Bedeutung, die Mechanismen der akuten Ermüdung während des Krafttrainings zu verstehen, da dieser Teil/diese Teile des neuromuskulären Systems bei langfristiger Belastung anfällig für eine Anpassung sind [17]. Beim Lesen dieses Kapitels soll verdeutlicht werden, dass es eine bemerkenswerte Gemeinsamkeit zwischen beanspruchten und überbeanspruchten Teilen des neuromuskulären Systems während eines spezifischen Krafttrainings und den dadurch induzierten Verbesserungen über einen längeren Zeitraum gibt. Der überwiegende Teil unseres (früheren) Wissens über die akute neuromuskuläre Ermüdung stammt aus kontrollierten Experimenten mit elektrischen Stimulationstechniken (insbesondere bei Tieren) oder aus willkürlichen, isometrischen intermittierenden oder anhaltenden Kontraktionen von Menschen. Die Arbeiten von Wissenschaftler*innen wie Brenda Bigland-Ritchie, Simon Gandevia, Janet Taylor, Roger Enoka und Jacques Duchateau, um nur einige zu nennen, können dazu beitragen die neuromuskulärer Ermüdung mittels sehr genau kontrollierter Laborstudien zu beschreiben. Dieses Kapitel konzentriert sich jedoch auf angewandte wissenschaftliche Studien zum Krafttraining, das üblicherweise z. B. in Fitnessstudios durchgeführt wird.

Zunächst müssen die typischerweise in der Literatur untersuchten Krafttrainingsprogramme (etwas vereinfacht) skizziert werden. Maximalkrafttraining umfasst in der Regel hohe externe Belastungen (>85 % 1-RM), mehrere Sätze (3–5 pro Übung) mit geringen Wiederholungszahlen (1–5) und langen Pausen zwischen den Sätzen (3–5 min). Hypertrophietraining wird typischerweise mit einer moderaten äußeren Belastung (60–85 % 1-RM), mehreren Sätzen (2–4 pro Übung) mit mehreren Wiederholungen (8–12) und kurzen Pausen zwischen den Sätzen (1–3 min) durchgeführt. Schnellkrafttraining zielt darauf ab, jede Wiederholung mit der maximal möglichen Geschwindigkeit auszuführen, aber die externe Belastung (0–80 % 1-RM), die Anzahl der Sätze (2–6 pro Übung) und Wiederholungen (2–10) sowie die Pause zwischen den Sätzen (2–6 min) können stark variieren. Die Namen der einzelnen Krafttrainingsarten leiten sich von den primären Zielen des jeweiligen Programms ab.

Bei der Untersuchung der akuten Effekte des Krafttrainings auf neuronale Prozesse wurde in den meisten Studien das Oberflächen-EMG verwendet. Die inhärenten Schwächen dieser Methodik machen die Identifizierung der Mechanismen akuter Ermüdung nicht schlüssig (wie von [18] erläutert), aber es ist eine der einfachsten und am wenigsten invasiven Methoden, die zur Verfügung stehen. Soweit dem Autor bekannt ist, wurden die ersten Studien zur Untersuchung der neuromuskulären Ermüdung während des Krafttrainings von Häkkinen in den 1990er-Jahren mit Sportlern als Probanden durchgeführt [19, 20]. Hier führten sowohl Maximalkraft- (20 Sätze mit 1 Wiederholung bei 100 % 1-RM) als auch Hypertrophie-Trainingseinheiten (10 Sätze mit 10 Wiederholungen bei 70 % 1-RM) zu einer akuten Reduktion der Maximalkraft (~24 % bzw. ~47 % bei Männern und ~21 % bzw. ~29 % bei Frauen) unmittelbar nach der Trainingseinheit, und beide Trainingsarten führten zu einer Abnahme der EMG-Amplitude (mit Ausnahme des Maximalkrafttrainings bei Frauen, aus unbekannten Gründen). Eine interessante Studie, in der drei aneinander angepasste, aber unterschiedliche Arten des Krafttrainings verglichen wurden, wurde von McCaulley et al. durchgeführt [21]. Starke akute Reduktionen der Maximalkraft traten während des Maximalkraft- und Hypertrophietrainings auf, aber die EMG-Amplitude war nur während des Maximalkrafttrainings verringert. Krafttrainingseinheiten haben einen spezifischen Einfluss auf die anfängliche EMG-Amplitude [22], wie später erläutert wird. Das Fehlen einer verringerten EMG-Amplitude während hypertropher Trainingseinheiten ist eine häufige Beobachtung, insbesondere bei untrainierten/nicht sportlichen Personen [23, 24].

Diese Daten führten zur Schlussfolgerung, dass Hypertrophietraining keine neuronale Ermüdung induziert und das die Ursache für die Reduktion der Maximalkraft rein muskulärer Natur ist. Betrachtet man jedoch die Veränderungen in der Frequenzkomponente des EMG-Signals sowie der Amplitude, so wird deutlich, dass es tatsächlich auch zu neuronalen Veränderungen kommt [23–25]. Hypertrophietraining führt zu einer verringerten mittleren Frequenz, während dies beim Maximalkrafttraining nicht der Fall ist (wie in Abb. 6.2a, [24] dargestellt). Da die Medianfrequenz Aufschluss über die durchschnittliche Leitungsgeschwindigkeit der feuernden motorischen Einheiten gibt [28], könnten die Daten so interpretiert werden, dass die Rekrutierung der motorischen Einheiten erhalten bleibt, die Feuerungsrate während des Maximalkrafttrainings jedoch sinkt. Komplexer zu interpretieren ist die akut verringerte EMG-Medianfrequenz während des Hypertrophietrainings (Abb. 6.2a).

Es gibt mehrere Hypothesen für dieses Phänomen, eine davon ist die Verlangsamung der Leitungsgeschwindigkeit des Aktionspotenzials aufgrund von Ermüdung/Schädigung im Muskel. Eine andere Möglichkeit für die verringerte mittlere Frequenz könnte darin bestehen, dass eine größere Synchronisation bei der Rekrutie-

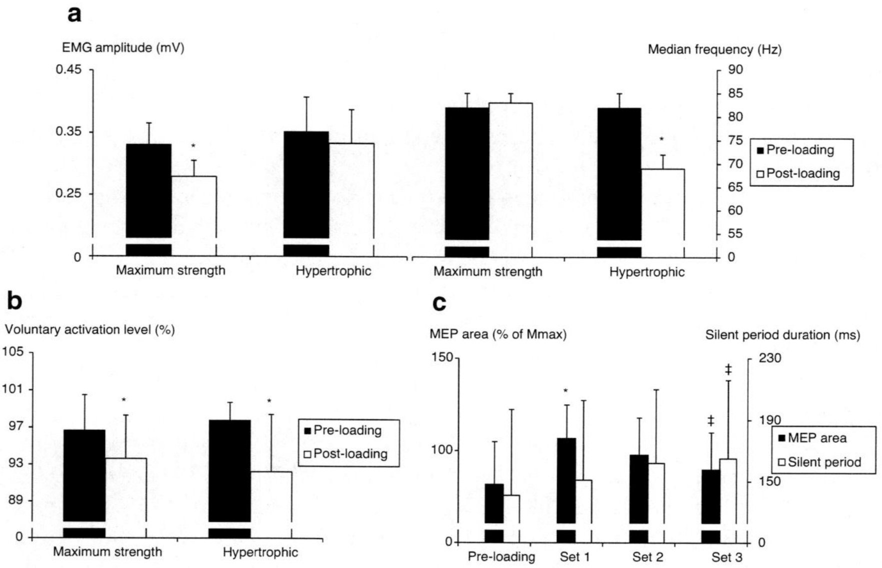

Abb. 6.2 Ermüdungsbedingte Veränderungen nach einer einzigen Krafttrainingseinheit in (**a**) EMG-Amplitude und Medianfrequenz (Mittelwert ± SE) [24], (**b**) willkürliches Aktivierungsniveau (Mittelwert ± SD) [26] und (**c**) Fläche des motorisch evozierten Potenzials (MEP) und Länge der Innervationsstille (Mittelwert ± SD) [27] während der maximalen isometrischen Kraftentwicklung

rung der motorischen Einheiten vorliegt [29]. Es hat sich gezeigt, dass die Synchronisation der motorischen Einheiten die EMG-Amplitude erhöht [30]. Daher könnte es sein, dass die erhöhte Synchronisation der motorischen Einheiten und die daraus resultierende Erhöhung der EMG-Amplitude die ansonsten erwartete Verringerung der EMG-Amplitude aufgrund der verringerten Rekrutierung der motorischen Einheiten und/oder der Feuerungsrate aufhebt. Diese Spekulation ist durchaus plausibel, wenn man bedenkt, dass Sportler ein höheres Maß an Synchronisation der motorischen Einheiten aufweisen als untrainierte Probanden [31, 32]. Darüber hinaus wurde bei Kraftsportlern während und nach hypertrophen Trainingseinheiten eine verringerte EMG-Amplitude gezeigt [19, 33], was (in Übereinstimmung mit dieser Hypothese) auf ein bereits höheres Maß an Synchronisation der motorischen Einheiten und keinem großen Potenzial zur weiteren Synchronisation der Aktionspotenziale zurückzuführen sein könnte.

Dennoch gelten als vielleicht genauste Methode zum Nachweis von neuronaler Ermüdung während oder nach Krafttraining Stimulationsmethoden (elektrisch oder magnetisch). Merton [34] nutze dafür die interpolierte-twitsch Methode, um zu zeigen das willkürlich nur ein Teil der Muskelfasern rekrutiert werden können. Kurz gesagt, wenn die Überlagerung einer hochintensiven elektrischen Stimulation des innervierenden Nervs oder des aktivierten Muskels während einer maximalen willkürlichen Kontraktion einen Anstieg der gemessenen Kraft bewirkt, dann ist davon auszugehen, dass das gesamte Potenzial des Muskels noch nicht ausgeschöpft wurde und dieses Defizit neuronal zu begründen ist. Diese Methode hat auch gezeigt, dass bei Hypertrophietrainingseinheiten eine Ermüdung des neuronalen Systems vorliegt, was sich in einer Verringerung des willkürlichen Aktivierungsniveaus zeigt ([26], Abb. 6.2b).

Eine weitere Methode zur Erfassung neuronaler Ermüdung ist die transkranielle Magnetstimulation (TMS) direkt am motorischen Kortex und die assoziierte Messung der daraus resultierenden Muskelkontraktion. In einer interessanten Studie von Ruotsalainen et al. [27] wurde so gezeigt, dass über den Verlauf von 3 × 10 Wiederholungen mit dem jeweilig maximal möglichen Gewicht (d. h. Hypertrophietraining) das motorisch evozierte Potenzial (MEP) im EMG-Signal des M. bizeps brachii anstieg und dies mit der muskulären Ermüdung nach dem 1. Satz einherging (Abb. 6.2c). Es kann vermutet werden, dass die kortikospinale Erregbarkeit (d. h. die Wirksamkeit aller Teile des oben erwähnten kortikalen und spinalen Netzwerks) erhöht wurde, um mögliche muskuläre Defizite zur Aufrechterhaltung der Leistung zu überbrücken. Auf diesen anfänglichen Anstieg folgte dann ein progressiver Rückgang nach jedem Satz. Die Verringerung der MEP-Größe von Satz zu Satz ging dabei mit einer Verlängerung der Innervationsstille einher (Abb. 6.2c). Dies stellt wahrscheinlich eine ermüdungsbedingte kortikale Hemmung dar, die für eine Verringerung des Signals der absteigenden Bahnen nach Hypertrophietrainingseinheiten verantwortlich sein könnte. Weitere Informationen zur neuronalen Ermüdung und den möglichen Mechanismen, die eine solche Ermüdung verursachen, finden sich in der jüngsten Arbeit von Carroll und Kollegen [35].

Hinsichtlich der Auswirkungen auf die Schnellkraft, ist es erwähnenswert, dass die Verringerungen sowohl der Kraftentwicklunsgrate als auch der EMG-Amplitude während der ersten ~100 ms der Kontraktion größer waren als die Reduktionen der Maximalkraft und der EMG-Amplitude [22]. Dies wurde aber nicht nach einem Maximalkrafttraining beobachtet. Entsprechend unterstreichen diese Ergebnisse, dass die Manifestation von Ermüdung während des Schnellkrafttrainings (bei dem das Ziel darin besteht, die Belastung so schnell wie möglich zu beschleunigen) insbesondere die initiale Phase der Kontraktion beeinflusst. Diese Ergebnisse scheinen Hinweise auf die spezifischen trainingsinduzierten Anpassungen verschiedener Krafttrainingsprogramme zu geben.

Neuronale Anpassungen an Krafttraining

Wie im ersten Abschnitt dieses Kapitels erwähnt, würde vereinfacht gesagt eine größere Rekrutierung motorischer Einheiten und/oder eine höhere Feuerungsrate von Agonisten und Synergisten die zu erbringende Kraft erhöhen. Daher könnte eine erhöhte Kraftproduktion auf (1) eine verstärkte Aktivierung der absteigenden Bahnen vom Kortex und/oder (2) eine verbesserte Erregbarkeit der spinalen Motoneuronen und/oder eine verringerte Hemmung der absteigenden Bahnen zurückzuführen sein [36]. In diesem Abschnitt werden Studien vorgestellt, die verschiedene Methoden zur Quantifizierung dieser potenziellen Anpassungen während des Krafttrainings verwenden.

Die Amplitude des Oberflächen-EMG-Signals wird als ein grobes Maß für die Rekrutierung der motorischen Einheiten und die Feuerungsrate derjenigen motorischen Einheiten angesehen, die sich im Aufnahmebereich der Elektroden befinden. Dies hat verschiedene Gruppen dazu veranlasst, das Oberflächen-EMG als Indikator für die neuronale Anpassung an das Krafttraining zu wählen. In den letzten drei bis vier Jahrzehnten haben viele Studien einen Anstieg der EMG-Amplitude während der Maximalkraftproduktion nach 8 bis 21 Wochen Krafttraining in verschiedenen Populationen [37–42], insbesondere aber bei zuvor untrainierten Personen, gezeigt. Auch die EMG-Anstiegsrate oder die durchschnittliche EMG-Amplitude während der Anfangsphase der Kraftproduktion (z. B. 50–100 ms) erhöht sich nachweislich bei schnellen Kontraktionen [37, 38, 43, 44]. Die Verwendung von Oberflächen-EMG zur Ableitung neuronaler Anpassungen birgt jedoch einige Tücken. Spezifische methodische Einschränkungen und Störfaktoren, wie sie von Farina et al. [18] hervorgehoben wurden, deuten darauf hin, dass andere Mechanismen als die neuronale Adaptation für den Anstieg der EMG-Amplitude verantwortlich sein könnten, insbesondere während der maximalen Kraftproduktion.

Physiologische (aber muskuläre Anpassung) die sich auf das EMG-Signal auswirken könnten, sind die Ausbreitung des Aktionspotenzials [45] sowie der Grad der Synchronisation der motorischen Einheiten [30]. Insbesondere der letzte Punkt ist interessant, da bei krafttrainierten Individuen ein höheres Maß an Synchronisation festgestellt wurde als bei untrainierten Kontrollen [31, 32]. Ob eine erhöhte Synchronisation der motorischen Einheiten die Kraftentwicklung fördert, ist umstritten [30, 46], aber es zeigt Limitationen der Methode bei der Bewertung der neuronalen Anpassung auf.

Einige Gruppen haben intramuskuläre EMG-Elektroden verwendet, um die Aktivitätsmuster der motorischen Einheiten vor und nach dem Krafttraining zu quantifizieren. Insbesondere wurde in mehreren Populationen ein früher Anstieg (<6 Wochen Training) der Feuerungsrate während maximalen [47, 48] und schnellkräftigen Kontraktionen [9] nachgewiesen. Darüber hinaus ging eine erhöhte Feuerungsrate zu Beginn schneller Kontraktionen mit einer verbesserten Geschwindigkeit der Kraftentwicklung einher [9]. Diese Befunde könnten dazu beitragen, den beobachteten Anstieg des EMG während des ersten Teils der Kraft-Zeit-Kurve schneller Kontraktionen nach einem Krafttraining zu erklären [37, 38, 43, 44].

Eine vielleicht direktere und nicht-invasive Methode zur Bewertung der neuronalen Anpassung ist die periphere Nerven-/Muskelstimulation. Die Twitch-Interpolationstechnik hat bei jungen und älteren Probanden einen Anstieg des willkürlichen Aktivierungsniveaus in mehreren Muskeln [42, 48] infolge von Krafttraining gezeigt (Abb. 6.3a). Während diese Ergebnisse auf eine größere Rekrutierung der motorischen Einheiten und/oder eine höhere Feuerungsrate schließen lassen, spiegeln sie wahrscheinlich auch eine höhere Feuerungsrate wider, wenn man die oben erwähnte Evidenz aus dem intramuskulären EMG berücksichtigt und bedenkt, dass die motorischen Einheiten der meisten Muskeln unterhalb von 95 % der Maximalkraft vollständig rekrutiert sind.

In anderen Studien wurden periphere Stimulationen zur Quantifizierung des H-Reflexes und der V-Wellen-Amplitude vor und nach dem Krafttraining eingesetzt.

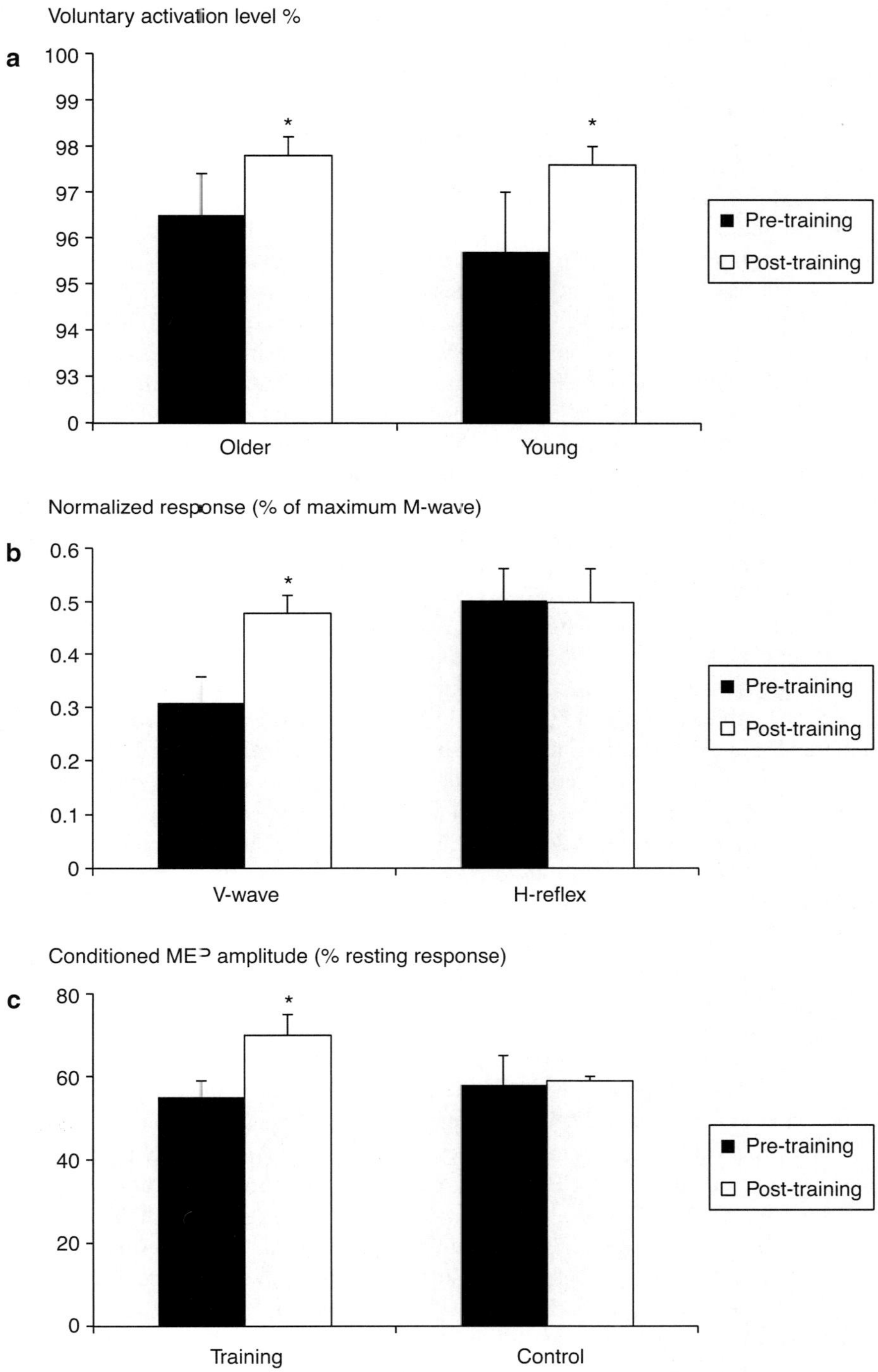

Abb. 6.3 Durch Krafttraining induzierte Steigerungen des (**a**) willkürlichen Aktivierungsniveaus (Mittelwert ± SE) [48], (**b**) der V-Wellen-Amplitude (Mittelwert ± SD) [37, 38] und (**c**) der konditionierten MEP-Amplitude (Mittelwert ± SE) [49]

Eine submaximale elektrische Stimulation eines peripheren Nervs löst eine künstliche Reflexantwort aus, die durch Oberflächen-EMG aufgezeichnet wird und als Hoffmann- oder H-Reflex bekannt ist. Umgekehrt löst eine maximale elektrische Stimulation ein zusammengesetztes Aktionspotenzial (d. h. eine M-Welle) aus, das gleichzeitig die H-Reflex-Antwort im Ruhezustand aufhebt. Die V-Welle ist das willkürliche Äquivalent des H-Reflexes, und diese muss die M-Welle übertreffen, um im EMG-Signal beobachtet werden zu können. Daher ist sie ein Maß für die gesamte efferente Leistung des Motoneuronenpools [37, 38], und ein Anstieg der V-Welle (normalisiert auf die maximale M-Welle) bedeutet eine verstärkte Aktivierung der absteigenden Bahnen. Möglicherweise aufgrund methodischer Erwägungen (z. B. die Nähe des Muskels zum Rückenmark) wurden distale Muskeln wie der Triceps surae verwendet, um mit dieser Methode trainingsinduzierte Anpassungen an das Krafttraining nachzuweisen. Krafttraining ging bei gesunden jungen Probanden und bei älteren Personen [50] mit einem akuten Anstieg der V-Welle nach nur 3 [51] und 14 Wochen ([37, 38], Abb. 6.3b) Training einher. In diesen Studien wurde diese Methode mit der H-Reflex-Stimulation in Ruhe kombiniert, um zu zeigen, dass Veränderungen der spinalen Erregbarkeit nicht als Folge des Trainings auftraten, was die zuvor aufgestellte Hypothese stützt, dass neurale Anpassungen weitgehend auf supraspinale Veränderungen zurückzuführen sind.

Die TMS-Stimulation des motorischen Kortex zur Messung der neuronalen Anpassung hat zu unterschiedlichen Ergebnissen geführt. Während Kidgell et al. [52] und Weier et al. [49] eine größere MEP-Magnitude nach dem Training beobachteten (was möglicherweise auf einen verstärkte Aktivierung der absteigenden Bahnen hinweist), konnten Lee et al. [53] dies nicht feststellen. Zur Unterstützung einer verringerten kortikospinalen Hemmung durch Krafttraining beobachteten Latella et al. [54] eine verkürzte Innervationsstille sowohl bei trainierten als auch bei untrainierten Rectus-femoris-Muskeln. Darüber hinaus wurde nach einem 4-wöchigen Hypertrophietraining der Kniebeuge eine reduzierte intrakortikale Hemmung beobachtet ([49], Abb. 6.3c). Obwohl die kortikospinale Erregbarkeit/Hemmung während des Krafttrainings bisher nur in begrenztem Umfang untersucht wurde, ist es daher wahrscheinlich, dass eine trainingsbedingte verminderte Hemmung der wahrscheinlichste Kandidat für die verbesserte Aktivierung der absteigenden Bahnen darstellt.

Schließlich ist anzumerken, dass sich die Stimulationsmethoden weitgehend darauf beschränken, dass sie bei einem konstanten Kraftniveau – entweder maximal oder submaximal – induziert werden. Daher wurde die mögliche Rolle von trainingsbedingten supraspinalen Anpassungen, die die Feuerungsrate der motorischen Einheiten erhöhen, nicht vollständig untersucht. Die derzeitigen Erkenntnisse lassen jedoch die Vermutung zu, dass die Hemmungsmechanismen sowohl auf supraspinaler als auch auf spinaler Ebene nach dem Krafttraining unterdrückt werden, was eine stärkere Aktivierung absteigender Bahnen und letztlich eine höhere Feuerungsrate der motorischen Einheiten ermöglicht. Diese neuronalen Anpassungen könnten durchaus für die verbesserte Leistung nach bereits wenigen Wochen Krafttraining verantwortlich sein. Künftige Untersuchungen könnten sollten daher zusätzliche Methoden einbinden, um diese Ergebnisse zu bekräftigen bzw. mögliche alternative Erklärungen aufzuzeigen.

Zusammenfassung

Das neuronale System steuert die Kraftgenerierung durch ein kompliziertes und komplexes System, das viele Steuerungsebenen aufweist. Jedes Element dieses Systems ist in der Lage, die Generierung der Kraft zu erhöhen (d. h. zu erleichtern) oder zu verringern (d. h. zu hemmen). Letztendlich führt die Summe dieser verschiedenen Effektoren zu einem spezifischen Rekrutierungsmuster, das aus der Rekrutierung der motorischen Einheiten und der Feuerungsrate der motorischen Einheiten besteht. Eine Steigerung der Rekrutierung motorischer Einheiten und/oder der Feuerungsrate führt zu einer Steigerung der Kraftleistung, vorausgesetzt, dass der Muskel und die Sehne in der Lage sind, diese Kraft auf ähnlich effektive Weise zu übertragen. Die Durchführung einer einzigen Krafttrainingseinheit fordert verschiedene Elemente des neuronalen Systems heraus, was zu akuten Veränderungen der Fähigkeit zur Rekrutierung motorischer Einheiten und/oder zu Einschränkungen der Feuerungsrate führen kann. Das Training muss also als ein sich wiederholender Reiz verstanden werden, der diese Teile des neuronalen Systems ermüdet, was wiederum zu spezifischen Anpassungen führt, um die Rekrutierung der motorischen Einheiten und/oder die Feuerungsrate zu erhöhen. Wie in diesem Kapitel hervorgehoben wird, sind jedoch noch weitere Forschungsarbeiten notwendig, um vollständig zu verstehen, welche Teile des Systems während einer einzelnen Krafttrainingseinheit ermüdet werden und welche Teile sich während des Trainings anpassen.

Literatur

1. Moritani T. Motor unit and motoneurone excitability during explosive movement. In: Komi PV, Herausgeber. Strength and power in sport. 2. Aufl. Oxford: Blackwell Science Ltd; 2003. S. 27–49.
2. Burke RE. Motor unit types of cat triceps surae muscle. J Physiol. 1967;193(1):141–60.
3. Henneman E, Somjen G, Carpenter DO. Functional significance of cell size in spinal motoneurons. J Neurophysiol. 1965;28:560–80.
4. Grillner S, Udo M Recruitment in the tonic stretch reflex. Acta Physiol Scand. 1971;81(4):571–3.
5. Kulkilka CG, Clamann HP. Comparison of the recruitment and discharge properties of motor units in human brachial biceps and adductor pollicis during isometric contractions. Brain Res. 1981;219(1):45–55.
6. Oya T, Riek S, Cresswell AG. Recruitment and rate coding organization for soleus motor units across entire range of voluntary isometric plantar flexions. J Physiol. 2009;587(19):4737–48.
7. Desmedt JE, Godaux E. Ballistic contractions in fast or slow human muscles: discharge patterns of single motor units. J Physiol. 1978;285:185–96.
8. Milner-Brown HS, Stein RB, Yemm R. The orderly recruitment of human motor units during voluntary isometric contraction. J Physiol. 1973;230(2):359–70.
9. Van Cutsem M, Duchateau J, Hainaut K. Changes in single motor unit behavior contribute to the increase in contraction speed after dynamic training in humans. J Physiol. 1998;513(1):295–305.
10. Seki K, Narusawa M. Firing rate modulation of human motor units in different muscles during isometric contraction with various forces. Brain Res. 1996;719(1–2):1–7.
11. Mullany H, O'Malley M, St Clair Gibson A, Vaughan C. Agonist-antagonist common drive during fatiguing knee extension efforts using surface electromyography. J Electromyogr Kinesiol. 2002;12(5):375–84.

12. Klein CS, Rice CL, Marsh GD. Normalized force, activation, and coactivation in the arm muscles of young and old men. J Appl Physiol. 2001;91(3):1341–9.
13. Carolan B, Cafarelli E. Adaptations in coactivation after isometric resistance training. J Appl Physiol. 1992;73(3):911–7.
14. Häkkinen K, Kallinen M, Izquierdo M, Jokelainen K, Lassila H, Mälkiä E, Kraemer WJ, Newton RU, Alen M. Changes in agonist-antagonist EMG, muscle CSA, and force during strength training in middle-aged and older people. J Appl Physiol. 1998;84(4):1314–49.
15. Häkkinen K, Alen M, Kallinen M, Newton RU, Kraemer WJ. Neuromuscular adaptation during prolonged strength training, detraining and re-strength-training in middle-aged and elderly people. Eur J Appl Physiol. 2000;83(1):51–62.
16. Tillin NA, Pain MT, Folland JP. Short-term unilateral resistance training affects the agonist-antagonist but not the force-agonist activation relationship. Muscle Nerve. 2011;43(3):375–84.
17. Enoka RM, Duchateau J. Muscle fatigue: what, why and how it influences muscle function. J Physiol. 2008;586(1):11–23.
18. Farina D, Merletti R, Enoka RM. The extraction of neural strategies from the surface EMG. J Appl Physiol. 2014;117(11):1215–30.
19. Häkkinen K. Neuromuscular fatigue in males and females during strenuous heavy resistance loading. Electromyogr Clin Neurophysiol. 1994;34(4):205–14.
20. Häkkinen K. Neuromuscular fatigue and recovery in male and female athletes during heavy resistance exercise. Int J Sports Med. 1993;14(2):53–9.
21. McCaulley GO, McBride JM, Cormie P, Hudson MB, Nuzzo JL, Quindry JC, Triplett TN. Acute hormonal and neuromuscular responses to hypertrophy, strength and power type resistance exercise. Eur J Appl Physiol. 2009;105(5):695–704.
22. Linnamo V, Häkkinen K, Komi PV. Neuromuscular fatigue and recovery in maximal compared to explosive strength loading. Eur J Appl Physiol. 1998;77(1–2):176–81.
23. Izquierdo M, Ibañez J, Calbet JA, González-Izal M, Navarro-Amézqueta I, Granados C, Malanda A, Idoate F, González-Badillo JJ, Häkkinen K, Kraemer WJ, Tirapu I, Gorostiaga EM. Neuromuscular fatigue after resistance training. Int J Sports Med. 2009;30(8):614–23.
24. Walker S, Davis L, Avela J, Häkkinen K. Neuromuscular fatigue during dynamic maximal strength and hypertrophic resistance loadings. J Electromyogr Kinesiol. 2012;22(3):356–62.
25. Gonzalez-Izal M, Malanda A, Navarro-Amezqueta I, Gorostiaga EM, Mallor F, Ibanez J, Izquierdo M. EMG spectral indices and muscle power fatigue during dynamic contractions. J Electromyogr Kinesiol. 2010;20(2):233–8.
26. Walker S, Peltonen H, Avela J, Häkkinen K. Neuromuscular fatigue in young and older men using constant or variable resistance. Eur J Appl Physiol. 2013;113(4):1069–79.
27. Ruotsalainen I, Ahtiainen JP, Kidgell DJ, Avela J. Changes in corticospinal excitability during an acute bout of resistance exercise in the elbow flexors. Eur J Appl Physiol. 2014;114(7):1545–53.
28. Solomonow M, Baten C, Smit J, Baratta R, Hermens H, D'Ambrosia R, Shoji H. Electromyogram power spectra frequencies associated with motor unit recruitment strategies. J Appl Physiol (1985). 1990;68(3):1177–1185.
29. Weytjens JL, van Steenberghe D. The effects of motor unit synchronization on the power spectrum of the electromyogram. Biol Cybern. 1984;51(2):71–7.
30. Yao W, Fluglevand RJ, Enoka RM. Motor-unit synchronization increases EMG amplitude and decreases force steadiness of simulated contractions. J Neurophysiol. 2000;83(1):441–52.
31. Milner-Brown HS, Stein RB, Lee RG. Synchronization of human motor units: possible roles of exercise and supraspinal reflexes. Electromyogr Clin Neurophysiol. 1975;38(3):245–54.
32. Semmler JG, Nordstrom MA. Motor unit discharge and force tremor in skill- and strength-trained individuals. Exp Brain Res. 1998;119(1):27–38.
33. Ahtiainen JP, Häkkinen K. Strength athletes are capable to produce greater muscle activation and neural fatigue during high-intensity resistance exercise than nonathletes. J Strength Cond Res. 2009;23(4):1129–34.
34. Merton PA. Voluntary strength and fatigue. J Physiol. 1954;123(3):553–64.

35. Carroll TJ, Taylor JL, Gandevia SC. Recovery of central and peripheral neuromuscular fatigue after exercise. J Appl Physiol. 2017;122(5):1068–76.
36. Aagaard P, Thorstensson A. Neuromuscular aspects of exercise-adaptive responses evoked by strength training. In: Kjaer M, Krosgaard M, Magnusson P, Herausgeber. Textbook of sports medicine: basic science and clinical aspects of sports injury and physical activity. Chichester: Wiley; 2003. S. 70–106.
37. Aagaard P, Simonsen EB, Andersen JL, Magnusson P, Dyhre-Poulsen P. Neural adaptations to resistance training: changes in evoked V-wave and H-reflex responses. J Appl Physiol. 2002;92(6):2309–18.
38. Aagaard P, Simonsen EB, Andersen JL, Magnusson P, Dyhre-Poulsen P. Increase rate of force development and neural drive of human skeletal muscle following resistance training. J Appl Physiol. 2002;93(4):1318–26.
39. Häkkinen K, Komi PV. Electromyographic changes during strength training and detraining. Med Sci Sports Exerc. 1983;15(6):455–60.
40. Narici MV, Roi GS, Landoni L, Minetti AE, Cerretelli P. Changes in force, cross-sectional area and neural activation during strength training and detraining of the human quadriceps. Eur J Appl Physiol. 1989;59(4):310–9.
41. Suetta C, Aagaard P, Rosted A, Jakobsen AK, Duus B, Kjaer M, Magnusson SP. Training-induced changes in muscle CSA, muscle strength, EMG, and rate of force development in elderly subjects after long-term unilateral disuse. J Appl Physiol. 2004;97(5):1954–61.
42. Walker S, Blazevich AJ, Haff GG, Tufano JJ, Newton RU, Häkkinen K. Greater gains after training with accentuated eccentric than traditional isoinertial loads in already strength-trained men. Front Physiol. 2016;7:149.
43. Häkkinen K, Komi PV, Alen M. Effect of explosive type strength training on isometric force- and relaxation-time, electromyographic and muscle fibre characteristics of leg extensor muscles. Acta Physiol Scand. 1985;125(4):587–600.
44. Tillin NA, Pain MT, Folland JP. Short-term training for explosive strength causes neural and mechanical adaptations. Exp Physiol. 2012;97(5):630–41.
45. Arabadzhiev TI, Dimitrov VG, Dimitrov GV. The increase in surface EMG could be a misleading measure of neural adaptation during early gains in strength. Eur J Appl Physiol. 2014;114(8):1645–55.
46. Kidgell DJ, Sale MV, Semmler JG. Motor unit synchronization measured by cross-correlation is not influenced by short-term training of a hand muscle. Exp Brain Res. 2006;175(4):745–53.
47. Christie A, Kamen G. Short-term training adaptations in maximal motor unit firing rates and afterhyperpolarization duration. Muscle Nerve. 2010;41(5):651–60.
48. Knight CA, Kamen G. Adaptations in muscular activation of the knee extensor muscles with strength training in young and older adults. J Electromyogr Kinesiol. 2001;11(6):405–12.
49. Weier AT, Pearce AJ, Kidgell DJ. Strength training reduces intracortical inhibition. Acta Physiol. 2012;206(2):109–19.
50. Unhjem R, Lundestad R, Fimland MS, Mosti MP, Wang E. Strength training-induced responses in older adults: attenuation of descending neural drive with age. Age. 2015;37(3):9784.
51. Vila-Cha C, Falla D, Correia MV, Farina D. Changes in H reflex and V wave following short-term endurance and strength training. J Appl Physiol. 2012;112(1):54–63.
52. Kidgell DJ, Stokes MA, Castricum TJ, Pearce AJ. Neurophysiological responses after short-term strength training of the biceps brachii muscle. J Strength Cond Res. 2010;24(11):3123–32.
53. Lee M, Gandevia SC, Carroll TJ. Short-term strength training does not change cortical voluntary activation. Med Sci Sports Exerc. 2009;41(7):1452–60.
54. Latella C, Kidgell DJ, Pearce AJ. Reduction in corticospinal inhibition in the trained and untrained limb following unilateral leg strength training. Eur J Appl Physiol. 2012;112(8):3097–107.

Teil II

Der Interferenzeffekt

Zugrundeliegende Mechanismen möglicher Interferenzeffekte

7

Stian Ellefsen und Keith Baar

Einführung in den Interferenzeffekt

Im Jahr 1980 veröffentlichte Dr. Hickson [1] eine bahnbrechende Arbeit über kombiniertes Ausdauer- und Krafttraining, in der er die Auswirkungen von Ausdauer- und Krafttraining allein mit denen von kombiniertem Training auf die aerobe Kapazität und die Maximalkraft der Beine verglich [1]. Seitdem wird davon ausgegangen, dass es einen Interferenzeffekt (in Englisch „interference effect") zwischen den beiden Trainingsmodalitäten gibt [2]. Der Interferenzeffekt lässt sich weiter unterteilen in den akuten Interferenzeffekt, bei dem Residualermüdung aus der zuerst durchgeführten Trainingseinheit Qualität der darauffolgenden Trainingseinheit verringert [3], und den chronischen Effekt (der im Mittelpunkt dieser Übersicht steht), bei dem die Anpassung an Ausdauer oder Kraft durch die Kombination von Ausdauer- und Krafttraining (d. h. in der gleichen Trainingsphase) verändert wird [4]. Kurz gesagt, die Durchführung der beiden Trainingsmodalitäten in unmittelbarer Nähe zueinander über einen längeren Zeitraum hinweg kann die Auswirkungen des Krafttrainings auf Muskelkraft [1], Muskelmasse [5] und Kraft [4] verringern, ohne dass sich dies negativ auf die Anpassungen der Ausdauerleistungsfähigkeit [1] auswirkt, das in der Tat von einem kombiniertem Training profitieren dürfte [6]. Tierstudien haben diese Beeinträchtigung durchweg auf die Aktivierung

S. Ellefsen
Section of Sports Sciences, Inland Norway University of Applied Sciences, Lillehammer, Norwegen

Innlandet Hospital Trust, Brumunddal, Norwegen

K. Baar (✉)
Departments of Neurobiology, Physiology and Behavior and Physiology and Membrane Biology, University of California, Davis, USA

Functional Molecular Biology Lab, University of California, Davis, USA
E-Mail: kbaar@ucdavis.edu

M. Schumann, B. R. Rønnestad (Hrsg.), *Kombiniertes Ausdauer- und Krafttraining*, https://doi.org/10.1007/978-3-031-36310-8_7

und Deaktivierung bestimmter molekularer Schalter und zellulärer Signalwege zurückgeführt [2, 7]. Im Laufe der Jahrzehnte wurde immer deutlicher, dass die Allgemeingültigkeit des Interferenzeffekts beim Menschen fraglich ist, da immer mehr Daten darauf hindeuten, dass die Präsenz des Effekts und dessen Magnitude vom Trainingszustand, der Art des trainierten Muskels, der Modalität des Ausdauertrainings und dem Trainingsprogramm abhängen [2, 7]. Dies könnte eine Erklärung für die Daten aus menschlichen Muskelbiopsien sein, die oft negativ für Proxy-Marker eines Interferenzeffekts ausfallen [8, 9].

In einer Metaanalyse aus dem Jahr 2012 [4] versuchten Wilson und Kollegen eine endgültige Schlussfolgerung aus den Humanstudien zu ziehen, in denen die Interferenzeffekte von kombiniertem Ausdauer- und Krafttraining untersucht wurden. Sie kamen zu dem Schluss, dass kombiniertes Training zu einer Zunahme von Maximalkraft und Muskelmasse führt, welche sich in ihrer Ausprägung statistisch nicht von den durch reines Krafttraining induzierten Effekten unterscheidet [4]. Diese Erkenntnisse deuten darauf hin, dass Ausdauertraining keinen grundsätzlich negativen Effekt auf Kraftanpassungen zu haben scheint. Lediglich in Bezug auf die Schnellkraft konnten in der kombinierten Ausdauer- und Krafttrainingsgruppe statistisch geringere Ausprägungen als nach reinem Krafttraining beobachtet werden [4]. In einer Subgruppenanalyse wurden dann verschiedene Arten des Ausdauertrainings untersucht. Dabei wurde gezeigt, dass insbesondere Radfahren aber nicht Laufen die Maximalkraft und Muskelmasse der unteren Extremitäten negativ beeinflussen kann. Schließlich wurde auch der Grad der Beeinträchtigung mit dem Umfang des Ausdauertrainings verglichen, wobei eine negative Korrelation sowohl mit der Häufigkeit als auch mit der durchschnittlichen Dauer des Ausdauertrainings gezeigt wurde. In gewisser Weise fassen Wilson et al. [4] zusammen, was wir bereits vermutet haben: Wenn man mit einer ausreichend hohen Frequenz, Intensität und Dauer trainiert, beeinträchtigt Ausdauertraining die Kraftentwicklung. Insbesondere bei Hochleistungssportlern kann es daher zu einer möglichen Überschneidung der Anpassungen kommen, aber bei Freizeitsportlern, die nur 3–6 Mal pro Woche trainieren, scheinen die Effekte weniger eindeutig zu sein [10]. Da die Anpassungen an das Training je nach Alter, Geschlecht, Trainingszustand und genetischer Veranlagung variieren, ist es außerdem schwierig, in einer kleinen Kohorte statistisch signifikante negative Effekte des kombinierten Trainings zu beobachten. Im Gegensatz dazu scheint es bei einer Trainingsfrequenz von mehr als 6 Einheiten pro Woche mit hohen Intensitäten zu einer Stagnation oder sogar Reduktion sowohl der Kraft [1] als auch des Muskelwachstums [5] zu kommen, wenn Kraft- und Ausdauertraining parallel durchgeführt werden.

Der Interferenzeffekt und Muskelhypertrophie

Die molekularen Mechanismen, welche ursächlich für mögliche Interferenzen in Frage kommen, sind seit fast 15 Jahren Gegenstand des Forschungsinteresses [11]. Im Jahr 1999 wurde der Complex 1 des Mechanistic Target of Rapamycin (mTORC1) als eine der molekularen Schlüsselkomponenten der hypertrophen

Anpassungen auf Krafttraining identifiziert [12]. Im Jahr 2003 wurde gezeigt, dass die AMP-activated proteinkinase (AMPK) mTORC1 direkt inaktiviert und damit das Wachstum in Zellen einschränkt [11]. Da zuvor gezeigt wurde, dass AMPK insbesondere durch Ausdauertraining aktiviert wird [13], war die logische Hypothese, dass AMPK (wenn durch Ausdauertraining aktiviert) mTORC1 ausschalten und dadurch die Muskelhypertrophie reduzieren würde. In Übereinstimmung mit dieser Hypothese wurde bei älteren Tieren weniger Muskelwachstum gezeigt wenn nach Belastung eine hohe AMPK-Aktivierung vorlag [14]. Auch wurde in einer anderen Studie die Aktivierung von mTORC1 nach einem Krafttraining durch den pharmakologischen AMPK-Aktivator 5-Aminoimidazol-4-carboxamid-1-4-ribofuranosid (AICAR) verhindert [15]. Diese Daten schienen zunächst zu bestätigen, dass die möglichen Interferenzeffekte das Resultat eines einfachen molekularen Schalters waren: Krafttraining aktivierte mTORC1, Ausdauertraining aktivierte AMPK, und wenn beides parallel durchgeführt wird, hemmt die Abschaltung von mTORC1 durch AMPK die Muskelhypertrophie [16].

Leider ließ sich diese einfache Beziehung nicht auf den humanen Muskel übertragen. Als Apro und Kollegen die entsprechende akute Hemmung der mTORC1-Signalübertragung im menschlichen Muskel nach kombiniertem Ausdauer- und Krafttraining zu reproduzieren wollten, beobachteten sie, dass weder ein 30-minütiges Radergometertraining bei 70 % der VO_{2max} [9], noch fünf 4-minütige Intervalle bei 85 % der VO_{2max} mit 3 min Pause [8] die Aktivierung von mTORC1 nach einem direkt im Anschluss durchgeführten Krafttraining in moderat trainierten Personen hemmen konnte. Das hochintensive Intervalltraining führte zwar zu einer AMPK-Aktivierung, verringerte die mTORC1-Aktivität allerdings nur geringfügig und ohne statistische Signifikanz. Diese Ergebnisse deuten darauf hin, dass die Beziehung zwischen AMPK und mTORC1-Aktivierung nicht den entscheidenden Mechanismus für mögliche Interferenzeffekte darstellt.

Die Annahme, dass dieser einfache Mechanismus keine ausreichende Erklärung für mögliche Interferenzeffekte darstellt, hat sich in der Folge weiter verdichtet. Allen voran wurde in Tiermodellen gezeigt, dass es maßgeblich die α1-Isoform des AMPKs ist welche hochreguliert wird [17] und nur wenn dieses mittels Knock-Out Modell ausgeschaltet wurde, konnte Muskelhypertrophie durch paralleles Krafttraining beobachtet werden [18]. Dies deutet darauf hin, dass es die α1-Isoform von AMPK ist, die die Hypertrophie-Effekte hemmen kann. Ausdauertraining führt aber in erster Linie zu einer Hochregulierung der α2-Isoform des AMPK [19, 20], was mögliche Zusammenhänge mit dem Muskelwachstum unwahrscheinlich macht. Diese Annahmen werden durch Daten von

Thomson et al. [15] unterstützt, bei denen Ratten AICAR injiziert wurde (welches alle Formen von AMPK aktiviert) und in der Konsequenz eine Hemmung der mTORC1-Aktivierung beobachtet wurde.

Es bleibt also die Frage: Was aktiviert α1AMPK und hemmt mTORC1, und handelt es sich um eine kausale Beziehung zwischen AMPK und mTORC1 oder lediglich um eine Korrelation? mTORC1 wird nicht nur durch Krafttraining, sondern auch durch Aminosäuren aktiviert [21] und diese Aminosäureaktivierung ist besonders empfindlich gegenüber Leucin (Abb. 7.1). Leucin spielt eine entscheidende

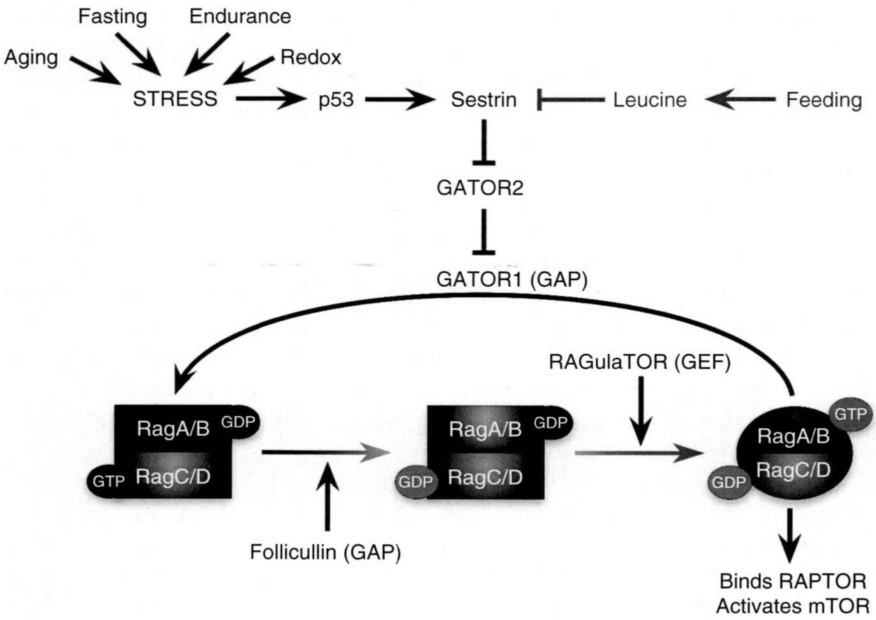

Abb. 7.1 Schematische Darstellung der Aktivierung von mTORC1 durch Leucin. Hier führt die Zufuhr von leucinreichem Protein zur Hemmung von Sestrin und zur Aktivierung des GATOR2-Komplexes. Wenn GATOR2 aktiviert wird, verhindert dies die Aktivierung der GTPase-Aktivität von RagA/B durch GATOR1, was zur GTP-Aktivierung und zur Rekrutierung von mTOR an seinen Aktivator Rheb führt und wiederum die Aktivierung von mTORC1 bewirkt. In Gegenwart von Stress aus verschiedenen Quellen wird p53 stabilisiert und erhöht den Sestrin-Spiegel, wodurch es für das leucinreiche Protein schwieriger wird, mTORC1 zu aktivieren

Rolle, da es durch eine mokekulare Bindung an das Protein Sestrin direkt mTORC1 aktivieren kann [22, 23]. Wenn es an Leucin gebunden ist, hemmt Sestrin so auch nicht mehr die Rekrutierung von mTOR an seinen Aktivator Rheb [24]. Die Bindung von Leucin an Sestrin löst also die Aktivierung von mTORC1 aus. Interessanterweise ist die Überexpression von Sestrin mit einer Zunahme der AMPK-Phosphorylierung und gleichzeitig hemmenden Effekten auf auf mTORC1 verbunden [25]. Außerdem verhindert ein Knock-Out von α1AMPK, dass Sestrin mTORC1 hemmt [25]. Zusammengenommen deuten diese Erkenntnisse darauf hin, dass die Regulierung der Sestrin-Aktivität einen Mechanismus zur gleichzeitigen Regulierung der mTORC1- und AMPK-Aktivität darstellt, wobei eine erhöhte Sestrin Konzentration das Muskelwachstum beeinträchtigt. Wie wird also die Sestrin-Aktivität in Muskelzellen reguliert? Die überzeugendste Verbindung ist, dass die Sestrin-Genexpression in vielen Zellen durch das tumor suppressor protein p53 reguliert wird [25, 26]. p53 wird bekanntermaßen nach Ausdauertraining aktiviert [27–29], aber auch durch zelluläre Stressfaktoren wie Fasten, Immobilisierung, Veränderungen des Redoxzustands, Alter und übermäßige Wachstumssignale [29–32]. Die p53-Aktivierung führt zu einer Hochregulierung von Sestrin [25, 26], und je mehr Sestrin im Muskel vorhanden ist, desto schwieriger wird es mTORC1 zu aktivieren, was zu Wachstumsstörungen führt. Dies ist ein möglicher Mechanismus für den Interferenzeffekt. Im Einklang mit dieser Hypothese ist also in Situationen in denen eine erhöhte p53-Aktivität vorliegt [30–32] (beispielsweise bei einem Kaloriendefizit [33, 34], bei längerer Bettruhe [35] oder bei älteren Personen [36, 37]) auf eine erhöhte Proteinzufuhr zu achten, um die Muskelproteinsynthese zu steigern und die Muskelmasse zu erhalten oder gar zu vergrößern. Ein solcher Mechanismus würde dafür sprechen, dass mögliche Interferenzeffekte durch kombiniertes Kraft- und Ausdauertraining keine wirkliche Besonderheit darstellen, sondern viel eher bestätigen das jeder signifikante Stress zu einer Verringerung der mTORC1-Signalgebung als Reaktion auf die Nahrungsaufnahme führt, was ein verringertes Muskelwachstum zur Folge hat.

Neben Sestrin könnte die Aktivierung von p53 das Muskelwachstum durch die Regulierung der Ribosomenmasse begrenzen. Die Ribosomenmasse steht in einem positiven Zusammenhang mit dem Ausmaß an Muskelhypertrophie durch Training [38]. p53 ist einer der besser charakterisierten Regulatoren der Ribosomenbiogenese (Abb. 7.2). Als Reaktion auf signifikanten Stress wird p53 stabilisiert und unterbricht die Interaktion zwischen den ribosomalen Transkriptionsregulatoren: Upstream Binding Factor (UBF) und Selectivity Factor (SL1) [39]. Bei einer verringerten Interaktion zwischen UBF und SL1 nimmt die Aktivität der Polymerase I, die die ribosomalen RNAs transkribiert, ab [39]. Intuitiv würde dies das Muskelwachstum verringern, da die Kapazität für die Proteintranslation sinkt. Im Einklang mit der Funktion von p53 für die Regulierung der Ribosomenmasse, zeigen ältere Personen, die eine höhere p53-Aktivität aufweisen [31], nach einem Krafttraining weniger Ribosomenbiogenese und Muskelhypertrophie als junge Menschen [40].

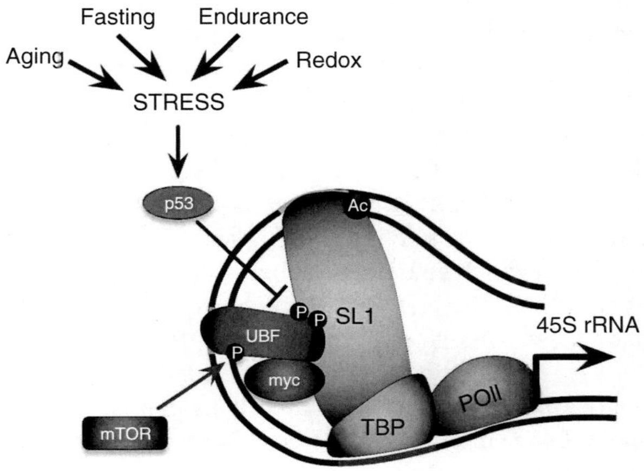

Abb. 7.2 Schematische Darstellung der Auswirkungen von Stress auf die Ribosomenbiogenese. Stress durch Ausdauertraining, Fasten oder Veränderungen des Redoxzustands, aber auch der natürliche Alterungsprozess können p53 erhöhen. Als Folge des Anstiegs von p53 kommt es zu einer Destabilisierung der Interaktion zwischen den essentiellen Transkriptionsfaktoren SL1 und UBF, was zu einer Abnahme der Polymerase-I-Aktivität und einer Reduktion der Produktion der präribosomalen 45S-RNA führt

Ein Mechanismus, bei dem der durch Ausdauertraining induzierte Stress dem Interferenz-Effekt zugrunde liegt, würde auch erklären, warum ein höherer Trainingsumfang und eine höhere Trainingsintensität zu einer größeren Interferenz führen. Höhere Trainingsumfänge und -intensitäten würden den Redox- und Stoffwechselstress in den arbeitenden Muskeln erhöhen. Dies hätte einen stärkeren Anstieg der p53-Aktivität, eine erhöhte Sestrin-Aktivität, größere Schwierigkeiten bei der Aktivierung von mTORC1 als Reaktion auf die Nahrungsaufnahme und eine geringere Ribosomenmasse und damit verringerte Proteinsyntheseraten zur Folge. In Übereinstimmung mit diesem Modell führen vergleichbare Trainingsbelastungen (mit niedriger oder hoher Intensität) zu einer ähnlichen p53-Aktivierung [27], während eine Erhöhung der metabolischen Belastung durch Training und eine damit verbundene Verringerung Glykogenverarmung zu einem weiteren Anstieg der p53-Aktivität führt [28]. Dies deutet darauf hin, dass die p53-Aktivierung direkt proportional zum metabolischen Stress und entsprechenden Interferenzeffekten zu sein scheint, was mit den Trainingsdaten aus Humanstudien übereinstimmt.

Der Interferenzeffekt und Schnellkraft

Auch wenn bisher den möglichen Einschränkungen im Hinblick auf das Muskelwachstum die meiste Aufmerksamkeit gewidmet wurde, scheint sich eine mögliche Überschneidung durch paralleles Ausdauertraining vor allem auf die Schnellkraft auszuwirken [4]. Die Schnellkraft (engl. Power) wird definiert als das Produkt aus Kraft und Geschwindigkeit und wird daher von dem Muskelquerschnitt, der neuronalen Aktivierung des Muskels, der im Muskel exprimierten Isoform der schweren Myosinketten und der Fähigkeit zur Kraftübertragung von Myosin und Aktin in jedem Sarkomer und der Sehne auf den Knochen bestimmt [41]. Daher kann theoretisch jeder dieser Faktoren ursächlich für mögliche Interferenzeffekte sein. Wir haben oben den potenziellen Interferenzeffekt auf den Muskelquerschnitt erörtert; ein wichtiger Aspekt möglicher Interferenzeffekte auf die Muskelgröße wurde jedoch nicht diskutiert: der Effekt auf den Fasertyp. Krafttraining erhöht bevorzugt die Menge an schweren Myosinkeitten vom Typ II im Muskel [42]. Obwohl sich die Anzahl der schnellen Fasern durch das Training nicht ändert, erfolgt das Muskelwachstum vorzugsweise durch eine Hinzufügung von schweren Myoskinketten des Typs IIa in den vorhandenen Fasern, sowohl durch Vergrößerung ihrer Querschnittsfläche als auch durch Umwandlung von IIx-Fasern in IIa-Fasern [43]. Dadurch wird die Myosinfläche von Typ II Fasern vergrößert und Maximal- und Schnellkraft gesteigert [5, 43, 44]. Im Gegensatz zum Krafttraining führen paralleles Ausdauer- und Krafttraining zusammen zu einer größeren Hypertrophie der Typ-I-Fasern [45], während gleichzeitig die Hypertrophie der Typ-II-Fasern gehemmt werden kann [46]. Der daraus resultierende Muskel hat einen größeren Anteil an langsamem Myosin und kann daher eine geringere Kraft aufweisen als ein ausschließlich auf Kraft trainierter Muskel. Dementsprechend können Muskeln von Athleten, die reines Ausdauer- oder ein kombiniertes Ausdauer- und Krafttraining absolvieren, eine geringere Kraftfähigkeit aufweisen als Muskeln von Athleten, die ausschließlich maximal- oder schnellkräftig trainieren [47]. Was die neuronalen Anpassungen betrifft, so verändert Krafttraining im Allgemeinen die neuronale Ansteuerung, mit dem Ziel die Aktivierung einer größeren Anzahl von Muskelfasern zu erleichtern [48]. Dies erhöht das Potenzial für die Aktivierung von Typ-II-Muskelfasern während maximaler Belastungen, was im Ergebnis zu einer erhöhten Maximal- und Schnellkraft führt. Diese Anpassungen können anfällig für mögliche Interferenzeffekte sein, wie Studien nahelegen, in welchen Anpassungen in der willkürlichen Aktivierung, des EMGs und/oder der Kraftentwicklungsrate bei kombiniertem Ausdauer- und Krafttraining kompromittiert waren [49, 50]. Interferenzeffekte können auch auf die residuale Ermüdung durch Ausdauertraining zurückzuführen sein, was die Qualität eines darauffolgenden Krafttrainings beeinträchtigen kann. Es würde jedoch den Rahmen dieses Kapitels sprengen, auf mögliche neurologische Mechanismen einzugehen. Schließlich könnte das Ausdauertraining durch eine Veränderung der Mikroarchitektur des Muskels Interferenzen hervorrufen [51]. Hier gibt es weitaus weniger Informationen darüber, wie verschiedene Trainingsarten zu Veränderungen bei den kraftübertragenden Proteinen im Muskel, in der extrazellulären Matrix des Muskels sowie in den Sehnen führen, und daher kann an dieser Stelle nicht klar definiert werden, ob dies zu möglichen Interferenzen beiträgt.

Zusammenfassung

Obwohl es gute empirische Daten für einen Interferenzeffekt bei hochvoluminösem oder hochintensivem Ausdauertraining gibt, hat es sich als schwierig erwiesen, den dafür zugrundeliegenden molekularen Mechanismus klar herauszustellen. Der hier vorgestellte Mechanismus, wonach die chronische Stoffwechselbelastung durch hochintensives und hochvoluminöses Ausdauertraining zur Aktivierung von p53 führt, was einen Anstieg von Sestrin und einen Rückgang der Ribosomenbiogenese zur Folge hat, würde einen Großteil der experimentellen Daten in der Literatur erklären. Wichtig ist, dass dieser Mechanismus nicht nur für beeinträchtige Kraftanpassungen durch parallel durchgeführtes Ausdauertraining gilt, sondern auch die Komplikationen bei der Zunahme von Muskelmasse und -kraft bei kalorischer Einschränkung, Immobilisierung und/oder dem natürlichen Alterungsprozess erklären würde. Ein solcher allgemein anwendbarer Mechanismus wäre durch zeitlich abgestimmtes Training und Ernährung leichter zu beeinflussen und könnte sich sogar nützlich für die Entwicklung neuer Medikamente zur Bekämpfung von Muskelschwund erweisen.

Danksagung Diese Arbeit wurde durch eine Förderung an KB vom National Institute on Aging des National Institutes of Health (NIH) unter der Vergabe-Nummer R01AG045375 unterstützt.

Literatur

1. Hickson RC. Interference of strength development by simultaneously training for strength and endurance. Eur J Appl Physiol Occup Physiol. 1980;45(2–3):255–63. https://doi.org/10.1007/bf00421333.
2. Baar K. Using molecular biology to maximize concurrent training. Sports Med. 2014;44(Suppl 2):S117–25. https://doi.org/10.1007/s40279-014-0252-0.
3. Doma K, Deakin GB. The acute effects intensity and volume of strength training on running performance. Eur J Sport Sci. 2014;14(2):107–15. https://doi.org/10.1080/17461391.2012.726653.
4. Wilson JM, Marin PJ, Rhea MR, Wilson SM, Loenneke JP, Anderson JC. Concurrent training: a meta-analysis examining interference of aerobic and resistance exercises. J Strength Cond Res. 2012;26(8):2293–307. https://doi.org/10.1519/JSC.0b013e31823a3e2d. (National Strength & Conditioning Association).
5. Kraemer WJ, Patton JF, Gordon SE, Harman EA, Deschenes MR, Reynolds K, et al. Compatibility of high-intensity strength and endurance training on hormonal and skeletal muscle adaptations. J Appl Physiol. 1995;78(3):976–89.
6. Berryman N, Maurel DB, Bosquet L. Effect of plyometric vs. dynamic weight training on the energy cost of running. J Strength Cond Res. 2010;24(7):1818–25. https://doi.org/10.1519/JSC.0b013e3181def1f5.
7. Fyfe JJ, Bishop DJ, Stepto NK. Interference between concurrent resistance and endurance exercise: molecular bases and the role of individual training variables. Sports Med. 2014;44(6):743–62. https://doi.org/10.1007/s40279-014-0162-1.
8. Apro W, Moberg M, Hamilton DL, Ekblom B, van Hall G, Holmberg HC, Blomstrand E. Resistance exercise-induced S6K1 kinase activity is not inhibited in human skeletal muscle despite prior activation of AMPK by high-intensity interval cycling. Am J Physiol Endocrinol Metab. 2015;308(6):E470–81. https://doi.org/10.1152/ajpendo.00486.2014.
9. Apro W, Wang L, Ponten M, Blomstrand E, Sahlin K. Resistance exercise induced mTORC1 signaling is not impaired by subsequent endurance exercise in human skeletal muscle. Am J Physiol Endocrinol Metab. 2013;305(1):E22–32. https://doi.org/10.1152/ajpendo.00091.2013.
10. Coffey VG, Hawley JA. Concurrent exercise training: do opposites distract? J Physiol. 2017;595(9):2883–96. https://doi.org/10.1113/JP272270.
11. Inoki K, Zhu T, Guan KL. TSC2 mediates cellular energy response to control cell growth and survival. Cell. 2003;115(5):577–90.
12. Baar K, Esser K. Phosphorylation of p70(S6k) correlates with increased skeletal muscle mass following resistance exercise. Am J Physiol. 1999;276(1 Pt 1):C120–7.
13. Winder WW, Hardie DG. Inactivation of acetyl-CoA carboxylase and activation of AMP-activated protein kinase in muscle during exercise. Am J Physiol. 1996;270(2 Pt 1):E299–304.
14. Thomson DM, Gordon SE. Diminished overload-induced hypertrophy in aged fast-twitch skeletal muscle is associated with AMPK hyperphosphorylation. J Appl Physiol. 2005;98(2):557–64.
15. Thomson DM, Fick CA, Gordon SE. AMPK activation attenuates S6K1, 4E-BP1, and eEF2 signaling responses to high-frequency electrically stimulated skeletal muscle contractions. J Appl Physiol. 2008;104(3):625–32. https://doi.org/10.1152/japplphysiol.00915.2007.
16. Atherton PJ, Babraj J, Smith K, Singh J, Rennie MJ, Wackerhage H. Selective activation of AMPK-PGC-1alpha or PKB-TSC2-mTOR signaling can explain specific adaptive responses to endurance or resistance training-like electrical muscle stimulation. FASEB J. 2005;19(7):786–8.
17. McGee SL, Mustard KJ, Hardie DG, Baar K. Normal hypertrophy accompanied by phosphorylation and activation of AMP-activated protein kinase alpha1 following overload in LKB1 knockout mice. J Physiol. 2008;586(6):1731–41. https://doi.org/10.1113/jphysiol.2007.143685.
18. Mounier R, Lantier L, Leclerc J, Sotiropoulos A, Pende M, Daegelen D, et al. Important role for AMPKalpha1 in limiting skeletal muscle cell hypertrophy. FASEB J. 2009;23(7):2264–73. https://doi.org/10.1096/fj.08-119057.

19. Lee-Young RS, Koufogiannis G, Canny BJ, McConell GK. Acute exercise does not cause sustained elevations in AMPK signaling or expression. Med Sci Sports Exerc. 2008;40(8):1490–4. https://doi.org/10.1249/MSS.0b013e318173a037.
20. Wojtaszewski JF, Nielsen P, Hansen BF, Richter EA, Kiens B. Isoform-specific and exercise intensity-dependent activation of 5′-AMP-activated protein kinase in human skeletal muscle. J Physiol. 2000;528(Pt 1):221–6.
21. Bar-Peled L, Sabatini DM. Regulation of mTORC1 by amino acids. Trends Cell Biol. 2014;24(7):400–6. https://doi.org/10.1016/j.tcb.2014.03.003.
22. Saxton RA, Knockenhauer KE, Wolfson RL, Chantranupong L, Pacold ME, Wang T, et al. Structural basis for leucine sensing by the Sestrin2-mTORC1 pathway. Science. 2016;351(6268):53–8. https://doi.org/10.1126/science.aad2087.
23. Wolfson RL, Chantranupong L, Saxton RA, Shen K, Scaria SM, Cantor JR, Sabatini DM. Sestrin2 is a leucine sensor for the mTORC1 pathway. Science. 2016;351(6268):43–8. https://doi.org/10.1126/science.aab2674.
24. Bar-Peled L, Chantranupong L, Cherniack AD, Chen WW, Ottina KA, Grabiner BC, et al. A Tumor suppressor complex with GAP activity for the Rag GTPases that signal amino acid sufficiency to mTORC1. Science. 2013;340(6136):1100–6. https://doi.org/10.1126/science.1232044.
25. Budanov AV, Karin M. p53 target genes sestrin1 and sestrin2 connect genotoxic stress and mTOR signaling. Cell. 2008;134(3):451–60. https://doi.org/10.1016/j.cell.2008.06.028.
26. Deng W, Cha J, Yuan J, Haraguchi H, Bartos A, Leishman E, et al. p53 coordinates decidual sestrin 2/AMPK/mTORC1 signaling to govern parturition timing. J Clin Invest. 2016;126(8):2941–54. https://doi.org/10.1172/JCI87715.
27. Bartlett JD, Hwa Joo C, Jeong TS, Louhelainen J, Cochran AJ, Gibala MJ, et al. Matched work high-intensity interval and continuous running induce similar increases in PGC-1alpha mRNA, AMPK, p38, and p53 phosphorylation in human skeletal muscle. J Appl Physiol. 2012;112(7):1135–43. https://doi.org/10.1152/japplphysiol.01040.2011.
28. Bartlett JD, Louhelainen J, Iqbal Z, Cochran AJ, Gibala MJ, Gregson W, et al. Reduced carbohydrate availability enhances exercise-induced p53 signaling in human skeletal muscle: implications for mitochondrial biogenesis. Am J Physiol Regul Integr Comp Physiol. 2013;304(6):R450–8. https://doi.org/10.1152/ajpregu.00498.2012.
29. Tachtsis B, Smiles WJ, Lane SC, Hawley JA, Camera DM. Acute endurance exercise induces nuclear p53 abundance in human skeletal muscle. Front Physiol. 2016;7:144. https://doi.org/10.3389/fphys.2016.00144.
30. Aquilano K, Baldelli S, Pagliei B, Cannata SM, Rotilio G, Ciriolo MR. p53 orchestrates the PGC-1alpha-mediated antioxidant response upon mild redox and metabolic imbalance. Antioxid Redox Signal. 2013;18(4):386–99. https://doi.org/10.1089/ars.2012.4615.
31. Edwards MG, Anderson RM, Yuan M, Kendziorski CM, Weindruch R, Prolla TA. Gene expression profiling of aging reveals activation of a p53-mediated transcriptional program. BMC Genomics. 2007;8:80. https://doi.org/10.1186/1471-2164-8-80.
32. Fox DK, Ebert SM, Bongers KS, Dyle MC, Bullard SA, Dierdorff JM, et al. p53 and ATF4 mediate distinct and additive pathways to skeletal muscle atrophy during limb immobilization. Am J Physiol Endocrinol Metab. 2014;307(3):E245–61. https://doi.org/10.1152/ajpendo.00010.2014.
33. Areta JL, Burke LM, Camera DM, West DW, Crawshay S, Moore DR, et al. Reduced resting skeletal muscle protein synthesis is rescued by resistance exercise and protein ingestion following short-term energy deficit. Am J Physiol Endocrinol Metab. 2014;306(8):E989–97. https://doi.org/10.1152/ajpendo.00590.2013.
34. Garthe I, Raastad T, Refsnes PE, Koivisto A, Sundgot-Borgen J. Effect of two different weight-loss rates on body composition and strength and power-related performance in elite athletes. Int J Sport Nutr Exerc Metab. 2011;21(2):97–104.
35. English KL, Mettler JA, Ellison JB, Mamerow MM, Arentson-Lantz E, Pattarini JM, et al. Leucine partially protects muscle mass and function during bed rest in middle-aged adults. Am J Clin Nutr. 2016;103(2):465–73. https://doi.org/10.3945/ajcn.115.112359.

36. De Bandt JP. Leucine and mammalian target of rapamycin-dependent activation of muscle protein synthesis in aging. J Nutr. 2016;146(12):2616S–24S. https://doi.org/10.3945/jn.116.234518.
37. Yang Y, Breen L, Burd NA, Hector AJ, Churchward-Venne TA, Josse AR, et al. Resistance exercise enhances myofibrillar protein synthesis with graded intakes of whey protein in older men. Br J Nutr. 2012;108(10):1780–8. https://doi.org/10.1017/S0007114511007422.
38. Stec MJ, Kelly NA, Many GM, Windham ST, Tuggle SC, Bamman MM. Ribosome biogenesis may augment resistance training-induced myofiber hypertrophy and is required for myotube growth in vitro. Am J Physiol Endocrinol Metab. 2016;310(8):E652–61. https://doi.org/10.1152/ajpendo.00486.2015. ajpendo 00486 02015.
39. Zhai W, Comai L. Repression of RNA polymerase I transcription by the tumor suppressor p53. Mol Cell Biol. 2000;20(16):5930–8.
40. Stec MJ, Mayhew DL, Bamman MM. The effects of age and resistance loading on skeletal muscle ribosome biogenesis. J Appl Physiol. 2015;119(8):851–7. https://doi.org/10.1152/japplphysiol.00489.2015.
41. Hughes DC, Wallace MA, Baar K. Effects of aging, exercise, and disease on force transfer in skeletal muscle. Am J Physiol Endocrinol Metab. 2015;309(1):E1–E10. https://doi.org/10.1152/ajpendo.00095.2015.
42. Kosek DJ, Kim JS, Petrella JK, Cross JM, Bamman MM. Efficacy of 3 days/wk resistance training on myofiber hypertrophy and myogenic mechanisms in young vs. older adults. J Appl Physiol. 2006;101(2):531–44. https://doi.org/10.1152/japplphysiol.01474.2005.
43. Staron RS, Leonardi MJ, Karapondo DL, Malicky ES, Falkel JE, Hagerman FC, Hikida RS. Strength and skeletal muscle adaptations in heavy-resistance-trained women after detraining and retraining. J Appl Physiol. 1991;70(2):631–40. https://doi.org/10.1152/jappl.1991.70.2.631.
44. Verdijk LB, Gleeson BG, Jonkers RA, Meijer K, Savelberg HH, Dendale P, van Loon LJ. Skeletal muscle hypertrophy following resistance training is accompanied by a fiber type-specific increase in satellite cell content in elderly men. J Gerontol A Biol Sci Med Sci. 2009;64(3):332–9. https://doi.org/10.1093/gerona/gln050.
45. Kazior Z, Willis SJ, Moberg M, Apro W, Calbet JA, Holmberg HC, Blomstrand E. Endurance exercise enhances the effect of strength training on muscle fiber size and protein expression of Akt and mTOR. PLoS One. 2016;11(2):e0149082. https://doi.org/10.1371/journal.pone.0149082.
46. Aagaard P, Andersen JL, Bennekou M, Larsson B, Olesen JL, Crameri R, et al. Effects of resistance training on endurance capacity and muscle fiber composition in young top-level cyclists. Scand J Med Sci Sports. 2011;21(6):e298–307. https://doi.org/10.1111/j.1600-0838.2010.01283.x.
47. Sleivert GG, Backus RD, Wenger HA. Neuromuscular differences between volleyball players, middle distance runners and untrained controls. Int J Sports Med. 1995;16(6):390–8. https://doi.org/10.1055/s-2007-973026.
48. Gandevia SC. Spinal and supraspinal factors in human muscle fatigue. Physiol Rev. 2001;81(4):1725–89.
49. Eklund D, Pulverenti T, Bankers S, Avela J, Newton R, Schumann M, Häkkinen K. Neuromuscular adaptations to different modes of combined strength and endurance training. Int J Sports Med. 2015;36(02):120–9. https://doi.org/10.1055/s-0034-1385883.
50. Hakkinen K, Alen M, Kraemer WJ, Gorostiaga E, Izquierdo M, Rusko H, et al. Neuromuscular adaptations during concurrent strength and endurance training versus strength training. Eur J Appl Physiol. 2003;89(1):42–52. https://doi.org/10.1007/s00421-002-0751-9.
51. Hughes DC, Ellefsen S, Baar K. Adaptations to endurance and strength training. Cold Spring Harb Perspect Med. 2018;8(6):a029769. https://doi.org/10.1101/cshperspect.a029769.

Molekulare Anpassungen an kombiniertes Ausdauer- und Krafttraining

8

Eduardo O. De Souza

Einführung

Sowohl Kraft- (ST) als auch Ausdauertraining (ET) führen zu spezifischen Anpassungen der Skelettmuskulatur [1, 2]. Es wurde vermutet, dass es zu konkurrierenden Anpassungen kommen kann, wenn das Training mit hoher Frequenz, Umfang und Intensität durchgeführt wird. Bei fälschlich geplanter Durchführung kann ein kombiniertes ST und ET (CT) zu reduzierten Krafttrainingsadaptionen führen [3–5]. Die potenzielle Inkompatibilität zwischen ST und ET wurde in der wissenschaftlichen Literatur als Interferenzeffekt definiert. Methodische Fortschritte haben unser Verständnis der molekularen Mechanismen hinter den trainingsinduzierten Anpassungen sowohl an ST als auch ET-Reize stetig verbessert. Die molekulare Grundlage der muskulären Anpassung als Reaktion auf verschiedene Trainingsprogramme ist sehr komplex. Sie beinhaltet eine Zunahme der Expression und/oder Aktivität von Genen und Proteinen, um das kontraktile Gewebe (d. h. die Muskelhypertrophie) oder die Mitochondriendichte zu erhöhen [6, 7]. Darüber hinaus gibt es beträchtliche Überschneidungen und Redundanzen zwischen den Signalwegen, die die trainingsinduzierten Anpassungen steuern, dessen detaillierte Darstellung den Rahmen dieses Kapitels sprengen würde (für weitere Informationen siehe [6, 8, 9]). Die folgenden Abschnitte befassen sich mit den akuten und chronischen molekularen Mechanismen die durch CT ausgelöst werden, und damit wie diese mit dem Interferenzeffekt und damit einhergehenden morphologischen Veränderungen zusammenhängen.

E. O. De Souza (✉)
Department of Health Sciences and Human Performance, University of Tampa, Tampa, USA
E-Mail: edesouza@ut.edu

M. Schumann, B. R. Rønnestad (Hrsg.), *Kombiniertes Ausdauer- und Krafttraining*, https://doi.org/10.1007/978-3-031-36310-8_8

Molekulare Interferenzhypothese

ST-induzierte Muskelhypertrophie gilt als kumulativer Effekt mehrerer Trainingseinheiten, als Konsequent eines positiven Gleichgewichts zwischen der Rate der Muskelproteinsynthese (MPS) und dem Muskelproteinabbau (MPB) [10]. Trotz der Komplexität des Proteinsyntheseprozesses wird dieser durch Signalwege reguliert, die die mRNA-Translation verbessern [11]. Der Mechanistic Target of Rapamycin Complex 1 (mTORC1) ist eine Schlüsselkinase, die die Proteinsynthese und damit die Muskelhypertrophie kontrolliert [12, 13]. Die Rolle von mTOR bei der Kontrolle anderer an der Proteinsynthese beteiligten Kinasen wird in Kap. 5 erläutert.

Andererseits werden ET-induzierte Anpassungen auf eine Steigerung der Mitochondrienfunktion und des Mitochondriengehalts in der Skelettmuskulatur zurückgeführt, was letztlich zu einer verbesserten oxidativen Kapazität und Ausdauerleistung führt [14–16]. Dabei induziert ET nachweislich eine Vielzahl von Signalwegen (Abb. 8.1), [19]. Der peroxisome-proliferator-activated receptor γ co-activator-1α (PGC-1α) wird als ein wichtiger Treiber der mitochondrialen Biogenese bezeichnet [20]. PGC-1α ist ein transkriptioneller Co-Aktivator, der die mitochondriale Biogenese induziert. PGC-1α aktiviert verschiedene Transkriptionsfaktoren, die die Genexpression modulieren, was zur Kodierung mitochondrialer Proteine führt [17, 21]. Obwohl mehrere Signale PGC-1α modulieren können, wird angenommen, dass die AMP-activated protein kinase (AMPK) einer der eine Schlüsselrolle spielt, da dadurch die Transkription und Aktivität von PGC-1α gesteuert wird [22–24].

AMPK spielt auch eine wichtige Rolle im zellulären Energiestoffwechsel bei körperlicher Aktivität und Nahrungsmangel [25]. Darüber hinaus wurde AMPK als Sensor für den zellulären Energiestatus bezeichnet, da es durch einen Anstieg des zellulären AMP:ATP-Verhältnisses aktiviert wird. Sobald AMPK aktiviert ist, führt dies zu einer Drosselung des Biosyntheseprozess und stimuliert einen energieerzeugenden Prozess, um die zelluläre Energiebalance wiederherzustellen [26]. Studien an Tiermodellen haben gezeigt, dass eine AMPK-Aktivierung die mTORC1-Aktivität und ihre Abwärtsströme hemmen und MPS sowie Skelettmuskelhypertrophie abschwächen kann [18, 26, 27].

In dieser Hinsicht führen der höhere Energiebedarf und die unterschiedlichen Signalwege, die beim CT im Vergleich zu ET oder ST involviert sind zu kontroversen Reaktionen im Skelettmuskel. Entsprechend wurde eine molekulare Hypothese aufgestellt, um die geringere Trainingsadaption nach CT zu erklären [18]. In diesem hypothetischen Modell, das als AMPK-Akt-Switch-Hypothese bezeichnet wird, phosphoryliert AMPK den tuberous sclerosis complex -2 (TSC2). TSC2 führt zu einer Hemmung der mTORC1-Signalkaskade, was letztlich das Potenzial für eine Muskelfaserhypertrophie nach CT verringert [18] (Abb. 8.1).

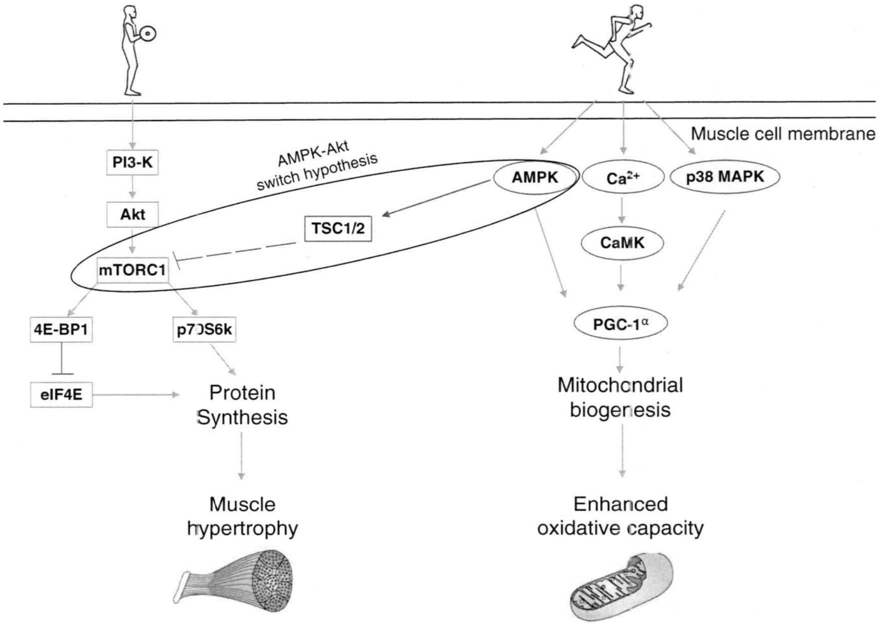

Abb. 8.1 Schematische Darstellung der durch Kraft- (ST) und Ausdauertraining (ET) aktivierten Signalwege und der AMPK-Akt-Switch-Hypothese. ST induziert einen Anstieg der Aktivität der protein kinase B (Akt) und des mammalian target of rapamycin complex 1 (mTORC1), der die Proteinsyntheserate durch Phosphorylierung des eukaryotic initiation factor 4E-binding protein (4E-BP1) moduliert, was wiederum die Dissoziation zwischen 4E-BP1 und dem eukaryotic initiation factor 4E- (eIF4E) und die Aktivierung der 70 kDa ribosomal protein kinase (p70S6K) fördert. ET aktiviert eine Signalkaskade, die den Stoffwechselprozess und die mitochondriale Biogenese reguliert und dabei die adenosine-monophosphate-activated protein kinase (AMPK), p38 mitogen-activated protein kinase (MAPK), calmodulin-dependent protein kinase (CaMK) und den proliferator-activated receptorgamma coactivator 1-alpha (PGC-1$^{\alpha}$) aktiviert. Im Modell der Akt-AMPK-Switch-Hypothese könnte die durch ET aktivierte AMPK die mTORC1-Signalkaskade über den tuberous sclerosis complex (TSC) hemmen und die ST-induzierte Proteinsynthese abschwächen. Abbildung modifiziert von [7, 17, 18]

Akute molekulare Effekte von parallelem Ausdauer- und Krafttraining

Bei der Analyse der aktuellen Literatur zu den molekularen Effekten von CT müssen eine Vielzahl verschiedener Studiendesigns berücksichtig werden, was die Interpretation der Daten erheblich erschwert. (Tab. 8.1). So wirken sich z. B. demografische Faktoren, intraindividuelle Akutantworten, Trainingszustand, Trainingsart und -volumen sowie die Verfügbarkeit von Makronährstoffen auf die akuten molekularen Effekte aus. Darüber hinaus kann der Zeitpunkt der Muskelbiopsie einen erheblichen Einfluss darauf haben, wie die ausgewählten molekularen Marker auf der

Tab. 8.1 Zusammenfassung der Studien, die die akuten molekularen Effekte von kombiniertem Training untersuchen

Studie	Trainingsstand der Probanden	Aufbau der Studie	Standardisierung der Nahrungsaufnahme	Zeitpunkt der Probenentnahme	Art des Trainings				
					SE	EE	Dauer zwischen EE und SE	Reihenfolge von CT	Schlussfolgerungen
Lundberg et al. [28]	Freizeitsportlich aktiv, EE, 2–3 ×/Woche oder SE 1–2 ×/Woche seit mehr als einem Jahr	unilaterales Cross-over Design, ein Bein führte reines SE aus und das kontralaterale Bein CE	EE wurde 1 h nach dem Frühstück durchgeführt (1,01 g CHO/kg BM, 0,31 g Protein/kg BM und 0,24 g Fett/kg BM), SE wurde 3 h nach dem Mittagessen durchgeführt (2,02 g CHO/kg BM, 0,62 g Protein/kg BM und 0,49 g Fett/kg BM)	Unmittelbar vor der Belastung, 15 min und 3 h nach SE	Unilaterale Beinpresse und Beinstrecker, jeweils 2 × 7 Wiederholungen mit maximaler Last	~42 min, 40 min unilaterales Radergometer bei 70 % der W_{max}, dann wurde die Belastung um 20 W bis zur Erschöpfung erhöht	6 h	EE→ SE	SE durchgeführt 6 h nach EE hatte keinen negativen Einfluss auf die Signalübertragung von mTOR-verwandten Proteinen.

Babcock et al. [29]	Freizeitlich aktive, junge Männer, EE 2 × /Woche und SE 2 × /Woche für > 3 Monate	Unilaterales Cross-over Design, ein Bein führte SE aus und das kontralaterale Bein CE	Die Belastungen wurden 2 h nach einem standardisierten Frühstück (500 kcal: 90–100 g Kohlenhydrate, 8–12 g Eiweiß und 4–8 g Fett) durchgeführt	Unmittelbar vor der Belastung, 96 h nach den Trainingseinheiten	4 × 10 Wiederholungen unilateraler Beinstrecker mit 75 % des 1RM, gefolgt von 4 × 10 Wiederholungen unilateraler Beinpresse mit der gleichen Intensität von 75 %.	90 min Radergometertraining bei 60 % der W_{max}	10 min	SE→EE	CE führte zu einer Hemmung der Satellitenzellen im Vergleich zu SE. Dies ging mit einer Hemmung des MHC I-Gehalts der Satellitenzellen einher.
Coffey et al. [30]	Regelmäßiges CT (> 3 × / Woche)	Randomisiertes Cross-Over-Design, alle Teilnehmer führten zwei CE Einheiten durch.	Die Belastungen wurden nach 10-stündigem Fasten über Nacht durchgeführt	Unmittelbar vor der Belastung, 0,15 min und 3 h nach der Belastung	8 × 5 Wiederholungen bei 80 % im Beinstrecker	10 × 6 s, maximale Sprints, Radergometer bei einem Drehmoment von 0,75 Nm pro Kg	15 min	Beide Reihenfolgen wurden durchgeführt	Wiederholte Sprints führten zu einer Beeinträchtigung der durch SE ausgelösten anabolen Akutantworten und verstärkten katabole Reaktionen.

(Fortsetzung)

Tab. 8.1 (Fortsetzung)

Studie	Trainingsstand der Probanden	Aufbau der Studie	Standardisierung der Nahrungsaufnahme	Zeitpunkt der Probenentnahme	Art des Trainings				
					SE	EE	Dauer zwischen EE und SE	Reihenfolge von CT	Schlussfolgerungen
Coffey et al. [31]		Randomisiertes Cross-Over-Design, , alle Teilnehmer führten zwei CE Einheiten durch	Die Belastungen wurden nach 10-stündigem Fasten über Nacht durchgeführt	Unmittelbar vor der Belastung, 0,15 min und 3 h nach der Belastung	8 × 5 Wiederholungen bei 80 % im Beinstrecker	30 min bei 70 % der VO2-peak, Radergometer	15 min	Beide Reihenfolgen wurden durchgeführt	CE führte zu einer suboptimalen Aktivierung anabolger Signalwege.
Wang et al. [32]	Freizetilich aktiv	Randomisiertes Cross-Over-Design, alle Teilnehmer absolvierten eine CE und SE Einheit.	Die Belastungen wurden nach 12-stündigem Fasten über Nacht durchgeführt	Unmittelbar vor der Belastung, 1 und 3 h nach der Einheit	6 Sätze bei 70, 75, 80, 80, 75, 70 % des 1RM, Teilnehmer sollten möglichst viele Wiederholungen (bis zu 15) in der Beinpresse ausführen	60 min bei 65 % VO_{2max} (3 min Pause nach 30 min erlaubt) auf dem Radergometer	15 min	EE→SE	Die Durchführung von SE nach EE führte zu einer Verstärkung der Signaltransduktion der mitochondrialen Biogenese.

Pugh et al. [33]	Gesunde untrainierte Männer	Cross-over-Design	2 h vor den Experimenten wurde ein Frühstück eingenommen (1803 kJ, 55 % Kohlenhydrate, 29 % Fett und 16 % Eiweiß)		4×8 Wiederholungen bei 70 % des 1RM im Beinstrecker	10×1 min bei 90 % HR_{max}	2 min nach dem letzten Satz der SE	SE→EE	CE mit niedrigem Volumen und hoher EE Intensität führte zu keiner Reduktion der anabolen Signaltransduktion und mRNA-Expression. Es wurde auch keine Verstärkung der katabolen Prozesse beobachtet.

(Fortsetzung)

Tab. 8.1 (Fortsetzung)

Studie	Trainingsstand der Probanden	Aufbau der Studie	Standardisierung der Nahrungsaufnahme	Zeitpunkt der Probenentnahme	Art des Trainings				
					SE	EE	Dauer zwischen EE und SE	Reihenfolge von CT	Schlussfolgerungen
Donges et al. [34]	Körperlich inaktive Männer im mittleren Alter	Randomisiertes Cross-over Design, alle Teilnehmer absolvierten drei experimentelle Einheiten; SE, EE und CE mit um 50 % reduziertem Volumen	Die Einheiten wurden nach 10-stündigem Fasten über Nacht durchgeführt und die Probanden erhielten unmittelbar nach der Belastung 20 g Molkenprotein	Unmittelbar vor der Belastung, 1 und 4 h nach der Belastung	8×8 Wiederholungen bei 70 % des 1RM im Beinstrecker oder 4×8 Wiederholungen in CE	40 min bei 55 % der VO_{2peak} auf dem Radergometer oder 20 min in CE	Keine	SE→EE	Wenn 20 g Molkenprotein unmittelbar nach den Trainingseinheiten verabreicht wurden, war CE mit einem 50 % reduzierten Trainingsvolumen im Hinblick auf die myofibrilläre und die mitochondriale Biogenese genauso Effektiv wie SE.

Apro et al. [35]	Moderat trainierte Männer	Randomisiertes Cross-over Design, alle Teilnehmer absolvierten drei experimentelle Belastungen	Die Einheiten wurden nach ~10,5 h Fasten über Nacht durchgeführt	Unmittelbar vor der Belastung, 1 h und 3 h danach	10×10 Wiederholungen in der Beinpresse (4×10 Wiederholungen bei 85 % des 1RM, 4×12 Wiederholungen bei 75 % des 1RM und zwei Sätze bis zum Muskelversagen bei 65 % des 1RM)	30 min bei 70 % der VO_{2max}	15 min	EE→SE	Die EE-induzierte Erhöhung von AMPK hatte keinen Einfluss auf die anabolen Signalwege nach SE.

(Fortsetzung)

Tab. 8.1 (Fortsetzung)

Studie	Trainingsstand der Probanden	Aufbau der Studie	Standardisierung der Nahrungsaufnahme	Zeitpunkt der Probenentnahme	Art des Trainings				
					SE	EE	Dauer zwischen EE und SE	Reihenfolge von CT	Schlussfolgerungen
Carrithers et al. [36]	Mäßig aktiv	Unilaterales Cross-over Design, ein Bein führte SE aus und das kontralaterale Bein CE	Die Belastungen wurden nach 10,5–14,5 h Fasten über Nacht durchgeführt	Unmittelbar vor der Belastung, 0 und 3 h nach der Belastung	3 × 10 Wiederholungen bei 80 % des 1RM für jede Übung, unilaterale Beinpresse und Beinstrecker, und ein vierter Satz jeweils bis zum Muskelversagen	90 min bei 60 % der Peak-Power und einer Trittfrequenz von 60 U/min	30 min	EE→SE	Es wurde zwar angegeben, dass CE die myofibrilläre Proteinsynthese nicht unterdrückt, allerdings blieben die Signalwege in beiden Bedingungen unverändert, was darauf hindeuten könnte, dass der Trainingsreiz nicht ausreichend war.

Lambert et al. [37]	Übergewichtige/fettleibige Personen	Parallelgruppen-Design mit Messwiederholung, einschließlich der Untersuchung der akuten und chronischen Effekte, wobei jede Gruppe eine der folgenden drei Belastungen durchführte: SE, CE und CE mit EE auf einem Unterwasserlaufband	Die Belastungen wurden nach 12-stündigem Fasten über Nacht durchgeführt	Unmittelbar vor der Belastung und 24 h danach	3×12 Wiederholungen bei 60 % des 1RM für jede Übung, Beinpresse, Beinbeuger und Beinstrecker	Zeit bis zu einer Umsetzung von 250 kcal bei 60 % der VO_{2max}	Keine	SE→EE	CE mit EE auf dem Unterwasserlaufband führte zu einer höheren myofibrillären Proteinsynthese im Vergleich zu SE und konventionellem CE (d. h. EE auf dem normalen Laufband).

SE: Krafttraining, *EE:* Ausdauertraining, *CE:* kombiniertes Ausdauer- und Krafttraining, *BM:* Körpergewicht, *CHO:* Kohlenhydrate, *W:* Watt, W_{max} : Peak-Power, *1RM:* Ein-Wiederholungs-Maximum, VO_{2peak}: Peak Sauerstoffaufnahme, VO_{2max} : Maximale Sauerstoffaufnahme, HR_{max}: Maximale Herzfrequenz, *KJ:* Kilojoule

Transkriptionsebene (d. h. Genexpression) und auf der Translationsebene (d. h. myofibrilläre und sarkoplasmatische Syntheseraten) reagieren.

Coffey und Hawley [7] haben vorgeschlagen, dass der Trainingszustand und die intraindividuellen Akutantworten die wichtigsten Faktoren sind, die die durch CT induzierten molekularen Signalwege beeinflussen [7]. Die Autoren untersuchten die Auswirkungen der Trainingshistorie auf molekulare Akutantworten nach Kraft- (SE) oder Ausdauertrainingseinheiten (EE) bei Sportlern mit unterschiedlicher Trainingserfahrung (d. h. entweder Kraft oder Ausdauer). In einer experimentellen Trainingseinheit absolvierten die Sportler zunächst ihr typisches Trainingsprogramm. In einer zweiten separaten Einheit absolvierten die Sportler dann die jeweils gegensätzliche Trainingseinheit. In der Studie konnte beobachtet werden, dass die AMPK$^{(Thr172)}$-Phosphorylierung nach EE bei krafttrainierten, nicht aber bei ausdauertrainierten Personen anstieg. Andererseits stiegen AMPK$^{(Thr172)}$ und p70S6K$^{(Thr389)}$ nach SE bei den Ausdauersportlern, nicht aber bei den krafttrainierten Personen an [38]. Es ist jedoch wichtig, darauf hinzuweisen, dass AMPK auch nach SE bei untrainierten Personen erhöht zu sein scheint [39]. Dies deutet darauf hin, dass AMPK möglicherweise nicht ausschließlich durch EE aktiviert wird. Die wichtigste Erkenntnis ist daher, dass die Trainingshistorie die Sensibilität für spezifische molekulare Effekte im Zusammenhang mit einer einzelnen Belastung vermindert.

Was die molekularen Akutantworten auf gleichzeitige Kraft- und Ausdauereinheiten (CE) betrifft, wurden widersprüchliche Ergebnisse beobachtet. Während frühere Untersuchungen gezeigt haben, dass CE die anabolen Signalwege und myogenen Faktoren im Vergleich zu SE verringern kann [29–31], haben andere Studien gezeigt, dass CE ähnliche und/oder sogar potenzierende Effekte auf die Ausdaueranpassungen [32] und anabole Signalwege [28, 33, 40] sowie auf die MPS [34, 36, 37] hervorrufen kann.

Beispielsweise fanden Lundberg et al. [28] bei freizeitlich aktiven Männern nach CE im Vergleich zu SE eine erhöhte Genexpression von PGC-1α- und VEGF (d. h. ein angiogener Faktor). Atrogin-1 nahm im Laufe der Zeit nur in CE ab und auch Myostatin, das die Proteinsynthese hemmt, war nur CE reduziert. Die Autoren untersuchten außerdem die Effekte von chronischem Training und konnten zeigen, dass durch CT die mTOR(Ser2448) und p70S6K(Thr389)-Phosphorylierung erhöht wurde. Diese Ergebnisse stimmen gut mit früheren Studien überein und deuten darauf hin, dass CE akut die anabolen Signalwege erhöhen kann [40].

Bei der Interpretation der Studiendaten muss auf methodische Besonderheiten hingewiesen werden [7]. So führt CE natürlicherweise zu einem mehr an physikalischer Arbeit im Vergleich zu reinen SE oder EE und damit einem erhöhten kontraktilen Stimulus [7]. Das erhöhte Volumen könnte durchaus einen Effekt auf die Signaltransduktion und die MPS haben. Um diese Frage zu klären, reduzierten Donges und Kollegen [34] bei untrainierte Männern mittleren Alters das Volumen von CE um 50 % (d. h. SE, EE und CE umfassten das gleiche Volumen). Die Autoren fanden Unterschiede in der Proteinsignaltransduktion, was auf eine favorisierende Akutantwort nach SE hinweisen könnte. Im Gegensatz dazu war der Anstieg in der mitochondrialen Proteinsyntheserate bei den drei Trainingseinheiten gleich. Eine Hochregulierung der MPS konnte gleichermaßen sowohl nach SE als auch CE beobachtet werden, nicht jedoch nach EE [34]. Für die Interpretation der Daten ist es jedoch wichtig zu bedenken, dass alle Teilnehmer unmittelbar nach der Trainingseinheit 20 g Molkenproteinisolat zu sich nahmen. Ziel war es dadurch das anabole Potenzial als der Trainingseinheiten zu maximieren. Dies macht es jedoch unmöglich die Frage zu beantworten, ob CE- und SE die Signaltransduktion auf unterschiedliche Weise beeinflussen.

Die Gründe dafür werden durch verschiedene Daten gestützt: (1) Studien haben gezeigt, dass 20 g Protein ausreichen, um die MPS nach SE zu maximieren [41, 42], und (2) es wurde nachgewiesen, dass die Einnahme von Molkenprotein nach CE zu einer erhöhten MPS und gleichzeitiger Hemmung der MPB im Vergleich zu CE + Placebo führen kann [43]. Darüber hinaus lieferten andere Studien, die die Auswirkungen von CE auf die MPS untersucht haben, keine schlüssigen Ergebnisse. Beispielsweise wurde bei übergewichtigen/fettleibigen Personen CE bestehend aus SE und EE auf einem Unterwasserlaufband durchgeführt, wobei die physikalische Arbeit in CE doppelt so hoch wie die in SE (d. h. 500 bzw. 250 kcal) [37]. Die MPS in dieser Studie war höher in CE im Vergleich zu SE. In einer anderen Untersuchung konnten hingegen keine Unterschiede zwischen CE und SE gefunden werden [36]. Nichtsdestotrotz zeigte sich bei keinem der beiden Trainingsprogramme ein signifikanter Anstieg der MPS, was darauf hindeutet, dass die Belastung nicht ausreichend war, um anabole Effekte zu induzieren. Daher sollten weitere Untersuchungen durchgeführt werden, um die Auswirkungen von CE und SE auf die MPS besser zu verstehen, bevor allgemeine Schlussfolgerungen gezogen werden können.

Andererseits deuten einige Studien darauf hin, dass CE die akute anabole Signalübertragung und die myogenen Effekte zumindest weitestgehend reduzieren kann [29–31]. Allerdings ist die Anzahl der Belege dafür begrenzt [29–31]. Coffey et al. [30] ließen freizeitlich trainierte Personen zwei CE mit unterschiedlicher Reihenfolge durchführen (d. h. SE→EE und EE→SE). Grundsätzlich war die Phosphorylierung anaboler Proteine nach beiden experimentellen Einheiten nur moderat, unabhängig von der Trainingsreihenfolge. Allerdings war p70S6K$^{(Thr389)}$ am stärksten erhöht, wenn die Krafttrainingseinheit vor einem hochintensiven Sprinttraining durchgeführt wurde. Die Autoren untersuchten auch ausgewählte Gene, die mit der Myogenese und der Proteolyseaktivität in Verbindung stehen. So war die Genexpression des insulin-like growth factor I (IGF-I) nach beiden Trainingseinheiten reduziert und auch hinsichtlich MyoD wurden keine reihenfolgespezifischen Effekte gefunden. Hinsichtlich des Proteolysemarkers Atrogin-1 wurden keine signifikanten Unterschiede festgestellt, wohingegen die MuRF-1-Genexpression 3 h nach beiden CE erhöht war [30]. In Anlehnung an diese Ergebnisse wurden auch in einer weiteren Studie der Autoren Hinweise auf eine akute Interferenz gefunden. So konnte eine signifikante Verringerung der mTOR-Phosphorylierung^{Ser2448} beobachtet werden, wenn EE nach SE durchgeführt wurde, aber nicht in der umgekehrten Reihenfolge [31].

Diese Ergebnisse von Coffey und Kollegen [30, 31] deuten darauf hin, dass EE die anabolen Signalwege als Reaktion auf SE akut beeinträchtigt. Außerdem scheint es, dass CE bei wenig trainierten Personen die akute proteolytische Genexpression weiter erhöht. Diese beiden von Coffey et al. [30, 31] durchgeführten Studien weisen eine hohe ökologische Validität (d. h. Verallgemeinerbarkeit im Trainingsalltag) auf, da das Design sehr nah am tatsächlichen Training der Sportler ist. Allerdings weisen diese Studien auch inhärente Einschränkungen auf. So macht es das Fehlen einer Kontrollbedingung (d. h. alleiniges Krafttraining) schwierig, Rückschlüsse darauf zu ziehen, ob CE wirklich die translationalen Signalwege und proteolytischen Marker beeinflusst. Außerdem spiegelt die Analyse ausgewählter mRNA-Expressionen möglicherweise nicht die Proteinspiegel als Akutantwort auf CE wider. Abschließend bleibt unklar, ob die Nährstoffverfügbarkeit einen Einfluss auf die Ergebnisse hatte, auch wenn dies in anderen Studien negiert wurde [35, 44]. In diesen speziellen Beispiel führten Trainierte Probanden CE nach 9–10 h Fasten durch, aber es wurden keine negativen Auswirkungen auf anabole Signalwege gefunden [35, 44].

Mögliche molekulare Akutantworten und/oder Anpassungen an das Training werden auch durch Satellitenzellen vermittelt. Diese fungieren als Spender neuer Myonuklei für Muskelfasern und gelten als myogene Vorläuferzellen. Sie spielen eine wichtige Rolle bei der Muskelregeneration und -reparatur und helfen möglicherweise auch bei der Muskelhypertrophie als direkte Reaktion auf ST [45]. Tatsächlich konnte eine Studie zeigen, dass High-Responder in Bezug auf die Muskelhypertrophie nach dem Training eine größere Anzahl von Satellitenzellen aufwiesen [46].

Die akuten Auswirkungen von CE auf Satellitenzellen wurden bisher allerdings nur in einer Studie untersucht [29]. In der Studie von Babcock et al. [29] führten freizeitlich aktive Probanden verschiedenen Trainingsprogramme durch. Dabei wurde gezeigt, dass SE die Satellitenzelldichte in Typ-II-Muskelfasern stärker erhöhte als CE. Dabei ist es aber wichtig zu erwähnen, dass das Ausgangsniveau der Sattelitenzellen in der CE-Gruppe höher war, was letztlich zu einem verringerten Potenzial für Anpassungen geführt haben könnte. Die Anzahl der Satellitenzellen in Typ I Muskelfasern wurde durch SE um 46 % gesteigert, währenddessen nach EE und CE nur ein Anstieg von 7 % bzw. 8 % beobachtet wurde. Diese Ergebnisse sind interessant, da immer wieder nachgewiesen wurde, dass der Interferenzeffekt auf morphologischer Ebene (d. h. Muskelhypertrophie) hauptsächlich bei Muskelfasern des Typs I aufzutreten scheint [3, 4, 47]. Darüber hinaus deuten die Ergebnisse von Babcock et al. [29] darauf hin, dass zusätzlich durchgeführtes EE die durch SE induzierte Vermehrung von Satellitenzellen unterdrückt. Auch dies sollte allerdings mit Vorsicht interpretiert werden, da Studien zeigen konnten, dass EE allein auch Satellitenzellen aktivieren kann [48, 49]. Daher sind weitere Studien erforderlich, um die Auswirkungen von CE auf die Aktivierung von Satellitenzellen abschließend zu untersuchen.

Angesichts der Unstimmigkeiten in den Studiendesigns scheinen sich die anabolen molekularen Akutantworten von SE und CE sehr zu ähneln. Außerdem wurde in Tiermodellen wiederholt nachgewiesen, dass AMPK mTORC1 herunterreguliert [18, 26]. Die vorgeschlagene Hypothese für den Interferenzeffekt auf molekularer Ebene, bei dem AMPK mTORC1 ausschaltet, konnte jedoch in Humanstudien nicht bestätigt werden. In der Tat haben Untersuchungen gezeigt, dass die durch EE induzierte Erhöhung der AMPK-Phosphorylierung den mTORC1-Signalweg oder die MPS-Reaktionen nicht hemmt [35]. Wie bereits dargestellt gibt es darüber hinaus jetzt auch Hinweise darauf, dass Sattelitenzellen und Marker des MPB's potenzielle potentielle Erklärungsansätze für eine mögliche molekulare Interferenz bei CE bieten. Allerdings hat bisher nur eine Studie die Auswirkungen von SE und CE auf die Satellitenzellenpopulation untersucht. Außerdem ist die Untersuchung der mRNA-Expression möglicherweise nicht repräsentativ für den Proteingehalt, und es ist schwierig zu unterscheiden, ob diese Veränderungen mit MPB oder einem größeren Proteinumsatz verbunden sind. Obwohl diese akuten Studien wichtige Informationen über die unterschiedlichen molekularen Akutantworten von CE hervorgebracht haben, bleibt unklar, wie sich dies auf die durch CE induzierten chronischen molekularen und morphologischen Anpassungen auswirken kann.

Chronische molekulare Anpassungen an kombiniertes Training

Chronische Anpassungen an ST und ET sind wahrscheinlich das Resultat kumulativer Veränderungen der Genexpression, der akuten Signalübertragung und der Proteinsynthese bzw. des Proteinabbaus. Dies führt letztlich zu Veränderungen des Phänotyps, der Morphologie und der Funktionalität der Skelettmuskulatur [5, 6, 50–52]. Obwohl die Skelettmuskulatur eine bemerkenswerte Anpassungsfähigkeit an verschiedene Trainingsreize aufweist, wurde gezeigt, dass CT die durch ST isoliert induzierten Anpassungen (d. h. Muskelhypertrophie, Kraft und Schnellkraft) negativ beeinflussen kann [3, 4, 53–56]. Von einem molekularen Standpunkt aus betrachtet, wurde vermutet, dass die kompromittierten Anpassungen das Ergebnis unterschiedlicher Signalreaktionen sind, die durch ST und ET ausgelöst werden [18, 57, 58] (Abb. 8.1). Wie bereits erwähnt, gibt es zumindest im Tiermodell hinweise darauf, dass die durch ET induzierten Signalkaskade möglicherweise den anabolen Stimulus durch ST hemmen und dadurch die durch chronisches ST erwarteten Anapassungen reduzieren kann. Im Vergleich zu den verfügbaren Akutstudien, ist Anzahl der chronischen Trainingsstudien die sich mit dieser Thematik beschäftigt haben noch geringer [28, 37, 40, 56, 59–61]. Darüber hinaus gibt es zum Teil erhebliche Unterschiede im Hinblick auf die Studiendesigns, die es zu berücksichtigen gilt, um Ergebnisse verschiedener Studien zu vergleichen (Tab. 8.2). In diesem Abschnitt werden auf Grundlage einer umfassenden Literaturrecherche die chronischen Auswirkungen von CT auf molekulare Anpassungen und morphologische Veränderungen unter Berücksichtigung der individuellen Studiencharakteristika diskutiert.

Hinsichtlich molekularer Faktoren die mit den ET-Anpassungen in Verbindung stehen, fand eine Studie keine signifikanten Veränderungen der PGC-1α- und VEGF-mRNA-Expression nach 5 Wochen CT und ST [62]. Andererseits wurde in einer anderen Studie derselben Gruppe gezeigt, dass CT nach 5 Wochen Training zu einer signifikanten Verringerung der PGC-1α mRNA-Expression führte. Darüber hinaus war die VEGF-mRNA-Expression bei CT höher als bei ST [40]. Möglicherweise gibt es einige methodische Diskrepanzen, die die unterschiedlichen Ergeb-

Tab. 8.2 Zusammenfassung von Studiendesigns, die die chronischen molekularen und morphologischen Anpassungen an kombiniertes Ausdauer- und Krafttraining untersuchen

Studie	Trainingsstand der Probanden	Aufbau der Studie	Standardisierung der Nahrungsaufnahme	Zeitpunkt der Probenentnahme	Art des Trainings				
					ST	ET	CT	Erholung zwischen ET und ST	Schlussfolgerungen
Lundberg et al. [62]	Freizeitlich aktive Teamsportler	Unilaterale Längsschnittstudie mit Messwiederholung, ein Bein führte reines ST aus und das kontra-laterale Bein CT, fünf Wochen Trainingsintervention	Die Biopsien wurden 2 h nach einem standardisierten Frühstück durchgeführt (1,01 g CHO/kg BM, 0,31 g Protein/kg BM und 0,24 g Fett/kgBM)	Vor dem Training, 72 h nach der letzten Trainingseinheit	2 Tage/Woche-insgesamt 12 Einheiten, 4 × 7 Wiederholungen unilateral auf einem Radergometer mit maximaler Belastung	Nur in CT durchgeführt: kontinuierliches unilaterales Radtraining auf dem Ergometer, 40 min bei 70 % der W_{max}, im Anschluss wurde die Belastung um 20 W bis zur Erschöpfung erhöht	3 Tage/Woche-15 Einheiten. ET wurde vor ST durchgeführt	6 h	Keine Unterschiede im Hinblick auf ET-Anpassungen und des Proteinabbaus. Anpassungen des Muskelvolumens waren in CT höher als in ST. Keine Unterschiede hinsichtlich des Muskelfaserquerschnitts.

Studie	Trainingsstand der Probanden	Aufbau der Studie	Standardisierung der Nahrungsaufnahme	Zeitpunkt der Probenentnahme	Art des Trainings				
					ST	ET	CT	Erholung zwischen ET und ST	Schlussfolgerungen
Fernandez-Gonzalo et al. [40]	Freizeitlich aktive Teamsportler	Unilaterale Längsschnittstudie mit Messwiederholung, ein Bein führte reines ST aus und das kontra-laterale Bein CT, fünf Wochen Trainingsintervention	EE wurde 1 h nach einem standardisierten Frühstück durchgeführt (1,01 g CHO/kg BM, 0,31 g Protein/kg BM und 0,24 g Fett/kg BM), SE wurde 3 h nach dem Mittagessen durchgefuhrt (2,02 g CHO/kg BM, 0,62 g Protein/kg BM und 0,49 g Fett/kg BM)	Vor dem Training und 3 h nach den letzten Trainingseinheit, die Biopsien wurden direkt vor ST und 6 h nach ET durchgeführt	2 Tage/Woche-insgesamt 12 Einheiten, 4×7 Wiederholungen unilateral auf einem Radergometer mit maximaler Belastung	Nur in CT durchgeführt: kontinuierliches unilaterales Radtraining auf dem Ergometer, 40 min bei 70 % der W_{max}, im Anschluss wurde die Belastung um 20 W bis zur Erschöpfung erhöht	3 Tage/Woche-15 Einheiten. ET wurde vor ST durchgeführt	6 h	Chronisches Training führte zu einer Abschwächung der Interferenzen anaboler Signalwege nach CE. Die Ergebnisse deuten darauf hin, dass kurzzeitiges Training zu synergistischen Effekten von ET und ST führt.

(Fortsetzung)

Tab. 8.2 (Fortsetzung)

Studie	Trainingsstand der Probanden	Aufbau der Studie	Standardisierung der Nahrungsaufnahme	Zeitpunkt der Probenentnahme	Art des Trainings				
					ST	ET	CT	Erholung zwischen ET und ST	Schlussfolgerungen
Ruas et al. [60]	Körperlich inaktive Probanden	Parallelgruppen-Design mit Messwiederholung, Teilnehmer wurden in C, ET, ST oder CT randomisiert, acht Wochen Trainingsintervention	Nicht angegeben	Vor dem Training, 48 h nach der letzten Trainingseinheit	Ganzkörperprogramm, (Woche1, leichte Gewichte 4 Tage/Woche), (Woche 2, 2×8–10RM, 4 Tage/Woche), (Woche 3, 3×8–10RM, 4 Tage/Woche), (Wochen 4–8, 4×8–10RM, 4 Tage/Woche)	Kontinuierliches Radtraining auf dem Ergometer bei 65 % der VO_{2max}, (Woche 1, 30 min, 3 Tage/Woche), (Woche 2, 45 min 4 Tage/Woche), (Wochen 3–8, 60 min 5 Tage/Woche)	Analog zu ET und ST nur mit dem halben Volumen	Nicht angegeben	Erhöhte mRNA-Genexpression von Proteinen die mit dem Muskelmassewachstum assoziiert sind (z. B. PGC1α4) in CT im Vergleich zu ST und ET.

Studie	Trainingsstand der Probanden	Aufbau der Studie	Standardisierung der Nahrungsaufnahme	Zeitpunkt der Probenentnahme	Art des Trainings				
					ST	ET	CT	Erholung zwischen ET und ST	Schlussfolgerungen
Lambert et al. [37]	Übergewichtige/fettleibige Probanden	Parallelgruppen-Design mit Messwiederholung, Teilnehmer wurden in ST, ST + LTM und ST + ATM randomisiert zwölf Wochen Trainingsintervention	Die Einheiten wurden nach 12 stündigem Fasten über Nacht durchgeführt	Baseline und 24 h nach der letzten Trainingseinheit	Ganzkörperprogramm, 2 Tage/Woche. Wochen 1–6, 3 × 12 Wiederholungen bei 60 % des 1RM, Wochen 8–12, 3 × 8 Wiederholungen bei 75 % des 1RM	ET wurde nur in CT durchgeführt, 3 Tage/Woche, kontinuierliches Training, Wochen 1–6, 250 kcal bei 60–85 % der VO_{2max}. Wochen 8–12, 500 kcal bei 85 % der VO_{2max}.	Analog zu ET und ST, CT umfasste 3 ET, ST wurde vor ET durchgeführt	Keine	Training auf dem Unterwasserlaufband führte zu ähnlichen Anpassungen der myofibrillären Proteinsynthese im Vergleich zum traditionellen CT und ST, aber zu einem größeren Anstieg der fettfreien Masse.

(Fortsetzung)

Tab. 8.2 (Fortsetzung)

Studie	Trainingsstand der Probanden	Aufbau der Studie	Standardisierung der Nahrungsaufnahme	Zeitpunkt der Probenentnahme	Art des Trainings				
					ST	ET	CT	Erholung zwischen ET und ST	Schlussfolgerungen
De Souza et al. [59] und De Souza et al. [56]	Freizeitlich aktive Teamsportler	Parallelgruppen-Design mit Messwiederholung, Teilnehmer wurden in C, ET, ST und CT randomisiert, acht Wochen Trainingsintervention	Die Biopsien wurden 2 h nach einem standardisierten Frühstück durchgeführt (~311 kcal; 63,5 %CHO, 21,8 % Protein und 14,7 % Fett)	Baseline und 48 h nach der letzten Trainingseinheit	Unterkörperprogramm (Beinpresse, Kniestrecker und Kniebeugung), 2 Tage/Woche, Wochen 1–2: 3 × 12RM, Wochen 3–4: 4 × 8–10RM, Wochen 5–6: 5 × 6–8RM, Wochen 7–8: 3 × 10–12RM	Intervalltraining, Wochen 1–2: 20 × 1 min bei 80 der vVO_{2max}, Wochen 3–4: 20 × 1 min bei 85–90 % der vVO_{2max}, Wochen 5–6: 20 × 1 min bei 95 % der vVO_{2max}, Wochen 7–8: 20 × 1 min bei 95–100 % der vVO_{2max}	Analog zu ET und ST mit alternierender Reihenfolge	> 5 min	Keine Unterschiede zwischen ST und CT im Hinblick auf den MSTN Signalweg und den Querschnitt des Quadrizeps- zwischen CT und ST. CT führte zu einer Reduktion der anabolen Signalübertragung und der Muskelfaseranpassungen. AMPK war nach dem Training nur in ET erhöht.

Studie	Trainingsstand der Probanden	Aufbau der Studie	Standardisierung der Nahrungsaufnahme	Zeitpunkt der Probenentnahme	Art des Trainings				
					ST	ET	CT	Erholung zwischen ET und ST	Schlussfolgerungen
Lundberg et al. [63]	Freizeitlich aktive Teamsportler (moderates Trainingsniveau)	Unilaterale Längsschnittstudie mit Messwiederholung, ein Bein führte reines ST aus und das kontra-laterale Bein CT, fünf Wochen Trainingsintervention	Die Biopsien wurden 2 h nach Verabreichung einer Flüssignahrung (1,01 g Kohlenhydrate/kg Körpergewicht, 0,31 g Protein/kg Körpergewicht und 0,24 g Fett/kg Körpergewicht) durchgeführt, Flüssignahrung enthielt 6,3 g Protein (0,55 g Leucin), 20,2 g Kohlenhydrate und 4,9 g Fett pro 100 ml	Basal sowie nach der ersten Trainingseinheit und 72 h nach der letzten Trainingseinheit	2 Tage/Woche-insgesamt 12 Einheiten, 4 × 7 Wiederholungen unilateral auf einem Radergometer mit maximaler Belastung	Nur in CT durchgeführt: kontinuierliches unilaterales Radtraining auf dem Ergometer, 40 min bei 70 % der W_{max}, im Anschluss wurde die Belastung um 20 W bis zur Erschöpfung erhöht	3 Tage/Woche-15 Einheiten, ET wurde vor ST durchgeführt	15 min	Ein Anstieg in AMPK hatte keinen Einfluss auf die Muskelhypertrophie in CT im Vergleich zu ST.

(Fortsetzung)

Tab. 8.2 (Fortsetzung)

Studie	Trainingsstand der Probanden	Aufbau der Studie	Standardisierung der Nahrungsaufnahme	Zeitpunkt der Probenentnahme	Art des Trainings				
					ST	ET	CT	Erholung zwischen ET und ST	Schlussfolgerungen
Fyfe et al. [61]	Freizeitlich ausdauer- oder krafttrainingstrainiert, zweimal pro Woche für mehr als 30 min	Parallelgruppen-Design mit Messwiederholung. Die Teilnehmer wurden in HIIT + ST-, MICT + ST- oder ST-randomisiert. Acht Wochen Trainingsintervention	Die Biopsien wurden nach 8–10 h Fasten durchgeführt	Basal sowie 1 und 3 h nach der ersten und letzten Trainingseinheit	3 Tage/Woche-24 Einheiten: 3–4 × 4–14RM bei ~65–90 % des 1RM-, Ganzkörpertraining, 3 Unterkörperübungen pro Trainingseinheit (z. B. Tag 1 und 3-Beinpresse, Beinstrecker, Beinbeuger; Tag 2-Beinpresse, Kurzhantel-Lunges und Beinbeuger)	Nur in CT durchgeführt: HIIT: 5–10 × 2 min Intervalle bei 120–150 % der Laktatschwelle; MICT: 15–33 min bei 80–100 % der Laktatschwelle	3 Tage/Woche (HIIT und MICT), ET wurde vor ST durchgeführt	10 min	CT führte zu positiven Anpassungen im Hinblick auf ausgewählte molekulare Marker die auf die Ribosomenbiogenese und die Translationskapazität hinweisen. Allerdings verringerte CT die chronische anabole Signalgebung und führte zu einer Beeinträchtigung des Wachstums von Typ-I Muskelfasern.

ST Krafttraining, *ET* Ausdauertraining, *CT* kombiniertes Kraft- und Ausdauertraining, *C* Kontrolle, *CHO* Kohlenhydrate, *BM* Körpermasse, *W* Watt, W_{max} Peak-Power, VO_{2max} Maximale Sauerstoffaufnahme, *CSA* Querschnitt, *LTM* traditionelles Laufband, *ATM* Unterwasser-Laufband, *MSTN* Myostatin, vVO_{2max} Geschwindigkeit bei maximaler Sauerstoffaufnahme, *HIIT* Hochintensives Intervalltraining, *MICT* niedrigintensives kontinuierliches Training

nisse in diesen Untersuchungen erklären könnten. Erstens ist mRNA relativ kurzlebig und instabil, und Lundberg et al. [62] führten die Muskelbiopsien 72 h nach der letzten Trainingseinheit durch, was mögliche signifikante Veränderungen der ausgewählten Gene beeinflusst haben könnte [64]. Im Gegensatz dazu führten Fernandez-Gonzalo et al. [40] Muskelbiopsien 3 h nach ST durch, dennoch gab es einen signifikanten Gruppeneffekt (d. h. CT war stärker ausgeprägt als ST), wahrscheinlich aufgrund einer höheren basalen PGC-1α-Konzentration in CT.

Darüber hinaus wurden Anstiege der PGC-1α-mRNA Konzentration nach ET, ST und CT gefunden, während PGC-1α4 nur nach ST und CT erhöht war. Darüber hinaus wurde der größte Anstieg von PGC-1α4 in CT im Vergleich zu allen anderen Gruppen gefunden [60]. Diese Ergebnisse deuten darauf hin, dass andere PGC-1α-Isoformen mit den durch CT induzierten langfristigen Anpassungen in Verbindung stehen könnten. Im Gegensatz zu PGC-1α, welches mit mitochondrialen Veränderungen in Verbindung gebracht wird, die eine Verbesserung der oxidativen Kapazität bewirken, wird PGC-1α4 mit einer Zunahme des Muskelquerschnitts assoziiert [60, 65]. Daher sind weitere Untersuchungen notwendig, um die Rolle der verschiedenen PGC-1α-Isoformen im Hinblick auf Anpassungen durch körperliches Training zu erklären.

Unser Verständnis der molekularen Anpassungen an CT wird auch durch die Tatsache beschränkt, dass nur wenige Studien wirklich langfristige Auswirkungen von CT und ET auf die Protein-Signaltransduktion isoliert verglichen haben. In einer früheren Studie [59] untersuchten wir die Auswirkungen von ST, ET und CT auf die basale AMPK $^{(Thr172)}$-Phosphorylierung [59]. Nach 8 Wochen konnte nur in ET (durchgeführt als hochintensives Intervalltraining) ein signifikanter Anstieg der AMPK$^{(Thr172)}$-Phosphorylierung beobachtet werden. Im Gegensatz dazu zeigten Wilkinson et al. [52] einen Anstieg von AMPK$^{(Thr172)}$ sowohl nach 10 Wochen kontinuierlichem ET als auch isoliertem ST. Allerdings bereits nach 4 h in beiden Gruppen wieder Ausgangswerte gemessen. Wichtig zu beachten ist dabei, dass sich die mitochondriale Proteinsyntheserate signifikant über die Ruhewerte hinaus nur in ET erhöhte. In Übereinstimmung mit den akuten Daten deuten diese Ergebnisse darauf hin, dass AMPK $^{(Thr172)}$ möglicherweise nicht spezifisch für die Trainingsmodalitäten ist [66].

Die große Frage bleibt jedoch, ob es wirklich die AMPK-Akt-Switch-Hypothese ist, die den chronischen Interferenzeffekt erklärt und wie CT und ST molekulare Parameter beeinflussen, die die MPS und MPB steuern. Bisher wurden in chronischen Studien ähnliche Auswirkungen von ST und CT auf die AMPK-Phosphorylierungsrate gezeigt [59, 61, 63]. Interessanterweise führten verschiedene CT-Programme zu einer Beeinträchtigung der ST-induzierten Anpassungen, unabhängig von der durchgeführten ET-Intensität (d. h. kontinuierlich oder intermittierend). ST wiederum zeigte die größte akute AMPK-Aktivierung im Vergleich zu CT. Dies deutet darauf hin, dass chronisches CT die Muskeln weniger anfällig für eine durch das Training verursachte Störung der Energiehomöostase macht, [61]. Auch wenn es verlockend sein mag basierend auf diesen Ergebnissen auszuschließen, dass AMPK zur Erklärung möglicher Interferenzeffekte beiträgt, so sind weitere Nachweise dafür, welche Rolle AMPK im Falle einer beobachteten Interferenz nach CT spielt trotzdem gerechtfertigt. Vor diesem Hintergrund ist es jedoch wichtig zu betonen, dass eine Hemmung von mTORC1 durch AMPK in chronischen CT-Studien bisher nicht gezeigt wurde, auch wenn Interferenzen beobachtet wurden [61].

Darüber hinaus haben die chronischen Studien, die die Auswirkungen von CT auf molekulare und morphologische Anpassungen untersucht haben, gezeigt, dass CT die Muskelhypertrophie verstärken [37, 40, 62, 63], abschwächen [56] oder unverändert lassen kann [59]. Da nur wenige Studien die chronischen Effekte von CT auf anabole und MPB-Marker untersucht haben [40, 56, 60, 62], ergibt sich kein klares Muster in Bezug auf die chronischen molekularen Anpassungen. Interessanterweise haben Studien zwar nahegelegt, dass CT akut „kataboler“ sein kann [30], sie konnte aber in chronischen Studien nicht bestätigt werden [40, 62]. Beispielsweise wurden signifikante Verringerungen der mit dem Proteinabbau verbundenen Genexpression nur nach CT beobachtet, während in ST eine signifikante Verringerung der Myostatin-Genexpression gefunden wurde [40]. Tatsächlich sind die Untersuchungen zu den Effekten von CT auf die Myostatin-Genexpression umstritten. So berichteten beispielsweise Lundberg und Kollegen [62] über keine signifikanten Veränderungen der Myostatin-Konzentration. Auch in unserer eigenen Studie [56] konnten keine signifikanten Veränderungen des Myostatin-mRNA-Spiegels nach 8 Wochen CT und ST gezeigt werden. Allerdings wurde ein Anstieg der SMAD-7-mRNA, die die Myostatin-Genexpression negativ moduliert, sowohl nach CT als auch ST gefunden [56]. Ruas und Kollegen [60] hingegen zeigten, dass die Myostatin-mRNA-Expression in ST und CT reduziert waren. Obwohl Myostatin ein wichtiger negativer Regulator der Muskelmasse ist, muss darauf hingewiesen werden, dass Myostatin nicht den Grad der Muskelhypertrophie beim Menschen differenzieren kann [67]. Entsprechend sind weitere Studien erforderlich, um die langfristigen Auswirkungen von CT und ST auf die proteolytischen Marker zu klären. Die Unterschiede zwischen den verwendeten Protokollen und der Mangel an verfügbaren Daten schränken unser Verständnis der molekularen Marker ein, die mit MPB im Zusammenhang stehen.

In Bezug auf die chronischen Auswirkungen von CT auf anabole Anpassungen gibt es ebenfalls widersprüchliche Ergebnisse in den Studien [37, 40, 59]. Lambert et al. [37] ist die einzige Studie, die die langfristigen Auswirkungen von CT und ST auf die MPS untersucht hat. Die Autoren unterzogen übergewichtige/fettleibige Personen drei verschiedenen Trainingsprogrammen. Eine CT-Gruppe führte ST in Kombination mit ET auf einem traditionellen Laufband durch (ST + LTM), während die andere CT-Gruppe ein Unterwasserlaufband nutzte (ST + ATM). Eine dritte Gruppe trainierte nur ST. Nach einer 12-wöchigen Trainingsperiode wurden die größten Anstiege der myofibrillären Proteinsyntheserate nach ST + ATM gefunden, aber die Unterschiede zwischen den Gruppen waren nicht signifikant. Darüber hinaus wies ST + ATM im Vergleich zu den anderen beiden Gruppen den größten Zuwachs an fettfreier Körpermasse auf. In einer anderen Studie konnten Fernandez-Gonzalo et al. [40] weder innerhalb noch zwischen den Gruppen einen Anstieg der anabolen Signaltransduktion zeigen (z. B. $mTOR^{Ser2448}$, $rp6^{Ser235/236}$, $eEF2^{Thr56}$), während p70S6Thr389 gleichermaßen in CT und ST zunahm. Im Rahmen dieser Studie, berichteten die Autoren auch, dass das Bein mit welchem CT durchgeführt wurde einen größeren Zuwachs an Muskelmasse (d. h. CT: 13,6; ST: 7,8 %) und der Muskelfaserquerschnittsfläche (d. h. CT: 17,0 %; ST: 9,0 %) zeigte [62]. Insgesamt belegen diese Studien, dass CT eine synergistische Wirkung auf die Muskelhypertrophie haben könnte, wobei die molekularen Anpassungen in den verschiedenen Trainingsarten ähnlich sind.

Umgekehrt deuten zwei andere Studien zusammengenommen darauf hin, dass ST die Muskelhypertrophie begünstigt, während CT eine Hemmung auf die basale Phosphorylierung von Akt/mTORC1/p70S6K bewirkt [56, 59]. De Souza et al. [59] berichteten, dass ST und CT den p70S6K-Proteingehalt erhöhten. Darüber hinaus konnten sie eine signifikante Interaktion zwischen Gruppe und Zeit zeigen, wobei nur in ST die basale $Akt^{(Ser473)}$-Phosphorylierung erhöht wurde und es einen starken Trend zu einer signifikanten Steigerung der $p70S6K^{(Thr389)}$-Phosphorylierung gab. In der zweiten Studie mit der gleichen Stichprobe zeigten die Autoren außerdem, dass auch nur in ST ein signifikanter Anstieg des Muskelfaserquerschnitts der Typ I und Typ IIA Fasern zu verzeichnen war, während in ST der Anpassungen des Querschnitts über das gesamte Faserspektrum gehemmt wurden [56]. Diese beiden Studien deuten also darauf hin, dass der Interferenzeffekt mit der Herunterregulierung der $Akt/mTORC1/p70^{S6K}$ Signalkaskade zusammenhängen könnte.

Diese Ergebnisse sollten aber mit Vorsicht interpretiert werden. In der Tat konnten einige Studien auch zeigen, dass ET anabole Signalwege und die MPS aktivieren kann, insbesondere bei untrainierten Personen deren Training auf dem Radergometer durchgeführt wurde [68–71]. Auch wurden in einer Übersichtsarbeit dargestellt, dass bei untrainierten Personen durch alleiniges Radergometertraining auch zu einer Zunahme der Muskelmasse kommen kann [65]. Interessanterweise wurden auch in den CT-Studien in denen positive Anpassungen durch das kombinierte Training gezeigt wurden untrainierte Probanden eingeschlossen und das ET auf dem Radergometer durchgeführt [40, 62, 63]. Aufgrund des niedrigen Trainingsstatus der Probanden, scheinen diese empfindlicher für die Aktivierung anaboler Signalwege zu sein und zeigen gleichzeitig eine verlängerte MPS-Hochregulierung [38]. Entsprechend könnte zusätzliches ET, insbesondere mit hohen Wiederständen, eine Ergänzung für kurzfristiges und niedrigvoluminöses CT darstellen.

Ein weiterer wichtiger Faktor, der berücksichtigt werden muss, ist der Trainingsmodus. Auch wenn die Ergebnisse nur vorläufig sind, scheint ET durchgeführt auf dem Laufband die Ausprägung der Muskelhypertrophie im Vergleich zu Radergometertraining abzuschwächen [72]. Obwohl alle Probanden in der Studie von Lambert et al. [37] auf dem Laufband trainierten, zeigte sich, dass die Muskelhypertrophie beim Training auf einem Wasserlaufband größer ausgeprägt war als beim Training mit einem herkömmlichen Landlaufband. Schlussendlich waren auch die Zuwächse der fettfreien Körpermasse erhöht, wenn das Training auf dem Unterwasserlaufband durchgeführt wurde. Dies ist wahrscheinlich auf den erhöhten Widerstand und eine damit einhergehende geringere Ermüdung zurückzuführen. Im Gegensatz dazu wies das Intervalltraining mit höherer Intensität auf dem herkömmlichen Laufband eine geringere basale anabole Signalwirkung und schließlich eine abgeschwächte Muskelhypertrophie auf [56, 59].

Die oben genannten Ergebnisse werden zumindest teilweise durch eine gut kontrollierte Studie von Fyfe et al. [61] bestätigt. Die Autoren waren die ersten, die Marker der Ribosomenbiogenese (d. h. Genexpression und RNA-Gehalt) und anabole Signale als Anpassung auf ST und CT (mit ET auf dem Radergometer) bei trainierten Personen untersuchten. Die sowohl akut als auch chronisch ausgewählten Marker der Ribosomenbiogenese und Translationskapazität bekräftigen positive Effekte von CT, unabhängig von der Intensität des ET (kontinuierlich vs. Intermittierend hochintensiv). Unterschiede zeigten sich jedoch in der anabolen Signaltransduktion. So war beispielsweise die mTOR-Phosphorylierung in ST 1 h nach der letzten Trainingseinheit erhöht, während dies in CT mit hochintensivem ET erst nach 3 h der Fall war. Zusätzlich waren die Veränderungen von $p70S6K^{(Thr389)}$ und $rps6^{Ser235/236}$ bei ST im Vergleich zu den beiden CT-Protokollen stärker ausgeprägt. Diese Ergebnisse deuten darauf hin, dass es (1) einen Zusammenhang zwischen der Ribosomenbiogenese/Translationseffizienz und der Muskelfaserhypertrophie gibt, (2) über die Länge der Trainingsintervention modusspezifische Anpassungen (an CT vs. ST) auftreten können, und (3) CT mit ET durchgeführt auf dem Radergometer die trainingsinduzierte Muskelhypertrophie beeinträchtigen kann, wenn die Personen vor Beginn der Studie mindestens ein Jahr lang ST und/oder ET betrieben haben.

Zusammenfassung

Zusammenfassend lässt sich sagen, dass die molekularen Grundlagen zur Erklärung möglicher Interferenzeffekte durch CT bisher nur unvollständig dargestellt wurden. Insbesondere Unterschiede im Hinblick auf die jeweiligen Studiendesigns erschweren die Interpretation molekularer Ursachen für eine unterschiedliche Ausprägung der Muskelhypertrophie nach CT. Darüber hinaus wurde bisher nicht berücksichtigt, dass selbst bei CT mit hohem Volumen, hoher Frequenz und hoher Intensität erst nach 7–8 Wochen ein eine Interferenz zu beobachten war [5]. Daher müssen sich chronische Studien deren Ziel es ist die Auswirkungen von CT auf molekulare Interferenzeffekte zu untersuchen über einen längeren Zeitraum erstrecken. Da es bisher keine überzeugenden Nachweise für AMPK als Schlüsselfaktor zur Regulierung des Interferenzeffekts gibt, sollten chronische Studien nach alternativen Signalwegen suchen, die die myofibrilläre Proteinsynthese durch CT behindern könnten. Zum Beispiel können Mitglieder der Sirtuin-Familie wie die NAD+-dependent deactetylases (SIRT) und Ca^{2+}/calmodulindependent kinase II (CaMKII) ebenfalls anabole Signalwege hemmen. Darüber hinaus sind technologische Fortschritte erforderlich, die es ermöglichen, die spezifischen Proteinsyntheseraten von kontraktilen Proteinen (d. h. Aktin und Myosin) zu untersuchen, um ein noch besseres und vor allem genaueres Bild der verschiedenen anabolen Effekte durch chronisches Training darzustellen und spezifischere Schlussfolgerungen zu ziehen. Entsprechend sind weitere mechanistische Studien zur Untersuchung möglicher molekularer Ursachen eventuell auftretende Interferenzeffekte nach CT durchaus gerechtfertigt, um nicht zuletzt dadurch die Trainingsanpassungen für verschiedenste Kollektive zu optimieren und maximieren.

Literatur

1. Fluck M, Hoppeler H. Molecular basis of skeletal muscle plasticity – from gene to form and function. Rev Physiol Biochem Pharmacol. 2003;146:159–216. Epub 2003/02/28.
2. Stefanetti RJ, Lamon S, Wallace M, Vendelbo MH, Russell AP, Vissing K. Regulation of ubiquitin proteasome pathway molecular markers in response to endurance and resistance exercise and training. Pflugers Arch. 2015;467(7):1523–37. Epub 2014/08/12.
3. Kraemer WJ, Patton JF, Gordon SE, Harman EA, Deschenes MR, Reynolds K, et al. Compatibility of high-intensity strength and endurance training on hormonal and skeletal muscle adaptations. J Appl Physiol (1985). 1995;78(3):976–89. Epub 1995/03/01.
4. Putman CT, Xu X, Gillies E, MacLean IM, Bell GJ. Effects of strength, endurance and combined training on myosin heavy chain content and fibre-type distribution in humans. Eur J Appl Physiol. 2004;92(4–5):376–84. Epub 2004/07/09.
5. Hickson RC. Interference of strength development by simultaneously training for strength and endurance. Eur J Appl Physiol Occup Physiol. 1980;45(2–3):255–63. Epub 1980/01/01.
6. Coffey VG, Hawley JA. The molecular bases of training adaptation. Sports Med. 2007;37(9):737–63. Epub 2007/08/29.
7. Coffey VG, Hawley JA. Concurrent exercise training: do opposites distract? J Physiol. 2017;595(9):2883–96. Pubmed Central PMCID: PMC5407958. Epub 2016/08/11.
8. Egan B, Hawley JA, Zierath JR. SnapShot: exercise metabolism. Cell Metab. 2016;24(2):342–e1. Epub 2016/08/11.
9. Egan B, Zierath JR. Exercise metabolism and the molecular regulation of skeletal muscle adaptation. Cell Metab. 2013;17(2):162–84. Epub 2013/02/12.
10. Phillips SM, Parise G, Roy BD, Tipton KD, Wolfe RR, Tamopolsky MA. Resistance-training-induced adaptations in skeletal muscle protein turnover in the fed state. Can J Physiol Pharmacol. 2002;80(11):1045–53. Epub 2002/12/20.
11. Nader GA. Molecular determinants of skeletal muscle mass: getting the "AKT" together. Int J Biochem Cell Biol. 2005;37(10):1985–96. Epub 2005/08/30.
12. Bodine SC. mTOR signaling and the molecular adaptation to resistance exercise. Med Sci Sports Exerc. 2006;38(11):1950–7. Epub 2006/11/11.
13. Bodine SC, Stitt TN, Gonzalez M, Kline WO, Stover GL, Bauerlein R, et al. Akt/mTOR pathway is a crucial regulator of skeletal muscle hypertrophy and can prevent muscle atrophy in vivo. Nat Cell Biol. 2001;3(11):1014–9. Epub 2001/11/21.
14. Holloszy JO. Regulation by exercise of skeletal muscle content of mitochondria and GLUT4. J Physiol Pharmacol. 2008;59(Suppl 7):5–18. Epub 2009/03/11.
15. Hood DA. Mechanisms of exercise-induced mitochondrial biogenesis in skeletal muscle. Appl Physiol Nutr Metab. 2009;34(3):465–72. Epub 2009/05/19.
16. Hood DA, Uguccioni G, Vainshtein A, D'Souza D. Mechanisms of exercise-induced mitochondrial biogenesis in skeletal muscle: implications for health and disease. Compr Physiol. 2011;1(3):1119–34. Epub 2011/07/01.
17. Hawley JA. Molecular responses to strength and endurance training: are they incompatible? Appl Physiol Nutr Metab. 2009;34(3):355–61. Epub 2009/05/19.
18. Atherton PJ, Babraj J, Smith K, Singh J, Rennie MJ, Wackerhage H. Selective activation of AMPK-PGC-1alpha or PKB-TSC2-mTOR signaling can explain specific adaptive responses to endurance or resistance training-like electrical muscle stimulation. FASEB J. 2005;19(7):786–8. Epub 2005/02/18.
19. Baar K. Using molecular biology to maximize concurrent training. Sports Med. 2014;44(Suppl 2):S117–25. Pubmed Central PMCID: PMC4213370. Epub 2014/10/31.

20. Jornayvaz FR, Shulman GI. Regulation of mitochondrial biogenesis. Essays Biochem. 2010;47:69–84. Pubmed Central PMCID: PMC3883043. Epub 2010/06/11.
21. Irrcher I, Adhihetty PJ, Joseph AM, Ljubicic V, Hood DA. Regulation of mitochondrial biogenesis in muscle by endurance exercise. Sports Med. 2003;33(11):783–93. Epub 2003/09/10.
22. Baar K, Wende AR, Jones TE, Marison M, Nolte LA, Chen M, et al. Adaptations of skeletal muscle to exercise: rapid increase in the transcriptional coactivator PGC-1. FASEB J. 2002;16(14):1879–86. Epub 2002/12/07.
23. Jager S, Handschin C, St-Pierre J, Spiegelman BM. AMP-activated protein kinase (AMPK) action in skeletal muscle via direct phosphorylation of PGC-1alpha. Proc Natl Acad Sci U S A. 2007;104(29):12017–22. Pubmed Central PMCID: PMC1924552. Epub 2007/07/05.
24. Jorgensen SB, Richter EA, Wojtaszewski JF. Role of AMPK in skeletal muscle metabolic regulation and adaptation in relation to exercise. J Physiol. 2006;574(Pt 1):17–31. Pubmed Central PMCID: PMC1817795. Epub 2006/05/13.
25. Dasgupta B, Ju JS, Sasaki Y, Liu X, Jung SR, Higashida K, et al. The AMPK beta2 subunit is required for energy homeostasis during metabolic stress. Mol Cell Biol. 2012;32(14):2837–48. Pubmed Central PMCID: PMC3416196. Epub 2012/05/16.
26. Bolster DR, Crozier SJ, Kimball SR, Jefferson LS. AMP-activated protein kinase suppresses protein synthesis in rat skeletal muscle through down-regulated mammalian target of rapamycin (mTOR) signaling. J Biol Chem. 2002;277(27):23977–80. Epub 2002/05/09.
27. Thomson DM, Gordon SE. Diminished overload-induced hypertrophy in aged fast-twitch skeletal muscle is associated with AMPK hyperphosphorylation. J Appl Physiol (1985). 2005;98(2):557–64. Epub 2004/10/07.
28. Lundberg TR, Fernandez-Gonzalo R, Gustafsson T, Tesch PA. Aerobic exercise alters skeletal muscle molecular responses to resistance exercise. Med Sci Sports Exerc. 2012;44(9):1680–8. Epub 2012/03/31.
29. Babcock L, Escano M, D'Lugos A, Todd K, Murach K, Luden N. Concurrent aerobic exercise interferes with the satellite cell response to acute resistance exercise. Am J Physiol Regul Integr Comp Physiol. 2012;302(12):R1458–65. Epub 2012/04/12.
30. Coffey VG, Jemiolo B, Edge J, Garnham AP, Trappe SW, Hawley JA. Effect of consecutive repeated sprint and resistance exercise bouts on acute adaptive responses in human skeletal muscle. Am J Physiol Regul Integr Comp Physiol. 2009;297(5):R1441–51. Epub 2009/08/21.
31. Coffey VG, Pilegaard H, Garnham AP, O'Brien BJ, Hawley JA. Consecutive bouts of diverse contractile activity alter acute responses in human skeletal muscle. J Appl Physiol (1985). 2009;106(4):1187–97. Epub 2009/01/24.
32. Wang L, Mascher H, Psilander N, Blomstrand E, Sahlin K. Resistance exercise enhances the molecular signaling of mitochondrial biogenesis induced by endurance exercise in human skeletal muscle. J Appl Physiol (1985). 2011;111(5):1335–44. Epub 2011/08/13.
33. Pugh JK, Faulkner SH, Jackson AP, King JA, Nimmo MA. Acute molecular responses to concurrent resistance and high-intensity interval exercise in untrained skeletal muscle. Physiol Rep. 2015;3(4):e12364. Pubmed Central PMCID: PMC4425969. Epub 2015/04/24.
34. Donges CE, Burd NA, Duffield R, Smith GC, West DW, Short MJ, et al. Concurrent resistance and aerobic exercise stimulates both myofibrillar and mitochondrial protein synthesis in sedentary middle-aged men. J Appl Physiol (1985). 2012;112(12):1992–2001. Epub 2012/04/12.
35. Apro W, Moberg M, Hamilton DL, Ekblom B, van Hall G, Holmberg HC, et al. Resistance exercise-induced S6K1 kinase activity is not inhibited in human skeletal muscle despite prior activation of AMPK by high-intensity interval cycling. Am J Physiol Endocrinol Metab. 2015;308(6):E470–81. Epub 2015/01/22.
36. Carrithers JA, Carroll CC, Coker RH, Sullivan DH, Trappe TA. Concurrent exercise and muscle protein synthesis: implications for exercise countermeasures in space. Aviat Space Environ Med. 2007;78(5):457–62. Epub 2007/06/02.
37. Lambert BS, Shimkus KL, Fluckey JD, Riechman SE, Greene NP, Cardin JM, et al. Anabolic responses to acute and chronic resistance exercise are enhanced when combined with aquatic treadmill exercise. Am J Physiol Endocrinol Metab. 2015;308(3):E192–200. Epub 2014/11/27.

38. Coffey VG, Zhong Z, Shield A, Canny BJ, Chibalin AV, Zierath JR, et al. Early signaling responses to divergent exercise stimuli in skeletal muscle from well-trained humans. FASEB J. 2006;20(1):190–2. Epub 2005/11/04.
39. Dreyer HC, Fujita S, Cadenas JG, Chinkes DL, Volpi E, Rasmussen BB. Resistance exercise increases AMPK activity and reduces 4E-BP1 phosphorylation and protein synthesis in human skeletal muscle. J Physiol. 2006;576(Pt 2):613–24. Pubmed Central PMCID: PMC1890364. Epub 2006/07/29.
40. Fernandez-Gonzalo R, Lundberg TR, Tesch PA. Acute molecular responses in untrained and trained muscle subjected to aerobic and resistance exercise training versus resistance training alone. Acta Physiol (Oxf). 2013;209(4):283–94. Epub 2013/10/12.
41. Moore DR, Robinson MJ, Fry JL, Tang JE, Glover EI, Wilkinson SB, et al. Ingested protein dose response of muscle and albumin protein synthesis after resistance exercise in young men. Am J Clin Nutr. 2009;89(1):161–8. Epub 2008/12/06.
42. Witard OC, Jackman SR, Breen L, Smith K, Selby A, Tipton KD. Myofibrillar muscle protein synthesis rates subsequent to a meal in response to increasing doses of whey protein at rest and after resistance exercise. Am J Clin Nutr. 2014;99(1):86–95. Epub 2013/11/22.
43. Camera DM, West DW, Phillips SM, Rerecich T, Stellingwerff T, Hawley JA, et al. Protein ingestion increases myofibrillar protein synthesis after concurrent exercise. Med Sci Sports Exerc. 2015;47(1):82–91. Epub 2014/05/30.
44. Apro W, Wang L, Ponten M, Blomstrand E, Sahlin K. Resistance exercise induced mTORC1 signaling is not impaired by subsequent endurance exercise in human skeletal muscle. Am J Physiol Endocrinol Metab. 2013;305(1):E22–32. Epub 2013/05/02.
45. Blaauw B, Reggiani C. The role of satellite cells in muscle hypertrophy. J Muscle Res Cell Motil. 2014;35(1):3–10. Epub 2014/02/08.
46. Petrella JK, Kim JS, Mayhew DL, Cross JM, Bamman MM. Potent myofiber hypertrophy during resistance training in humans is associated with satellite cell-mediated myonuclear addition: a cluster analysis. J Appl Physiol (1985). 2008;104(6):1736–42. Epub 2008/04/26.
47. McCarthy JP, Pozniak MA, Agre JC. Neuromuscular adaptations to concurrent strength and endurance training. Med Sci Sports Exerc. 2002;34(3):511–9. Epub 2002/03/07.
48. Abreu P, Mendes SV, Ceccatto VM, Hirabara SM. Satellite cell activation induced by aerobic muscle adaptation in response to endurance exercise in humans and rodents. Life Sci. 2017;170:33–40. Epub 2016/11/27.
49. Joanisse S, Gillen JB, Bellamy LM, McKay BR, Tarnopolsky MA, Gibala MJ, et al. Evidence for the contribution of muscle stem cells to nonhypertrophic skeletal muscle remodeling in humans. FASEB J. 2013;27(11):4596–605. Pubmed Central PMCID: PMC3804745. Epub 2013/08/10.
50. Blaauw B, Schiaffino S, Reggiani C. Mechanisms modulating skeletal muscle phenotype. Compr Physiol. 2013;3(4):1645–87. Epub 2013/11/23.
51. Fyfe JJ, Bishop DJ, Stepto NK. Interference between concurrent resistance and endurance exercise: molecular bases and the role of individual training variables. Sports Med. 2014;44(6):743–62. Epub 2014/04/15.
52. Wilkinson SB, Phillips SM, Atherton PJ, Patel R, Yarasheski KE, Tarnopolsky MA, et al. Differential effects of resistance and endurance exercise in the fed state on signalling molecule phosphorylation and protein synthesis in human muscle. J Physiol. 2008;586(15):3701–17. Pubmed Central PMCID: PMC2538832. Epub 2008/06/17.
53. Hakkinen K, Alen M, Kraemer WJ, Gorostiaga E, Izquierdo M, Rusko H, et al. Neuromuscular adaptations during concurrent strength and endurance training versus strength training. Eur J Appl Physiol. 2003;89(1):42–52. Epub 2003/03/11.
54. Docherty D, Sporer B. A proposed model for examining the interference phenomenon between concurrent aerobic and strength training. Sports Med. 2000;30(6):385–94. Epub 2000/12/29.
55. Dudley GA, Djamil R. Incompatibility of endurance- and strength-training modes of exercise. J Appl Physiol (1985). 1985;59(5):1446–51. Epub 1985/11/01.

56. De Souza EO, Tricoli V, Aoki MS, Roschel H, Brum PC, Bacurau AV, et al. Effects of concurrent strength and endurance training on genes related to myostatin signaling pathway and muscle fiber responses. J Strength Cond Res. 2014;28(11):3215–23. Epub 2014/05/17.
57. Nader GA. Concurrent strength and endurance training: from molecules to man. Med Sci Sports Exerc. 2006;38(11):1965–70. Epub 2006/11/11.
58. Baar K. Training for endurance and strength: lessons from cell signaling. Med Sci Sports Exerc. 2006;38(11):1939–44. Epub 2006/11/11.
59. De Souza EO, Tricoli V, Roschel H, Brum PC, Bacurau AV, Ferreira JC, et al. Molecular adaptations to concurrent training. Int J Sports Med. 2013;34(3):207–13. Epub 2012/10/10.
60. Ruas JL, White JP, Rao RR, Kleiner S, Brannan KT, Harrison BC, et al. A PGC-1alpha isoform induced by resistance training regulates skeletal muscle hypertrophy. Cell. 2012; 151(6):1319–31. Pubmed Central PMCID: PMC3520615. Epub 2012/12/12.
61. Fyfe JJ, Bishop DJ, Bartlett JD, Hanson ED, Anderson MJ, Garnham AP, et al. Enhanced skeletal muscle ribosome biogenesis, yet attenuated mTORC1 and ribosome biogenesis-related signalling, following short-term concurrent versus single-mode resistance training. Sci Rep. 2018;8(1):560. Pubmed Central PMCID: 5766515. Epub 2018/01/14. eng.
62. Lundberg TR, Fernandez-Gonzalo R, Gustafsson T, Tesch PA. Aerobic exercise does not compromise muscle hypertrophy response to short-term resistance training. J Appl Physiol (1985). 2013;114(1):81–9. Epub 2012/10/30.
63. Lundberg TR, Fernandez-Gonzalo R, Tesch PA. Exercise-induced AMPK activation does not interfere with muscle hypertrophy in response to resistance training in men. J Appl Physiol (1985). 2014;116(6):611–20. Epub 2014/01/11.
64. Cunha TF, Moreira JB, Paixao NA, Campos JC, Monteiro AW, Bacurau AV, et al. Aerobic exercise training upregulates skeletal muscle calpain and ubiquitin-proteasome systems in healthy mice. J Appl Physiol (1985). 2012;112(11):1839–46. Epub 2012/03/31.
65. Konopka AR, Harber MP. Skeletal muscle hypertrophy after aerobic exercise training. Exerc Sport Sci Rev. 2014;42(2):53–61. Pubmed Central PMCID: PMC4523889. Epub 2014/02/11.
66. Vissing K, McGee S, Farup J, Kjolhede T, Vendelbo M, Jessen N. Differentiated mTOR but not AMPK signaling after strength vs endurance exercise in training-accustomed individuals. Scand J Med Sci Sports. 2013;23(3):355–66. Epub 2013/06/27.
67. Kim JS, Petrella JK, Cross JM, Bamman MM. Load-mediated downregulation of myostatin mRNA is not sufficient to promote myofiber hypertrophy in humans: a cluster analysis. J Appl Physiol (1985). 2007;103(5):1488–95. Epub 2007/08/04.
68. Mascher H, Ekblom B, Rooyackers O, Blomstrand E. Enhanced rates of muscle protein synthesis and elevated mTOR signalling following endurance exercise in human subjects. Acta Physiol (Oxf). 2011;202(2):175–84. Epub 2011/03/10.
69. Mascher H, Andersson H, Nilsson PA, Ekblom B, Blomstrand E. Changes in signalling pathways regulating protein synthesis in human muscle in the recovery period after endurance exercise. Acta Physiol (Oxf). 2007;191(1):67–75. Epub 2007/05/10.
70. Benziane B, Burton TJ, Scanlan B, Galuska D, Canny BJ, Chibalin AV, et al. Divergent cell signaling after short-term intensified endurance training in human skeletal muscle. Am J Physiol Endocrinol Metab. 2008;295(6):E1427–38. Epub 2008/10/02.
71. Di Donato DM, West DW, Churchward-Venne TA, Breen L, Baker SK, Phillips SM. Influence of aerobic exercise intensity on myofibrillar and mitochondrial protein synthesis in young men during early and late postexercise recovery. Am J Physiol Endocrinol Metab. 2014;306(9):E1025–32. Pubmed Central PMCID: PMC4010655. Epub 2014/03/07.
72. Wilson JM, Marin PJ, Rhea MR, Wilson SM, Loenneke JP, Anderson JC. Concurrent training: a meta-analysis examining interference of aerobic and resistance exercises. J Strength Cond Res. 2012;26(8):2293–307. Epub 2011/10/18.

Auswirkungen von Ausdauer-, Kraft- und kombiniertem Training auf Zytokine und Inflammation

9

Jorming Goh, Chin Leong Lim und Katsuhiko Suzuki

Einführung

Das Immunsystem erhält die physiologische Homöostase und Gesundheit aufrecht, indem es den Körper vor den schädlichen Auswirkungen von Antigenen (Moleküle, die eine Immunreaktion auslösen) schützt, einschließlich Mikroben, Krankheitserregern, stressbedingten Beeinträchtigungen und Weichteilschäden. Entsprechend überwacht es antigene Beeinträchtigungen mittels einer zweistufigen Reaktion auf Antigene unterschiedlicher Komplexität und Neuartigkeit [1].

Die erste Verteidigungslinie gegen Fremdkörper ist das angeborene oder nicht-adaptive Immunsystem, das auf Fremdpartikel im Körper mit einem generischen Mechanismus reagiert. Zu den Schutzmechanismen dieses Immunsystems gehören Oberflächenbarrieren (z. B. Haut- und Schleimhautoberfläche), lokale Entzündungen, Phagozytose durch Monozyten und Granulozyten sowie Zytotoxizität durch Bindung von natürlichen Killerzellen (NK) an die Haupthistokompatibilitätskomplexe (MHC) von Tumor- oder virusinfizierten Zellen. Die zweite Verteidigungslinie, das so genannte adaptive Immunsystem, wird gegen Antigene aktiviert, die vom angeborenen Immunsystem nicht neutralisiert werden können. Die Immunzellen in diesem System sind in der Lage, einzigartige Merkmale des Antigens zu erkennen und ihre eigene Morphologie und Funktionen zu verändern, um

J. Goh (✉)
Ageing Research Institute for Society and Education (ARISE), Nanyang Technological University, Singapore, Singapur
E-Mail: gohjm@ntu.edu.sg

C. L. Lim
Exercise Medicine and Physiology Laboratory, Lee Kong Chian School of Medicine, Nanyang Technological University, Singapore, Singapur

K. Suzuki
Faculty of Sport Sciences, Waseda University, Tokyo, Japan

M. Schumann, B. R. Rønnestad (Hrsg.), *Kombiniertes Ausdauer- und Krafttraining*, https://doi.org/10.1007/978-3-031-36310-8_9

neue Antikörper zu bilden, die auf spezifische neue Antigene abzielen und diese neutralisieren. Diese Eigenschaften des adaptiven Immunsystems ermöglichen es dem Körper, eine Antikörperreaktion gegen neuartige Antigene auszulösen, und die neuen Antikörper werden zu einem ständigen Bestandteil des Immunsystems im Körper. Dieses System wird etwa 24–48 h nach einem Antigen-Insult aktiviert und von Lymphozyten-Subset-Zellen, d. h. T-Zellen (zytotoxische T- und T-Helferzellen) sowie B-Zellen und Immunglobulin (Ig)G, IgA, IgM und IgE, gesteuert [2].

Neben antigenen Insulten wird der Zustand des Immunsystems auch durch akute und lang anhaltende körperliche Stressoren wie Ausdauer-, Kraft- und Sportspieltraining sowie berufliche Aufgaben (z. B. Militär und körperliche Arbeit) beeinflusst [3–6]. Eine längere Exposition gegenüber diesen Stressoren kann zu einer Unterdrückung der Immunfunktionen und einer Schädigung der Skelettmuskulatur führen, die eine Entzündungsreaktion auslöst. Die Entzündungsreaktion ist Teil der Gewebeschutz- und Reparaturfunktionen des Immunsystems und wird in erster Linie durch Zytokine und Chemokine gesteuert. Zytokine und Chemokine sind interzelluläre Signalmoleküle, die Entzündungen und Immunreaktionen modulieren, in der Regel auf autokrine oder parakrine Weise bei extrem niedrigen Konzentrationen [7]. Im Zusammenhang mit körperlicher Betätigung kann die Entzündungsreaktion eine komplizierte zelluläre Signalübertragung zwischen verschiedenen Immun- und Nicht-Immunzellen (z. B. Skelettmuskeln) beinhalten, die zur Sekretion und Aufnahme von Zytokinen und Chemokinen und zur Mobilisierung von Leukozyten in den systemischen Kreislauf und in Entzündungsherde im Körper führt. Diese Entzündungsreaktionen können auch gewebeeigene Immunzellen aktivieren und deren funktionelle Reaktionen verändern. Zytokine werden im Allgemeinen als entzündungsfördernd oder entzündungshemmend eingestuft, je nach ihrer Wirkung auf zelluläre oder immunologische Signalwege, und die Plasmakonzentrationen von entzündungshemmenden Zytokinen (z. B. IL-1ra, IL-4, IL-10) und Chemokinen (z. B. IL-8) sind nach einer sportlichen Betätigung in der Regel erhöht ([7, 8]).

Intensive sportliche Betätigung kann die Zahl der zirkulierenden Leukozyten (0,5–2,6-fach), Monozyten (0,2–2,5-fach), Granulozyten (0,3–4-fach) und Neutrophilen (0,8–2,6-fach) während und > 1 h nach dem Training erhöhen [3, 9–11]. Die Zahl der Lymphozyten stieg während des Trainings ebenfalls um das bis zu 1-fache an, doch kann die Lymphozytenzahl bis zu 6 h nach einem intensiven Training auf Werte unterhalb der Ausgangskonzentration (− 19 % bis − 60 %) herunterreguliert werden [3, 9, 10]. Der Anstieg der Immunzellen während der Belastung ist auf die Auswirkungen des hämodynamischen Scherstresses zurückzuführen, der Immunzellen, die an den Wänden der Blutgefäße sowie in der Lunge, der Leber und der Milz angelagert sind, in den systemischen Kreislauf ablöst [12]. Auch Neutrophile werden 1–3 h nach dem Training aus dem Knochenmark mobilisiert [11]. Erhöhte Konzentrationen von trainingsinduzierten Katecholaminen binden auch an β_2 -adrenerge Rezeptoren auf Leukozyten, die ebenfalls zu deren Mobilisierung in den systemischen Kreislauf beitragen [13]. Die Abnahme der Lymphozytenzahl nach dem Training geht einher mit reduzierten Konzentrationen von NK-Zellen (− 60 %

bis − 80 %), B-Zellen (− 8 % bis − 40 %), T-Zellen (− 14 % bis − 50 %), T-Helferzellen (− 5 % bis − 52 %) und zytotoxischen T-Zellen (− 40 % bis − 60 %) [10, 14–18]. Die Suppression der Anzahl der Immunzellen nach einer Trainingseinheit ist auf die interkompartimentelle Verschiebung von Lymphozyten-Subtypen aus dem zentralen Kreislauf in die peripheren Organe zurückzuführen [4, 5] und hängt mit der Trainingsintensität und dem Trainingsvolumen, nicht aber mit der Art des Trainings zusammen [4, 5, 10, 14, 19–21]. Die Mobilisierung von Immunzellen in periphere Organe wie Leber, Lunge und Skelettmuskulatur nach körperlicher Belastung kann eine entscheidende Rolle bei der Einleitung des Gewebeumbaus spielen, der zu den metabolischen und phänotypischen Veränderungen in diesen Organen beitragen kann.

Eine erfolgreiche langfristige Anpassung an das Training setzt voraus, dass der Körper in der Lage ist, während intensiver Belastung eine angemessene Immunreaktion aufzubauen und zu regulieren, einschließlich der Modulation der Zytokin- und Chemokinreaktionen. Wenn das Immunsystem diese Reaktionen als Folge einer übermäßigen Trainingsbelastung oder einer suboptimalen Erholung nicht richtig reguliert, kann dies die Immunfunktionen unterdrücken, die sportliche Leistung beeinträchtigen und das Risiko von Atemwegsinfektionen erhöhen. Dieses Phänomen wird als Overreaching bezeichnet, wenn die Auswirkungen eher vorübergehend sind und Tage oder Wochen andauern, und kann sich zu einem Übertraining-Syndrom (in Englisch Overtraining Syndrom) entwickeln, wenn das Unwohlsein über Monate anhält. In einer früheren Studie, die mit einer kleinen Gruppe ($N = 10$) von gut trainierten Radfahrern und Triathleten durchgeführt wurde [22], führte ein 28-tägiges kontinuierliches, intensives Ausdauertraining, zu ~75–80 % bestehend aus Radfahren und ~20–25 % bestehend aus Laufen, Schwimmen und Gewichtheben, zu keinen Veränderungen der Leukozytenzahl in Ruhe an den Tagen 1, 14, 28 und 30.

Unterschiede in der Anzahl der Immunzellen werden tatsächlich zwischen Spitzensportlern und der erwachsenen Referenzbevölkerung beobachtet, wenn solche Daten über einen längeren Zeitraum erhoben werden. Eine Querschnittsstudie, in der Elitesportler aus 14 Sportarten (937 Frauen, 1310 Männer) 10 Jahre lang beobachtet wurden, zeigte, dass gut trainierte Elite-Ausdauersportler im Vergleich zur gesunden Allgemeinbevölkerung eine um 16 % niedrigere Leukozyten- und Neutrophilenzahl in Ruhe aufweisen [23]. Bemerkenswert ist, dass in Horns Studie eine klinische Neutropenie (definiert als $< 2{,}0 \times 10^9$/L) bei 17 % bzw. 16 % der Radsportler und Triathleten und bei 5 % des gesamten Athletenpools festgestellt wurde. Es ist nicht bekannt, ob die Athleten in der Studie Symptome eines Übertrainings aufwiesen, da Trainingstagebücher und Arztbesuche nicht dokumentiert wurden. Nichtsdestotrotz kann eine einmalige intensive Belastung und ein längerer Zeitraum mit hoher Trainingsintensität (insbesondere bei Ausdauersportarten) zu einer Immunsuppression führen und das Risiko von Infektionen erhöhen. Diese Forschungsergebnisse haben wichtige praktische Auswirkungen auf das Wohlbefinden von Sportlern, die über einen längeren Zeitraum hohen Trainingsbelastungen ausgesetzt sind. Sport- und Gesundheitsfachpersonal kann hier zum Wohlbefinden von Sportlern beitragen, indem sie sich der Auswirkungen von lang andauerndem intensivem

Training auf das Immunsystem bewusst sind und entsprechende Vorsichtsmaßnahmen ergreifen.

In diesem Kapitel sollen die wichtigsten Konzepte und Forschungsergebnisse zum Thema Bewegung und Immungesundheit bei aktiven gesunden Menschen vorgestellt werden. Dieses Thema wurde bereits an anderer Stelle ausführlicher behandelt, auf die der Leser zur weiteren Lektüre verwiesen wird [6, 13, 24–26]. Unser Hauptaugenmerk liegt auf einer Zusammenfassung des aktuellen Wissensstandes über die trainingsinduzierte Immunantwort bei Ausdauer- und Krafttraining sowie bei kombiniertem (gleichzeitigem) Ausdauer- und Krafttraining. Insbesondere werden wir die trainingsinduzierten Zytokinreaktionen beschreiben und darlegen, wie solche Entzündungsreaktionen das Infektionsrisiko und die Gewebehomöostase in gesunden Bevölkerungsgruppen, die verschiedene Arten von Sport betreiben, beeinflussen.

Modelle der sportimmunologischen Forschung

„Open Window"- und „J-Kurven"-Modelle der belastungsinduzierten Immunsuppression

Das Interesse an der Untersuchung der Sportimmunologie hat seit den 1980er-Jahren zugenommen; derzeit gibt es mehr als 3500 von Experten begutachtete Veröffentlichungen in diesem Bereich [6]. Ein Großteil der Grundlagen für die Forschung zur Sportimmunologie in den letzten 30 Jahren wurde von den klassischen Modellen des „Open Window" (in Deutsch „offenes Fenster") und der „J-Kurve" beeinflusst. Das Modell des „Open Window" geht davon aus, dass die Immunfunktionen nach einer intensiven körperlichen Belastung für 3 bis 72 h unterdrückt werden können [27]. Während dieses Zeitfensters des „Open Window" können Viren in den reaktiviert werden und eine Infektion verursachen. Wird der Wirt während dieses Zeitraums wiederholten sportlichen Belastungen ausgesetzt, wird das Immunsystem weiter unterdrückt und das Risiko einer Infektion erhöht [28, 29]. Wissenschaftler vertreten auch das Konzept der „J"-Kurve (Abb. 9.1), welches besagt, dass langes intensives Training mit einem hohen Infektionsrisiko verbunden ist, gefolgt von körperlich inaktiven Personen mit einem durchschnittlichen Infektionsrisiko und schließlich moderat trainierte Personen, welche nach diesem Modell das geringste Infektionsrisiko aufweisen [30, 31].

Sowohl das Modell des „Open Window" als auch das der „J-Kurve" waren für die Entwicklung der sportimmunologischen Forschung von entscheidender Bedeutung, aber neuere Erkenntnisse deuten darauf hin, dass die Konzepte hinter diesen klassischen Modellen in Frage gestellt werden könnten.

Im Gegensatz zu den klassischen Modellen deuten neuere Daten darauf hin, dass sich das Risiko einer trainingsinduzierten Infektion der oberen Atemwege zwischen Sportlern, die an internationalen und nationalen Wettkämpfen teilnehmen, unterscheiden kann [6]. Die Inzidenz von Infektionen der oberen Atemwege, die über vier Trainings- und Wettkampfsaisons (4 Jahre) beobachtet wurde, war bei

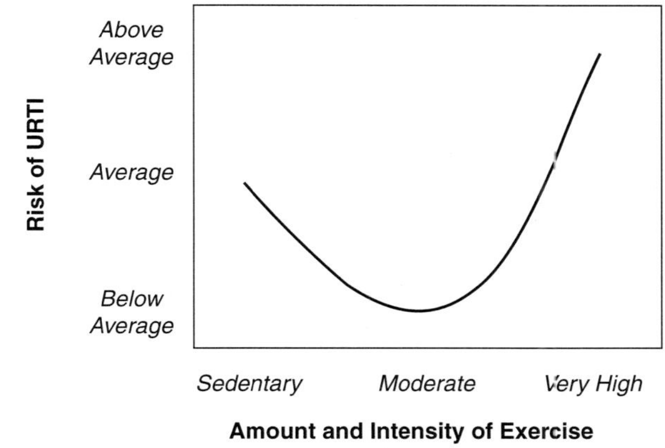

Abb. 9.1 „J-Kurven"-Modell, das die Risiken für die Entwicklung von Infektionen der oberen Atemwege in Abhängigkeit vom Umfang und der Intensität des körperlichen Trainings darstellt

Schwimmern auf internationalem Niveau um 35–65 % niedriger als bei Schwimmern auf nationalem Niveau [32]. Bei einer gemischten Gruppe von Elite-Ausdauersportlern (Skilangläufer, Biathleten, Läufer) zeigten die Daten von Trainingsprotokollen aus 3 bis 16 Jahren, dass die Anzahl der selbst angegebenen Krankheitstage in umgekehrtem Verhältnis zum Trainingsumfang stand [33]. Auch eine Erhöhung der Trainingsbelastung um 20 % über einen Zeitraum von 2 Wochen veränderte die Immunreaktion bei Ausdauersportlern vor, während und 2 h nach einem Lauf unter warmen und feuchten Bedingungen nicht [34]. Diese Beobachtungen stellten die zentrale Lehrmeinung der klassischen „J-Kurven- und Open-Window-Modelle" in Frage und veranlassten einige Wissenschaftler zu der Vermutung, dass das Immunsystem von Hochleistungssportlern neben Lebensstilfaktoren möglicherweise genetisch so selektiert ist, dass es trainingsinduzierte Belastungen besser toleriert [6].

„Gewebeverletzungs"-Modell der belastungsinduzierten Immunsuppression

Ein weiteres Modell zur Erklärung der trainingsinduzierten Immunsuppression ist die Hypothese der „Gewebeverletzung" [35]. Dieses Modell geht davon aus, dass Gewebeschäden infolge wiederholter mechanischer Traumata während eines intensiven Trainings in Verbindung mit einer Akkumulation suboptimaler Erholung eine pro-inflammatorische Reaktion auslösen können, an der Zytokine beteiligt sind, die typischerweise von T-Helferzellen (Th1) produziert werden, darunter Interleukin (IL)-2, IL-6, Interferon (IFN)-γ und Tumornekrosefaktor (TNF)-α. Auf die erste Welle der Th1-Zytokinreaktion folgt eine anhaltende entzündungshemmende Zytokinreaktion, an der von Th2-Zellen produzierte Zytokine beteiligt sind, d. h. IL-4,

IL-5, IL-10 und IL-13. Die Th2-Zytokinreaktion ist die Reaktion des Wirts, um die Homöostase wiederherzustellen und weitere Gewebeschäden zu verhindern, indem die pro-inflammatorische (Th1) Zytokinreaktion gedämpft wird [36].

Das Konzept des Modells der Gewebeverletzung wird durch die aktuelle Anerkennung der immunregulatorischen Rolle endogener Stressmoleküle, der so genannten „Alarmine", ergänzt, die nachweislich auf zelluläre Insulte wie oxidativen Stress, Hypoxie, zelluläre Nekrose usw. reagieren. [37]. Diese Alarmine, zu denen auch das prototypical danger protein, das high mobility group box (HMGB)-protein 1, gehört, sind normalerweise entweder im Zellkern oder in den extrazellulären Kompartimenten einer Zelle eingeschlossen. Wenn Zellen Stress ausgesetzt sind oder eine Nekrose erleiden, werden diese Alarmine mobilisiert und in den systemischen Kreislauf freigesetzt, wo sie sich wie Zytokine verhalten, indem sie an Mustererkennungsrezeptoren (PRR) auf den Zielzellen binden [38]. Wichtig ist, dass die Freisetzung von Alarminen Signalkaskaden für die anschließenden Zytokin- und Chemokinreaktionen auslösen kann [39]. Nur wenige Humanstudien haben die Rolle der Alarmine bei trainingsinduzierten Muskelschäden untersucht, aber es ist liegt nahe zu spekulieren, dass sie eine Rolle im immunregulatorischen Prozess bei akuter und langfristiger Belastung spielen könnten.

Belastungsinduzierte Zytokinreaktionen führen zur Rekrutierung von Immunzellen in das geschädigte Muskelmilieu, wobei Neutrophile die ersten Immunzellen sind, die rekrutiert werden, gefolgt von Monozyten [40]. Die Gen- und Proteinexpression von trainingsinduzierten Chemokinen wie CX_3 CL1 wurde nach einem akuten Ergometertraining erhöht [41], was wiederum zur Rekrutierung von zirkulierenden Monozyten in die Mikroumgebung des Skelettmuskels führen kann, um dort den Umbau und die Reparatur zu unterstützen. Diese Monozyten differenzieren sich zu Skelettmuskelmakrophagen und stehen in Wechselwirkung mit myogenen Vorläuferzellen [42], die im Wesentlichen muskelspezifische Stammzellen sind. Einzelne Makrophagenpopulationen innerhalb des Skelettmuskelmilieus, wie M1- und M2-Zellen, phagozytieren geschädigte Myofasern, sezernieren mitogene Faktoren und sind an der Angiogenese und dem Umbau der Matrix beteiligt, was zur Regeneration der Muskelzellen beiträgt [40].

Das anhaltende Vorhandensein von Th2-Zytokinen kann auch ein Zeichen für eine unterschwellige chronische Entzündung sein, die die zellvermittelte Immunfunktion gegen Infektionen unterdrücken kann, einschließlich der Herabregulierung des Atmungsstoßes bei Neutrophilen durch IL-10 [43]. Diese Th2-Reaktion wurde während eines monatelangen intensiven Trainings bei infektionsgefährdeten Hochleistungssportlern beobachtet, die im Vergleich zu infektionsfreien Sportlern vierfach höhere zirkulierende Konzentrationen der entzündungshemmenden Th2-Zytokine, insbesondere IL-10, aufwiesen [44]. Zusammenfassend lässt sich sagen, dass das Modell der „Gewebeschädigung" darauf hindeutet, dass eine erhöhte Anfälligkeit für Erkältungen oder Allergien bei Sportlern auf eine unausgewogene Entzündungsreaktion zurückzuführen sein kann, die zum Teil auf eine Kombination aus suboptimaler Erholung, hoher Trainingsbelastung und akutem Anstieg der Trainingsbelastung oder -frequenz zurückzuführen ist. Diese unausgewogenen Entzündungsreaktionen können in einer positiven Rückkopplungsschleife zum Phänomen des Overreachings/des Übertrainings beitragen, aber auch die Folgen davon sein.

Immunreaktionen auf Ausdauerbelastungen (akut und chronisch)

Akutes Ausdauertraining

Akutes Ausdauertraining wird bei gesunden Menschen mit Leukozytose [3, 9, 10] in Verbindung gebracht, welche auch durch die Interaktion mit Zytokinen und Chemokinen moduliert wird. Das Ausmaß dieser Zytokinreaktion wird durch die Art, Dauer und Intensität der Belastung beeinflusst. Viele Studien zu akuter körperlicher Belastung mit langer Dauer und hoher Intensität, wie z. B. Marathonläufe [45, 46], der Ironman-Triathlon [47] und Langstrecken-Radrennen (164 km Straßenrennen; [48]), zeigten typischerweise einen Anstieg der pro- (IL-1β, IL-6, IL-8) und anti-inflammatorischen (IL-1ra, IL-10) Zytokine.

Ähnliche Ergebnisse in Bezug auf die Zytokinreaktion wurden in anderen Studien mit geringerer Intensität oder kürzerer Dauer nachgewiesen. Zum Beispiel führte Radfahren von 30 min bis 3 h bei 60–65 % VO_{2max} [49], 80 % VO_{2peak} [50], 90 % der zweiten ventilatorischen Schwelle [51] und 70 % VO_{2max} [52] zu systemisch erhöhten zirkulierenden Konzentrationen von IL-1β, IL-1ra, IL-6, IL-8 IL-10 und TNF-α. Diese Ergebnisse erhöhter pro- und anti-inflammatorischer Zytokinreaktionen werden durch andere Studien an Läufern bestätigt [53–55].

Die Transkriptionswerte von Entzündungsgenen sind nach Ausdauersport in mononukleären Zellen des peripheren Blutes (PBMCs) [56, 57] und Neutrophilen [54] ebenfalls erhöht, was darauf hindeutet, dass diese Immunzellen die Quelle der zirkulierenden Zytokine und Chemokine nach dem Sport sein könnten. Bei gesunden Männern löste Laufen (80 % VO_{2max}) bis zur Erschöpfung eine Hochregulierung von 450 Genen und eine Herunterregulierung von 150 Genen aus, die an Stress- (z. B. heat shock protein family (HSPA1A)) und Entzündungsreaktionen (z. B. matrix metalloproteinase (MMP)-9) beteiligt sind [56]. Ein weniger intensives Training mit Radfahren bei 80 % VO_{2peak} für 30 min veränderte die Transkriptionsleistung von 311 Genen in PBMCs nach dem Training [57], wobei HSP70 um das > 3,5-Fache hochreguliert wurde. Interessanterweise wurde das Gen welches das entzündungshemmende Zytokin IL-1ra kodiert, während der Erholung um das 1,5-fache hochreguliert, was mit dem fast 1,5-fachen Anstieg der zirkulierenden IL-1ra-Konzentration zum gleichen Zeitpunkt einherging.

Trotz der unterschiedlichen zeitlichen Reaktionen der einzelnen pro- und anti-inflammatorischen Zytokine in den verschiedenen Studien besteht Einigkeit darüber, dass akutes Ausdauertraining eine Entzündungsreaktion auslöst, die zur Mobilisierung von Leukozyten für die Gewebereparatur notwendig ist.

Chronisches Ausdauertraining

Die chronischen Auswirkungen des Ausdauertrainings wurden auch bei Leistungssportlern [58] und gesunden Personen untersucht, die an einem 8 [59, 60] oder 12-wöchigen [61] Ausdauertraining teilnahmen. In der jungen (18 Jahre) Sportlerpopulation war die langfristige Durchführung (~8 Jahre) von Ausdauertraining mit einer Herabregulierung der Genexpression von proinflammatorischen Zytokinen (IL-8, IL-15) und Chemokinen (CXCL8, CXCL1) in PBMCs verbunden [58]. Bei gesunden Männern und Frauen, die 8 Wochen lang an 4 Tagen pro Woche Ausdauertraining (z. B. Laufen auf dem Laufband oder Radfahren für 30–40 min) durchführten, wurde eine Verringerung der induzierbaren TNF-α-Antwort (24 h nach der Belastung) festgestellt, allerdings nur in der Gruppe die mit hohen Intensitäten trainierte (55–80 % der HF_{max}), im Vergleich zu moderaten Intensitäten (55–60 % der HF_{max}) [61]. In einer anderen Studie zeigten sich bei dreimal wöchentlichem Laufen über 8 Wochen bei 50–75 % der VO_{2max} keine Veränderungen der TNF-α-Konzentrationen unmittelbar nach dem Training [60]. Diese Diskrepanzen lassen sich möglicherweise durch die unterschiedlichen Belastungsprotokolle sowie den zeitlichen Ablauf der Blutentnahme erklären.

Immunreaktionen auf Krafttraining (akut und chronisch)

Akutes Krafttraining

Während die Auswirkungen von Ausdauertraining auf Entzündungsreaktionen gut untersucht sind, wurden weniger Studien zu Krafttraining und Entzündungsparadigmen in gesunden Populationen durchgeführt. Im Allgemeinen ist die Leukozytenreaktion auf akutes Krafttraining ähnlich wie bei Ausdauertraining. So führte beispielsweise eine einzige Krafttrainingseinheit (10 Wiederholungen Kniebeuge bei 65 % des 1-Wiederholungs-Maximum (RM)) bei gesunden Männern mittleren Alters (46,9 ± 1,2 Jahre) bis zur muskulären Erschöpfung zu einer erhöhten Leukozytose [17]. Ein akuter Anstieg der Leukozytose wurde auch in anderen Studien mit jüngeren Probanden beobachtet [62–64]. Diese Studien zeigten auch erhöhte systemische Konzentrationen von IL-6 [62], TNF-α [62, 64] und Chemokinen, z. B. monocyte chemotactic protein (MCP)-1 [64]. Die erhöhte Konzentration von MCP-1 im systemischen Kreislauf nach Krafttraining unterstützt die Rekrutierung von Monozyten [64], wie beispielsweise $CD14^{++}$ CD16-Monozyten, die die primären Immunzellen darstellen und IL-10 sezernieren, in den Skelettmuskel [65].

Die Anzahl der innervierten Muskelfasern durch Manipulation der Anzahl der Sätze oder Wiederholungen (Hypertrophietraining versus Maximalkrafttraining), kann zu Unterschieden bei der Leukozytose und den Zytokinreaktionen nach einem akuten Krafttraining führen [63]. Eine erhöhte Leukozytose wurde unmittelbar nach einer akuten Hypertrophietrainingseinheit (Beinpresse mit 5 Sätzen zu 10 Wiederholungen bei 80 % des 1RM) beobachtet. Im Vergleich dazu wurde eine erhöhte Leukozytenzahl erst nach 30 min nach einer maximalen Beinpressebelastung

(15 Sätze mit 1 Wiederholung bei 100 % des 1RM) beobachtet. Das Chemokin MCP-1 und das entzündungshemmende Zytokin IL-1ra verringerten bzw. erhöhten sich nach dem Hypertrophietraining, während nach dem Maximalkrafttraining keine Veränderungen bei diesen Entzündungsmarkern beobachtet wurden [63]. Diese interessante Studie deutet darauf hin, dass die Rekrutierung von Immunzellen in den Blutkreislauf, möglicherweise für den Umbau der Skelettmuskulatur, je nach Grad der Muskelfaserrekrutierung und je nachdem, ob die Kontraktionen kurz oder anhaltend sind, unterschiedlich verlaufen kann.

Chronisches Krafttraining

Die Entzündungsreaktion auf kurzzeitiges Krafttraining variiert je nach Häufigkeit, Intensität und Dauer des Trainings. Drei wöchentliche Krafttrainingseinheiten mit mäßiger (45–55 % des 1RM) oder hoher Intensität (80–90 % des 1RM) über einen Zeitraum von 6 Wochen hatten keinen Einfluss auf die systemischen IL-6- und IL-1β-Konzentrationen bei jungen gesunden Männern [66]. Ein mäßig intensives Training (60 % des 1RM) über 8 Wochen bei Männern im jungen Erwachsenenalter führte jedoch zu höheren systemischen IL-8-Konzentrationen als in der Kontrollgruppe oder der Gruppe mit hochintensivem Training [67]. Hochintensives Krafttraining (80 % des 1RM) führte bei gesunden Männern und Frauen (36 ± 2 Jahre) ebenfalls zu höheren Konzentrationen des serum soluble TNF receptor (sTNFR1), IL-1ra und IL-8 im Serum [68]. Das Training mit niedriger Intensität (20–40 % des 1RM) führte jedoch nach 9 Wochen Training zu einer Verringerung der IL-6-Konzentration im Serum [68]. Im Gegensatz dazu hatte ein 12-wöchiges hochintensives Krafttraining (80 % des 1RM; 2 Tage/Woche) keinen Einfluss auf die systemische Konzentration von IL-1β, IL-2, IL-6 und TNF-α bei gesunden jungen Männern und Frauen [69].

In einer anderen Studie, die an jungen gesunden Männern durchgeführt wurde [70], untersuchten die Autoren die Auswirkungen eines 12-wöchigen Krafttrainings auf die systemischen Zytokin- und Chemokin-Reaktionen in Folge zweier Krafttrainingseinheiten in der Beinpresse: Die Teilnehmer absolvierten entweder ein Hypertrophietraining (5 Sätze × 10 Wiederholungen bei 60 % des 1RM) oder ein Schnellkrafttraining (10 Sätze mit 5 Wiederholungen bei 60 % des 1RM). Im untrainierten Zustand stiegen Serum-IL-1β, Plasma-IL-6 und Resistin unmittelbar nach beiden Einheiten an. Nach 12 Wochen Krafttraining war jedoch nur das Plasma-IL-1ra nach beiden Belastungsprotokollen erhöht, während das Plasma-MCP-1 nur nach 24 und 48 h erhöht war.

Diese scheinbar unterschiedlichen Ergebnisse zu Krafttraining und Entzündungen sind möglicherweise auf unterschiedliche Probandencharakteristika und Trainingsprogramme zurückzuführen. Das Ausmaß der exzentrischen und konzentrischen Muskelbelastung beim Krafttraining kann den Umbauprozess in der Skelettmuskulatur beeinflussen. Exzentrische, aber nicht konzentrische Muskelarbeit führte zu einem Anstieg von MCP-1 und Skelettmuskelstammzellen [71] im Skelettmuskel junger Männer. Daher ist es möglich, dass Krafttraining mit primär konzentrischen Kontraktionen ein anderes Muster der Freisetzung von Entzündungszytokinen und Chemokinen auslösen, das möglicherweise nicht zu einer umfassenden Schädigung und Umgestaltung der Skelettmuskulatur führt.

Immunreaktionen nach kombiniertem Ausdauer- und Krafttraining

Im Vergleich zu den Untersuchungen der Immunreaktionen nach alleinigem Ausdauer- oder Krafttraining wurden wesentlich weniger Studien zur Bestimmung der Immunreaktion auf kombiniertes Kraft- und Ausdauertraining durchgeführt. Daher besteht eine kritische Wissenslücke hinsichtlich der Frage, wie gesunde Menschen auf kombiniertes Kraft- und Ausdauertraining reagieren, da dies gängige Praxis im Freizeit- und Spitzensport ist.

Akute Reaktionen nach kombiniertem Ausdauer- und Krafttraining

Aktuelle Forschungsergebnisse deuten darauf hin, dass die Kombination von Ausdauer- und Krafttraining die Genexpression von IL-1β, IL-6, TNF-α und TNF-R1 in der Skelettmuskulatur akut hochreguliert und diese 48 h nach der Trainingseinheit wieder auf den Ruhewerte zurück fällt [72]. Diese Reaktionen unterscheiden sich von der alleinigen Durchführung von Ausdauer- oder Krafttraining, bei denen die Genexpression für dieselbe Gruppe von Zytokinen erhöht blieb [72]. Bei freizeitlich aktiven Gewichthebern führte eine einzelne Einheit bestehend aus Ausdauer- und Krafttraining (durchgeführt in beliebiger Reihenfolge, d. h. Kraft-Ausdauer oder Ausdauer-Kraft) zu einer erhöhten systemischen Konzentration von IL-6, aber die Konzentration von TNF-α war nur unter der Bedingung Ausdauer-Kraft erhöht [73].

Chronische Anpassungen durch kombiniertes Ausdauer- und Krafttraining

Langfristiges kombiniertes Ausdauer- und Krafttraining scheint je Ausgestaltung des Trainingsprogramms unterschiedliche Immunreaktionen hervorzurufen. Bei Männern mittleren Alters führte ein 12-wöchiges kombiniertes Training zu niedrigeren Plasmakonzentrationen von TNF-α und IL-6 [72], währen 16 Wochen keine Veränderungen der Ruheplasmakonzentrationen dieser beiden Zytokine zeigte [74, 75]. In einer anderen Trainingsstudie, die sich über 24 Wochen erstreckte, wurden gesunde junge Männer in zwei Interventions- und eine Kontrollgruppe eingeteilt [76], wobei eine Gruppe von Probanden 2–3 Mal pro Woche kombinierte Ausdauer- und Krafttrainingseinheiten absolvierte, während die zweite Interventionsgruppe 4–5 Mal pro Woche abwechselnd Ausdauer- und Krafttraining durchführte. Die gleichzeitige Durchführung von Ausdauer- und Krafttraining in denselben Einheiten oder an abwechselnden Tagen führte zu einem Rückgang von Leptin, Resistin und C-reaktivem Protein (CRP) im Plasma. Allerdings zeigten nur die Probanden, die an alternierenden Tagen trainierten, einen Rückgang von IL-6, MCP-1 und TNF-α im Plasma.

Durch zum Teil erhebliche Unterschiede in der Untersuchungsmethodik wird die Interpretation und Verallgemeinerung der Ergebnisse deutlich erschwert. In der Studie von Donges et al. [72] wurde das Ausdauertraining als Radfahren (55 % der Peak-Power) und das Krafttraining am Beinstrecker (8 Sätze mit 8 Wiederholungen bei 70 % Maximalkraft) durchgeführt, während Libardi und Kollegen [74, 75] Gehen und Laufen (55–85 % der VO_{2peak}) für das Ausdauertraining in Kombination mit Ganzkörper-Krafttrainingsübungen (3 Sätze mit 8–10 Wiederholungen) umsetzten. Ihalainen und Kollegen [70, 76] schließlich verwendeten eine Kombination aus Radergometertraining (unterhalb und oberhalb der zweiten Laktatschwelle) und Ganzkörperkrafttraining mit dem Schwerpunkt der unteren Extremitäten.

Trotz dieser unterschiedlichen Ergebnisse sind einige Beobachtungen dennoch erwähnenswert. So scheint beispielsweise die Größe der durch das Training rekrutierten Muskelmasse ein Faktor zu sein, der die Immunreaktionen auf kombiniertes Ausdauer- und Krafttraining beeinflusst. Darüber hinaus kann die Manipulation der Erholung zwischen Ausdauer- und Krafttraining die Dynamik der Zytokin- und Chemokinreaktion beeinflussen, wie aus den reduzierten MCP-1-, IL-6- und TNF-α-Konzentrationen bei Training an verschiedenen Tagen, aber nicht bei Trainingseinheiten am selben Tag hervorgeht [76]. Dies deutet auch darauf hin, dass das Ausmaß der Leukozytenrekrutierung für den Umbau der Skelettmuskulatur ebenfalls durch solche Manipulationen beeinflusst werden kann.

Schließlich zeigten ältere Männer (65–85 Jahre) im Vergleich zu jüngeren Männern (18–35 Jahre) sowohl zu Beginn als auch nach 12 Wochen kombiniertem Ausdauer- und Krafttraining eine verstärkte TNF-α-Reaktion [77], was darauf hindeutet, dass neben der Häufigkeit, Intensität und Dauer des Trainings sowie der Reihenfolge (Ausdauer-Kraft oder Kraft-Ausdauer) auch das Alter der Personen die Immunreaktion beeinflusst.

Zusammenfassung

In diesem Kapitel haben wir uns mit dem allgemeinen Bereich der Sportimmunologie befasst und die drei Modelle der Immunreaktionen auf körperliche Belastungen erörtert, die die vorherrschenden Forschungstrends in unserem Bereich bestimmen. Außerdem haben wir die Immunreaktionen auf Ausdauer-, Kraft- und kombiniertes Training vorgestellt, und zwar sowohl im Hinblick auf akute Belastungen als auch auf chronisches Training. Die Auswirkungen von Immunreaktionen auf klinische oder leistungsbezogene Ergebnisse nach Kraft und kombiniertem Kraft- und Ausdauertraining sind bisher nicht detailliert beschrieben bedürfen weiterer Forschung.

Zusammenfassend lässt sich sagen, dass ein intensives Ausdauertraining bei Gesunden und Sportlern zu Überlastungs- oder Übertrainingssymptomen führen kann, die das Risiko für die Entwicklung einer akuten Atemwegsinfektion erhöhen. Das

Gleichgewicht zwischen entzündungsfördernden und entzündungshemmenden Zytokinen könnte also für die Abwehr von Infektionen und Gewebeschäden nach Sport und Training entscheidend sein. In Zukunft sind weitere Untersuchungen erforderlich, die sich mit dem Verständnis der Wechselwirkungen zwischen Immunzellen und ihren mutmaßlichen Zielorganen/-geweben befassen.

Literatur

1. Janeway CA, Travers P, Walport M, Shlomchik M. Immune biology. New York: Garland Publishing; 2001. S. 12, 69–87, 360–375, 683.
2. Mackinnon LT. Advances in exercise immunology, Bd. 314. Champaign: Human Kinetics; 1999. S. 33.
3. Lim CL, Byrne C, Chew SA, Mackinnon LT. Leukocyte subset responses during exercise under heat stress with carbohydrate or water intake. Aviat Space Environ Med. 2005;76:726–32.
4. Nieman DC. Exercise effects on systemic immunity. Immunol Cell Biol. 2000a;78:496–501.
5. Nieman DC. Is infection risk linked to exercise workload? Med Sci Sports Exerc. 2000b;32(Suppl):S406–11.
6. Walsh NP, Samuel JO. Exercise, immune function and respiratory infection: an update on the influence of training and environmental stress. Immunol Cell Biol. 2016;94:132–9.
7. Suzuki K, Nakaji S, Yamada M, Totsuka M, Sato K, Sugawara K. Systemic inflammatory response to exhaustive exercise. Cytokine kinetics. Exerc Immunol Rev. 2002;8:6–48.
8. Lancaster GI, Jentjens RL, Moseley L, Jeukendrup AE, Gleeson M. Effect of pre-exercise carbohydrate ingestion on plasma cytokine, stress hormone, and neutrophil degranulation responses to continuous, high-intensity exercise. Int J Sport Nutr Exerc Metab. 2003;13:436–53.
9. Nieman DC, Buckley KS, Henson DA, Warren BJ, Suttles J, Ahle JC, Nehlsen-Cannarella SL. Immune function in marathon runners versus sedentary controls. Med Sci Sports Exerc. 1995a;27:986–92.
10. Nieman DC, Nehlsen-Cannarella SL, Donohue KM, Chritton DBW, Haddock BL, Stout RW, Lee JW. The effects of acute moderate exercise on leukocyte and lymphocyte subpopulations. Med Sci Sports Exerc. 1991;23:578–85.
11. Suzuki K, Totsuka M, Nakaji S, Yamada M, Kudoh S, Liu Q, Sugawara K, Yamaya K, Sato K. Endurance exercise causes interaction among stress hormones, cytokines, neutrophil dynamics, and muscle damage. J Appl Physiol. 1999;87:1360–7.
12. Simpson RJ, Kunz H, Agha N, Graff R. Exercise and the regulation of immune functions. Prog Mol Biol Transl Sci. 2015;135:355–80.
13. Peake J, Neubauer O, Walsh NP, Simpson RJ. Recovery of the immune system after exercise. J Appl Physiol. 2017;122:1077–87.
14. Gabriel H, Schwarz L, Steffens G, Kindermann W. Immunoregulatory hormones, circulating leukocyte and lymphocyte subpopulations before and after endurance exercise of different intensities. Int J Sports Med. 1992;13:359–66.
15. Henson DA, Nieman DC, Parker JCD, Rainwater MK, Butterworth DE, Warren BJ, Utter AC, Davies JM, Fagoaga OR, Nehlsen-Cannarella SL. Carbohydrate supplementation and lymphocyte proliferative response to long endurance running. Int J Sports Med. 1998;19:574–80.
16. Nehlsen-Cannarella SL, Nieman DC, Balk-Lamberton AJ, Markoff PA, Chritton DBW, Gusewitch G, Lee JW. The effects of moderate exercise training on immune response. Med Sci Sports Exerc. 1991;23:64–70.
17. Nieman DC, Henson DA, Sampson CS, Herring JL, Suttles J, Conley M, Stone MH, Butterworth DE, JM D. The acute immune response to exhaustive resistance exercise. Int J Sports Med. 1995b;16:322–8.
18. Nieman DC, Simandle S, Henson DA, Warren BJ, Suttles J, Davis JM, Buckley KS, Ahle JC, Butterworth DE, Fagoaga OR, Nehlsen-Cannarella SL. Lymphocyte proliferative response to 2.5 hours of running. Int J Sports Med. 1995c;16:404–8.

19. Kargotich S, Keast D, Goodman C, Crawford GPM, Morton AR. The influence of blood volume changes on leukocyte and lymphocyte subpopulations in elite swimmers following interval training of varying intensities. Int J Sports Med. 1997;18:373–80.
20. Nieman DC. Immune response to heavy exertion. J Appl Physiol. 1997;82:1385–94.
21. Tvede N, Kappel M, Halkjoer-Kristensen J, Galbo H, Pedersen BK. The effects of light, moderate, and severe bicycle exercise on lymphocyte subsets, natural and lymphokine killer cells, lymphocyte proliferative response and interleukin 2 production. Int J Sports Med. 1993;15:275–82.
22. Ndon JA, Snyder AC, Foster C, Wehrenberg WB. Effects of chronic intense exercisetraining on the leukocyte response to acute exercise. Int J Sports Med. 1992;13:176–82.
23. Horn PL, Pyne DB, Hopkins WG, Barnes CJ. Lower white blood cell counts in elite athletes training for highly aerobic sports. Eur J Appl Physiol. 2010;110:925–32.
24. Gleeson M, Pyne DB. Respiratory inflammation and infection in high performance athletes. Immunol Cell Biol. 2016;94:124–31.
25. Walsh NP, Gleeson M, Pyne DB, Nieman D, Dhabhar FS, Shephard RJ, Oliver SJ, Bermon S, Kajeniene A. Position statement part II: maintaining immune health. Exerc Immnunol Rev. 2011a;17:64–103.
26. Walsh NP, Gleeson M, Shephard RJ, Gleeson M, Wood JA, Bishop NC, Fleshner M, Green C, Pedersen BK, Hoffman-Goetz L, Rogers CJ, Northoff GH, Abbassi A, Simon P. Position statement part I: immune function and exercise. Exerc Immunol Rev. 2011b;17:6–63.
27. Pedersen BK, Rohde T, Zacho M. Immunity in athletes. J Sports Med Phys Fitness. 1996;36:236–45.
28. Mackinnon LT. Overtraining effects on immunity and performance in athletes. Immunol Cell Biol. 2000;78:502–9.
29. Smith LL. Overtraining, excessive exercise, and altered immunity. Sports Med. 2003;33:347–64.
30. Nieman DC. Exercise, immunology and nutrition. World Rev Nutr Diet. 2001;90:89–101.
31. Nieman DC, Nehlsen-Cannarella SL. The immune response to exercise. Semin Hematol. 1994;31:166–79.
32. Hellard P, Avalos M, Guimaraes F, Toussaint JF. Training-related risk of common illness in elite swimmers over a 4-year period. Med Sci Sports Exerc. 2015;47:698–707.
33. Martensson S, Nordebo K, Malm C. High training volumes are associated with a low number of self-reported sick days in elite endurance athletes. J Sports Sci Med. 2014;13:929–33.
34. Lim CL, Pyne DB, Horn P, Kalz A, Saunders P, Peake J, Suzuki K, Wilson G, Mackinnon LT. The effects of increased endurance training load on biomarkers of heat tolerance during intense exercise in the heat. Appl Physiol Nutr Metab. 2009;34:616–24.
35. Smith LL. Tissue trauma: the underlying cause of overtraining syndrome? J Strength Cond Res. 2004;18(1):185–93.
36. Suzuki K, Nakaji S, Kurakake S, Totsuka M, Sato K, Kuriyama T, Fujimoto H, Shibusawa K, Machida K, Sugawara K. Exhaustive exercise and type-1/type-2 cytokine balance in special focus on interleukin-12 p40/p70. Exerc Immunol Rev. 2003a;9:48–57.
37. Oppenheim JJ, Yang D. Alarmins: chemotactic activators of immune responses. Curr Opin Immunol. 2005;17:359–65.
38. Hung YL, Suzuki K. The pattern recognition receptors and lipopolysaccharides (LPS)-induced systemic inflammation. Int J Res Stud Med Health Sci. 2017;7:1–7.
39. Yang D, Han Z, Oppenheim JJ. Alarmins and immunity. Immunol Rev. 2017;280:41–56.
40. Juban G, Chazaud B. Metabolic regulation of macrophages during tissue repair: insights from skeletal muscle regeneration. FEBS Lett. 2017. https://doi.org/10.1002/1873-3468.12703.
41. Strömberg A, Rullman E, Jansson E, Gustafsson T. Exercise-induced upregulation of endothelial adhesion molecules in human skeletal muscle and number of circulating cells with remodeling properties. J Appl Physiol. 2017;122:1145–54.
42. Saclier M, Yacoub-Youssef H, Mackey AL, Arnold L, Ardjoune H, Magnan M, Sailhan F, Chelly J, Pavlath GK, Mounier R, Kjaer M, Chazaud B. Differentially activated macrophages orchestrate myogenic precursor cell fate during human skeletal muscle regeneration. Stem Cells. 2013;31:384–96.

43. Dang PM, Elbim C, Marie JC, Chiandotto M, Gougerot-Pocidalo MA, El-Benna J. Anti-inflammatory effect of interleukin-10 on human neutrophil respiratory burst involves inhibition of GM-CSF-induced p47PHOX phosphorylation through a decrease in ERK1/2 activity. FASEB J. 2006;20:1504–6.
44. Gleeson M, Bishop N, Oliveira M, McCauley T, Tauler P, Muhamad AS. Respiratory infection risk in athletes: association with antigen-stimulated IL-10 production and salivary IgA secretion. Scand J Med Sci Sports. 2012;22:410–7.
45. Suzuki K, Nakaji S, Yamada M, Liu Q, Kurakake S, Okamura N, Kumae T, Umeda T, Sugawara K. Impact of a competitive marathon race on systemic cytokine and neutrophil responses. Med Sci Sports Exerc. 2003b;35:348–55.
46. Suzuki K, Yamada M, Kurakake S, Okamura N, Yamaya K, Liu Q, Kudoh S, Kowatari K, Nakaji S, Sugawara K. Circulating cytokines and hormones with immunosuppressive but neutrophil-priming potentials rise after endurance exercise in humans. Eur J Appl Physiol. 2000;81:281–7.
47. Suzuki K, Peake J, Nosaka K, Okutsu M, Abbiss CR, Surriano R, Bishop D, Quod MJ, Lee H, Martin DT, Laursen PB. Changes in markers of muscle damage, inflammation and HSP70 after an Ironman Triathlon race. Eur J Appl Physiol. 2006;98:525–34.
48. Luk HY, Levitt DE, Lee EC, Ganio MS, McDermott BP, Kupchak BR, McFarlin BK, Hill DW, Armstrong LE, Vingren JL. Pro- and anti-inflammatory cytokine responses to a 164-km road cycle ride in a hot environment. Eur J Appl Physiol. 2016;116:2007–15.
49. Moldoveanu AI, Shephard RJ, Shek PN. Exercise elevates plasma levels but not gene expression of IL-1beta, IL-6, and TNF-alpha in blood mononuclear cells. J Appl Physiol. 2000;89:1499–504.
50. Zaldivar F, Wang-Rodriguez J, Nemet D, Schwindt C, Galassetti P, Mills PJ, Wilson LD, Cooper DM. Constitutive pro- and anti-inflammatory cytokine and growth factor response to exercise in leukocytes. J Appl Physiol. 2006;100:1124–33.
51. Kakanis MW, Peake J, Brenu EW, Simmonds M, Gray B, Marshall-Gradisnik SM. T helper cell cytokine profiles after endurance exercise. J Interf Cytokine Res. 2014;34:699–706.
52. Ulven SM, Foss SS, Skjølsvik AM, Stadheim HK, Myhrstad MC, Raael E, Sandvik M, Narverud I, Andersen LF, Jensen J, Holven KB. An acute bout of exercise modulate the inflammatory response in peripheral blood mononuclear cells in healthy young men. Arch Physiol Biochem. 2015;121:41–9.
53. Landers-Ramos RQ, Jenkins NT, Spangenburg EE, Hagberg JM, Prior SJ. Circulating angiogenic and inflammatory cytokine responses to acute aerobic exercise in trained and sedentary young men. Eur J Appl Physiol. 2014;114:1377–84.
54. Neubauer O, Sabapathy S, Lazarus R, Jowett JB, Desbrow B, Peake JM, Cameron-Smith D, Haseler LJ, Wagner KH, Bulmer AC. Transcriptome analysis of neutrophils after endurance exercise reveals novel signaling mechanisms in the immune response to physiological stress. J Appl Physiol. 2013;114:1677–88.
55. Sugama K, Suzuki K, Yoshitani K, Shiraishi K, Miura S, Yoshioka H, Mori Y, Kometani T. Changes of thioredoxin, oxidative stress markers, inflammation and muscle/renal damage following intensive endurance exercise. Exerc Immunol Rev. 2015;21:130–42.
56. Buttner P, Mosig S, Lechtermann A, Funke H, Mooren FC. Exercise affects the gene expression profiles of human white blood cells. J Appl Physiol. 2007;102:26–36.
57. Connolly PH, Caiozzo VJ, Zaldivar F, Nemet D, Larson J, Hung SP, Heck JD, Hatfield GW, Cooper DM. Effects of exercise on gene expression in human peripheral blood mononuclear cells. J Appl Physiol. 2004;97:1461–9.
58. Liu D, Wang R, Grant AR, Zhang J, Gordon PM, Wei Y, Chen P. Immune adaptation to chronic intense exercise training: new microarray evidence. BMC Genomics. 2017;18(1):29. https://doi.org/10.1186/s12864-016-3388-5.
59. Elmer DJ, Laird RH, Barberio MD, Pascoe DD. Inflammatory, lipid, and body composition responses to interval training or moderate aerobic training. Eur J Appl Physiol. 2016;116:601–9.

60. Jahromi AS, Zar A, Ahmadi F, Krustrup P, Ebrahim K, Hovanloo F, Amani D. Effects of endurance training on the serum levels of tumour necrosis factor-α and interferon-γ in sedentary men. Immune Netw. 2014;14:255–9.
61. Sloan RP, Shapiro PA, Demeersman RE, McKinley PS, Tracey KJ, Slavov I, Fang Y, Flood PD. Aerobic exercise attenuates inducible TNF production in humans. J Appl Physiol. 2007;103:1007–11.
62. Brunelli DT, Caram K, Nogueira FR, Libardi CA, Prestes J, Cavaglieri CR. Immune responses to an upper body tri-set resistance training session. Clin Physiol Funct Imaging. 2014;34:64–71.
63. Ihalainen J, Walker S, Paulsen G, Häkkinen K, Kraemer WJ, Hämäläinen M, Vuolteenaho K, Moilanen E, Mero AA. Acute leukocyte, cytokine and adipocytokine responses to maximal and hypertrophic resistance exercise bouts. Eur J Appl Physiol. 2014;114:2607–16.
64. Wells AJ, Hoffman JR, Jajtner AR, Varanoske AN, Church DD, Gonzalez AM, Townsend JR, Boone CH, Baker KM, Beyer KS, Mangine GT, Oliveira LP, Fukuda DH, Stout JR. Monocyte recruitment after high-intensity and high-volume resistance exercise. Med Sci Sports Exerc. 2016;48:1169–78.
65. Ziegler-Heitbrock HW, Ströbel M, Kieper D, Fingerle G, Schlunck T, Petersmann I, Ellwart J, Blumenstein M, Haas JG. Differential expression of cytokines in human blood monocyte subpopulations. Blood. 1992;79:503–11.
66. Sheikholeslami Vatani D, Ahmadi S, Ahmadi Dehrashid K, Gharibi F. Changes in cardiovascular risk factors and inflammatory markers of young, healthy, men after six weeks of moderate or high intensity resistance training. J Sports Med Phys Fitness. 2011;51:695–700.
67. Yeo NH, Woo J, Shin KO, Park JY, Kang S. The effects of different exercise intensity on myokine and angiogenesis factors. J Sports Med Phys Fitness. 2012;52:448–54.
68. Forti LN, Van Roie E, Njemini R, Coudyzer W, Beyer I, Delecluse C, Bautmans I. Effects of resistance training at different loads on inflammatory markers in young adults. Eur J Appl Physiol. 2017;117:511–9.
69. Rall LC, Roubenoff R, Cannon JG, Abad LW, Dinarello CA, Meydani SN. Effects of progressive resistance training on immune response in aging and chronic inflammation. Med Sci Sports Exerc. 1996;28:1356–65.
70. Ihalainen J, Ahtiainen JP, Walker S, Paulsen G, Selänne H, Hämäläinen M, Moilanen E, Peltonen H, Mero AA. Resistance training status modifies inflammatory response to explosive and hypertrophic resistance exercise bouts. J Physiol Biochem. 2017a;73:595–604.
71. Hyldahl RD, Olson T, Welling T, Groscost L, Parcell AC. Satellite cell activity is differentially affected by contraction mode in human muscle following a work-matched bout of exercise. Front Physiol. 2014;5(485). https://doi.org/10.3389/fphys.2014.00485.
72. Donges CE, Duffield R, Smith GC, Short MJ, Edge JA. Cytokine mRNA expression responses to resistance, aerobic, and concurrent exercise in sedentary middle-aged men. Appl Physiol Nutr Metab. 2014;39:130–7.
73. Inoue DS, Panissa VL, Monteiro PA, Gerosa-Neto J, Rossi FE, Antunes BM, Franchini E, Cholewa JM, Gobbo LA, Lira FS. Immunometabolic responses to concurrent training: the effects of exercise order in recreational weightlifters. J Strength Cond Res. 2016;30:1960–7.
74. Libardi CA, Souza GV, Gáspari AF, Dos Santos CF, Leite ST, Dias R, Frollini AB, Brunelli DT, Cavaglieri CR, Madruga VA, Chacon-Mikahil MP. Effects of concurrent training on interleukin-6, tumour necrosis factor-alpha and C-reactive protein in middle-aged men. J Sports Sci. 2011;29:1573–81.
75. Libardi CA, De Souza GV, Cavaglieri CR, Madruga VA, Chacon-Mikahil MP. Effect of resistance, endurance, and concurrent training on TNF-α, IL-6, and CRP. Med Sci Sports Exerc. 2012;44:50–6.
76. Ihalainen JK, Schumann M, Eklund D, Hämäläinen M, Moilanen E, Paulsen G, Häkkinen K, Mero AA. Combined aerobic and resistance training decreases inflammation markers in healthy men. Scand J Med Sci Sports. 2017b. https://doi.org/10.1111/sms.12906.
77. Stewart LK, Flynn MG, Campbell WW, Craig BA, Robinson JP, Timmerman KL, McFarlin BK, Coen PM, Talbert E. The influence of exercise training on inflammatory cytokines and C-reactive protein. Med Sci Sports Exerc. 2007;39:1714–9.

Akute Auswirkungen eines Ausdauertrainings auf die Kraftleistungsfähigkeit

10

Thomas W. Jones und Glyn Howatson

Die akute und die chronische Hypothese

Die Reihenfolge, mit welcher Kraft- und Ausdauertraining innerhalb einer Trainingseinheit oder eines Tages durchgeführt werden, kann variieren. In früheren wissenschaftlichen Arbeiten wurde das Krafttraining vor [1–3] und nach [4–7] dem Ausdauertraining durchgeführt. Da der Schwerpunkt vieler Untersuchungen zum kombinierten Kraft- und Ausdauertraining auf der Hemmung der Kraftentwicklung liegt, ist es wichtig zu verstehen, welchen Einfluss ein vorangegangenes Ausdauertraining auf die Kraftleistungsfähigkeit hat.

Innerhalb des Paradigmas des kombinierten Kraft- und Ausdauertraining wird im Hinblick auf einen möglichen „Interferenzeffekt" von einer chronischen und akuten Hypothese gesprochen. Die chronische Hypothese besagt, dass der trainierte Muskel während über einen längeren Zeitraum widersprüchlichen Trainingsreizen ausgesetzt ist, da der Muskel versucht, sich gleichzeitig an Kraft- und Ausdauertraining anzupassen [8]. In diesem Kapitel geht es jedoch nicht um den chronischen Effekt, sondern um den akuten Effekt eines Ausdauertrainings auf die im Anschluss gemessene Kraftleistung. Die akute Hypothese, die ursprünglich von Craig et al. [9] aufgestellt wurde, bezieht sich auf die akute Hemmung der Kraftentwicklung durch ein Ausdauertraining (in diesem Fall Laufen), das unmittelbar vor dem Krafttraining durchgeführt wurde. Mit anderen Worten, die gleichzeitige Durchführung von Kraft- und Ausdauertraining hemmt nicht unbedingt die Kraftentwicklung; vielmehr führt die Ausdauerbelastung unmittelbar vor dem Krafttraining zu einer verminderten Qualität, einem geringeren Umfang und einer geringeren Intensität des Krafttrainings aufgrund von bestehender Residualermüdung. Es wurde

T. W. Jones (✉) · G. Howatson
Department of Sport, Exercise and Rehabilitation, Northumbria University, Newcastle upon Tyne, UK
E-Mail: Thomas2.jones@northumbria.ac.uk

M. Schumann, B. R. Rønnestad (Hrsg.), *Kombiniertes Ausdauer- und Krafttraining*, https://doi.org/10.1007/978-3-031-36310-8_10

vorgeschlagen, dass diese „Restmüdigkeit", die Fähigkeit der trainierten Muskeln beeinträchtigen könnte, während des Krafttrainings eine angemessene Muskelspannung aufzubauen [9]. Infolgedessen könnte die Fähigkeit des Muskels über die Trainingseinheit hinweg einen entsprechenden Reiz zu initiieren beeinträchtigt sein und somit das Potenzial für eine positive adaptive Reaktion verringern. Obwohl sich die akute Hypothese auf die Kombination von Kraft- und Ausdauertraining in einer einzelnen Trainingseinheit bezieht, ist sie auch für chronische Trainingsanpassungen von Bedeutung. Wenn die Kraftleistungsfähigkeit infolge eines vorangegangenen Ausdauertrainings wiederholt beeinträchtigt wird, ist eine Hemmung der Kraftentwicklung im Vergleich zu einem isoliert durchgeführten Krafttraining wahrscheinlich [1, 2].

Die Studienlage hinsichtlich der akuten Hypothese ist, wie bei vielen Aspekten des kombinierten Kraft- und Ausdauertrainings, nicht eindeutig. Interessanterweise wurde in einem Großteil der Studien eine verringerte Kraftleistungsfähigkeit berichtet, während einige andere Studien (3 von 25 Studien) zeigen konnten, dass ein vorheriges Ausdauertraining keinen akuten Einfluss auf die Kraftentwicklung nimmt (Zusammenfassung in Tab. 10.1). Somit ist es konzeptionell möglich, dass ein negativer Effekt eines vorangegangenen Ausdauertrainings auf die im Anschluss gemessene Kraftleistungsfähigkeit von der Art, Intensität und Dauer des Ausdauer- und Krafttrainings abhängt.

Ermüdung durch Ausdauertraining

Ermüdung ist ein sehr weit gefasster Begriff, der auf zahlreiche physiologische Prozesse zurückzuführen ist. Die Ermüdungsmechanismen können im Allgemeinen in zentrale und periphere Ursachen unterteilt werden. Periphere Ermüdung resultiert aus beeinträchtigten Prozessen an oder distal der motorischen Endplatten, während zentrale Ermüdung durch beeinträchtigte Prozesse im zentralen Nervensystem (ZNS) verursacht wird [38] (Abb. 10.1). In der angewandten Sport- und Trainingswissenschaft kann Ermüdung als eine trainingsinduzierte Beeinträchtigung der Fähigkeit definiert werden, Muskelkraft zu erzeugen [16, 38] und eine erhöhte Kraft bei erhöhter subjektiver Beanspruchung aufrechtzuerhalten [39]. Der Ermüdungseffekt von Ausdauersportarten wissenschaftlich sehr gut dokumentiert [33, 40–44], und es gibt zahlreiche Forschungsarbeiten über die akuten Auswirkungen von Ausdauerbelastungen auf die darauffolgende Kraftleistungsfähigkeit [8, 15, 17, 24, 31, 34, 37].

Es wurde häufig berichtet, dass zentrale und/oder periphere Ermüdung nach Ausdauertraining zu einer akuten Reduktion der Kraftleistungsfähigkeit führen (Tab. 10.1). Frühere Untersuchungen haben auch gezeigt, dass die Beiträge der zentralen und peripheren Ermüdung weitgehend vom Umfang und/oder der Intensität der Ausdauerbelastung abhängen. So scheint bei anhaltenden Kontraktionen mit höherer Intensität einer isolierten Muskelgruppe die periphere Ermüdung der dominierende Faktor zu sein, der zur Ermüdung beiträgt. Der Anteil zentraler Mechanismen nimmt jedoch mit zunehmender Dauer der Belastung zu [16, 45, 46]. Folglich

Tab. 10.1 Zusammenfassung verfügbarer Studien zur Untersuchung der Kraftleistungsfähigkeit nach akutem Ausdauertraining

Studie	Probanden[a]	Modalität des Ausdauertrainings	Volumen und Intensität des Ausdauertrainings	Dauer der Regeneration	Modalität des Krafttrainings	Methode zur Erfassung der Kraftleistungsfähigkeit	Auswirkungen der Ausdauerbelastung auf die Kraftleistungsfähigkeit
Jones et al. [10]	Krafttrainierte Männer	Laufen auf dem Laufband	30 min bei 70 % vVO_{2max}	Keine	Kniebeuge Kreuzheben Bankdrücken Liegende Reihe Schulterpresse	5×6 80 % 1RM	↓
Thomas et al. [11]	Männliche semiprofessionelle Fußballspieler	Simuliertes Fußballspiel	90 min	Keine 24 h 48 h 72 h	Kniestreckung	MVC	↓
Eklund et al. [7]	Freizeitlich aktive Frauen	Radergometer	30 min bei 65 % W_{max}	Keine	Beinpresse	1RM	↓
García-Pinillos et al. [12]	Trainierte Ausdauersportler (Männer und Frauen)	Laufen	MSFT	Keine	CMJ	Maximale Anstrengung	↑
Jones et al. [13]	Krafttrainierte Männer	Radergometrie	30 min bei 70 % pVO_{2max}	10 min	Beinpresse Kniestreckung	5×6 80 % 1RM	=
García Pinillos et al. [14]	Freizeitlich aktive männliche Langstreckenläufer	Laufen auf der Bahn	4×3×400 m	Keine	CMJ	Maximale Anstrengung	↑
Panissa et al. [15]	Körperlich aktive Männer	Laufen auf dem Laufband Radergometer	15×1 min bei 50 % I_{max}	Keine	Parallele Kniebeuge an der Smith-Maschine	4 Sätze bis zum Muskelversagen 80 % 1RM	↓

(Fortsetzung)

Tab. 10.1 (Fortsetzung)

Studie	Probanden[a]	Modalität des Ausdauertrainings	Volumen und Intensität des Ausdauertrainings	Dauer der Regeneration	Modalität des Krafttrainings	Methode zur Erfassung der Kraftleistungsfähigkeit	Auswirkungen der Ausdauerbelastung auf die Kraftleistungsfähigkeit
Thomas et al. [16]	Gut trainierte männliche Radfahrer	Radergometer	Zeitfahren von; 4 km 20 km 40 km	Keine	Kniestreckung	MVC	↓
De Salles Painelli et al. [17]	Männer, die in der Freizeit Krafttraining betreiben	Laufen auf dem Laufband	5 km durchgehend 90 % anaerobe Schwellengeschwindigkeit oder 5 km Intervalle (1:1 min bei vVO_{2max})	10 min	Beinpresse Bankdrücken	1 RM 4 Sätze bis zum Muskelversagen 80 % 1RM	↓
Latorre-Román et al. [18]	Männliche Langstreckenläufer im Amateurbereich	Laufen auf der Bahn	4 × 3 × 400 m	Keine	CMJ	Maximale Anstrengung	↑
Schumann et al. [19]	Körperlich aktive Männer	Radergometer	30 min bei 65 % MAP	Keine 24 h 48 h	Isometrische Beinpresse	MVC	↓
Taipale et al. [20]	Freizeitlich aktive Läufer und Läuferinnen	Laufen auf der Bahn	60 min bei 80 % vVO_{2max}	Keine	Isometrische Beinpresse CMJ	MVC Maximale Anstrengung	↓
Tan et al. [21]	Krafttrainierte Männer	Cross-Trainer (nur für die unteren Gliedmaßen)	30 min bei 70 % der altersbedingten HR_{max}	10 min	Kniebeuge Bankdrücken	3 Sätze bis zum Muskelversagen 75 % 1RM	↓

Reed et al. [22]	Krafttrainierte Männer	Radergometer	45 min bei 75 % HR_{max}	Keine	Kniebeuge Bankdrücken	6 Sätze bis zum Muskelversagen 80 % 1RM	↓
Taipale und Häkkinen [23]	Freizeitlich aktive Läufer und Läuferinnen	Laufen auf der Bahn	60 min zwischen LT und RCT	Keine	Isometrische Beinpresse	MVC RFD	↓
Panissa et al. [24]	Athleten verschiedener Sportarten	Laufen auf dem Laufband	5 km intermittierend 1:1 min bei vVO_{2max}	30 min 60 min 4 h 8 h 24 h	Parallele Kniebeuge an der Smith-Maschine	4 Sätze bis zum Muskelversagen 80 % 1RM	↓
Boullosa et al. [25]	Erfahrene männliche und weibliche Ausdauersportler	Laufen auf der Bahn	Rampenprotokoll bis zur subjektiven Erschöpfung (mittlere Geschwindigkeit = 18,9 km h^{-1}, mittlere Zeit = 1476 s)	Keine	CMJ	Maximale Anstrengung	↑
de Araújo Ruas et al. [26]	Krafttrainierte Männer	Radergometer	30 min bei OBLA	Keine	Beinpresse	10RM (bis zum Muskelversagen)	↓
Boullosa und Tuimil [27]	Männliche Langstreckenläufer	Laufen auf der Bahn	Rampenprotokoll bis zur subjektiven Erschöpfung (mittlere Geschwindigkeit = 20,8 km h^{-1}, mittlere Zeit = 322 s)	Keine	CMJ	Maximale Anstrengung	↑

(Fortsetzung)

Tab. 10.1 (Fortsetzung)

Studie	Probanden[a]	Modalität des Ausdauertrainings	Volumen und Intensität des Ausdauertrainings	Dauer der Regeneration	Modalität des Krafttrainings	Methode zur Erfassung der Kraftleistungsfähigkeit	Auswirkungen der Ausdauerbelastung auf die Kraftleistungsfähigkeit
Lemos et al. [28]	Körperlich aktive ältere Frauen	Laufen auf dem Laufband	20 min bei 60 % HR_{max} oder 20 min bei 80 % HR_{max}	2 min	Beinpresse Kniestreckung Beinbeuger	10RM (bis zum Muskelversagen)	↓
de Souza et al. [29]	Körperlich aktive Männer	Laufen auf dem Laufband	5 km kontinuierliche Belastung bei anaerober Schwellengeschwindigkeit oder 5 km als Intervalle (1:1 min bei vVO_{2max})	10 min	Schräge Beinpresse Bankdrücken	80 % 1RM bis zum Muskelversagen	↓
Vurimaa et al. [30]	Männliche Lang- und Mittelstreckler	Laufen auf dem Laufband	Maximaler Lauf: Rampenprotokoll bis zur subjektiven Erschöpfung Tempolauf: 40 min bei 80 % vVO_{2max} Intervallbelastung: 40 min mit 2 min Belastung bei 100 % vVO_{2max} und 2 min Erholung	Keine	CMJ Parallele Kniebeuge	Maximale Anstrengung 10 Wiederholungen bei 35 % 1RM	↑

Goto et al. [5]	Männer, die in der Freizeit Krafttraining betreiben	Radergometer	60 min bei 50 % VO_{2max}	15 min	Isometrische Kniestreckung	MVC	=
Sporer & Wenger [31]	Körperlich aktive Männer	Radergometer	6×3 min bei 95–100 % pVO_{2max} oder 36 min bei 70 % pVO_{2max}	4 h 8 h 24 h	Beinpresse Bankdrücken	4 Sätze bis zum Muskelversagen 75 % 1RM	↓
Bentley et al. [32]	Trainierte männliche Radfahrer	Radergometer	30 min bei 80 % VO_{2max}	Keine 6 h	Isometrische Kniestreckung	MVC	↓
Lepers et al. [33]	Trainierte männliche Radfahrer	Radergometer	2 h bei 65 % MAP	Keine	Kniestreckung	MVC	↓
Leveritt et al. [34]	Krafttrainierte Männer	Radergometer	50 min bei 70–100 % der critical power	8 h 32 h	Isokinetisch Isometrisch Isotonisch Kniestreckung	5 MVC zwischen 1,04 und 8,37 $rads^{-1}$	=
Leveritt und Abernethy [8]	Männer und 1 Frau, die in der Freizeit aktiv sind	Radergometer	5-minütige Intervalle bei 40, 60, 80 % VO_{2peak} mit 2 min Pause	30 min	Isoinertiale Kniebeugen Isokinetische Kniestreckung	3 MVC 5 MVC	↓
Bentley et al. [35]	Männlich trainierte Radfahrer	Radergometer	30 min an der Laktat-Schwelle	6 h 24 h	Isokinetische Kniestreckung 60° s^{-1} 120° s^{-1} 180° s^{-1} konzentrischer Squat Jump	MVC	↓

(Fortsetzung)

Tab. 10.1 (Fortsetzung)

Studie	Probanden[a]	Modalität des Ausdauertrainings	Volumen und Intensität des Ausdauertrainings	Dauer der Regeneration	Modalität des Krafttrainings	Methode zur Erfassung der Kraftleistungsfähigkeit	Auswirkungen der Ausdauerbelastung auf die Kraftleistungsfähigkeit
Abernethy et al. [36]	Körperlich aktive männliche und weibliche Probanden	Radergometer	150 min bei 35 % pVO_{2max} Oder 5 × 5 min bei 40, 60, 80 und 100 % pVO_{2max}	60 min 4 h	Isokinetische Kniestreckung	MVC zwischen 0,52 und 5,20 rad s^{-1}	↓
Jacobs et al. [37]	Männliche Sportler (Läufer) und Sportstudenten	Laufen auf dem Laufband Radergometer	Laufen auf dem Laufband: 75 min mit der maximal möglichen Geschwindigkeit Radergometer: 30 min bei 70 % VO_{2max}	1 h 2 h	Isokinetische Kniestreckung	50 MVC	↓

[a]Wie in den einzelnen Studien beschrieben, *CMJ* countermovement jump, HR_{max} maximale Herzfrequenz, I_{max} Maximale Intensität die im Rampenprotokoll erreicht wurde, *LT*, *MAP* maximale aerobe Leistung, *MSFT* mehrstufiger Fitnesstest *MVC* maximale isometrische Kraftleistungsfähigkeit, *OBLA* onset of blood lactate accumulation (Laktatschwelle), pVO_{2max}, Leistung an der VO_{2max}; *RFD* Kraftentwicklungsrate, *RM* Wiederholungsmaximum, *TT* time trial, vVO_{2max}, maximale Geschwindigkeit an der VO_{2max}; W_{max} maximale Leistung

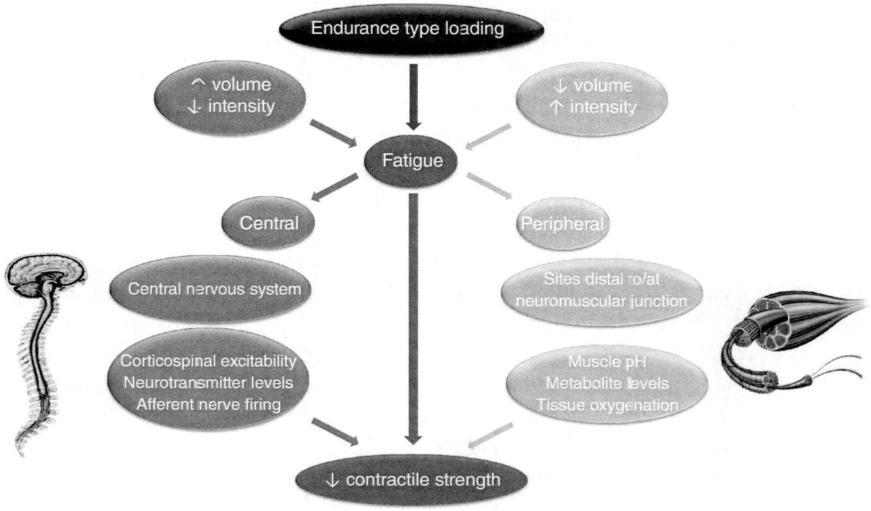

Abb. 10.1 Schematische Darstellung der zentralen und peripheren Ermüdungsmechanismen

liegt die Vermutung nahe, dass eher die zentralen als die peripheren Faktoren zur Ermüdung und damit einer Reduktion der Kraftleistungsfähigkeit beitragen wenn diese akut nach einer Ausdauerbelastung erfasst wird. Es ist jedoch auch plausibel, dass periphere Mechanismen einen gewissen Beitrag zu einer kurzfristigen Verringerung der Kraftleistungsfähigkeit nach einer Ausdauerbelastung mit höherer Intensität und geringerem Volumen leisten. Folglich scheinen die beeinträchtigte Leistungsfähigkeit und die Anteile der zentralen und/oder peripheren Ermüdung von der Ausdauer- und der Art der anschließenden Kraftbelastung sowie der Erholungsphase (oder „Entlastungsphase") zwischen Ausdauer- und Kraftreizen abhängig zu sein.

Einfluss der Entlastungsdauer zwischen Ausdauer- und Kraftbelastungen

Die „Entlastungsphase" bezieht sich auf den Zeitraum zwischen Ausdauer- und Kraftbelastungen. In der verfügbaren wissenschaftlichen Literatur reichen die Entlastungszeiten von der Diagnostik der Kraftleistungsfähigkeit unmittelbar nach der Ausdauerbelastung bis zu Diagnostiken, die 72 h nach der Ausdauerbelastung durchgeführt werden. Es scheint durchaus so, dass die Dauer des Entlastungszeitraums einen Einfluss auf das Ausmaß der Beeinträchtigung der Kraftleistungsfähigkeit nach einer Ausdauerbelastung nehmen kann.

Eine verminderte Kraftleistung wird beobachtet, wenn die Pause zwischen Ausdauer- und Krafttraining kürzer ist ($\leq$60 min; Tab. 10.1). Darüber hinaus wurde eine verringerte Kraftleistungsfähigkeit nach längeren Entlastungszeiten von 2, 4, 6 und 8 h beobachtet [31, 32, 36, 37]; auch nach Entlastungszeiten von 24, 48 und 72 h wurde über beeinträchtigte maximale willkürliche Kontraktionen (MVC) berichtet [11]. Die letztgenannte Beeinträchtigung [18] wurde jedoch nach einem simulierten 90-minütigen Fußballspiel beobachtet (bei dem der Trainingsreiz natürlicherweise eine Kombination aus metabolischen und mechanischen Stressoren ist), was sich maßgebend von anderen Untersuchungen unterscheidet. Andere Studien umfassten in der Regel Volumina zwischen 30 und 60 min und Intensitäten von 70–80 % der maximalen Herzfrequenz (HR_{max}), VO_{2max} oder ähnlich (Tab. 10.1). Studien, die die Kraftleistungsfähigkeit nach Entlastungsdauern von < 8 h und ≥ 8 h bewerten, berichten nur von einer Abnahme der Leistungsfähigkeit innerhalb von 8 h nach dem Ausdauertraining [19, 24, 31, 35]. Außerdem wurde gezeigt, dass wenn Elite-Kajakfahrer Kraft- und Ausdauertrainingseinheiten um 6–8 h voneinander trennen, um eine vollständige Wiederherstellung der intramuskulären Glykogenspeicher zu ermöglichen [1], die Kraftleistungsfähigkeit auf einem höheren Niveau bleibt als wenn die Ausdauer- und Krafttrainingseinheiten im direkten Anschluss aneinander durchgeführt wurden. Insgesamt deuten diese Daten darauf hin, dass Beeinträchtigungen der Kraftleistung für ≤ 8 h nach einer Ausdauerbelastung wahrscheinlich sind. Wenn das primäre Ziel einer Trainingseinheit also darin besteht, ein qualitativ hochwertiges Krafttraining durchzuführen, bei dem das neuromuskuläre System durch kraft- und/oder geschwindigkeitsbasierte Bewegungen beansprucht wird, sollte daher die zeitliche Abstimmung von Kraft- und Ausdauerreizen in Betracht gezogen werden. Wenn das Krafttraining in unmittelbarer Nähe zum Ausdauertraining durchgeführt werden muss, ist es vielleicht sinnvoller, den Schwerpunkt der Einheit auf Muskelhypertrophie oder Kraftausdauer zu legen. Weitere Vorbehalte zu diesen Überlegungen betreffen aber auch die Periodisierung und den Trainingszustand des Einzelnen. Findet die Einheit beispielsweise zu einem frühen Zeitpunkt der Saison statt oder ist die zu trainierende Person krafttrainingsunerfahren, scheinen die vorgenannten Überlegungen vernachlässigbar.

Modalität, Umfang und Intensität der Ausdauer- und Kraftbelastung

Wie bereits erwähnt, wurden in den verfügbaren Studien in der Regel Ausdauertrainingseinheiten von 30 bis 60 min Länge, bei Intensitäten von 70–80 % HR_{max}, VO_{2max} oder ähnlichem vor einem Krafttraining durchgeführt. Auch war die primäre Ausdauertrainingsform, die in diesen Studien verwendet wird Radergometertraining [7, 8, 15, 16, 19, 22, 26, 31–33, 35–37], während einige andere [10, 15, 17, 20, 23, 24, 28, 29, 37] Ausdauerläufe durchgeführt haben (Tab. 10.1). Die Art des Ausdauertrainings scheint also vordergründig nicht ausschlaggebend für die Beeinträchtigung der Kraftleistungsfähigkeit zu sein. Dies erscheint überraschend, da eine Metaanalyse gezeigt hat, dass kombiniertes Kraft- und Ausdauertraining bei welchem die Ausdauerbelastung als Laufen im Vergleich zum Radtraining zu einer Hemmung der Kraftentwicklung im Unterkörper führt [47]. Es wurde vermutet, dass dies auf die größere exzentrische Belastung beim Laufen und möglicherweise auf die Tatsache zurückzuführen ist, dass Radfahren biomechanisch den meisten Verfahren die zur Erfassung der Kraftleistungsfähigkeit genutzt wurden sehr ähnlich ist [48, 49]. Wie bereits erwähnt, scheint die Art der Ausdauerbelastung jedoch keinen akuten Einfluss auf die Kraftleistungsfähigkeit zu haben scheint.

Obwohl eine kompromittierte Kraftleistungsfähigkeit nach Ausdauertraining unabhängig von der Art des Ausdauerreizes zu sein scheint, beeinflussen sowohl die Methodik als auch die Muskelgruppe, in welcher die Kraft gemessen wird, das Ausmaß dieser Beeinträchtigungen. Die Oberkörperkraft wird möglicherweise nicht durch eine vorherige Ausdauerbelastung im Unterkörper beeinträchtigt; in früheren Arbeiten wurde über eine verminderte Kraft des Unterkörpers, nicht aber des Oberkörpers nach Ausdaueraktivitäten der unteren Gliedmaßen wie Laufen [17, 29], Cross-Trainer [21] und Radfahren [22, 31] berichtet. Folglich scheint das Ausdauertraining eher die lokale Kraftleistungsfähigkeit der gleichen Muskelgruppe zu beeinträchtigen; insofern scheint ein Training der unteren Gliedmaßen keinen akuten Einfluss auf die Kraftleistungsfähigkeit der oberen Gliedmaßen zu nehmen. Daraus lässt sich auch schließen, dass Ausdauertrainingsmodalitäten wie Rudern und Armkurbelergometer zu einer reduzierten Kraftleistung des Oberkörpers führen könnten.

Eine verringerte Kraftleistungsfähigkeit wurde nach 15 [15], 20 [28], 30 [7, 10, 19, 21, 26, 32, 35], 36 [31], 45 [22], 60 [20, 23], 75 [37], 90 [11], 120 [33] und 150 min [36] Ausdauerbelastung beobachtet. Somit scheint der Umfang der Ausdauerbelastung keine primäre Determinante für die spätere Beeinträchtigung der Kraftleistungsfähigkeit zu sein. Es ist jedoch möglich, dass der Umfang der Ausdauerbelastung den zeitlichen Verlauf der Erholung der Kraftleistung beeinflusst. So war nach einem simulierten 90-minütigen Fußballspiel die Kraftleistung (gemessen anhand der Kniestreckung MVC) bis zu 72 h lang beeinträchtigt [11]. Wie bereits erwähnt, erreicht die Kraftleistungsfähigkeit nach kurzen Ausdauerbelastungen in der Regel innerhalb von 8 h wieder Ausganswerte [19, 24, 31, 35]. Es muss bei der Interpretation der Daten jedoch beachtet werden, dass die Intensität des simulierten Fußballspiels wahrscheinlich höher war als die der Ausdauerbelastungen in anderen Studien.

Nur wenige Studien haben die Effekte der Intensität von Ausdauerbelastungen auf die direkt im Anschluss gemessene Kraftleistungsfähigkeit untersucht. Lemos et al. [28] beobachteten größere Beeinträchtigungen bei der Beinpresse, dem Kniestrecker und dem Beinbeuger mit 10 Wiederholungen bis zum Muskelversagen nach einer 20-Minütigen Laufbandbelastung bei 80 % HF_{max}, im Vergleich zu demselben Laufvolumen bei lediglich 60 % HF_{max}. Dies könnte darauf hindeuten, dass höhere Ausdauerintensitäten zu einer stärkeren Verringerung der Kraftleistungsfähigkeit führen können, jedoch ist zu beachten, dass diese Beobachtungen ausschließlich bei körperlich aktiven, aber älteren weiblichen Probanden gemacht wurde. Bei einer besser trainierten Kohorte, die an höhere Ausdauertrainingsintensitäten gewöhnt ist, könnten die Effekte durchaus abweichen, so dass eine Verringerung der Kraft vielleicht weniger wahrscheinlich ist. Bei Ausdauertrainingseinheiten mit selbstgewählter Intensität könnte sowohl die Intensität, als auch der Umfang der Belastung den Einfluss von zentraler im Vergleich zur peripheren Ermüdung beeinflussen. Nach einem 4-Kilometer-Zeitfahren (TT) mit höherer Intensität und kürzerer Dauer wurden sowohl eine Beeinträchtigung der Kraft, als auch peripher dominierende Ermüdungsmechanismen beobachtet. Nach TTs mit höherem Volumen und geringerer Intensität von 20 und 40 km wurde dann zwar immer noch eine Beeinträchtigung der Kraft beobachtet, allerdings dominierten dabei zentrale Ermüdungsmechanismen [16]. Dieser Befund könnte auf einen intensitäts- und volumenabhängigen Einfluss auf die neuromuskulären Grundlagen von Ermüdung und beeinträchtigter Kraftleistung nach Ausdauertraining hindeuten.

Im Hinblick auf Unterschiede zwischen dem Einfluss von kontinuierlichem und intermittierendem Ausdauertraining auf die anschließende Kraftleistungsfähigkeit liegen zwar Studien vor [17, 29, 31, 36], deren Ergebnisse sind aber nicht eindeutig. So wurde sowohl nach kontinuierlichem als auch nach intermittierendem Ausdauertraining [31, 36], nach intermittierendem, aber nicht nach kontinuierlichem Ausdauertraining [29] und umgekehrt [17] eine akute Beeinträchtigung der Kraftleistungsfähigkeit beobachtet. Daher kann man davon ausgehen, dass Die vorliegenden Daten deuten also in ihrer Gesamtheit darauf hin, dass die Art des Trainings (intermittierend oder kontinuierlich) nicht der entscheidende Faktor ist, sondern dass Ausdauertraining per se zu potenziellen Beeinträchtigungen der Kraftleistung führt. Diese Vermutung wird durch die Tatsache gestützt, dass sowohl de Salles Painelli et al. [17], als auch de Souza et al. [29] in vergleichbaren Kohorten identische intermittierende und kontinuierliche Ausdauerübungen durchführten. de Souza et al. [29] beobachteten jedoch, dass die Kraftleistungsfähigkeit nur nach intermittierendem Ausdauertraining verringert war, während de Salles Painelli et al. [17] zeigten, dass kontinuierliches Ausdauertraining zu einer Reduktion der Wiederholungen in der Beinpresse bis zum Muskelversagen führte.

Wie bereits erwähnt, unterscheiden sich die verfügbaren Studien hinsichtlich der Modalitäten, Intensitäten und Volumina des Ausdauertrainings (Tab. 10.1). Obwohl einige der oben genannten Belastungsnormative die Kraftleistungsfähigkeit nach einem Ausdauertraining zu beeinflussen scheinen (insbesondere die Entlastungsphase), ist es auch wichtig zu beachten, dass die Methode, mittels welcher die Kraft erfasst wird, einen bemerkenswerten Einfluss auf die Interpretation der Leistungsfähigkeit haben kann. In vielen Studien wurde die Kraftleistungsfähigkeit anhand von Wiederholungen bis zum Muskelversagen bei einer bestimmten relativen Belastung erfasst (d. h. als Surrogat der Kraftausdauer) [15, 17, 21, 22, 24, 26, 28, 29, 31], in anderen wurden aber eher die Maximalkraft (dynamisch mittels 1–5 RM oder als isometrisch) bestimmt [5, 8, 11, 16, 17, 19, 20, 23, 32–36, 50], und einige wenige Studien nutzen eher „realistischere" (d. h. praxisnahe) Krafttrainingsprotokolle [10, 13]. Nichtsdestotrotz kann sowohl die Kraftausdauer als auch die Maximalkraft nach Ausdauertraining reduziert sein (Tab. 10.1). Allerdings wurden nur in wenigen Studien die direkten Effekte auf die Kraftausdauer mit denen auf die Maximalkraft verglichen. Daher ist es schwierig, finale Aussagen darüber zu treffen, welche Kraftfähigkeit anfälliger für ausdauerinduzierte Ermüdung ist. Frühere Arbeiten haben gezeigt, dass insbesondere schnellkräftige Belastungen und/oder geschwindigkeitsbasierte Phänotypen anfälliger für ausdauerbedingte Leistungseinbußen sind [9, 51–53]. Diese Annahme wird zumindest teilweise durch Beobachtungen gestützt, in denen es nach 60 min Laufen zu Beeinträchtigungen der

Kraftentwicklungsrate (RFD) in der isometrischen Beinpresse [23] sowie dem counter-movement jump (CMJ) [20] kommt. Wie bereits erwähnt, blieb die Kraftleistungsfähigkeit des Oberkörpers nach einem Ausdauertraining (das in erster Linie die Unterkörpermuskulatur betrifft) unverändert [17, 21, 22, 29, 31]. Dies könnte darauf hindeuten, dass die periphere Ermüdung an den motorischen Endplatten oder distal davon ein wichtiger Faktor für eine verminderte Kraftleistung des Unterkörpers ist. Auf der Grundlage dieser Beobachtungen kann empfohlen werden, dass insbesondere schnellkräftiges Training des Unterkörpers von entsprechendem Ausdauertrainings separiert werden sollte.

Insgesamt lässt sich festhalten, dass es nur wenige Hinweise darauf gibt, dass die Kraftleistungsfähigkeit in akuten Situationen nicht durch ein vorheriges Ausdauertraining beeinträchtigt wird. In Untersuchungen, in denen die Kraftleistung nach einer Ausdauerbelastung unverändert blieb, wurde die Kraft bei eher isolierten Muskeln, wie z. B. der Kniestrecker gemessen [5, 13, 34]. Dementgegen zeigen die meisten Studien jedoch, dass die Kraftleistungsfähigkeit nach einem Ausdauertraining abnimmt, wenn sie anhand von Mehrgelenkübungen wie Kniebeugen [8, 10, 15, 21, 22, 24] oder der Beinpresse [7, 17, 19, 20, 23, 26, 28, 29, 31] gemessen wird, was auch für Sportler, Trainer und Praktiker in der Regel einfacher umzusetzen ist. Daher liegt die Vermutung nahe, dass mehrgelenkige Bewegungen mit entsprechend großer Muskelmasse anfälliger für ausdauerbedingte Ermüdung sind als Bewegungen mit einzelnen Gliedmaßen und Gelenken.

Post-Aktivierungs Potenzierung

Ungeachtet der vorangegangenen möglichen Einschränkungen der Kraftleistungsfähigkeit durch vorheriges Ausdauertraining, gibt es Hinweise darauf, dass die Durchführung eines ausdauerartigen Reizes eine potenzierende Wirkung und somit einen positiven akuten Effekt auf die Kraftleistungsfähigkeit haben kann [12, 14, 18, 25, 27, 30]. Dies wurde jedoch fast ausschließlich bei trainierten Ausdauersportlern festgestellt. Folglich scheint es, das ausdauertrainierte Individuen akut nach einem Ausdauerreiz möglicherweise ermüdungsresistenter sind als krafttrainierte Personen. Darüber hinaus wirkt bei sehr gut ausdauertrainierten Personen eine vorangegangene Ausdauerbelastung wie ein Aufwärmen, was zu einer verbesserten Fähigkeit zur Kraftgenerierung führt. Dies ist allerdings nicht für inaktive Personen der Fall.

Zusammenfassung

Die Zeit zwischen Ausdauer- und Kraftbelastungen scheint die wichtigste Determinante für einen negativen Einfluss auf Kraftleistungsfähigkeit zu sein. In der Regel kehrt die akute Kraftleistung ≥ 8 h nach dem Ausdauertraining auf das basale Niveau zurück. Wenn also auf das Ausdauertraining ein Krafttraining folgt, scheint eine Entlastungsdauer von nicht weniger als 8 h sinnvoll, um die Leistungsfähigkeit eines darauffolgenden Krafttrainings zu optimieren.

Der Einfluss auf die Kraftleistungsfähigkeit scheint dabei unabhängig von der Ausdauermodalität (Radfahren oder Laufen) und der Art der Belastung (kontinuierlich versus intermittierend) zu sein. Eine verminderte Kraftleistungsfähigkeit wird sowohl nach Ausdauertraining mit geringerem Volumen und höherer Intensität als auch nach Ausdauertraining mit höherem Volumen und niedrigerer Intensität beobachtet. Auch wenn akute Reduktionen der Kraftleistungsfähigkeit unabhängig von der dem Ausdauertrainingsvolumen bzw. der Ausdauertrainingsintensität zu sein scheint, so scheint sich der Einfluss peripherer und zentraler Ermüdung zu unterscheiden. Nach aktuellen Kenntnisstand dominieren periphere Ermüdungsmechanismen nach Ausdauertraining mit geringerem Volumen und höherer Intensität, während zentrale Ermüdungsmechanismen nach Ausdauertraining mit höherem Volumen und niedrigerer Intensität im Vordergrund stehen.

Während die Kraftleistungsfähigkeit des Oberkörpers nicht durch Ausdauertraining des Unterkörpers beeinflusst wird, scheinen mehrgelenkige Kraftübungen, die eine höhere Muskelmasse und geschwindigkeitsabhängige/explosive Bewegungen beinhalten, wahrscheinlich am anfälligsten für ausdauerbelastungsinduzierte Beeinträchtigungen der Kraftleistungsfähigkeit (Abb. 10.2).

Ableitungen für die Trainingsplanung

Obwohl es nicht unbedingt zu empfehlen ist, wird insbesondere im Freizeit- und Leistungssport aus zeitlichen Gründen Krafttraining im direkten Anschluss an eine Ausdauertrainingseinheit durchgeführt. Wie in diesem Kapitel dargelegt, führt diese Trainingsstruktur mit großer Wahrscheinlichkeit zu einer gewissen Beeinträchtigung der akuten Kraftleistungsfähigkeit, insbesondere wenn das Training innerhalb von 8 h nach dem Ausdauertraining durchgeführt wird und aus mehrgelenkigen Übungen die eine größere Muskelmasse rekrutieren besteht. Wenn ein qualitativ hochwertiges Krafttraining und die Entwicklung der Kraftleistungsfähigkeit die primären Ziele der Trainingsintervention oder des Makro-/Meso-/Mikrozyklus sind, sollten Trainierende Folgendes berücksichtigen:

- Führen Sie nach Möglichkeit ein Krafttraining ≥ 8 h nach einer Ausdauerbelastung durch.
- Wenn das Krafttraining in unmittelbarer Nähe des Ausdauertrainings für den Unterkörper durchgeführt werden muss, sollte der Schwerpunkt der Einheit auf der Entwicklung der Oberkörperkraft liegen.
- Wenn ein Krafttraining in unmittelbarer zeitlicher Nähe eines Ausdauertrainings für den Unterkörper durchgeführt werden muss, sollten explosive und geschwindigkeitsbasierte Bewegungen für den Unterkörper sowie mehrgelenkige Übungen mit einer entsprechend großen aktivierten Muskelmasse vermieden werden.

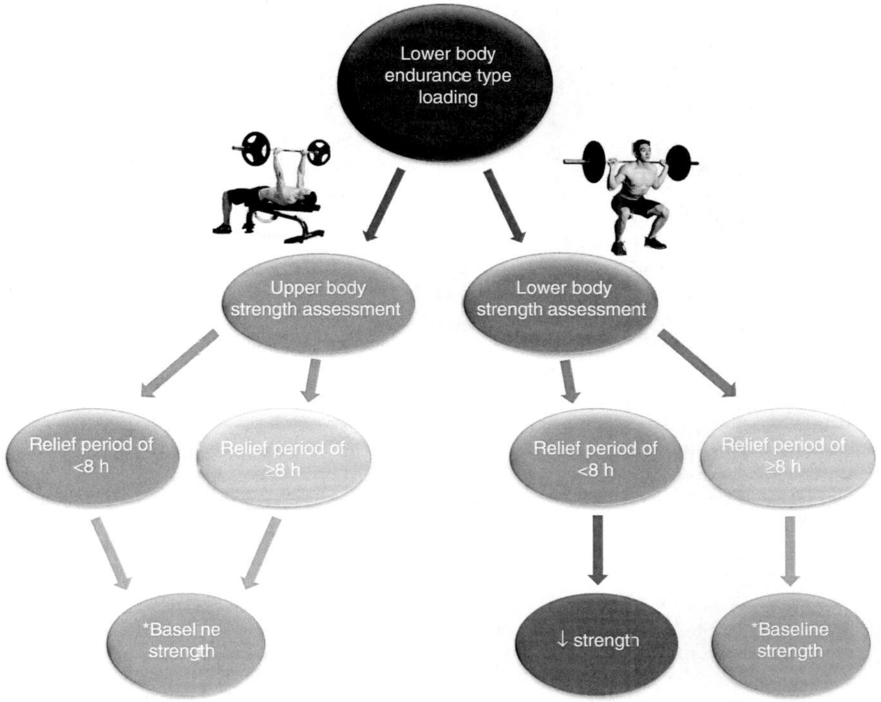

Abb. 10.2 Schematische Darstellung des „typischen" Einflusses einer vorherigen Ausdauerbelastung auf die darauffolgende Kraftleistungsfähigkeit. Frühere Arbeiten, die in diesem Kapitel ausführlich beschrieben werden, haben gezeigt, dass sowohl die Methode welche zur Beurteilung der Kraftleistungsfähigkeit herangezogen wird, als auch die Entlastungsperiode die wichtigsten Determinanten der akuten Kraftleistung nach einer Ausdauerbelastung sind. *basale Leistungsfähigkeit = vor jeglicher Ausdauerbelastung

Abschließend sei darauf hingewiesen, dass es aller Wahrscheinlichkeit nach nicht über den gesamten Jahresverlauf möglich sein wird, diese evidenzbasierten Empfehlungen umzusetzen. Tatsächlich ist dies auch nicht zwingend notwendig. Vielmehr sollten beispielsweise insbesondere in der Saisonvorbereitung oder vor Wettkämpfen, in denen die längerfristige Entwicklung der Maximal- oder Schnellkraftfähigkeit im Mittelpunkt steht, die genannten Empfehlungen berücksichtigt werden.

Literatur

1. García-Pallarés J, Sánchez-Medina L, Carrasco L, Díaz A, Izquierdo M. Endurance and neuromuscular changes in world-class level kayakers during a periodized training cycle. Eur J Appl Physiol. 2009;106:629–38.
2. Wong P, Chaouachi A, Chamari K, Dellal A, Wisloff U. Effect of preseason concurrent muscular strength and high-intensity interval training in professional soccer players. J Strength Cond Res. 2010;24:653–60.

3. Marta C, Marinho DA, Barbosa TM, Izquierdo M, Marques MC. Effects of concurrent training on explosive strength and VO(2max) in prepubescent children. Int J Sports Med. 2013;34:888–96.
4. Hendrickson NR, Sharp MA, Alemany JA, et al. Combined resistance and endurance training improves physical capacity and performance on tactical occupational tasks. Eur J Appl Physiol. 2010;109:1197–208.
5. Goto K, Higashiyama M, Ishii N, Takamatsu K. Prior endurance exercise attenuates growth hormone response to subsequent resistance exercise. Eur J Appl Physiol. 2005;94:333–8.
6. Balabinis CP, Psarakis CH, Moukas M, Vassiliou MP, Behrakis PK. Early phase changes by concurrent endurance and strength training. J Strength Cond Res. 2003;17:393–401.
7. Eklund D, Schumann M, Kraemer WJ, Izquierdo M, Taipale RS, Häkkinen K. Acute endocrine and force responses and long-term adaptations to same-session combined strength and endurance training in women. J Strength Cond Res. 2016;30:164–75.
8. Leveritt M, Abernethy PJ. Acute effects of high-intensity endurance exercise on subsequent resistance activity. J Strength Cond Res. 1999;13:47–51.
9. Craig B, Lucas J, Pohlman R, Stelling H. The effects of running, weightlifting and a combination of both on growth hormone release. J Strength Cond Res. 1991;5:198–203.
10. Jones TW, Howatson G, Russell M, French DN. Effects of strength and endurance exercise order on endocrine responses to concurrent training. Eur J Sport Sci. 2017;17:326–34.
11. Thomas K, Dent J, Howatson G, Goodall S. Etiology and recovery of neuromuscular fatigue after simulated soccer match play. Med Sci Sports Exerc. 2017;49:955–64.
12. García-Pinillos F, Molina-Molina A, Latorre-Román PÁ. Impact of an incremental running test on jumping kinematics in endurance runners: can jumping kinematic explain the post-activation potentiation phenomenon. Sports Biomech. 2016;15:103–15.
13. Jones TW, Walshe IH, Hamilton DL, Howatson G, Russell M, Price OJ, Gibson ASC, French DN. Signaling responses after varying sequencing of strength and endurance training in a fed state. Int J Sports Physiol Perform. 2016;11:868–75.
14. García-Pinillos F, Soto-Hermoso VM, Latorre-Román PA. Acute effects of extended interval training on countermovement jump and handgrip strength performance in endurance athletes: postactivation potentiation. J Strength Cond Res. 2015;29:11–21.
15. Panissa VLG, Tricoli VAA, Julio UF, Ribeiro N, de Azevedo Neto RMA, Carmo EC, Franchini E. Acute effect of high-intensity aerobic exercise performed on treadmill and cycle ergometer on strength performance. J Strength Cond Res. 2015;29:1077–82.
16. Thomas K, Goodall S, Stone M, Howatson G, St Clair Gibson A, Ansley L. Central and peripheral fatigue in male cyclists after 4-, 20-, and 40-km time trials. Med Sci Sports Exerc. 2015;47:537–46.
17. de Salles PV, Alves VT, Ugrinowitsch C, Benatti FB, Artioli GG, Lancha AH, Gualano B, Roschel H. Creatine supplementation prevents acute strength loss induced by concurrent exercise. Eur J Appl Physiol. 2014;114:1749–55.
18. Latorre-Román PÁ, García-Pinillos F, Martínez-López EJ, Soto-Hermoso VM. Concurrent fatigue and postactivation potentiation during extended interval training in long-distance runners. Motriz Rev Educ Fís. 2014;20:423–30.
19. Schumann M, Walker S, Izquierdo M, Newton RU, Kraemer WJ, Häkkinen K. The order effect of combined endurance and strength loadings on force and hormone responses: effects of prolonged training. Eur J Appl Physiol. 2014;114:867–80.
20. Taipale RS, Schumann M, Mikkola J, Nyman K, Kyröläinen H, Nummela A, Häkkinen K. Acute neuromuscular and metabolic responses to combined strength and endurance loadings: the "order effect" in recreationally endurance trained runners. J Sports Sci. 2014;32:1155–64.
21. Tan JG, Coburn JW, Brown LE, Judelson DA. Effects of a single bout of lower-body aerobic exercise on muscle activation and performance during subsequent lower- and upper-body resistance exercise workouts. J Strength Cond Res. 2014;28:1235–40.
22. Reed JP, Schilling BK, Murlasits Z. Acute neuromuscular and metabolic responses to concurrent endurance and resistance exercise. J Strength Cond Res. 2013;27:793–801.

23. Taipale RS, Häkkinen K. Acute hormonal and force responses to combined strength and endurance loadings in men and women: the "order effect". PLoS One. 2013;8:e55051.
24. Panissa VLG, Ferreira Julio U, Pinto e Silva C, Vidal Andreato L, Hardt F, Franchini E. Effects of interval time between high-intensity intermittent aerobic exercise on strength performance: analysis in individuals with different training background. J Hum Sport Exerc. 2012;7:815–25.
25. Boullosa DA, Tuimil JL, Alegre LM, Iglesias E, Lusquiños F. Concurrent fatigue and potentiation in endurance athletes. Int J Sports Physiol Perform. 2011;6:82–93.
26. de Araújo Ruas VD, Figueira TR, Denadai BS, Greco CC. Effect of cycling exercise at different pedal cadences on subsequent muscle strength. J Exerc Sci Fit. 2011;9:93–9.
27. Boullosa DA, Tuimil JL. Postactivation potentiation in distance runners after two different field running protocols. J Strength Cond Res. 2009;23:1560–5.
28. Lemos A, Simão R, Polito M, Salles B, Rhea MR, Alexander J. The acute influence of two intensities of aerobic exercise on strength training performance in elderly women. J Strength Cond Res. 2009;23:1252–7.
29. de Souza EO, Tricoli V, Franchini E, Paulo AC, Regazzini M, Ugrinowitsch C. Acute effect of two aerobic exercise modes on maximum strength and strength endurance. J Strength Cond Res. 2007;21:1285–90.
30. Vuorimaa T, Virlander R, Kurkilahti P, Vasankari T, Häkkinen K. Acute changes in muscle activation and leg extension performance after different running exercises in elite long distance runners. Eur J Appl Physiol. 2006;96:282–91.
31. Sporer BC, Wenger HA. Effects of aerobic exercise on strength performance following various periods of recovery. J Strength Cond Res. 2003;17:638–44.
32. Bentley DJ, Smith PA, Davie AJ, Zhou S. Muscle activation of the knee extensors following high intensity endurance exercise in cyclists. Eur J Appl Physiol. 2000;81:297–302.
33. Lepers R, Hausswirth C, Maffiuletti N, Brisswalter J, van Hoecke J. Evidence of neuromuscular fatigue after prolonged cycling exercise. Med Sci Sports Exerc. 2000;32:1880–6.
34. Leveritt M, MacLaughlin H, Abernethy PJ. Changes in leg strength 8 and 32 h after endurance exercise. J Sports Sci. 2000;18:865–71.
35. Bentley DJ, Zhou S, Davie AJ. The effect of endurance exercise on muscle force generating capacity of the lower limbs. J Sci Med Sport. 1998;1:179–88.
36. Abernethy PJ. Influence of acute endurance activity on isokinetic strength. J Strength Cond Res. 1993;7:141–6.
37. Jacobs I, Kaiser P, Tesch P. Muscle strength and fatigue after selective glycogen depletion in human skeletal muscle fibers. Eur J Appl Physiol Occup Physiol. 1981;46:47–53.
38. Gandevia SC. Spinal and supraspinal factors in human muscle fatigue. Physiol Rev. 2001;81:1725–89.
39. Enoka RM, Stuart DG. Neurobiology of muscle fatigue. J Appl Physiol. 1992;72:1631–48.
40. Amann M. Central and peripheral fatigue: interaction during cycling exercise in humans. Med Sci Sports Exerc. 2011;43:2039–45.
41. Decorte N, Lafaix PA, Millet GY, Wuyam B, Verges S. Central and peripheral fatigue kinetics during exhaustive constant-load cycling. Scand J Med Sci Sports. 2012;22:381–91.
42. Lepers R, Maffiuletti NA, Rochette L, Brugniaux J, Millet GY. Neuromuscular fatigue during a long-duration cycling exercise. J Appl Physiol. 2002;92:1487–93.
43. Place N, Lepers R, Deley G, Millet GY. Time course of neuromuscular alterations during a prolonged running exercise. Med Sci Sports Exerc. 2004;36:1347–56.
44. Ross EZ, Middleton N, Shave R, George K, Nowicky A. Corticomotor excitability contributes to neuromuscular fatigue following marathon running in man. Exp Physiol. 2007;92:417–26.
45. Bigland-Ritchie B, Kukulka CG, Lippold OC, Woods JJ. The absence of neuromuscular transmission failure in sustained maximal voluntary contractions. J Physiol. 1982;330:265–78.
46. Schillings ML, Hoefsloot W, Stegeman DF, Zwarts MJ. Relative contributions of central and peripheral factors to fatigue during a maximal sustained effort. Eur J Appl Physiol. 2003;90:562–8.

47. Wilson JM, Marin PJ, Rhea MR, Wilson SMC, Loenneke JP, Anderson JC. Concurrent training: a meta-analysis examining interference of aerobic and resistance exercises. J Strength Cond Res. 2012;26:2293–307.
48. Escamilla RF. Knee biomechanics of the dynamic squat exercise. Med Sci Sports Exerc. 2001;33:127–41.
49. Gergley JC. Comparison of two lower-body modes of endurance training on lower-body strength development while concurrently training. J Strength Cond Res. 2009;23:979–87.
50. Eklund D, Pulverenti T, Bankers S, Avela J, Newton R, Schumann M, Häkkinen K. Neuromuscular adaptations to different modes of combined strength and endurance training. Int J Sports Med. 2015;36:120–9.
51. Jones TW, Howatson G, Russell M, French DN. Performance and endocrine responses to differing ratios of concurrent strength and endurance training. J Strength Cond Res. 2016;30:693–702.
52. Dudley GA, Djamil R. Incompatibility of endurance- and strength-training modes of exercise. J Appl Physiol. 1985;59:1446–51.
53. Häkkinen K, Alen M, Kraemer WJ, et al. Neuromuscular adaptations during concurrent strength and endurance training versus strength training. Eur J Appl Physiol. 2003;89:42–52.

Akute Auswirkungen eines Krafttrainings auf die Ausdauerleistungsfähigkeit

11

Kenji Doma

Einführung

Es gibt mittlerweile eine zunehmende Zahl an Studien, welche die Vorteile eines zusätzlichen Krafttrainings zu einem progressiven Ausdauertrainingsprogramm belegen [1–3]. Einige der postulierten Mechanismen, die für die Optimierung der Ausdauerentwicklung als Ergebnis des Krafttrainings verantwortlich sind, umfassen Veränderungen der Muskelfasertyp-Rekrutierung, eine erhöhte Muskelkontraktilität, eine Verringerung des Anteils der Fasern vom Typ 2x und eine Verschiebung hin zu Muskelphänotypen, die ermüdungsresistent und dennoch leistungsstark sind [2, 4]. Obwohl Trainer und Athleten grundsätzlich ermutigt werden, Krafttraining für Ausdauersportler zu implementieren, kann es, wenn zwischen den einzelnen Trainingseinheiten keine angemessene Erholungsphase eingeplant wird, zu Übertragungseffekten von Ermüdung aus dem Krafttraining kommen, die sich negativ darauf auswirken, während der nachfolgenden Ausdauertrainingseinheiten optimale Leistungen zu erbringen [5–7].

Tatsächlich haben eine Reihe von Studien zuvor eine Verschlechterung der Leistungsindizes gezeigt [5–11]. Eine Zusammenfassung dieser Daten ist in Tab. 11.1 dargestellt. Daher kann eine kontinuierliche krafttrainingsinduzierte Ermüdung während der nachfolgenden Ausdauertrainingseinheiten die Qualität der Ausdauertrainings beeinträchtigen und möglicherweise zu einer kurzfristigen Überlastung, Erscheinungen eins Übertrainings bis hin zu Verletzungen führen [17, 18]. Studien haben beispielsweise gezeigt, dass durch Krafttraining induzierte Ermüdung die Leistung währen eines im direkten Anschluss durchgeführten Zeitfahrens auf dem Radergometer [13] und die Zeit bis zur subjektiven Ausbelastung [6, 7] verringert

K. Doma (✉)
Division of Tropical Health and Medicine, College of Healthcare Sciences, James Cook University, Townsville, Australien
E-Mail: kenji.doma@jcu.edu.au

M. Schumann, B. R. Rønnestad (Hrsg.), *Kombiniertes Ausdauer- und Krafttraining*, https://doi.org/10.1007/978-3-031-36310-8_11

Tab. 11.1 Zusammenfassung der Ergebnisse von Studien, die die akuten Auswirkungen einer einzelnen Krafttrainingseinheit auf die nachfolgende Ausdauerleistung untersucht haben

Studie	Probanden	Klassifizierung der Probanden	Inhalte des Krafttrainings	Art der Ausdauerleistung	Ergebnisse
Deakin [12]	Männer ($n=9$)	Gut trainierte Radfahrer mit Krafttrainingserfahrung	Beinpresse, 6RM, Wiederholungen, 4–6 Sätze	Radökonomie	Signifikante Beeinträchtigung der Radökonomie 3 h nach dem Krafttraining.
Burt und Twist [13]	Männer ($n=7$) Weiblich ($n=1$)	Freizeitlich aktive junge Männer und Frauen (2 wöchentliche Ausdauertrainingseinheinheiten für 6 Monate, kein Krafttraining)	10 Sätze vertikales Sprungkrafttraining	Zeitfahrleistung	Signifikante Verringerung der Zeitfahrleistung bis zu 48 h nach dem plyometrischen Training.
Gee et al. [14]	Männlich ($n=7$)	Gut trainierte Ruderer mit Krafttrainingserfahrung	Reißen, Umsetzen, Kniebeuge, Kreuzheben, Bankdrücken, Bankziehen und Sit-ups, 75–85 % des 1RM, 5–15 Wiederholungen, 3–4 Sätze	Zeitfahrleistung	Keine Veränderung der Ruderleistung im Zeitfahren 24 h nach dem Krafttraining.
Doma und Deakin [6]	Männer ($n=14$)	Gut und moderat trainierte Läufer, die 6 Monate lang kein Krafttraining absolviert haben	Schräge Beinpresse, Beinstrecker und Beinbeuger, 6RM für 6 Wiederholungen von 4–6 Sätzen	Laufökonomie und Zeit bis zur Erschöpfung	Keine Veränderung der VO_2, aber signifikante Reduzierung der Zeit bis zur Erschöpfung bis zu 24 h nach dem Krafttraining.
Burt et al. [8]	Männer ($n=9$)	Freizeitlich aktive Männer mit 2–3 wöchentlichen Laufeinheiten	Kniebeuge, 80 % des Körpergewichts, 10 Wiederholungen, 10 Sätze	Laufökonomie	Signifikanter Anstieg der VO_2 bis zu 48 h nach dem Krafttraining.

Doma und Deakin [7]	Männer ($n=15$)	Moderat trainierte Läufer, die 6 Monate lang kein Krafttraining absolviert haben	Schräge Beinpresse, Bankdrücken und Bankziehen, hoher Intensität (3 Sätze mit 6 Wiederholungen bei 6RM) und niedrige Intensität (3 Sätze mit 20 Wiederholungen)	Laufökonomie und Zeit bis zur Erschöpfung	Keine Veränderungen in der VO_2, aber eine signifikante Verringerung der Zeit bis zur Erschöpfung bis zu 6 h nach dem Krafttraining mit hoher Intensität. Nach dem Krafttraining mit niedriger Intensität wurden keine Veränderungen beobachtet.
Doma et al. [15]	Männer ($n=14$)	Freizeitlich aktive Männer mit 2–3 wöchentlichen Laufeinheiten und 6 Monate lang kein Krafttraining	Kniebeuge, einbeinige horizontale Beinpresse, Beinstrecker und Beinbeuger, 6RM, 6 Wiederholungen, 3 Sätze	Laufökonomie und Zeit bis zur Erschöpfung	Keine Veränderung der VO_2, aber signifikanter Anstieg des subjektiven Belastungsempfindens bei submaximaler Laufbelastung. Reduktion der Zeit bis zur Erschöpfung bis zu 24 h nach dem Krafttraining.
Doma und Deakin [5]	Männer ($n=16$) Frauen ($n=8$)	Moderat trainierte Läufer, die 6 Monate lang kein Krafttraining absolviert haben	Schräge Beinpresse, Beinstrecker und Beinbeuger, 6RM, Wiederholungen, 4–6 Sätze	Laufökonomie und Zeit bis zur Erschöpfung	Keine Veränderung der VO_2, aber signifikanter Anstieg des subjektiven Belastungsempfindens bei submaximaler Laufbelastung und Verringerung der Zeit bis zur Erschöpfung bis zu 24 h nach dem Krafttraining.
Doma et al. [16]	Männer ($n=12$)	Freizeitlich aktive Männer mit 2–3 wöchentlichen Laufeinheiten und 6 Monate lang kein Krafttraining	Kniebeuge, einbeinige horizontale Beinpresse, Beinstrecker und Beinbeuger, 6RM, 6 Wiederholungen, 3 Sätze	Laufökonomie und Zeit bis zur Erschöpfung	Keine Veränderung der VO_2, aber signifikanter Anstieg des subjektiven Belastungsempfindens bei submaximaler Laufbelastung und Verringerung der Zeit bis zur Erschöpfung bis zu 24 h nach dem Krafttraining.

und gleichzeitig die physiologische Beanspruchung des Trainings (z. B. Sauerstoffverbrauch und Herzfrequenz) sowie das subjektive Belastungsempfinden bei einer konstanten submaximalen Intensität erhöht [8, 19]. Wenn Ausdauersportler in einem solchen Zustand trainieren, können sie Schwierigkeiten bei der Bewältigung längerer Distanzen haben, ihr Tempo beeinträchtigen und/oder Schwierigkeiten haben, die Trainingsziele für die Einheit zu erreichen.

Zwar gibt es deutliche Hinweise darauf, dass eine durch Krafttraining induzierte Ermüdung die Ausdauerleistung akut beeinträchtigen kann, das Ausmaß dieses Phänomens scheint jedoch von Faktoren wie der Art des Krafttrainings, der Trainingsintensität und der Erholungsphase nach einer Krafttrainingseinheit abhängig zu sein. Daher wird in diesem Kapitel die Auswirkung von krafttrainingsinduzierter Ermüdung auf die Ausdauerleistung erörtert und dargestellt, wie die Trainingserfahrung und Belastungsnormative (d. h. Intensität, Umfang und Erholung) dieses Phänomen beeinflussen können. Abschließend werden eine Reihe von Empfehlungen gegeben, um die Auswirkungen der durch das Krafttraining verursachten Ermüdung auf nachfolgende Ausdauertrainingseinheiten zu minimieren.

Einfluss der Trainingserfahrung

Krafttraining

Der zeitliche Verlauf der Erholung nach einer Krafttrainingseinheit hängt in hohem Maße davon ab, inwieweit ähnliche Belastungen bereits zuvor durchgeführt wurden (d. h. Trainingserfahrung) [20–23]. Das Ausmaß akuter Muskelschädigungen (d. h. Mikrotraumata) und der neuromuskulären Ermüdung ist bei krafttrainingsnaiven Personen bereits bei der zweiten Trainingseinheit der gleichen Muskelgruppe geringer. Dieses Phänomen wird in der Literatur als RBE-Effekt (repeated bout effect) bezeichnet [24]. Darüber hinaus sind aber das absolute Ausmaß der Muskelschädigung und die Beeinträchtigung der Muskelkontraktilität akut nach dem Krafttraining bei untrainierten Personen größer als bei trainierten Personen [25]. Daher nimmt die Trainingserfahrung einen deutlichen Einfluss auf die Auswirkungen der durch das Krafttraining verursachten Ermüdung auf daran anschließende Ausdauerleistungen. So hat sich beispielsweise gezeigt, dass typische Krafttrainingseinheiten für den Unterkörper (z. B. Kniebeugen und Beinpressen) bei mäßiger bis hoher Intensität die Laufökonomie (d. h. Sauerstoffverbrauch bei einer bestimmten Belastungsintensität) bei nicht krafttrainierten Personen bis zu 48 h lang beeinträchtigen [8, 15]. Es wurde jedoch auch berichtet, dass die Laufökonomie 6–8 h nach ähnlichen Krafttrainingsprotokollen bei krafttrainierten Personen unverändert blieb [7, 19].

Auf der Grundlage des RBW-Phänomens könnten krafttrainierte Personen nach einem Krafttraining weniger ermüden. Dies bedeutet jedoch nicht, dass eine durch das Krafttraining verursachte Ermüdung völlig vermeidbar ist, da akute Muskelschädigungen und eine Abschwächung der Muskelfunktion auch bei trainierten Personen bis zu 48 h nach dem Krafttraining beobachtet wurden [26–28]. Darüber hinaus haben Studien gezeigt, dass die Laufökonomie noch bis zu 48 h nach zwei Krafttrainingseinheiten [5] und die Laufzeit bis zur subjektiven Ausbelastung noch 24 h nach drei Krafttrainingseinheiten [16] beeinträchtigt waren. Diese Ergebnisse deuten darauf hin, dass akute Mikrotraumata und neuromuskuläre Ermüdung auch bei krafttrainierten Personen auftreten können und dass eine krafttrainingsinduzierte Ermüdung trotz der Erhöhung der Anzahl der Krafttrainingseinheiten bei nicht krafttrainierten Personen nicht zu vermeiden ist, insbesondere in Bezug auf Laufbelastungen.

Unsere früheren Studien haben auch gezeigt, dass die Zeit bis zur subjektiven Ausbelastung beim Laufen 24 h nach einer Krafttrainingseinheit für den Unterkörper bei moderat ausdauertrainierten Läufern beeinträchtigt war, obwohl diese Teilnehmer vor Beginn der Studie mehrere Krafttrainingseinheiten durchgeführt haben, um mögliche RBW-Effekte im Rahmen der Studie abzumildern [5, 9]. Dementsprechend sollte bei der Durchführung von Ausdauertrainingseinheiten bei krafttrainingsnaiven Personen mindestens 48 h nach dem Krafttraining besondere Vorsicht geboten sein.

Ausdauertraining

Im Vergleich zur Krafttrainingserfahrung, gibt es nur wenige Untersuchungen, die sich mit den Auswirkungen der Ausdauertrainingserfahrung auf das Ausmaß der durch das akute Krafttraining induzierten Reduktion der Ausdauerleistung befasst haben. In einer Studie von Skurvydas et al. [29] wurden indirekte Marker der Muskelschädigung (d. h. Muskelkater, Kreatinkinase [CK] und isokinetisches Drehmoment) vor und 48 h nach exzentrischen Beinstreckerbelastungen getrennt für ausdauertrainierte und untrainierte Personen gemessen. Die Ergebnisse zeigten, dass das Ausmaß der Verringerung des isokinetischen Drehmoments bei den untrainierten Personen im Vergleich zu den ausdauertrainierten Personen signifikant größer war, obwohl es keine Unterschiede zwischen den Gruppen bei Muskelkater und CK gab. In ähnlicher Weise berichteten Snieckus et al. [30] über keine Veränderungen der Muskelkater- und CK-Werte zwischen ausdauertrainierten und untrainierten Personen, obwohl Fähigkeit Kraft zu generieren bei untrainierten Personen bis zu 48 h nach exzentrischen Kniestreckung stärker reduziert war. Insgesamt deuten diese Ergebnisse darauf hin, dass ausdauertrainierte Personen in Bezug auf die Muskelfunktion widerstandsfähiger gegen Symptome einer trainingsinduzierten Muskelschädigung (EIMD) zu sein scheinen als untrainierte Personen. In diesen Studien wurde EIMD jedoch durch isokinetische Kontraktionen induziert, welche sowohl die Exzentrik, als auch die Konzentrik umfassen (im Gegensatz zu klassischen isoinertialen „Wiederholungen"). Darüber hinaus wurden in keiner dieser Studien [29, 30] die Auswirkungen von EIMD auf die Ausdauerleistung (z. B. Laufökonomie, Zeit bis zur Erschöpfung) zwischen ausdauertrainierten und -untrainierten Personen verglichen. Daher sind weitere Untersuchungen erforderlich, um spezifische Empfehlungen für nicht ausdauertrainierte Personen zu geben, wenn sie gleichzeitig mit einem Kraft- und Ausdauertraining beginnen. In Anbetracht der Tatsache, dass wir bereits früher über Zusammenhänge zwischen der Verringerung der Muskelkraftgenerierungskapazität und der Laufleistung berichtet haben [5–7, 9, 15, 16], sollte bei Personen, die weder Kraft- noch Ausdauertraining absolvieren kombiniertes Kraft- und Ausdauertraining mit Vorsicht begonnen werden.

Intensität des Kraft- und Ausdauertrainings

Intensität des Krafttrainings

Die neuromuskulären Beanspruchungen unterscheiden sich bei Krafttrainingseinheiten mit schweren und leichten Lasten erheblich. So führen beispielsweise Krafttrainingseinheiten mit schwereren Lasten (d. h. ≥ 85 % des 1RM) zu einer stärkeren Rekrutierung von motorischen Einheiten, die synchron mit höheren Frequenzen arbeiten [31]. Im Gegensatz dazu werden beim Krafttraining mit leichteren Lasten in der Regel weniger motorische Einheiten in einer sequenzielleren Weise rekrutiert, um Kontraktionen länger aufrechtzuerhalten [31]. Daher wird das neuromuskuläre System bei Krafttrainingseinheiten mit schwereren Lasten bei jeder Wiederholung stärker physiologisch belastet. Im Einklang mit dieser Vermutung, zeigten Thornton und Potteiger [32] einen höheren Sauerstoffverbrauch nach einem Krafttraining mit hoher Intensität (8 Wiederholungen bei 85 % des 8RM) im Vergleich zu einem Krafttraining mit niedriger Intensität (15 Wiederholungen bei 45 % des 8RM), wobei das Arbeitsvolumen bei 9 typischen Kraftübungen gleich war. Die Autoren postulierten, dass das Krafttraining mit hoher Intensität zu einer stärkeren Rekrutierung der motorischen Einheiten geführt haben könnte, was wiederum Störungen im Stoffwechselsystem verursacht. Zwar wurden nur die physiologischen Reaktionen in Ruhe gemessen, aber die unterschiedlichen neuromuskulären Eigenschaften verschiedener Krafttrainingsintensitäten könnten tiefgreifende Auswirkungen auf die Art und Weise haben, wie sich die durch das Krafttraining induzierte Ermüdung auf die spätere Ausdauerleistung auswirkt.

Eine von Deakin [12] durchgeführte Studie untersuchte die akuten Auswirkungen verschiedener Krafttrainingsintensitäten auf die submaximale Radfahrleistung bei krafttrainierten Probanden. Die Probanden führten sowohl Kraftübungen mit hoher (d. h. 6RM) als auch mit niedriger Intensität (6 Sätze mit 20 Wiederholungen) für den Unterkörper durch. Die Ausdauerleistung wurde mittels eines Radökonomietests jeweils 3 h nach den einzelnen Krafttrainingseinheiten erfasst. Die Ergebnisse zeigten, dass das Krafttraining mit hoher Intensität die physiologische Beanspruchung des Radfahrens stärker erhöhte als das Krafttraining mit niedriger Intensität. In ähnlicher Weise untersuchten wir auch die Auswirkungen der Intensität des Krafttrainings auf die submaximale und maximale Laufleistung 6 h nach dem Krafttraining bei krafttrainierten Personen [7]. Die Ergebnisse zeigten, dass keine der beiden Krafttrainingseinheiten einen Einfluss auf die Laufökonomie (d. h. das Laufen bei 90 % der anaeroben Schwelle) hatte. Ein hochintensives Krafttraining beeinträchtigte jedoch die Zeit bis zur Erschöpfung (d. h. das Laufen bei 110 % der anaeroben Schwelle), obwohl diese Werte nach einem Krafttraining mit niedriger Intensität unverändert blieben.

Nach den Erkenntnissen von Deakin [12] und unserer eigenen Studie [7] scheint es, dass ein Krafttraining mit hoher Intensität die Ausdauerleistungsindizes akut stärker beeinträchtigen kann als ein Training mit geringerer Intensität, wenn beide Intensitäten mit gleicher physikalischer Arbeit durchgeführt werden. Kürzlich berichteten Bartolomei et al. [33] über eine stärkere Abschwächung der Muskelkraftgenerierungskapazität und der Vertikalsprungleistung 48 h nach einem Krafttraining mit niedriger Intensität und hohem Volumen im Vergleich zu einem Krafttraining mit hoher Intensität und niedrigem Volumen bei krafttrainierten Personen. Während diese Ergebnisse im Widerspruch zu denen von Deakin [12] und [7] stehen, war die von den Teilnehmern in der Studie von Bartolomei et al. [33] geleistete Arbeit während des Krafttrainings mit hohem Volumen und niedriger Intensität etwa doppelt so hoch. Außerdem basierten die Messungen der körperlichen Leistungsfähigkeit auf der Erfassung der Kraftleistung, was einen Bezug zu Indizes der Ausdauerleistung erschwert. Nichtsdestotrotz unterstreichen diese widersprüchlichen Ergebnisse, wie wichtig es ist, die physikalische Arbeit zu standardisieren, wenn die akuten Auswirkungen der Intensität des Krafttrainings in einem kontrollierten Umfeld untersucht werden. Darüber hinaus zeigen die Ergebnisse von Deakin [12] und [7], dass bei der Durchführung von Ausdauertraining innerhalb weniger Stunden nach dem Krafttraining Vorsicht geboten ist, insbesondere nach hochintensivem Krafttraining (d. h. mit Krafttraining mit schweren Lasten). Es ist auch wichtig zu beachten, dass typische Krafttrainingseinheiten mit niedriger Intensität (z. B. 3–4 Sätze mit 12–15 Wiederholungen bei 50–65 % des 1RM) ein größeres Arbeitsvolumen umfassen können als Krafttrainingseinheiten mit sehr hoher Intensität (z. B. 4–5 Sätze mit 1–3 Wiederholungen bei 90–100 % des 1RM). Daher sollte nach einem Krafttraining mit niedriger Intensität auch eine angemessene Erholung in Betracht gezogen werden, wenn es mit einem sehr hohen Volumen durchgeführt wird.

Intensität des Ausdauertrainings

Akut nach dem Krafttraining könnte auch die Intensität des Ausdauertrainings manipuliert werden, um die Auswirkungen der durch das Krafttraining verursachten Ermüdung auf die nachfolgenden Ausdauertrainingseinheiten zu minimieren. Mehrere Studien haben gezeigt, dass die Abschwächung der Laufleistung in Phasen krafttrainingsbedingter Ermüdung bei höheren Ausdauerintensitäten verstärkt wird [5, 7, 9]. Wir konnten beispielsweise keine Auswirkungen auf die Laufökonomie mehrere Stunden bis Tage nach dem Krafttraining feststellen, obwohl die Zeit bis zur Erschöpfung beim Laufen beeinträchtigt war [7, 15]. Diese Ergebnisse wurden auch von anderen Gruppen nach einem Bergabläufen bestätigt [34], was die erhöhte Empfindlichkeit für Veränderungen verschiedener Indizes der Ausdauerleistung bei höheren Intensitäten in Phasen muskulärer Ermüdung weiter unterstreicht.

Es wurde postuliert, dass die Abschwächung der Ausdauerleistungsindizes bei höheren Intensitäten auf Unterschiede in den Muskelfaserrekrutierungsmustern zurückzuführen sein könnte [34]. In der Tat werden Muskelfasern vom Typ 1 hauptsächlich rekrutiert, wenn unterhalb der 2. Laktatschwelle trainiert wird, während bei Trainingsintensitäten oberhalb der 2. Schwelle eine größere Anzahl von Fasern vom Typ 2 rekrutiert wird [35, 36]. Da Kraftübungen nachweislich zu größeren Muskelschädigungen von Typ-2-Fasern im Vergleich zu Typ-1-Fasern führen, ist es plausibel anzunehmen, dass die Fähigkeit zur Rekrutierung von Typ-2-Fasern beeinträchtigt ist, so dass eine durch Krafttraining induzierte Ermüdung die Ausdauerleistung bei höheren Intensitäten beeinträchtigen kann. Folglich ist Vorsicht geboten, wenn in Zeiten krafttrainingsinduzierter Ermüdung Ausdauertrainingseinheiten mit höheren Intensitäten, insbesondere an oder über der 2. Laktatschwelle, durchgeführt werden. Eine angemessene Progression und Periodisierung des Trainings, u. a. durch die Einbeziehung einer Ausdauertrainingseinheit mit niedriger Intensität mehrere Stunden bis Tage nach einer Krafttrainingseinheit kann mögliche negative Auswirkungen auf die Ausdauerleistung minimieren und dadurch die Qualität der Ausdauertrainingseinheiten und schließlich die chronische kardiorespiratorische Anpassung optimieren.

Erholung nach dem Krafttraining

Bei der Umsetzung von kombiniertem Kraft- und Ausdauertraining muss eine angemessene Erholung zwischen den Kraft- und Ausdauertrainingseinheiten berücksichtigt werden, um mögliche Residualeffekte von einer Trainingsart zur nächsten zu minimieren. Die zwischen den einzelnen Trainingseinheiten erforderliche Erholungsdauer hängt von den Trainingsvariablen ab, insbesondere von der Art des Training. Ein typisches Ausdauertraining mit einer Dauer von 40–60 min ermöglicht eine Erholung der Muskelkontraktilität innerhalb weniger Stunden nach dem Training [37, 38]. Im Gegensatz dazu hat sich gezeigt, dass Krafttraining mit schweren Lasten die Muskelkontraktilität bis zu 96 h nach dem Training beeinträchtigen kann[39, 40], Muskelglykogen bis zu 6 h nach dem Training verringert[12] und möglicherweise bereits ab 8 h und bis zu 72 h nach dem Training Muskelschädigungen [41] hervorrufen kann, was sich alles negativ auf die Ausdauerleistungsfähigkeit auswirken kann [42].

In mehreren Studien wurde der zeitliche Verlauf der Erholung nach einem Krafttraining in Bezug auf Ausdauerleistungsindizes untersucht. Während Untersuchungen zu den akuten Auswirkungen eines typischen Krafttrainings auf die Radfahrleistung begrenzt sind, untersuchte Deakin [12] die submaximale Radfahrleistung und die Muskelkontraktilität 3 h nach einer hochintensiven Krafttrainingseinheit für den Unterkörper (z. B. Beinpresse mit 6RM) bei trainierten Radfahrern mit Krafttrainingserfahrung. Die Ergebnisse zeigten eine Beeinträchtigung der submaximalen Radfahrleistung mit einer gleichzeitigen Verringerung der Kraftgenerierung. Ähnliche Tendenzen wurden in mehreren Studien zur Ausdauerlaufleistung beobachtet. Beispielsweise untersuchten Palmer & Sleivert [19] die akuten Auswirkungen eines Ganzkörper-Krafttrainings (d. h. Bankdrücken, Kniebeugen, aufrechtes Rudern, Kreuzheben, sitzendes Rudern und Bauchmuskelübungen) bei 8RM auf die Laufökonomie 8 und 24 h nach dem Training bei gut trainierten Langstreckenläufern mit Krafttrainingserfahrung. Die Ergebnisse zeigten, dass die Laufökonomie 8 h nach dem Training beeinträchtigt war, aber 24 h nach dem Training wieder die Ausgangswerte erreichte. Auch bei moderat trainierten Läufern mit Krafttrainingserfahrung konnten wir 6 h nach einer Krafttrainingseinheit für den Unterkörper (d. h. Beinpresse, Beinstrecker und Beinbeuger) mit 6RM eine Beeinträchtigung der Laufökonomie feststellen [9]. Mit einem ähnlichen Krafttrainingsprotokoll wurde die Laufökonomie 24 h nach dem Training nicht beeinträchtigt, obwohl bei moderat trainierten Läufern mit Krafttrainingserfahrung eine Verkürzung der Zeit bis zur Erschöpfung (d. h. bei 110 % der anaeroben Schwelle) beobachtet wurde [5, 7]. Bei nicht krafttrainierten Personen hat sich gezeigt, dass typische Krafttrainingseinheiten für den Unterkörper die Laufökonomie 48 h nach der Belastung beeinträchtigen [15].

Nach den oben genannten Erkenntnissen sind bei Ausdauersportlern mit Krafttrainingserfahrung mindestens 8 h Erholung erforderlich, um die Ausdauerleistung nach einer typischen Krafttrainingseinheit nicht negativ zu beeinflussen. Bei Ausdauersportlern mit minimaler Erfahrung im Krafttraining oder nach längerer Pause können jedoch mehrere Tage Erholung erforderlich sein. Unabhängig vom Trainingszustand kann eine Erholungszeit von mehr als 24 h erforderlich sein, um Leistungseinbußen nach einer Krafttrainingseinheit zu vermeiden, wenn eine hochintensive Ausdauertrainingseinheit (d. h. über der anaeroben Schwelle) durchgeführt wird. Unabhängig davon gilt es wichtiger Weise dabei zu beachten: Auch wenn Krafttraining akut die Ausdauerleistungsfähigkeit beeinträchtigen kann, bedeutet dies jedoch nicht, dass es keine positiven Trainingseffekte durch Krafttraining geben kann.

Zusammenfassung

Zusammenfassend lässt sich sagen, dass die durch das Krafttraining hervorgerufene Ermüdung noch mehrere Tage nach dem Training andauern kann, was sich offenbar akut nachteilig auf die Ausdauerleistung auswirkt. Dementsprechend sind bei der Durchführung eines Ausdauertrainings im Anschluss an ein Krafttraining in den folgenden Trainingsszenarien möglicherweise längere Erholungszeiten erforderlich: (1) Durchführung einer hochintensiven Krafttrainingseinheit (z. B. $\geq$6RM) vor einer Ausdauertrainingseinheit; (2) Durchführung einer hochintensiven Ausdauertrainingseinheit (z. B. oberhalb der anaeroben Schwelle) im Anschluss an eine Krafttrainingseinheit; (3) nicht krafttrainierte Personen; (4) Personen mit Krafttrainingserfahrung, die jedoch mehrere Monate lang kein Krafttraining durchgeführt haben; und (5) nicht ausdauertrainierte Personen. Das Ausmaß, in dem sich ein Krafttraining auf die Qualität eines anschließenden Ausdauertrainings auswirkt, kann von einzelnen oder aller dieser Faktoren abhängig sein. Daher ist es wichtig, die Erholungsdynamik der einzelnen Parameter zu beobachten und zu verstehen, bevor Kraft- und Ausdauertraining kombiniert werden.

Literatur

1. Balsalobre-Fernandez C, Santos-Concejero J, Grivas GV. Effects of strength training on running economy in highly trained runners: a systematic review with meta-analysis of controlled trials. J Strength Cond Res. 2016;30(8):2361–8. https://doi.org/10.1519/JSC.0000000000001316.
2. Ronnestad BR, Hansen EA, Raastad T. Strength training improves 5-min all-out performance following 185 min of cycling. Scand J Med Sci Sports. 2011;21(2):250–9. https://doi.org/10.1111/j.1600-0838.2009.01035.x.
3. Ronnestad BR, Mujika I. Optimizing strength training for running and cycling endurance performance: a review. Scand J Med Sci Sports. 2013;24(4):603–12. https://doi.org/10.1111/sms.12104.
4. Aagaard P, Andersen JL, Bennekou M, Larsson B, Olesen JL, Crameri R, et al. Effects of resistance training on endurance capacity and muscle fiber composition in young top-level cyclists. Scand J Med Sci Sports. 2011;21(6):e298–307. https://doi.org/10.1111/j.1600-0838.2010.01283.x.
5. Doma K, Deakin G. The acute effect of concurrent training on running performance over 6 days. Res Q Exerc Sport. 2015;86(4):387–96. https://doi.org/10.1080/02701367.2015.1053104.
6. Doma K, Deakin GB. The effects of strength training and endurance training order on running economy and performance. Appl Physiol Nutr Metab. 2013;38(6):651–6. https://doi.org/10.1139/apnm-2012-0362.
7. Doma K, Deakin GB. The acute effects intensity and volume of strength training on running performance. Eur J Sport Sci. 2014;14(2):107–15.
8. Burt D, Lamb K, Nicholas C, Twist C. Effects of repeated bouts of squatting exercise on sub-maximal endurance running performance. Eur J Appl Physiol Occup Physiol. 2013;113(2):285–93. https://doi.org/10.1007/s00421-012-2437-2.
9. Doma K, Deakin GB. The effects of combined strength and endurance training on running performance the following day. Int J Sport Health Sci. 2013;11:1–9.
10. Doncaster GG, Twist C. Exercise-induced muscle damage from bench press exercise impairs arm cranking endurance performance. Eur J Appl Physiol Occup Physiol. 2012;112(12):4135–42. https://doi.org/10.1007/s00421-012-2404-y.
11. Hayter KJ, Doma K, Schumann M, Deakin G. The comparison of cold-water immersion and cold air therapy on maximal cycling performance and recovery markers following strength exercises. PeerJ. 2016;4:e1841. https://doi.org/10.7717/peerj.1841.
12. Deakin BD. Concurrent training in endurance athletes: the acute effects on muscle recovery capacity, physiological, hormonal and gene expression responses post-exercise. Lismore: Doctor of Philosophy, Southern Cross University; 2004.
13. Burt DG, Twist C. The effects of exercise-induced muscle damage on cycling time-trial performance. J Strength Cond Res. 2011;25(8):2185–92. https://doi.org/10.1519/JSC.0b013e3181e86148.
14. Gee TI, French DN, Howatson G, Payton SJ, Berger NJ, Thompson KG. Does a bout of strength training affect 2,000 m rowing ergometer performance and rowing-specific maximal power 24 h later? Eur J Appl Physiol. 2011;111(11):2653–62. https://doi.org/10.1007/s00421-011-1878-3.
15. Doma K, Schumann M, Sinclair WH, Leicht AS, Deakin GB, Hakkinen K. The repeated bout effect of typical lower body strength training sessions on sub-maximal running performance and hormonal response. Eur J Appl Physiol Occup Physiol. 2015;115(8):1789–99. https://doi.org/10.1007/s00421-015-3159-z.
16. Doma K, Schumann M, Leicht AS, Heilbronn B, Damas F, Burt D. The repeated bout effect of lower body resistance exercises on running performance across three bouts. Appl Physiol Nutr Metab. 2017;42(9):978–85.
17. Aubry A, Hausswirth C, Louis J, Coutts AJ, Le Meyur Y. Functional overreaching: the key to peak performance during the taper? Med Sci Sports Exerc. 2014;46(9):1769–77. https://doi.org/10.1249/MSS.0000000000000301.

18. Coutts AJ, Wallace LK, Slattery KM. Monitoring changes in performance, physiology, biochemistry, and psychology during overreaching and recovery in triathletes. Int J Sports Med. 2007;28(2):125–34. https://doi.org/10.1055/s-2006-924146.
19. Palmer CD, Sleivert GG. Running economy is impaired following a single bout of resistane exercise. J Sci Med Sport. 2001;4(4):447–59.
20. Clarkson PM, Byrnes WC, Gillisson E, Harper E. Adaptation to exercise-induced muscle damage. Clin Sci (Lond). 1987;73(4):383–6.
21. Clarkson PM, Dedrick ME. Exercise-induced muscle damage, repair, and adaptation in old and young subjects. J Gerontol. 1988;43(4):M91–6.
22. Clarkson PM, Tremblay I. Exercise-induced muscle damage, repair, and adaptation in humans. J Appl Physiol (1985). 1988;65(1):1–6.
23. Ebbeling CB, Clarkson PM. Exercise-induced muscle damage and adaptation. Sports Med. 1989;7(4):207–34.
24. Nosaka K, Clarkson PM, McGuiggin ME, Byrne JM. Time course of muscle adaptation after high force eccentric exercise. Eur J Appl Physiol Occup Physiol. 1991;63(1):70–6.
25. Newton MJ, Morgan GT, Sacco P, Chapman DW, Nosaka K. Comparison of responses to strenuous eccentric exercise of the elbow flexors between resistance-trained and untrained men. J Strength Cond Res. 2008;22(2):597–607. https://doi.org/10.1519/JSC.0b013e3181660003.
26. Bird SP, Mabon T, Pryde M, Feebrey S, Cannon J. Triphasic multinutrient supplementation during acute resistance exercise improves session volume load and reduces muscle damage in strength-trained athletes. Nutr Res. 2013;33(5):376–87. https://doi.org/10.1016/j.nutres.2013.03.002.
27. Chaves CP, Simao R, Miranda H, Ribeiro J, Soares J, Salles B, et al. Influence of exercise order on muscle damage during moderate-intensity resistance exercise and recovery. Res Sports Med. 2013;21(2):176–86. https://doi.org/10.1080/15438627.2012.738439.
28. Meneghel AJ, Verlengia R, Crisp AH, Aoki MS, Nosaka K, da Mota GR, Lopes CR. Muscle damage of resistance-trained men after two bouts of eccentric bench press exercise. J Strength Cond Res. 2014;28(10):2961–6. https://doi.org/10.1519/JSC.0000000000000494.
29. Skurvydas A, Brazaitis M, Venckunas T, Kamandulis S, Stanislovaitis A, Zuoza A. The effect of sports specialization on musculus quadriceps function after exercise-induced muscle damage. Appl Physiol Nutr Metab. 2011;36(6):873–80. https://doi.org/10.1139/h11-112.
30. Snieckus A, Kamandulis S, Venckunas T, Brazaitis M, Volungevicius G, Skurvydas A. Concentrically trained cyclists are not more susceptible to eccentric exercise-induced muscle damage than are stretch-shortening exercise-trained runners. Eur J Appl Physiol. 2013;113(3):621–8. https://doi.org/10.1007/s00421-012-2470-1.
31. Fisher J, Steele J, Smith D. High- and Low-load resistance training: interpretation and practical application of current research findings. Sports Med. 2017;47(3):393–400. https://doi.org/10.1007/s40279-016-0602-1.
32. Thornton MK, Potteiger JA. Effects of resistance exercise bouts of different intensities but equal work on EPOC. Med Sci Sports Exerc. 2002;34(4):715–22.
33. Bartolomei S, Sadres E, Church DD, Arroyo E, Iii JAG, Varanoske AN, et al. Comparison of the recovery response from high-intensity and high-volume resistance exercise in trained men. Eur J Appl Physiol. 2017;117(7):1287–98. https://doi.org/10.1007/s00421-017-3598-9.
34. Chen TC, Nosaka K, Lin MJ, Chen HL, Wu CJ. Changes in running economy at different intensities following downhill running. J Sports Sci. 2009;27(11):1137–44. https://doi.org/10.1080/02640410903062027.
35. Abernethy PJ, Thayer R, Taylor AW. Acute and chronic responses of skeletal muscle to endurance and sprint exercise. A review. Sports Med. 1990;10(6):365–89.
36. Gollnick PD, Karlsson J, Piehl K, Saltin B. Selective glycogen depletion in skeletal muscle fibres of man following sustained contractions. J Physiol. 1974;241(1):59–67.
37. Bentley DJ, Smith PA, Davie AJ, Zhou S. Muscle activation of the knee extensors following high intensity endurance exercise in cyclists. Eur J Appl Physiol. 2000;81(4):297–302. https://doi.org/10.1007/s004210050046.

38. Bentley DJ, Zhou S, Davie AJ. The effect of endurance exercise on muscle force generating capacity of the lower limbs. J Sci Med Sport. 1998;1(3):179–88.
39. Lentz M, Nielsen JF. Post-exercise facilitation and depression of M wave and motor evoked potentials in healthy subjects. Clin Neurophysiol. 2002;113(7):1092–8.
40. Sargeant AJ, Dolan P. Human muscle function following prolonged eccentric exercise. Eur J Appl Physiol Occup Physiol. 1987;56(6):704–11.
41. Jakeman JR, Byrne C, Eston RG. Lower limb compression garment improves recovery from exercise-induced muscle damage in young, active females. Eur J Appl Physiol. 2010;109(6):1137–44. https://doi.org/10.1007/s00421-010-1464-0.
42. Ihsan M, Watson G, Abbiss CR. What are the physiological mechanisms for post-exercise cold water immersion in the recovery from prolonged endurance and intermittent exercise. Sports Med. 2016;46(8):1095–109. https://doi.org/10.1007/s40279-016-0483-3.

12 Langfristige Effekte von kombiniertem Ausdauer- und Krafttraining auf die Muskelhypertrophie

Tommy Lundberg

Einführung

Wenn Sportler oder Freizeitsportler über einen längeren Zeitraum (d. h. Monate bis Jahre) ein strukturiertes Kraft- oder Ausdauertraining absolvieren, wird ihre Skelettmuskulatur zu gegebener Zeit einen ausgeprägten Phänotyp aufweisen, der den primären Überlastungsreiz widerspiegelt. Dies zeigt sich in seinen Extremen z. B. bei Marathonläufern mit einem schlanken und ermüdungsresistenten Muskelprofil und bei Powerliftern oder Bodybuildern mit außergewöhnlich großen Muskeln. Aus konzeptioneller Sicht erscheint es unwahrscheinlich, dass der Skelettmuskel in der Lage ist, die extremen Merkmale des Powerlifters und des Marathonläufers gleichzeitig zu erreichen. Wie in den vorangegangenen Kapiteln deutlich gemacht wurde, stellt sich daher die Frage, ob man Ausdauer- und Krafttraining gleichzeitig durchführen kann, ohne die unterschiedlichen Muskelanpassungen zu beeinträchtigen, die bei einem isolierten Training aufgetreten wären.

Obwohl die im obigen vereinfachten Beispiel skizzierten Anpassungen der Skelettmuskulatur klassische Endpunktanpassungen an Kraft- und Ausdauertraining darstellen, sollte man sich darüber im Klaren sein, dass Veränderungen des Phänotyps entlang eines Kontinuums auftreten und mehrere Muskelanpassungen zumindest kurzfristig eine geringe Spezifität für verschiedene Trainingsarten aufweisen. So können beispielsweise die Größe des gesamten Muskels und der Muskelfasern als Reaktion auf aerobes Training bis zu einem gewissen Grad zunehmen [1, 2], und die Veränderung des Fasertyps erfolgt unabhängig von der Trainingsart in die gleiche Richtung [3]. Darüber hinaus kann ein hochvoluminöses Krafttrai-

T. Lundberg (✉)
Division of Clinical Physiology, Department of Laboratory Medicine, Karolinska Institutet, Stockholm, Schweden
E-Mail: Tommy.Lundberg@ki.se

M. Schumann, B. R. Rønnestad (Hrsg.), *Kombiniertes Ausdauer- und Krafttraining*, https://doi.org/10.1007/978-3-031-36310-8_12

ning eine Kapillarproliferation [4] sowie eine erhöhte oxidative Enzymaktivität und aerobe Kapazität [5] induzieren. Diese Beispiele verdeutlichen, dass die adaptive Reaktion der Muskeln auf körperliche Betätigung komplex ist und sich entlang eines Kontinuums vollzieht. Angesichts des begrenzten Verständnisses der Mechanismen, die die klassischen Anpassungen an das Ausdauer- Krafttraining bestimmen, ist es vielleicht nicht überraschend, dass die Ergebnisse von Studien, die die Muskelhypertrophie als Reaktion auf kombiniertes Training untersuchten, etwas uneinheitlich sind. Das Ziel dieses Kapitels ist es, die langfristigen Auswirkungen eines zusätzlichen aeroben Trainings auf die Muskelhypertrophie zu untersuchen.

Kombiniertes Training und Muskelhypertrophie: Ein Blick zurück

Es muss eingeräumt werden, dass die meisten Studien zum kombinierten Ausdauer- und Krafttraining bisher die Messung der Muskelhypertrophie nicht mit einbezogen haben. Daher haben sich viele Studien, die Unvereinbarkeiten zwischen Ausdauer- und Krafttraining aufzeigen, nur auf die Entwicklung von Kraft oder Schnellkraft konzentriert. Außerdem wurde in mehreren Studien die Muskelkraft durch Ausdauertraining beeinträchtigt, während die Muskelhypertrophie unverändert blieb. Obwohl beispielsweise die ursprüngliche Arbeit von Hickson [6] häufig als Argument für einen Interferenzeffekt in Bezug auf die Muskelanpassung bei kombiniertem Training angeführt wird, wurde in dieser bahnbrechenden Studie tatsächlich kein verringertes Muskelwachstum als Reaktion auf das kombinierte Training festgestellt. Die Messung der Muskelgröße erfolgte mit einem Maßband zur Schätzung des Oberschenkelumfangs, und die Zunahme dieses Maßes unterschied sich am Ende des Trainingsprogramms nicht zwischen den Gruppen (kombiniertes Training vs. alleiniges Krafttraining). Nichtsdestotrotz haben seither zahlreiche Studien die Auswirkungen eines zusätzlichen aeroben Trainings zu einem Krafttrainingsprogramm untersucht, wobei die Muskelhypertrophie durch verschiedene Messungen der Muskel- oder Fasergröße vor und nach dem Training erfasst wurde.

In der Literatur gibt es große Unstimmigkeiten hinsichtlich der Auswirkungen von kombiniertem Kraft- und Ausdauertraining auf die Muskelhypertrophie. Wie in mehreren früheren Übersichtsarbeiten (z. B. [7–10]) hervorgehoben wurde, sind diese Unstimmigkeiten wahrscheinlich auf Unterschiede im Studiendesign (z. B. Studiendauer, Probandenpopulation, Alter und Trainingszustand) sowie auf Unterschiede in Bezug auf Trainingsart, -frequenz, -intensität und -volumen zurückzuführen. Eine frühere Metaanalyse zeigte, dass es zwar keinen statistischen Unterschied in der gemittelten Effektstärke für die Hypertrophie der Unterkörpermuskulatur zwischen kombiniertem und reinen Krafttraining gab [10], jedoch Unterschiede gefunden wurden, wenn die Effektstärken für verschiedene Trainingsvariablen aufgeteilt wurden. Insbesondere wurde eine Beeinträchtigung der Entwicklung der Muskelhypertrophie festgestellt, wenn Laufen als aerobe Trainingsmodalität gewählt wurde oder wenn hohe Trainingsfrequenzen oder lange aerobe Trainingseinheiten eingesetzt wurden. Seitdem wurden jedoch mehrere neue Studien veröffentlicht, darunter auch Übersichtsarbeiten, die die Idee eines Interferenzeffekts auf die Muskelhypertrophie bei kombiniertem Kraft- und Ausdauertraining in Frage stellen [11].

Kombiniertes Ausdauer- und Krafttraining und Muskelhypertrophie: Eine aktualisierte Sichtweise

Eine Zusammenfassung von 23 veröffentlichten Studien [3, 5, 12–33], die über Veränderungen der Muskelhypertrophie bei kombiniertem Training und alleinigem Krafttraining berichten, ist in Tab. 12.1 zusammengefasst. Bei den Probanden der identifizierten Studien handelte es sich in der Regel um untrainierte oder freizeitlich aktive junge Männer, mit einigen wenigen Ausnahmen, in denen Studien mit Frauen oder trainierten/sportlichen Personen durchgeführt wurden. Die Studiendauer variierte zwischen 5 und 22 Wochen, und die Trainingshäufigkeit lag zwischen 2 und 6 Tagen pro Woche (meist mit 2 oder 3 wöchentlichen Kraft- und/oder Ausdauertrainingseinheiten). In 15 der Studien wurden die Kraft- und Ausdauertrainingseinheiten am selben Tag durchgeführt, in der Regel mit nur einer kurzen Ruhephase zwischen den Einheiten. In sieben Studien wurden die Trainingseinheiten auf andere Tage gelegt.

Es gibt keinen einheitlichen Interferenzeffekte auf die Muskelhypertrophie

Wenn man die Effektstärken und die relative Zunahme der Muskelhypertrophie über alle Studien hinweg zusammenfasst, wird deutlich, dass es keinen allgemeinen oder „globalen“ Interferenzeffekt auf die Muskelhypertrophie durch kombiniertes Training gibt (Abb. 12.1). Die durchschnittliche globale Zunahme der Muskelhypertrophie (d. h. der Durchschnitt aller Messungen aus allen Studien) beträgt 14 % bei alleinigem Krafttraining und 12 % bei kombiniertem Ausdauer- und Krafttraining ($P = 0{,}36$). Die durchschnittliche Effektstärke für die Muskelhypertrophie beträgt 0,76 für Krafttraining allein und 0,60 für kombiniertes Training ($P = 0{,}17$). Wird jeder Studie in der Analyse das gleiche Gewicht beigemessen (unabhängig davon, ob die Hypertrophie mittels unterschiedlicher Methoden erfasst wurde oder nicht), sind die Ergebnisse immer noch sehr ähnlich. In der Tat berichtet die Mehrheit der einzelnen Studien unabhängig voneinander keinen Unterschied in der mittleren hypertrophen Reaktion zwischen den beiden Trainingsbedingungen (Tab. 12.1, Abb. 12.1). Es ist anzumerken, dass es ebenso viele Arbeiten gibt, die von einer stärkeren Zunahme der Muskelhypertrophie bei kombiniertem Training berichten, wie es Arbeiten gibt, die einen Interferenzeffekt zeigen.

Ein wichtiger Hinweis zum Forschungsdesign ist, dass in den Studien, die über irgendeine Art von Interferenzeffekt berichten, alle bis auf eine Studie den Faserquerschnitt als Ergebnismaß für die Muskelhypertrophie verwendeten. Als einzige Ausnahme verwendeten Craig et al. [18] den Oberschenkelumfang, um die Muskelhypertro-

Tab. 12.1 Zusammenfassung der Studien zum kombinierten versus reinem Krafttraining im Hinblick auf die Muskelhypertrophie

Studie	Population	Dauer und Häufigkeit des Trainings	Reihenfolge des Trainings	Trainingsprogramm	Verfahren zur Bestimmung der Hypertrophie	Fehlanpassungen (ja/nein)	Anmerkungen
Hickson [6]	Freizeitlich aktive Männer und Frauen	5 Tage/ Woche, 10 Wochen	Reihenfolge nicht spezifiziert; ~2 h zwischen den Trainings	ST: 3–5 Sätze × 5 Wiederholungen mit isoinertialen Beinübungen, 80 % des 1RM; AT: Radergometertraining in Intervallen und kontinuierliches Laufen.	Umfang der Oberschenkel	N	
Nelson et al. [16]	Untrainierte Männer	4 Tage/ Woche, 20 Wochen	ST-AT	ST: 3 Sätze × 6 Wiederholungen maximale Kniestreckung bei 30 Grad/s; AT: 30–60 min kontinuierliches Radergometertraining	Faserquerschnitt	N	Stärkerer Anstieg von AT + ST als ST alleine
Sale et al. [17, 34]	Untrainierte Männer und Frauen; Vergleich zwischen den Beinen	3 Tage/ Woche, 22 Wochen	AT-ST	AT: 5 × 3 min Intervall-Radergometertraining bei 90–100 % der VO_{2max}; ST: 6 × 15–20 Wiederholungen Beinpresse	CSA (CT), Oberschenkelumfang und Faserfläche	N	
Craig et al. [18]	Untrainierte Männer	3 Tage/ Woche, 10 Wochen	AT-ST	AT: 30–35 min kontinuierliches Laufen bei 75 % der maximalen Herzfrequenz; ST: 3 × 6–10 Wiederholungen von Übungen für den Unter- und Oberkörper, einschließlich Beinpresse und Beinstrecker	Umfang der Oberschenkel	Y	Keine Fehlanpassungen berichtet; Sehr geringe Verbesserung insgesamt

Volpe et al. [19]	Untrainierte Frauen	3 Tage/ Woche, 9 Wochen	AT-ST	AT: 20–25 min Laufen bei 75 % der prognostizierten maximalen Herzfrequenz; ST: 2–4 Sätze mit 4 –10 Wiederholungen von Beinpresse, Kniestrecker und -Beuger und Wadenheben sowie zusätzlich 6 Übungen für den Oberkörper	Umfang der Oberschenkel	N	
Kraemer et al. [3]	Trainierte männliche Rekruiten	4 Tage/ Woche, 12 Wochen	AT-ST, 5–6 h Pause dazwischen	AT: kontinuierliche und Intervall-Laufeinheiten mit dem Ziel, das aerobe System maximal zu belasten; ST: 3–5 Sätze mit 5–15 Wiederholungen, 10 Übungen für den Oberkörper und 8 isoinertiale Beinübungen	Faserquerschnitt	Y	Fehlanpassungen der Typ-1- und Typ-2C-Fasern (keine statistische Interaktionseffekte dokumentiert)
McCarthy et al. [20]	Untrainierte Männer	3 Tage/ Woche, 10 Wochen	Alternierende Reihenfolge in der gleichen Einheit	ST: 4 × 5–7 Wiederholungen, isoinertiale Kraftübungen wie Kniebeugen, Beinpresse, Beinstrecker und -Beuger sowie Übungen für den Oberkörper; AT: 50 min kontinuierliches Radergometertraining bei 70 % der Herzfrequenzreserve	Umfang der Oberschenkel	N	

(Fortsetzung)

Tab. 12.1 (Fortsetzung)

Studie	Population	Dauer und Häufigkeit des Trainings	Reihenfolge des Trainings	Trainingsprogramm	Verfahren zur Bestimmung der Hypertrophie	Fehlanpassungen (ja/nein)	Anmerkungen
Bell et al. [27]/ Putman et al. [28]	Freizeitlich aktive Männer	3 Tage/ Woche, ST + AT 6 Tage/ Woche, 12 Wochen	Alternierende Tage	ST: 2–6 Sätze, 4–12 Wiederholungen von jeweils 4 Übungen für den Unter- und Oberkörper mit freien Gewichten und Maschinen; AT: Radergometertraining, kontinuierlich + Intervalle	Faserquerschnitt	Y	Fehlanpassungen der Typ-1-Fasern (keine statistischen Interaktionseffekte dokumentiert)
McCarthy et al. [21]	Untrainierte Männer	3 Tage/ Woche, 10 Wochen	Alternierende Reihenfolge in der gleichen Einheit	ST: 3 Sätze × 5–7 Wiederholungen von 8 Übungen, darunter Kniebeugen, Beinstrecker und -Beuger; AT: kontinuierliches Radergometertraining	CSA (CT) und Faserquerschnitt	N	
Häkkinen et al. [22]	Freizeitlich trainierte Männer	2 Tage/ Woche, ST + AT 4 Tage/ Woche, 21 Wochen	Alternierende Tage	ST: 3–5 Sätze mit 5–15 Wiederholungen für den Unterkörper (Beinpresse und Kniestrecker sowie 4 weitere Übungen), Ziel war sowohl die Maximalkraft als auch die Explosivkraft; AT: Zunächst 30 min Radergometertraining oder Gehen, dann 60–90 min lang verstärktes Radergometertraining mit unterschiedlichen Intensitäten	CSA (MRI)	N	

Izquierdo et al. [23]	Untrainierte ältere Männer	2 Tage/ Woche, 16 Wochen	Alternierende Tage	ST: erste 8 Wochen: 3–4 Sätze mit 10–15 Wiederholungen bei 50–70 % 1RM, letzte 8 Wochen: 3–5 Sätze × 5–6 Wiederholungen von Beinpresse, Kniestrecker, Bankdrücken und 4–5 andere Oberkörperübungen; AT: Kontinuierliches und Intervall-Radergometertraining	CSA (Ultraschall)	N	
Izquierdo et al. [12]	Untrainierte Männer mittleren Alters	2 Tage/ Woche, 16 Wochen	Alternierende Tage	ST: erste 8 Wochen: 3–4 Sätze mit 10–15 Wiederholungen bei 50–70 % 1RM, letzte 8 Wochen: 3–5 Sätze × 5–6 Wiederholungen von Beinpresse, Kniestrecker, Bankdrücken und 4–5 andere Oberkörperübungen; AT: Kontinuierliches und Intervall-Radergometertraining	CSA (Ultraschall)	N	
Sillanpää et al. [13]	Untrainierte Männer mittleren Alters	2 Tage/ Woche, ST + AT 4 Tage/ Woche, 21 Wochen	Alternierende Tage	ST: Ganzkörperprogramm mit 2 Übungen für die Beinstrecker; AT: 30–60 min kontinuierliches Radergometertraining	VL + VI Dicke (Ultraschall)	N	

(Fortsetzung)

Tab. 12.1 (Fortsetzung)

Studie	Population	Dauer und Häufigkeit des Trainings	Reihenfolge des Trainings	Trainingsprogramm	Verfahren zur Bestimmung der Hypertrophie	Fehlanpassungen (ja/nein)	Anmerkungen
Ahtiainen et al. [24]	Untrainierte ältere Männer	2 Tage/Woche, ST + AT 4 Tage/Woche, 21 Wochen	Alternierende Tage	ST: Ganzkörperprogramm mit 2 Übungen für die Beinstrecker; AT: 30–60 min kontinuierliches Radergometertraining	VL-Dicke und Faserquerschnitt	N/Y	Beeinträchtigung des Typ-2-Faserquerschnitts (keine statistischen Interaktionseffekte dokumentiert), Keine Beeinträchtigung der VL-Dicke
Karavirta et al. [14]	Untrainierte ältere Männer	2 Tage/Woche, ST + AT 4 Tage/Woche, 21 Wochen	Alternierende Tage	ST: Ganzkörperprogramm mit 2 Übungen für die Beinstrecker; AT: 30–60 min kontinuierliches Radergometertraining	Faserquerschnitt	Y	Fehlanpassungen in den Typ-2 Fasern (keine statistischen Interaktionseffekte dokumentiert)
Mikkola et al. [15]	Untrainierte Männer mittleren Alters	2 Tage/Woche, ST + AT 4 Tage/Woche, 21 Wochen	Alternierende Reihenfolge	ST: Ganzkörperprogramm mit 2 Übungen für die Beinstrecker; AT: 30–60 min kontinuierliches Radergometertraining	CSA (MRI)	N	Stärkerer Anstieg in AT + ST als ST
de Souza et al. [25, 26]	Unausgebildete junge Männer	2 Tage/Woche, 8 Wochen	Alternierende Reihenfolge in der gleichen Einheit	ST: 3–5 Sätze von 6–12 RM in Beinpresse, Kniestrecker und Kniebeuge; AT: Intervalltraining bei 80–100 % der vVO2max	CSA (MRI) und Faserquerschnitt	N/Y	Fehlanpassungen im Faserquerschnitt aber nicht im gesamten Muskel-MRT (keine statistischen Interaktionseffekte dokumentiert)

Jones et al. [29]	Freizeitlich Krafttrainierte	3 Tage/Woche, 6 Wochen	ST-AT	ST: 5 Sätze mit 6 Wiederholungen bei 80 % der MVC bei isokinetischen Beinstreckung, unilaterales Training; AT: 30 min wiederholte Streckungen bei 30 % der MVC	Umfang der Oberschenkel	JA/NEIN	Beeinträchtigung bei 3 Tagen/Woche, aber nicht bei 1 Tag/Woche AT
Lundberg et al. [30]	Moderat trainierte Männer. Vergleich zwischen den Beinen	AT: 3 Tage/Woche; ST: 2 oder 3 Tage/Woche; 5 Wochen	AT-ST, 6 h Pause zwischen den Trainings	AT: einbeiniges kontinuierliches Radergometertraining ~45 min; ST: 4 × 7 Sätze Schwungrad-Kniestrecker	Volumen und CSA (MRI), Faserquerschnitt	N	Stärkerer Anstieg in AT +ST als ST
Lundberg et al. [31]	Moderat trainierte Männer. Vergleich zwischen den Beinen	AT: 3 Tage/Woche; ST: 2 oder 3 Tage/Woche; 5 Wochen	AT-ST, 15 min Pause zwischen den Trainings	AT: einbeiniges kontinuierliches Radergometertraining ~45 min; ST: 4 × 7 Sätze Schwungrad-Kniestrecker	Volumen und CSA (MRI)	N	Stärkerer Anstieg in AT +ST als ST
Kazior et al. [32]	Untrainierte junge Männer	2–4 Tage/Woche (progressive Steigerung), 7 Wochen	AT-ST	AT: Sowohl kontinuierliche als auch Intervalltrainingseinheiten; ST: Beinpresse 4–6 Sätze × 8–15 Wiederholungen	Faserquerschnitt	N	Stärkerer Anstieg in AT +ST als ST

(Fortsetzung)

Tab. 12.1 (Fortsetzung)

Studie	Population	Dauer und Häufigkeit des Trainings	Reihenfolge des Trainings	Trainingsprogramm	Verfahren zur Bestimmung der Hypertrophie	Fehlanpassungen (ja/nein)	Anmerkungen
Terzis et al. [33]	Moderat trainierte junge Frauen	3 Tage/ Woche, 6 Wochen	ST-AT	ST: Krafttraining für den Unterkörper (exzentrische Half-Squats, CMJ-Sprünge, Drop-Jumps); AT: 30 min Laufen mit niedriger Intensität bei 60–70 % der maximalen Herzfrequenz	Faserquerschnitt	Y	Fehlanpassungen in allen Fasertypen
Tsitkanou et al. [35]	Freizeitlich aktive junge Männer	2 Tage/ Woche, 8 Wochen	ST-AT	ST: Beinpresse und halbe Kniebeugen 4 Sätze mit 6RM; AT: Hochintensives Radergometertraining 10 Sätze à 1 min bei maximaler aerober Leistung	CSA (Ultraschall) und Faserfläche	N	

Anmerkung: *ST* Krafttraining, *AT* Ausdauertraining, *RM* Wiederholungsmaximum, *CSA* Querschnittsfläche, *CMJ* Counter-movement Sprung, VO_2 Sauerstoffaufnahme, *MVC* maximale willkürliche Kontraktion, *CT* Computertomographie, *MRT* Magnetresonanztomographie, *VL* vastus lateralis, *VI* vastus intermedius

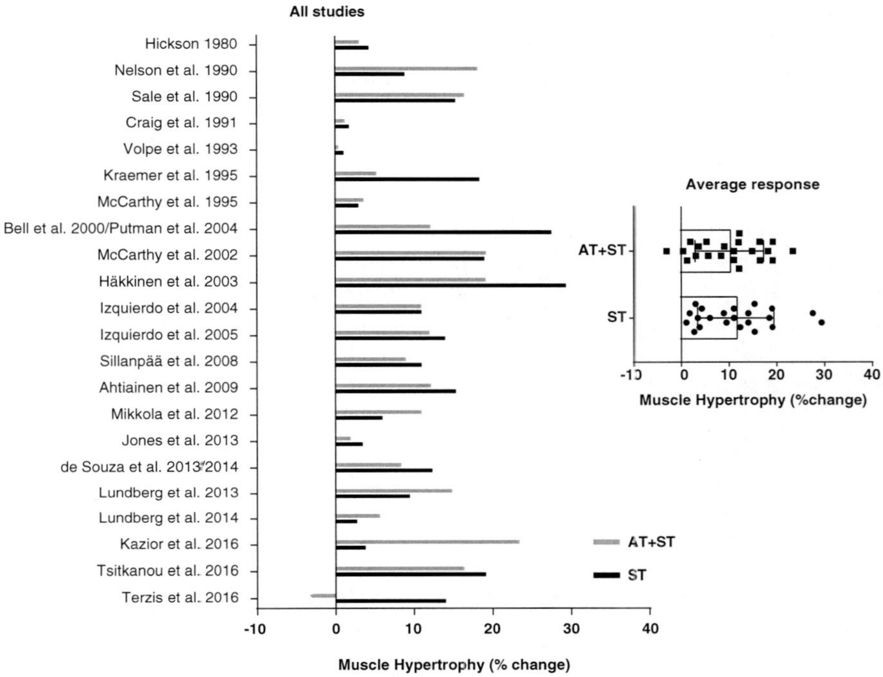

Abb. 12.1 Quantitative Zusammenfassung der relativen Muskelhypertrophie in allen in Tab. 12.1 enthaltenen Studien. Die linke Seite stellt jede einzelne Studie dar, während rechte Seite die durchschnittliche Anpassung zeigt. *ST* Krafttraining allein, *AT+ST* kombiniertes Ausdauer- und Krafttraining

phie vor und nach dem Training zu bewerten, und die Autoren stellten eine Zunahme von 1,8 % in der Kraftgruppe im Vergleich zu 1,3 % in der Gruppe mit kombiniertem Training fest. Auch wenn der Autor zu dem Schluss kam, dass die Zunahme in der Kraftgruppe im Gegensatz zur Zunahme in der Gruppe mit gleichzeitigem Training signifikant war, muss man sich doch fragen, ob dieser geringe Unterschied im Oberschenkelumfang aussagekräftig sein kann. Ein wichtiger Punkt in diesem Zusammenhang ist, dass in keiner der Studien, in denen ein Interferenzeffekt festgestellt wurde, die zuverlässigsten Techniken zur Bewertung der Muskelgröße (d. h. MRT oder CT) verwendet wurden. In einigen Fällen wurden diese Techniken jedoch zusammen mit Faserquerschnittsmessungen verwendet [17, 21, 25, 26, 30]. In der Studie von de Souza et al. wurden jedoch die bei der Messung der Fasergröße festgestellten Interferenzeffekte nicht auf der Ebene des gesamten Muskels mit MRT oder CT festgestellt [25, 26]. Es ist schwierig, den Grund für diese widersprüchlichen Ergebnisse zu klären, aber es können zwei Haupthypothesen aufgestellt werden. Da MRT und CT den anatomischen Querschnitt des gesamten Muskels messen, ist es möglich, dass Veränderungen im Faserumfang, die mit Veränderungen in der Muskelarchitektur einhergehen (d. h. ein vergrößerter Fiederungswinkel), frühe hypertrophe Effekte verdecken, die mit keiner der beiden Techniken erkannt werden. Es könnte also spekuliert werden, dass bei längeren Trainingsperioden der Interferenzeffekt auch auf der Ebene des gesamten Muskels mit der CT/MRT-Bildgebung festgestellt werden würde. Alternativ, und vielleicht sogar noch wahrscheinlicher, könnten die widersprüchlichen Ergebnisse zu den Unterschieden in der Fasergröße zufällige Effekte oder Fehler vom Typ 1 widerspiegeln, die aufgrund der geringen Stichprobengröße und des Fehlens eines vollständigen Datensatzes, d. h. aller Fasern des gesamten Muskels, auftreten, was zu der extremen Varianz führt, die mit der Messung der Fasergröße anhand einer kleinen Stichprobe von Muskelgewebe verbunden ist. Erschwerend kommt hinzu, dass die Statistiken, die für die Schlussfolgerungen in Tab. 12.1 verwendet wurden, manchmal in Frage gestellt werden können. Insbesondere wenn man zwei Gruppen über zwei Zeitpunkte hinweg vergleicht, um zu beurteilen, ob die Versuchsbedingung (kombiniertes Training) anders reagiert als die Kontrollbedingung (Krafttraining), sollte die Hauptergebnisstatistik der Interaktionseffekt zwischen Gruppe und Zeit sein. In vielen der in Tab. 12.1 aufgeführten Studien und eigentlich in allen Studien, in denen von einem Interferenzeffekt gesprochen wird, haben die Autoren jedoch stattdessen die Auswirkungen jedes Trainingsmodus (Krafttraining vs. Gleichzeitigkeitstraining) separat analysiert, was offensichtlich zu einer erheblichen Verzerrung führt.

Der Einfluss verschiedener Trainingsvariablen auf den Interferenzeffekt der Muskelhypertrophie

Häufigkeit des Trainings

Da es keinen allgemeinen Interferenz-Effekt des kombinierten Trainings auf die Hypertrophie gibt, wird klar, dass spezifische Programmvariablen wie die Trainingshäufigkeit, der Umfang und die Trainingsfrequenz Einfluss auf die Anpassungen an ein solches Training nehmen. Nur in einer Studie wurde der Einfluss der Häufigkeit des Ausdauertrainings auf die hypertrophe Reaktion des kombinierten Trainings direkt untersucht. In dieser Studie [29] wurden die Probanden nach dem Zufallsprinzip entweder (a) einem Krafttraining, (b) einem kombinierten Training mit dem Ausdauertraining an drei Tagen pro Woche oder (c) einem kombinierten Training mit dem Ausdauertraining an einem Tag pro Woche zugewiesen. Das Krafttraining wurde immer an 3 Tagen/Woche durchgeführt und die Studiendauer betrug 6 Wochen. Die Ergebnisse zeigten eine ähnliche hypertrophe Reaktion (Umfang der Gliedmaßen) zwischen Krafttraining allein und kombiniertem Training mit niederfrequentem aerobem Training. Interessanterweise war jedoch die höhere Frequenz des aeroben Trainings mit einem Interferenzeffekt verbunden. Diese Daten sind zwar der einzige direkte Beweis dafür, dass eine höhere Häufigkeit des aeroben Trainings sich negativ auf die hypertrophe Muskelreaktion auf das Krafttraining auswirkt, doch die im vorliegenden Kapitel zusammengefassten Daten stützen diese Annahme ebenfalls in geringem Maße. Genauer gesagt, wenn man alle Studien in Tab. 12.1 in zwei Gruppen unterteilt, die sich auf Trainingsfrequenzen von entweder >3 Tagen/Woche oder ≤ 3 Tagen/Woche beziehen, scheint es eine Tendenz zu einem Interferenzeffekt bei kombiniertem Training mit hohen Trainingsfrequenzen im Vergleich zu niedrigen Frequenzen zu geben (Abb. 12.2a).

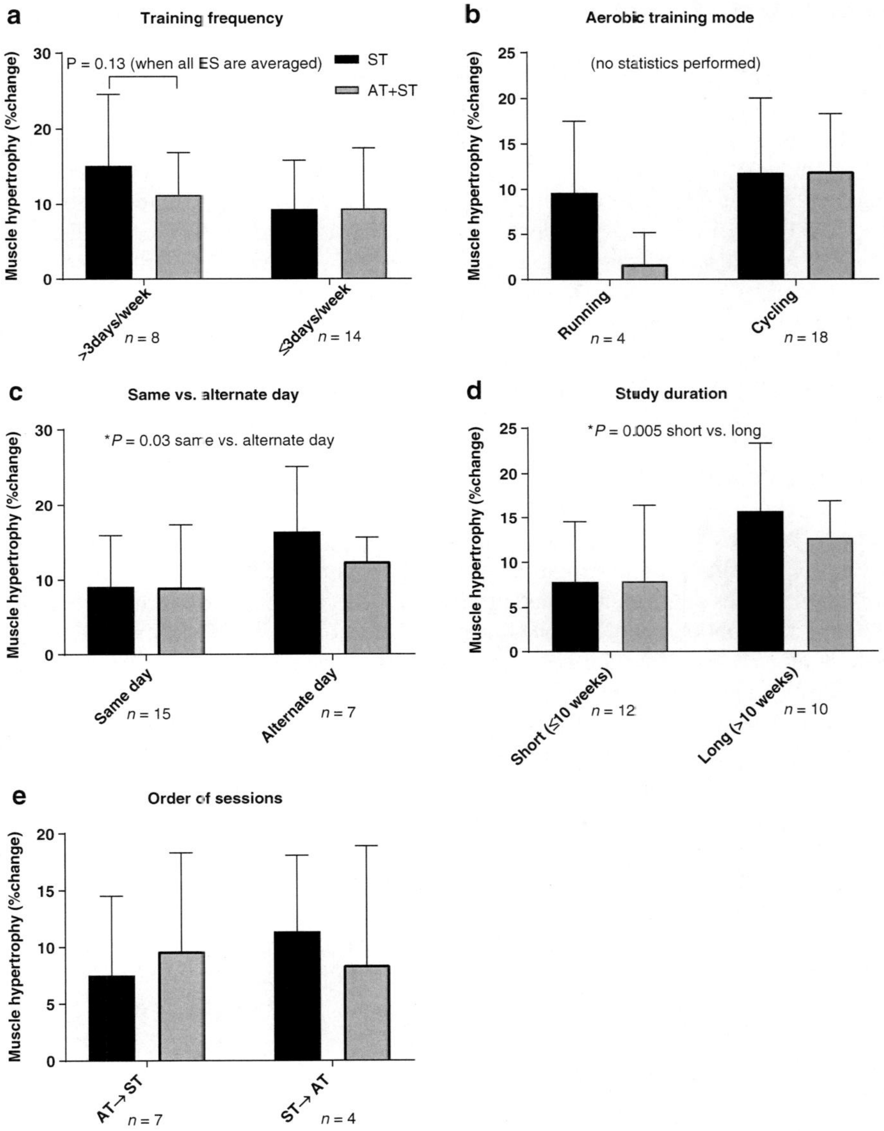

Abb. 12.2 Die Wirkung verschiedener Trainingsvariablen auf die relative Zunahme der Muskelhypertrophie. Die angegebenen Stichprobengrößen (*n*) spiegeln die Anzahl der einzelnen Studien wider, die in die Analyse einbezogen wurden. *ST* Krafttraining allein. *AT+ST* kombiniertes Ausdauer- und Krafttraining

Modalität des Ausdauertrainings

Was die Auswirkungen des Trainingsmodus betrifft, so wurde nur in 4 Studien aus Tab. 12.1 Laufen als Ausdauertraining gewählt [3, 6, 18, 33], während die übrigen Studien Radergometertraining untersucht haben. Auch wenn die Datenlage nicht ausreicht, um eindeutige statistische Schlussfolgerungen über eine unterschiedliche Wirkung auf die Muskelhypertrophie in Abhängigkeit von der gewählten Ausdauertrainingsform zu ziehen, ist es doch bemerkenswert, dass drei der vier Studien, in denen Laufen als Ausdauertraining verwendet wurde, tatsächlich einen Interferenzeffekt zeigen (Abb. 12.2b). Dies deutet stark darauf hin, dass Laufen im Vergleich zum Radfahren das Risiko eines Interferenzeffekts auf die Muskelhypertrophie vergrößert. Dies mag nicht überraschen, da Radfahren an sich im Gegensatz zum Laufen [36] häufig mit Muskelhypertrophie in Verbindung gebracht wurde [2].

Trainingsfrequenz

Hinsichtlich der Verteilung der Trainingseinheiten, d. h. ob es besser ist, die verschiedenen Trainingseinheiten an denselben oder an abwechselnden Tagen zu absolvieren, gibt es keine Unterschiede zwischen kombiniertem und alleinigem Krafttraining im Hinblick auf die Muskelhypertrophie (Abb. 12.2c). Dies wird auch von Sale et al. [34] bestätigt, die berichten, dass ein kombiniertes Training am selben Tag (im Vergleich zu einem Training an verschiedenen Tagen) die Muskelhypertrophie nicht beeinträchtigt (auch wenn die Zunahme der Muskelkraft durch das Training am selben Tag abgeschwächt wird). Es ist jedoch erwähnenswert, dass es einen allgemeinen Haupteffekt gibt, der darauf hindeutet, dass das Training an alternierenden Tagen insgesamt zu besseren Endergebnissen (Hypertrophie) führt, sowohl beim Krafttraining als auch beim kombinierten Training (Abb. 12.2c). Ähnlich verhält es sich mit der Auswirkung der Studiendauer: Längere Studiendauern (> 10 Wochen) führen im Allgemeinen zu einer größeren Hypertrophie als kürzere Studien (Abb. 12.2d), aber in dieser Hinsicht gibt es keinen Unterschied zwischen alleinigem Kraft- und kombiniertem Ausdauer- und Krafttraining.

Reihenfolge der Trainingseinheiten

Es gibt nur wenige Daten zur Quantifizierung der Auswirkungen unterschiedlicher Reihenfolgen der Trainingseinheiten (d. h. aerobes Training vor oder nach dem Krafttraining), aber aus den 11 Studien, in denen die Ausdauer- und Krafttrainingseinheiten in einer bestimmten Reihenfolge am selben Tag angesetzt wurden, scheint es keinen eindeutigen Effekt der Reihenfolge zu geben (Abb. 12.2e). Zusätzlich zu diesen Studien haben einige Autoren die Reihenfolge untersucht, indem sie zwei gleichzeitige Trainingsgruppen mit entgegengesetzter Reihenfolge der Trainingsmodi verglichen haben, ohne einen Vergleich zum alleinigen Krafttraining anzustellen. Die gemeinsame Interpretation dieser Studien lautet ebenfalls, dass es keinen eindeutigen Effekt der

Trainingsreihenfolge auf die Muskelhypertrophie gibt [37, 38]. Dieser Gedanke stellt die häufig vertretene Ansicht in Frage, dass die Durchführung eines Ausdauertrainings vor einem Krafttraining molekulare Signalwege aktivieren würde, die den durch das anschließende Krafttraining induzierten antagonistisch sind, was wiederum die Muskelhypertrophie hemmen würde [8, 39]. Unabhängig von der Reihenfolge der Trainingseinheiten war ein interessantes Ergebnis von Küüsmaa et al., dass ein kombiniertes Training am Abend zu einer größeren Zunahme der Muskelmasse führte als das gleiche Trainingsprogramm in den Morgenstunden [38], was darauf hindeutet, dass der Zeitpunkt der Trainingseinheit wichtiger zu sein scheint als die Reihenfolge der verschiedenen Trainingsmodalitäten.

Andere Faktoren

Leider gibt es nicht genügend Daten, um die Auswirkungen von trainierten oder untrainierten Personen, von Frauen oder Männern, von unterschiedlichen Ausdauertrainingsintensitäten, von unterschiedlichen Erholungszeiten zwischen den Trainingseinheiten oder von Muskelgruppen des Ober- oder Unterkörpers zuverlässig zu quantifizieren. Es gibt jedoch einige vorläufige Daten aus einzelnen Studien, die erwähnenswert sind. In meinem Labor haben wir zwei 5-wöchige Trainingsstudien durchgeführt, bei denen die einzige Trainingsvariable, die zwischen den Studien manipuliert wurde, die Dauer der Erholung zwischen dem Ausdauer- und Krafttraining war, die am selben Tag an 2–3 Tagen pro Woche durchgeführt wurden. Unabhängig davon, ob die Erholungszeit zwischen den Trainingseinheiten 6 h oder nur 15 min betrug, war die Muskelhypertrophie nach dem kombinierten Training bei freizeitlich aktiven jungen Männern wesentlich größer [30, 31]. Obwohl dies darauf hindeutet, dass es für das Muskelwachstum keinen Unterschied macht, ob die täglichen Trainingseinheiten zusammen oder mit mehreren Stunden Pause dazwischen durchgeführt werden, sollte man sich darüber im Klaren sein, dass einige Aspekte der Kraftleistung durch die kürzere Erholungszeit negativ beeinflusst wurden.

Eine weitere Studie von Rønnestad et al. untersuchte die Auswirkungen eines hochvoluminösen Ausdauertrainings auf die hypertrophe Reaktion der Muskeln auf ein Krafttraining bei gut trainierten Radfahrern [40]. Diese Radsportler mit begrenzter Krafttrainingserfahrung führten über einen Zeitraum von 12 Wochen zweimal wöchentlich ein Krafttraining mit hohen Gewichten zusätzlich zu einem hochvoluminösem (~10 h pro Woche) Ausdauertraining durch. Eine Gruppe nicht krafttrainierter Personen führte das gleiche Krafttraining wie die Radsportler durch, jedoch ohne zusätzliches aerobes (Rad-) Training. Nach der Trainingsperiode war die relative Zunahme der Oberschenkelquerschnittsfläche in der Krafttrainingsgruppe größer als in der Gruppe mit gleichzeitigem Training, was darauf hindeutet, dass ein hohes Volumen an aerobem Training die Muskelhypertrophie bei trainierten Personen beeinträchtigt. Diese Ergebnisse sind jedoch mit einer gewissen Vorsicht zu betrachten, da die Krafttrainingsgruppe aus Nicht-Radsportlern bestand. Dies war auch der Grund, warum diese Studie nicht in die quantitative Zusammenfassung in diesem Kapitel aufgenommen wurde.

Was die Auswirkungen der Ausdauertrainingsintensität betrifft, so untersuchten Fyfe et al. die Auswirkungen eines kombinierten Trainings, das entweder ein hochintensives Intervalltraining oder ein volumenangepasstes Dauertraining mit moderater Intensität beinhaltete [41]. Die Autoren stellten fest, dass die Magermasse des Unterkörpers in den Gruppen mit alleinigem Krafttraining und mit moderatem Ausdauer- und Krafttraining in ähnlicher Weise zunahm, während die hypertrophe Reaktion in der Gruppe, die hochintensives Ausdauertraining mit dem Krafttraining verband, abgeschwächt wurde. Obwohl diese Daten darauf hindeuten, dass hochintensives Ausdauertraining für die Entwicklung von Muskelhypertrophie möglicherweise schlechter ist als Ausdauertraining mit niedriger Intensität, waren die Effektstärken eher gering und die Reaktionen spiegelten sich nicht in den trainingsinduzierten Veränderungen der Kraft wider. Daher bleibt es künftigen Studien überlassen, diese vorläufigen Beobachtungen zu bestätigen oder zu widerlegen.

Zusammenfassung

Die Gesamtheit der Daten zeigt, dass es offenbar keinen universellen Interferenzeffekt des Ausdauertrainings auf die Muskelhypertrophie gibt, wenn es zu einem Krafttrainingsprogramm hinzugefügt wird. Die Auswirkungen eines kombinierten Trainings auf die Muskelhypertrophie hängen also letztlich von dem durchgeführten spezifischen Trainingsprogramm ab. Hohe Trainingsfrequenzen (>3 Tage/Woche, unabhängig vom Trainingsmodus) und der Laufen als Modus des Ausdauertrainings scheinen das Risiko einer beeinträchtigten hypertrophen Reaktion auf das Krafttraining im Vergleich zu niedrigen Trainingsfrequenzen und dem Radfahren zu erhöhen. Leider mangelt es jedoch an systematischen Studien mit entsprechender statistischer Power, die die Auswirkungen verschiedener Trainingsvariablen auf die Trainingseffekte untersuchen. Nichtsdestotrotz deuten die aktuellen Daten darauf hin, dass die meisten Personen mit Krafttraining eine signifikante Muskelhypertrophie erreichen können, obwohl sie gleichzeitig ein Ausdauertraining durchführen. Aus praktischer Sicht könnte empfohlen werden, dass Athleten oder trainierte Personen, die vorrangig Muskelmasse und Kraft aufbauen wollen, Radfahren anstelle von Laufen als Ausdauertrainingsform wählen und hohe Ausdauertrainingsfrequenzen vermeiden sollten. In künftigen Studien ist zu untersuchen, wie lange ein Sportler oder eine in der Freizeit aktive Person eine ungehinderte Hypertrophie aufrechterhalten kann, bevor ein (potenzieller) Interferenzeffekt sichtbar wird.

Literatur

1. Andersen P, Henriksson J. Capillary supply of the quadriceps femoris muscle of man: adaptive response to exercise. J Physiol. 1977;270(3):677–90.
2. Konopka AR, Harber MP. Skeletal muscle hypertrophy after aerobic exercise training. Exerc Sport Sci Rev. 2014;42(2):53–61.
3. Kraemer WJ, Patton JF, Gordon SE, Harman EA, Deschenes MR, Reynolds K, et al. Compatibility of high-intensity strength and endurance training on hormonal and skeletal muscle adaptations. J Appl Physiol. 1995;78(3):976–89.

4. Schantz P. Capillary supply in hypertrophied human skeletal muscle. Acta Physiol Scand. 1982;114(4):635–7.
5. Tesch PA, Thorsson A, Essen-Gustavsson B. Enzyme activities of FT and ST muscle fibers in heavy-resistance trained athletes. J Appl Physiol. 1989;67(1):83–7.
6. Hickson RC. Interference of strength development by simultaneously training for strength and endurance. Eur J Appl Physiol Occup Physiol. 1980;45(2–3):255–63.
7. Leveritt M, Abernethy PJ. Acute effects of high-intensity endurance exercise on subsequent resistance activity. J Strength Cond Res. 1999;13(1):47–51.
8. Baar K. Training for endurance and strength: lessons from cell signaling. Med Sci Sports Exerc. 2006;38(11):1939–44.
9. Nader GA. Concurrent strength and endurance training: from molecules to man. Med Sci Sports Exerc. 2006;38(11):1965–70.
10. Wilson JM, Marin PJ, Rhea MR, Wilson SM, Loenneke JP, Anderson JC. Concurrent training: a meta-analysis examining interference of aerobic and resistance exercises. J Strength Cond Res. 2012;26(8):2293–307.
11. Murach KA, Bagley JR. Skeletal muscle hypertrophy with concurrent exercise training: contrary evidence for an interference effect. Sports Med. 2016;46(8):1029–39.
12. Izquierdo M, Hakkinen K, Ibanez J, Kraemer WJ, Gorostiaga EM. Effects of combined resistance and cardiovascular training on strength, power, muscle cross-sectional area, and endurance markers in middle-aged men. Eur J Appl Physiol. 2005;94(1–2):70–5.
13. Sillanpaa E, Hakkinen A, Nyman K, Mattila M, Cheng S, Karavirta L, et al. Body composition and fitness during strength and/or endurance training in older men. Med Sci Sports Exerc. 2008;40(5):950–8.
14. Karavirta L, Hakkinen A, Sillanpaa E, Garcia-Lopez D, Kauhanen A, Haapasaari A, et al. Effects of combined endurance and strength training on muscle strength, power and hypertrophy in 40–67-year-old men. Scand J Med Sci Sports. 2011;21(3):402–11.
15. Mikkola J, Rusko H, Izquierdo M, Gorostiaga EM, Hakkinen K. Neuromuscular and cardiovascular adaptations during concurrent strength and endurance training in untrained men. Int J Sports Med. 2012;33(9):702–10.
16. Nelson AG, Arnall DA, Loy SF, Silvester LJ, Conlee RK. Consequences of combining strength and endurance training regimens. Phys Ther. 1990;70(5):287–94.
17. Sale DG, MacDougall JD, Jacobs I, Garner S. Interaction between concurrent strength and endurance training. J Appl Physiol. 1990;68(1):260–70.
18. Craig BW, Lucas J, Pohlman R, Stelling H. The effects of running, weightlifting and a combination of both on growth hormone release. J Strength Cond Res. 1991;5(4):198–203. National Strength & Conditioning Association.
19. Volpe SL, Walberg-Rankin J, Rodman KW, Sebolt DR. The effect of endurance running on training adaptations in women participating in a weight lifting program. J Strength Cond Res. 1993;7(2):101–7.
20. McCarthy JP, Agre JC, Graf BK, Pozniak MA, Vailas AC. Compatibility of adaptive responses with combining strength and endurance training. Med Sci Sports Exerc. 1995;27(3):429–36.
21. McCarthy JP, Pozniak MA, Agre JC. Neuromuscular adaptations to concurrent strength and endurance training. Med Sci Sports Exerc. 2002;34(3):511–9.
22. Häkkinen K, Alen M, Kraemer WJ, Gorostiaga E, Izquierdo M, Rusko H, et al. Neuromuscular adaptations during concurrent strength and endurance training versus strength training. Eur J Appl Physiol. 2003;89(1):42–52.
23. Izquierdo M, Ibanez J, Hakkinen K, Kraemer WJ, Larrion JL, Gorostiaga EM. Once weekly combined resistance and cardiovascular training in healthy older men. Med Sci Sports Exerc. 2004;36(3):435–43.
24. Ahtiainen JP, Hulmi JJ, Kraemer WJ, Lehti M, Pakarinen A, Mero AA, et al. Strength, [corrected] endurance or combined training elicit diverse skeletal muscle myosin heavy chain isoform proportion but unaltered androgen receptor concentration in older men. Int J Sports Med. 2009;30(12):879–87.
25. de Souza EO, Tricoli V, Roschel H, Brum PC, Bacurau AV, Ferreira JC, et al. Molecular adaptations to concurrent training. Int J Sports Med. 2013;34(3):207–13.

26. de Souza EO, Tricoli V, Aoki MS, Roschel H, Brum PC, Bacurau AV, et al. Effects of concurrent strength and endurance training on genes related to myostatin signaling pathway and muscle fiber responses. J Strength Cond Res. 2014;28(11):3215–23.
27. Bell GJ, Syrotuik D, Martin TP, Burnham R, Quinney HA. Effect of concurrent strength and endurance training on skeletal muscle properties and hormone concentrations in humans. Eur J Appl Physiol. 2000;81(5):418–27.
28. Putman CT, Xu X, Gillies E, MacLean IM, Bell GJ. Effects of strength, endurance and combined training on myosin heavy chain content and fibre-type distribution in humans. Eur J Appl Physiol. 2004;92(4–5):376–84.
29. Jones TW, Howatson G, Russell M, French DN. Performance and neuromuscular adaptations following differing ratios of concurrent strength and endurance training. J Strength Cond Res. 2013;27(12):3342–51.
30. Lundberg TR, Fernandez-Gonzalo R, Gustafsson T, Tesch PA. Aerobic exercise does not compromise muscle hypertrophy response to short-term resistance training. J Appl Physiol. 2013;114(1):81–9.
31. Lundberg TR, Fernandez-Gonzalo R, Tesch PA. Exercise-induced AMPK activation does not interfere with muscle hypertrophy in response to resistance training in men. J Appl Physiol (1985). 2014;116(6):611–620.
32. Kazior Z, Willis SJ, Moberg M, Apro W, Calbet JA, Holmberg HC, et al. Endurance exercise enhances the effect of strength training on muscle fiber size and protein expression of Akt and mTOR. PLoS One. 2016;11(2):e0149082.
33. Terzis G, Spengos K, Methenitis S, Aagaard P, Karandreas N, Bogdanis G. Early phase interference between low-intensity running and power training in moderately trained females. Eur J Appl Physiol. 2016;116(5):1063–73.
34. Sale DG, Jacobs I, MacDougall JD, Garner S. Comparison of two regimens of concurrent strength and endurance training. Med Sci Sports Exerc. 1990;22(3):348–56.
35. Tarando F, Coisne D, Galli E, Rousseau C, Viera F, Bosseau C, Habib G, Lederlin M, Schnell F, Donal E. Left ventricular non-compaction and idiopathic dilated cardiomyopathy: the significant diagnostic value of longitudinal strain. Int J Cardiovasc Imaging. 2017;33(1):83–95.
36. Trappe S, Harber M, Creer A, Gallagher P, Slivka D, Minchev K, et al. Single muscle fiber adaptations with marathon training. J Appl Physiol. 2006;101(3):721–7.
37. Cadore EL, Izquierdo M, Pinto SS, Alberton CL, Pinto RS, Baroni BM, et al. Neuromuscular adaptations to concurrent training in the elderly: effects of intrasession exercise sequence. Age. 2013;35(3):891–903.
38. Küüsmaa M, Schumann M, Sedliak M, Kraemer WJ, Newton RU, Malinen JP, et al. Effects of morning versus evening combined strength and endurance training on physical performance, muscle hypertrophy, and serum hormone concentrations. Appl Physiol Nutr Metab. 2016;41(12):1285–94.
39. Fyfe JJ, Bishop DJ, Stepto NK. Interference between concurrent resistance and endurance exercise: molecular bases and the role of individual training variables. Sports Med. 2014;44(6):743–62.
40. Rønnestad BR, Hansen EA, Raastad T. High volume of endurance training impairs adaptations to 12 weeks of strength training in well-trained endurance athletes. Eur J Appl Physiol. 2012;112(4):1457–66.
41. Fyfe JJ, Bartlett JD, Hanson ED, Stepto NK, Bishop DJ. Endurance training intensity does not mediate interference to maximal lower-body strength gain during short-term concurrent training. Front Physiol. 2016;7:487.

Teil III

Methodische Überlegungen zum kombinierten Ausdauer- und Krafttraining

Methodische Besonderheiten des kombinierten Ausdauer- und Krafttrainings

13

David J. Bishop, Jon Bartlett, Jackson Fyfe
und Matthew Lee

Einführung

Wie in früheren Kapiteln hervorgehoben wurde, gibt es viele Studien, die darauf hindeuten, dass die Durchführung von Ausdauer- und Krafttraining innerhalb desselben Trainingsprogramms (d. h. kombiniertes Training) zu suboptimalen Anpassungen führen kann. Obwohl diese Studien Hinweise auf eine Beeinträchtigung der Anpassungen an das Krafttraining [d. h. geringere Verbesserungen bei der Maximalkraft, Muskelhypertrophie oder Kraft/Rate der Kraftentwicklung] bei kombiniertem Training liefern [z. B. 1–6], sind diese Ergebnisse jedoch nicht allgemeingültig. So zeigen einige Studien zum kombinierten Training keine Hinweise auf einen Interferenzeffekt [7, 8], während andere Studien darauf hindeuten, dass nur bestimmte Anpassungen abgeschwächt werden (z. B. eine beeinträchtigte trainingsinduzierte Verbesserung der Kraftentwicklungsrate und nicht eine abgeschwächte Maximalkraft und/oder Muskelhypertrophie) [9]. Im Gegenteil, es gibt auch Belege dafür, dass kombiniertes Training die Muskelhypertrophie (wenn auch nicht die Maximalkraft) [10–12] oder die zellulären Signalreaktionen direkt nach einer Trainingseinheit [13–15] im Vergleich zum alleinigen Krafttraining weiter verbessert. Diese vielschichtigen Reaktionen auf kombiniertes Training legen nahe, dass das Vorhandensein und das Ausmaß der beobachteten Interferenzeffekte mit methodischen Faktoren zusammenhängen könnten [6, 16]. Diese Faktoren beziehen sich auf die Gestaltung des Trainingsprogramms (d. h. Häufigkeit, Intensität, Umfang, Reihenfolge und Erholungsdauer der Trainingseinheiten) sowie auf andere Faktoren

D. J. Bishop (✉) · J. Bartlett · M. Lee
Institute of Sport and Health, Victoria University, Melbourne, Australien
E-Mail: David.bishop@vu.edu.au

J. Fyfe
Faculty of Health, School of Exercise and Nutrition Sciences, Deakin University, Burwood, Australien

M. Schumann, B. R. Rønnestad (Hrsg.), *Kombiniertes Ausdauer- und Krafttraining*, https://doi.org/10.1007/978-3-031-36310-8_13

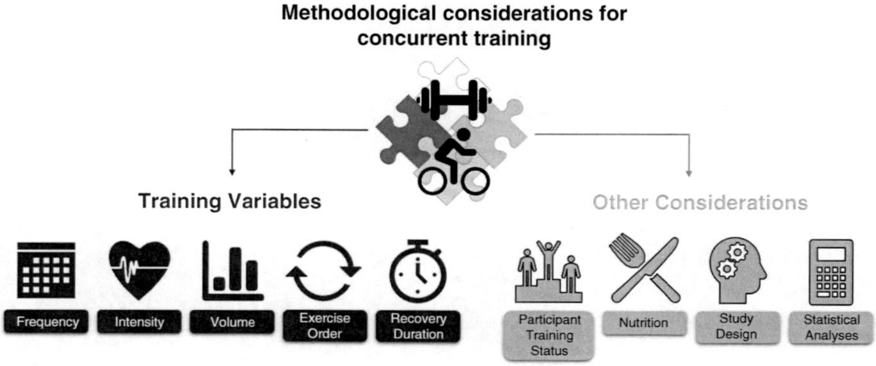

Abb. 13.1 Methodische Überlegungen zum kombinierten Ausdauer- und Krafttraining

wie den Trainingszustand der Teilnehmer, die Ernährung, das Studiendesign und die in der Untersuchung verwendeten statistischen Analysen (Abb. 13.1).

Gestaltung des Trainingsprogramms

Die Analyse der Ergebnisse von Studien, in denen der Interferenzeffekt untersucht wurde, legt nahe, dass es eine Reihe von Trainingsvariablen und anderen Faktoren gibt, die bei der Planung und Durchführung von kombiniertem Training berücksichtigt werden müssen. Umfang, Intensität, Art und Häufigkeit früherer, aktueller und künftiger Trainingseinheiten sowie die Reihenfolge der Trainingseinheiten und die Erholungsdauer zwischen den Einheiten sind allesamt wichtige Faktoren, die die Reaktion auf das kombinierte Training beeinflussen können. Darüber hinaus ist die Berücksichtigung des Trainingsstatus der Teilnehmer bei der Gestaltung von Programmen und der Interpretation von Forschungsergebnissen zum kombinierten Training von entscheidender Bedeutung, insbesondere in Bezug auf beobachtete Interferenzeffekte. Im folgenden Abschnitt wird dargelegt, wie diese verschiedenen methodischen Aspekte bei der Konzeption und Interpretation von Studien zum kombinierten Training kontrolliert und/oder berücksichtigt werden sollten.

Trainingszustand

Es hat sich gezeigt, dass der Trainingszustand die Reaktion auf eine einzelne Trainingseinheit beeinflusst und eine wichtige Rolle bei der Bestimmung der nachfolgenden Anpassungen an das Training spielt. Die Literatur zum kombinierten Training umfasst Studien mit untrainierten [13, 17], freizeitlich aktiven [18–21] und an den Trainingsmodus (d. h. Kraft oder Ausdauer) ungewohnten und/oder gewöhnten Teilnehmern [14, 21–24], wobei für die verschiedenen Teilnehmergruppen häufig unterschiedliche Trainingsergebnisse berichtet wurden. So zeigen untrainierte

Teilnehmer beispielsweise ähnliche adaptive Reaktionen sowohl auf alleiniges Kraft oder Ausdauertraining als auch auf kombiniertes Training [24–26]. Wenn das Training jedoch über einen Zeitraum von Monaten bis Jahren fortgesetzt wird und der Trainingsreiz schrittweise erhöht wird, um die Anpassung weiter zu verbessern, kann der Interferenzeffekt deutlicher werden [27]. Dies deutet darauf hin, dass kombiniertes Training im untrainierten Zustand vorwiegend allgemeine, nicht trainingsmodusspezifische Anpassungen fördert, während Personen mit einer längeren Trainingsgeschichte selektivere Trainingsreaktionen auf divergierende Reize zeigen.

Neben untrainierten, freizeitlich aktiven und trainierten Teilnehmern können Profisportler eine lange, mehrere Jahre andauernde Trainingsgeschichte haben, was sich wahrscheinlich auf die Planung des kombinierten Trainings und die daraus folgenden Anpassungen auswirken wird. Darüber hinaus wirken sich auch die unterschiedlichen Wettkampfpläne von Einzel- und Mannschaftssportarten auf die Planung und den Zeitplan aus. So können beispielsweise Individualsportarten, die größtenteils in vierjährigen olympischen Zyklen mit spezifischen jährlichen Wettkampfzielen betrieben werden, bestimmte Phasen im Jahr anvisieren, um spezifische körperliche Eigenschaften zu entwickeln. Im Vergleich zu Mannschaftssportarten, in denen bis zu viermal pro Woche Wettkämpfe stattfinden können, wird die für das Training zur Verfügung stehende Zeit aufgrund des erhöhten Erholungsbedarfs zu einem wichtigen Thema. Aus logistischer Sicht können sich Änderungen der Trainingspläne auch aus Gründen des Verletzungsmanagements, des Wetters, der Mannschaftsstärke und der verfügbaren Infrastruktur ergeben. Diese „praktischen“ Rahmenbedingungen, die in vielen Sportarten besonders häufig vorkommen, wirken sich wahrscheinlich auf die akuten und chronischen Anpassungen auf kombiniertes Training aus.

Trainingsvariablen

Obwohl es viele Trainingsvariablen gibt, die manipuliert werden können, um die Trainingsanpassungen zu beeinflussen, sind die häufigsten die Häufigkeit, die Intensität und der Umfang des Trainings sowie die Reihenfolge der Trainingseinheiten und die Erholungszeit zwischen den Trainingseinheiten. Obwohl die Forschungsergebnisse begrenzt sind, ist es wahrscheinlich, dass diese Variablen (einzeln und zusammen) das Ausmaß einer möglichen Interferenz beeinflussen können.

Frequenz

Die Häufigkeit bezieht sich auf die Anzahl der pro Woche durchgeführten Trainingseinheiten (Ausdauer und Kraft). Während zwischen der Häufigkeit des Krafttrainings und der Verbesserung der Laufökonomie [28], der VO_{2max} oder des Körperfetts [29] nur ein geringer Zusammenhang zu bestehen scheint, hat die Häufigkeit des Ausdauertrainings größere Auswirkungen auf die Anpassungen beim Krafttraining. In der Tat dämpft die Durchführung von ≥ 3 Ausdauertrainingseinheiten pro Woche (was auch zu einem höheren Trainingszustand und damit zu einem größeren Interferenzpotenzial führt) die durch das Krafttraining induzierten Anpassungen [1–3, 30]. Umgekehrt scheint die Durchführung von ≤2 Einheiten pro Woche eine weniger negative Auswirkung auf die Krafttrainingsadaptionen zu haben [8, 9, 31], was möglicherweise auch mit dem geringeren Trainingsstatus der Person zusammenhängt. Daher ist die Häufigkeit von Ausdauer- und Krafttrainingseinheiten ein wichtiger methodischer Faktor bei der Programmierung von kombiniertem Training und beim Vergleich der Ergebnisse verschiedener Studien.

Intensität

Die Trainingsintensität ist eine weitere wichtige Variable, die wahrscheinlich die Ergebnisse des kombinierten Trainings beeinflusst. Dies kann sowohl in Bezug auf die Intensität des Ausdauertrainings [z. B. hochintensives vs. niedrigintensives Dauertraining oder hochintensives Intervalltraining (HIT) vs. moderat intensives Dauertraining (MICT)] als auch in Bezug auf die Intensität des Krafttrainings (z. B. hohe vs. niedrige relative Trainingsintensitäten/Belastungen) berücksichtigt werden. Die Intensität des Ausdauertrainings ist besonders wichtig, da höhere Trainingsintensitäten einen starken (und potenziell zeiteffizienten) Stimulus für die Verbesserung der aeroben Fitness und der Marker für die kardiometabolische Gesundheit darstellen [32]. Aus diesen Gründen wird HIT oft als eine äußerst attraktive Strategie zur Verbesserung der kardiometabolischen Gesundheit und der VO_{2max} im Vergleich zu traditionellem MICT angepriesen [32, 33]. Hochintensives Training ist auch sehr spezifisch für die Anforderungen vieler Mannschafts- und Einzelsportarten, die auf Ausdauer basieren, und so sind Trainingsmodalitäten wie HIT oft ein integraler Bestandteil von Trainingsprogrammen, die auf eine Leistungssteigerung bei einer Vielzahl von Sportlern abzielen [34]. Angesichts der Beliebtheit und Effektivität von hochintensivem Ausdauertraining ist der potenzielle Einfluss auf den Interferenzeffekt bei kombiniertem Training eine wichtige Überlegung.

Die Intensität des Ausdauertrainings, das im Rahmen eines kombinierten Trainingsprogramms durchgeführt wird, kann den Interferenzeffekt ebenfalls beeinflussen. Höhere Intensitäten des Ausdauertrainings führen bekanntermaßen zu einer größeren Residualermüdung der trainierten Muskulatur [35, 36] im Vergleich zu einem Ausdauertraining mit geringerer Intensität [37, 38], was die Kraftgenerierung für mindestens 6 h nach dem Training weiter abschwächen kann [35, 36]. Wie bereits erörtert, kann diese Beeinträchtigung der Kraftgenerierung auch die anschließende Leistung beim Krafttraining negativ beeinflussen, ein Effekt, der sich nach Ausdauertraining mit höherer Intensität noch verstärkt [38–40]. Es ist jedoch wichtig zu erwähnen, dass eine Reihe zusätzlicher Variablen die neuromuskulären Anforderungen von Ausdauertrainingseinheiten und damit die Wahrscheinlichkeit, dass die damit verbundene Residualermüdung die anschließende Leistung beim Krafttraining negativ beeinflusst, ebenfalls beeinflussen dürften. Zu diesen Faktoren gehören die Modalität des Ausdauertrainings (z. B. Laufen vs. Radfahren), die Länge der HIT-Arbeitsintervalle, der Laufuntergrund (z. B. Straße, Bahn, Gras oder Sand), die Laufneigung (z. B. Berglauf vs. Flachlandlauf) und die Richtungswechselcharakteristik des laufbasierten HIT [41].

In einer Reihe von Studien wurde ein Interferenzeffekt bei kombiniertem Training mit einer Reihe von Ausdauer-Trainingsintensitäten nachgewiesen, darunter kontinuierliches Training mit niedriger Intensität [4, 42], hochintensives Intervalltraining [43–46] oder Kombinationen von Trainingsintensitäten [1–3, 9]. Es fehlt jedoch an kombinierten Trainingsstudien, die Ausdauertrainingsprogramme mit unterschiedlichen Trainingsintensitäten direkt miteinander vergleichen [6, 47]. Solche Studien sind erforderlich, um den potenziellen Einfluss der Trainingsintensität auf die Effekte des kombinierten Trainings zu bestimmen. Eine Studie von Silva und Kollegen [47] untersuchte gleichzeitig die Auswirkungen der Intensität des Ausdauertrainings (d. h. kontinuierliches vs. Intervalltraining) und der Trainingsart (d. h. Radfahren vs. Laufen) auf die neuromuskulären Anpassungen nach 11 Wochen kombiniertem Training bei körperlich aktiven Frauen. Zwischen den Trainingsgruppen, die entweder nur Krafttraining (~53 %) oder kombiniertes Training mit kontinuierlichem Radfahren (~39 %), kontinuierlichem Laufen (~41 %) oder Intervalltraining (~47 %) absolvierten, wurden keine Unterschiede bei der Verbesserung des 1-RM in der Beinpresse gegenüber dem Ausgangswert festgestellt. Eine Einschränkung dieser Studie bestand jedoch darin, dass die Ausdauertrainingsprotokolle nur in Bezug auf die Gesamttrainingsdauer und nicht auf die Gesamtarbeit abgestimmt waren, was einen Rückschluss auf den potenziellen Einfluss der Trainingsintensität auf die Ergebnisse der Maximalkraft erschwerte [6].

Eine methodische Herausforderung bei der Untersuchung der Rolle der Ausdauertrainingsintensität bei der Entstehung von Interferenzeffekten besteht darin, dass die Manipulation der Trainingsintensität natürlich das Gesamttrainingsvolumen beeinflusst, was wiederum die Studienergebnisse verfälschen kann (*siehe Abschnitte über Trainingshäufigkeit und -volumen*). Eine mögliche Lösung für dieses Problem ist die Angleichung des Trainingsvolumens verschiedener Ausdauertrainingsprotokolle, indem man sie hinsichtlich der geleisteten Gesamtarbeit vergleicht, ein Ansatz, der für den Vergleich des Einflusses von HIT und MICT auf die Trainingsanpassungen verwendet wurde [6, 48, 49]. In früheren Studien wurde eine geringere Entwicklung der Maximalkraft bei kombinierten Trainingsprogrammen beobachtet, die entweder HIT [1, 43], MICT [4, 42] oder eine Kombination aus beiden beinhalten [2, 3]. Nur wenige Studien haben den Einfluss von HIT und MICT als Ausdauertrainingsmodalität auf die Ergebnisse des kombinierten Trainings verglichen [6], was es wiederum schwierig macht, die Bedeutung der Ausdauertrainingsintensität bei der Ausprägung des Interferenzeffekts zu bestimmen. Fyfe und Kollegen [6] verglichen den Einfluss von arbeitsangepasstem HIT- und MICT-Radfahren auf die Ergebnisse des kombinierten Trainings und beobachteten eine fast identische Beeinflussung der Entwicklung der Maximalkraft (1-RM-Beinpresse), obwohl HIT im Vergleich zu MICT die durch das Krafttraining induzierten Verbesserungen verschiedener CMJ-Maße (z. B. Absprunggeschwindigkeit und Kraftentwicklungsrate) stärker beeinträchtigte. Die Ergebnisse deuten darauf hin, dass die Intensität des Ausdauertrainings an sich möglicherweise kein kritischer Faktor für die Beeinträchtigung der Entwicklung der Maximalkraft ist, während höhere Intensitäten des Ausdauertrainings für die kombinierte Entwicklung der CMJ-Leistung suboptimal sein könnten. Weitere Arbeiten sind erforderlich, um die Rolle der Ausdauertrainingsintensität bei der Modulation der Anpassung an das kombinierte Training besser zu definieren.

Volumen

Das Trainingsvolumen kann zwar im Zusammenhang mit der Trainingshäufigkeit betrachtet werden, es kann aber auch durch die Dauer einer bestimmten Trainingseinheit bzw. eines bestimmten Trainingsprogramms dargestellt werden, die auch der geleisteten Arbeit entspricht. Eine Erhöhung der Dauer einer Ausdauertrainingseinheit führt zu größerer Ermüdung und Substratverarmung [50] und erfordert daher eine längere Erholungszeit. Wilson et al. [29] beobachteten einen Zusammenhang zwischen zunehmender täglicher Dauer des Ausdauertrainings und beeinträchtigten Kraftadaptionen durch Krafttraining. Dies könnte darauf hindeuten, dass sich eine Erhöhung des Ausdauertrainingsvolumens über die Akkumulation der Gesamttrainingszeit (und die damit verbundene kumulative Ermüdung) auch auf die längerfristigen Anpassungen des Krafttrainings auswirken würde. In der Tat berichtete Hickson [2] nur von beeinträchtigten Kraftadaptionen in der Gruppe mit kombiniertem Training ab Woche 8 eines 10-wöchigen Trainingsprogramms. In dieser Studie absolvierte die Gruppe, die gleichzeitig trainierte, an sechs Tagen pro Woche ein Ausdauertraining (sowohl Laufen als auch Radfahren) von 30–40 min pro Tag – ein Arbeitsvolumen, das in keiner anderen Studie zum kombinierten Training erreicht wurde – zusätzlich zu den fünf Tagen Krafttraining pro Woche. Dieses Trainingsvolumen, das ein hohes Maß an kumulativer Ermüdung hervorruft, übertraf das der Ausdauer- und reinen Krafttrainingsgruppen bei weitem. Kürzlich berichteten Donges et al. [17], dass bei kombiniertem Training, das in Bezug auf die geleistete Gesamtarbeit mit dem alleinigen Kraft- oder Ausdauertraining vergleichbar ist (d. h. 50 % jeder Trainingsart zusammen), die myofibrilläre Proteinsynthese nach kombiniertem Training und Krafttraining und die mitochondriale Proteinsynthese zwischen kombiniertem Training und Ausdauertraining ähnlich stark zunehmen. Insgesamt deutet dies darauf hin, dass bei untrainierten Teilnehmern sowohl Ausdauer- als auch Krafttraining einen allgemeinen additiven Effekt auf die Belastungsreaktionen der Skelettmuskulatur auslösen, während Personen mit einer mehrwöchigen Trainingsgeschichte sowohl auf das Arbeitsvolumen als auch auf die unterschiedlichen Trainingsarten empfindlich reagieren.

Im Gegensatz zum Ausdauertraining verbessert eine Erhöhung des Krafttrainingsvolumens in einem kombinierten Trainingsprogramm durch eine verlängerte Trainingsdauer (d. h. Anzahl der Wochen) tatsächlich die Laufökonomie bei Freizeitsportlern ($\leq$55 mL·kg^{-1}·min^{-1} VO_{2max}), gut trainierten (55–65 mL·kg^{-1}·min^{-1} VO_{2max}) und hochtrainierten Sportlern ($\geq$65 mL·kg^{-1} min^{-}1·VO_{2max}) [28]. Dies ist besonders wichtig für Ausdauersportarten, bei denen die Laufökonomie ein wichtiger Leistungsindikator ist [51]. Während die Auswirkung der Dauer von Krafttrainingseinheiten auf die kombinierte Trainingsanpassung weniger klar ist, gibt es Hinweise darauf, dass die Fähigkeit, nach einem Ausdauertraining ein höheres Volumen an Krafttrainingseinheiten zu absolvieren, von der Erholungsdauer zwischen den Trainingseinheiten abhängt [52]. Ein weiterer wichtiger „Volumen“-Faktor, der berücksichtigt werden muss, ist das akkumulierte Krafttrainingsvolumen. In Anbetracht der Tatsache, dass ein höheres Krafttrainingsvolumen zu größeren Muskelschäden [53] und neuromuskulärer Ermüdung [54] führt, kann spekuliert werden, dass ein hohes Krafttrainingsvolumen im Laufe der Zeit das Ausmaß der kombinierten trainingsinduzierten Anpassungen beeinträchtigen kann. Insgesamt spielt das Trainingsvolumen eine unterschiedliche Rolle bei der Bestimmung der Anpassungen durch kombiniertes Training und sollte als kritischer methodischer Faktor bei der Programmierung von Ausdauer- und Krafttraining in einem kombinierten Design und beim Vergleich der divergierenden Ergebnisse in der Literatur berücksichtigt werden.

Trainingsreihenfolge in einer Trainingseinheit

Kombiniertes Training bietet eine zeitsparende Alternative zum alleinigen Kraft- oder Ausdauertraining, insbesondere wenn beide Trainingsformen in derselben Sitzung durchgeführt werden. Die Hypothese der akuten Interferenz deutet jedoch darauf hin, dass die verbleibende Ermüdung und der Substratverlust nach einer einzelnen Trainingseinheit die Qualität und Leistung einer nachfolgenden Trainingseinheit beeinträchtigen und ungünstige neuromuskuläre und molekulare Milieus hervorrufen können, wodurch das Anpassungspotenzial beeinträchtigt wird [16, 50]. Folglich kann die Wahl der Trainingsreihenfolge eine wichtige Überlegung sein, um die Trainingsanpassungen nach kombiniertem Training zu maximieren. Trotz einiger Belege für *akute*, von der Trainingsreihenfolgen-abhängige Auswirkungen auf die Kraft [55, 56] und die Ausdauerleistung [57] sowie auf neuromuskuläre [58, 59] und molekulare Reaktionen [19, 20] sind jedoch weitere Untersuchungen erforderlich, um festzustellen, ob und wie sich diese Erkenntnisse auf Trainingseffekte in Abhängigkeit der Trainingsreihenfolge übertragen lassen. Die meisten bisherigen Trainingsstudien berichten über vergleichbare Zuwächse bei der dynamischen und isometrischen Kraft [60–70], der Leistung [65], der Hypertrophie [60, 62, 65, 67, 68], der aeroben Leistung und Kapazität [60, 62, 64, 67, 68], der Ausdauerleistung [67, 69, 70], der Schnelligkeit und der Beweglichkeit [69, 70], unabhängig von der Reihenfolge der Trainingseinheiten. Dies wurde bei einer Reihe von Bevölkerungsgruppen nachgewiesen, darunter bei zuvor untrainierten/freizeitsportlich aktiven Männern und Frauen [60–63, 66–68], Elite-Fußballern [69, 70] und älteren Männern [65]. Nichtsdestotrotz wäre es bei der Übertragung der vorhandenen Forschungsergebnisse auf die Trainingspraxis ratsam zu empfehlen, dass die Reihenfolge, in der kombinierte Ausdauer- und Krafttrainingseinheiten durchgeführt werden, nach Möglichkeit von den Zielen dieses Zeitraums im Trainingsprogramm bestimmt und periodisiert wird.

Dauer der Erholung zwischen Kraft- und Ausdauertraining

Eine Verlängerung der Erholungszeit zwischen den verschiedenen Trainingsarten könnte die potenziellen negativen Auswirkungen des vorangegangenen Trainings auf die Qualität der nachfolgenden Trainingseinheit abmildern. In der Tat wurde nach Ausdauertraining unterschiedlicher Intensitäten und Dauer über eine Verringerung der kraftgenerierenden Kapazität [35, 36], der isokinetischen Kraft [71, 72] und der Leistung bei Krafttraining (d. h. der Anzahl der absolvierten Wiederholungen) [52, 72] berichtet. Diese Beeinträchtigungen der neuromuskulären Funktion und der Kraftleistung blieben mindestens 4–8 h nach dem Ausdauertraining bestehen und kehrten in der Regel nach 24 h auf den Ausgangswert zurück [35, 36, 52]. Überlegene Kraftadaptionen wurden auch nach kombiniertem Training beobachtet, welches an alternieren Tagen durchgeführt wurde, im Vergleich zu kombiniertem Training in der gleichen Einheit [45, 73] oder am gleichen Tag [73]. Insgesamt deuten diese Studien darauf hin, dass zur Wiederherstellung der Muskelfunktion für eine optimale Kraftleistung und -anpassung eine Erholungszeit von mindestens 6 bis 24 h zwischen aufeinanderfolgenden Trainingseinheiten erforderlich ist.

Eine längere Erholungszeit zwischen den Trainingseinheiten kann sich ebenfalls positiv auf das Muskelwachstum auswirken. In der Tat berichteten Wilson et al. [29] über eine größere (wenn auch nicht signifikante) Effektstärke für die Hypertrophie, wenn kombiniertes Training an alternierenden Tagen (1,06) im Vergleich zum selben Tag (0,80) durchgeführt wurden. Andere Studien haben jedoch ähnliche Zuwächse bei der Muskelgröße und der mittleren Faserfläche gezeigt, unabhängig davon, ob das Training am gleichen Tag oder an verschiedenen Tagen durchgeführt wurden [45]. Weitere Belege bei gesunden, freizeitsportlich aktiven Personen deuten darauf hin, dass die Muskelhypertrophie und die damit verbundenen akuten molekularen Reaktionen nach kurzzeitigem Training (5 Wochen) nicht beeinträchtigt, sondern sogar verstärkt werden, unabhängig davon, ob die Trainingseinheiten im Abstand von 15 min [12] oder 6 h stattfinden [11, 21]. Eine kürzlich erschienene Übersichtsarbeit von Murach und Bagley liefert weitere Belege für vergleichbare, wenn nicht sogar größere hypertrophe Anpassungen nach einem kombinierten Training im Vergleich zu einem reinen Krafttraining, unabhängig von der Dauer zwischen den Trainingsarten [74]. Folglich wird das Muskelwachstum zwar nicht durch die Dauer der Erholungsphase zwischen den Trainingseinheiten eingeschränkt, aber die Beeinträchtigung der neuromuskulären Funktion und der Kraftleistung bleibt für 6–24 h bestehen. Eine Verlängerung der Erholungsphase zwischen den unterschiedlichen Trainingseinheiten ermöglicht eine höhere Qualität des Krafttrainings, eine erhöhte Kraftproduktion und Muskelfaserrekrutierung sowie einen optimierten Stimulus für Kraftanpassungen.

Periodisierung des Trainings

Athletiktrainer möchten möglicherweise Trainingsvariablen mit einem periodisierten Ansatz manipulieren, um Anpassungen und Leistungen mit spezifischen Trainings- und Wettkampfzielen während einer Saison abzustimmen. Da die Beeinflussung von Trainingsvariablen eindeutig den Interferenzeffekt beeinflusst [16, 29], kann die innerhalb eines kombinierten Trainingsprogramms angewandte Periodisierungsstrategie auch den Grad der beobachteten Interferenz beeinflussen. Obwohl es nur wenige Studien gibt, die direkt die Auswirkungen der Trainingsperiodisierung auf die Anpassung an das kombinierte Training untersuchen [75, 76], können einige direkte und indirekte Beobachtungen aus der Literatur Aufschluss über die potenzielle Bedeutung der Trainingsperiodisierung bei kombiniertem Training geben. Da beispielsweise höhere Ausdauertrainingsumfänge oder -belastungen mit Störungen der Krafttrainingsanpassung verbunden sind [29, 77], könnten Strategien zur Minimierung des Ausdauertrainingsumfangs während bestimmter Trainingsphasen von Vorteil sein. Periodisierte Trainingsansätze, bei denen höhere Volumina/Belastungen des Ausdauertrainings zwischen höheren Volumina/Belastungen des Krafttrainings „getaktet" werden, können zur Förderung einer verbesserten Krafttrainingsadaption nützlich sein. Experimentelle Belege für die Wirksamkeit dieses Ansatzes zur Minimierung von Interferenzen liegen jedoch noch nicht vor.

Forschungsergebnisse bei Weltklasse-Kajakfahrern sprachen für einen Block-Periodisierungsansatz, bei dem spezifische Ausdauer- und Kraftkomponenten gleichzeitig über mehrere 5-wöchige „Blöcke" trainiert wurden, um die Kajakleistung zu verbessern [75, 76]. Im Vergleich zu einem traditionellen Periodisierungsmodell führte der Block-Periodisierungsansatz, der eine 10 % höhere Belastungsakkumulation in jedem Trainingsblock und weniger als die Hälfte des Gesamttrainingsvolumens beinhaltete, zu einer größeren Verbesserung der Marker der Kajakleistung. Die Autoren wiesen darauf hin, dass die Wahl der zu betonenden Fitnesskomponente und die Manipulation der Trainingsintensität in den einzelnen Blöcken wichtige Überlegungen sind, um etwaige Störeffekte zu minimieren [75]. Für Athleten in Einzelsportarten kann die Blockperiodisierung also eine geeignete Strategie sein, die es ermöglicht, Ausdauer- und Kraftparameter gleichzeitig auf einen bestimmten Wettkampf oder ein bestimmtes Ziel hin zu entwickeln. Bei Mannschaftssportarten ist jedoch eine hohe Häufigkeit von Wettkämpfen über lange Saisons hinweg zu verzeichnen, während derer die Athleten ein hohes Niveau an Kraft, Leistung und Ausdauer aufrechterhalten müssen. Daher werden Mannschaftssportler wahrscheinlich von einer Kombination verschiedener Periodisierungsstrategien profitieren, die von der Phase der Saison und dem Wettkampfplan abhängen. Diese Strategien sind an anderer Stelle beschrieben worden [78]. Bei Freizeitsportlern deutet eine Studie darauf hin, dass die Trainingsperiodisierung (insbesondere die Verteilung der Trainingsintensität im Ausdauerbereich) für diese Gruppe weniger wichtig sein könnte, da sowohl die traditionelle als auch die polarisierte Verteilung von Trainingsintensität und -volumen gleichermaßen wirksam zur Verbesserung der kardiovaskulären und neuromuskulären Fitness waren [79]. Dies könnte jedoch die potenziell größere Bedeutung des Ausdauertrainingsvolumens im Gegensatz zur Trainingsintensität bei der Ausprägung des Interferenzeffekts widerspiegeln [6, 29, 77]. Offensichtlich sind weitere Forschungsarbeiten erforderlich, um die Anwendung von Periodisierungsstrategien mit besonderem Schwerpunkt auf der gleichzeitigen Entwicklung von Ausdauer und Kraft zu untersuchen, um Strategien zur Minimierung von Interferenzen beim kombinierten Training zu generieren.

Ernährung

Die Ernährung ist ein weiterer wichtiger methodischer Aspekt, denn es gibt deutliche Hinweise darauf, dass die Verfügbarkeit von Nährstoffen die Trainingsanpassung erheblich beeinflussen kann [80]. Der Beginn des Trainings bei geringer Kohlenhydratverfügbarkeit verbessert die metabolischen und mitochondrialen Signalreaktionen [81, 82] und die Ausdaueranpassungen [83–86], während die Aufnahme von Proteinen (entweder als Vollprotein oder Aminosäuren) vor und nach dem Training die Muskelproteinsynthese sowohl in Kombination mit als auch unabhängig vom Training steigern kann [87, 88]. Darüber hinaus beeinflusst die Nährstoffzufuhr die Expression von Genen und Proteinen, die am Proteinabbau beteiligt sind [89], eine physiologische Reaktion, die als ungünstig für das Erreichen von Trainingszielen angesehen wird. Ein ebenso wichtiger, aber weniger beachteter Faktor in Bezug auf die Ernährungsunterstützung ist die Auswirkung der Energiebilanz auf die durch Krafttraining induzierten Anpassungen [90]. In der Tat berichteten Areta et al. [91], dass nach einem 5-tägigen Energiedefizit (30 kcal·kg·FFM^{-1}·Tag^{-1}) die myofibrilläre fraktionierte synthetische Rate im Vergleich zum Energiegleichgewicht niedriger ist. Dies deutet darauf hin, dass ein Energiedefizit, das durch ein vorangegangenes Ausdauertraining verursacht wurde (ein höheres Ausdauertrainingsvolumen entspricht einem größeren Energiedefizit), das die Ausdauersignalreaktion durch Kohlenhydratrestriktion verschlimmern kann, die anabole Reaktion auf das anschließende Krafttraining verringern kann. Daher sind die unabhängigen Auswirkungen der Nährstoffversorgung auf unterschiedliche Signal- und Anpassungsreaktionen wichtige methodische Überlegungen für diejenigen, die versuchen, die Reaktionen an beiden Enden des Anpassungskontinuums zu maximieren.

Bislang wurde die Mehrzahl der Forschungsarbeiten zum Thema Bewegung und Ernährung nur bei alleinigem Kraft oder Ausdauertraining durchgeführt [92]. Darüber hinaus wurde in der vorhandenen Literatur zum kombinierten Training in mehreren Studien das Training im nüchternen Zustand durchgeführt [13, 19, 20, 24, 93–95]. Diese Praktiken sind oft nicht repräsentativ für die Praktiken von Sportlern, die vor, während und nach dem Training Kohlenhydrate und/oder Proteine zu sich nehmen, um die Belastbarkeit, Erholung und Anpassung zu fördern [96].

Studiendesign und statistische Überlegungen

Obwohl es auf der Welt etwa gleich viele Frauen wie Männer gibt, sind Frauen als Teilnehmerinnen in der sportwissenschaftlichen Trainingsliteratur deutlich unterrepräsentiert. In den veröffentlichten Studien [97] machen Frauen weniger als 40 % der Teilnehmer aus, und bei Trainingsstudien zum kombinierten Kraft- und Ausdauertraining dürfte der Anteil noch geringer sein. In diesem Zusammenhang ist es wichtig, sich daran zu erinnern, dass Frauen keine kleinen Männer sind [98], und man sollte sich nicht auf Forschungsarbeiten verlassen, die an Männern durchgeführt wurden, um Leitlinien für das kombinierte Training von Frauen zu erstellen. So deuten einige Untersuchungen darauf hin, dass es Unterschiede in der Kraft- und Hormonanpassung zwischen Männern und Frauen nach einem kombinierten Training und einem reinen Krafttraining gibt [99]. Andere Daten deuten darauf hin, dass sich die Kraft von Frauen und Männern in den 4 Tagen nach dem Krafttraining nicht in gleichem Maße erholt [100]. Andererseits wurden keine geschlechtsspezifischen Unterschiede bei der Reaktion der Muskelproteinsynthese auf ein Krafttraining im nüchternen Zustand beobachtet [101]. In Anbetracht der bisher begrenzten Forschungsergebnisse ist es klar, dass mehr Forschung mit Frauen erforderlich ist, um die Richtlinien für das kombinierte Training von Frauen besser zu formulieren. Außerdem werden Frauen, wenn sie rekrutiert werden, im Allgemeinen nur dann untersucht, wenn sie biologisch gesehen „männlich" sind (wenn sie weder einen Eisprung haben noch menstruieren). Frauen müssen jedoch in allen Phasen ihres Menstruationszyklus untersucht werden, da dies repräsentativ für die weibliche Trainingserfahrung ist.

Wenn Frauen rekrutiert werden, geschieht dies häufig, wenn eine kleine Anzahl von Männern und Frauen gemeinsam untersucht wird. Angesichts der erwiesenen physiologischen Unterschiede zwischen den Geschlechtern [98] hat dies die unbeabsichtigte Folge, dass die Variabilität zwischen den Teilnehmern zunimmt und die Aussagekraft der Studie zur Feststellung kleiner Unterschiede zwischen den Bedingungen abnimmt. Diese geringe Aussagekraft ist auch für den Großteil der Literatur über kombiniertes Training charakteristisch (selbst wenn nur ein Geschlecht rekrutiert wird) und bedeutet, dass kleine (und möglicherweise wichtige) Effekte des kombinierten Trainings nicht immer berichtet werden. Eine Lösung besteht natürlich darin, die Stichprobengröße von Studien zum kombinierten Training zu erhöhen. Einige Autoren gehen jedoch auch über die traditionellen Signifikanztests hinaus und geben Konfidenzintervalle, die Größenordnung der Effekte und die Wahrscheinlichkeit an, dass ein Effekt schädlich/trivial/vorteilhaft ist [73]. Diese Ansätze sind nicht ganz unproblematisch, denn um Rückschlüsse auf die Größenordnung ziehen zu können, muss der kleinste sinnvolle Effekt nachgewiesen werden (der nicht für alle kombinierten Trainingsvariablen ermittelt wurde). Eine weitere wichtige statistische Überlegung ist, dass in den meisten Studien zum kombinierten Training zwar traditionell Durchschnittswerte angegeben wurden, es aber offensichtlich eine beträchtliche individuelle Variabilität in der Reaktion auf das Training gibt, und die Forscher sollten erwägen, individuelle Werte für alle Variablen anzugeben.

Zusammenfassung

Kombiniertes Kraft- und Ausdauertraining ist eine gängige Praxis, und daher ist es wichtig, mögliche Interferenzeffekte als Reaktion auf diese Art von Training zu verstehen. Es gibt jedoch eine Reihe von methodischen Überlegungen bei der Planung und Interpretation der Folgen von kombiniertem Training. Dazu gehören die Gestaltung des Trainingsprogramms, die Ernährungsgewohnheiten, die untersuchte Teilnehmergruppe und die statistischen Analysen, die in der Forschung verwendet werden. Obwohl weitere Untersuchungen erforderlich sind, scheint es, dass der Interferenz-Effekt eher bei Personen mit einer längeren Trainingshistorie, bei ≥ 3 Ausdauertrainingseinheiten pro Woche und bei einem hohen Trainingsvolumen zu beobachten ist. Die Reihenfolge innerhalb einer Trainingseinheit ist ebenfalls wichtig, und bei der Planung sollte derjenige Modus Vorrang haben, der das primäre Trainingsziel widerspiegelt, um die Qualität der Trainingseinheit und folglich den Anpassungsreiz zu maximieren. Eine Verlängerung der Erholungszeit zwischen den Trainingseinheiten sollte auch eine höhere Qualität des nachfolgenden Trainings und damit einen besseren Anpassungsreiz ermöglichen. Weitere Arbeiten sind erforderlich, um die Rolle der Intensität des Ausdauertrainings bei der Modulation der Anpassung an das kombinierte Training besser zu definieren. Außerdem sind weitere Forschungsarbeiten erforderlich, um die Richtlinien für das kombinierte Training von Frauen zu verbessern. Da einige der potenziellen Interferenzeffekte wahrscheinlich gering sind, müssen die Forscher auch überlegen, wie sie die Aussagekraft von Studien zum kombinierten Training erhöhen können. Schließlich müssen die Mechanismen, die den Interferenz-Effekt induzieren, besser verstanden werden, um Strategien zur Maximierung der Ergebnisse des kombinierten Trainings zu entwickeln.

Literatur

1. Kraemer WJ, et al. Compatibility of high-intensity strength and endurance training on hormonal and skeletal muscle adaptations. J Appl Physiol (1985). 1995;78(3):976–989.
2. Hickson RC. Interference of strength development by simultaneously training for strength and endurance. Eur J Appl Physiol Occup Physiol. 1980;45(2–3):255–63.
3. Bell GJ et al. Effect of concurrent strength and endurance training on skeletal muscle properties and hormone concentrations in humans. Eur J Appl Physiol. 2000;81(5):418–27.
4. Craig B, Lucas J, Pohlman R. Effects of running, weightlifting and a combination of both on growth hormone release. J Appl Sport Sci Res. 1991;5:198–203.
5. Hennessy L, Watson A. The interference effects of training for strength and endurance simultaneously. J Strength Cond Res. 1994;12:9–12.
6. Fyfe JJ et al. Endurance training intensity does not mediate interference to maximal lower-body strength gain during short-term concurrent training. Front Physiol. 2016;7:487.
7. Balabinis CP et al. Early phase changes by concurrent endurance and strength training. J Strength Cond Res. 2003;17(2):393–401.
8. McCarthy JP, Pozniak MA, Agre JC. Neuromuscular adaptations to concurrent strength and endurance training. Med Sci Sports Exerc. 2002;34(3):511–9.
9. Häkkinen K et al. Neuromuscular adaptations during concurrent strength and endurance training versus strength training. Eur J Appl Physiol. 2003;89(1):42–52.
10. Kazior Z et al. Endurance exercise enhances the effect of strength training on muscle fiber size and protein expression of Akt and mTOR. PLoS One. 2016;11(2):e0149082.
11. Lundberg TR, et al. Aerobic exercise does not compromise muscle hypertrophy response to short-term resistance training. J Appl Physiol (1985). 2013;114(1):81–89.
12. Lundberg TR, Fernandez-Gonzalo R, Tesch PA. Exercise-induced AMPK activation does not interfere with muscle hypertrophy in response to resistance training in men. J Appl Physiol (1985). 2014;116(6):611–620.
13. Wang L, et al. Resistance exercise enhances the molecular signaling of mitochondrial biogenesis induced by endurance exercise in human skeletal muscle. J Appl Physiol (1985). 2011;111(5):1335–1344.
14. Fernandez-Gonzalo R, Lundberg TR, Tesch PA. Acute molecular responses in untrained and trained muscle subjected to aerobic and resistance exercise training versus resistance training alone. Acta Physiol (Oxf). 2013;209(4):283–94.
15. Fyfe JJ et al. Concurrent exercise incorporating high-intensity interval or continuous training modulates mTORC1 signalling and microRNA expression in human skeletal muscle. Am J Physiol Regul Integr Comp Physiol. 2016;310(11):R1297–311.
16. Fyfe JJ, Bishop DJ, Stepto NK. Interference between concurrent resistance and endurance exercise: molecular bases and the role of individual training variables. Sports Med. 2014;44(6):743–62.

17. Donges CE, et al. Concurrent resistance and aerobic exercise stimulates both myofibrillar and mitochondrial protein synthesis in sedentary middle-aged men. J Appl Physiol (1985). 2012;112(12):1992–2001.
18. Carrithers JA et al. Concurrent exercise and muscle protein synthesis: implications for exercise countermeasures in space. Aviat Space Environ Med. 2007;78(5):457–62.
19. Coffey VG, et al. Consecutive bouts of diverse contractile activity alter acute responses in human skeletal muscle. J Appl Physiol (1985). 2009;106(4):1187–1197.
20. Coffey VG et al. Effect of consecutive repeated sprint and resistance exercise bouts on acute adaptive responses in human skeletal muscle. Am J Physiol Regul Integr Comp Physiol. 2009;297(5):R1441–51.
21. Lundberg TR et al. Aerobic exercise alters skeletal muscle molecular responses to resistance exercise. Med Sci Sports Exerc. 2012;44(9):1680–8.
22. Coffey VG et al. Interaction of contractile activity and training history on mRNA abundance in skeletal muscle from trained athletes. Am J Physiol Endocrinol Metab. 2006;290(5):E849–55.
23. Coffey VG et al. Early signaling responses to divergent exercise stimuli in skeletal muscle from well-trained humans. FASEB J. 2006;20(1):190–2.
24. Vissing K et al. Differentiated mTOR but not AMPK signaling after strength vs endurance exercise in training-accustomed individuals. Scand J Med Sci Sports. 2013;23(3):355–66.
25. Camera DM et al. Early time course of Akt phosphorylation after endurance and resistance exercise. Med Sci Sports Exerc. 2010;42(10):1843–52.
26. Wilkinson SB et al. Differential effects of resistance and endurance exercise in the fed state on signalling molecule phosphorylation and protein synthesis in human muscle. J Physiol. 2008;586(Pt 15):3701–17.
27. Coffey VG, Hawley JA. Concurrent exercise training: do opposites distract? J Physiol. 2017;595(9):2883–96.
28. Denadai BS et al. Explosive training and heavy weight training are effective for improving running economy in endurance athletes: a systematic review and meta-analysis. Sports Med. 2017;47(3):545–54.
29. Wilson JM et al. Concurrent training: a meta-analysis examining interference of aerobic and resistance exercises. J Strength Cond Res. 2012;26(8):2293–307.
30. Jones TW et al. Performance and neuromuscular adaptations following differing ratios of concurrent strength and endurance training. J Strength Cond Res. 2013;27(12):3342–51.
31. Glowacki SP et al. Effects of resistance, endurance, and concurrent exercise on training outcomes in men. Med Sci Sports Exerc. 2004;36(12):2119–27.
32. Weston KS, Wisloff U, Coombes JS. High-intensity interval training in patients with lifestyle-induced cardiometabolic disease: a systematic review and meta-analysis. Br J Sports Med. 2014;48(16):1227–34.
33. Milanovic Z, Sporis G, Weston M. Effectiveness of high-intensity interval training (HIT) and continuous endurance training for VO_{2max} improvements: a systematic review and meta-analysis of controlled trials. Sports Med. 2015;45(10):1469–81.
34. Buchheit M, Laursen PB. High-intensity interval training, solutions to the programming puzzle: part I: cardiopulmonary emphasis. Sports Med. 2013;43(5):313–38.
35. Bentley DJ et al. Muscle activation of the knee extensors following high intensity endurance exercise in cyclists. Eur J Appl Physiol. 2000;81(4):297–302.
36. Bentley DJ, Zhou S, Davie AJ. The effect of endurance exercise on muscle force generating capacity of the lower limbs. J Sci Med Sport. 1998;1(3):179–88.
37. Leveritt M, MacLaughlin H, Abernethy PJ. Changes in leg strength 8 and 32 h after endurance exercise. J Sports Sci. 2000;18(11):865–71.
38. de Souza EO et al. Acute effect of two aerobic exercise modes on maximum strength and strength endurance. J Strength Cond Res. 2007;21(4):1286–90.
39. Ratamess NA et al. Acute resistance exercise performance is negatively impacted by prior aerobic endurance exercise. J Strength Cond Res. 2016;30(10):2667–81.

40. Lemos A et al. The acute influence of two intensities of aerobic exercise on strength training performance in elderly women. J Strength Cond Res. 2009;23(4):1252–7.
41. Buchheit M, Laursen PB. High-intensity interval training, solutions to the programming puzzle: part II: anaerobic energy, neuromuscular load and practical applications. Sports Med. 2013;43(10):927–54.
42. Gergley JC. Comparison of two lower-body modes of endurance training on lower-body strength development while concurrently training. J Strength Cond Res. 2009;23(3):979–87.
43. Chtara M et al. Effect of concurrent endurance and circuit resistance training sequence on muscular strength and power development. J Strength Cond Res. 2008;22(4):1037–45.
44. Cantrell GS et al. Maximal strength, power, and aerobic endurance adaptations to concurrent strength and sprint interval training. Eur J Appl Physiol. 2014;114(4):763–71.
45. Sale DG et al. Comparison of two regimens of concurrent strength and endurance training. Med Sci Sports Exerc. 1990;22(3):348–56.
46. Dudley GA, Djamil R. Incompatibility of endurance- and strength-training modes of exercise. J Appl Physiol (1985). 1985;59(5):1446–1451.
47. Silva RF et al. Concurrent training with different aerobic exercises. Int J Sports Med. 2012;33(8):627–34.
48. Edge J, Bishop D, Goodman C. The effects of training intensity on muscle buffer capacity in females. Eur J Appl Physiol. 2006;96(1):97–105.
49. Edge J et al. Effects of high- and moderate-intensity training on metabolism and repeated sprints. Med Sci Sports Exerc. 2005;37(11):1975–82.
50. Leveritt M et al. Concurrent strength and endurance training. A review. Sports Med. 1999;28(6):413–27.
51. Barnes KR, Kilding AE. Running economy: measurement, norms, and determining factors. Sports Med Open. 2015;1(1):8.
52. Sporer BC, Wenger HA. Effects of aerobic exercise on strength performance following various periods of recovery. J Strength Cond Res. 2003;17(4):638–44.
53. Bartolomei S et al. Comparison of the recovery response from high-intensity and high-volume resistance exercise in trained men. Eur J Appl Physiol. 2017;117(7):1287–98.
54. Taylor JL, Gandevia SC. A comparison of central aspects of fatigue in submaximal and maximal voluntary contractions. J Appl Physiol (1985). 2008;104(2):542–550.
55. Jones TW et al. Effects of strength and endurance exercise order on endocrine responses to concurrent training. Eur J Sport Sci. 2017;17(3):326–34.
56. Inoue DS et al. Immunometabolic responses to concurrent training: the effects of exercise order in recreational weightlifters. J Strength Cond Res. 2016;30(7):1960–7.
57. Doma K, Deakin GB. The effects of strength training and endurance training order on running economy and performance. Appl Physiol Nutr Metab. 2013;38(6):651–6.
58. Cadore EL et al. Strength prior to endurance intra-session exercise sequence optimizes neuromuscular and cardiovascular gains in elderly men. Exp Gerontol. 2012;47(2):164–9.
59. Cadore EL et al. Neuromuscular adaptations to concurrent training in the elderly: effects of intrasession exercise sequence. Age (Dordr). 2013;35(3):891–903.
60. Eklund D et al. Acute endocrine and force responses and long-term adaptations to same-session combined strength and endurance training in women. J Strength Cond Res. 2016;30(1):164–75.
61. Collins MA, Snow TK. Are adaptations to combined endurance and strength training affected by the sequence of training? J Sports Sci. 1993;11(6):485–91.
62. Davitt PM et al. The effects of a combined resistance training and endurance exercise program in inactive college female subjects: does order matter? J Strength Cond Res. 2014;28(7):1937–45.
63. Gravelle BL, Blessing DL. Physiological adaptation in women concurrently training for strength and endurance. J Strength Cond Res. 2000;14(1):5–13.
64. MacNeil LG et al. The order of exercise during concurrent training for rehabilitation does not alter acute genetic expression, mitochondrial enzyme activity or improvements in muscle function. PLoS One. 2014;9(10):e109189.

65. Wilhelm EN et al. Concurrent strength and endurance training exercise sequence does not affect neuromuscular adaptations in older men. Exp Gerontol. 2014;60:207–14.
66. Schumann M et al. The order effect of combined endurance and strength loadings on force and hormone responses: effects of prolonged training. Eur J Appl Physiol. 2014;114(4):867–80.
67. Schumann M et al. Fitness and lean mass increases during combined training independent of loading order. Med Sci Sports Exerc. 2014;46(9):1758–68.
68. Eklund D et al. Neuromuscular adaptations to different modes of combined strength and endurance training. Int J Sports Med. 2015;36(2):120–9.
69. Makhlouf I et al. Effect of sequencing strength and endurance training in young male soccer players. J Strength Cond Res. 2016;30(3):841–50.
70. McGawley K, Andersson PI. The order of concurrent training does not affect soccer-related performance adaptations. Int J Sports Med. 2013;34(11):983–90.
71. Abernethy PJ. Influence of acute endurance activity on isokinetic strength. J Strength Cond Res. 1993;7(3):141–6.
72. Leveritt M, Abernethy PJ. Acute effects of high-intensity endurance exercise on subsequent resistance activity. J Strength Cond Res. 1999;13(1):47–51.
73. Robineau J et al. Specific training effects of concurrent aerobic and strength exercises depend on recovery duration. J Strength Cond Res. 2016;30(3):672–83.
74. Murach KA, Bagley JR. Skeletal muscle hypertrophy with concurrent exercise training: contrary evidence for an interference effect. Sports Med. 2016;46(8):1029–39.
75. Garcia-Pallares J et al. Endurance and neuromuscular changes in world-class level kayakers during a periodized training cycle. Eur J Appl Physiol. 2009;106(4):629–38.
76. Garcia-Pallares J et al. Performance changes in world-class kayakers following two different training periodization models. Eur J Appl Physiol. 2010;110(1):99–107.
77. Ronnestad BR, Hansen EA, Raastad T. High volume of endurance training impairs adaptations to 12 weeks of strength training in well-trained endurance athletes. Eur J Appl Physiol. 2012;112(4):1457–66.
78. Gamble P. Periodization of training for team sports athletes. Strength Cond J. 2006;28(5):56.
79. Varela-Sanz A et al. Does concurrent training intensity distribution matter? J Strength Cond Res. 2017;31(1):181–95.
80. Bartlett JD, Hawley JA, Morton JP. Carbohydrate availability and exercise training adaptation: too much of a good thing? Eur J Sport Sci. 2015;15(1):3–12.
81. Bartlett JD et al. Reduced carbohydrate availability enhances exercise-induced p53 signaling in human skeletal muscle: implications for mitochondrial biogenesis. Am J Physiol Regul Integr Comp Physiol. 2013;304(6):R450–8.
82. Psilander N et al. Exercise with low glycogen increases PGC-1alpha gene expression in human skeletal muscle. Eur J Appl Physiol. 2013;113(4):951–63.
83. Chan MH et al. Altering dietary nutrient intake that reduces glycogen content leads to phosphorylation of nuclear p38 MAP kinase in human skeletal muscle: association with IL-6 gene transcription during contraction. FASEB J. 2004;18(14):1785–7.
84. Hansen AK, et al. Skeletal muscle adaptation: training twice every second day vs. training once daily. J Appl Physiol (1985). 2005;98(1):93–99.
85. Yeo WK, et al. Skeletal muscle adaptation and performance responses to once a day versus twice every second day endurance training regimens. J Appl Physiol (1985). 2008;105(5):1462–1470.
86. Yeo WK et al. Acute signalling responses to intense endurance training commenced with low or normal muscle glycogen. Exp Physiol. 2010;95(2):351–8.
87. Apro W, Blomstrand E. Influence of supplementation with branched-chain amino acids in combination with resistance exercise on p70S6 kinase phosphorylation in resting and exercising human skeletal muscle. Acta Physiol (Oxf). 2010;200(3):237–48.
88. Tipton KD, Wolfe RR. Protein and amino acids for athletes. J Sports Sci. 2004;22(1):65–79.
89. Borgenvik M, Apro W, Blomstrand E. Intake of branched-chain amino acids influences the levels of MAFbx mRNA and MuRF-1 total protein in resting and exercising human muscle. Am J Physiol Endocrinol Metab. 2012;302(5):E510–21.

90. Smiles WJ, Hawley JA, Camera DM. Effects of skeletal muscle energy availability on protein turnover responses to exercise. J Exp Biol. 2016;219(Pt 2):214–25.
91. Areta JL et al. Reduced resting skeletal muscle protein synthesis is rescued by resistance exercise and protein ingestion following short-term energy deficit. Am J Physiol Endocrinol Metab. 2014;306(8):E989–97.
92. Perez-Schindler J et al. Nutritional strategies to support concurrent training. Eur J Sport Sci. 2015;15(1):41–52.
93. Apró W et al. Resistance exercise induced mTORC1 signaling is not impaired by subsequent endurance exercise in human skeletal muscle. Am J Physiol Endocrinol Metab. 2013;305(1):E22–32.
94. Apro W et al. Resistance exercise-induced S6K1 kinase activity is not inhibited in human skeletal muscle despite prior activation of AMPK by high-intensity interval cycling. Am J Physiol Endocrinol Metab. 2015;308(6):E470–81.
95. Camera DM et al. Protein ingestion increases myofibrillar protein synthesis after concurrent exercise. Med Sci Sports Exerc. 2015;47(1):82–91.
96. Holway FE, Spriet LL. Sport-specific nutrition: practical strategies for team sports. J Sports Sci. 2011;29(Suppl 1):S115–25.
97. Costello JT, Bieuzen F, Bleakley CM. Where are all the female participants in Sports and Exercise Medicine research? Eur J Sport Sci. 2014;14(8):847–51.
98. Lewis DA, Kamon E, Hodgson JL. Physiological differences between genders implications for sports conditioning. Sports Med. 1986;3(5):357–69.
99. Bell G et al. Effect of strength training and concurrent strength and endurance training on strength, testosterone, and cortisol. J Strength Cond Res. 1997;11(1):57–64.
100. Flores DF et al. Dissociated time course of recovery between genders after resistance exercise. J Strength Cond Res. 2011;25(11):3039–44.
101. West DW et al. Sex-based comparisons of myofibrillar protein synthesis after resistance exercise in the fed state. J Appl Physiol. 2012;112(11):1805–13.

Auswirkungen des Trainingsdesigns auf physiologische Anpassungen und die Leistungsfähigkeit

14

Moritz Schumann

Einführung

Die physiologischen Herausforderungen, die durch kombiniertes Ausdauer- und Krafttraining hervorgerufen werden, haben seit der ersten Studie von Robert C. Hickson in 1980 [1] kontinuierlich an Popularität gewonnen. Während er jedoch eindeutig eine drastische Beeinträchtigung der Entwicklung der Maximalkraft bereits nach wenigen Wochen Training nachwies, wird oft vernachlässigt, dass das Trainingsvolumen in dieser Studie aus 11 wöchentlichen Trainingseinheiten bestand – viel mehr als bei Freizeitsportlern üblich. Außerdem führte die große Anzahl der durchgeführten Trainingseinheiten letztlich dazu, dass die Erholungszeit zwischen den einzelnen Trainingseinheiten sehr kurz war, wobei Residualermüdung nicht als mögliche Ursache für die beeinträchtigten Veränderungen der Muskelkraft in Betracht gezogen wurde.

Fast 40 Jahre später gibt es überzeugende Belege dafür, dass der Trainingsmodus in der Tat eine entscheidende Komponente bei der Erklärung des Interferenz-Phänomens darstellt. Vor allem die Erholung zwischen aufeinanderfolgenden Trainingseinheiten scheint das Ausmaß der durch kombiniertes Training induzierten Anpassungen zu beeinflussen [2, 3], aber es gibt auch einige Hinweise darauf, dass die Anpassungen spezifisch für die Reihenfolge innerhalb der Trainingseinheiten sind, zumindest bei bestimmten Probandengruppen [4, 5]. In diesem Zusammenhang muss bei der Interpretation der Literatur zum kombinierten Training eine klare terminologische Unterscheidung getroffen werden. Während sich der „Interferenzeffekt" im Allgemeinen auf das Ausmaß der Anpassungen bezieht, die durch ein kombiniertes Training im Vergleich zu einem reinen Ausdauer- oder Krafttraining er-

M. Schumann (✉)
Institut für Angewandte Bewegunswissenschaften, Professur für Sportmedizin und Sporttherapie, Technische Universität Chemnitz,
Chemnitz, Deutschland
E-Mail: moritz.schumann@hsw.tu-chemnitz.de

M. Schumann, B. R. Rønnestad (Hrsg.), *Kombiniertes Ausdauer- und Krafttraining*, https://doi.org/10.1007/978-3-031-36310-8_14

zielt werden [1], beschreibt der Effekt der Trainingsreihenfolge (in Englisch „Order Effect“) üblicherweise die Interaktion von Ausdauer- und Krafttraining in der gleichen Trainingseinheit (d. h. beginnend mit Ausdauer- bzw. Krafttraining) [6, 7].

Darüber hinaus wurden vor allem in den letzten zehn Jahren zahlreiche Querschnittsstudien durchgeführt, um die akuten neuromuskulären, hormonellen oder kardiorespiratorischen Auswirkungen von kombiniertem Ausdauer- und Krafttraining zu untersuchen. Während basierend auf diesen Studien oft ziemlich deutliche Behauptungen über mögliche langfristige Anpassungen aufgestellt werden, lassen sich diese Ergebnisse sehr oft nicht in chronische Leistungsanpassungen übertragen, die nach mehreren Wochen oder Monaten des Trainings beobachtet wurden. Ziel dieses Kapitels ist es daher, die akuten und chronischen Effekte verschiedener Formen des kombinierten Ausdauer- und Krafttrainings kritisch zu diskutieren, indem die Ergebnisse von Querschnitts- und Längsschnittstudien kombiniert werden. Besonderes Augenmerk wird auf die Auswirkungen der Trainingssequenz innerhalb einer Trainingseinheit und die Bedeutung der Erholung zwischen den einzelnen Trainingseinheiten gelegt. Da die molekularen Signalwege von Ausdauer- und Krafttraining bereits an anderer Stelle in diesem Buch erörtert wurden, konzentriert sich dieses Kapitel auf neuromuskuläre, kardiorespiratorische und hormonelle Aspekte sowie auf die spezifische sportliche Leistungsfähigkeit.

Die „Akut-Hypothese"

Die anfänglich beobachtete Beeinträchtigung der Kraftentwicklung bei kombiniertem Ausdauer- und Krafttraining mit hohem Volumen (d. h. „Interferenz“) kann sowohl durch eine chronische als auch durch eine akute Hypothese erklärt werden. Hickson [1] schlug vor, dass die beeinträchtigte Kraftentwicklung darauf zurückzuführen sein könnte, dass die Muskeln nicht in der Lage sind, sich an beide Formen des Trainings gleichzeitig anzupassen. Craig et al. [8] hingegen postulierten, dass bei Trainingsprogrammen, bei denen Ausdauer- und Krafttraining in unmittelbarer Nähe zueinander durchgeführt werden, die Residualermüdung des zuerst durchgeführten Trainings die Qualität der nachfolgenden Belastung beeinträchtigt und möglicherweise die langfristigen Anpassungen gefährdet.

Die „Akut-Hypothese“ wird durch Studien gestützt, die berichten, dass die Erholung von intensiven Trainingseinheiten von der Trainingsintensität und/oder dem Trainingsumfang abhängt und mehrere Tage dauern kann [9–11]. Dabei kann das Ausmaß der neuromuskulären Ermüdung nach intensiven Kraftbelastungen [9] im Vergleich zu längerem Ausdauertraining [11] wesentlich größer sein. Dies ist insofern interessant, als in der Regel Bedenken hinsichtlich der nachteiligen Auswirkungen einer durch Ausdauertraining induzierten Residualermüdung auf die nachfolgende Kraftleistung geäußert werden und nicht so sehr hinsichtlich möglicher akuter Auswirkungen der Kraftbelastung auf die aerobe Leistung (z. B. [12]). Die Auswirkungen einer Trainingseinheit auf die nachfolgende Ausdauer- oder Kraftleistung wurden an anderer Stelle in diesem Buch erörtert.

Akute Auswirkungen der Intra-Session-Sequenz auf die Kraftleistung

Obwohl das Interesse an Trainingsmethoden zum kombinierten Kraft- und Ausdauertraining in den letzten zehn Jahren enorm zugenommen hat, ist die Anzahl der Studien, die die akuten Reaktionen auf kombinierte Ausdauer- und Kraftbelastungen (d. h. entweder Ausdauertraining gefolgt von einer Kraftbelastung oder umgekehrt) untersucht haben stark limitiert. Die wichtigsten Indizien für mögliche, von der Trainingssequenz abhängige Reaktionen, wären offensichtlich Unterschiede in der neuromuskulären Ermüdung. Überraschenderweise haben jedoch nur sehr wenige Studien den Einfluss kombinierter Trainingsbelastungen auf die Kraftentwicklung untersucht (im Vergleich zu dem Einfluss von reinem Kraft- oder Ausdauertraining auf die neuromuskuläre Ermüdung). In diesen Untersuchungen wurde sowohl bei freizeitlich trainierten Ausdauerläufern [13] als auch bei zuvor untrainierten Männern [6, 14] und Frauen [15] eine ähnliche Reduktion der Maximal- und Schnellkraft nach intensiven Kraftbelastungen in Kombination mit moderat-intensiven Ausdauerläufen oder Radfahren beobachtet. Außerdem kehrten die Kraftwerte in all diesen Studien bereits nach 24 h zum Ausgangswert zurück.

In unseren eigenen Studien [6, 14, 15] bestand die Belastung aus Krafttrainingsprotokollen mit einem Fokus auf Hypertrophie, Maximal- und Schnellkraft, in Kombination mit kontinuierlichem Radergometertraining bei einer Intensität an der 2. Laktatschwelle. Während die gesamte Ausprägung der muskulären Ermüdung nach beiden Trainingssequenzen (Kraft- gefolgt von Ausdauertraining und vice versa), so waren die Anteile an der Gesamtermüdung trainingsspezifisch [6, 14]. Radergometertraining welches vor der Kraftbelastung durchgeführt wurde, führte zu einer Verringerung der Maximalkraft um ~10 %, während in der umgekehrten Reihenfolge Ausdauertraining die Kraftleistungsfähigkeit nicht weiter reduzierte. Während also Kraftbelastungen zu einer zum Teil stark ausgeprägten neuromuskulären Ermüdung führen können, wenn sie sowohl vor als auch nach einem Ausdauertraining durchgeführt werden, scheint kontinuierliches Ausdauertraining auf dem Radergometer das Gesamtausmaß der Ermüdung nicht zu erhöhen, wenn bereits ein bestimmtes Niveau oder eine Vorermüdung erreicht wird. Ähnliche Ergebnisse zeigen sich auch in Studien, in denen nur die akuten neuromuskulären Reaktionen auf längere Kraftbelastungen untersucht wurden [9, 16], allerdings scheinen die zugrunde liegenden Ursachen dafür vielfältig zu sein. So sind beim Ausdauertraining mit moderater Intensität typischerweise sowohl Typ-I- als auch Typ-IIa-Fasern aktiv [17]. Es ist aber wahrscheinlich, dass die Kraftbelastung zusätzlich höherschwellige motorische Einheiten aktiviert, die sich durch eine hohe Ermüdbarkeit auszeichnen, während beim anschließenden Ausdauerradfahren möglicherweise nur ermüdungsresistente Slow-Twitch-Fasern rekrutiert werden [18], was das Ausmaß der Gesamtermüdung offenbar nicht erhöht.

Auswirkungen der Intra-Session-Sequenz auf hormonelle Akutantworten

Akute trainingsinduzierte Verringerungen der Kraftleistungsfähigkeit werden in der Regel von vorübergehenden Veränderungen der Hormonkonzentrationen begleitet. Während der Zusammenhang zwischen akut erhöhten Hormonkonzentrationen und

Muskelwachstum in einer kürzlich erschienenen Übersichtsarbeit in Frage gestellt wurde [19], haben mehrere Studien statistisch signifikante Korrelationen zwischen basalen und/oder belastungsinduzierten Konzentrationen von z. B. zirkulierendem Testosteron und der chronischen Entwicklung von Muskelmasse und Kraft während des Krafttrainings gezeigt [20–24]. Diese Ergebnisse liefern zumindest einige Belege für eine unterstützende Rolle akuter endokriner Veränderungen bei langfristigen physiologischen Anpassungen und könnten auch dazu beitragen, die unterschiedlichen Anpassungen an kombiniertes Ausdauer- und Krafttraining zu erklären.

Beim Vergleich vorhandener Studien über die akuten Hormonreaktionen auf kombinierte Belastungen (d. h. Ausdauer- und Krafttraining in derselben Trainingseinheit) ist zu beachten, dass das Ausmaß der Hormonreaktionen in der Regel durch die Charakteristika der Trainingseinheit (d. h. maßgeblich Trainingsintensität und -volumen) beeinflusst wird und die Ergebnisse daher möglicherweise spezifisch für Komposition der entsprechenden Trainingseinheit ist. Vergleicht man die Ergebnisse früherer Studien, so scheint es, dass die Akutantworten von Wachstumshormonen (22-kDa) durchweg größer sind, wenn bei zuvor untrainierten Männern [6] und Frauen [15] wenn die Trainingseinheit mit Krafttraining begonnen wird. Eine Theorie zur Erklärung dieser Ergebnisse könnte in einer durch das Ausdauertraining induzierten Anhäufung von freien Fettsäuren liegen, die die endokrine Ausschüttung von Wachstumshormon unterdrücken kann [25]. Folglich könnte man hypothetisieren, dass ein Krafttraining, das vor dem Ausdauertraining durchgeführt wird, das anabole Milieu und damit das Anpassungspotenzial optimiert. Obwohl solche Annahmen durch die akute Testosteronakkumulation in diesen Studien nicht gestützt werden, haben wir bei zuvor untrainierten Männern gezeigt, dass die Testosteronkonzentrationen bis zu 48 h lang drastisch reduziert sein können, wenn dem Krafttraining ein Ausdauertraining auf dem Radergometer vorausgeht [6]. Darüber hinaus wurde kein akuter Anstieg der Cortisolkonzentrationen beobachtet, während unabhängig von der Trainingsreihenfolge Cortisol für bis zu 48 h signifikant verringert war.

Geringere Hormonkonzentrationen während der Regeneration werden im Allgemeinen mit einer Hochregulierung der Androgenrezeptoren in Verbindung gebracht, die mit einer erhöhten Aufnahme in das Zielgewebe oder einer gehemmten Sezernierung dieser Hormone einhergeht [16, 26]. Leider war es unseren Studien nicht möglich, die Kinetik der Zielrezeptoren zu untersuchen, so dass die Bedeutung der Ergebnisse spekulativ bleibt [26]. Zusammen mit den abgeschwächten Wachstumshormonreaktionen ist es jedoch wahrscheinlich, dass Ausdauertraining welches vor einem Krafttraining durchgeführt wird, aufgrund der beobachteten reduzierten Testosteronkonzentrationen den Erholungsbedarf im Vergleich zur umgekehrten Trainingsreihenfolge verlängert.

Wichtig ist, dass sich unsere Ergebnisse deutlich von denen unterscheiden, die in anderen Studien mit freizeitlich trainierten Kraftsportlern [27] und mit kombinierten Ausdauer- und Kraftsportlern [28] beobachtet wurden, die Krafttraining mit einem Fokus auf Muskelhypertrophie in Kombination mit Radergometertraining [27] und Laufen [28] durchführten. Beide Studien zeigten einen akuten Anstieg der Testosteronkonzentration wenn die Trainingseinheit mit Ausdauertraining begonnen wurde. Darüber hinaus zeigten Cadore et al. [27], dass die Cortisolkonzentrationen nach der ersten Trainingsmodalität (Ausdauer bzw. Kraft) in beiden Belastungssequenzen erhöht waren, aber während der darauffolgenden Belastung (Kraft bzw. Ausdauer) auf den Ausgangswert zurückkehrten, während Rosa et al. [28] erhöhte Cortisol- und Wachstumshormonkonzentrationen nach beiden Belastungsbedingungen beobachteten. Während die Autoren dieser Studien zu dem Schluss kamen, dass das anabole Milieu optimiert wurde, wenn Ausdauertraining vor Krafttraining durchgeführt wurde, scheinen sich die hormonellen Reaktionen auf kombinierte Kraft- und Ausdauertrainingseinheiten zwischen trainierten und untrainierten Populationen zu unterscheiden. Diese Hypothese wird in der Tat durch unsere Daten gestützt, die zeigen, dass nach 24 Wochen kombiniertem Training mit einer bestimmten Trainingssequenz (d. h. Ausdauer vor oder nach dem Krafttraining) die anfängliche Verringerung der Testosteronkonzentration in der Gruppe, die vor dem Krafttraining ein Ausdauertraining durchführte, geringer ausfiel [14]. Darüber hinaus kann bei trainierten Personen die Durchführung von Ausdauerbelastungen vor dem Krafttraining im Gegensatz zu zuvor untrainierten Personen tatsächlich einen kumulativen anabolen Stimulus darstellen [29]. Dies wurde z. B. durch die Aktivierung molekularer Signalwege gezeigt, die für das Muskelwachstum erforderlich sind, und würde helfen, die erhöhten Testosteronkonzentrationen nach dieser Trainingssequenz in den Studien von Cadore et al. und Rosa et al. zu erklären.

Auswirkungen der Intra-Session-Sequenz auf kardiorespiratorischen Akutantworten

Derzeit ist nur sehr wenig über die kardiorespiratorischen Akutantworten auf kombinierte Kraft- und Ausdauertrainingseinheiten bekannt, und in der Regel beschränken sich die Daten auf den erhöhten Sauerstoffverbrauch nach der Belastung (EPOC). Diese Ergebnisse sind jedoch nicht eindeutig, und zumindest aus physiologischer Sicht bleibt unklar, warum die Trainingssequenz die EPOC-Reaktionen insgesamt beeinflussen sollte. Di Blasio et al. [30] konnten zeigen, dass die EPOC-Werte bei zuvor untrainierten Frauen, die zuerst Ausdauer und dann Krafttraining absolvierten, ähnlich hoch waren wie in der umgekehrten Trainingsreihenfolge. Bei körperlich aktiven Männern wurden jedoch sowohl keine Unterschiede [31, 32] als auch eine größere EPOC-Antwort gefunden, wenn das Ausdauertraining zuerst durchgeführt wurde [33]. Der letztgenannte Befund lässt sich zumindest teilweise mit der eher geringen Intensität und dem geringen Umfang des Ausdauertrainings (25 min bei 70 % der VO_{2max}) in dieser Studie erklären – eine Belastung die mit einer aktiven Erholungsstrategie vergleichbar ist und somit beispielsweise die Verstoffwechslung von Laktat begünstigt [34]. Interessanterweise hat sich gezeigt, dass die EPOC-Antwort nach einem alternierenden Ausdauer- und Krafttraining (d. h. 3 × 10 min Laufbandtraining, jeweils gefolgt von einem Satz mit 8 Übungen Zirkeltraining) größer ist als wenn Ausdauer- und Krafttraining nacheinander durchgeführt wurden [30]. Die Gründe für dieses Phänomen bedürfen jedoch weiterer Untersuchungen.

Chronische Anpassungen an kombiniertes Ausdauer- und Krafttraining in der gleichen Trainingseinheit

Die aus Querschnittsstudien gewonnenen Erkenntnisse liefern zumindest einige Hinweise auf mögliche trainingssequenzspezifische Anpassungen, wenn ein langfristiges kombiniertes Ausdauer- und Krafttraining durchgeführt wird. Es scheint jedoch, dass sich diese Erkenntnisse nur in sehr wenigen Fällen auf die Ergebnisse von chronischen Trainingsstudien übertragen lassen. Dies ist wahrscheinlich auf Faktoren zurückzuführen, die unter Laborbedingungen gut kontrolliert werden können, aber das Training über mehrere Wochen oder Monate hinweg beeinflussen (z. B. Schlafgewohnheiten, Ernährung, psychischer Stress, tägliche Aktivitäten). Tab. 14.1 enthält eine Zusammenfassung von Studien, die sich mit den chronischen Anpassungen durch kombiniertes Kraft- und Ausdauertraining mit unterschiedlicher Reihenfolge befassen.

Kürzlich wurden zwei Metaanalysen zu diesem Thema veröffentlicht [47, 48], und beide Untersuchungen kamen zu recht ähnlichen Schlussfolgerungen. Diese deuten darauf hin, dass die dynamische Kraftleistungsfähigkeit optimiert werden kann, wenn das Krafttraining vor dem Ausdauertraining durchgeführt wird, während die Trainingsreihenfolge für die morphologischen [47] oder kardiorespiratorischen Anpassungen [47, 48] keine Rolle zu spielen scheint. Aus Tab. 14.1 geht jedoch hervor, dass nur sehr wenige Studien statistische Belege für diese Behauptung geliefert haben. Darüber hinaus ist festzustellen, dass sich die derzeit verfügbaren Studien hinsichtlich des Studiendesigns und der untersuchten Population zum Teil drastisch unterscheiden, was eine recht heterogene Stichprobe für eine Meta-Analyse darstellt.

Auf der Grundlage unserer Untersuchung im Hinblick auf die unterschiedlichen hormonellen Akutantworten, könnte man erwarten, dass Krafttraining zu Beginn der Einheit bessere neuromuskuläre Anpassung hervorruft als die umgekehrte Reihenfolge, da die Testosteronkonzentration in dieser Gruppe aufrechterhalten wird [6]. Unsere Ergebnisse zeigen allerdings ähnliche Anpassungen der Muskelhypertrophie und Kraftleistungsfähigkeit nach 24 Wochen Training mit unterschiedlicher Trainingsreihenfolge [14, 43]. Darüber hinaus wurden keine statistischen Zusammenhänge zwischen den akuten Veränderungen der Wachstumshormon- oder Testosteronkonzentrationen und dem Ausmaß des maximalen Kraftzuwachses oder der Hypertrophie festgestellt.

Diese Ergebnisse stehen im Einklang mit mehreren früheren Studien mit jungen Männern und Frauen mit unterschiedlichster Trainingserfahrung (Tab. 14.1) [15, 35, 36, 38, 40, 41, 43–45]. Leider wurde die anfängliche Verringerung der Testosteronkonzentration in unserer Studie [6] nach 24 Wochen Training nicht mehr beobachtet [14], aber die genaue Zeitspanne für diese Anpassungen kann aufgrund des Studiendesigns nicht definiert werden. Darüber hinaus muss berücksichtigt werden, dass die Trainingshäufigkeit in unserer (wie auch in den meisten anderen früheren Studien) eher gering war (d. h. 2–3 wöchentliche kombinierte Kraft- und Ausdauertrainingseinheiten), was mindestens 2 volle Ruhetage zwischen aufeinanderfolgenden Trainingseinheiten ermöglichte. Die initiale Reduktion der Testosteronkonzentration wurde aber nur 48 h lang beobachtet wurden [6, 14]. Es bleibt daher unklar, ob eine höhere Trainingsfrequenz tatsächlich zu sequenzspezifischen Trainingsanpassungen führen kann.

Auch wenn die maximale Leistungsfähigkeit nicht durch die Trainingsreihenfolge beeinflusst wurde, konnten wir zumindest kleine Unterschiede in den neuronalen Anpassungen zwischen den beiden Gruppen beobachten [5]. So wurde ein

Tab. 14.1 Literaturübersicht über aktuelle Studien, die die Reihenfolge von Ausdauer- und Krafttraining bei gesunden Probanden untersuchthaben

Studie	Probanden	Trainingsdauer	Trainingsinhalte	Kardiorespiratorische Anpassungen ($p < 0{,}05$)	Neuromuskuläre Anpassungen ($p < 0{,}05$)	Unterschied zwischen den Gruppen ($p < 0{,}05$)
Collins und Snow [35]	Untrainierte Männer und Frauen ES ($n = 15$) SE ($n = 15$)	7 Wochen	3 Tage/Woche; E: 20–25 min Laufen bei 60–90 % der Herzfrequenzreserve; S: Ganzkörper, 2 × 3–12 Wiederholungen bei 50–90 % des 1 RM	ES ↑ SE ↑	ES ↑ SE ↑	C: Nein N: Nein
Gravelle und Blessing [36]	Körperliche aktive Frauen ES ($n = 6$) SE ($n = 7$)	11 Wochen	3 Tage/Woche; E: 45 min bei 70 % der VO_{2max}; S: Unterkörper 2–4 × 6–10 RM	ES ↑ → SE	ES ↑ SE ↑	C: Ja N: Nein
Chtara et al. [37]	Männliche Sportstudenten ES ($n = 10$) SE ($n = 10$)	12 Wochen	2 Tage/Woche; E: Intervalle auf einer Hallenbahn bei 100 %vVO_{2max} mit Erholung bei 60 %vVO_{2max} (Dauer 50 % der Zeit bis zur Erschöpfung); S: Ganzkörperzirkel mit Kraft-Ausdauer- und Explosivprotokollen	ES ↑↑ SE ↑	K.A.	Ja
Chtara et al. [38]	Männliche Sportstudenten ES ($n = 10$) SE ($n = 10$)	12 Wochen	2 Tage/Woche; E: Intervalle auf einer Hallenbahn bei 100 %vVO_{2max} mit Erholung bei 60 %vVO_{2max} (Dauer 50 % der Zeit bis zur Erschöpfung); S: Ganzkörper-Zirkeltraining, einschließlich Kraft-Ausdauer- und Explosivkraft-Protokollen	K.A.	ES ↑ SE ↑	Nein

(Fortsetzung)

Tab. 14.1 (Fortsetzung)

Studie	Probanden	Trainingsdauer	Trainingsinhalte	Kardiorespiratorische Anpassungen ($p < 0{,}05$)	Neuromuskuläre Anpassungen ($p < 0{,}05$)	Unterschied zwischen den Gruppen ($p < 0{,}05$)
Cadore et al. [4]	Untrainierte ältere Männer ES ($n = 13$) SE ($n = 13$)	12 Wochen	3 Tage/Woche; E: Radergometertraining, 20–30 min kontinuierlich bei 80–90 % der Herzfrequenz an der zweiten ventilatorischen Schwelle, Intervallfahren 6 × 4 min an der zweiten ventilatorischen Schwelle; S: Ganzer Körper, 2–3 × 6–20 RM	ES ↑ SE ↑↑	ES ↑ SE ↑↑	C: Nein N: Ja
Cadore et al. [39]	Untrainierte ältere Männer ES ($n = 13$) SE ($n = 13$)	12 Wochen	3 Tage/Woche; E: Radergometertraining, 20–30 min kontinuierlich bei 80–90 % der Herzfrequenz an der zweiten ventilatorischen Schwelle, Intervallfahren 6 × 4 min an der zweiten ventilatorischen Schwelle; S: Ganzer Körper, 2–3 × 6–20 RM	K.A.	ES ↑ SE ↑↑	Ja
McGawley und Andersson [40]	Männliche Amateur- und Profifußballer ES ($n = 9$) SE ($n = 9$)	5 Wochen	3 Tage/Woche; E: SIT 5–60 s bei 90–95 % der maximalen Herzfrequenz, HIIT 4–5 min, (Ruhe nicht definiert); S: 2–3 × 5–10 Wiederholungen bei 75–90 % 1 RM und 3 × 3–20 Wiederholungen Sprünge mit dem Körpergewicht	ES ↑ SE ↑	ES ↑ SE ↑	C: Nein N: Nein

Davitt et al. [41]	Nichterwerbstätige junge Frauen ES ($n = 13$) SE ($n = 10$)		4 Tage/Woche; E: 30 min bei 70–80 % der Herzfrequenzreserve (nicht angegeben, ob als Laufen oder Radfahren durchgeführt); S: Ganzkörper, 3 × 8–12 Wiederholungen bei 90–100 % von 1 RM	ES ↑ SE ↑	ES ↑ SE ↑	C: Nein N: Nein
Wilhelm et al. [42]	Untrainierte ältere Männer ES ($n = 11$) SE ($n = 12$)	12 Wochen	2 Tage/Woche; E: 20 min Radergometertraining bei 85–95 HR an der zweiten ventilatorischen Schwelle; S: Ganzkörper, Explosivkraft mit 2–3 × 8–18 RM	ES ↑ SE ↑	ES ↑ SE ↑	C: Nein N: Nein
Schumann et al. [43]	Untrainierte Männer ES ($n = 16$) SE ($n = 18$)	24 Wochen	2–3 Tage/Woche; E: 30–50 min, kontinuierliches und HIIT-Radergometertraining, schrittweise Steigerung von Schwellenintensität zu primär anaerober Intensität; S: Ganzkörper, 2–4 × 15–20 Wiederholungen bei 40–60 % von 1 RM, 2–5 × 8–10 Wiederholungen bei 80–85 % von 1 RM, 2–5 × 3–5 Wiederholungen bei 85–95 % von 1 RM	ES ↑ SE ↑	ES ↑ SE ↑↑	C: Nein N: Nein
Makhlouf et al. [44]	Männliche Profifußballer ES ($n = 14$) SE ($n = 15$)	12 Wochen	2 Tage/Woche; E: 2 × 12–16 × 15 s bei 110–120 % der Höchstgeschwindigkeit; S: Ganzkörper 3 × 5–10 RM	ES ↑ SE ↑	ES ↑ SE ↑	C: Nein N: Nein

(Fortsetzung)

Tab. 14.1 (Fortsetzung)

Studie	Probanden	Trainingsdauer	Trainingsinhalte	Kardiorespiratorische Anpassungen ($p < 0,05$)	Neuromuskuläre Anpassungen ($p < 0,05$)	Unterschied zwischen den Gruppen ($p < 0,05$)
Eklund et al. [15]	Untrainierte Frauen ES ($n = 15$) SE ($n = 14$)	24 Wochen	2–3 Tage/Woche; E: 30–50 min, kontinuierliches und HIIT-Radergometertraining, schrittweise Steigerung von Schwellenintensität zu primär anaerober Intensität; S: Ganzkörper, 2–4 × 15–20 Wiederholungen bei 40–60 % von 1 RM, 2–5 × 8–10 Wiederholungen bei 80–85 % von 1 RM, 2–5 × 3–5 Wiederholungen bei 85–95 % von 1 RM	ES ↑ SE ↑	ES ↑ SE ↑	C: Nein N: Nein
Küüsmaa et al. [45]	Untrainierte Männer ES ($n = 21$) SE ($n = 21$)	24 Wochen	2–3 Tage/Woche; E: 30–50 min progressives, kontinuierliches Radergometertraining (65–80 % der maximalen Herzfrequenz) und HIIT (85–100 % der maximalen Herzfrequenz); S: 2–3 × 10–20 Wiederholungen bei 40–70 % des 1 RM, 3–4 × 10–15 Wiederholungen bei 70–85 % des 1 RM, 3–5 × 3–8 Wiederholungen bei 85–95 %	ES ↑ ↑ SE ↑	ES ↑ SE ↑	C: Ja N: Nein

Cadore et al. [46]	Untrainierte ältere Männer ES ($n = 12$) SE ($n = 13$)	12 Wochen	3 Tage/Woche; E: Radergometertraining, 20–30 min kontinuierlich bei 80–90 der Herzfrequenz an der zweiten ventilatorischen Schwelle und Intervalltraining 6 × 4 min an der zweiten ventilatorischen Schwelle; S: Ganzer Körper, 2–3 × 6–20 RM	ES ↑ SE ↑	K.A.	Nein

E Ausdauertraining, *S* Krafttraining, *C* Indizes kardiorespiratorischer Anpassungen, *N* Indizes neuromuskulärer Anpassungen, *RM* Wiederholungsmaximum, *HR* Herzfrequenz, ↑ Signifikante Zunahme einer der Ziel variablen, die als „neuromuskulär“ oder „kardiorespiratorisch“ klassifiziert werden ($p < 0{,}05$), *Anmerkung*: Größere Zunahmen in einer Gruppe, die mit „↑↑“ gekennzeichnet sind, führen nicht zwingend zu einem statistischen Unterschied zwischen den Gruppen ($p < 0{,}05$)

Anstieg des EMG des Vastus Lateralis bei maximaler isometrischer Kniestreckung nur in der Gruppe beobachtet, die mit Krafttraining begann. Zur Untermauerung dieser Ergebnisse wurde in der Gruppe, die mit Ausdauertraining begann, in den letzten 12 Wochen des Trainingsprogramms eine statistisch signifikante Korrelation zwischen den Veränderungen der willkürlichen Aktivierung (bewertet mit der Superimposed-Twitch-Technik) und der Kraftleistung beobachtet, wobei in etwa der Hälfte der Probanden eine Verringerung sowohl der willkürlichen Ansteuerung, als auch der isometrischen Maximalkraft gezeigt wurde. Im Einklang damit wurde in derselben Gruppe kein statistisch signifikanter Anstieg der Kraftentwicklungsrate beobachtet [43], was in der Tat zumindest in gewissem Maße auf eine neuronale Hemmung hinweist.

Dieses Ergebnis steht im Einklang mit Studien an älteren Männern, in denen gezeigt wurde, dass die Kraft pro Einheit Muskelmasse der Kniestrecker stärker zunahm, wenn Krafttraining vor dem Ausdauertraining durchgeführt wurde [4]. In ähnlicher Weise wurden höhere Kraftzuwächse und eine verbesserte neuromuskuläre Ökonomie (normalisiertes EMG bei 50 % des maximalen Drehmoments) festgestellt, wenn das Krafttraining vor dem Ausdauertraining durchgeführt wurde [39].

Im Gegensatz dazu, könnte sich Krafttraining zu Beginn einer Trainingseinheit negativ auf die Entwicklung der VO_{2max} auswirken. Dies war zumindest in 3 Studien mit jungen Frauen [36] und Männern [37, 45] der Fall, währenddessen in anderen Studien mit Gleichaltrigen keine statistischen Unterschiede zwischen den Gruppen gefunden wurden [15, 35, 40, 41, 43, 44]. Interessanterweise wurden bei älteren Männern zwar keine Unterschiede in der VO_{2max} und der Radökonomie beobachtet [4, 46], aber die Belastung an der ersten ventilatorischen Schwelle wurde nur verbessert, wenn die Einheit mit Krafttraining begann [4]. Letzteres steht allerdings unseren eigenen Daten entgegen, welche bei körperlich aktiven jungen Frauen (aber nicht Männern) eine Verbesserung der Radökonomie gezeigt haben, wenn das Ausdauer- vor das Krafttraining geschaltet wurde [3]. Da in der Studie von Cadore et al. [4] auch die neuromuskuläre Leistung nach der mit dem Krafttraining beginnenden Trainingsreihenfolge optimiert wurde, kamen die Autoren zu dem Schluss, dass sich eine verbesserte Muskelkraft positiv auf die Bewegungsökonomie auswirken kann. Dies wurde in gewisser Weise durch ein höheres Maß an individuellen Anpassungen bestätigt, wenn Ausdauer- vor dem Krafttraining durchgeführt wurde [46]. Gesammelt weisen die verfügbaren Daten darauf hin, dass die Trainingssequenz für die Optimierung der Trainingsanpassungen sowohl bei Frauen als auch bei älteren Männern eine entscheidende Rolle zu spielen scheint.

Chronische Anpassungen an kombiniertes Training innerhalb der gleichen Trainingseinheit im Vergleich zu alternierenden Tagen

Bisher wurden lediglich die Anpassungen in Bezug auf die Trainingssequenz diskutiert. Die Ergebnisse dieser Studien lassen aber keine Schlussfolgerungen darüber zu, inwiefern sich kombiniertes Training in der gleichen Einheit von kombiniertem Training an alternierenden Tagen unterscheidet. Aus trainingspraktischer Sicht kann die Aufteilung von Ausdauer- und Krafttraining auf alternierende Tage die Residualermüdung zwischen Ausdauer- und Krafttrainingseinheiten verringern, aufgrund der insgesamt erhöhten Trainingsfrequenz nicht aber die Gesamterholung. Bisher gibt es dazu nur wenige Daten – diese stammen insbesondere aus den letzten 5 Jahren.

Bereits in einer frühen Studie von Sale et al. [49] wurde berichtet, dass untrainierte Probanden, die an alternierenden Tagen trainierten, ihre Kraftleistungsfähigkeit über einen Zeitraum von 20 Wochen in größerem Maße verbesserten als Probanden, Ausdauer- und Krafttraining in der gleichen Einheit absolvierten. Allerdings gab es keine Unterschiede hinsichtlich des Muskelfaserquerschnitts. In einer Studie von Robineau et al. [2] wurde eindrucksvoll nachgewiesen, wie sich längere Erholungszeiten zwischen aufeinanderfolgenden Kraft- und Ausdauertrainingseinheiten positiv auf die Anpassungen der Leistungsfähigkeit auswirken. Die Details dazu werden an andere Stelle in diesem Buch beschrieben. Zusammengefasst wurde gezeigt, dass eine Erholungszeit von mindestens 6 h zwischen Kraft- und Ausdauertrainingseinheiten den Gesamtkraftzuwachs optimieren kann, während für die Ausdauerleistung sogar 24 h erforderlich sein können.

Die Ergebnisse dieser Studien stimmen zumindest teilweise mit den Ergebnissen unserer Arbeiten überein. Bei zuvor untrainierten Probanden konnten wir zeigen, dass die Durchführung von periodisiertem Ausdauer- und Krafttraining an alternierenden Tagen die Ausprägung kardiorespiratorischer Anpassungen im Vergleich zum gleichen Trainingsvolumen durchgeführt in gleichen Trainingseinheit (2× eine wöchentliche kombinierte Einheit versus 4 Einzeleinheiten) fast verdoppelte [3, 50]. Kein Unterschied gab es hingeben in Bezug auf die Kraftanpassungen und die Muskelmasse. Anzumerken ist jedoch, dass sich die Ausgangswerte der VO_{2max} in den Gruppen stark unterschieden. Insbesondere in der alternierenden Gruppe wurden so wesentlich niedrigerer Werte beobachtet, was natürlich mit einem vergrößerten Anpassungspotenzial einhergeht. Auch wenn diese Unterschiede in der statistischen Auswertung berücksichtig wurden, kann ein Einfluss auf die physiologischen Anpassungen nicht ausgeschlossen werden.

Die deutlichen kardiorespiratorischen Verbesserungen in unserer Studie gingen mit einer signifikanten Verringerung der Körperfettmasse einher, welche ausschließlich in der Gruppe beobachtet wurde, die an alternierenden Tagen trainierte [50]. Die Mechanismen dafür sind weitestgehend unbekannt. Es ist jedoch wahrscheinlich, dass die positiven Anpassungen auf eine erhöhte Fettoxidation bei höherer Trainingsfrequenz zurückzuführen ist. So wurde zuvor gezeigt, dass die akkumulierte EPOC-Antwort (also der erhöhe Sauerstoffverbrauch nach der Belastung) nach Split-Sessions (d. h. einer 2-stündigen Trainingseinheit, die in 2 × 1 h Ausdauertraining aufgeteilt wurde) wesentlich größer war als das EPOC nach einer einzelnen Trainingseinheit mit gleichem Volumen und Intensität [51]. Diese Daten deuten also darauf hin, dass die Trainingsfrequenz eine entscheidende Rolle für die Planung von kombiniertem Kraft- und Ausdauertraining zu spielen scheint.

Beim Vergleich von kombiniertem Training an alternierenden Tagen und dem gleichen Training in nur einer Einheit, konnten auch Sequenz-spezifische Unterschiede gefunden werden. Makhlouf et al. [44] konnten zeigen, dass sich bei Fußballspielern die Sprunghöhe im Counter-Movement-Jump nur verbesserte, wenn das Training entweder an alternierenden Tagen oder aber in der gleichen Trainingseinheit, beginnend mit Krafttraining durchgeführt wurde. Das wenig überraschend, da in beiden Fällen Krafttraining in einem „erholten" Zustand oder zumindest nicht unmittelbar nach einem Ausdauertraining durchgeführt wurde.

Zusammenfassung

Ziel dieses Kapitels war es, einen Überblick über die hormonellen, kardiorespiratorischen und neuromuskulären Akutantworten und Anpassungen durch kombiniertes Ausdauer- und Krafttraining mit unterschiedlicher Trainingskonfiguration zu geben. Aktuelle Daten belegen Sequenz-spezifische Akutantworten unterschiedlichster physiologischer Systeme, welche sich aber nicht in Anpassungen nach chronischem Training übertragen lassen. Dies wurde beispielsweise an für bis 48 h reduzierten Hormonkonzentrationen gezeigt, deren Ausprägung besonders hervorstach Krafttraining nach einem Ausdauertraining durchgeführt wurde. Auch wenn es zumindest einige Indizien für neuronale Fehlanpassungen dafür gibt, wenn Krafttraining immer im ermüdeten Zustand (d. h. nach dem Ausdauertraining) durchgeführt wird, scheinen sich diese nicht auf die Entwicklung der Kraftleistungsfähigkeit auszuwirken.

In Anbetracht dieser Daten, scheint die Trainingsreihenfolge nicht von entscheidender Bedeutung zu sein, wenn das kombinierte Ausdauer- und Krafttraining in der gleichen Trainingseinheit durchgeführt werden muss. Dies scheint insbesondere dann der Fall zu sein, wenn ausreichend Erholung (d. h. >48 h) zwischen aufeinanderfolgenden kombinierten Trainingseinheiten gewährleistet werden kann. Um jedoch Anpassungen der körperlichen Fitness sowohl bei Männern als auch bei Frauen zu optimieren, sollten Ausdauer- und Krafttraining im Abstand von mindestens 6–24 h durchgeführt werden.

Literatur

1. Hickson RC. Interference of strength development by simultaneously training for strength and endurance. Eur J Appl Physiol Occup Physiol. 1980;45(2–3):255–63.
2. Robineau J, Babault N, Piscione J, Lacome M, Bigard AX. Specific training effects of concurrent Endurance and strength exercises depend on recovery duration. J Strength Cond Res. 2016;30(3):672–83. https://doi.org/10.1519/JSC.0000000000000798.
3. Schumann M, Yli-Peltola K, Abbiss CR, Häkkinen K. Cardiorespiratory adaptations during concurrent Ausdauer and strength training in men and women. PLoS One. 2015;10(9):e0139279. https://doi.org/10.1371/journal.pone.0139279.
4. Cadore EL, Izquierdo M, Alberton CL, Pinto RS, Conceição M, Cunha G, et al. Strength prior to endurance intra-session exercise sequence optimizes neuromuscular and cardiovascular gains in elderly men. Exp Gerontol. 2012a;47(2):164–9. https://doi.org/10.1016/j.exger.2011.11.013.
5. Eklund D, Pulverenti T, Bankers S, Avela J, Newton R, Schumann M, Häkkinen K. Neuromuscular adaptations to different modes of combined strength and endurance training. Int J Sports Med. 2015;36(2):120–9. https://doi.org/10.1055/s-0034-1385883.

6. Schumann M, Eklund D, Taipale RS, Nyman K, Kraemer WJ, Häkkinen A, et al. Acute neuromuscular and endocrine responses and recovery to single-session combined endurance and strength loadings. "Order effect" in untrained young men. J Strength Cond Res. 2013;27(2):421–33. https://doi.org/10.1519/JSC.0b013e31827f4a10.
7. Taipale RS, Häkkinen K. Acute hormonal and force responses to combined strength and endurance loadings in men and women. The "order effect". PLoS One. 2013;8(2):e55051. https://doi.org/10.1371/journal.pone.0055051.
8. Craig BW, Lucas J, Pohlman R, Stelling H. The effects of running, weightlifting and a combination of both on growth hormone release. J Strength Cond Res. 1991;5(4):198–203.
9. Ahtiainen JP, Pakarinen A, Kraemer WJ, Häkkinen K. Acute hormonal and neuromuscular responses and recovery to forced vs maximum repetitions multiple resistance exercises. Int J Sports Med. 2003a;24(6):410–8. https://doi.org/10.1055/s-2003-41171.
10. McCaulley GO, McBride JM, Cormie P, Hudson MB, Nuzzo JL, Quindry JC, Travis TN. Acute hormonal and neuromuscular responses to hypertrophy, strength and power type resistance exercise. Eur J Appl Physiol. 2009;105(5):695–704. https://doi.org/10.1007/s00421-008-0951-z.
11. Millet GY, Lepers R. Alterations of neuromuscular function after prolonged running, cycling and skiing exercises. Sports Med (Auckland, NZ). 2004;34(2):105–16.
12. Fyfe JJ, Bishop DJ, Stepto NK. Interference between concurrent resistance and endurance exercise. Molecular bases and the role of individual training variables. Sports Med (Auckland, NZ). 2014;44(6):743–62. https://doi.org/10.1007/s40279-014-0162-1.
13. Taipale RS, Schumann M, Mikkola J, Nyman K, Kyröläinen H, Nummela A, Häkkinen K. Acute neuromuscular and metabolic responses to combined strength and endurance loadings. The "order effect" in recreationally endurance trained runners. J Sports Sci. 2014;32(12):1155–64. https://doi.org/10.1080/02640414.2014.889842.
14. Schumann M, Walker S, Izquierdo M, Newton RU, Kraemer WJ, Häkkinen K. The order effect of combined endurance and strength loadings on force and hormone responses. Effects of prolonged training. Eur J Appl Physiol. 2014b;114(4):867–80. https://doi.org/10.1007/s00421-013-2813-6.
15. Eklund D, Schumann M, Kraemer WJ, Izquierdo M, Taipale RS, Häkkinen K. Acute endocrine and force responses and long-term adaptations to same-session combined strength and endurance training in women. J Strength Cond Res. 2016b;30(1):164–75. https://doi.org/10.1519/JSC.0000000000001022.
16. Häkkinen K, Pakarinen A. Acute hormonal responses to two different fatiguing heavy-resistance protocols in male athletes. J Appl Physiol (Bethesda, MD 1985). 1993;74(2):882–7. https://doi.org/10.1152/jappl.1993.74.2.882.
17. Vøllestad NK, Vaage O, Hermansen L. Muscle glycogen depletion patterns in type I and subgroups of type II fibres during prolonged severe exercise in man. Acta Physiol Scand. 1984;122(4):433–41. https://doi.org/10.1111/j.1748-1716.1984.tb07531.x.
18. Henneman E, Somjen G, Carpenter DO. Excitability and inhibitability of motoneurons of different sizes. J Neurophysiol. 1965;28(3):599–620. https://doi.org/10.1152/jn.1965.28.3.599.
19. Fink J, Schoenfeld BJ, Nakazato K. The role of hormones in muscle hypertrophy. Phys Sportsmed. 2018;46(1):129–34. https://doi.org/10.1080/00913847.2018.1406778.
20. Ahtiainen JP, Pakarinen A, Alen M, Kraemer WJ, Häkkinen K. Muscle hypertrophy, hormonal adaptations and strength development during strength training in strength-trained and untrained men. Eur J Appl Physiol. 2003b;89(6):555–63. https://doi.org/10.1007/s00421-003-0833-3.
21. Häkkinen K, Pakarinen A, Kraemer WJ, Newton RU, Alen M. Basal concentrations and acute responses of serum hormones and strength development during heavy resistance training in middle-aged and elderly men and women. J Gerontol A Biol Sci Med Sci. 2000;55(2):B95–105.
22. Kvorning T, Andersen M, Brixen K, Madsen K. Suppression of endogenous testosterone production attenuates the response to strength training. A randomized, placebo-controlled, and blinded intervention study. Am J Phys Endocrinol Metab. 2006;291(6):E1325–32. https://doi.org/10.1152/ajpendo.00143.2006.
23. McCall GE, Byrnes WC, Fleck SJ, Dickinson A, Kraemer WJ. Acute and chronic hormonal responses to resistance training designed to promote muscle hypertrophy. Can J Appl Physiol. 1999;24(1):96–107.

24. Rønnestad BR, Nygaard H, Raastad T. Physiological elevation of endogenous hormones results in superior strength training adaptation. Eur J Appl Physiol. 2011;111(9):2249–59. https://doi.org/10.1007/s00421-011-1860-0.
25. Goto K, Higashiyama M, Ishii N, Takamatsu K. Prior endurance exercise attenuates growth hormone response to subsequent resistance exercise. Eur J Appl Physiol. 2005;94(3):333–8. https://doi.org/10.1007/s00421-004-1296-x.
26. Vingren JL, Kraemer WJ, Ratamess NA, Anderson JM, Volek JS, Maresh CM. Testosterone physiology in resistance exercise and training. The up-stream regulatory elements. Sports Med (Auckland, NZ). 2010;40(12):1037–1053. https://doi.org/10.2165/11536910-000000000-00000.
27. Cadore EL, Izquierdo M, Santos d, Gonçalves M, Martins JB, Lhullier R, Francisco L, Pinto RS, et al. Hormonal responses to concurrent strength and endurance training with different exercise orders. J Strength Cond Res. 2012b;26(12):3281–8. https://doi.org/10.1519/JSC.0b013e318248ab26.
28. Rosa C, Vilaça-Alves J, Fernandes HM, Saavedra FJ, Pinto RS, dos Reis VM. Order effects of combined strength and endurance training on testosterone, cortisol, growth hormone, and IGF-1 binding protein 3 in concurrently trained men. J Strength Cond Res. 2015;29(1):74–9. https://doi.org/10.1519/JSC.0000000000000610.
29. Apró W, Moberg M, Hamilton DL, Ekblom B, van Hall G, Holmberg H-C, Blomstrand E. Resistance exercise-induced S6K1 kinase activity is not inhibited in human skeletal muscle despite prior activation of AMPK by high-intensity interval cycling. Am J Physiol Endocrinol Metab. 2015;308(6):E470–81. https://doi.org/10.1152/ajpendo.00486.2014.
30. Di Blasio A, Gemello E, Di Iorio A, Di Giacinto G, Celso T, Di Renzo D, et al. Order effects of concurrent endurance and resistance training on post-exercise response of non-trained women. J Sports Sci Med. 2012;11(3):393–9.
31. Oliveira NL, Oliveira J. Excess postexercise oxygen consumption is unaffected by the resistance and Ausdauer exercise order in an exercise session. J Strength Cond Res. 2011;25(10):2843–50. https://doi.org/10.1519/JSC.0b013e318207ef4b.
32. Vilacxa Alves J, Saavedra F, Simão R, Novaes J, Rhea MR, Green D, Machado RV. Does Ausdauer and strength exercise sequence in the same session affect the oxygen uptake during and postexercise? J Strength Cond Res. 2012;26(7):1872–8. https://doi.org/10.1519/JSC.0b013e318238e852.
33. Drummond MJ, Vehrs PR, Schaalje GB, Parcell AC. Ausdauer and resistance exercise sequence affects excess postexercise oxygen consumption. J Strength Cond Res. 2005;19(2):332–7. https://doi.org/10.1519/R-14353.1.
34. Bond V, Adams RG, Tearney RJ, Gresham K, Ruff W. Effects of active and passive recovery on lactate removal and subsequent isokinetic muscle function. J Sports Med Phys Fitness. 1991;31(3):357–61.
35. Collins MA, Snow TK. Are adaptations to combined endurance and strength training affected by the sequence of training? J Sports Sci. 1993;11(6):485–91. https://doi.org/10.1080/02640419308730017.
36. Gravelle BL, Blessing DL. Physiological adaptation in women concurrently training for strength and endurance. J Strength Cond Res. 2000;14(1):5–13.
37. Chtara M, Chamari K, Chaouachi M, Chaouachi A, Koubaa D, Feki Y, et al. Effects of intra-session concurrent endurance and strength training sequence on Ausdauer performance and capacity. Br J Sports Med. 2005;39(8):555–60. https://doi.org/10.1136/bjsm.2004.015248.
38. Chtara M, Chaouachi A, Levin GT, Chaouachi M, Chamari K, Amri M, Laursen PB. Effect of concurrent endurance and circuit resistance training sequence on muscular strength and power development. J Strength Cond Res. 2008;22(4):1037–45. https://doi.org/10.1519/JSC.0b013e31816a4419.
39. Cadore EL, Izquierdo M, Pinto SS, Alberton CL, Pinto RS, Baroni BM, et al. Neuromuscular adaptations to concurrent training in the elderly. Effects of intrasession exercise sequence. Age (Dordr). 2013;35(3):891–903. https://doi.org/10.1007/s11357-012-9405-y.
40. McGawley K, Andersson P-I. The order of concurrent training does not affect soccer-related performanceadaptations.IntJSportsMed.2013;34(11):983–90.https://doi.org/10.1055/s-0033-1334969.
41. Davitt PM, Pellegrino JK, Schanzer JR, Tjionas H, Arent SM. The effects of a combined resistance training and endurance exercise program in inactive college female subjects. Does order matter? J Strength Cond Res. 2014;28(7):1937–45. https://doi.org/10.1519/JSC.0000000000000355.

42. Wilhelm EN, Rech A, Minozzo F, Botton CE, Radaelli R, Teixeira BC, et al. Concurrent strength and endurance training exercise sequence does not affect neuromuscular adaptations in older men. Exp Gerontol. 2014;60:207–14. https://doi.org/10.1016/j.exger.2014.11.007.
43. Schumann M, Küüsmaa M, Newton RU, Sirparanta A-I, Syväoja H, Häkkinen A, Häkkinen K. Fitness and lean mass increases during combined training independent of loading order. Med Sci Sports Exerc. 2014a;46(9):1758–68. https://doi.org/10.1249/MSS.0000000000000303.
44. Makhlouf I, Castagna C, Manzi V, Laurencelle L, Behm DG, Chaouachi A. Effect of sequencing strength and endurance training in young male soccer players. J Strength Cond Res. 2016;30(3):841–50. https://doi.org/10.1519/JSC.0000000000001164.
45. Küüsmaa M, Schumann M, Sedliak M, Kraemer WJ, Newton RU, Malinen J-P, et al. Effects of morning versus evening combined strength and endurance training on physical performance, muscle hypertrophy, and serum hormone concentrations. Appl Physiol Nutr Metab. 2016;41(12):1285–94. https://doi.org/10.1139/apnm-2016-0271.
46. Cadore EL, Pinto RS, Teodoro JL, da Silva LXN, Menger E, Alberton CL, et al. Cardiorespiratory adaptations in elderly men following different concurrent training regimes. J Nutr Health Aging. 2018;22(4):483–90. https://doi.org/10.1007/s12603-017-0958-4.
47. Eddens L, van Someren K, Howatson G. The role of intra-session exercise sequence in the interference effect. A systematic review with meta-analysis. Sports Med (Auckland, NZ). 2018;48(1):177–188. https://doi.org/10.1007/s40279-017-0784-1.
48. Murlasits Z, Kneffel Z, Thalib L. The physiological effects of concurrent strength and endurance training sequence. A systematic review and meta-analysis. J Sports Sci. 2018;36(11):1212–9. https://doi.org/10.1080/02640414.2017.1364405.
49. Sale DG, Jacobs I, MacDougall JD, Garner S. Comparison of two regimens of concurrent strength and endurance training. Med Sci Sports Exerc. 1990;22(3):348–56.
50. Eklund D, Häkkinen A, Laukkanen JA, Balandzic M, Nyman K, Häkkinen K. Fitness, body composition and blood lipids following 3 concurrent strength and endurance training modes. Appl Physiol Nutr Metab. 2016a;41(7):767–74. https://doi.org/10.1139/apnm-2015-0621.
51. Almuzaini KS, Potteiger JA, Green SB. Effects of split exercise sessions on excess postexercise oxygen consumption and resting metabolic rate. Can J Appl Physiol. 1998;23(5):433–43.

15 Regenerationsstrategien zur Optimierung der Anpassungen an kombiniertes Ausdauer- und Krafttraining

Nicholas G. Allen, Samuel M. Higham und Rob Duffield

Einführung

Kombiniertes Training umfasst eine Vielzahl unterschiedlicher Trainingsmodalitäten (z. B. Ausdauer- und Krafttraining) in einer einzigen Einheit oder über einen längeren Trainingszyklus [1]. Im Einzelnen handelt es sich um die Kombination aus kontinuierlichem submaximalem/intermittierendem Ausdauertraining zusammen mit unterschiedlichen Arten des Krafttrainings, um metabolische und morphologische Anpassungen in Verbindung mit den verschiedenen Trainingsmodalitäten zu stimulieren [1, 2]. Die Gründe dafür und der sich daraus ergebende Nutzen werden an anderer Stelle in diesem Buch ausführlich erörtert. Kombiniertes Training spielt jedoch eine entscheidende Rolle für eine Vielzahl von Sportarten, bei denen sowohl Ausdauer- als auch Maximal- und Schnellkrafttraining für erfolgreiche Leistungen erforderlich sind [2]. Kombiniertes Ausdauer- und Krafttraining ist beispielsweise bei Sportarten wie Radfahren, Laufen und Mannschaftssportarten üblich [3], aber auch in der Allgemeinbevölkerung, die durch gezieltes Training ein breites Spektrum an u. a. gesundheitsrelevanten Anpassungen erzielen möchte [4]. Durch kombiniertes Training steigen jedoch sowohl die Belastung (Umfang und Intensität) als auch die potenzielle Beeinträchtigung der Anpassungsreaktionen [5]. Folglich besteht ein zusätzlicher Bedarf an geeigneten Erholungsstrategien, um die Anpassung zu fördern oder Störungen und eine nicht funktionelle Überlastung zu verhindern [5]. Die Untersuchung geeigneter Erholungsstrategien kann auch von Nutzen sein, um die potenziell negativen Folgen von kombiniertem Training zu begrenzen.

N. G. Allen (✉) · S. M. Higham · R. Duffield
Sport and Exercise Discipline Group, Faculty of Health, University of Technology Sydney (UTS), Ultimo, Australien
E-Mail: Nicholas.Allen@uts.edu.au

M. Schumann, B. R. Rønnestad (Hrsg.), *Kombiniertes Ausdauer- und Krafttraining*, https://doi.org/10.1007/978-3-031-36310-8_15

Erholung ist ein vielschichtiges Konzept, das die Rückkehr der physiologischen und psychologischen Systeme auf das Niveau (fast) vor der Belastung beschreibt [6]. Die Erholung ist auch spezifisch für die „aufgezwungene" physiologische Störung, und daher sollten die ausgewählten Erholungsinterventionen ebenso spezifisch für die Belastungen sein [6]. Dementsprechend ist die Beachtung geeigneter Erholungsstrategien für das kombinierte Ausdauer- und Krafttraining aus vielerlei Sicht unabdingbar: Erstens können sich die kumulativen Auswirkungen der trainingsinduzierten Ermüdung, die aus kombinierten Ausdauer- und Krafttrainingseinheiten resultieren, negativ auf nachfolgende Trainingseinheiten auswirken [7]. Vor dem Hintergrund dieser Belastungsproblematik können geeignete Erholungsmethoden als vorteilhaft angesehen werden, um die Fähigkeit zu verbessern, aufeinanderfolgende Trainingseinheiten durchzuführen und zu tolerieren. Zweitens gibt es Hinweise darauf, dass akute adaptive molekulare Signalprozesse im Zusammenhang mit Ausdauer- und Krafttraining in gewisser Weise interagieren und zu möglicherweise antagonistischen Reaktionen führen können [8]. Die optimale Periodisierung dieser jeweiligen Trainingsreize kann daher dazu beitragen, den molekularen „Crosstalk" zu reduzieren, der phänotypische Anpassungen unterdrücken kann [8]. Schließlich sind auch die Ernährungsanforderungen zur Unterstützung der Erholung und zur Förderung der myofibrillären und mitochondrialen Anpassung bei kombiniertem Training zu berücksichtigen. Dies betrifft insbesondere die trainingsbedingte Glykogenverarmung, den Zeitpunkt und die Menge der Proteinzufuhr sowie die Strategien zur Nahrungsergänzung [7].

Regenerationsstrategien im Kontext von kombiniertem Ausdauer- und Krafttraining

Um die oben genannten potenziellen Schwierigkeiten weiter zu eruieren, kann sich die Umsetzung mehrerer Trainingseinheiten in engem zeitlichen Rahmen (beispielsweise Ausdauer- und Krafttraining in der gleichen Trainingseinheit) sowie die akkumulierte Ermüdung durch ein größeres Gesamttrainingsvolumen auf die Kraft- und Hypertrophieanpassungen auswirken [4]. Insbesondere gibt es Hinweise darauf, dass eine lokale Ermüdung nach einem aeroben Training mehrere Stunden lang anhalten kann, was sich möglicherweise auf das Arbeitsvolumen auswirkt, das während der anschließenden Krafttrainingseinheiten geleistet wird [9]. Dementsprechend wird empfohlen, dass die Athleten Trainingseinheiten am selben Tag um mehrere Stunden voneinander trennen, um mögliche Interferenzen zu minimieren und, was vielleicht noch wichtiger ist, die Auswirkungen der Ermüdung zu verringern, wie in den vorangegangenen Kapiteln beschrieben [7]. Letztendlich sind Erholungsmaßnahmen, die ein qualitativ hochwertigeres Training beider Modalitäten fördern, wichtig, wenn kombiniertes Training innerhalb oder zwischen zwei Tagen durchgeführt wird [7].

Ein weiteres Problem des kombinierten Trainings ist die „Überschneidung" der molekularen Signale, die die Anpassungen durch die verschiedenen Trainingsreize steuern [2]. So wird beispielsweise vermutet, dass aerobes Training belastungsinduzierte anabole Signale über die Herunterregulierung hypertropher Mechanismen, die mit energiesensitiven Signalen zusammenhängen, hemmen kann [4]. Trotz des Potenzials für einen akuten molekularen „Crosstalk" ist jedoch unklar, ob diese Reaktionen eine Vorhersage für langfristige Anpassungen sind [4], und die aktuellen Daten scheinen letztlich nicht für eine chronische Störung zu sprechen [10]. Nichtsdestotrotz kann die Förderung eines optimalen Erholungszustands, insbesondere durch die Nahrungsaufnahme vor dem Training, von Vorteil sein, um die Trainingsanpassungen an kombiniertes Training zu optimieren und potenzielle Störungen zu minimieren [1]. Die hypertrophe Signalgebung kann durch eine Reihe antagonistischer Prozesse beeinflusst werden, die mit der Substratverfügbarkeit zusammenhängen, und daher sollten der Gesamtenergiestatus und die individuelle Nährstoffzufuhr nach dem Training berücksichtigt werden, um die ernährungsbedingte Erholung zu unterstützen [7]. So ist beispielsweise die Bedeutung der Protein- oder Kohlenhydratverfügbarkeit für eine verbesserte Muskelerholung sorgfältig zu prüfen [11]. Darüber hinaus können viele Nahrungsergänzungsmittel, einschließlich solcher, die Muskelschäden reduzieren, die wahrgenommene Erholung optimieren oder nachfolgende Trainingseinheiten verbessern von Nutzen sein. Unter Berücksichtigung der oben genannten Aspekte werden in den folgenden Abschnitten spezifische und praktische Strategien zur Verbesserung der Erholung nach dem Training untersucht.

Ernährungsbedingte Besonderheiten der Regeneration

Kohlenhydrate

Da sowohl Kraft- als auch Ausdauertraining die intramuskulären und hepatischen Glykogenspeicher verringern können, spielt die Kohlenhydratzufuhr (CHO) möglicherweise eine zentrale Rolle bei der Regeneration [1, 12]. Insbesondere steht ein niedriger Muskelglykogenspiegel in Zusammenhang mit erhöhter Ermüdung und kann die Leistung [13, 14] und die Proteinsynthese hemmen [4]. Daher wird empfohlen, nach ermüdenden Trainingseinheiten Kohlenhydrate zu sich zu nehmen, um den möglicherweise negativen Einfluss eines niedrigen Glykogenstatus auf die Erholungsphase zu minimieren [15] und eine ausreichende Substratverfügbarkeit für die nachfolgenden Trainingseinheiten sicherzustellen. Insbesondere wenn die Regenerationszeit zwischen den Trainingseinheiten <8 h beträgt, sollte CHO so schnell wie möglich nach dem Training konsumiert werden, wobei die erforderlichen Mengen zwischen 3–5 $g \cdot kg^{-1}$ pro Tag (niedriges Trainingsvolumen) und 8–12 $g \cdot kg^{-1}$ pro Tag (>4 h Training pro Tag) variieren [16]. Unabhängig davon deutet das synergetische Zusammenspiel von CHO und Eiweiß als Teil eines Ernährungsplans nach dem Training auf ein gewisses Potenzial zur Unterstützung der Regeneration im Zusammenhang mit kombinierten Ausdauer- und Kraftbelastungen hin [16]. Die Anpassungen beim Krafttraining können jedoch unabhängig von der

Glykogenverfügbarkeit auftreten [17, 18], so dass die Rolle des Proteins bei der Erholung zunehmend in den Vordergrund rückt.

Eiweiß

Nahrungsproteine sind bei kombiniertem Training von entscheidender Bedeutung, da sie eine wesentliche Rolle beim Umbau und der Erholung der Skelettmuskulatur spielen [1]. Wenn Ausdauer- und Krafttraining am selben Tag stattfinden, kann eine schnell absorbierte Proteinquelle für die Erholung zwischen den Trainingseinheiten geeignet sein [7]. Für den Verzehr nach dem Ausdauertraining wird ein leucinreiches Protein (z. B. Molke) empfohlen, und es wird empfohlen, etwa 0,25 $g{\cdot}kg^{-1}$ hochwertiges Protein zu sich zu nehmen, um den Proteinumsatz nach dem Training zu optimieren und die myofibrilläre Hypertrophie zu stimulieren – ein Mechanismus, der bei kombiniertem Ausdauer- und Krafttraining beeinträchtigt werden kann [1]. Auch der Zeitpunkt der Proteinzufuhr kann bei kombiniertem Training von Bedeutung sein. So war beispielsweise eine wiederholte Zufuhr von ~20 g hochwertigem Protein alle 3 h effektiver, um eine positive Proteinbilanz zu erreichen, als eine häufigere (10 g alle 90 min) oder weniger häufige (40 g alle 6 h) Zufuhr und ist daher für mehrere Trainingseinheiten pro Tag von Bedeutung [19]. Darüber hinaus kann eine größere Proteindosis (~0,5 $g{\cdot}kg^{-1}$) vor dem Schlafengehen angemessen sein, um die katabolen Effekte des nächtlichen Fastens auszugleichen und die Erholung nach dem Training weiter zu verbessern [20].

Nahrungsergänzung zur Verbesserung der Regeneration

Kreatin

Eine Kreatinsupplementierung stellt eine potenzielle Strategie zur Optimierung der Trainingsanpassung dar, insbesondere angesichts der Probleme im Zusammenhang mit der Ermüdungsakkumulation bei hochvoluminösem Ausdauer- und Krafttraining. Exogenes Kreatin verbessert die Arbeitskapazität durch eine beschleunigte Resynthese von Phosphokreatin und die anschließende Pufferung von Adenosindiphosphat, wodurch die Ermüdungsresistenz erhöht und ein potenzieller Puffer gegen metabolische Azidose bereitgestellt wird [21]. Eine Nahrungsergänzung mit Kreatinmonohydrat (~5 g/Tag) kann eine bessere Anpassung an ein kombiniertes Training durch eine erhöhte Trainingskapazität ermöglichen [1]. Insbesondere verringerte die Supplementierung mit Kreatinmonohydrat den Kraftverlust während des kombinierten Trainings bei Personen, die in ihrer Freizeit Krafttraining betreiben [22]. Im Gegensatz dazu wurde bei Ruderern während eines 10-wöchigen kombinierten Kraft- und aeroben Intervalltrainings kein Vorteil durch eine Kreatinsupplementierung festgestellt [23]. Angesichts der nachgewiesenen ergogenen Wirkungen einer Kreatin-Supplementierung beim Krafttraining und der Rolle, die Kreatin bei der Ermüdungsresistenz spielt, ist es jedoch eine vielversprechende

Strategie, um den Ermüdungseffekt von aufeinanderfolgenden Trainingseinheiten zu minimieren [21]. So kann die Supplementierung dazu dienen, die Interferenzen zwischen den Trainingseinheiten zu minimieren und den Erholungsprozess beim kombinierten Training zu optimieren.

Nitrat

Nitrat, das in vielen grünen Blattgemüsen enthalten ist, stellt eine potenzielle ergogene Strategie zur Unterstützung der Erholung von Leistungssportlern dar. Unter den Bedingungen von Hypoxie und niedrigem pH-Wert wird Nitrat zu Stickstoffmonoxid (NO) reduziert, das anschließend durch die Regulierung der peripheren Durchblutung, der mitochondrialen Atmung und der Mechano-Elektrischen-Kopplung leistungssteigernde Wirkungen entfalten kann [24]. Die akute Verabreichung von Rote-Bete-Saft ($\approx$ 0,1 mmol kg^{-1} Körpergewicht NO) soll denn Sauerstoffbedarf bei körperlicher Belastung senken und die Belastungstoleranz verbessern, insbesondere unter hypoxischen Bedingungen [25]. Die ergogenen Effekte einer exogenen Nitratsupplementierung könnten nützlich sein, um ermüdungsbedingte Leistungseinbußen auszugleichen, die beim Training in einem vorermüdeten Zustand auftreten können, wie es bei Sportlern, die verschiedene Trainingseinheiten kombinieren, häufig der Fall ist [1]. Die derzeitigen Erkenntnisse beziehen sich jedoch in erster Linie auf Ausdauerwettkämpfe, so dass es schwierig ist, Empfehlungen für das kombinierte Ausdauer- und Krafttraining zu geben. Davon abgesehen und in Anbetracht der Tatsache, dass in diesem Szenario Strategien zur Bewältigung der Ermüdung im Vordergrund stehen, gibt es jedoch eine potenzielle Anwendung für die Supplementierung mit Nitrat bei kombiniertem Training. Es bleiben zwar noch Fragen bezüglich der Wirksamkeit bei hochtrainierten Athleten [25] und der möglichen negativen Auswirkungen einer chronischen Einnahme [26] offen, doch stellt die Nahrungsergänzung mit Nitrat ein potenzielles Instrument zur Verbesserung der Erholung dar. Wie bei jedem Nahrungsergänzungsmittel müssen bei der Anwendung die Dosierung, der Zeitpunkt, die Trainingsmodalitäten und der Trainingszustand des Anwenders sorgfältig berücksichtigt werden.

Koffein

Koffein ist ein umfangreich untersuchtes und häufig verwendetes Nahrungsergänzungsmittel, dem eine starke leistungssteigernde Wirkung zugeschrieben wird [27]. Es ist eine schnell absorbierte Verbindung, die die Blut-Hirn-Schranke einfach überwinden kann [28] und das Gefühl der Müdigkeit verringert [27]. Koffein kann durch die verstärkte Ausschüttung von β-Endorphinen [29] eine schmerzlindernde Wirkung haben und die Substratmobilisierung über die Freisetzung von Cortisol aus der Nebenniere erhöhen [29]. Darüber hinaus wird vermutet, dass Koffein auf das zentrale Nervensystem einwirkt, um die neuromuskuläre Funktion und die kontraktile Kraft zu verbessern sowie die Wachsamkeit und die Reaktionszeit zu steigern [27]. Im Zusammenhang mit dem kombinierten Ausdauer- und Krafttraining legt die Notwendigkeit, höhere Trainingsumfänge zu tolerieren und ermüdende Reize zu bewältigen, eine potenzielle Rolle für Koffein nahe. Darüber hinaus hat sich gezeigt, dass die gleichzeitige Einnahme von Koffein und Kohlenhydraten die Glykogen-Resynthese nach einem anstrengenden Training im Vergleich zu Kohlenhydraten allein erhöht [30]. Obwohl Koffein die Belastungstoleranz hochwirksam verbessert, ist die Empfehlung für Leistungssportler nach wie vor unzureichend, und es gibt keine ausreichenden Belege für eine positive Wirkung auf die Erholung innerhalb oder zwischen den einzelnen Trainingseinheiten. Darüber hinaus wird Koffein erst nach 3–6 h aus dem Blutkreislauf ausgeschieden, so dass Bedenken hinsichtlich des Zeitpunkts der Einnahme und der möglichen Auswirkungen auf den Schlaf geäußert wurden [27]. Dies ist von besonderer Bedeutung für Sportler, die mehrere Trainingseinheiten an einem Tag absolvieren, da der Schlaf zwischen den Trainingseinheiten negativ beeinflusst werden könnte. Trotz umfangreicher Belege für die ergogenen Wirkungen von Koffein bei verschiedenen Sportarten gibt es keine Belege für positive Effekte bei kombiniertem Ausdauer- und Krafttraining. In Anbetracht der Bedenken hinsichtlich einer erhöhten Belastung durch kombiniertes Training könnte Koffein jedoch einige Vorteile bieten, um die Vorbereitung auf die nachfolgenden Einheiten zu unterstützen.

Antioxidantien

Ein akutes Training führt immer auch zu einer Störung des Redox-Gleichgewichts durch einen kurzfristigen Anstieg reaktiver Sauerstoffspezies (ROS) in den Zellen [31], während häufiges Training adaptive Reaktionen hervorruft, durch die die Widerstandsfähigkeit gegenüber oxidativem Stress mit der Zeit zunimmt [31]. Trotz der schädlichen zellulären Auswirkungen von ROS können regelmäßige prooxidative Zustände also die antioxidativen Mechanismen stärken und eine Anpassung an nachfolgende oxidative Herausforderungen ermöglichen [31]. Umgekehrt kann eine übermäßige ROS-Produktion (z. B. durch intensives/lang andauerndes Training) Muskelschäden [32], Muskelkater [31] und eine örtlich begrenzte Abnahme der Kraftproduktion [33] verursachen. Bei kombiniertem Training, bei dem Widerstandsbelastungen zu Schäden führen können, und bei aerobem Training, das metabolische Herausforderungen mit sich bringt, kann die Rolle von Antioxidantien von Nutzen sein. Daher haben Strategien zur Abschwächung dieser Veränderungen durch Modulation von Redox-Mechanismen in der Literatur für Erholungsstrategien ein gewisses Interesse gefunden. So wird beispielsweise angenommen, dass eine Supplementierung mit Antioxidantien (Vitamin E) die sarcolemmalen Membranen vor ROS-induzierter Destabilisierung und Freisetzung der Kreatinkinase schützt [34]. Außerdem gibt es Hinweise darauf, dass eine Behandlung mit Antioxidantien die ermüdungsbedingte Abnahme der kontraktilen Muskelkraft verringern kann [35]. Die derzeitigen Belege für eine Wirkung von Antioxidantien zur Verbesserung der Erholung, des Muskelkaters oder des verzögert auftretenden Muskelkaters (DOMS) sind jedoch zweideutig [31], und eine Rechtfertigung für den Einsatz bei kombiniertem Training bleibt nur konzeptionell [36]. Darüber hinaus wurde beobachtet, dass ergänzende Antioxidantien (Vitamin C) den trainingsbedingten Anstieg der Expression zytoprotektiver Proteine abschwächen, d. h. die positiven zellulären Anpassungen beeinträchtigen können [37]. Zusammenfassend lässt sich sagen, dass eine Supplementierung mit Antioxidantien zwar die akuten oxidativen Auswirkungen einer anstrengenden körperlichen Belastung verringern kann, als langfristige Erholungsstrategie jedoch wahrscheinlich ungeeignet ist. Obwohl eine Reihe von im Handel erhältlichen Nahrungsergänzungsmitteln noch nicht formell untersucht wurde, ist ihre Verwendung aufgrund fehlender Belege speziell für das kombinierte Ausdauer- und Krafttraining nicht fundiert, und für Sportler bleibt die ausreichende Aufnahme von Obst und Gemüse über die Nahrung das wichtigste Ziel [31].

Entzündungshemmende Mittel

Die Zeit nach einem kombinierten Ausdauer- und Krafttraining ist durch einen lokalen Anstieg von Leukozyten und entzündlichen Zytokinen im Rahmen eines integrierten Gewebsumbaus gekennzeichnet [38, 39]. Insbesondere wird vermutet, dass die makrophagenbasierte Prostaglandinsynthese sowie lokale Ödeme die Schmerzrezeptoren stimulieren und zum Gefühl des Muskelkaters (in Englisch: delayed onset of muscle soreness, DOMS) beitragen [40]. Dementsprechend sind Entzündungsprozesse bei Leistungssportlern, die aufeinanderfolgende Trainingseinheiten mit verkürzten Erholungsphasen absolvieren, zu einem möglichen Ziel für Interventionen nach dem Training geworden [41]. Angeblich können pharmakologische und nutrazeutische Strategien trainingsbedingte Leistungseinbußen verringern, indem sie Entzündungsprozesse und die damit verbundenen neuromuskulären Mechanismen manipulieren [42, 43]. Diese Strategie ist jedoch nicht unbedenklich, da die Hemmung von Entzündungsprozessen wichtige Anpassungs- und Reparaturmechanismen im Skelettmuskel beeinträchtigen kann [44]. Daher sind diese Interventionen von kontextabhängigen Faktoren abhängig und sollten mit einem Verständnis für die Angemessenheit ihrer Anwendung interpretiert werden.

Einer Reihe von Lebensmitteln und Medikamenten werden entzündungshemmende Eigenschaften nachgesagt, und so wurde auch die Einnahme von Nahrungsergänzungsmitteln als Mittel zur Abschwächung der Entzündungsreaktion auf körperliche Betätigung untersucht. Curcumin (ein Flavonoid, das in Kurkuma enthalten ist) kann beispielsweise über mehrere Mechanismen entzündungshemmend wirken, unter anderem durch eine verringerte NF-κB-Aktivität und die Freisetzung von Zytokinen [45] sowie durch eine verbesserte Absorbtion von freien Radikalen [46]. Trotz zahlreicher Daten, die eine entzündungshemmende Wirkung von Curcumin belegen, fehlt es an Untersuchungen, die sich speziell auf die Erholung bei kombiniertem Ausdauer- und Krafttraining beziehen. Eine Studie an Mäusen zeigte, dass die orale Verabreichung von Curcumin vor einer exzentrischen Laufbelastung die lokale Entzündung und die Muskelschädigung, die bei einer Placebogruppe auftraten, abschwächte und auch die trainingsbedingten Leistungseinbußen für drei Tage umkehrte [46]. Darüber hinaus führte eine Curcumin Supplementierung vor und nach dem Training bei gesunden Männern zu einer Verringerung von DOMS, entzündlichen Biomarkern und einer Verbesserung der Sprungleistung 24 h nach einem exzentrischen Krafttraining [47]. In der Tat gibt es vorläufige Belege für die Verwendung von Curcumin zur Verbesserung der Erholung von trainingsinduzierten Muskelschäden [48]. Viele der unterstützenden Studien verwenden jedoch exzentrische Trainingsprotokolle, um DOMS und Entzündungsreaktionen auszulösen, so dass sich die Ergebnisse nur schwer auf klassisches kombiniertes Ausdauer- und Krafttraining übertragen lassen [48]. Alternativ werden häufig pharmakologische entzündungshemmende Behandlungen bei Sportlern aufgrund ihrer vorgeschlagenen entzündungshemmenden und schmerzlindernden Wirkung eingesetzt [49], was den Erholungsprozess unterstützen könnte.

Nicht-steroidale entzündungshemmende Medikamente (NSAIDs) wie Ibuprofen und Aspirin wurden als potenzielles Mittel zur Wiederherstellung vorgeschlagen. Diese Medikamente wirken entzündungshemmend, indem sie die Aktivität der Cyclooxygenase-2 (COX-2) und die anschließende Prostaglandinsynthese hemmen [46]. Wenn Entzündungen als Hauptursache für DOMS und eine verminderte Muskelfunktion angesehen werden, könnten NSAIDs eine Rolle bei der Minimierung dieser Auswirkungen spielen. Bisherige Untersuchungen zu dieser Strategie haben keine überzeugenden Ergebnisse geliefert. In einer akuten Situation führte eine Ibuprofen-Tablette alle 8 h nach einem exzentrischen Krafttraining zu einer Verringerung der Muskelschadensmarker und einem nicht signifikanten Rückgang des Muskelkaters 48 h nach Belastung, hatte jedoch keinen Einfluss auf die akute Erholung der Kraft-/Leistungsfähigkeit bei gesunden Teilnehmern [42]. Unabhängig davon zeigten untrainierte Probanden nach einer exzentrischen Trainingseinheit unter NSAID-Behandlung keine Verbesserung des DOMS oder der Kraftleistung, und dieses Ergebnis änderte sich auch drei Tage nach der Belastung nicht [50]. Es gibt einige Hinweise darauf, dass eine prophylaktische NSAID-Verabreichung (d. h. vor dem Training) wirksamer sein könnte, um die Erholung zu verbessern, als eine Verabreichung nach dem Training [51]; es fehlen jedoch Belege in Modellen für kombiniertes Ausdauer- und Krafttraining. Es gibt zwar vielversprechende Hinweise auf den Einsatz einiger entzündungshemmender Substanzen zur Verringerung akuter Entzündungen und zur möglichen Förderung der Erholung, doch aufgrund fehlender Langzeitstudien für das kombinierte Training ist es schwierig, spezifische Empfehlungen für diese Sportler zu geben.

Schlaf und zeitliche Abstimmung der Erholungsphasen

Schlaf ist ein veränderter Bewusstseinszustand ohne Verlust der neurophysiologischen Kontrolle, und angesichts der langen Schlafphasen stellt er eine konzentrierte Erholungsphase dar, in der metabolische und neuronale Anpassungen stattfinden [52]. Angesichts der großen täglichen und mikrozyklischen Volumina, die für ein kombiniertes Training erforderlich sind, sowie potenzieller molekularer Crosstalk-Anpassungen und wahrgenommener Ermüdung, sind Schlaf- und Erholungsphasen wichtig, um die anschließende Erholung zu fördern [53, 54]. Besorgniserregend ist es, wenn Athleten nicht genügend Schlaf bekommen, entweder aufgrund von Schlafentzug oder Schlafeinschränkung [55]. Unter Schlafentzug versteht man einen schweren Schlafverlust (d. h. ganze Nächte) [56], der sich negativ auf die Erholung auswirkt, auch wenn er bei Sportlern nur minimal aufzutreten scheint [56, 57]. Im Gegensatz dazu beinhaltet die Schlafeinschränkung eine Störung des normalen Schlafverhaltens und geringere Schlafstörungen (d. h. 50 % der normalen Dauer) [58]. Frühere Untersuchungen haben gezeigt, dass sich Schlafentzug negativer auf die Erholung auswirkt als eine Schlafeinschränkung, obwohl beides für Leistungssportler nicht ideal ist [56]. So führte Schlafentzug (50 % normaler Schlaf) nach hochintensivem Intervalltraining zu einem erhöhten Gefühl der Schläfrigkeit und zu einer geringeren Spitzenleistung und Trainingsmotivation im Vergleich zu normalem Schlaf [58]. Da hochintensives Ausdauertraining eine häufige Komponente des kombinierten Trainings darstellt [59], kann die geringere geistige und körperliche Erholung die Fähigkeit eines Sportlers zur Durchführung des anschließenden Krafttrainings beeinträchtigen [60], was wiederum die Trainingsqualität und die potenziellen Anpassungen verringert. Weitere Untersuchungen haben gezeigt, dass vollständiger Schlafentzug die Sprintzeiten, das subjektive Empfinden, den Glykogengehalt der Muskeln sowie die willkürliche Ansteuerung des Quadrizeps im Vergleich zu normalem Schlaf verringert [57]. Aus der Sicht eines Leistungssportlers verdeutlichen solche Veränderungen nach dem Training die negativen Auswirkungen, die Schlafentzug auf das anschließende Training haben kann. Insgesamt scheint die Aufrechterhaltung eines normalen Schlafmusters (7–9 Std./Nacht) von entscheidender Bedeutung zu sein, um die negativen Auswirkungen von Schlafmangel oder -einschränkung auf die Kraft- und Ausdauerleistung sowie die psychologische Erholung zu verhindern [56], und kann somit die Trainingseinheiten am nächsten Tag und die damit verbundenen physiologischen Veränderungen unterstützen. Als Empfehlung sollten die Athleten eine angemessene Schlafhygiene in Betracht ziehen, um den Schlaf zu fördern, einschließlich des Verzichts auf elektronische Geräte und helles Licht vor dem Schlafengehen sowie des Verzichts auf Koffein und Alkohol nach 15 Uhr [61]. Ein kurzer Mittagsschlaf (10–30 min) zwischen den Trainingseinheiten kann ebenfalls dazu beitragen, die negativen Auswirkungen des Schlafmangels auf die Regeneration abzuschwächen, wenn nicht sogar die Trainingsbereitschaft unabhängig vom vorherigen Schlafdefizit zu verbessern [61]. Die Auswirkungen von chronischem Schlafverlust auf die Anpassungen an kombiniertes Ausdauer- und Krafttraining bedürfen jedoch weiterer Untersuchungen, damit spezifischere Empfehlungen für die Erholung gegeben werden können [56].

Da das kombinierte Ausdauer- und Krafttraining die Anzahl und den absoluten Umfang der Trainingseinheiten erhöht, ist eine angemessene Erholungszeit ein wichtiger Aspekt. Die Erholungszeiten zwischen den Trainingseinheiten sowie die zeitliche Abstimmung der Trainingseinheiten an einem bestimmten Tag können die kumulative Ermüdung beeinflussen, die bei kombiniertem Training auftritt, und damit auch die Trainingsleistung [62]. Robineau et al. [62] untersuchten die Auswirkungen unterschiedlicher Erholungszeiten auf Kraft- und Ausdauermessungen während eines 7-wöchigen kombinierten Trainingsprogramms bei Rugbyspielern. Die Autoren berichteten, dass die Kraft- und Ausdauermessungen stärker zunahmen, wenn zwischen den Ausdauer- und Krafttrainingseinheiten 24 h Erholung gewährt wurden, im Vergleich zu 0 und 6 h zwischen den Einheiten [62]. Darüber hinaus untersuchten Sale et al. [63] bei untrainierten Männern die Auswirkungen eines 20-wöchigen Ausdauer- und Krafttrainings, das am selben Tag durchgeführt wurde, im Vergleich zu einem Training an verschiedenen Tagen. Das Training an getrennten Tagen steigerte die maximale Kraft in der Beinpresse im Vergleich zum Training am selben Tag. Die Anpassungen der Muskelgröße und der Ausdauerleistung waren jedoch bei beiden Methoden ähnlich [63]. Offenbar sind ausreichende Erholungsphasen zwischen Ausdauer- und Krafttrainingseinheiten wichtig, um die Anpassungen durch kombiniertes Training zu erleichtern; an den oben genannten Studien waren jedoch keine hochtrainierten Athleten beteiligt, die möglicherweise höhere Trainingsanforderungen und Einschränkungen bei der Erholung zwischen den Trainingseinheiten haben [64].

Viele Spitzensportler absolvieren am selben Tag (z. B. morgens und abends) getrennte Einheiten mit Kraft- und Ausdauertraining. In diesem Zusammenhang sind die Erholungszeit zwischen den Trainingseinheiten sowie die Reihenfolge der Trainingseinheiten (d. h. erst Ausdauertraining, dann Krafttraining oder umgekehrt) von Bedeutung. Aktuelle Erkenntnisse deuten darauf hin, dass ein vorangegangenes Ausdauertraining das nachfolgende Krafttraining durch eine gehemmte Kraftgenerierung [65] und eine herunterregulierte Proteinsignalantwort [4] negativ beeinflussen kann. Darüber hinaus wird angenommen, dass diese Unterdrückung der hypertrophen Anpassungen mindestens 6 h [66] und möglicherweise sogar 8 h [9] nach einer ausdauerbasierten Trainingseinheit anhält. Es wird daher empfohlen, das Ausdauertraining zu einem früheren Zeitpunkt des Tages durchzuführen, mit einer Erholungszeit von $\geq$6 h vor der späteren Krafttrainingseinheit [4]. Ein weiterer Beleg dafür ist, dass die metabolische Signalantwort auf aerobes Training Berichten zufolge bis zu 3 h nach der Trainingseinheit anhält [67], so dass eine Verschiebung des Krafttrainings auf einen späteren Zeitpunkt am Tag eine ausreichende Erholung ermöglichen könnte, damit die hypertrophe Signalkaskade ungestört ablaufen kann [7]. Weitere Unterstützung für diese Strategie bezieht sich auf die „Ernährungserholung", da eine ausreichende Erholungszeit zwischen den Trainingseinheiten am selben Tag dem Athleten auch Zeit gibt, Proteine und CHO wieder aufzufüllen [7]. Sowohl längere Zeiträume zwischen den Trainingseinheiten und eine angemessene Nahrungsaufnahme stellen sicher, dass das Krafttraining in einem energiereichen

Zustand durchgeführt wird, wodurch die Proteinsignalreaktionen auf die Trainingseinheit maximiert und die abstumpfende Wirkung des Glykogenabbaus auf die synthetischen Proteinsignale reduziert werden [15]. Ungeachtet spezifischer Erholungsmethoden ist es offensichtlich, dass trainingsinduzierte Ermüdung einen Split-Session-Ansatz auslöst, bei dem das Training so organisiert wird, dass die Erholungsphasen ausreichend sind, um ermüdungsbedingte Leistungseinbußen zu minimieren [68].

Andere Regenerationsstrategien

Während die Periodisierung der Trainingsbelastung und die Nahrungsaufnahme die wichtigsten Faktoren für die Erholung von Leistungssportlern sind, dürfte die Anwendung spezifischer Erholungsmethoden zur Verbesserung der Erholung zwischen den Trainingseinheiten und der anschließenden Leistung von Bedeutung sein. Das Eintauchen in kaltes Wasser (Cold Water Immersion, CWI) ist eine solche Methode, die zur Verbesserung der DOMS-Symptome [69] und zur Verringerung der Leistungseinbußen nach dem Training eingesetzt werden kann [70]. Es wird angenommen, dass diese Strategie die zentrale Ermüdung, die mit längerer oder intensiver körperlicher Belastung einhergeht, verbessert und die Beeinträchtigung der Muskelfunktion nach einer Trainingseinheit verringert [71]. Insbesondere hat sich gezeigt, dass CWI die subjektive Einschätzung von Muskelkater nach intermittierendem Laufen [72], Mannschaftssportarten [73] und exzentrischem Krafttraining [74] verbessert und dazu beitragen kann, die Verschlechterung der Muskelfunktion nach hochintensivem Training umzukehren [72, 75]. Wenn Leistungssportler eine größere Anzahl von Trainingseinheiten pro Tag oder innerhalb eines Mikrozyklus absolvieren müssen, kann die Linderung von DOMS wichtig sein, um die Trainingsbereitschaft und die Qualität der geleisteten Einheiten sicherzustellen.

Trotz ihres Potenzials als akute Erholungsstrategie ist die Wirksamkeit von CWI als langfristige Erholungsmethode in Frage gestellt worden [76]. In jüngster Zeit haben Studien darauf hingewiesen, dass die Anwendung von CWI nach einem Krafttraining Kraft- und Hypertrophiezuwächse hemmen kann, wobei neuere Daten zeigen, dass die Anpassungen an das Krafttraining durch CWI nach dem Training abgeschwächt werden [76, 77]. Akute Studien stützen diese Annahme, da sie zeigen, dass CWI nach dem Krafttraining die Signalwege der Muskelproteinsynthese (p70S6k) abschwächen kann, vermutlich über eine verringerte Durchblutung der Skelettmuskulatur [77]. Darüber hinaus scheint das verwendete spezifische Kühlprotokoll die Akutreaktion zu beeinflussen, wobei eine verlängerte CWI die Glykogenresynthese hemmt, obwohl die aktuelle Evidenz in dieser Frage nicht schlüssig ist [78]. Zusammenfassend lässt sich sagen, dass sich CWI zwar als vielversprechendes Mittel zur Wiederherstellung akuter Leistungseinbußen erwiesen hat, bei regelmäßiger Anwendung jedoch die Trainingsanpassung (insbesondere beim Krafttraining) beeinträchtigen kann. Daher sollte die Angemessenheit dieser Intervention für die Athleten sorgfältig geprüft werden.

Die Verwendung von Kompressionskleidung (CG) kann auch die Erholung von Training durch geringere Muskelschäden und weniger Muskelkater nach dem Training erleichtern [79]. Ein vermuteter Mechanismus für diesen Effekt ist die Kompression der Blutgefäße, was zu einem geringeren Maß an Ödemen und Zelltraumata führt [80]. Die Minimierung der Residualermüdung nach dem Training ist entscheidend für die Umsetzung des Trainings und die daraus folgenden Trainingsanpassungen; daher kann Kompressionskleidung (bspw. auf ermüdeten Extremitäten) wirksam sein, um die mit aufeinanderfolgenden Trainingseinheiten verbundenen Leistungseinbußen auszugleichen. Als Beleg wurde über eine beschleunigte Erholung der Kraftleistung im Vergleich zu einer nicht kompressionsbekleideten Kontrollgruppe berichtet [81], obwohl die Erklärungsmechanismen unklar waren, da die Konzentration von Muskelschädigungsmarkern (Myoglobin, Kreatinkinase) in den beiden Gruppen ähnlich waren. Die Auswirkungen auf die Erholung nach Ausdauerbelastungen sind dagegen weniger klar. Die Autoren vermuteten, dass dies auf die multifaktorielle Natur der trainingsbedingten Ermüdung zurückzuführen ist, wobei Maßnahmen zur Verringerung der Muskelschädigung möglicherweise nur einen minimalen Effekt auf die Gesamterholung der Leistungsfähigkeit haben [79]. Bei kombiniertem Ausdauer- und Krafttraining scheint das Krafttraining jedoch keine nachteiligen Auswirkungen auf die Ergebnisse des Ausdauertrainings zu haben [5], so dass die Notwendigkeit von CGs in diesem Szenario fraglich ist. Darüber hinaus ist ein wichtiger Aspekt der Erholung die durch das Ausdauertraining hervorgerufene Ermüdung, und derzeit liegen keine ausreichenden Daten vor, um CGs als Erholungsstrategie für Sportler des kombinierten Ausdauer- und Krafttrainings zu empfehlen. Es wird jedoch regelmäßig berichtet, dass die Verwendung von CGs das subjektive Erholungsempfinden verbessert, häufig über einen Placebo-Effekt, und eine solche Wahrnehmungsunterstützung kann auch beim kombinierten Ausdauer- und Krafttraining von Nutzen sein, um die wahrgenommene Bereitschaft zum Training zu erleichtern.

Zusammenfassung

Beim kombinierten Ausdauer- und Krafttraining sind geeignete Erholungsstrategien von entscheidender Bedeutung, um die Fähigkeit des Einzelnen zu maximieren, die Trainingseinheiten zu absolvieren, Verletzungen zu vermeiden und die Anpassungen zu optimieren. Generell gibt es beim kombinierten Ausdauer- und Krafttraining eine Reihe von methodischen Hindernissen in Bezug auf Trainingspläne, Ruhezeiten und die Nahrungsaufnahme. Dementsprechend scheint ein individueller Ansatz, der auf die Verteilung der Belastung, das Timing der Nährstoffzufuhr und potenzielle innovative Erholungsmaßnahmen abzielt, für kombiniertes Ausdauer- und Krafttraining am besten geeignet zu sein. In Anbetracht des Umfangs und der Vielfalt potenzieller Erholungsmaßnahmen zeigt Tab. 15.1 eine Auswahl dieser Maßnahmen und die dazugehörige Rangfolge der Belege für ihre Anwendung. Zukünftige Untersuchungen sollten die Rolle spezifischer Erholungsmethoden im Zusammenhang mit kombinierten Training weiter verfolgen.

Tab. 15.1 Evidenzgrad für eine Reihe möglicher Erholungsmaßnahmen für Athleten, die ein kombiniertes Ausdauer- und Krafttraining absolvieren

Grad der Evidenz	Intervention	Dosierung	Mögliche Wirkung
A Die Evidenz kann als Richtschnur für die Praxis dienen	Eiweiß	1,7–2,2 g·kg^{-1}/Tag	Unterstützung des Muskelumbaus und Förderung von Kraftanpassungen
	Kohlenhydrate	3–12 g·kg^{-1}/Tag (je nach Belastung)	Wiederherstellung des hepatischen und intramuskulären Glykogens; Unterstützung der Immunfunktion
	Kreatin	~5 g pro Tag in einem Zyklus von 3–5 Tagen	Verbesserung der PCr-Synthese und Puffer gegen Azidose
B In den meisten Situationen kann man sich auf die Evidenzbasis als Leitfaden für die Praxis verlassen	Koffein	3–10 mg·kg^{-1} (je nach individuellem Ansprechen auf die Dosis)	Verringerung der empfundenen Müdigkeit
C Es gibt einige Belege für die Empfehlung(en), aber bei der Anwendung ist Vorsicht geboten	Kaltwasserapplikation	10–15 min, 10–15 °C	Verringerung des Muskelkaters und Wiederherstellung der Muskelfunktion durch Verringerung der zentralen Ermüdung
	Kurkumin	~25 g·kg^{-1}/Tag	Reduzierung von DOMS und Muskelschäden durch entzündungshemmende Wirkungen
	Nitrat	400–600 mg·kg^{-1}/Tag	Verbesserung der Durchblutung, der Mitochondrienatmung und der Muskelkontraktilität
D Die Beweislage ist schwach und die Empfehlung ist mit Vorsicht zu genießen	Antioxidantien		Schutz vor oxidativem Stress und Verringerung der akuten Müdigkeit
	Kleidungsstücke mit Kompression		Reduziert Ödeme und DOMS
	NSAIDs	~1200 mg/Tag (400 mg Anfangsdosis)	Reduzierung von DOMS und Muskelschäden durch entzündungshemmende Effekte

NHMRC-Evidenzstufen und Empfehlungsgrade für die Entwickler von Leitlinien [82]

Empfehlungen für die Trainingspraxis

- Grundlegende Erholungsstrategien (Belastungsplanung, Schlaf und Protein-/Kohlenhydrataufnahme) sollten von Sportlern vorrangig angewandt werden.
- Erhöhte Ermüdungserscheinungen, die durch große kombinierte Ausdauer- und Krafttrainingsumfänge hervorgerufen werden, können durch den Einsatz von ergogenen Hilfsmitteln wie Kreatin, Nitrat und Koffein teilweise gemildert werden; allerdings sind weitere modusspezifische Nachweise erforderlich.
- Nutrazeutische und pharmakologische Regenerationsstrategien wie Antioxidantien und Entzündungshemmer sind vielversprechend, um akute Ermüdung zu verringern. Ihre langfristige Anwendbarkeit und mögliche Interferenzwirkungen werfen jedoch Fragen in Bezug auf mögliche Anwendungen für Leistungssportler auf.
- Kompressionskleidung und Kaltwasserapplikationen sind wirksam, um die wahrgenommene Erholung von Muskelkater nach körperlichen Belastungen (z. B. Krafttraining) zu verbessern, obwohl die Wirkung auf die Erholung der Ausdauerleistung weniger klar ist.
- Die Gewährleistung einer ausreichenden Ruhezeit muss für Leistungssportler oberstes Gebot sein – eine Erholungszeit von mindestens 6 h zwischen den Trainingseinheiten ermöglicht es, ermüdungsbedingte Leistungseinbußen zu minimieren, und bietet Zeit für die Umsetzung ernährungsbasierter Erholungsstrategien. Die Athleten sollten eine Schlafdauer von 7–9 h pro Nacht anstreben und eine angemessene Schlafhygiene einhalten, um Störungen zu minimieren.

Literatur

1. Perez-Schindler J et al. Nutritional strategies to support concurrent training. Eur J Sport Sci. 2015;15(1):41–52.
2. Coffey VG, Hawley JA. Concurrent exercise training: do opposites distract? J Physiol. 2017;595(9):2883–96.
3. Jones TW et al. Strength and conditioning and concurrent training practices in elite rugby union. J Strength Cond Res. 2016;30(12):3354–66.
4. Fyfe JJ, Bishop DJ, Stepto NK. Interference between concurrent resistance and endurance exercise: molecular bases and the role of individual training variables. Sports Med. 2014;44(6):743–62.
5. Wilson JM et al. Concurrent training: a meta-analysis examining interference of aerobic and resistance exercises. J Strength Cond Res. 2012;26(8):2293–307.
6. Beelen M et al. Nutritional strategies to promote postexercise recovery. Int J Sport Nutr Exerc Metab. 2010;20(6):515–32.
7. Baar K. Using molecular biology to maximize concurrent training. Sports Med. 2014;44(2):117–25.
8. Inoki K, Zhu T, Guan K-L. TSC2 mediates cellular energy response to control cell growth and survival. Cell. 2003;115(5):577–90.
9. Sporer BC, Wenger HA. Effects of aerobic exercise on strength performance following various periods of recovery. J Strength Cond Res. 2003;17(4):638–44.

10. Murach KA, Bagley JR. Skeletal muscle hypertrophy with concurrent exercise training: contrary evidence for an interference effect. Sports Med. 2016;46(8):1029–39.
11. Long X et al. Rheb binding to mammalian target of rapamycin (mTOR) is regulated by amino acid sufficiency. J Biol Chem. 2005;280(25):23433–6.
12. Knuiman P, Hopman MT, Mensink M. Glycogen availability and skeletal muscle adaptations with endurance and resistance exercise. Nutr Metab. 2015;12(1):59.
13. Burnley M, Jones AM. Power-duration relationship: physiology, fatigue, and the limits of human performance. Eur J Sport Sci. 2016;18(1):1–12.
14. Ørtenblad N, Westerblad H, Nielsen J. Muscle glycogen stores and fatigue. J Physiol. 2013;591(18):4405–13.
15. McBride A et al. The glycogen-binding domain on the AMPK β subunit allows the kinase to act as a glycogen sensor. Cell Metab. 2009;9(1):23–34.
16. Burke LM et al. Carbohydrates for training and competition. J Sports Sci. 2011;29(sup1): S17–27.
17. Camera DM et al. Low muscle glycogen concentration does not suppress the anabolic response to resistance exercise. J Appl Physiol. 2012;113(2):206–14.
18. Sawyer JC et al. Effects of a short-term carbohydrate-restricted diet on strength and power performance. J Strength Cond Res. 2013;27(8):2255–62.
19. Moore DR et al. Daytime pattern of post-exercise protein intake affects whole-body protein turnover in resistance-trained males. Nutr Metab. 2012;9(1):91.
20. Res PT et al. Protein ingestion before sleep improves postexercise overnight recovery. Med Sci Sports Exerc. 2012;44(8):1560–9.
21. Bemben MG, Lamont HS. Creatine supplementation and exercise performance. Sports Med. 2005;35(2):107–25.
22. de Salles PV et al. Creatine supplementation prevents acute strength loss induced by concurrent exercise. Eur J Appl Physiol. 2014;114(8):1749–55.
23. Syrotuik DG et al. Effects of creatine monohydrate supplementation during combined strength and high intensity rowing training on performance. Can J Appl Physiol. 2001;26(6):527–42.
24. Stamler JS, Meissner G. Physiology of nitric oxide in skeletal muscle. Physiol Rev. 2001;81(1):209–37.
25. Jones AM. Influence of dietary nitrate on the physiological determinants of exercise performance: a critical review. Appl Physiol Nutr Metab. 2014;39(9):1019–28.
26. Carlström M et al. Cross-talk between nitrate-nitrite-NO and NO synthase pathways in control of vascular NO homeostasis. Antioxid Redox Signal. 2015;23(4):295–306.
27. Goldstein ER et al. International society of sports nutrition position stand: caffeine and performance. J Int Soc Sports Nutr. 2010;7(1):5.
28. Fredholm BB et al. Actions of caffeine in the brain with special reference to factors that contribute to its widespread use. Pharmacol Rev. 1999;51(1):83–133.
29. Laurent D et al. Effects of caffeine on muscle glycogen utilization and the neuroendocrine axis during exercise. J Clin Endocrinol Metab. 2000;85(6):2170–5.
30. Pedersen DJ et al. High rates of muscle glycogen resynthesis after exhaustive exercise when carbohydrate is coingested with caffeine. J Appl Physiol. 2008;105(1):7–13.
31. Peternelj T-T, Coombes JS. Antioxidant supplementation during exercise training. Sports Med. 2011;41(12):1043–69.
32. Van Der Meulen JH et al. Contraction-induced injury to the extensor digitorum longus muscles of rats: the role of vitamin E. J Appl Physiol. 1997;83(3):817–23.
33. Reid MB, Moody MR. Dimethyl sulfoxide depresses skeletal muscle contractility. J Appl Physiol. 1994;76(5):2186–90.
34. Beaton LJ et al. Contraction-induced muscle damage is unaffected by vitamin E supplementation. Med Sci Sports Exerc. 2002;34(5):798–805.
35. Reid MB et al. N-acetylcysteine inhibits muscle fatigue in humans. J Clin Investig. 1994;94(6):2468.

36. Close GL et al. Ascorbic acid supplementation does not attenuate post-exercise muscle soreness following muscle-damaging exercise but may delay the recovery process. Br J Nutr. 2006;95(5):976–81.
37. Khassaf M et al. Effect of vitamin C supplements on antioxidant defence and stress proteins in human lymphocytes and skeletal muscle. J Physiol. 2003;549(2):645–52.
38. Peake J, Nosaka K, Suzuki K. Characterization of inflammatory responses to eccentric exercise in humans. Exerc Immunol Rev. 2005;11:64–85.
39. Monteiro PA et al. Modulation of inflammatory response arising from high-intensity intermittent and concurrent strength training in physically active males. Cytokine. 2017;91:104–9.
40. Smith LL. Acute inflammation: the underlying mechanism in delayed onset muscle soreness? Med Sci Sports Exerc. 1991;23(5):542–51.
41. Toumi H, Best TM. The inflammatory response: friend or enemy for muscle injury? Br J Sports Med. 2003;37(4):284–6.
42. Tokmakidis SP et al. The effects of ibuprofen on delayed muscle soreness and muscular performance after eccentric exercise. J Strength Cond Res. 2003;17(1):53–9.
43. Lima F et al. Ibuprofen intake increases exercise time to exhaustion: a possible role for preventing exercise-induced fatigue. Scand J Med Sci Sports. 2016;26(10):1160–70.
44. Barnett A. Using recovery modalities between training sessions in elite athletes. Sports Med. 2006;36(9):781–96.
45. Biswas SK et al. Curcumin induces glutathione biosynthesis and inhibits NF-κB activation and interleukin-8 release in alveolar epithelial cells: mechanism of free radical scavenging activity. Antioxid Redox Signal. 2005;7(1–2):32–41.
46. Davis JM et al. Curcumin effects on inflammation and performance recovery following eccentric exercise-induced muscle damage. Am J Phys Regul Integr Comp Phys. 2007; 292(6):R2168–73.
47. Nicol LM et al. Curcumin supplementation likely attenuates delayed onset muscle soreness (DOMS). Eur J Appl Physiol. 2015;115(8):1769–77.
48. Heaton LE et al. Selected in-season nutritional strategies to enhance recovery for team sport athletes: a practical overview. Sports Med. 2017;47(11):2201–18.
49. Warden SJ. Prophylactic use of NSAIDs by athletes: a risk/benefit assessment. Phys Sportsmed. 2010;38(1):132–8.
50. Stone MB et al. Preliminary comparison of bromelain and ibuprofen for delayed onset muscle soreness management. Clin J Sport Med. 2002;12(6):373–8.
51. Hasson SM et al. Effect of ibuprofen use on muscle soreness, damage, and performance: a preliminary investigation. Med Sci Sports Exerc. 1993;25(1):9–17.
52. Van Cauter E et al. Metabolic consequences of sleep and sleep loss. Sleep Med. 2008;9:S23–8.
53. Thornton HR et al. Effects of pre-season training on the sleep characteristics of professional rugby league players. Int J Sports Physiol Perform. 2017;13(2):176–82.
54. Schwellnus M et al. How much is too much? (Part 2) International Olympic Committee consensus statement on load in sport and risk of illness. Br J Sports Med. 2016;50(17):1043–52.
55. Fullagar HH et al. Sleep and recovery in team sport: current sleep-related issues facing professional team-sport athletes. Int J Sports Physiol Perform. 2015;10(8):950–7.
56. Fullagar HH et al. Sleep and athletic performance: the effects of sleep loss on exercise performance, and physiological and cognitive responses to exercise. Sports Med. 2015;45(2):161–86.
57. Skein M et al. Intermittent-sprint performance and muscle glycogen after 30 h of sleep deprivation. Med Sci Sports Exerc. 2011;43(7):1301–11.
58. Rae DE et al. One night of partial sleep deprivation impairs recovery from a single exercise training session. Eur J Appl Physiol. 2017;117(4):699–712.
59. Robineau J et al. Concurrent training in rugby sevens: effects of high-intensity interval exercises. Int J Sports Physiol Perform. 2017;12(3):336–44.
60. Marcora SM, Staiano W, Manning V. Mental fatigue impairs physical performance in humans. J Appl Physiol. 2009;106(3):857–64.

61. Nédélec M et al. Sleep hygiene and recovery strategies in elite soccer players. Sports Med. 2015;45(11):1547–59.
62. Robineau J et al. Specific training effects of concurrent aerobic and strength exercises depend on recovery duration. J Strength Cond Res. 2016;30(3):672–83.
63. Sale D et al. Comparison of two regimens of concurrent strength and endurance training. Med Sci Sports Exerc. 1990;22(3):348–56.
64. Issurin VB. New horizons for the methodology and physiology of training periodization. Sports Med. 2010;40(3):189–206.
65. Leveritt M, Abernethy PJ. Acute effects of high-intensity endurance exercise on subsequent resistance activity. J Strength Cond Res. 1999;13(1):47–51.
66. Bentley DJ, Zhou S, Davie AJ. The effect of endurance exercise on muscle force generating capacity of the lower limbs. J Sci Med Sport. 1998;1(3):179–88.
67. Wojtaszewski JF et al. Isoform-specific and exercise intensity-dependent activation of 5′-AMP-activated protein kinase in human skeletal muscle. J Physiol. 2000;528(1):221–6.
68. Baar K. Using nutrition and molecular biology to maximize concurrent training. Sports Sci Exch. 2014;136:1–5.
69. Hohenauer E et al. The effect of post-exercise cryotherapy on recovery characteristics: a systematic review and meta-analysis. PLoS One. 2015;10(9):e0139028.
70. Versey NG, Halson SL, Dawson BT. Water immersion recovery for athletes: effect on exercise performance and practical recommendations. Sports Med. 2013;43(11):1101–30.
71. De Pauw K et al. Brain mapping after prolonged cycling and during recovery in the heat. J Appl Physiol. 2013;115(9):1324–31.
72. Bailey D et al. Influence of cold-water immersion on indices of muscle damage following prolonged intermittent shuttle running. J Sports Sci. 2007;25(11):1163–70.
73. Montgomery PG et al. The effect of recovery strategies on physical performance and cumulative fatigue in competitive basketball. J Sports Sci. 2008;26(11):1135–45.
74. Kuligowski LA et al. Effect of whirlpool therapy on the signs and symptoms of delayed-onset muscle soreness. J Athl Train. 1998;33(3):222.
75. Ingram J et al. Effect of water immersion methods on post-exercise recovery from simulated team sport exercise. J Sci Med Sport. 2009;12(3):417–21.
76. Fröhlich M et al. Strength training adaptations after cold-water immersion. J Strength Cond Res. 2014;28(9):2628–33.
77. Roberts LA et al. Post-exercise cold water immersion attenuates acute anabolic signalling and long-term adaptations in muscle to strength training. J Physiol. 2015;593(18):4285–301.
78. Ihsan M, Watson G, Abbiss CR. What are the physiological mechanisms for post-exercise cold water immersion in the recovery from prolonged endurance and intermittent exercise? Sports Med. 2016;46(8):1095–109.
79. Brown F et al. Compression garments and recovery from exercise: a meta-analysis. Sports Med. 2017;47(11):2245–67.
80. Liu R et al. Effects of graduated compression stockings with different pressure profiles on lower-limb venous structures and haemodynamics. Adv Ther. 2008;25(5):465–78.
81. Goto K, Morishima T. Compression garment promotes muscular strength recovery after resistance exercise. Med Sci Sports Exerc. 2014;46(12):2265–70.
82. Merlin T et al. NHMRC levels of evidence and grades for recommendations for developers of guidelines. Canberra: ACT: National Health and Medical Research Council (NHMRC), Australian Government; 2009.

Aspekte der Ernährung bei kombiniertem Ausdauer- und Krafttraining

16

Timothy Etheridge und Philip J. Atherton

Einführung

Obwohl es sich nicht um ein neues Trainingsparadigma handelt [1], hat das Konzept des kombinierten Kraft- und Ausdauertrainings in letzter Zeit bei Sportlern, Trainern und Sportwissenschaftlern gleichermaßen an Aufmerksamkeit gewonnen [2]. Die Ziele von kombiniertem Training sind einfach: Steigerung von Muskelmasse und Kraft bei gleichzeitiger Erhöhung der Ausdauerleistungsfähigkeit. Eine wichtige mögliche Einschränkung des kombinierten Trainings (die an anderer Stelle in diesem Buch ausführlich erörtert wird) ist jedoch der berichtete „Interferenz-Effekt", bei dem die gleichzeitige Durchführung von Ausdauer- (EE) und Krafttraining (RE) im Vergleich zum alleinigen RE chronische Kraft- und möglicherweise Massenzuwächse hemmen kann, obwohl die kardiovaskulären Anpassungen mit denen des isolierten EE vergleichbar sind [1]. Daher sollten Ernährungsstrategien für Sportler auf folgendes abzielen:

1. Optimierung des anabolen Umfelds nach dem Training, um die chronischen Anpassungen von Muskelkraft und Muskelmasse zu optimieren;
2. Unterstützung der kardiovaskulären Anpassungen als Reaktion auf die mit dem EE verbundene metabolische Belastung.

Eine detaillierte Untersuchung des Nährstoffbedarfs, der sich aus den besonderen Anforderungen des kombinierten Trainings ergibt, steht noch aus. Dennoch lassen sich aus akuten und chronischen Interventionsstudien, in denen der ergogene Ein-

T. Etheridge
University of Exeter, Exeter, UK

P. J. Atherton (✉)
University of Nottingham, Nottingham, UK
E-Mail: Philip.Atherton@nottingham.ac.uk

M. Schumann, B. R. Rønnestad (Hrsg.), *Kombiniertes Ausdauer- und Krafttraining*, https://doi.org/10.1007/978-3-031-36310-8_16

fluss der Nährstoffzufuhr bei isoliertem RE und EE untersucht wurde, beträchtliche theoretische Erkenntnisse ableiten, die, wenn sie gesammelt betrachtet werden, auf das kombinierte Training übertragen werden können. In diesem Zusammenhang wird in diesem Kapitel die Rolle etablierter und neuerer Nährstoffe bei der Steigerung der Muskelkraft und der kardiovaskulären Anpassungen an das Training bewertet. Dieses Wissen wird konsolidiert, um praktische Empfehlungen abzuleiten, die dem Sportler zugutekommen könnten, nämlich eine Minimierung möglicher „Störeffekte".

Makronährstoffe zur Unterstützung der Belastungsanpassung

Proteinsupplementierung und Krafttraining

Eine angemessene Eiweißzufuhr mit der Nahrung ist ein wesentlicher Bestandteil der Wechselwirkung zwischen Belastung und Nährstoffen. RE allein verursacht im nüchternen Zustand einen vorübergehenden (2–3 h nach dem Training) Anstieg sowohl des Abbaus als auch der Synthese (d. h. des „Umsatzes") von Muskelproteinen [3]. Bei fehlender Proteinnahrung übersteigt der Anstieg des Muskelproteinabbaus (MPB) nach dem Training jedoch den der Muskelproteinsynthese (MPS) [4, 5]; die daraus resultierende negative Netto-Muskelproteinbilanz würde, wenn sie während des gesamten Trainings anhielte, zu einer Fehlanpassung führen, da das Muskelwachstum und der Muskelumbau ausbleiben. Die Zufuhr von Protein mit der Nahrung kehrt dies um, indem sie die proteinsynthetische Reaktion auf RE verstärkt und verlängert, um eine positive Nettoproteinbilanz zu erreichen [5]. Tatsächlich stimuliert ein einzelne Proteingabe, wenn sie in unmittelbarer Nähe einer akuten RE-Einheit erfolgt, die MPS (die als primärer Antrieb des Anabolismus nach der RE angesehen wird) für ~ 48 h [5]. Dies ist auf eine erhöhte Empfindlichkeit des aktiven Muskels gegenüber den anabolen Eigenschaften von Nahrungsprotein für mindestens 24 h nach RE zurückzuführen [6]. Kumulative Perioden einer verlängerten Muskelproteinakkumulation mit wiederholten RE- und Proteinfütterungen führen schließlich zum trainingsinduzierten Muskelumbau und zur Hypertrophie [7]. Wird Protein nach einer kombinierten Kraft- und Ausdauertrainingseinheit (durchgeführt in dieser Reihenfolge) verabreicht, so ist die MPS der kontraktilen myofibrillären Proteine erhöht [8, 9]. Ausgehend von der akuten anabolen Reaktion, sollte man also mit einer ähnlichen Hypertrophie durch alleiniges RE und kombiniertes RE und EE rechnen. Entsprechend stünde dieser Befund in gewissem Widerspruch zu möglich Störeffekten, dessen Ursache(n) noch zu klären sind. Ungeachtet dessen ist es ratsam, Eiweiß in den Ernährungsplan von Kraftsportlern einzubauen. Doch welche Art von Eiweiß sollte in welcher Menge und wie oft im Verhältnis zu den kombinierten RE und EE Trainingseinheiten zugeführt werden?

Zunächst müssen wir uns die allgemeinen Beziehungen zwischen Nahrungsprotein und Muskelproteinstoffwechsel ansehen. Es ist bekannt, dass von den 20 proteinkodierenden Aminosäuren, die in einer Vollproteinernährung enthalten sind, die 9 essenziellen Aminosäuren (EAA, d. h. diejenigen, die nicht de novo synthetisiert werden können und daher über die Nahrung zugeführt werden müssen) für die Stimulierung der MPS [10] und die indirekte Hemmung der MPB verantwortlich sind, indem sie als Insulinsekretagogum dienen [11]. Von den EAA bieten die verzweigtkettigen Aminosäuren (in English Branched-Chained-Amino-Acids, BCAA), insbesondere Leucin, den stärksten anabolen Stimulus [12, 13]. Die proteinsynthetische Reaktion auf Vollprotein und EAA ist ebenfalls dosisabhängig: Die maximale Stimulierung der MPS erfolgt mit ~ 10 g EAA, was ~ 20 g hochwertigem (z. B. Molke-) Protein oder ~ 0,25 g·kg^{-1} Körpergewicht entspricht [14, 15]. Bei einem nicht trainierenden gesunden Erwachsenen reichen also ~ 0,8 g Protein·kg^{-1}·Tag^{-1} aus, um den Proteinhaushalt und die Muskelmasse zu erhalten. Für den Sportler ist es wichtig, dass diese Dosisabhängigkeit bei einer sättigenden Menge von 20 g bleibt, wenn die Eiweißzufuhr in Verbindung mit RE [14] erfolgt; darüber hinaus wird die Aminosäureoxidation erhöht und überschüssiges Eiweiß abgebaut. Daher wird eine einfache Erhöhung der Protein- oder EAA-Menge in einzelnen Mahlzeiten das Nettomuskelwachstum nicht steigern, auch nicht bei krafttrainierten Sportlern.

Der Optimierung des Zeitpunkts der Proteinzufuhr (d. h. vor, während oder nach einer RE-Einheit) wurde große Aufmerksamkeit geschenkt, um den Anabolismus nach der Einheit und die anschließende Anpassung zu maximieren. Tatsächlich gibt es nur wenige Belege für eine Proteinsupplementierung vor [16] oder während der RE-Einheit [17]. Nahrungszufuhr vor dem Training erhöht die MPS nach der RE-Einheit [16], was vermutlich darauf zurückzuführen ist, dass die EAA-Spiegel im Blut nach der der Proteinaufnahme noch etwa 3 h lang erhöht sind. Die MPS wird jedoch während des Trainings gehemmt, da der energieaufwendige Prozess der Proteinsynthese (z. B. über ATP-abhängige Peptidbindungen) zugunsten der Umleitung auf energieproduzierende Wege zur Aufrechterhaltung der Muskelkontraktion gedämpft wird [17]. Es ist daher wahrscheinlich, dass der Zeitpunkt der Nahrungsaufnahme keinen größeren Einfluss zu haben scheint, zumindest bei RE-Einheiten von $\leq$ 1 h. Im Gegensatz dazu stellt das Zeitfenster von 0–4 h nach einer RE-Einheit ein unbestrittenes Zeitfenster für proteinstimuliertes Muskelwachstum dar. Da ein einzelner RE-Stimulus die Muskeln mindestens 24 h lang für die Nahrungsaufnahme sensibilisiert, ist der genaue Zeitpunkt der Proteinzufuhr für den Sportler wahrscheinlich irrelevant, sofern der Proteinbedarf an sich gedeckt ist. Trotz Berichten, wonach das „anabole Fenster" bei krafttrainierten Personen auf $\leq$ 4 h verkürzt sein kann [18], sind die Muskelkraft- und Massenzuwächse unabhängig vom Zeitpunkt der Proteinzufuhr ähnlich [19, 20].

Wichtiger für die Maximierung der RE-vermittelten Muskelanpassung ist vielleicht die Refraktärzeit der MPS, die mit einzelnen Mahlzeiten einhergeht. Als Reaktion auf eine einmalige Proteinzufuhr steigt die MPS für ca. 1,5 h an, bevor sie nach 2 h auf den Ausgangswert zurückkehrt [21], obwohl weiterhin EAA im Muskel und im Kreislauf verfügbar sind. Der Muskel weist also eine Phase nach der Nahrungsaufnahme auf, in der der Muskel ausreichend mit AAs gedeckt ist und die Zufuhr von zusätzlichem Protein die MPS nicht erneut stimulieren kann. Das Gleiche gilt auch für sportliche Betätigung, bei der 20 g hochwertiges Protein die MPS nach der Nahrungsaufnahme akut maximiert [14]. Daher muss zwischen den verabreichten Dosen genügend Zeit vergehen, um eine „verschwendete" Proteinzufuhr während der Refraktärphase zu vermeiden. Obwohl die genaue Dauer dieser Latenzzeit noch zu definieren ist, ist es wahrscheinlich, dass eine Proteinzufuhr alle 3–4 h (ungefähr die Doppelte Zeit der akuten MPS-Stimulation) nahezu optimal ist. Für diese Strategie spricht die Erkenntnis, dass die Zufuhr von 20 g Protein alle 3 h über 12 h zu einer größeren täglichen Muskelproteinakkretion führte als 10 g alle 1,5 h oder 40 g alle 6 h [22]. Schließlich sollte die Proteinzufuhr vor dem Schlafengehen berücksichtigt werden, da die Nacht die längste Fasten- und damit katabole Periode des Tageszyklus darstellt. Um die nächtlichen katabolen Verluste von Muskelprotein auszugleichen und den RE-induzierten Umbau zu maximieren, sollte daher eine Proteinzufuhr kurz vor dem Schlafengehen erfolgen [23].

Proteinsupplementierung und Ausdauertraining

Die Untersuchung der Zusammenhänge von Training und Proteinen hat sich in der Vergangenheit auf RE und eine Verstärkung der hypertrophen Anpassung konzentriert, in erster Linie durch die Stimulierung der myofibrillären (d. h. kontraktilen) MPS. Akutes EE stimuliert jedoch auch die „gemischte" MPS, d. h. alle Muskelproteine, einschließlich myofibrillärer, mitochondrialer und sarkoplasmatischer Fraktionen [24]. Spätere Studien haben auch die beeindruckende adaptive Spezifität des Muskels dargestellt, wonach EE selektiv die mitochondriale, nicht aber die myofibrilläre MPS erhöht, während das Gegenteil nach RE der Fall ist [25]. Obwohl eine allgemeinere MPS-Reaktion bei untrainierten Personen auftreten kann [25, 26], würde die trainingsbedingte selektive Aktivierung der mitochondrialen Biogenese durch EE einen phänotypischen Vorteil darstellen, da die mitochondriale Expansion die aerobe Anpassung an das Ausdauertraining vorantreibt (und gleichzeitig erklärt, warum EE allein die Muskelgröße nicht erhöht). Wie kann also zusätzliches Protein diese einzigartigen Reaktionen auf EE beeinflussen? Jüngste Erkenntnisse deuten darauf hin, dass, ähnlich wie nach einer RE-Einheit, die kontraktilen myofibrillären Proteine sowohl nach EE [27] als auch nach einer aus EE und RE bestehenden Einheit [8] auf Aminosäuren ansprechen, ohne dass die mitochondriale Proteinsynthese verstärkt wird [8, 28]. Die Aufnahme von Proteinen ist daher nicht geeignet, die kardiovaskulären Anpassungen zu fördern, d. h. die maximale aerobe Kapazität (VO_{2max}) zu erhöhen oder die Leistung an der „Laktatschwelle" nach rechts zu verschieben. Dennoch könnten optimale Proteindosen während [29] oder nach dem Training [30] für das kombinierte EE und RE von Vorteil sein, indem sie den täglichen Netto-Muskelmyofibrillen-Umbau/Aufbau steigern, was theoretisch mögliche Störeffekte des Ausdauertrainings auf die Anpassungen beim Krafttraining minimieren könnte.

Zusammenfassung des Proteinbedarfs für den Leistungssportler

Aufgrund der wesentlichen Rolle von exogenem Protein bei der Unterstützung des Muskelumbaus sowohl nach RE als auch nach EE und sogar nach kombiniertem Training [8], wird eine erhöhte Proteinzufuhr oder eine mit EAA angereicherte Ernährung empfohlen. Ausgehend von den oben dargelegten Überlegungen sollte der Sportler pro Mahlzeit ~ 20 g hochwertiges Protein zu sich nehmen. Um die maximale Anzahl an anabolen Phasen innerhalb eines Tageszyklus zu erreichen (jedoch unter Berücksichtigung der Refraktärzeiten nach der Nahrungsaufnahme), sollten unabhängig von dem genauen Abstand zu den Trainingseinheiten alle 3 bis 4 h Proteine zugeführt werden. Eine zusätzliche Proteinzufuhr vor dem Schlafengehen hilft ebenfalls, die nächtlichen katabolen Verluste auszugleichen. Zusammengenommen ergibt sich daraus ein erhöhter täglicher Proteinbedarf (im Vergleich zu den Empfehlungen für inaktive Personen) von ~ 1,2–1,7 g· kg^{-1}·day^{-1}, was mit früheren Empfehlungen für allgemeine Sportlerpopulationen übereinstimmt [31, 32]. Wichtig ist, dass solche Ernährungsstrategien offenbar auch funktionell wirksam sind: Eine kürzlich durchgeführte Meta-Analyse belegt eine potenzierende Wirkung einer proteinreichen Ernährung auf den Zuwachs an Muskelmasse und Kraft, der durch RE-Programme erzielt wird [33, 34]. Während es möglich ist, diese Menge und Häufigkeit der Proteinzufuhr über die Ernährung zu erreichen, sind zusätzliche Proteine in verschiedenen Formen, einschließlich 10 g EAA oder 4–5 g Leucin [13, 35, 36], praktische Maßnahmen, um eine angemessene Proteinzufuhr für den Sportler zu gewährleisten.

Die Rolle von Kohlenhydraten für Ausdauer- und Krafttraining

Einer der ersten Nährstoffe, der als ergogenes Hilfsmittel untersucht wurde, waren Kohlenhydrate (CHO). CHO gilt grundsätzlich als der primäre leistungsbegrenzende Brennstoff für Ausdauerbelastungen mit einer Länge von 2–3 h mit mäßig-hoher Intensität (~ 40–75 % VO_{2max}) [37]. CHO-Ernährungsinterventionen zielen letztlich darauf ab, den Gehalt an gespeichertem CHO im Muskel in Form von Glykogen als Stoffwechselquelle für die Glykolyse zu manipulieren, um Muskelkontraktion über einen längeren Zeitraum aufrecht zu erhalten. Eine CHO-reiche Ernährung erhöht die Muskelglykogenkonzentration deutlich [38]. Infolgedessen wurde wiederholt gezeigt, dass ein „CHO-Loading" (5–7 g·kg^{-1}·day^{-1}) die Leistung bei Ausdauerbelastungen von mehr als 2 h Dauer steigert [39]. Auch wenn man davon ausgehen kann, dass ein CHO-Loading die Dauer/Leistung einzelner Trainingseinheiten maximiert und zu einer optimalen trainingsinduzierten kardiovaskulären Anpassung führt, ist es unwahrscheinlich, dass jede (insbesondere auch kombinierte RE und EE) Trainingseinheit von entsprechender Dauer (d. h. > 2 h) und Intensität einem CHO-Loading bedingt. Im Mittelpunkt steht daher die Frage, wie Veränderungen des CHO-Gehalts in der Nahrung und des Muskelglykogens eine verbesserte Ausdauer- und/oder Kraftleistung nach chronischem Training beeinflussen können.

Traditionell wird die Einnahme von CHO nach dem EE Training angeraten, um die Regeneration durch eine beschleunigte Glykogen-Resynthese zu optimieren[40] und die Leistung bei nachfolgenden Trainingseinheiten zu steigern. Im Hinblick auf aerobe Anpassungen könnte die Aufnahme hoher CHO-Konzentrationen jedoch wichtige adaptive Signale hemmen [41]. Umgekehrt gibt es immer mehr Hinweise darauf, dass eine Restriktion der CHO-Verfügbarkeit im Muskel die Reaktionen auf EE verbessern kann. Aufgrund einer stärkeren Aktivierung von Molekülen, die wichtige aerobe Muskelphänotypen regulieren, wie z. B. die mitochondriale Biogenese [42], erhöht ein EE im glykogenarmen Zustand die oxidative Kapazität und die Leistung (Zeit bis zur Erschöpfung) im Vergleich zu einem glykogenreichen Zustand [43]. Trotz der Berichte über erhöhte Konzentration an mitochondrialen Enzymen/ Aktivität und einen damit einhergehenden geringeren CHO-Bedarf, konnten nachfolgende Studien jedoch keine Leistungssteigerungen nachweisen, die sich aus einem Training unter glykogenarmen Bedingungen [44–46] oder mit Diäten mit niedrigem CHO-Gehalt ergeben [47, 48]. Auch die Wirksamkeit einer fettreichen Diät mit niedrigem CHO-Gehalt führt trotz veränderter Substratnutzungsmuster nicht zu robusten Verbesserungen der Ausdauerleistung oder der aeroben Anpassungen [Übersicht in 37, 49, 50]. Es ist daher unwahrscheinlich, dass eine Manipulation der Makronährstoffzufuhr von Fett Vorteile für das kombinierte EE und RE Training bringt.

Ein wichtiger Vorbehalt bei der Integration einer Gkykogen-Restriktion in die Routine von kombiniertem RE und EE ist jedoch die Auswirkung einer geringen CHO-Verfügbarkeit auf den Proteinumsatz nach dem Training. Frühe Studien deuteten darauf hin, dass eine CHO-Restriktion die Nettoproteinbilanz nach dem Ausdauertraining negativ beeinflusst, vor allem durch eine Beschleunigung des MPB [51–53]. Andere Studien, in denen der Stoffwechsel mit Hilfe stabiler Isotopen-Tracer direkt untersucht wurde, knüpfen an diese Ergebnisse an, indem sie hervorhoben, dass eine verringerte MPS sowie der vorherrschende Anstieg der MPB zu einer abgeschwächten Netto-Proteinbilanz nach längerem Training beiträgt, wenn die CHO-Verfügbarkeit erschöpft war [54]. Obwohl die gleichzeitige Aufnahme von Eiweiß und Kohlenhydraten die MPS und die damit verbundenen molekularen Signalwege nach einer Ausdauerbelastung stimuliert [27], wird diese Reaktion unterdrückt, wenn leucin-angereicherte Nahrung im CHO-armen Zustandverabreichtwird[45].WennesalsodasZielistden24-Stunden-Netto-Proteinaufbau zu maximieren, um mögliche Interferenz-Effekte zu minimieren, sollte nach dem Training die CHO Resynthese ermöglicht werden. Nach einer EE-Einheit scheint eine Gabe von beispielsweise ~ 1 g $CHO \cdot kg^{-1}$ in den ersten 4 h nach der Belastung für die Wiederauffüllung der Speicher ausreichend zu sein. Zwischen 4 und 24 h nach dem Training sollte die CHO-Zufuhr dem Energiebedarf des Trainings entsprechen, wobei die gesamte CHO-Zufuhr wichtiger ist als der Zeitpunkt oder die Form des CHO [40]. Eine mäßige tägliche CHO-Zufuhr (3–7 $g \cdot kg^{-1} \cdot day^{-1}$) sollte ausreichen, um die eine mögliche Reduktion der MPS nach EE zu minimieren [55, 56]. Dies kann jedoch auf Kosten einer optimalen kardiovaskulären Anpassung gehen.

Eine weitere Überlegung, die sich speziell auf das kombinierte EE und RE bezieht, ist der potenzielle Einfluss einer vorangegangenen erschöpfenden EE und/ oder einer geringen CHO-Zufuhr aus der Nahrung und des damit verbundenen Glykogenabbaus in den Muskeln auf die anabole Reaktion einer anschließenden RE-Einheit. Reduzierte Glykogenkonzentrationen beeinflussen die Energiehomöostase negativ, indem sie die Aktivierung zellulärer Energiesensormoleküle, wie die adenosine monophosphate-activated protein kinase (AMPK), vermitteln.

Da AMPK nachweislich wichtige regulatorische Moleküle der MPS (z. B. mechanistic target of rapamycin, mTOR) in niederen Organismen hemmt [57, 58], wurde vorgeschlagen, dass die Glykogenverarmung die MPS nach einer RE-Einheit beeinträchtigt [45, 59]. Diese Theorie konnte jedoch bisher nicht bestätigt werden. Mehrere Studien zum Glykogenabbau vor einer RE-Einheit oder zur CHO-Restriktion zeigen durchweg, dass der Glykogengehalt der Muskeln vernachlässigbare Auswirkungen auf die RE-induzierte anabole molekulare Signalgebung oder die MPS hat [55]. Auch die Supplementierung mit Protein oder CHO steigert die anabole Reaktion auf eine RE-Einheit nicht [60, 61]. Obwohl RE den Muskelglykogengehalt um 25–40 % reduziert [62], sind EAA die wichtigsten (und vielleicht einzigen) Makronährstoffe, die für die Optimierung der anabolen Reaktion auf das Training erforderlich sind [63]. Die obigen Beobachtungen deuten darauf hin, dass der hohe mechanische Reiz, der mit RE verbunden ist, ausreicht, um alle vermeintlich hemmenden Auswirkungen des metabolischen Stresses auf das Muskelwachstum zu überwinden. Unter der Annahme, dass die Proteinzufuhr nach RE und das Energiegleichgewicht (durch die Einnahme einer gemischten Standardmahlzeit) innerhalb von ca. 3 h wiederhergestellt sind, dürfte die Manipulation der CHO-Zufuhr für die RE-Komponente des kombinierten Trainings von geringer Bedeutung sein. Zukünftige Forschungen über die Zusammenhänge zwischen Glykogen und kombiniertem RE und EE werden wichtige neue Erkenntnisse darüber liefern, wie CHO in die Ernährung integriert werden sollte, um Trainingseffekte zu optimieren.

Nutrazeutika zur Förderung der Anpassungen and kombiniertes Ausdauer- und Krafttraining

Kürzlich wurde der Begriff „Nutrazeutika" vorgeschlagen, um eine Nahrungszusammensetzung zu definieren, die „ … allein oder in Verbindung mit Sport wichtige physiologische Endpunkte beeinflusst" (übersetztes Zitat, siehe z. B. [64]). Im Zusammenhang mit kombiniertem Training bezieht sich dies auf Nahrungsergänzungsmittel, die den Stoffwechsel, die aerobe Kapazität und/oder die Anpassung der Muskelgröße und -kraft durch EE und RE beeinflussen. Allerdings gibt es noch weniger Studien, die die spezifischen Reaktionen eines kombinierten Trainings auf Nahrungsergänzungsmittel untersuchen als bei den Makronährstoffen. Daher beziehen sich entsprechende Aussagen maßgeblich auf Studien mit isolierten EE und/oder RE-Belastungen, sowie Studien mit In-vitro- und Tiermodellen (d. h. Nagetieren). Die folgenden Abschnitte konzentrieren sich zunächst auf Nutrazeutika mit potenzieller Wirkung zur Optimierung der Anpassung an EE und RE, wobei die Problematik möglicher Störeffekte durch kombiniertes Training berücksichtigt wird. Anschließend werden Nutrazeutika erörtert, die eine potenzielle Rolle bei der Verstärkung der anabolen Reaktionen auf isoliertes RE und der aeroben Anpassungen durch isoliertes EE spielen (zusammengefasst in Abb. 16.1).

a

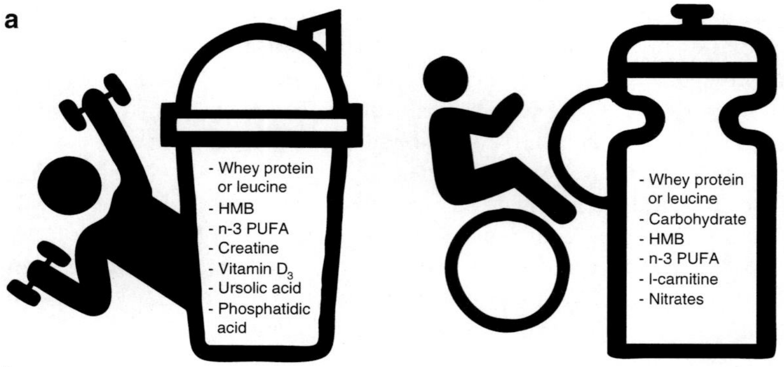

b

	Daily doses	Dosing regimen	Supplemnt period	Practical considerations
Anabolic and aerobic adaptation:				
Whey protein	1.2 – 1.7 g·kg^{-1}·day^{-1}	20 g doses, every 3 – 4h	Throughout training	Precise timing irrelevant if total daily intake is sufficient
Carbohydrate	3 – 7 g·kg^{-1}·day^{-1}	8 × 0.75 g·kg^{-1}	Throughout training	Alternatively ingest low dose <1 h post-EE, larger dose > 4 h post-EE
HMB	3 g·day^{-1}	3 × 1g	4 weeks	Consume 30 min pre-, and 1 and3 h post-RE
n-3 PUFA	4 – 6 g·day^{-1}	4 × ~1000 mg, or 5 × ~600 mg	1 – 8 weeks	Use 2:1 ratio of EPA to DHA
Anabolic adaptation:				
Creatine	Load phase: 20 – 30 g·day^{-1} Maintain phase: 5 g·day^{-1}	Load phase: 5 × ~5 g Maintain phase: 1 × 5g	Load phase: 2 – 5 day Maintain phase: 3 – 12 weeks	Ingest maintenance phase dose every 2 – 3 h
Vitamin D	~2000–5000 IU·day^{-1} (~50–125 μg·day^{-1})	1 × 50 – 125 μg, or 2 × 25 – 75 μg	4 – 12 weeks	Co-ingest with ~800 calcium intake
Ursolic acid	450 mg·day^{-1}	3 × 150 mg	8 weeks	Ingest in close proximity to RE
Phosphatidic acid	750 mg·day^{-1}	5 × 150 mg	8 weeks	Ingest 450 mg 30 min pre-RE and 300 mg post-RE
Aerobic adaptation:				
Carnitine	2 – 4 g·day^{-1}	2 × ~2 g	2 – 4 weeks	Co-ingest with ~80 g carbohydrate and avoid protein
Nitrates	500 mL·day^{-1}	2 × 250 mL	1 – 15 days	Ingest pre-EE for acute aerobic performance benefits

Abb. 16.1 (**a**) Überblick über Nahrungsergänzungsmittel, die von Leistungssportlern zur Unterstützung der Anpassung an das Kraft- (links) und Ausdauertraining (rechts) in Betracht gezogen werden können. (**b**) Empfohlene Dosierungen, Protokolle und praktische Überlegungen zu den einzelnen Nahrungsergänzungsmitteln. *HMB* β-Hydroxh-β-Methylbutyrat, *n-3 PUIFA* n-3 mehrfach ungesättigte Fettsäuren, *EPA* Eicosapentaensäure, *DHA* Docosahexaensäure, *RE* Krafttraining, *EE* Ausdauertraining

Nutrazeutika zur Verbesserung der anabolen und aeroben Anpassung bei kombiniertem Ausdauer- und Krafttraining

β-Hydroxy-β-Methylbutyrat (HMB)

Das Konzept, dass Metabolite von Leucin einen entscheidenden Einfluss auf den Anabolismus nehmen wurde erstmals vor zwei Jahrzehnten vorgeschlagen [65]. Leucin kann intramuskulär durch verzweigtkettige Aminosäuretransaminasen zur reversiblen Bildung von α-Ketoisocaproat (α-KIC) metabolisiert werden. Der nachgeschaltete Metabolismus von α-KIC kann zwei Wege einschlagen, von denen einer in der Bildung von HMB durch die α-KIC-Dioxygenase besteht [66]. Neuere Arbeiten haben das anabole Potenzial von isoliert verabreichtem HMB aufgeklärt. Im erholten Zustand nach der Resorption, wurde die MPS durch 3 g HMB zu gleichermaßen wie nach 3 g Leucin stimuliert [13]. Interessanterweise unterdrückte HMB im Gegensatz zur insulinvermittelten Hemmung der MPB durch Leucin die MPB durch insulinunabhängige Mechanismen, was darauf hindeutet, dass eine gleichzeitige Leucin-HMB-Supplementierung die Nettoproteinbilanz im resorbierten Zustand durch synergistische Unterdrückung der MPB maximieren könnte.

Die akuten pro-anabolen Ernährungseffekte scheinen auch die durch RE-Training bewirkten Anpassungen der Muskelmasse und -kraft zu verstärken. In einer bahnbrechenden Studie [66] wurde berichtet, dass 3 g HMB pro Tag im Vergleich zu 1,5 g HMB pro Tag (und den Kontrollgruppen) während eines dreiwöchigen Krafttrainings zu einer höheren Zunahme der Muskelkraft und der Magermasse führten. Interessanterweise nahmen die HMB- und die Kontrollgruppe in dieser Studie etwa das Doppelte der empfohlenen täglichen Proteinzufuhr zu sich. Dieses Ergebnis deutet auf additive und/oder unabhängige anabole Wirkungen von HMB auf proteinreiche Diäten hin, wenn sie mit RE-Programmen kombiniert werden, und steht im Einklang mit neueren Studien über die akuten Auswirkungen von HMB auf die MPB Raten [13]. Spätere Arbeiten bestätigten die Wirksamkeit von HMB bei der Unterstützung RE-induzierter Zuwächse and Muskelkraft und -Masse [67, 68]. Da in diesen Studien untrainierte [66, 67] und trainierte [68] Probanden eingeschlossen wurden, scheint HMB unabhängig vom Trainingszustand wirksam zu sein. Schließlich wurden zwar vernachlässigbare Auswirkungen von HMB auf die Reaktionen des Krafttrainings berichtet [69, 70], doch wurde HMB in seiner Calciumform (CaHMB) verabreicht. Da CaHMB jedoch eine geringere Bioverfügbarkeit als die freie Säureform (FA-HMB) aufweist, könnte CaHMB ein geringeres anaboles Potenzial aufweisen [71] und FA-HMB für die Sporternährung bevorzugt werden.

Wichtig ist, dass eine HMB-Supplementierung auch die Anpassung an EE verbessern kann. So verlängerte beispielsweise eine 2-wöchige Einnahme von 3 g HMB pro Tag bei ausdauertrainierten Radfahrern die Zeit bis zum Erreichen der VO_{2max} und verzögerte den Beginn der Laktatanreicherung im Blut, was auf Reaktionen einer positiven aeroben Anpassung hinweist [72]. Chronische Verbesserungen der VO_{2max} [73], der aeroben Leistung [74] und der physischen Kapazität beim Einsetzen der Ermüdung [75] nach 4–5 Wochen hochintensivem Intervalltraining (HIIT) werden ebenfalls durch 3 g HMB pro Tag im Vergleich zu Placebo potenziert. Darüber hinaus wurde durch eine 6-wöchige HMB-Supplementierung der Anstieg der Kreatinphosphokinase und der Laktatdehydrogenase im Plasma nach einem 20-km-Zeitfahren [76] gehemmt, was darauf hindeutet, dass HMB die durch das Training verursachten Muskelschäden (EIMD) abmildern kann. Sollten diese Effekte auch nach einer RE-Einheit zu beobachten sein, könnte HMB als allgemeines Nahrungsergänzungsmittel zur Verringerung der Symptome von EIMD (z. B. Kraftverlust und Schmerzempfindungen) dienen. Allerdings bedarf dies weiterer Untersuchungen. Während die Mechanismen dieser vielfältigen ergogenen Eigenschaften noch nicht untersucht wurden, ist HMB ein Vorläufer der De-novo-Cholesterinsynthese [65], die für die Aufrechterhaltung der Zellmembranen unerlässlich ist. Als solches könnte HMB die Integrität der Membranen während längerer/muskelschädigender Belastung erhalten.

Trotz des Mangels an Studien, die HMB bei kombiniertem Training direkt untersucht haben, zeigt HMB eine Wirkung zur Optimierung vieler favorisierender muskulärer Anpassungen bei verschiedenen Trainingsmodalitäten und unabhängig vom Trainingszustand. Die Zufuhr von 3 g HMB pro Tag (idealerweise in Form von FA-HMB) ist daher ein äußerst attraktives Nahrungsergänzungsmittel für die Aufnahme in den Ernährungsplan von Leistungssportlern. Ein praktischer Aspekt ist, dass nur geringe Mengen an HMB (~ 5 %) aus dem normalen Leucinstoffwechsel gebildet werden [77], was bedeutet, dass 60 g Leucin erforderlich wären, um die effektive HMB-Dosis von 3 g zu erzeugen [78]. Es ist daher unwahrscheinlich, dass HMB die primäre „aktive" Komponente von Leucin darstellt und unabhängig und/oder synergistisch zu den anabolen Effekten von Leucin wirken könnte [66]. Daher kann eine HMB-Supplementierung zusätzlich zu den Standardproteinempfehlungen für untrainierte Athleten in Betracht gezogen werden.

n-3 mehrfach ungesättigte Fettsäuren (n-3 PUFAs)

Es gibt drei Arten von n-3-PUFA: (1) Alpha-Linolensäure (ALA), (2) Eicosapentaensäure (EPA) und (3) Docosahexaensäure (DHA), die über die Ernährung mit Walnüssen und öligem Fisch aufgenommen werden können. Bei untrainierten Personen führten 5 g Fischöl pro Tag zu einem kontinuierlichen Anstieg der intramuskulären n-3-PUFA-Konzentration während des gesamten 4-wöchigen Supplementierungszeitraums [79]. Der gleichzeitig erhöhte Gehalt an molekularen Regulatoren der MPS (z. B. mTOR und fokale Adhäsionskinase) lässt vermuten, dass ein erhöhter Gehalt an n-3-PUFA das anabole Potenzial der Muskeln positiv beeinflusst [79]. In der Tat werden die MPS und die damit verbundenen anabolen Signale im gesättigten Zustand (Hyperaminoazidämie-Hyperinsulinämie) bei jungen gesunden Personen nach einer 8-wöchigen Supplementierung mit n-3-PUFA (1,86 g pro Tag EPA plus 1,5 g pro Tag DHA) verstärkt [80]. Einzelne n-3-PUFAs können auch unterschiedliche anabole Eigenschaften aufweisen. In-vitro-Studien zeigten beispielsweise eine Hochregulierung der MPS nach einer EPA-Behandlung, die aber nicht nach einer DHA-Supplementierung beobachtet wurden [81]; ob sich diese einzigartige Wirksamkeit von EPA auf den Menschen überträgt, ist derzeit nicht bekannt.

Die Wirksamkeit einer n-3-PUFA-Supplementierung auf die muskuläre Reaktion nach RE ist weniger gut belegt. Eine chronische n-3-PUFA-Supplementierung erhöht die anabole Reaktion auf akute RE-Einheiten [82] und fördert Kraftzuwächse nach 12 Wochen Krafttraining bei älteren Personen [83]. Im Gegensatz dazu wurde in einer einzigen Studie bei jüngeren Menschen kein Nutzen einer 8-wöchigen Fischölsupplementierung auf die MPS-Reaktion nach einer akuten RE-Belastung festgestellt [84]. Fehlende Eignungsuntersuchungen vor der Nahrungsergänzung erschweren jedoch in diesem Fall die Interpretation der Wirksamkeit. Der potenzielle Nutzen von n-3-PUFA, wenn sie gleichzeitig mit chronischem Krafttraining verabreicht werden, ist ebenfalls unbekannt und sollte in künftigen Studien untersucht werden. Das ergogene Potenzial der n-3-PUFAs könnte jedoch über die anabole Stimulation hinausgehen. So dienen n-3-PUFAs als Vorläufer der Prostaglandin-Familie von entzündungshemmenden Hormonen [85] und reduzieren die Produktion des pro-inflammatorischen Leukotrien B4 [86]. Daher wurde untersucht, welche Rolle n-3-PUFAs in der Regeneration nach dem Training spielen, indem sie die durch das Training verursachte pro-inflammatorische Akutantwort und den empfundenen Muskelkater abschwächen. Eine Supplementierung mit 3–6 g n-3-PUFAs pro Tag (z. B. 3 g EPA pro Tag plus 0,6 g DHA pro Tag) über einen Zeitraum von 1–6 Wochen vor einer akuten Belastung, führte 48 h nach der Belastung zu einer Hemmung von Plasmamarkern die indikativ für Muskelschäden, den Bewegungsumfang [87] und den Muskelkater sind [88, 89]. Unter der Annahme, dass die normale Entzündungsreaktion für einen angemessenen Muskelumbau nicht erforderlich ist [90], könnten n-3-PUFA die Trainingsanpassung durch Beschleunigung des Erholungsprozesses erleichtern.

Die Zufuhr von n-3-PUFAs kann auch Veränderungen in der Brennstoffverwertung während EE-Einheiten bewirken. Während einzelner 60–90-minütiger Radtrainingseinheiten bei 60 % VO_{2max} führte eine 3-wöchige Fischölzufuhr (6 g pro Tag) zu höheren Fettoxidationsraten [91, 92], möglicherweise als Kompensation für die geringere CHO-Oxidation. Die Vorteile für die aeroben Anpassungen müssen jedoch noch ermittelt werden, und die verbesserten Fettoxidationsraten haben möglicherweise nur eine begrenzte Wirksamkeit für die Ausdauerleistung [37]. Bei Nagern führte die Aufnahme von n-3-PUFA jedoch zu einer Hochregulierung zentraler Gene, die an der mitochondrialen Biogenese beteiligt sind, wie z. B. peroxisome proliferator-activated receptor-alpha (PPARα) [93], und Mäuse, die mit einer fettarmen, DHA-angereicherten Diät gefüttert wurden, zeigten im Vergleich zu einem Placebo einen höheren mitochondrialen Sauerstoffverbrauch – ein Hinweis auf eine verbesserte mitochondriale Funktion [94]. Auch wenn insgesamt mehr Untersuchungen über die funktionellen Auswirkungen von n-3-PUFAs in Kombination mit RE und/oder EE erforderlich sind, könnten Dosen von 3–6 g pro Tag über einen Zeitraum von 1–6 Wochen zu einer Zunahme der Muskelmasse und -kraft nach RE und zur Verstärkung der EE-induzierten aeroben Anpassungen beitragen.

Nutrazeutika zur Verbesserung der anabolen Anpassungen nach Krafttraining

Kreatin

Kreatin (Cr) kommt fast ausschließlich im Muskel vor und wird endogen aus Arginin, Glycin und Methionin synthetisiert [95]. Kreatin kann von der Kreatinkinase reversibel phosphoryliert werden, um Phosphokreatin (PCr) zu bilden, dessen „energiereiches" Phosphat freigesetzt werden kann, um schnell ATP aus zytosolischem ADP zu erzeugen. Fleisch und Fisch in der Nahrung sind reichhaltige Quellen für exogenes Cr und können den Cr-Pool im Muskel erhöhen [96]. Alternativ dazu kann eine Cr-Supplementierung von 20–30 g pro Tag über ≥ 2 Tage den Cr-Gehalt der Muskeln um > 20 % erhöhen, wovon ~ 20–30 % in Form von PCr vorliegen [97]. Der Ruhe-Cr-Gehalt bestimmt auch die Wirksamkeit der Cr-Supplementierung, da die größten Zuwächse bei niedrigen Cr-Spiegeln beobachtet werden, wie z. B. bei Vegetariern [96].

Während eine Cr-Supplementierung weder negative noch positive Auswirkungen auf die EE-Leistung hat, haben umfangreiche Forschungsarbeiten gezeigt, dass ein definiertes Cr-Loading die Leistung bei akuten hochintensiven Belastungen mit einer Dauer von ~ 10–30 s [98] und die Aufrechterhaltung des Drehmoments/der Leistungsfähigkeit bei wiederholten Sprints [99–101] wirksam steigert. Diese ergogenen Effekte werden durch den Cr-induzierten Anstieg der PCr-Konzentration in den Muskeln und die damit verbundene Fähigkeit zur anaeroben ATP-Resynthese durch PCr sowohl während als auch nach einzelnen Sprints vermittelt und wirken vorwiegend in den ermüdungsanfälligen „schnell zuckenden" Muskelfasern vom Typ II [98]. In Studien, in denen der Cr-Gehalt der Muskeln verringert war (~ 12 $mm \cdot kg^{-1}$ Trockengewicht), wurden keine ergogenen Auswirkungen des Cr-Loadings auf die Sprintleistung gefunden [102]. Bei trainierten Sportlern kann die Cr-Zufuhr auch die hypertrophen und funktionellen Anpassungen beeinflussen, die durch Krafttraining erzielt werden. Cr-Supplementierung mit einer „Loadingphase" (20–30 g für ~ 5 Tage) und einer anschließenden „Erhaltungsphase" (5 g pro Tag) während 12–14-wöchiger RE-Programme, führen im Vergleich zu einem Placebo zu größeren Zuwächsen an Muskelmasse, Faserquerschnitt und Maximalkraft [103, 104]. Bemerkenswerterweise ergab eine kürzlich veröffentlichte Meta-Analyse, dass Cr Supplementierung in Kombination mit RE eine größere Wirkung auf die fettfreie Masse hat als Molkenprotein (1,33 bzw. 0,69 kg Unterschied im Gewichtszuwachs) [105]. Die Mechanismen mittels welcher die Cr-Supplementierung die hypertrophen Anpassungen durch RE potenziert, sind jedoch nach wie vor nicht klar belegt. Eine erhöhte Cr-Konzentration in der Muskulatur fördert die MPS weder im Ruhezustand [106] noch nach der RE [107], kann aber die Ruhephasen der MPB hemmen [108]. Obwohl dies umstritten ist [109], könnte Cr durch eine erhöhte RE-induzierte Satellitenzellaktivierung seine Wirkung entfalten [110] und damit eine Vergrößerung des Zellkerns herbeiführen, von welcher angenommen wird, dass sie für die Aufrechterhaltung des DNA-Gehalts und der Transkriptionskapazität der sich regenerierenden/wachsenden Muskelfasern erforderlich ist. Es ist auch bekannt, dass eine mit dem Cr-Loading einhergehende osmotische Verschiebung zu intramuskulärer Wasserretention und anschließender Schwellung der Muskelzelle führt [111]. Es ist plausibel, dass diese Schwellung eine mechanische Dehnung von zellmembranständigen Mediatoren des Muskelanabolismus, wie der fokalen Adhäsionskinase, verursacht [112]. Schließlich könnte die durch Cr-Loading gesteigerte Arbeitsfähigkeit die Stimuli für trainingsinduzierte Veränderungen der Muskelexpression erhöhen und damit das Transkriptionssignal für den chronischen Muskelumbau verstärken [112–114]. Unabhängig von den zellulären Effektoren scheinen zusätzliche Cr-Loading-Protokolle einen Anreiz für die Unterstützung von Muskelwachstum nach chronischem RE darzustellen und, obwohl derzeit nicht belegt, vielleicht auch für die Maximierung von Muskelhypertrophie bei kombiniertem EE und RE.

Vitamin D

Vitamin D (VitD) ist ein Steroidhormon, das in erster Linie durch Sonnenbestrahlung gewonnen wird, aber auch durch Nahrungsergänzung oder Nahrungsquellen (z. B. öliger Fisch, Käse, Eigelb) aufgenommen werden kann. Nach aufeinanderfolgenden

Hydroxylierungsschritten in Leber und Niere wird das zirkulierende VitD in seine biologisch aktive Form, das 25-Hydroxyvitamin D, umgewandelt, das auch als Cholecalciferol oder $VitD_3$ bezeichnet wird [115]. Das Interesse an den Effekten von VitD auf den Muskelstoffwechsel hat sich rapide gesteigert, seit die Expression des VitD-Rezeptors (VDR) in der Skelettmuskulatur beobachtet wurde [116]. Tatsächlich gibt es aber widersprüchliche Berichte über das Vorhandensein von VDR in der Muskulatur [117, 118], was nach großer Wahrscheinlichkeit auf unterschiedliche Methoden zum Nachweis des Rezeptors zurückzuführen ist [116]. Frühe In-vitro-Untersuchungen konnten die präklinische Wirksamkeit von VitD-Interventionen zur Vergrößerung von Myotuben (d. h. Muskelzellen in Kultur) [119] und einer erhöhten Sensibilität der MPS durch Leucin und Insulin zeigen [120]. Obwohl die anabole Wirkung von VitD noch nicht vollständig geklärt ist, geht man davon aus, dass sie über zwei verschiedene Mechanismen erfolgt. Erstens führen intramuskuläre VitD-Spiegel zu einer verstärkten Bindung von VitD an den VDR und fördern dabei die Gentranskription über die Interaktion mit VitD-Reaktionselementen auf der DNA [115, 121]. Zweitens kann VitD nicht-genomische Effekte auf sekundäre Botenstoff-Signalwege ausüben. Beispielsweise kann 25-Hydroxyvitamin D nach der VDR-Translokation aus dem Zellkern an die VDR an der Zelloberfläche binden [122], was zu einer Hochregulierung von Akt, mitogen-activated protein kinases [123] und mTOR-Komplex 1 (mTORC1) führt [120].

In Studien am Menschen wurde versucht, diese Erkenntnisse auf die Steigerung der Muskelmasse und -funktion zu übertragen. Dabei hat sich gezeigt, dass eine VitD-Supplementierung von ~ 2000–4000 IE pro Tag über einen Zeitraum von 4–12 Wochen die zirkulierenden $VitD_3$-Konzentrationen wirksam erhöht [124, 125]. Die Wirksamkeit solcher VitD-Supplementierungen allein zur Verbesserung der Muskelgesundheit scheint sich in erster Linie auf ältere Menschen zu beschränken [126, 127], bei denen die gewohnten $VitD_3$ Konzentrationen häufig verringert sind [128]. Eine Meta-Analyse von 30 randomisierten und kontrollierten Studien ergab jedoch eine geringe positive Auswirkung einer VitD-Supplementierung auf die Kraftleistungsfähigkeit bei gesunden jungen Erwachsenen (ohne zusätzliches sportliches Training), obwohl Studien mit allen Formen von VitD in die Analysen einbezogen wurden (also nicht nur Studien in denen $VitD_3$ supplementiert wurde) [128]. Des Weiteren ist anzumerken, dass die Kombination von $VitD_3$ mit gleichzeitiger Kalziumzufuhr von ca. 800 mg notwendig zu sein scheint, damit sich die kraftsteigernde Wirkung von $VitD_3$ entfaltet [124].

Nur wenige Studien haben die gleichzeitigen Auswirkungen von VitD-Supplementierung und RE untersucht. In einer kürzlich durchgeführten systematischen Übersichtsarbeit wurden 6 kontrollierte Studien analysiert, in denen VitD (600–5000 IE pro Tag für $\geq$ 4 Wochen) an Sportlern verschiedener Sportarten zusätzlich zur Trainingsroutine verabreicht wurde, darunter auch intermittierende Mannschaftssportarten (d. h. relevant für kombiniertes RE und EE) [129]. Vier Studien, zeigten Kraftverbesserungen, die zwischen 1,4 und 18,8 % lagen, wobei nur in 2 Studien signifikante Verbesserungen der Kraftleistungsfähigkeit gefunden wurden ($P < 0{,}05$). Im Gegensatz dazu zeigten 2 Studien, die $VitD_2$ (eine weniger biologisch aktive Form von VitD) supplementierten, keine Auswirkungen auf die Muskelkraft [129]. Darüber hinaus wiesen untrainierte junge Männer, die eine 4-wöchige Supplementierung mit $VitD_3$ (1920 IE pro Tag) und anschließend eine 12-wöchige Supplementierung mit $VitD_3$ und zusätzlichem RE erhielten, eine geringere Expression von Myostatin, einem negativen Regulator der Muskelmasse, auf und erhöhten gleichzeitig den Anteil der Muskelfasern vom Typ IIa [124]. Während die Muskelmasse und die Muskelkraft in dieser Studie durch $VitD_3$ nicht beeinflusst wurden, deuten die beobachteten morphologischen Veränderungen darauf hin, dass $VitD_3$ die „Qualität" der Muskeln verbessert. Die Supplementierung von $VitD_3$ (~ 2000–5000 IU pro Tag für ≥ 4 Wochen) kann daher mit hoher Wahrscheinlichkeit als Teil eines Ernährungsplans von Leistungssportlern empfohlen werden.

Phosphatidsäure

Phosphatidsäure (PA) ist ein Diacyl-Glycerophospholipid, das über die Nahrung aufgenommen werden kann, z. B. aus rohem Kohl [130]. PA ist auch in geringen Mengen endogen in Zellmembranen vorhanden, die durch mitogene Stimulation [131] und RE [132] erhöht werden können, was auf eine Rolle der PA bei muskulären Reaktionen auf Wachstumsreize hindeutet. Als Lipid-Second-Messenger reguliert PA eine wachsende Zahl von zellulären Signalkaskaden [133]. So aktiviert eine PA-Intervention kultivierter Skelettmuskelzellen [131] oder mit Nagetieren [134] den anabolen extrazellulären mTOR-Signalweg in vergleichbarer Weise wie Molkeprotein. PA-Interventionen erhöhen tendenziell auch die MPS-Raten, schwächen aber auch die MPS-Reaktion ab, wenn sie mit Molkeprotein kombiniert werden [134]. Die Verabreichung von PA könnte sich auch positiv auf die Nettoproteinbilanz auswirken, indem sie Signale hemmt, die die MPB unter atrophischen Bedingungen regulieren [135], obwohl dies bisher nicht eindeutig belegt ist.

Beim Menschen ist PA leicht bioverfügbar, wobei schon 1,5 g verabreichte PA ausreichen, um den Spiegel der zirkulierenden PA (und ihre extrazelluläre Umwandlung in die vorhergesagte bioaktive Form Lysophosphatidsäure) innerhalb von 30 min zu erhöhen und für 7 h nach der Einnahme erhöht zu bleiben [136]. Auch führte die Einnahme von 750 mg PA pro Tag während eines gleichzeitigen 8-wöchigen supervidierten RE zu einer signifikanten Zunahme der fettfreien Masse und des Quadrizeps-Querschnitts im Vergleich zu einem Placebo, obwohl die Kraftzuwächse zwischen den Gruppen vergleichbar waren [137]. In ähnlicher Weise fanden Escalante et al. [138] eine Zunahme der Muskelmasse und der Maximalkraft nach 8 Wochen RE mit einem täglichen PA-haltigen Supplement. Es ist jedoch schwierig die in dieser Studie gefundenen positiven Effekte allein auf PA zurückzuführen, da das Supplement sowohl HMB als auch VitD $enthielt_3$. Zwei weitere Studien nutzen eine größen-basierte Inferenz an, um wahrscheinliche bis sehr wahrscheinliche Effekte der PA-Supplementierung auf die durch 8-wöchiges RE induzierten Zuwächse an fettfreier Masse und Kraft zu untersuchen; diese Studien sind jedoch durch das Fehlen einer Trainingssupervision [139] und niedrigere PA-Dosierungen von 250 und 375 mg pro Tag beeinträchtigt [140]. Recht kürzlich untersuchten Gonzalez et al. [141] 750 mg PA pro Tag bei gleichzeitigem Training, aber fanden keinen zusätzlichen Effekt im Hinblick auf Anpassungen der Muskeldicke oder Maximalkraft, allerdings wurde die Körperzusammensetzung in dieser Studie nicht untersucht. Die Berichte über die Wirksamkeit von PA zur Unterstützung der RE-induzierten Anpassung sind daher kontrovers, was insbesondere auf methodische Diskrepanzen zurückgeführt werden kann. Dazu gehören u. a.: Trainingssupervision und -gestaltung, gewohnheitsmäßige Ernährungskontrolle oder deren Fehlen, unterschiedliche Methoden zur Erfassung der Körperzusammensetzung und Leistungsfähigkeit sowie Dosierung/Zeitpunkt der PA-Einnahme [141, 142]. Bemerkenswert ist auch, dass alle oben genannten Studien an Personen mit Krafttrainingserfahrung durchgeführt wurden, so dass die Auswirkungen von PA in den frühen Trainingsphasen, in denen der größte Teil der muskulären Anpassung stattfindet [7], weitestgehend unbekannt sind. Nichtsdestotrotz sprechen die vorliegenden Erkenntnisse für einen zumindest beschränkten Zuwachs an Muskelgröße und -leistung nach RE, was sich möglicherweise positiv auf mögliche Interferenz-Effekte durch kombiniertes RE und EE auswirken könnte. Es wird aber deutlich, dass weitere Untersuchungen erforderlich sind, um die direkten ergogenen Auswirkungen von PA auf kombiniertes Training zu untersuchen.

Nutrazeutika zur Verbesserung der aeroben Anpassungen durch Ausdauertraining

Carnitin

Carnitin wird endogen aus AA-Vorläufern synthetisiert und liegt als D- und L-Isomer vor; allerdings ist nur L-Carnitin bioaktiv [143]. Zu den Nahrungsquellen für Carnitin gehören rotes Fleisch und Milchprodukte. Der Großteil (~ 95 %) des L-Carnitins wird im Muskel gespeichert, dessen bekannteste Funktion die Translokation langkettiger Fettsäuren aus dem Zytosol in die mitochondriale Matrix zur anschließenden β-Oxidation ist [144, 145]. Dieser Prozess erfordert die Umwandlung von Fettsäuren in Acyl-CoA vor der Veresterung mit Carnitin zur Bildung von Acylcarnitin durch das mitochondriale Membranenzym Carnitin-Palmitoyltransferase 1 (CPT1). Acylcarnitin wird dann in die mitochondriale Matrix transportiert und dient als Substrat für die Carnitin-Palmitoyltransferase 1, die Acylcarnitin in die entsprechenden Acyl-CoAs für den Eintritt in den β-Oxidationsweg umwandelt [146, 147]. Ohne Carnitin können also die meisten Nahrungsfette nicht als Energiequelle genutzt werden.

L-Carnitin wurde daher auf seine Wirksamkeit untersucht, den Fettstoffwechsel zu verbessern und Glykogen zurückzuhalten, wodurch die Ermüdung insbesondere bei längeren Trainingseinheiten mit moderater bis hoher Intensität verzögert wird. Ein akut erhöhter Muskelcarnitingehalt kann die CHO-Oxidation trotz hoher CHO-Verfügbarkeit hemmen und die Glykogenspeicherung über Nacht erhöhen [148]. In ähnlicher Weise wurde gezeigt, dass eine chronische L-Carnitin-Supplementierung (1,36–2 g pro Tag, zweimal täglich über einen Zeitraum von 12–24 Wochen) die Glykogenverwertung während einer 30-minütigen Belastung mit geringer bis mittlerer Intensität (50 % VO_{2max}) um ~ 55 % verringert [149] und zugleich den Energieverbrauch und die enzymatische Aktivität von CPT1 erhöht [150]. Wichtig ist, dass mehrere Studien gezeigt haben, dass die Zufuhr von L-Carnitin zu einer verbesserten Ausdauerleistung führt. Die akute Einnahme von 3–15 g L-Carnitin, die 1–2 h vor dem Training eingenommen wurden, führte zu einer Verbesserung der VO_{2max} [151], einer höhere Laufgeschwindigkeit [152] und einer verlängerten Zeit bis zur Erschöpfung [153] bei ausdauertrainierten Sportlern. Diese Ergebnisse gingen mit einer Stimulierung der Fettoxidation [153] und einer verringerten Laktatbildung [152] einher, was darauf hindeutet, dass ein veränderter Brennstoffstoffwechsel für die Leistungsvorteile verantwortlich ist. Eine längerfristige L-Carnitin-Supplementierung bei Sportlern (2–4 g pro Tag für 2–6 Wochen) führte zu einer erhöhten Fettoxidation (d. h. eine Reduktion des respiratorischen Quotienten) während einer längerern Belastung [154], einer um 6 % gesteigerten VO_{2max} [155] und einer um 11 % verbesserten 30-minütigen Ausdauerleistung mit moderater Intensität [149]. In Gegensatz dazu, konnten jedoch in anderen Studien keine positiven Auswirkungen von L-Carnitin auf die Fettoxidation [156] und die Ausdauerleistung [156, 157] beobachtet werden.

Die widersprüchlichen Ergebnisse zwischen den Studien könnten auf höhere Trainingsintensitäten zurückzuführen sein, die zu einer stärkeren CHO-Oxidation als Brennstoffquelle führen [149, 158], und/oder eine fehlende CHO-Zufuhr im Rahmen der L-Carnitin Supplementierung. Die Aufnahme von CHO während einer L-Carnitin-Supplementierung ist von Bedeutung, da orales Carnitin allein die Carnitinspeicher der Muskeln nicht erhöht [159, 160]. So konnten spätere Daten zeigen, dass die Kombination von Carnitin und Hyperinsulinämie die Muskel-Carnitin-Akkumulation um ~ 15 % erhöhte [161]. Daraus ergibt sich die Notwendigkeit einer gleichzeitigen Einnahme von ~ 80 g CHO, um die schlechte Bioverfügbarkeit von Carnitin zu kompensieren [162]. Dieser Effekt ist insbesondere auf die insulinotrope Wirkung von CHO zurückzuführen. Umgekehrt hemmt Carnitin plus zugeführtes Protein die Carnitinaufnahme in den Muskeln [162], wobei aber die Mechanismen dieses Phänomens nicht bekannt sind. Insgesamt können 2–4 g L-Carnitin pro Tag, akut oder über 2–4 Wochen verabreicht (und idealerweise in Kombination mit ~ 80 g CHO), zu einer Verschiebung des Stoffwechsels weg von CHO und hin zu Fett als Brennstoffquelle für Trainingseinheiten mit niedriger bis mittlerer Intensität führen. Die damit verbundenen Verbesserungen der Ausdauerleistungsfähigkeit können daher die adaptiven Reaktionen auf kombiniertes EE und RE maximieren.

Nitrate

Die orale Aufnahme von Nahrungsmitteln, die reich an Nitraten sind (NO_3^-, z. B. Rote Beete und Salat), führt zur Reduktion von NO_3^- zu Nitrit (NO_2^-) durch Nitratreduktasen im Speichel [163]. Im sauren Magenmilieu wird NO_2^- anschließend in Stickstoffmonoxid (NO) umgewandelt, so dass NO_3^- eine wichtige alternative NO-Quelle zum klassischen L-Arginin-NO-Synthaseweg darstellt [164]. NO wiederum reguliert mehrere wichtige Funktionen wie die Gefäßerweiterung, den Blutfluss, die Glukose-/Fettsäureoxidation und die mitochondriale Biogenese [165]. Die Supplementierung von 500 ml NO_3^- reichem Rote-Bete-Saft über 6 Tage [166] oder 0,1 mmol $NaNO_3^-$ über 3 Tage [167] senkt den Sauerstoffverbrauch bei submaximalem Radtraining, was auf eine verbesserte metabolische Effizienz hinweist, und erhöht gleichzeitig die basale mitochondriale Funktion [168]. Ähnliche Verringerungen des Sauerstoffverbrauchs bei körperlicher Belastung wurden auch bei einer längeren, 15-tägigen Supplementierung

(500 ml täglich Rote-Bete-Saft) berichtet [169]. Der akute Verzehr von 500 ml NO_3^- zwischen 2,5 und 30 h vor dem Training verbessert auch die Leistung beim Radfahren über 4 und 16 km (Zeitfahren) [170] und die sportartspezifische intermittierende Leistung bei Spielsportathleten [171]. Mehrere Autoren konnten jedoch keinen ergogenen Effekt der NO_3^- Zufuhr beobachten [172–174]. Es ist wahrscheinlich, dass die positiven Auswirkungen von NO_3^- auf die Ausdauerleistung von Freizeitsportlern beschränkt sind, da vernachlässigbare Auswirkungen von NO_3^- in besser trainierten Populationen berichtet werden [175, 176]. Höhere Basalwerte von NO_3^- und NO_2^- im Plasma könnten dieses Phänomen teilweise erklären [177]. Die zusätzliche Einnahme von NO_3^- (~ 500 ml pro Tag Rote-Bete-Saft für 1–15 Tage) kann daher empfohlen werden, um die Anpassung der Ausdauerleistung bei zuvor untrainierten Personen, insbesondere zu Beginn des Trainings zu fördern [178], wenngleich sich die Wirkung von NO_3^- nach einiger Zeit zu verringern scheint. Die exakte Zeitspanne für die verminderte Wirkung von NO_3^- ist bisher jedoch nicht bekannt.

Zusammenfassung

Auf der Suche nach der „optimalen" Ernährungsstrategie für Sportler wurde bereits eine Vielzahl wissenschaftlicher Studien über die Wirksamkeit verschiedener Mikro- und Makronährstoffe durchgeführt, jedoch mit zum Teil kontroversen Ergebnissen. Um ggf. mögliche nachteilige Auswirkungen von kombiniertem RE und EE in Bezug auf die Entwicklung von Muskelmasse und -Kraft zu minimieren, sollte ein zentraler Bestandteil der Ernährung von Leistungssportlern eine Proteinergänzung sein, die idealerweise kurz nach EE- und RE-Einheiten verabreicht wird. Es sollte außerdem auf regelmäßige hochwertige proteinhaltige Mahlzeiten geachtet werden. Auch wenn dies möglicherweise auf Kosten optimaler aeroben Anpassungen geht, sollten nach dem Training Kohlenhydrate zugeführt werden, um die Glykogen-Resynthese zu unterstützen und das durch EE induzierte katabole Milieu (d. h. niedrige Glykogenspiegel) zu vermeiden.

Zusätzlich können außerdem verschiedene Nahrungsergänzungsmittel eingenommen werden, wobei der genaue Zeitpunkt wahrscheinlich weniger wichtig ist als die Sicherstellung einer angemessenen täglichen Zufuhr der jeweiligen Substanz. Zu den Substanzen mit hoher Evidenz gehören bspw. eine kombinierte Carnitin-CHO-Supplementierung, wobei die gleichzeitige Einnahme von Carnitin und Eiweiß vermieden werden sollte, um die Carnitinaufnahme in die Muskeln zu maximieren. Auch wenn die Wirksamkeit bestimmter Nahrungsergänzungsmittel umstritten ist, gibt es zumindest keine Belege für negative Auswirkungen auf die Leistung alle in Abb. 16.1 zusammengefassten Nahrungsergänzungsmittel sind prinzipiell für Sportler geeignet. Künftige wissenschaftliche Untersuchungen sollten groß-angelegte kontrollierte Kohorten- und Längsschnittstudien umfassen, welche die Auswirkungen spezifischer Nährstoffe auf die Anpassung durch kombiniertes RE und EE untersuchen. Darüber hinaus werden auch mit neuen Entwicklungen im kombinierten Training (bspw. die Kombination hoch-intensiver Intervalltrainingseinheiten und Krafttraining) neue Überlegungen und Fragen hinsichtlich spezifisch abgestimmter Ernährungsinterventionen aufkommen, die eines empirischen Nachweises bedürfen.

Literatur

1. Hickson RC. Interference of strength development by simultaneously training for strength and endurance. Eur J Appl Physiol. 1980;45:255–63.
2. Coffey VG, Hawley JA. Concurrent exercise training: do opposites distract? J Physiol. 2017;595(9):2883–96.
3. Kumar V, Selby A, Rankin D, Patel R, Atherton P, Hildebrandt W, Williams J, Smith K, Seynnes O, Hiscock N, Rennie MJ. Age-related differences in the dose-response of muscle protein synthesis to resistance exercise in young and old men. J Physiol. 2009;587:211–7.
4. Biolo G, Maggi SP, Williams BD, Tipton KD, Wolfe RR. Increased rates of muscle protein turnover and amino acid transport after resistance exercise in humans. Am J Phys. 1995;268(3 Pt 1):E514–20.
5. Phillips S, Tipton K, Aarsland A, Wolf SE, Wolfe R. Mixed muscle protein synthesis and breakdown after resistance exercise in humans. Am J Phys. 1997;273:E99–107.
6. Burd NA, West DWD, Moore DR, Atherton PJ, Staples AW, Prior T, Tang JE, Rennie MJ, Baker SK, Phillips SM. Enhanced amino acid sensitivity of myofibrillar protein synthesis persists for up to 24 h after resistance exercise in young men. J Nutr. 2011;141(4):568–73.
7. Brook MS, Wilkinson DJ, Mitchell WK, Lund JN, Szewczyk NJ, Greenhaff PL, Smith K, Atherton PJ. Skeletal muscle hypertrophy adaptations predominate in the early stages of resistance exercise training, matching deuterium oxide-derived measures of muscle protein synthesis and mechanistic target of rapamycin complex 1 signaling. FASEB J. 2015;29(11):4485–96.
8. Camera DM, West DW, Phillips SM, Rerecich T, Stellingwerff T, Hawley JA, et al. Protein ingestion increases myofibrillar protein synthesis after concurrent exercise. Med Sci Sports Exerc. 2015;47(1):82–91.
9. Donges CE, Burd NA, Duffield R, Smith GC, West DW, Short MJ, et al. Concurrent resistance and aerobic exercise stimulates both myofibrillar and mitochondrial protein synthesis in sedentary middle-aged men. J Appl Physiol. 2012;112:1992–2001.
10. Smith K, Reynolds N, Downie S, Patel A, Rennie MJ. Effects of flooding amino acids on incorporation of labeled amino acids into human muscle protein. Am J Phys. 1998;275:E73–8.
11. Greenhaff PL, Karagounis LG, Peirce N, Simpson EJ, Hazell M, Layfield R, et al. Disassociation between the effects of amino acids and insulin on signaling, ubiquitin ligases, and protein turnover in human muscle. Am J Physiol Endocrinol Metab. 2008;295:E595–604.
12. Atherton PJ, Smith K, Etheridge T, Rankin D, Rennie MJ. Distinct anabolic signalling responses to amino acids in C2C12 skeletal muscle cells. Amino Acids. 2010a;38:1533–9.
13. Wilkinson DJ, Hossain T, Hill DS, Phillips BE, Crossland H, Williams J, et al. Effects of leucine and its metabolite β-hydroxy-β-methylbutyrate on human skeletal muscle protein metabolism. J Physiol. 2013;591:2911–23.
14. Moore DR, Robinson MJ, Fry JL, Tang JE, Glover EI, Wilkinson SB, et al. Ingested protein dose response of muscle and albumin protein synthesis after resistance exercise in young men. Am J Clin Nutr. 2009;89:161–8.
15. Witard OC, Jackman SR, Breen L, Smith K, Selby A, Tipton KD. Myofibrillar muscle protein synthesis rates subsequent to a meal in response to increasing doses of whey protein at rest and after resistance exercise. Am J Clin Nutr. 2014;99(1):86–95.
16. Tipton KD, Elliott TA, Cree MG, Aarsland AA, Sanford AP, Wolfe RR. Stimulation of net muscle protein synthesis by whey protein ingestion before and after exercise. Am J Physiol Endocrinol Metab. 2007;292(1):E71–6.
17. Atherton PJ, Rennie MJ. Protein synthesis a low priority for exercising muscle. J Physiol. 2006;573(Pt 2):288–9.
18. Tang JE, Perco JG, Moore DR, Wilkinson SB, Phillips SM. Resistance training alters the response of fed state mixed muscle protein synthesis in young men. Am J Phys Regul Integr Comp Phys. 2008;294:R172–8.
19. Hoffman JR, Ratamess NA, Tranchina CP, Rashti SL, Kang J, Faigenbaum AD. Effect of protein-supplement timing on strength, power, and body-composition changes in resistance-trained men. Int J Sport Nutr Exerc Metab. 2009;19(2):172–85.

20. Schoenfeld BJ, Aragon AA, Krieger JW. The effect of protein timing on muscle strength and hypertrophy: a meta-analysis. J Int Soc Sports Nutr. 2013;10(1):53.
21. Atherton PJ, Etheridge T, Watt PW, Wilkinson D, Selby A, Rankin D, et al. Muscle full effect after oral protein: time-dependent concordance and discordance between human muscle protein synthesis and mTORC1 signaling. Am J Clin Nutr. 2010b;92:1080–8.
22. Areta JL, Burke LM, Ross ML, Camera DM, West DW, Broad EM, et al. Timing and distribution of protein ingestion during prolonged recovery from resistance exercise alters myofibrillar protein synthesis. J Physiol. 2013;591(Pt 9):2319–31.
23. Res PT, Groen B, Pennings B, Beelen M, Wallis GA, Gijsen AP, et al. Protein ingestion before sleep improves postexercise overnight recovery. Med Sci Sports Exerc. 2012;44:1560–9.
24. Harber MP, Konopka AR, Jemiolo B, Trappe SW, Trappe TA, Reidy PT. Muscle protein synthesis and gene expression during recovery from aerobic exercise in the fasted and fed states. Am J Phys Regul Integr Comp Phys. 2010;299(5):R1254–62.
25. Wilkinson SB, Phillips SM, Atherton PJ, Patel R, Yarasheski KE, Tarnopolsky MA, et al. Differential effects of resistance and endurance exercise in the fed state on signalling molecule phosphorylation and protein synthesis in human muscle. J Physiol. 2008;586(15):3701–17.
26. Coffey VG, Zhong Z, Shield A, Canny BJ, Chibalin AV, Zierath JR, et al. Early signaling responses to divergent exercise stimuli in skeletal muscle from well-trained humans. FASEB J. 2006;20(1):190–2.
27. Breen L, Philp A, Witard OC, Jackman SR, Selby A, Smith K, et al. The influence of carbohydrate-protein co-ingestion following endurance exercise on myofibrillar and mitochondrial protein synthesis. J Physiol. 2011;589(Pt 16):4011–25.
28. Moore DR, Camera DM, Areta JL, Hawley JA. Beyond muscle hypertrophy: why dietary protein is important for endurance athletes. Appl Physiol Nutr Metab. 2014;7:1–11.
29. Pasiakos SM, McClung HL, McClung JP, Margolis LM, Andersen NE, Cloutier GJ, et al. Leucine-enriched essential amino acid supplementation during moderate steady state exercise enhances postexercise muscle protein synthesis. Am J Clin Nutr. 2011;94:809–18.
30. Lunn WR, Pasiakos SM, Colletto MR, Karfonta KE, Carbone JW, Anderson JM, et al. Chocolate milk and endurance exercise recovery: protein balance, glycogen, and performance. Med Sci Sports Exerc. 2012;44(4):682–91.
31. Phillips SM. Dietary protein requirements and adaptive advantages in athletes. Br J Nutr. 2012;108(Suppl 2):S158–67.
32. Tarnopolsky M. Protein requirements for endurance athletes. Nutrition. 2004;20:662–8.
33. Cermak NM, Res PT, de Groot LC, Saris WH, van Loon LJ. Protein supplementation augments the adaptive response of skeletal muscle to resistance-type exercise training: a meta-analysis. Am J Clin Nutr. 2012a;96(6):1454–64.
34. Naclerio F, Larumbe-Zabala E. Effects of whey protein alone or as part of a multi-ingredient formulation on strength, fat-free mass, or lean body mass in resistance-trained individuals: a meta-analysis. Sports Med. 2016;46(1):125–37.
35. Atherton PJ, Kumar V, Selby AL, Rankin D, Hildebrandt W, Phillips BE, et al. Enriching a protein drink with leucine augments muscle protein synthesis after resistance exercise in young and older men. Clin Nutr. 2017;36(3):888–95.
36. Churchward-Venne TA, Breen L, Di Donato DM, Hector AJ, Mitchell CJ, Moore DR, et al. Leucine supplementation of a low-protein mixed macronutrient beverage enhances myofibrillar protein synthesis in young men: a double-blind, randomized trial. Am J Clin Nutr. 2014;99(2):276–86.
37. Hawley JA, Leckey JJ. Carbohydrate dependence during prolonged, intense endurance exercise. Sports Med. 2015;45(Suppl 1):S5–12.
38. Hultman E, Bergstrom J. Muscle glycogen synthesis in relation to diet studied in normal subjects. Acta Med Scand. 1967;182:109–17.
39. Burke LM, Millet G, Tarnopolsky MA. International Association of Athletics Federations. Nutrition for distance events. J Sports Sci. 2007;25(Suppl 1):S29–38.
40. Burke LM, van Loon LJC, Hawley JA. Postexercise muscle glycogen resynthesis in humans. J Appl Physiol. 2017;122(5):1055–67.

41. Philp A, Hargreaves M, Baar K. More than a store: regulatory roles for glycogen in skeletal muscle adaptation to exercise. Am J Physiol Endocrinol Metab. 2012;302:E1343–51.
42. Philp A, Burke LM, Baar K. Altering endogenous carbohydrate availability to support training adaptations. Nestle Nutr Inst Workshop Ser. 2011;69:19–31.
43. Hansen AK, Fischer CP, Plomgaard P, Andersen JL, Saltin B, Pedersen BK. Skeletal muscle adaptation: training twice every second day vs. training once daily. J Appl Physiol. 2005;98:93–9.
44. Hulston CJ, Venables MC, Mann CH, Martin C, Philp A, Baar K, et al. Training with low muscle glycogen enhances fat metabolism in well-trained cyclists. Med Sci Sports Exerc. 2010;42:2046–55.
45. Impey SG, Hammond KM, Shepherd SO, Sharples AP, Stewart C, Limb M, et al. Fuel for the work required: a practical approach to amalgamating train-low paradigms for endurance athletes. Phys Rep. 2016;4(10):e12803.
46. Yeo WK, Paton CD, Garnham AP, Burke LM, Carey AL, Hawley JA. Skeletal muscle adaptation and performance responses to once a day versus twice every second day endurance training regimens. J Appl Physiol. 2008;105:1462–70.
47. Vogt M, Puntschart A, Howald H, Mueller B, Mannhart C, Gfeller-Tuescher L, et al. Effects of dietary fat on muscle substrates, metabolism, and performance in athletes. Med Sci Sports Exerc. 2003;35:952–60.
48. Zajac A, Poprzecki S, Maszczyk A, Czuba M, Michalczyk M, Zydek G. The effects of a ketogenic diet on exercise metabolism and physical performance in off-road cyclists. Nutrients. 2014;6:2493–508.
49. Burke LM. Re-examining high-fat diets for sports performance: did we call the 'nail in the coffin' too soon? Sports Med. 2015;45(Suppl 1):S33–49.
50. Knuiman P, Hopman MTE, Mensink M. Glycogen availability and skeletal muscle adaptations with endurance and resistance exercise. Nutr Metab (Lond). 2015;12:59.
51. Blomstrand E, Saltin B. Effect of mucle glycogen on glucose, lactate and amino acid metabolism during exercise and recovery in human subjects. J Physiol. 1999;514(Pt 1):293–302.
52. Lemon PW, Mullin JP. Effect of initial muscle glycogen levels on protein catabolism during exercise. J Appl Physiol Respir Environ Exerc Physiol. 1980;48:624–9.
53. Van Hall G, Saltin B, Wagenmakers AJ. Muscle protein degradation and amino acid metabolism during prolonged knee-extensor exercise in humans. Clin Sci (Lond). 1999;97:557–67.
54. Howarth KR, Moreau NA, Phillips SM, Gibala MJ. Coingestion of protein with carbohydrate during recovery from endurance exercise stimulates skeletal muscle protein synthesis in humans. J Appl Physiol. 2009;106:1394–402.
55. Escobar KA, Van Dusseldorp TA, Kerksick CM. Carbohydrate intake and resistance-based exercise: are current recommendations reflective of actual need? Br J Nutr. 2017;116:2053–65.
56. Rosset R, Lecoultre V, Egli L, Cros J, Dokumaci AS, Zwygart K, et al. Postexercise repletion of muscle energy stores with fructose or glucose in mixed meals. Am J Clin Nutr. 2017;105(3):609–17.
57. Bolster DR, Crozier SJ, Kimball SR, Jefferson LS. AMP-activated protein kinase suppresses protein synthesis in rat skeletal muscle through down-regulated mammalian target of rapamycin (mTOR) signaling. J Biol Chem. 2002;277(27):23977–80.
58. Xu J, Ji J, Yan XH. Cross-talk between AMPK and mTOR in regulating energy balance. Crit Rev Food Sci Nutr. 2012;52(5):373–81.
59. Pasiakos SM, Vislocky LM, Carbone JW, Altieri N, Konopelski K, Freake HC, et al. Acute energy deprivation affects skeletal muscle protein synthesis and associated intracellular signaling proteins in physically active adults. J Nutr. 2010;140:745–51.
60. Hulmi JJ, Laakso M, Mero AA, Häkkinen K, Ahtiainen JP, Peltonen H. The effects of whey protein with or without carbohydrates on resistance training adaptations. J Int Soc Sports Nutr. 2015;12:48.
61. Rasmussen BB, Tipton KD, Miller SL, Wolf SE, Wolfe RR. An oral essential amino acid-carbohydrate supplement enhances muscle protein anabolism after resistance exercise. J Appl Physiol. 2000;88(2):386–92.

62. Robergs RA, Pearson DR, Costill DL, Fink WJ, Pascoe DD, Benedict MA, et al. Muscle glycogenolysis during differing intensities of weightresistance exercise. J Appl Physiol. 1991;70:1700–6.
63. Staples AW, Burd NA, West DW, Currie KD, Atherton PJ, Moore DR, et al. Carbohydrate does not augment exercise-induced protein accretion versus protein alone. Med Sci Sports Exerc. 2011;43:1154–61.
64. Deane CS, Wilkinson DJ, Phillips BE, Smith K, Etheridge T, Atherton PJ. "Nutraceuticals" in relation to human skeletal muscle and exercise. Am J Physiol Endocrinol Metab. 2017;312:E282–99.
65. Nissen SL, Abumrad NN. Nutritional role of the leucine metabolite β-hydroxy β-methylbutyrate (HMB). J Nutr Biochem. 1997;8:300–11.
66. Nissen S, Sharp R, Ray M, Rathmacher JA, Rice D, Fuller JC, et al. Effect of leucine metabolite beta-hydroxy-beta-methylbutyrate on muscle metabolism during resistance-exercise training. J Appl Physiol. 1996;81:2095–104.
67. Panton LB, Rathmacher JA, Baier S, Nissen S. Nutritional supplementation of the leucine metabolite β-hydroxy-β-methylbutyrate (HMB) during resistance training. Nutrition. 2000;16:734–9.
68. Wilson JM, Lowery RP, Joy JM, Andersen JC, Wilson SMC, Stout JR, et al. The effects of 12 weeks of beta-hydroxy-beta-methylbutyrate free acid supplementation on muscle mass, strength, and power in resistance-trained individuals: a randomized, double-blind, placebo-controlled study. Eur J Appl Physiol. 2014;114:1217–27.
69. Kreider RB, Ferreira M, Wilson M, Almada AL. Effects of calcium β-hydroxy-β methylbutyrate (HMB) supplementation during resistance-training on markers of catabolism, body composition and strength. Int J Sports Med. 1999;20:503–9.
70. Slater G, Jenkins D, Logan P, Lee H, Vukovich M, Rathmacher J, et al. Beta hydroxy-beta-methylbutyrate (HMB) supplementation does not affect changes in strength or body composition during resistance training in trained men. Int J Sport Nutr Exerc Metab. 2001;11:384–96.
71. Fuller JC, Sharp RL, Angus HF, Khoo PY, Rathmacher JA. Comparison of availability and plasma clearance rates of β-hydroxy-β-methylbutyrate delivery in the free acid and calcium salt forms. Br J Nutr. 2015;114:1403–9.
72. Vukovich MD, Dreifort GD. Effect of beta-hydroxy beta-methylbutyrate on the onset of blood lactate accumulation and V(O)(2) peak in endurance-trained cyclists. J Strength Cond Res. 2001;15:491–7.
73. Lamboley CRH, Royer D, Dionne IJ. Effects of beta-hydroxy-beta-methylbutyrate on aerobic-performance components and body composition in college students. Int J Sport Nutr Exerc Metab. 2007;17:56–69.
74. Robinson EH, Stout JR, Miramonti AA, Fukuda DH, Wang R, Townsend JR, et al. High-intensity interval training and β-hydroxy-β-methylbutyric free acid improves aerobic power and metabolic thresholds. J Int Soc Sports Nutr. 2014;11:16.
75. Miramonti AA, Stout JR, Fukuda DH, Robinson EH, Wang R, La Monica MB, et al. The effects of four weeks of high intensity interval training and β-hydroxy-β-methylbutyric free acid supplementation on the onset of neuromuscular fatigue. J Strength Cond Res. 2016;30:626–34.
76. Knitter AE, Panton L, Rathmacher JA, Petersen A, Sharp R. Effects of beta-hydroxy-beta-methylbutyrate on muscle damage after a prolonged run. J Appl Physiol. 2000;89:1340–4.
77. Van Koevering M, Nissen S. Oxidation of leucine and a-ketoisocaproate to b-hydroxy-b-methylbutyrate in vivo. Am J Phys. 1992;262(1 Pt 1):E27–31.
78. Wilson GJ, Wilson JM, Manninen AH. Effects of beta-hydroxy-beta-methylbutyrate (HMB) on exercise performance and body composition across varying levels of age, sex, and training experience: a review. Nutr Metab (Lond). 2008;5(1):17.
79. McGlory C, Galloway SDR, Hamilton DL, McClintock C, Breen L, Dick JR, et al. Temporal changes in human skeletal muscle and blood lipid composition with fish oil supplementation. Prostaglandins Leukot Essent Fat Acids. 2014;90:199–206.

80. Smith GI, Atherton PJ, Reeds DN, Mohammed BS, Rankin D, Rennie MJ, et al. Omega-3 polyunsaturated fatty acids augment the muscle protein anabolic response to hyperaminoacidemiahyperinsulinemia in healthy young and middle aged men and women. Clin Sci. 2011;121:267–78.
81. Kamolrat T, Gray SR. The effect of eicosapentaenoic and docosahexaenoic acid on protein synthesis and breakdown in murine C2C12 myotubes. Biochem Biophys Res Commun. 2013;432:593–8.
82. Lalia AZ, Dasari S, Robinson MM, Abid H, Morse DM, Klaus KA, et al. Influence of omega-3 fatty acids on skeletal muscle protein metabolism and mitochondrial bioenergetics in older adults. Aging. 2017;9(4):1096–129.
83. Rodacki LF, Pereira G, Naliwaiko K, Coelho I, Pequito D. Fish-oil supplementation enhances the effects of strength training in elderly women. J Clin Nutr. 2012;95(2):428–36.
84. McGlory C, Wardle SL, Macnaughton LS, Witard OC, Scott F, Dick J, et al. Fish oil supplementation suppresses resistance exercise and feeding-induced increases in anabolic signaling without affecting myofibrillar protein synthesis in young men. Phys Rep. 2016;4:e12715.
85. Calder PC. n-3 polyunsaturated fatty acids, inflammation, and inflammatory diseases. Am J Clin Nutr. 2006;83(6 Suppl):1505S–19S.
86. Weber PC, Fischer D, von Schacky C, Lorenz R, Strasser T. Dietary Omega Polyunsaturated fatty acids and eicosanoid formation in man. In: Health effects of polyunsaturated fatty acids in seafoods. Orlando: Academic Press; 1986. S. 49–60.
87. Corder KE, Newsham KR, McDaniel JL, Ezekiel UR, Weiss EP. Effects of short-term docosahexaenoic acid supplementation on markers of inflammation after eccentric strength exercise in women. J Sports Sci Med. 2016;15(1):176–83.
88. Jouris KB, McDaniel JL, Weiss EP. The effect of omega-3 fatty acid supplementation on the inflammatory response to eccentric strength exercise. J Sports Sci Med. 2011;10:432–8.
89. Tinsley GM, Gann JJ, Huber SR, Andre TL, La Bounty PM, Bowden RG, et al. Effects of fish oil supplementation on postresistance exercise muscle soreness. J Diet Suppl. 2016;21:1–12.
90. Urso ML. Anti-inflammatory interventions and skeletal muscle injury: benefit or detriment? J Appl Physiol. 2013;115(6):920–8.
91. Delarue J, Labarthe F, Cohen R. Fish-oil supplementation reduces stimulation of plasma glucose fluxes during exercise in untrained males. Br J Nutr. 2003;90:777–86.
92. Huffman DM, Michaelson JL, Thomas TR, Derek M, Huffman JL, Michaelson TRT. Chronic supplementation with fish oil increases fat oxidation during exercise in young men. J Exerc Physiol. 2004;7:48–57.
93. Le Guen M, Chaté V, Hininger-Favier I, Laillet B, Morio B, Pieroni G, et al. A 9-week docosahexaenoic acid-enriched supplementation improves endurance exercise capacity and skeletal muscle mitochondrial function in adult rats. Am J Physiol Endocrinol Metab. 2016;310(3):E213–4.
94. Lanza IR, Blachnio-Zabielska A, Johnson ML, Schimke JM, Jakaitis DR, Lebrasseur NK, et al. Influence of fish oil on skeletal muscle mitochondrial energetics and lipid metabolites during high-fat diet. Am J Physiol Endocrinol Metab. 2013;304:E1391–403.
95. Bloch K, Schoenheimer R. Biological precursors of creatine. J Biol Chem. 1940;138:167–94.
96. Greenhaff PL, Bodin K, Soderlund K, Hultman E. Effect of oral creatine supplementation on skeletal muscle phosphocreatine resynthesis. Am J Phys. 1994;266:E725–30.
97. Harris RC, Soderlund K, Hultman E. Elevation of creatine in resting and exercised muscle of normal subjects by creatine supplementation. Clin Sci (Lond). 1992;83:367–74.
98. Casey A, Greenhaff PL. Does dietary creatine supplementation play a role in skeletal muscle metabolism and performance? Am J Clin Nutr. 2000;72(2 Suppl):607S–17S.
99. Birch R, Noble D, Greenhaff PL. The influence of dietary creatine supplementation on performance during repeated bouts of maximal isokinetic cycling in man. Eur J Appl Physiol Occup Physiol. 1994;69:268–76.
100. Earnest CP, Snell PG, Rodriguez R, Almada AL, Mitchell TL. The effect of creatine monohydrate ingestion on anaerobic power indices, muscular strength and body composition. Acta Physiol Scand. 1995;153:207–9.

101. Greenhaff PL, Casey A, Short AH, Harris R, Soderlund K, Hultman E. Influence of oral creatine supplementation of muscle torque during repeated bouts of maximal voluntary exercise in man. Clin Sci (Lond). 1993;84:565–71.
102. Snow RJ, McKenna MJ, Selig SE, Kemp J, Stathis CG, Zhao S. Effect of creatine supplementation on sprint exercise performance and muscle metabolism. J Appl Physiol. 1998;84:1667–73.
103. Branch JD. Effect of creatine supplementation on body composition and performance: a meta-analysis. Int J Sport Nutr Exerc Metab. 2003;13:198–226.
104. Volek JS, Duncan ND, Mazzetti SA, Staron RS, Putukian M, Gómez AL, et al. Performance and muscle fiber adaptations to creatine supplementation and heavy resistance training. Med Sci Sports Exerc. 1999;31:1147–56.
105. Cermak NM, Res PT, de Groot LCPGM, Saris WHM, van Loon LJC. Protein supplementation augments the adaptive response of skeletal muscle to resistance-type exercise training: a meta-analysis. Am J Clin Nutr. 2012b;96:1454–64.
106. Louis M, Poortmans JR, Francaux M, Hultman E, Berre J, Boisseau N, et al. Creatine supplementation has no effect on human muscle protein turnover at rest in the postabsorptive or fed states. Am J Physiol Endocrinol Metab. 2003a;284:E764–70.
107. Louis M, Poortmans JR, Francaux M, Berré J, Boisseau N, Brassine E, et al. No effect of creatine supplementation on human myofibrillar and sarcoplasmic protein synthesis after resistance exercise. Am J Physiol Endocrinol Metab. 2003b;285:E1089–94.
108. Parise G, Mihic S, MacLennan D, Yarasheski KE, Tarnopolsky MA. Effects of acute creatine monohydrate supplementation on leucine kinetics and mixed-muscle protein synthesis. J Appl Physiol. 2001;91:1041–7.
109. McCarthy JJ, Esser K. Counterpoint: satellite cell addition is not obligatory for skeletal muscle hypertrophy. J Appl Physiol. 2007;103:1100–2.
110. Brook MS, Wilkinson DJ, Phillips BE, Perez-Schindler J, Philp A, Smith K, et al. Skeletal muscle homeostasis and plasticity in youth and ageing: impact of nutrition and exercise. Acta Physiol. 2016;216(1):15–41.
111. Ziegenfuss T, Lowery LM, Lemon PW. Acute fluid volume changes in men during three days of creatine supplementation. J Exerc Physiol. 1998;1:1–9.
112. Safdar A, Yardley NJ, Snow R, Melov S, Tarnopolsky MA. Global and targeted gene expression and protein content in skeletal muscle of young men following short-term creatine monohydrate supplementation. Physiol Genomics. 2008;32:219–28.
113. Buford TW, Kreider RB, Stout JR, Greenwood M, Campbell B, Spano M, et al. International Society of Sports Nutrition position stand: creatine supplementation and exercise. J Int Soc Sport Nutr. 2007;4:1–8.
114. Willoughby DS, Rosene J. Effects of oral creatine and resistance training on myosin heavy chain expression. Med Sci Sports Exerc. 2001;33:1674–81.
115. Girgis CM, Clifton-Bligh RJ, Hamrick MW, Holick MF, Gunton JE. The roles of vitamin D in skeletal muscle: form, function, and metabolism. Endocr Rev. 2013;34:33–83.
116. Girgis CM, Mokbel N, Minn Cha K, Houweling PJ, Abboud M, Fraser DR, et al. The vitamin D receptor (VDR) is expressed in skeletal muscle of male mice and modulates 25-hydroxyvitamin D (25OHD) uptake in myofibers. Endocrinology. 2014a;155:3227–37.
117. Pike JW. Expression of the vitamin d receptor in skeletal muscle: are we there yet? Endocrinology. 2014;155:3214–8.
118. Wang Y, DeLuca HF. Is the vitamin D receptor found in muscle? Endocrinology. 2011;152:354–63.
119. Girgis CM, Clifton-Bligh RJ, Mokbel N, Cheng K, Gunton JE. Vitamin D signaling regulates proliferation, differentiation and myotube size in C2C12 skeletal muscle cells. Endocrinology. 2014b;155(2):347–57.
120. Salles J, Chanet A, Giraudet C, Patrac V, Pierre P, Jourdan M, et al. 1,25(OH)2-vitamin D3 enhances the stimulating effect of leucine and insulin on protein synthesis rate through Akt/PKB and mTOR mediated pathways in murine C2C12 skeletal myotubes. Mol Nutr Food Res. 2013;25:1–10.

121. Ceglia L. Vitamin D and its role in skeletal muscle. Curr Opin Clin Nutr Metab Care. 2009;12:628–33.
122. Capiati D, Benassati S, Boland RL. 1,25(OH)2-vitamin D3 induces translocation of the vitamin D receptor (VDR) to the plasma membrane in skeletal muscle cells. J Cell Biochem. 2002;86:128–35.
123. Buitrago CG, Arango NS, Boland RL. 1α,25(OH)2D3-dependent modulation of Akt in proliferating and differentiating C2C12 skeletal muscle cells. J Cell Biochem. 2012;113:1170–81.
124. Agergaard J, Trøstrup J, Uth J, Iversen JV, Boesen A, Andersen JL, et al. Does vitamin-D intake during resistance training improve the skeletal muscle hypertrophic and strength response in young and elderly men? – a randomized controlled trial. Nutr Metab (Lond). 2015;12:32.
125. Barker T, Schneider ED, Dixon BM, Henriksen VT, Weaver LK. Supplemental vitamin D enhances the recovery in peak isometric force shortly after intense exercise. Nutr Metab (Lond). 2013;10:69.
126. Ceglia L, Niramitmahapanya S, da Silva MM, Rivas DA, Harris SS, Bischoff-Ferrari H, et al. A randomized study on the effect of vitamin d3 supplementation on skeletal muscle morphology and vitamin d receptor concentration in older women. J Clin Endocrinol Metab. 2013;98:E1927–35.
127. Ward KA, Das G, Roberts SA, Berry JL, Adams JE, Rawer R, et al. A randomized, controlled trial of vitamin D supplementation upon musculoskeletal health in postmenarchal females. J Clin Endocrinol Metab. 2010;95:4643–51.
128. Beaudart C, Buckinx F, Rabenda V, Gillain S, Cavalier E, Slomian J, et al. The effects of vitamin D on skeletal muscle strength, muscle mass and muscle power: a systematic review and meta-analysis of randomized controlled trials. J Clin Endocrinol Metab. 2014;99:4336–45.
129. Chiang CM, Ismaeel A, Griffis RB, Weems S. Effects of vitamin D supplementation on muscle strength in athletes: a systematic review. J Strength Cond Res. 2017;31(2):566–74.
130. Tanaka T, Kassai A, Ohmoto M, Morito K, Kashiwada Y, Takaishi Y, et al. Quantification of phosphatidic acid in foodstuffs using a thin-layer-chromatography-imaging technique. J Agric Food Chem. 2012;60:4156–61.
131. Fang Y, Vilella-Bach M, Bachmann R, Flanigan A, Chen J. Phosphatidic acid-mediated mitogenic activation of mTOR signaling. Science. 2001;294:1942–5.
132. Rasmussen BB. Phosphatidic acid: a novel mechanical mechanism for how resistance exercise activates mTORC1 signalling. J Physiol. 2009;587(Pt 14):3415–6.
133. English D, Cui Y, Siddiqui RA. Messenger functions of phosphatidic acid. Chem Phys Lipids. 1996;80:117–32.
134. Mobley CB, Hornberger TA, Fox CD, Healy JC, Ferguson BS, Lowery RP, et al. Effects of oral phosphatidic acid feeding with or without whey protein on muscle protein synthesis and anabolic signaling in rodent skeletal muscle. J Int Soc Sports Nutr. 2015;12:32.
135. Jaafar R, De Larichaudy J, Chanon S, Euthine V, Durand C, Naro F, et al. Phospholipase D regulates the size of skeletal muscle cells through the activation of mTOR signaling. Cell Commun Signal. 2013;11:55.
136. Purpura M, Jäger R, Joy JM, Lowery RP, Moore JD, Wilson JM. Effect of oral administration of soy-derived phosphatidic acid on concentrations of phosphatidic acid and lyso-phosphatidic acid molecular species in human plasma. J Int Soc Sports Nutr. 2013;10:P22.
137. Joy JM, Gundermann DM, Lowery RP, Jäger R, McCleary SA, Purpura M, et al. Phosphatidic acid enhances mtor signaling and resistance exercise induced hypertrophy. Nutr Metab. 2014;11:1.
138. Escalante G, Alencar M, Haddock B, Harvey P. The effects of phosphatidic acid supplementation on strength, body composition, muscular endurance, power, agility, and vertical jump in resistance trained men. J Int Soc Sports Nutr. 2016;13(1):1.
139. Hoffman JR, Stout JR, Williams DR, Wells AJ, Fragala MS, Mangine GT, et al. Efficacy of phosphatidic acid ingestion on lean body mass, muscle thickness and strength gains in resistance-trained men. J Int Soc Sports Nutr. 2012;9(1):1.

140. Andre TL, Gann JJ, McKinley-Barnard SK, Song JJ, Willoughby DS. Eight weeks of phosphatidic acid supplementation in conjunction with resistance training does not differentially affect body composition and muscle strength in resistance-trained men. J Sports Sci Med. 2016;15:532–9.
141. Gonzalez AM, Sell KM, Ghigiarelli JJ, Kelly CF, Shone EW, Accetta MR, et al. Effects of phosphatidic acid supplementation on muscle thickness and strength in resistance-trained men. Appl Physiol Nutr Metab. 2017;42(4):443–8.
142. Bond P. Phosphatidic acid: biosynthesis, pharmacokinetics, mechanisms of action and effect on strength and body composition in resistance-trained individuals. Nutr Metab (Lond). 2017;14:12.
143. Bremer J. Carnitine – metabolism and functions. Physiol Rev. 1983;63:1420–80.
144. Fritz IB, Marquis NR. The role of acylcarnitine esters and carnitine palmityltransferase in the transport of fatty acyl groups across mitochondrial membranes. Proc Natl Acad Sci U S A. 1965;54:1226–33.
145. Kerner J, Hoppel C. Fatty acid transport into mitochondria. Biochem Biophys Acta. 2000;1486:1–17.
146. Hoppel C. The role of carnitine in normal and altered fatty acid metabolism. Am J Kidney Dis. 2003;41:4–12.
147. Parvin R, Pande SV. Enhancement of mitochondrial carnitine and carnitine acylcarnitine translocase-mediated transport of fatty acids into liver mitochondria under ketogenic conditions. J Biol Chem. 1979;245:5423–9.
148. Stephens FB, Constantin-Teodosiu D, Laithwaite D, Simpson EJ, Greenhaff PL. Insulin stimulates L-carnitine accumulation in human skeletal muscle. FASEB J. 2006a;20:377–9.
149. Wall BT, Stephens FB, Constantin-Teodosiu D, Marimuthu K, Macdonald IA, Greenhaff PL. Chronic oral ingestion of L-carnitine and carbohydrate increases muscle carnitine content and alters muscle fuel metabolism during exercise in humans. J Physiol. 2011;5894: 963–73.
150. Stephens FB, Wall BT, Marimuthu K, Shannon CE, Constantin-Teodosiu D, Macdonald IA, et al. Skeletal muscle carnitine loading increases energy expenditure, modulates fuel metabolism gene networks and prevents body fat accumulation in humans. J Physiol. 2013;591(18):4655–66.
151. Vecchiet L, Di Lisa F, Pieralisi G, Ripari P, Menabò R, Giamberardino MA, et al. Influence of L-carnitine administration on maximal physical exercise. Eur J Appl Physiol Occup Physiol. 1990;61(5–6):486–90.
152. Orer GE, Guzel NA. The effects of acute L-carnitine supplementation on endurance performance of athletes. J Strength Cond Res. 2014;28(2):514–9.
153. Cha YS, Choi SK, Suh H, Lee SN, Cho D, Li K. Effects of carnitine coingested caffeine on carnitine metabolism and endurance capacity in athletes. J Nutr Sci Vitaminol (Tokyo). 2001;47(6):378–84.
154. Gorostiaga EM, Maurer CA, Eclache JP. Decrease in respiratory quotient during exercise following L-carnitine supplementation. Int J Sports Med. 1989;10(3):169–74.
155. Marconi C, Sassi G, Carpinelli A, Cerretelli P. Effects of L-carnitine loading on the aerobic and anaerobic performance of endurance athletes. Eur J Appl Physiol Occup Physiol. 1985;54(2):131–5.
156. Broad EM, Maughan RJ, Galloway SD. Effects of four weeks L-carnitine L-tartrate ingestion on substrate utilization during prolonged exercise. Int J Sport Nutr Exerc Metab. 2005;15(6):665–79.
157. Lee JK, Lee JS, Park H, Cha YS, Yoon CS, Kim CK. Effect of L-carnitine supplementation and aerobic training on FABPc content and beta-HAD activity in human skeletal muscle. Eur J Appl Physiol. 2007;99(2):193–9.
158. Gonzalez JT, Stevenson EJ. New perspectives on nutritional interventions to augment lipid utilisation during exercise. Br J Nutr. 2012;107:339–49.
159. Soop M, Björkman O, Cederblad G, Hagenfeldt L, Wahren J. Influence of carnitine supplementation on muscle substrate and carnitine metabolism during exercise. J Appl Physiol. 1988;64:2394–9.

160. Wächter S, Vogt M, Kreis R, Boesch C, Bigler P, Hoppeler H, et al. Long-term administration of L-carnitine to humans: effect on skeletal muscle carnitine content and physical performance. Clin Chim Acta. 2002;318:51–61.
161. Stephens FB, Constantin-Teodosiu D, Laithwaite D, Simpson EJ, Greenhaff PL. An acute increase in skeletal muscle carnitine content alters fuel metabolism in resting human skeletal muscle. J Clin Endocrinol Metab. 2006b;91:5013–8.
162. Shannon CE, Nixon AV, Greenhaff PL, Stephens FB. Protein ingestion acutely inhibits insulin-stimulated muscle carnitine uptake in healthy young men. Am J Clin Nutr. 2016;103:276–82.
163. Duncan C, Dougall H, Johnston P, Green S, Brogan R, Leifert C, et al. Chemical generation of nitric oxide in the mouth from the enterosalivary circulation of dietary nitrate. Nat Med. 1995;1:546–51.
164. Lundberg JO, Weitzberg E, Gladwin MT. The nitrate-nitrite-nitric oxide pathway in physiology and therapeutics. Nat Rev Drug Discov. 2008;7(2):156–67.
165. Stamler JS, Meissner G. Physiology of nitric oxide in skeletal muscle. Physiol Rev. 2001;81(1):209–37.
166. Bailey SJ, Winyard P, Vanhatalo A, Blackwell JR, Dimenna FJ, Wilkerson DP, et al. Dietary nitrate supplementation reduces the O2 cost of low-intensity exercise and enhances tolerance to high-intensity exercise in humans. J Appl Physiol. 2009;107:1144–55.
167. Larsen FJ, Weitzberg E, Lundberg JO, Ekblom B. Effects of dietary nitrate on oxygen cost during exercise. Acta Physiol. 2007;191:59–66.
168. Larsen FJ, Schiffer TA, Borniquel S, Sahlin K, Ekblom B, Lundberg JO, et al. Dietary inorganic nitrate improves mitochondrial efficiency in humans. Cell Metab. 2011;13:149–59.
169. Vanhatalo A, Bailey SJ, Blackwell JR, DiMenna FJ, Pavey TG, Wilkerson DP, et al. Acute and chronic effects of dietary nitrate supplementation on blood pressure and the physiological responses to moderate-intensity and incremental exercise. Am J Phys Regul Integr Comp Phys. 2010;299(4):R1121–31.
170. Lansley KE, Winyard PG, Bailey SJ, Vanhatalo A, Wilkerson DP, Blackwell JR, et al. Acute dietary nitrate supplementation improves cycling time trial performance. Med Sci Sports Exerc. 2011;43:1125–31.
171. Wylie LJ, Mohr M, Krustrup P, Jackman SR, Ermıdis G, Kelly J, et al. Dietary nitrate supplementation improves team sport-specific intense intermittent exercise performance. Eur J Appl Physiol. 2013;113:1673–84.
172. Arnold JT, Oliver SJ, Lewis-Jones TM, Wylie LJ, Macdonald JH. Beetroot juice does not enhance altitude running performance in well-trained athletes. Appl Physiol Nutr Metab. 2015;40:590–5.
173. Cermak NM, Res P, Stinkens R, Lundberg JO, Gibala MJ, van Loon LJ. No improvement in endurance performance after a single dose of beetroot juice. Int J Sport Nutr Exerc Metab. 2012c;22:470–8.
174. Wilkerson DP, Hayward GM, Bailey SJ, Vanhatalo A, Blackwell JR, Jones AM. Influence of acute dietary nitrate supplementation on 50 mile time trial performance in well-trained cyclists. Eur J Appl Physiol. 2012;112:4127–34.
175. Jonvik KL, Nyakayiru J, van Loon LJ, Verdijk LB. Can elite athletes benefit from dietary nitrate supplementation? J Appl Physiol. 2015;119(6):759–61.
176. Poortmans JR, Gualano B, Carpentier A. Nitrate supplementation and human exercise performance: too much of a good thing? Curr Opin Clin Nutr Metab Care. 2015;18(6):599–604.
177. Poveda JJ, Riestra A, Salas E, Cagigas ML, López-Somoza C, Amado JA, et al. Contribution of nitric oxide to exercise-induced changes in healthy volunteers: effects of acute exercise and long-term physical training. Eur J Clin Investig. 1997;27:967–71.
178. Perez-Schindler J, Hamilton LD, Moore DR, Baar K, Philp A. Nutritional strategies to support concurrent training. Eur J Sport Sci. 2015;15(1):41–52.

Teil IV

Kombiniertes Ausdauer- und Krafttraining über die Lebensspanne

Kombiniertes Ausdauer- und Krafttraining für Kinder und Jugendliche

17

Martijn Gäbler und Urs Granacher

Einführung

Das zentrale Thema dieses Kapitels dreht sich um die additiven, aber auch interferierenden Effekte von kombiniertem Kraft- und Ausdauertraining (engl. Concurrent Training) auf Komponenten der körperlichen Fitness bei Kindern und Jugendlichen. Da sowohl der Trainingszustand als auch das (biologische) Alter die Anpassungen und Trainingsziele beeinflussen können, wird zwischen trainierten und untrainierten Kindern und Jugendlichen [1] sowie zwischen Kindern (Jungen im Alter von 6–13 Jahren; Mädchen im Alter von 6–11 Jahren) und Jugendlichen (Jungen im Alter von 14–18 Jahren; Mädchen im Alter von 12–18 Jahren) unterschieden [2]. Auch die Relevanz bestimmter Komponenten der körperlichen Fitness ist je nach Alter und Trainingsziel unterschiedlich. Caspersen [3] operationalisiert die körperliche Fitness in gesundheits- und fertigkeitsbezogene Komponenten (Tab. 17.1). Dabei ist zu beachten, dass das Training gesundheitsbezogener Komponenten (z. B. Muskelkraft, Ausdauer) die sportliche Leistung verbessert [5] und dass das Training fertigkeitsbezogener Komponenten (z. B. Gleichgewicht, Beweglichkeit) auch gesundheitliche Vorteile (z. B. Verletzungsprävention) mit sich bringen kann [6]. In der Tat werden die meisten fertigkeitsbezogenen Komponenten der körperlichen Fitness (mit Ausnahme der Reaktionszeit) als gesundheitsbezogene Fitnesskomponenten betrachtet [4]. Die von Caspersen [3] vorgenommene Unterscheidung ist nach wie vor sinnvoll, um körperliche Fitnesskomponenten zu beschreiben, die eine Relevanz für die sportliche Leistung haben.

M. Gäbler · U. Granacher (✉)
Trainings- und Bewegungswissenschaft, Wirtschafts- und Verhaltenswissenschaftliche Fakultät, Albert-Ludwigs-Universität Freiburg, Freiburg, Deutschland
E-Mail: urs.granacher@sport.uni-freiburg.de

M. Schumann, B. R. Rønnestad (Hrsg.), *Kombiniertes Ausdauer- und Krafttraining*, https://doi.org/10.1007/978-3-031-36310-8_17

Tab. 17.1 Komponenten der körperlichen Fitness, die nach Caspersen [3] als gesundheits- und fertigkeitsbezogen eingestuft und nach Bouchard et al. [4] aktualisiert wurden

Gesundheitsbezogene Fitnesskomponenten	Fertigkeitsbezogene Fitnesskomponenten
Kardiorespiratorische Fitness (Herz-/Lungenfunktion, Blutdruck)	Gewandtheit (Agilität)*
Morphologische Komponente (BMI, Körperzusammensetzung, Beweglichkeit)	Gleichgewicht*
Muskuläre Fitness (Maximal- und Schnellkraft, Kraftausdauer)	Koordination*
Motorik (Gewandtheit, Gleichgewicht, Koordination, Schnelligkeit)	Schnelligkeit*
Metabolische Komponente (Glukosetoleranz, Inflammation)	Schnellkraft*
	Reaktionszeit

Hinweis: Die mit * gekennzeichneten Komponenten gelten auch als gesundheitsbezogene Fitnesskomponenten

Die Bedeutung des Ausdauer- und Krafttrainings für Kinder und Jugendliche

Es ist unbestritten, dass körperliche Aktivität positive Auswirkungen auf die Gesundheit von Kindern und Jugendlichen hat. Die Weltgesundheitsorganisation (WHO) [7] empfiehlt Kindern und Jugendlichen im Alter von 5 bis 17 Jahren, sich täglich mindestens 60 min mit moderater bis hoher Intensität zu bewegen. Der Großteil der täglichen körperlichen Aktivität sollte aerob sein. Mindestens dreimal pro Woche sollten Aktivitäten mit hoher Intensität durchgeführt werden, einschließlich solcher, die Muskeln und Knochen stärken. Die körperlichen Aktivitätsempfehlungen der WHO umfassen somit sowohl kardiovaskuläre als auch kraftorienterte Aktivitäten, die entweder durch freies Spiel oder auch in organisierten Formen wie Sportunterricht und Sportvereinen durchgeführt werden können. Die derzeitigen Richtlinien [7] können jedoch die Entwicklung der muskulären Fitness (Maximal- und Schnellkraft, Kraftausdauer) beeinträchtigen, die eine Voraussetzung für dynamische und kraftvolle Bewegungen im Alltag und Sport ist [8]. Darüber hinaus erfüllt ein zunehmender Prozentsatz der Heranwachsenden die WHO-Empfehlungen für körperliche Aktivität nicht [9, 10], was als Bewegungsmangel identifiziert wurde, der zu Fettleibigkeit (Adipositas) im Kindesalter führen kann [9, 11–13]. Im Jahr 2008 hielten sich nur 54 % der Kinder im Vorschulalter an das von der WHO empfohlene Maß an körperlicher Aktivität [14]. Eine von der WHO 2009/2010 durchgeführte Umfrage ergab, dass dieser Prozentsatz mit zunehmendem Alter von 23 % bei 11-Jährigen auf 15 % bei 15-Jährigen sinkt [15].

Kombiniertes Ausdauer- und Krafttraining ist jedoch nicht nur für körperlich inaktive Kinder und Jugendliche von besonderer Bedeutung, sondern auch für Nachwuchsleistungssportler. Williams [1] definierte einen Nachwuchsathleten als „ein Kind oder Jugendlichen, der sich noch im Wachstum und in der Reifung zum

Erwachsenen befindet und der systematisch (> 1 × pro Woche) trainiert und Wettkämpfe (> 1 Jahr Wettkampfhistorie) in mindestens einer bestimmten Sportart bestreitet“. Da die meisten Sportarten eine Kombination aus Kraft, Ausdauer (und Schnelligkeit) erfordern [16], sollte das Training von Nachwuchsathleten zumindest einen hohen Aufforderungscharakter für die Entwicklung dieser Komponenten der körperlichen Fitness bieten. Es überrascht nicht, dass das Hinzufügen von Krafttraining zu einem bestehenden Trainingsprogramm bei jungen Sportlern im Alter von 6 bis 18 Jahren zu einer Verbesserung der fertigkeitsbezogenen Komponenten der körperlichen Fitness (z. B. Schnelligkeit und Kraft) führte [5]. Die Teilnahme an einem kombinierten Kraft- und Ausdauertraining kann also dazu beitragen, die WHO-Bewegungsempfehlungen zu erfüllen, die Gesundheit zu fördern und die allgemein motorische sowie sportartspezifische Leistung zu verbessern.

Förderung der körperlichen Entwicklung im Kindes- und Jugendalter

Die körperliche Entwicklung von Kindern und Jugendlichen muss bei jeder Form von körperlichem Training sorgfältig berücksichtigt werden. Verschiedene Modelle [17–20] wurden als Leitfaden für die systematische Entwicklung der körperlichen Fitness (Kraft, Ausdauer, Schnelligkeit) im Kindes- und Jugendalter beschrieben. Der Kern dieser Modelle besteht darin, das Training von Nachwuchsathleten zu optimieren, um ihr körperliches Leistungspotenzial im Erwachsenenalter auszuschöpfen, und somit langfristige Trainingsziele gegenüber kurzfristigen Erfolgen zu bevorzugen. Im Gegensatz zu einem Fokus auf das chronologische Alter [21] erkennen diese Modelle an, dass die Entwicklung der körperlichen Fitness kein linearer Prozess ist, sondern vielmehr mit der biologischen Entwicklung zusammenhängt und unduliert. Daher sollte das Training im Jugendalter diejenigen Komponenten der körperlichen Fitness ansprechen, die eine hohe Sensibilität für Trainingsreize aufweisen. Darüber hinaus können diese Modelle, obwohl sie sich auf die körperliche Entwicklung von Nachwuchsathleten konzentrieren, „ein Ausbildungsweg für alle Kinder und Jugendlichen“ [18, 20] betrachtet werden, der Spaß, Selbstvertrauen und lebenslanges Sporttreiben fördert. Als solche sind sie nützliche Leitfäden für die Individualisierung von Trainingsprogrammen für Kinder und Jugendliche in Abhängigkeit von ihrem biologischen Alter und ihrer bisherigen Trainingserfahrung.

Das erste Modell, das die biologische Entwicklung mit dem Training und der Trainingsfähigkeit von Kindern und Jugendlichen in Beziehung setzt, ist das Modell des langfristigen Leistungsaufbaus (LLA) [17, 18]. Dieses Modell verwendet das Erreichen des Wachstumsspurt (engl. Peak Height Velocity, PHV) als Referenzpunkt. PHV gilt als das Alter in dem eine Person die größte Wachstumsgeschwindigkeit pro Jahr zeigt, und kann anhand einfacher anthropometrischer Maße (d. h. sitzende und stehende Körperhöhe), des Geschlechts und des chronologischen Alters geschätzt werden [22]. Ein kostenloser Online-Rechner für die Bestimmung des Zeitpunkts des Wachstumsspurts (PHV) findet sich auf der Website der University of Saskatchewan [23]. Die Einbeziehung der PHV in das Training der körperlichen Fitness von Kindern und Jugendlichen ermöglicht eine unterschiedliche und individuelle Gestaltung des Trainings für früh-, normal- und spätentwickelte Kinder und Jugendliche. So nutzt das LLA-Modell das Einsetzen des Wachstumsspurts als Referenz, um sogenannte „windows of opportunity“ in der körperlichen Entwicklung zu bestimmen, die für das Erreichen des eigenen sportlichen Potenzials entscheidend sind [17, 18, 24]. Der Mangel an empirischen Belegen für „windows of opportunity“ führte jedoch zur Kritik des LLA-Modellsl [19, 25].

Lloyd et al. [19] entwickelten das LLA Modell zum sog. „Youth Physical Development“ (YPD) und später zum „Composite Youth Development Modell“ (CYD) weiter. Das YPD-Modell (später das CYD-Modell) geht davon aus, dass die Komponenten der körperlichen Fitness während der gesamten Kindheit und Jugend trainierbar sind, dass sich aber die Bedeutung des Trainings der verschiedenen Komponenten mit der Reifung ändert. Ähnlich wie beim LLA-Modell wird der Beginn des Wachstumsspurts als Referenzpunkt zur Bestimmung des biologischen Alters verwendet. Darüber hinaus gibt es unterschiedliche CYD-Modelle für Jungend und Mädchen, und das Modell sollte entsprechend dem anfänglichen Trainingszustand angepasst werden [19, 20]. Das CYD-Modell [20] schlägt außerdem vor, dass der Schwerpunkt des Trainings auf dem biologischen Reifestatus entsprechend den Jahren nach dem Wachstumsspurt und den damit verbundenen Entwicklungsstufen des Individuums liegen sollte.

Gemäß des CYD-Modells ändert sich die Bedeutung der Entwicklung bestimmter Komponenten der körperlichen Fitness in den verschiedenen Entwicklungsphasen. Die frühe Kindheit ist eine Periode schnellen Wachstums, die ungefähr im chronologischen Alter von 2–4 Jahren beginnt. In diesem Entwicklungsstadium sollte körperliche Aktivität unstrukturiert sein, spielerisch erfolgen und Spaß machen. Die Entwicklung elementarer Bewegungsfertigkeiten (FMS) und Muskelkraft sollte im Vordergrund stehen [19, 20, 26]. Die verbleibenden Jahre vor dem Wachstumsspurt umfassen das Entwicklungsstadium der mittleren Kindheit und sind mit einer stetigen Zunahme der Körperhöhe verbunden. Diese Phase dauert bei Jungen in der Regel länger (5–13 Jahre) als bei Mädchen (5–11 Jahre) [27, 28]. In dieser Zeit sollten Training und körperliche Aktivitäten sehr variabel sein, ohne dass eine Spezialisierung auf eine einzige Sportart erfolgt [29]. Daher sollte der Schwerpunkt weiterhin auf der Entwicklung von Muskelkraft und FMS und in geringerem Maße auf der Entwicklung von Beweglichkeit, Gewandtheit/Agilität, Schnelligkeit und Kraft liegen [19, 20]. Der Beginn der Adoleszenz ist durch eine Zunahme der Wachstumsrate gekennzeichnet, die im Wachstumsspurt ihren Höhepunkt findet und danach bis zum Erwachsenenalter langsam abnimmt [27, 30]. Die Adoleszenz dauert bei Jungen etwa von 14–20 Jahren und bei Mädchen von 12–18 Jahren. Die Trainingsinhalte werden im Laufe der Trainings- und Entwicklungsjahre immer spezifischer, sodass zu Beginn allgemein athletische Inhalte im Fokus stehen, die zunehmend durch sportartspezifische Trainingsinhalte ersetzt werden [19, 20, 29]. Erst nach dem Wachstumsspurt wird der Schwerpunkt des Trainings immer mehr in Richtung sportartspezifische Ausbildung verschoben.

Ausdauertraining mit dem Ziel der metabolischen Reizsetzung werden im späten Jugendalter wichtiger, aber die Trainingsinhalte können je nach Population und ausgeübter Sportart unterschiedlich sein. So könnte es individuelle Unterschiede in der relativen Bedeutung bestimmter Komponenten der körperlichen Fitness geben. Insbesondere junge Ausdauersportler möchten möglicherweise größere Ausdauertrainingsumfänge durchführen, um eine hohe aerobe Kapazität zu entwickeln [31]. Insgesamt legt das CYD-Modell nahe, dass die Entwicklung von Muskelkraft sowohl bei Kindern als auch bei Jugendlichen eine zentrale Stellung einnehmen sollte, während die Bedeutung des aeroben Trainings erst im Laufe der Entwicklungsphasen allmählich zunimmt [20].

Der zentrale Stellenwert der Muskelkraft im CYD Modell [20] scheint im Widerspruch zu den Ansichten der WHO [7] zu stehen, die die Wichtigkeit des Ausdauertrainings betont. Dieser Widerspruch lässt sich wahrscheinlich am besten durch eine Unterscheidung der Trainingsziele verstehen. Das Hauptanliegen der WHO ist die Förderung der Gesundheit durch die Verringerung von Bewegungsmangel, Übergewicht und Adipositas, während das CYD die Förderung der körperlichen Entwicklung, der Bewegungskompetenz und des lebenslangen Sporttreibens zum Ziel hat. Wenn die Kraftentwicklung vernachlässigt wird und die Muskelkraft mangelhaft ist, droht sich eine negative Kaskade zu manifestieren, die als Bewegungsmangelstörung bezeichnet wird [11]. Die Kaskade beginnt mit einer verminderten motorischen Kompetenz, die zu einem geringen Bewegungsselbstvertrauen und einem vermehrten Inaktivitätsverhalten führt, was letztlich negative gesundheitliche Folgen im späteren Leben hervorrufen kann [28]. In engem Zusammenhang mit diesem Bewegungsdefizit steht der kürzlich in der Pädiatrie eingeführte Begriff Dynapenie [8, 13]. Dynapenie ist ein Mangel an Muskelkraft mit zunehmendem Alter, der in der Regel im geriatrischen Kontext verwendet wird [32]. Kürzlich beschrieb Faigenbaum [13] die pädiatrische Dynapenie als einen erworbenen Zustand, der nicht durch eine neurologische oder muskuläre Erkrankung verursacht wird und der durch Krafttraining reversibel ist [8].

Fasst man die genannten Empfehlungen zusammen, kommt man zu dem Schluss, dass die körperliche Entwicklung von Kindern und Jugendlichen durch Krafttraining gefördert werden sollte [19, 20], während ein Mindestmaß an aerober Aktivität (60 min/Tag) für positive gesundheitliche Ergebnisse empfohlen wird [7]. In einer kürzlich veröffentlichten Übersichtsarbeit fassten Pichardo et al. [33] die verfügbaren LLA-Modelle zusammen und integrierten sie in einem neuen konzeptionellen Ansatz.

Krafttraining

Angesichts der Transferwirkungen, die die Muskelkraft auf verschiedene Komponenten der körperlichen Fitness hat [34], überrascht es nicht, dass nationale und internationale Standesorganisationen wie die WHO [7], die American Academy of Pediatrics [35], das Internationale Olympische Komitee [36] und die National Strength and Conditioning Association of America [37] und Großbritanniens [21]

Krafttraining im Kindes- und Jugendalter vorbehaltlos empfehlen. Mit dem Krafttraining kann begonnen werden, sobald Kinder in der Lage sind, Anweisungen zu verstehen und diese zu befolgen [38], was in der Regel auf ein Mindestalter von 6 Jahren hinausläuft [39]. Es sollte jedoch hervorgehoben werden, dass das Erlernen der richtigen Bewegungstechnik und die Beaufsichtigung durch geschultes Personal aus Sicherheitsgründen erforderlich sind.

Wirkungen

Metaanalysen zeigen im Allgemeinen positive Effekte von Krafttraining auf die muskuläre Fitness (d. h. Maximal- und Schnellkraft, Kraftausdauer [40]) und die Bewegungsfertigkeiten (siehe Tab. 17.2 für einen Überblick) bei Kindern und Jugendlichen Payne et al. [41] fanden moderate Effektstärken (EG = 0,75) von

Tab. 17.2 Effektstärken von Krafttraining bei Jugendlichen auf die muskuläre Fitness, Bewegungsfertigkeiten und sportartspezifische Leistung, die in mehreren Metaanalysen berechnet wurden

Studie	Population	Maß für die Effektstärke	Muskuläre Fitness[a]	Bewegungskompetenz[b]	Sportartspezifische Leistung[c]
Payne et al. 1997 [41]	Untrainierte Jugendliche ≤ 18 Jahre	Mittelwert Cohen's d	0,75	–	–
Behringer et al. 2010 [42]	Untrainierte Jugendliche ≤ 18 Jahre	Gewichteter Mittelwert Hedges'g	1,12	–	–
Behringer et al. 2011 [43]	Untrainierte Jugendliche ≤ 18 Jahre	Gewichteter Mittelwert Hedges' g	–	0,52	–
Falk und Tenenbaum 1996 [44]	Untrainierte Mädchen ≤ 12 Jahre/ Jungen ≤ 13 Jahre	Mittelwert Cohen's d	0,57		
Harries et al. 2012 [45]	Jugendliche Sportler 13–18 Jahre	Gewichteter mittlerer Unterschied (cm)[d]		3,08[d]	
Lesinski et al. 2016 [5]	Junge Sportler 6–18 Jahre	Gewichteter Mittelwert Hedges' g	1,09	0,58; 0,68; 0,80	0,75
Behm et al. 2017 [46]	Alle Jugendlichen < 18 Jahre	Standardisierte mittlere Differenz innerhalb der Gruppe	1,14	0,48; 0,53	–

[a]Die muskuläre Fitness umfasst Parameter der Maximal- und Schnellkraft sowie der Kraftausdauer
[b]Zu den Bewegungsfertigkeiten gehören Sprinten, Springen und Tests der Beweglichkeit
[c]Zu den sportartspezifischen Leistungen gehören die Wurf- und Schussgeschwindigkeit
[d]Harries et al. 2012 [45] berichteten keine Effektstärken, aber absolute Unterschiede in der Sprunghöhe

Krafttraining auf Parameter der Maximalkraft und der Kraftausdauer bei nicht-sportlichen Jugendlichen (≤ 18 Jahre). Isokinetische Trainingsprogramme sind weniger wirksam als isometrische oder isotonische Programme. Alter und Geschlecht hatten keinen Einfluss auf die Wirksamkeit des Krafttrainings, aber es gilt zu beachten, dass die Effektstärken in dieser Studie weder für kleine Stichproben korrigiert noch gewichtet wurden. Behm et al. [46] analysierten die Prä-Post-Differenzen von 107 Studien und stellten fest, dass Krafttraining bei Kindern und Jugendlichen geringe Auswirkungen auf die Sprintleistung (EG = 0,48), moderate Auswirkungen auf die Sprungkraft (EG = 0,53) und hohe Auswirkungen auf die Maximalkraft der unteren Extremitäten (EG = 1,14) hatte. Subanalysen ergaben, dass Kinder und nicht-sportliche Jugendliche mit höheren Effekten auf das Training reagierten.
Zwei neue Meta-Analysen [42, 43] ergaben, dass Krafttraining bei untrainierten Jugendlichen (≤ 18 Jahre) große Auswirkungen (EG = 1,12) auf die Maximalkraft [42] und moderate Auswirkungen (EG = 0,52) auf die motorischen Fertigkeiten Laufen, Springen und Werfen [43] hatte. Darüber hinaus bestand ein negativer Zusammenhang zwischen dem Alter (r = −0,25) und den trainingsbedingten Verbesserungen der Bewegungsfertigkeiten [43], doch zeigten Jugendliche bei der Maximalkraft größere Fortschritte als präpubertäre Kinder [42]. Dieser Befund wurde durch eine frühe Metaanalyse [44] gestützt, die nur moderate Effekte (EG = 0,57) des Krafttrainings auf die Maximalkraft bei Kindern (Jungen ≤ 13 Jahre, Mädchen ≤ 12 Jahre) ergab. Zwei weitere Meta-Analysen wurden veröffentlicht, die sich speziell auf Nachwuchsathleten konzentrierten [5, 45]. Harries et al. [45] fanden bei jugendlichen Sportlern im Alter von 13 bis 18 Jahren große Krafttrainingswirkungen auf die Sprungleistung (mittlere Differenz = 3,1 cm). Sie kamen zu dem Schluss, dass plyometrisches Training (Sprungkrafttraining) zu den größten Verbesserungen führte. Darüber hinaus analysierten Lesinski et al. [5] in einer Meta-Analyse Studien, die sowohl Kinder als auch Jugendliche einschlossen, und fanden große Auswirkungen des Krafttrainings auf die Maximalkraft (EG = 1,09) und die vertikale Sprungleistung (EG = 0,80). Krafttraining hatte moderate und positive Auswirkungen auf Bewegungsfertigkeiten wie Sprint (EG = 0,58), Beweglichkeit (EG = 0,68) und sportartspezifische Leistungen (EG = 0,75). Der Einfluss des Alters auf die Trainingsanpassungen war bei Sportlern [5] im Vergleich zu untrainierten Gleichaltrigen umgekehrt [42, 43]. Bei Sportlern wurde festgestellt, dass Kinder im Vergleich zu Jugendlichen einen größeren Nutzen aus dem Krafttraining in Bezug auf die Maximalkraft, nicht aber in Bezug auf die Bewegungsfertigkeiten, insbesondere bei sportartspezifischen Leistungen, zogen. Faigenbaum et al. [28] wiesen darauf hin, dass sich die Dosis-Wirkungs-Beziehungen zwischen trainierten und untrainierten Kindern und Jugendlichen unterscheiden können (siehe nächster Abschnitt). Die längere Trainingshistorie, die jugendliche Athleten im Vergleich zu Kindern und untrainierten Jugendlichen aufweisen, könnte die relativ geringeren trainingsinduzierten Fortschritte bei jugendlichen Athleten erklären. Aus diesen Daten lässt sich schließen, dass Krafttraining die Maximalkraft, die Bewegungsfertigkeiten und die sportliche Leistung von Kindern und Jugendlichen verbessern kann und dass Alter und Trainingszustand einen moderierenden Einfluss auf diese Ergebnisse haben.

Dosis-Wirkungs-Beziehungen und Empfehlungen

Behringer et al. [43] fanden einen positiven linearen Zusammenhang zwischen der Intensität (% des Einer-Wiederholungs-Maximums [EWM]) und den Verbesserungen der Bewegungsfertigkeiten (Werfen, Springen und Laufen) bei untrainierten Kindern und Jugendlichen (≤ 18 Jahre). Ihre Daten legen nahe, dass eine Mindestintensität von 50 % des EWM erforderlich ist, um die Bewegungsfertigkeiten zu verbessern. Krafttrainingsparameter bei jungen Sportlern im Alter von 6 bis 18 Jahren lassen sich aus der Analyse der Dosis-Wirkungs-Beziehungen zwischen Krafttrainingsparametern und verbesserter Maximalkraft von Lesinski et al. ableiten [5]. Die größten Maximalkraftzuwächse wurden beim Freihanteltraining bei einer Häufigkeit von zwei bis drei Einheiten pro Woche mit fünf Sätzen pro Übung und einer Intensität von 80–89 % des EWM erzielt. Zukünftige Studien sollten jedoch das Verletzungsrisiko beim Trainings mit solch hohen Lasten bei jungen Sportlern oder untrainierten Jugendlichen überprüfen [28]. Expertenmeinungen [2] zur Progression der Intensität halten es für eine sichere Praxis, die richtige Bewegungstechnik mit niedrigen Lasten zu erlernen, bevor man zu höheren Lasten übergeht. Spezifische Empfehlungen für Jugendliche, die mit dem Krafttraining beginnen, finden sich in den Übersichtsartikeln von Behm et al. [47] und Faigenbaum et al. [34]. Diesen Richtlinien zufolge sollte das Krafttraining an 2 oder 3 nicht aufeinanderfolgenden Tagen pro Woche durchgeführt werden, wobei 1 oder 2 Sätze mit 8–15 Wiederholungen in 8–12 verschiedenen Übungen mit einer Intensität von etwa 60 % des EWM durchgeführt werden sollten. Nach der Etablierung einer korrekten Bewegungstechnik kann das Kind oder der Jugendliche zu 2–4 Sätzen mit 6–12 Wiederholungen bei einer Intensität von bis zu 80 % der EWM fortschreiten [21]. In diesem Stadium können komplexe Bewegungen eingeführt werden [47], wie z. B. das Gewichtheben (siehe Lloyd et al. [48] für Leitlinien zur Entwicklung fortgeschrittener Gewichthebetechniken). Mit zunehmender Trainingserfahrung und Belastungstoleranz kann die Intensität noch weiter gesteigert werden (< 6 Wiederholungen bei > 85 % des EWM [5]). Diese Empfehlungen sind zusätzlich in Tab. 17.3 zusammengefasst.

Anpassungen

Eine Steigerung der Muskelkraft kann sowohl durch neuronale [50–53] als auch durch muskuläre [52–56] Anpassungen erreicht werden. Zu den trainingsbedingten neuronalen Anpassungen gehören eine erhöhte Rekrutierung und Feuerungsrate der motorischen Einheiten, eine verstärkte antagonistische Hemmung und eine verbesserte inter- und intramuskuläre Koordination. Die wichtigste muskuläre Anpassung, die zu einer Kraftsteigerung führt, ist die Muskelhypertrophie, aber auch Veränderungen des Fiederungswinkels [56], der Myosin-Isoformen [57, 58] sowie der Sehnensteifigkeit [59] können zu einer Kraftsteigerung beitragen. Legerlotz et al. [59] berichteten in ihrer Übersichtsarbeit die physiologischen Anpassungen

Tab. 17.3 Zusammenfassung der Evidenz und der von Experten ausgesprochenen Empfehlungen für Krafttraining, Ausdauertraining und körperliche Aktivität in Abhängigkeit des Leistungsniveaus

Parameter	Niedriges Leistungsniveau	Mittleres Leistungsniveau	Hohes Leistungsniveau
Krafttraining			
Häufigkeit (w^{-1})	2	2–3	2–4
Sätze pro Übung (N)	1–2	2–4	Mehrere
Wiederholungen pro Satz (N)	8–15	6–12	≤ 6
Intensität (% von EWM)	≤ 60 %	≤ 80 %	≥ 85 %
Ausdauertraining			
Häufigkeit	3–4 Einheiten pro Woche		
Dauer	40–60 min		
Intensität	85–90 % der maximalen Herzfrequenz		
Körperliche Aktivität			
Häufigkeit	7 Tage pro Woche		
Dauer	≥ 60 min		
Intensität	≥ 50 % der maximalen Herzfrequenz		

Hinweis: Die Empfehlungen für körperliche Aktivität sollten als integriertes Kraft- und Ausdauertraining betrachtet werden. So gelten z. B. 60 min hochintensives Laufen sowohl als aerobes Training als auch als körperliche Aktivität. Die Empfehlungen basieren auf Behm et al. [47], Faigenbaum et al. [34], Lesinski et al. [5] für Krafttraining, Armstrong et al. [49] für Ausdauertraining und WHO [7] für körperliche Aktivität

von Nachwuchsathleten nach einem Krafttraining. Sie kamen zu dem Schluss, dass trainingsbedingte Verbesserungen der motorischen Leistung bei Kindern mit einer verbesserten neuromuskulären Kontrolle und morphologischen Anpassungen von Muskeln und Sehnen zusammenhängen, obwohl die Muskelhypertrophie begrenzt zu sein scheint. Da präpubertäre Kinder nur eine minimale trainingsinduzierte Muskelhypertrophie aufweisen [60], wird allgemein angenommen, dass trainingsinduzierte Kraftzuwächse in dieser Population auf neuronale Anpassungsprozesse zurückzuführen sind. Außerdem verfügen Kinder nicht über die für die Muskelhypertrophie erforderlichen androgenen Hormone [19, 59]. Tatsächlich wurde festgestellt [61], dass Kinder im Alter von 10 Jahren trainingsinduzierte Kraftzuwächse der Armbeuger aufwiesen, die mit einer Zunahme der Muskelaktivität im Elektromyogramm einhergingen, aber nicht mit einer Zunahme des Oberarmumfangs. Im Gegensatz zu Kindern zeigten Jugendliche nach mechanischer Belastung eine Muskelhypertrophie [59], die zusammen mit neuronalen Anpassungen zur Kraftsteigerung beigetragen haben könnte. Es ist anzunehmen, dass dies mit den Veränderungen des Hormonspiegels (d. h. erhöhter Testosteronspiegel) in der Pubertät zusammenhängt, die für das Auftreten von Muskelhypertrophie entscheidend sein können [19, 24, 27]. Diese Unterschiede in den physiologischen Trainingsanpassungen unterstreichen erneut die Bedeutung des biologischen Alters für die Planung von Training.

Ausdauertraining

Im Gegensatz zu den eindeutigen Vorteilen des Krafttrainings bei Kindern und Jugendlichen scheint die Trainierbarkeit der aeroben Fitness eher begrenzt zu sein [62]. Ein zusammengesetztes Maß für die aerobe Fitness ist die maximale Sauerstoffaufnahme (VO_{2max}), die vom maximalen Herzzeitvolumen (Schlagvolumen und Herzfrequenz) und der arteriell-venösen Sauerstoffdifferenz abhängt. Da die VO_2 -Kurve bei vielen Jugendlichen jedoch bei Ausbelastung kein Plateau aufweist, ist die peak Sauerstoffaufnahme (VO_{2peak}) das bevorzugte Maß für die Abschätzung der aeroben Fitness [63]. VO_2 wird gewöhnlich im Verhältnis zur Körpermasse ausgedrückt (in $mL \cdot kg^{-1} \cdot min^{-1}$). Bei Normalisierung auf die Körpermasse bei Nicht-Sportlern bleibt die VO_{2peak} bei Jungen während des Wachstums und der Reifung ziemlich konstant, während bei Mädchen sogar ein Rückgang zu verzeichnen ist [31].

Payne und Morrow [64] fanden heraus, dass aerobes Training bei Kindern kleine bis große Wirkungen auf die VO_{2peak} hatte, wobei das Ausmaß vom Studiendesign abhing (Längsschnitt: EG = 0,35, Querschnitt: EG = 0,94). Eine weitere systematische Übersichtsarbeit [65] ergab, dass nach einem aeroben Training bei Kindern und Jugendlichen im Alter von 5–16 Jahren ein Anstieg der VO_{2peak} um 5–6 % beobachtet wurde. Darüber hinaus liefern einige Querschnittsstudien indirekte Hinweise auf die Trainierbarkeit der VO_{2peak} bei jungen Menschen, da Nachwuchsathleten höhere VO_{2peak}-Werte aufwiesen als ihre untrainierten Altersgenossen [31].

Die beobachteten Unterschiede bei den Spitzenwerten der VO_2 werden im Allgemeinen auf Unterschiede im Schlagvolumen zurückgeführt, was darauf hindeutet, dass alle Versuche, die aerobe Kapazität bei Jugendlichen zu verbessern, auf eine Verbesserung des Schlagvolumens abzielen sollten. Darüber hinaus scheint die Trainingsintensität ein entscheidender Faktor für die Verbesserung der VO_{2peak} zu sein. Narrative und systematische Übersichten [31, 65, 66] haben gezeigt, dass nur das Training bei Intensitäten nahe der maximalen Herzfrequenzrate (85–90 %), nicht aber bei niedrigeren Intensitäten (< 80 % der maximalen Herzfrequenz) eine Wirkung auf die VO_{2peak} bei Jugendlichen hat. Auf der Grundlage dieser Ergebnisse schlugen Armstrong et al. [49] vor, dass das Ausdauertraining bei Kindern und Jugendlichen drei- bis viermal pro Woche mit einer Dauer von 40–60 min und einer Intensität von 85–90 % der maximalen Herzfrequenzrate durchgeführt werden sollte (siehe auch Tab. 17.3).

Kombiniertes Ausdauer- und Krafttraining bei gesunden Kindern und Jugendlichen

Singulär angewandte Ausdauer- oder Krafttrainingsprogramme können zur Verbesserung der körperlichen Fitness eingesetzt werden und wirken sich positiv auf die Gesundheit und die sportliche Leistung aus. Das Prinzip der Trainingsspezifität [52] besagt jedoch, dass die Bandbreite der Anpassungen nach dem Training begrenzt ist. Daher ist eine Kombination aus Ausdauer- und Krafttraining vorzuziehen, um ein breiteres Wirkungsspektrum an körperlichen Fitnesskomponenten gleichzeitig zu verbessern. Interessanterweise entsprechen die Anpassungen durch kombiniertes Ausdauer- und Krafttraining bei Erwachsenen nicht immer der Summe der Anpassungen durch das jeweilig singulär angewandte Ausdauer- oder Krafttraining. Insbesondere die Anpassungen an das Krafttraining (z. B. muskuläre Fitness und Muskelhypertrophie) können beeinträchtigt werden, wenn gleichzeitig Ausdauertraining und Krafttraining durchgeführt werden [67]. Die potenziell störenden Auswirkungen des kombinierten Trainings werden in Teil II dieses Buches ausführlich erörtert (Interferenzen). Für dieses Kapitel ist von Bedeutung, dass ein hohes Volumen an Ausdauertraining die Kraftentwicklung einschränken kann, da es aufgrund potenziell ungleicher muskulärer Anpassungen die Muskelhypertrophie beeinträchtigen kann [68]. Weitere Studien deuten darauf hin [69], dass die Beeinträchtigung eher bei der Maximal- und Schnellkraft (d. h. bei den neuromuskulären Anpassungen) als bei der Muskelhypertrophie ausgeprägt sein könnte. Es ist anzumerken, dass unser derzeitiges Wissen fast ausschließlich aus Erwachsenenstudien stammt [67]. Aufgrund der limitierten Literatur ist viel weniger über mögliche Interferenzen durch kombiniertes Ausdauer- und Krafttraining bei Kindern und Jugendlichen bekannt. Aufgrund von Wachstum und Reifung lassen sich die Ergebnisse von Studien an Erwachsenen nicht einfach auf die Population von Kindern und Jugendlichen übertragen [70, 71]. Die in einem früheren Abschnitt dieses Kapitels beschriebenen Anpassungen an das Krafttraining machen deutlich, wie wichtig es ist, das biologische Alter bei der Entwicklung von Trainingsmaßnahmen zu berücksichtigen. Da vorpubertäre Kinder nur eine geringe Fähigkeit zur Muskelhypertrophie aufweisen, könnte man vermuten, dass Ausdauertraining die Anpassungen beim Krafttraining nur minimal beeinflusst. Sollte es jedoch zu einer Beeinflussung der neuronalen Anpassungen kommen [69], so ist dies bei der Planung von Trainingsprogrammen für Kinder zu berücksichtigen. Jugendliche hingegen zeigen neben neuronalen Anpassungen auch eine trainingsinduzierte Muskelhypertrophie, und es könnten Interferenzmechanismen auftreten, wenn Ausdauer- und Krafttraining kombiniert werden.

Die bisher zum kombinierten Ausdauer- und Krafttraining bei Kindern und Jugendlichen verfügbaren Übersichtsarbeiten, haben nur Studien an Personen mit Übergewicht eingeschlossen [72, 73] und werden in einem späteren Abschnitt dieses Kapitels besprochen. Eine systematische Übersichtsarbeit mit Meta-analyse ist zu den Auswirkungen des kombinierten Trainings bei gesunden Kindern und Jugendlichen durchgeführt worden, wobei der Schwerpunkt auf Nachwuchsathleten lag [74]. In Studien zum kombinierten Ausdauer- und Krafttraining wird üblicherweise eine Gruppe, die sowohl Ausdauer- als auch Krafttraining durchführt, mit einer Gruppe verglichen, die nur Ausdauer- oder Krafttraining absolviert. Unsere Meta-Analyse [74] umfasste 15 Studien, von denen 11 mit Ausdauersportlern (Läufer, Schwimmer, Ruderer und Skilangläufer) und 4 mit untrainierten Kindern und Jugendlichen durchgeführt wurden. Die Studien mit Sportlern erlaubten Vergleiche zwischen singulärem Ausdauer- und kombiniertem Ausdauer- und Krafttraining, während die Studien mit untrainierten Kindern und Jugendlichen nur Vergleiche zwischen singulärem Kraft- und kombiniertem Training zuließen. Die wichtigsten Ergebnisse der Meta-Analyse sind in Abb. 17.1 dargestellt.

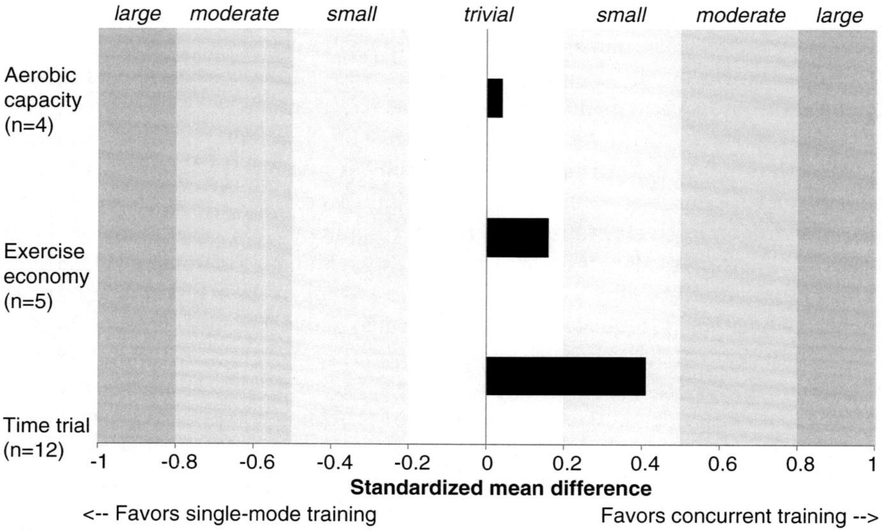

Abb. 17.1 Auswirkungen von kombiniertem Ausdauer- und Krafttraining im Vergleich zu singulärem Ausdauertraining auf verschiedene Parameter bei Nachwuchsathleten im Alter von 10–18 Jahren. Die positiven Effektstärken sprechen für das kombinierte Training. N steht für die Anzahl der Trainingsgruppen (Interventionsarme), die in die Meta-Analyse einbezogen wurden [74]. Die Balken stellen die gewichteten, standardisierten Mittelwertunterschiede in der aeroben Kapazität (VO_{2peal} oder VO_{2max}), der Bewegungsökonomie (VO_2 bei einer bestimmten Trainingsintensität) und der sportlichen Leistung (Zeitfahren) dar

Zusätzliches Krafttraining zur Verbesserung der aeroben Leistungsfähigkeit

Das hinzuschalten eines Krafttrainings zu einem aerob dominierten Trainingsprotokoll hatte bei Nachwuchsathleten im Alter von 10–18 Jahren nur geringe Auswirkungen auf die Zeitfahrleistung (EG = 0,41) [73]. Eine Subanalyse ergab, dass die Effekte bei Jugendlichen moderat (EG = 0,52) und bei Kindern nur gering (EG = 0,17) waren. Diese Ergebnisse deuten darauf hin, dass bei Nachwuchsathleten Ausdauertraining in Kombination mit Krafttraining die Leistung beim Laufen, Schwimmen, Rudern und Skilanglauf stärker verbessert als ein singuläres Ausdauertraining. Weitere Daten der inkludierten Studien zeigten, dass kombiniertes Training triviale positive Auswirkungen (EG = 0,04) auf die aerobe Kapazität (VO_{2max} oder VO_{2peak}) und die Bewegungsökonomie (EG = 0,16) (VO_2 bei einer bestimmten Trainingsintensität) hatte. Diese Ergebnisse deuten darauf hin, dass kombiniertes Ausdauer- und Krafttraining die Zeitfahrleistung von Nachwuchsathleten stärker verbessern kann als aerobes Training allein. Die aerobe Kapazität und die Bewegungsökonomie scheinen jedoch durch zusätzliches Krafttraining nicht beeinträchtigt zu werden. Es gilt allerdings zu beachten, dass in den meisten der einbezogenen Studien die maximale aerobe Kapazität und die Ökonomie nicht untersucht wurden. Weitere Untersuchungen sind erforderlich, um die zugrundeliegenden Mechanismen zu klären, die zur Verbesserung der sportlichen Leistung beitragen.

Ein methodisch hochwertige Studie zu diesem Thema wurde von Mikkola et al. [75] an einer Gruppe von 25 jungen Langstreckenläufern mit einem Durchschnittsalter von 17 Jahren durchgeführt. Anstatt zusätzliche Trainingsstunden hinzuzufügen, wie es in den meisten anderen Studien der Fall ist, ersetzten sie 19 % des Ausdauertrainingsumfangs durch Schnellkrafttraining, dreimal wöchentlich durchgeführt, über 8 Wochen. Auf diese Weise wurde sichergestellt, dass der Trainingsumfang in beiden Gruppen vergleichbar war (Ausdauertraining: 8,5 h/Woche; kombiniertes Ausdauer- und Krafttraining: 8,8 h/Woche). Zu den durchgeführten Kraftübungen gehörten Sprints (30–150 m), verschiedene Sprünge und Kraftübungen, um die wichtigsten Muskelgruppen der unteren Extremitäten und des Rumpfes zu stärken. Die Kraftübungen wurden mit 2 bis 3 Sätzen und 6 bis 10 Wiederholungen bei geringer Last und hoher Bewegungsgeschwindigkeit durchgeführt. Das Ausdauertraining bestand hauptsächlich aus Laufen unterhalb der individuell festgelegten anaeroben Schwelle. Die Autoren stellten fest, dass die isometrische Beinkraft (8 % gegenüber 3 %) in der Gruppe mit kombiniertem Training stärker zunahm als in der Gruppe mit singulärem Ausdauertraining, und dass diese Verbesserungen mit einer Zunahme der neuralen Aktivität ($r = 0{,}7$) der Kniestrecker-Muskulatur einhergingen, während auch die Dicke des Quadriceps femoris zunahm (4 % gegenüber 2 %). Interessant für diese spezielle Population war, dass das Training eine positive Auswirkung auf die Laufökonomie hatte, ohne die VO_{2max} zu beeinflussen. Der Sauerstoffverbrauch bei submaximalen Geschwindigkeiten wurde nach dem kombinierten Training reduziert (– 3 % bei 14 km/h), nicht aber nach dem singulären Ausdauertraining (+ 3 % bei 14 km/h). Diese Ergebnisse deuten darauf hin, dass Schnellkrafttraining die Energiekosten des Laufens bei trainierten jugendlichen Läufern reduziert. Über die zugrundeliegenden Anpassungsmechanismen kann nur spekuliert werden. Die verbesserte Laufökonomie könnte durch eine erhöhte neuromuskuläre Aktivität der motorischen Einheiten vom Typ I zustande gekommen sein [76]. Mögliche trainingsbedingte Anpassungen der Muskel- und/oder Sehnensteifigkeit könnten außerdem zu einer erhöhten Muskel- und Sehnenkontraktilität führen, was eine erhöhte Speicherung von elastischer Energie in den elastischen Komponenten des Muskel-Sehnen-Systems ermöglicht [76]. Infolgedessen geht bei jedem Schritt weniger Energie verloren, was wiederum bedeutet, dass weniger Energie für die Aufrechterhaltung der Laufgeschwindigkeit aufgewendet werden muss.

Keine Beeinträchtigung der Kraftentwicklung durch zusätzliches Ausdauertraining

Um mögliche Interferenzeffekte des Ausdauertrainings auf die Maximal- und/oder Schnellkraft sowie die Muskelhypertrophie zu untersuchen, sollte das kombinierte Training mit singulärem Krafttraining verglichen werden. Bei unserer systematischen Untersuchung wurden jedoch nur wenige Studien identifiziert, die ein solches Design bei untrainierten Kindern [77–79] und Jugendlichen [80] verwendeten. Die identifizierten Studien stammten von derselben Forschungsgruppe und enthielten eine Versuchsreihe mit ähnlichen Untersuchungsmethoden. Alle Studien wurden in Portugal durchgeführt und umfassten eine oder mehrere kombinierte Ausdauer- und Krafttrainingsgruppen, eine Gruppe mit singulärem Krafttraining und eine passive Kontrollgruppe. Das Krafttrainingsprogramm wurde zweimal wöchentlich über 8 Wochen durchgeführt und bestand aus Medizinballwürfen, Sprung- und Sprintübungen. Zusätzlich führten die kombinierten Trainingsgruppen ebenfalls zweimal wöchentlich einen submaximalen 20-m-Shuttle-Run-Test als Ausdauertraining durch. Die aggregierten Daten [74] dieser Studien zeigten, dass die Ergänzung eines Krafttrainingsprogramms durch Ausdauertraining einen geringen Effekt auf die Beinkraft, gemessen an der vertikalen Sprunghöhe, hatte (EG = 0,23). Die geringe Heterogenität der Ergebnisse zwischen den Trainingsgruppen deutet darauf hin, dass die Trainingsanpassungen bei Kindern und Jugendlichen ähnlich waren. Diese Ergebnisse legen weiterhin nahe, dass das Ausdauertraining bei untrainierten Kindern und Jugendlichen keinen interferierenden, sondern einen additiven Effekt auf die Kraftentwicklung (vertikale Sprunghöhe) hat. Die methodischen Einschränkungen dieser vier Studien lassen jedoch auch andere Interpretationen zu. Als potenzielle einschränkend gilt insbesondere die Implementierung des 20-m-Shuttle-Run-Tests sowohl als Trainings- als auch als Messinstrument. Die wiederholten Richtungswechsel bei diesem Test erforderten konstante Beschleunigungen und Abbremsungen des gesamten Körpers. Möglicherweise wurde dadurch auch das neuromuskuläre System trainiert, was sich in einer erhöhten vertikalen Sprunghöhe niederschlug. Weitere Gründe für das Ausbleiben eines Interferenzeffekts können der untrainierte Trainingsstatus der Teilnehmer und/oder der geringe Trainingsumfang darstellen, was bei der Interpretation dieser Daten berücksichtigt werden sollte.

Sequenzierung

Unter bestimmten Umständen (z. B. hoher Trainingsumfang bei Nachwuchsathleten) müssen Ausdauer- und Krafttraining an einem Trainingstag kombiniert werden. Die Reihenfolge, in der die einzelnen Komponenten des Ausdauer- (A) und Krafttrainings (S) durchgeführt werden, kann die Trainingsanpassungen beeinflussen (siehe Kap. 10 und 11). Bislang liegen zwei Studien vor, die sogenannten Sequenzierungseffekte bei Jugendlichen untersucht haben [81, 82]. Diese Studien umfassten junge Fußballspieler im Alter von 14 (um den Wachstumsspurt, PHV) und 17 Jahren (nach dem Wachstumsspurt, PHV). Hier berechneten wir das Effektmaß „Hedges' g" [83] aus den in den Originaldaten dargestellten mittleren Differenzen (d. h. post – prä) und gepoolten Standardabweichungen, um festzustellen, welche Reihenfolge (d. h. aerobes Training vor Krafttraining [A → S] oder umgekehrt [S → A]) die größten Auswirkungen auf Maximal- und Schnellkraft, Muskelhypertrophie und aerobe Kapazität hatte. Abb. 17.2 zeigt Hedges g für ausgewählte Parameter. Zwei Studien mit erwachsenen Fußballspielern [84] und Untrainierten [85] wurden aus Vergleichsgründen ebenfalls in Abb. 17.2 auf-

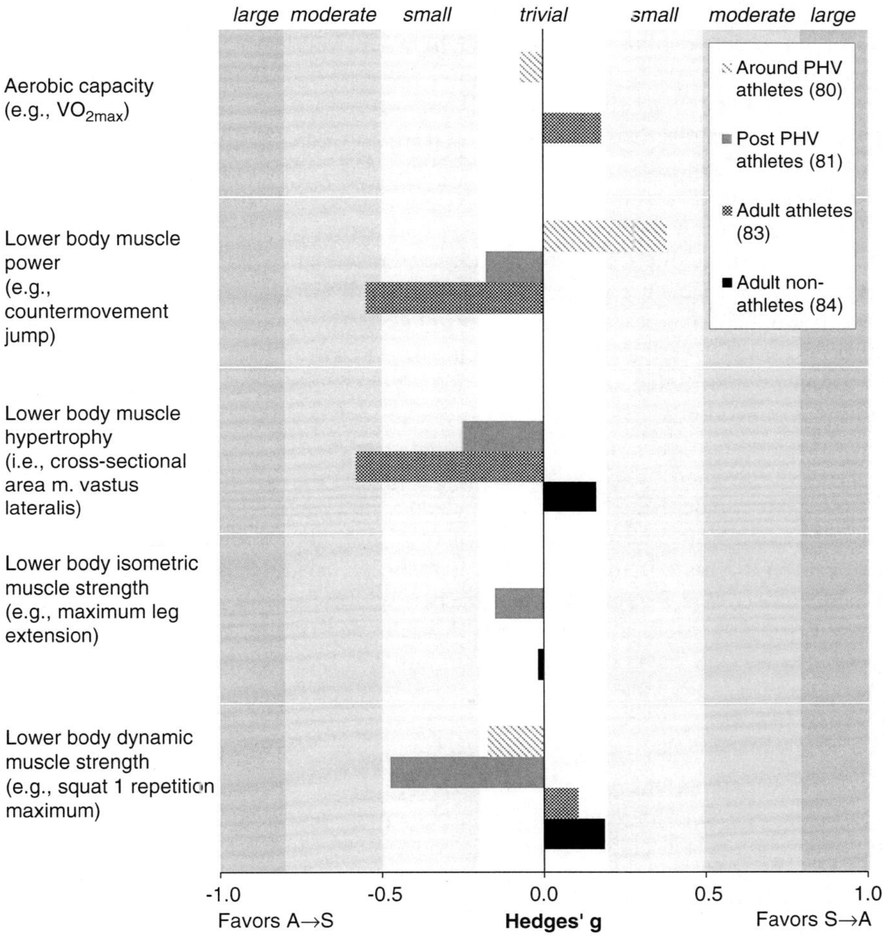

Abb. 17.2 Sequenzierungseffekte von Ausdauer- und Krafttraining auf die aerobe Kapazität, Maximal- und Schnellkraft sowie Muskelhypertrophie in verschiedenen Populationen. Die Effektstärken wurden aus den Mittelwertunterschieden der jeweiligen Gruppen (A → S und S → A) und deren gepoolten Standardabweichungen berechnet [83]

genommen. Obwohl sich viele Effektstärken als trivial herausstellten, wurden einige interessante Diskrepanzen zwischen Jugendlichen und Erwachsenen beobachtet, die im Folgenden diskutiert werden.

Bei Fußballspielern nahe des Wachstumsspurts [81] wurden geringe Effekte für Parameter der Muskelkraft zugunsten von S → A und triviale Effekte für die aerobe Kapazität und die dynamische Muskelkraft zugunsten von A → S festgestellt. Eine andere Versuchsgruppe in dieser Studie [81] führte A und S an alternierenden Tagen durch und ermöglichte so eine längere Erholungszeit zwischen den Trainingseinheiten. Makhlouf et al. [81] zeigten, dass die Durchführung von A und

S an einem Tag zu ähnlichen oder gar größeren Verbesserungen der aeroben Kapazität sowie der Maximal- und Schnellkraft im Vergleich zu der Gruppe führte, die A und S an abwechselnden Tagen durchführte. Eine andere Studie mit Fußballspielern nach dem Wachstumsspurt [82] ergab geringe Auswirkungen auf die Messungen der dynamischen Muskelkraft und Muskelhypertrophie und triviale Auswirkungen auf die Messungen der statischen Muskelkraft und Parameter für die Muskelkraft, alles zugunsten von A → S. Die Diskrepanz der Ergebnisse zwischen Fußballspielern um den Wachstumsspurt und nach dem Wachstumsspurt könnte auf den unterschiedlichen Reifegrad der untersuchten Kohorten zurückzuführen sein. Bei Jugendlichen nach dem Wachstumsspurt erlaubt der hormonelle Status eine trainingsinduzierte Muskelhypertrophie [19]. In diesem Zusammenhang schlug Baar [86] vor, dass die S → A-Sequenzierung die Proteinsynthese und damit die Muskelhypertrophie nach einem Krafttraining beeinträchtigen kann. Diese Beeinträchtigung könnte speziell auf Jugendliche nach dem Wachstumsspurt zurückgeführt werden.

Bei erwachsenen Fußballspielern wurden moderate Effekte für Parameter der Muskelkraft und der Muskelhypertrophie zugunsten von A → S und triviale Effekte für die aerobe Kapazität und die dynamische Muskelkraft zugunsten von S → A festgestellt. Bei untrainierten Erwachsenen wurden triviale Effekte für die Muskelhypertrophie sowie Parameter der statischen und dynamischen Muskelkraft festgestellt. Ein konsistentes Ergebnis bei Erwachsenen scheint zu sein, dass S → A gegenüber A → S bevorzugt wird, wenn das Ziel darin besteht, die dynamische Muskelkraft zu verbessern [84, 85]. Dies wurde durch zwei neuere Meta-Analysen bestätigt [87, 88].

Die oben genannten Ergebnisse deuten auf eine Diskrepanz zwischen der Literatur für Erwachsene und Jugendliche in Bezug auf die Sequenzierungseffekte von Kraft- und Ausdauertraining auf die Verbesserung der dynamischen Muskelkraft hin. Während Erwachsene in erster Linie von S → A profitieren, profitieren Jugendliche von A → S. Kinder und Jugendliche zeigen im Vergleich zu Erwachsenen im Allgemeinen eine größere Widerstandsfähigkeit gegen Ermüdung nach hochintensivem Training [89]. Die Qualität des Krafttrainings wird daher möglicherweise weniger durch ein vorangegangenes Ausdauertraining beeinträchtigt, wenn Jugendliche A → S durchführen, als bei Erwachsenen. Ein weiterer wichtiger Unterschied ist der unterschiedliche Trainingszustand der jungen und der erwachsenen Bevölkerung in den oben genannten Studien. Es wurde bereits früher vermutet, dass untrainierte Personen unabhängig von der Trainingssequenzierung (A oder S) eine größere Anpassungsreserve haben [90]. Insgesamt deuten die vorläufigen Daten darauf hin, dass Jugendliche aufgrund ihrer besseren Widerstandsfähigkeit gegen Ermüdung weniger anfällig für Interferenzeffekte sind als Erwachsene. Bei Fußballspielern um den Wachstumsspurt herum könnte S → A gegenüber A → S zur Verbesserung der Muskelkraft bevorzugt werden. Außerdem könnten Athleten nach dem Wachstumsspurt am meisten von A → S profitieren, da S → A anfälliger für Beeinträchtigungen der Muskelhypertrophie sein könnte.

Effekte von kombiniertem Ausdauer- und Krafttraining auf die Gesundheit

Angesichts der zunehmenden Fettleibigkeit und des steigenden Niveaus der körperlichen Inaktivität bei jungen Menschen ist das wissenschaftliche Interesse an Bewegungsinterventionen zur Förderung der Gesundheit bereits bei jungen Bevölkerungsgruppen gestiegen. Um die Wirksamkeit solcher Maßnahmen zu bewerten, haben García-Hermoso et al. [73] eine Meta-Analyse der Daten aus 12 Studien zu den Auswirkungen eines kombinierten Ausdauer- und Krafttrainings auf die Körperzusammensetzung und den Stoffwechsel bei fettleibigen und übergewichtigen Kindern im Alter von 14 bis 18 Jahren durchgeführt. Sie berücksichtigten insbesondere die Ergebnisse von Studien, in denen eine Gruppe mit kombiniertem Training mit einer Gruppe mit singulären Ausdauertraining verglichen wurde, und stellten fest, dass zusätzliches Krafttraining geringe bis mittlere Auswirkungen auf die Körperzusammensetzung (ES: 0,14–0,47), das Low-Density-Lipoprotein-Cholesterin (ES: 0,35) und die Adiponektinkonzentration (ES = 0,79) hatte, was auf einen verbesserten Stoffwechsel schließen lässt. Diese Daten deuten darauf hin, dass kombiniertes Training bei der Kontrolle der Körper- und Fettmasse sowie bei der Verringerung des Risikos von Herz- und Stoffwechselkrankheiten wirksamer ist als singuläres Ausdauertraining. Die Autoren gaben jedoch nicht an, ob das Krafttraining zusätzlich zum Ausdauertraining oder als Ersatz dafür durchgeführt wurde, was die Interpretation dieser Übersichtsarbeit einschränkt. In einer weiteren Meta-Analyse untersuchten Marson et al. [72] speziell Studien, die die Auswirkungen verschiedener Trainingsformen auf mit Insulinresistenz assoziierte Faktoren bei fettleibigen und übergewichtigen Kindern und Jugendlichen im Alter von 9–17 Jahren untersuchten. Eine erhöhte Insulinresistenz wird mit Fettleibigkeit und Stoffwechselsymptomen im späteren Leben in Verbindung gebracht. Marson et al. [72] fanden heraus, dass Ausdauertraining den Blutinsulinspiegel im Nüchtern-Zustand am erfolgreichsten senkte, während Krafttraining und kombiniertes Training nur begrenzte Auswirkungen zeigten. Der Blutzuckerspiegel änderte sich nach jeder Art von Training nur minimal. Die Ergebnisse deuten darauf hin, dass Ausdauertraining Teil des Trainings sein sollte, um die Insulinresistenz zu verringern, was negative Folgen im späteren Leben reduzieren könnte.

In zwei der im vorigen Abschnitt erwähnten portugiesischen Studien [79, 80] wurde das Körperfett bei gesunden Jugendlichen im Alter von 12–14 Jahren gemessen. Dabei zeigten sich in den Gruppen mit kombiniertem Training die stärksten Rückgänge der Körperfettmasse (2,6–2,8 %), dicht gefolgt von den Gruppen mit singulärem Krafttraining (2,1–2,4 %) und in geringerem Maße in den passiven Kontrollgruppen (0,0–0,9 %). Diese Ergebnisse deuten darauf hin, dass der Körperfettanteil bei jungen Menschen sowohl durch Krafttraining als auch durch Ausdauertraining reduziert werden kann. In Studien zur Ermittlung des Körperfettanteils bei Nachwuchsathleten [75, 91, 92] schienen sowohl das kombinierte (–1,6 % bis + 4,0 %) als auch singuläres Ausdauertraining (0,2–6,0 %) den Körperfettanteil eher zu erhöhen als zu verringern. Obwohl ein ähnlicher Trend wie in untrainierten Populationen festgestellt wurde, lässt sich argumentieren, dass

Nachwuchsathleten in der Regel normale oder niedrige Körperfettwerte haben und eine weitere Verringerung nicht erwünscht ist. Insgesamt scheint das kombinierte Ausdauer- und Krafttraining größere und vielfältigere Auswirkungen auf die Körperzusammensetzung und andere gesundheitsrelevante Faktoren zu haben, als singuläres Ausdauer- oder Krafttraining, aber es bleibt unklar, inwieweit dies das Ergebnis eines höheren Trainingsumfangs oder der größeren Vielfalt der Trainingsformen (d. h. Ausdauer- und Krafttraining) ist.

Empfehlungen für kombiniertes Training bei Kindern und Jugendlichen

Die Unterscheidung zwischen Kindern und Jugendlichen ist wichtig für die Gestaltung von Trainingsprogrammen. Die Bestimmung des Zeitpunkts des Wachstumsspurts (PHV) kann als valides Maß zur Ermittlung des Entwicklungsstandes einer Person verwendet werden. Anders als bei Kindern kann das Krafttraining bei Jugendlichen die Muskelhypertrophie fördern, doch ist eine sorgfältige Planung erforderlich. Wie bei Erwachsenen sind auch bei Jugendlichen Interferenzeffekte eines gleichzeitigen Ausdauer- und Krafttrainings zu erwarten, wenn das Training unzureichend geplant ist (z. B. Ausdauertraining unmittelbar nach dem Krafttraining) und die Trainingsintensität hoch ist.

Gemäß verschiedener Modelle zur körperlichen Entwicklung sollte sich das Training bei Kindern vor der Pubertät hauptsächlich auf die Entwicklung grundlegender Bewegungsfertigkeiten und die (neuro-)muskuläre Kraft konzentrieren. In diesem Alter sollte sich das Krafttraining auf die Entwicklung einer korrekten Bewegungstechnik unter Verwendung von Lasten konzentrieren, die 60 % des EWM entsprechen. Mit zunehmender Reife, zunehmendem Alter und zunehmender (Kraft-) Trainingserfahrung können die Belastungen schrittweise auf 80 % des EWM gesteigert und komplexere Übungen eingeführt werden. Das Training der Bewegungsfertigkeiten sollte zunehmend sportartspezifisch gestaltet werden. Das Training mit höheren Lasten (> 85 % des EWM) sollte nur bei gut ausgeprägter Bewegungstechnik durchgeführt werden.

Ausdauertraining sollte aufgrund der positiven Auswirkungen auf die Gesundheit in allen Entwicklungsstadien Teil eines Trainingsprogramms sein. Wenn das Ziel darin besteht, die aerobe Kapazität zu steigern, sollte die Trainingsintensität ausreichend hoch sein (85–90 % der maximalen Herzfrequenzrate).

Der Interferenzeffekt nach kombiniertem Ausdauer- und Krafttraining scheint bei untrainierten und freizeittrainierten Kindern und Jugendlichen aufgrund der insgesamt geringen Trainingsumfänge wenig problematisch zu sein. Wenn Ausdauer- und Krafttraining an einem einzigen Tag oder in einer einzigen Trainingseinheit durchgeführt werden, sollte Ausdauertraining bei Nachwuchsathleten, die sich nach dem Wachstumsspurt befinden, nicht kurz nach dem Krafttraining durchgeführt werden, wenn das Ziel darin besteht, Muskelkraft und Hypertrophie zu verbessern. Bei jüngeren Athleten, die sich um den Wachstumsspurt herum befinden, kann die Verbesserung der Schnellkraft der Beine (aber nicht der Maximalkraft) größer sein, wenn das Krafttraining vor dem aeroben Training durchgeführt wird. Diese Empfehlungen beruhen auf nur zwei Studien und bedürfen daher weiterer Untersuchungen. Außerdem sollte der Trainingsumfang mit zunehmendem Alter schrittweise erhöht werden. Um das Risiko von Überlastungsschäden zu verringern, wird empfohlen, dass die Gesamtzahl der Trainingsstunden pro Woche die Zahl des chronologischen Alters nicht übersteigt und das Verhältnis von Trainings- zu Spielzeit 2:1 nicht überschreitet [29]. Der Trainingsumfang (Dosis) muss mit zunehmendem Alter und Trainingserfahrung erhöht werden, um einen adaptiven Effekt hervorzurufen [28]. Aus diesen Leitlinien ergibt sich, dass der wöchentliche Trainingsumfang bei Kindern niedriger sein kann als bei Jugendlichen und dadurch die Regenerationszeit erhöht wird. Dies könnte in der Tat dazu beitragen, das Risiko von Interferenzeffekten durch kombiniertes Training zu verringern [90].

Zusammenfassung

Ein systematisches kombiniertes Ausdauer- und Krafttraining scheint ideal zu sein, um die Empfehlungen für körperliche Aktivität zu erfüllen, gesundheits- und fertigkeitsbezogene Komponenten der körperlichen Fitness zu fördern und die sportliche Leistung von Kindern und Jugendlichen zu verbessern. Es wurde keine Interferenz, sondern vielmehr ein additiver Effekt bei den Trainingsanpassungen beobachtet, wenn Heranwachsende Ausdauer- und Krafttraining im Vergleich zum singulären Training kombinieren. Vor allem Jugendliche scheinen die Leistung bei Zeitläufen nach kombiniertem Ausdauer- und Krafttraining im Vergleich zum singulären Ausdauertraining zu verbessern. Vorläufige Erkenntnisse deuten jedoch darauf hin, dass Ausdauertraining bei Jugendlichen nach dem Wachstumsspurt nicht in unmittelbarer zeitlicher Nähe zum Krafttraining durchgeführt werden sollte. Schließlich kann ein kombiniertes Ausdauer- und Krafttraining zur Körpermassenkontrolle beitragen und das Risiko akuter und chronischer Erkrankungen bei jungen Menschen mit inaktivem Lebensstil, Übergewicht oder Adipositas verringern.

Literatur

1. Williams CA. Trainability of young athletes: short-term goals or long-term mission? Pediatr Exerc Sci. 2016;28(4):485–7. https://doi.org/10.1123/pes.2016-0215.
2. Faigenbaum AD, Kraemer WJ, Blimkie CJ, Jeffreys I, Micheli LJ, Nitka M, et al. Youth resistance training: updated position statement paper from the national strength and conditioning association. J Strength Cond Res. 2009;23:S60–79.
3. Caspersen CJ, Powell KE, Christenson GM. Physical activity, exercise, and physical fitness: definitions and distinctions for health-related research. Public Health Rep. 1985;100(2):126.
4. Bouchard C, Blair SN, Haskell W. Physical activity and health. 2. Aufl. Champaign: Human Kinetics; 2012.
5. Lesinski M, Prieske O, Granacher U. Effects and dose-response relationships of resistance training on physical performance in youth athletes: a systematic review and meta-analysis. Br J Sports Med. 2016;50(13):781–95. https://doi.org/10.1136/bjsports-2015-095497.

6. Emery CA, Roy T-O, Whittaker JL, Nettel-Aguirre A, Van Mechelen W. Neuromuscular training injury prevention strategies in youth sport: a systematic review and meta-analysis. Br J Sports Med. 2015;49(13):865–70.
7. WHO. Global recommendations on physical activity for health. Geneva: WHO Press; 2010.
8. Faigenbaum AD, Bruno LE. A fundamental approach for treating pediatric dynapenia in kids. ACSMs Health Fitness J. 2017;21(4):18–24.
9. Katzmarzyk PT, Barreira TV, Broyles ST, Champagne CM, Chaput JP, Fogelholm M, et al. Physical activity, sedentary time, and obesity in an international sample of children. Med Sci Sports Exerc. 2015;47(10):2062–9. https://doi.org/10.1249/MSS.0000000000000649.
10. Konstabel K, Veidebaum T, Verbestel V, Moreno LA, Bammann K, Tornaritis M, et al. Objectively measured physical activity in European children: the IDEFICS study. Int J Obes. 2014;38(Suppl 2):S135–43. https://doi.org/10.1038/ijo.2014.144.
11. Faigenbaum AD, Stracciolini A, Myer GD. Exercise deficit disorder in youth: a hidden truth. Acta Paediatr. 2011;100(11):1423.
12. Faigenbaum AD, Myer GD. Exercise deficit disorder in youth: play now or pay later. Curr Sports Med Rep. 2012;11(4):196–200.
13. Faigenbaum AD, MacDonald JP. Dynapenia: it's not just for grown-ups anymore. Acta Paediatr. 2017;106(5):696–7.
14. Tucker P. The physical activity levels of preschool-aged children: a systematic review. Early Child Res Q. 2008;23(4):547–58. https://doi.org/10.1016/j.ecresq.2008.08.005.
15. Currie C, Zanotti C, Morgan A, Currie D, Looze Md, Roberts C, et al. Social determinants of health and well-being among young people: Health Behaviour in School-aged Children (HBSC) study: international report from the 2009/2010 survey. Social determinants of health and well-being among young people: Health Behaviour in School-aged Children (HBSC) study: international report from the 2009/2010 survey. 2012.
16. Bompa T, Buzzichelli CA. Periodization training for sports. 3. Aufl. Champaign: Human Kinetics; 2015.
17. Balyi I, Hamilton A. Long-term athlete development: trainability in childhood and adolescence. Olympic Coach. 2004;16(1):4–9.
18. Balyi I, Way R, Colin H. Long-term athlete development. Champaign: Human Kinetics; 2013.
19. Lloyd RS, Oliver JL. The youth physical development model: a new approach to long-term athletic development. Strength Cond J. 2012;34(3):61–72.
20. Lloyd RS, Oliver JL, Faigenbaum A, Howard R, De Ste Croix MBA, Williams CA, et al. Long-term athletic development-part 1: a pathway for all youth. J Strength Cond Res. 2015;29(5):1439–50.
21. Lloyd RS, Faigenbaum AD, Stone MH, Oliver JL, Jeffreys I, Moody JA, et al. Position statement on youth resistance training: the 2014 International Consensus. Br J Sports Med. 2014;48(7):498–505. https://doi.org/10.1136/bjsports2013-092952.
22. Mirwald RL, Baxter-Jones G, AD BDA, Beunen GP. An assessment of maturity from anthropometric measurements. Med Sci Sports Exerc. 2002;34(4):689–94. https://doi.org/10.1097/00005768-200204000-00020.
23. College of Kinesiology. https://kinesiology.usask.ca/growthutility/phv_ui.php. Zugegriffen am 18.12.2017.
24. Viru A, Loko J, Harro M, Volver A, Laaneots L, Viru M. Critical periods in the development of performance capacity during childhood and adolescence. Eur J Phys Educ. 1999;4(1):75–119.
25. Ford P, De Ste CM, Lloyd R, Meyers R, Moosavi M, Oliver J, et al. The long-term athlete development model: physiological evidence and application. J Sports Sci. 2011;29(4):389–402.
26. Wick K, Leeger-Aschmann CS, Monn ND, Radtke T, Ott LV, Rebholz CE, et al. Interventions to promote fundamental movement skills in childcare and kindergarten: a systematic review and meta-analysis. Sports Med (Auckland, NZ). 2017;47(10):2045–68.
27. Malina RM, Bouchard C, Bar-Or O. Growth, maturation, and physical activity. Champaign: Human Kinetics; 2004.
28. Faigenbaum AD, Lloyd RS, Myer GD. Youth resistance training: past practices, new perspectives, and future directions. Pediatr Exerc Sci. 2013;25(4):591–604.

29. Jayanthi NA, LaBella CR, Fischer D, Pasulka J, Dugas LR. Sports-specialized intensive training and the risk of injury in young athletes: a clinical case-control study. Am J Sports Med. 2015;43(4):794–801.
30. Vandendriessche JB, Vaeyens R, Vandorpe B, Lenoir M, Lefevre J, Philippaerts RM. Biological maturation, morphology, fitness, and motor coordination as part of a selection strategy in the search for international youth soccer players (age 15–16 years). J Sports Sci. 2012;30(15):1695–703. https://doi.org/10.1080/02640414.2011.652654.
31. Armstrong N, Barker AR. Endurance training and elite young athletes. In: Armstrong N, Barker AR, Herausgeber. The elite young athlete. Basel: Karger Publishers; 2011. S. 59–83.
32. Clark BC, Manini TM. Sarcopenia≠ dynapenia. J Gerontol Ser A Biol Med Sci. 2008;63(8):829–34.
33. Pichardo AW, Oliver JL, Harrison CB, Maulder PS, Lloyd RS. Integrating models of long-term athletic development to maximize the physical development of youth. Int J Sports Sci Coach. 2018. https://doi.org/10.1177/1747954118785503.
34. Faigenbaum AD, Lloyd RS, MacDonald J, Myer GD. Citius, altius, fortius: beneficial effects of resistance training for young athletes: narrative review. Br J Sports Med. 2016;50(1):3–7.
35. McCambridge T, Stricker P. Strength training by children and adolescents. Pediatrics. 2008;121(4):835–40.
36. Bergeron MF, Mountjoy M, Armstrong N, Chia M, Cote J, Emery CA, et al. International Olympic Committee consensus statement on youth athletic development. Br J Sports Med. 2015;49(13):843–51. https://doi.org/10.1136/bjsports-2015-094962.
37. Lloyd RS, Cronin JB, Faigenbaum AD, Haff GG, Howard R, Kraemer WJ, et al. National Strength and Conditioning Association position statement on long-term athletic development. J Strength Cond Res. 2016;30(6):1491–509.
38. Myer GD, Faigenbaum AD, Ford KR, Best TM, Bergeron MF, Hewett TE. When to initiate integrative neuromuscular training to reduce sports-related injuries and enhance health in youth? Curr Sports Med Rep. 2011;10(3):155–66. https://doi.org/10.1249/JSR.0b013e31821b1442.
39. Büsch D, Prieske O, Kriemler S, Puta C, Gabriel H, Granacher U. Krafttraining im Kindes-und Jugendalter: Bedeutung, Wirkung und Handlungsempfehlungen. Schweizerische Zeitschrift für Sportmedizin und Sporttraumatologie. 2017;65(3):34–42.
40. Smith JJ, Eather N, Morgan PJ, Plotnikoff RC, Faigenbaum AD, Lubans DR. The health benefits of muscular fitness for children and adolescents: a systematic review and meta-analysis. Sports Med. 2014;44(9):1209–23.
41. Payne VG, Morrow JR Jr, Johnson L, Dalton SN. Resistance training in children and youth: a meta-analysis. Res Q Exerc Sport. 1997;68(1):80–8.
42. Behringer M, Vom HA, Yue Z, Mester J. Effects of resistance training in children and adolescents: a meta-analysis. Pediatrics. 2010;126(5):e1199–e210.
43. Behringer M, Heede AV, Matthews M, Mester J. Effects of strength training on motor performance skills in children and adolescents: a meta-analysis. Pediatr Exerc Sci. 2011;23(2):186–206.
44. Falk B, Tenenbaum G. The effectiveness of resistance training in children. Sports Med. 1996;22(3):176–86. https://doi.org/10.2165/00007256-199622030-00004.
45. Harries SK, Lubans DR, Callister R. Resistance training to improve power and sports performance in adolescent athletes: a systematic review and meta-analysis. J Sci Med Sport. 2012;15(6):532–40. https://doi.org/10.1016/j.jsams.2012.02.005.
46. Behm DG, Young JD, Whitten JH, Reid JC, Quigley PJ, Low J, et al. Effectiveness of traditional strength vs. power training on muscle strength, power and speed with youth: a systematic review and meta-analysis. Front Physiol. 2017;8:423.
47. Behm DG, Faigenbaum AD, Falk B, Klentrou P. Canadian Society for Exercise Physiology position paper: resistance training in children and adolescents. Appl Physiol Nutr Metab. 2008;33(3):547–61.
48. Lloyd RS, Oliver JL, Meyers RW, Moody JA, Stone MH. Long-term athletic development and its application to youth weightlifting. Strength Cond J. 2012;34(4):55–66.
49. Armstrong N, Tomkinson G, Ekelund U. Ausdauer fitness and its relationship to sport, exercise training and habitual physical activity during youth. Br J Sports Med. 2011;45(11):849–58.

50. Sale DG. Neural adaptation to resistance training. Med Sci Sports Exerc. 1988;20(5 Suppl):S135–45.
51. Sale DG. Neural adaptation to strength training. In: Komi PV, Herausgeber. Strength and power in sport. 2. Aufl. Oxford: Blackwell Scientific; 2008. S. 281–314.
52. Powers SK, Howley ET. Exercise physiology: theory and application to fitness and performance. 7. Aufl. New York: McGraw-Hill; 2009.
53. Folland JP, Williams AG. The adaptations to strength training. Sports Med. 2007;37(2):145–68.
54. Tesch P. Skeletal muscle adaptations consequent to long-term heavy resistance exercise. Med Sci Sports Exerc. 1988;20(5 Suppl):S132–4.
55. Kraemer WJ, Deschenes MR, Fleck SJ. Physiological adaptations to resistance exercise. Sports Med. 1988;6(4):246–56.
56. Seynnes OR, de Boer M, Narici MV. Early skeletal muscle hypertrophy and architectural changes in response to high-intensity resistance training. J Appl Physiol. 2007;102(1):368–73.
57. Pette D, Staron RS. Myosin isoforms, muscle fiber types, and transitions. Microsc Res Tech. 2000;50(6):500–9.
58. Toigo M, Boutellier U. New fundamental resistance exercise determinants of molecular and cellular muscle adaptations. Eur J Appl Physiol. 2006;97(6):643–63.
59. Legerlotz K, Marzilger R, Bohm S, Arampatzis A. Physiological adaptations following resistance training in youth athletes – a narrative review. Pediatr Exerc Sci. 2016;28(4):501–20. https://doi.org/10.1123/pes.2016-0023.
60. Granacher U, Goesele A, Roggo K, Wischer T, Fischer S, Zuerny C, et al. Effects and mechanisms of strength training in children. Int J Sports Med. 2011;32(5):357–64. https://doi.org/10.1055/s-0031-1271677.
61. Ozmun JC, Mikesky AE, Surburg PR. Neuromuscular adaptations following prepubescent strength training. Med Sci Sports Exerc. 1994;26(4):510–4.
62. Matos N, Winsley RJ. Trainability of young athletes and overtraining. J Sports Sci Med. 2007;6(3):353–67.
63. Armstrong N, Welsman JR. Assessment and interpretation of Ausdauer fitness in children and adolescents. Exerc Sport Sci Rev. 1994;22(1):435–76.
64. Payne VG, Morrow JR Jr. Exercise and VO2max in children: a meta-analysis. Res Q Exerc Sport. 1993;64(3):305–13.
65. Baquet G, Van Praagh E, Berthoin S. Endurance training and Ausdauer fitness in young people. Sports Med. 2003;33(15):1127–43. https://doi.org/10.2165/00007256-200333150-00004.
66. Costigan SA, Eather N, Plotnikoff R, Taaffe DR, Lubans DR. High-intensity interval training for improving health-related fitness in adolescents: a systematic review and meta-analysis. Br J Sports Med. 2015;49:1221–2.
67. Wilson JM, Marin PJ, Rhea MR, Wilson SM, Loenneke JP, Anderson JC. Concurrent training: a meta-analysis examining interference of Ausdauer and resistance exercises. J Strength Cond Res. 2012;26(8):2293–307.
68. Docherty D, Sporer B. A proposed model for examining the interference phenomenon between concurrent Ausdauer and strength training. Sports Med. 2000;30(6):385–94.
69. Häkkinen K, Alen M, Kraemer W, Gorostiaga E, Izquierdo M, Rusko H, et al. Neuromuscular adaptations during concurrent strength and endurance training versus strength training. Eur J Appl Physiol. 2003;89(1):42–52.
70. Armstrong N, McManus AM. Physiology of elite young male athletes. In: Armstrong N, McManus AM, Herausgeber. The elite young athlete. Basel: Karger Publishers; 2011. S. 1–22.
71. McManus AM, Armstrong N. Physiology of elite young female athletes. In: Armstrong N, McManus AM, Herausgeber. The elite young athlete. Basel: Karger Publishers; 2011. S. 23–46.
72. Marson EC, Delevatti RS, Prado AK, Netto N, Kruel LF. Effects of Ausdauer, resistance, and combined exercise training on insulin resistance markers in overweight or obese children and adolescents: a systematic review and meta-analysis. Prev Med. 2016;93:211–8. https://doi.org/10.1016/j.ypmed.2016.10.020.
73. García-Hermoso A, Ramírez-Vélez R, Ramírez-Campillo R, Peterson MD, Martínez-Vizcaíno V. Concurrent Ausdauer plus resistance exercise versus Ausdauer exercise alone to improve health outcomes in paediatric obesity: a systematic review and meta-analysis. Br J Sports Med. 2018;52(3):161–6.

74. Gäbler M, Prieske O, Hortobagyi T, Granacher U. The effects of concurrent strength and endurance training on physical fitness and athletic performance in youth: a systematic review and meta-analysis. Front Physiol [Epub]. https://doi.org/10.3389/fphys.2018.01057.
75. Mikkola J, Rusko H, Nummela A, Pollari T, Hakkinen K. Concurrent endurance and explosive type strength training improves neuromuscular and anAusdauer characteristics in young distance runners. Int J Sports Med. 2007;28(7):602–11. https://doi.org/10.1055/s-2007-964849.
76. Ronnestad BR, Mujika I. Optimizing strength training for running and cycling endurance performance: a review. Scand J Med Sci Sports. 2014;24(4):603–12. https://doi.org/10.1111/sms.12104.
77. Alves AR, Marta CC, Neiva HP, Izquierdo M, Marques MC. Concurrent training in prepubescent children: the effects of 8 weeks of strength and Ausdauer training on explosive strength and V[Combining Dot Above]O2max. J Strength Cond Res. 2016;30(7):2019–32. https://doi.org/10.1519/JSC.0000000000001294.
78. Marta C, Marinho DA, Barbosa TM, Izquierdo M, Marques MC. Effects of concurrent training on explosive strength and VO(2max) in prepubescent children. Int J Sports Med. 2013;34(10):888–96. https://doi.org/10.1055/s-0033-1333695.
79. Santos AP, Marinho DA, Costa AM, Izquierdo M, Marques MC. The effects of concurrent resistance and endurance training follow a detraining period in elementary school students. J Strength Cond Res. 2012;26(6):1708–16.
80. Santos A, Marinho DA, Costa AM, Izquierdo M, Marques MC. The effects of concurrent resistance and endurance training follow a specific detraining cycle in young school girls. J Hum Kinet. 2011;29A:93–103. https://doi.org/10.2478/v10078-011-0064-3.
81. Makhlouf I, Castagna C, Manzi V, Laurencelle L, Behm DG, Chaouachi A. Effect of sequencing strength and endurance training in young male soccer players. J Strength Cond Res. 2016;30(3):841–50.
82. Enright K, Morton J, Iga J, Drust B. The effect of concurrent training organisation in youth elite soccer players. Eur J Appl Physiol. 2015;115(11):2367–81. https://doi.org/10.1007/s00421-015-3218-5.
83. Durlak JA. How to select, calculate, and interpret effect sizes. J Pediatr Psychol. 2009;34(9):917–28.
84. McGawley K, Andersson P-I. The order of concurrent training does not affect soccer-related performance adaptations. Int J Sports Med. 2013;34(11):983–90.
85. Eklund D, Pulverenti T, Bankers S, Avela J, Newton R, Schumann M, et al. Neuromuscular adaptations to different modes of combined strength and endurance training. Int J Sports Med. 2015;36(02):120–9.
86. Baar K. Using molecular biology to maximize concurrent training. Sports Med. 2014;44(2):117–25.
87. Eddens L, van Someren K, Howatson G. The role of intra-session exercise sequence in the interference effect: a systematic review with meta-analysis. Sports Med (Auckland, NZ). 2018;48(1):177–88. https://doi.org/10.1007/s40279-017-0784-1.
88. Murlasits Z, Kneffel Z, Thalib L. The physiological effects of concurrent strength and endurance training sequence: a systematic review and meta-analysis. J Sports Sci. 2018;36(11):1212–9.
89. Ratel S, Duché P, Williams CA. Muscle fatigue during high-intensity exercise in children. Sports Med. 2006;36(12):1031–65.
90. Coffey VG, Hawley JA. Concurrent exercise training: do opposites distract? J Physiol. 2017;595(9):2883–96.
91. Bluett KA, Croix M, De Ste BA, Lloyd RS. A preliminary investigation into concurrent Ausdauer and resistance training in youth runners. Isokinet Exerc Sci. 2015;23(2):77–85. https://doi.org/10.3233/ies-150567.
92. Potdevin FJ, Alberty ME, Chevutschi A, Pelayo P, Sidney MC. Effects of a 6-week plyometric training program on performances in pubescent swimmers. J Strength Cond Res. 2011;25(1):80–6.

Kombiniertes Ausdauer- und Krafttraining für ältere Menschen

18

Eduardo Lusa Cadore und Mikel Izquierdo

Kombiniertes Ausdauer- und Krafttraining für Ältere Menschen

Der biologische Alterungsprozess geht mit einer Abnahme der neuromuskulären und kardiovaskulären Leistungsfähigkeit einher, was zu einer Beeinträchtigung führt, Alltagsaktivitäten uneingeschränkt durchzuführen [1–5]. Darüber hinaus ist die altersbedingte Abnahme der Muskelkraft auch ein wichtiger Prädiktor für funktionelle Einschränkungen bei gesunden älteren Menschen [6–12].

Kraft- und Ausdauertraining fördern spezifische neuromuskuläre und kardiovaskuläre Anpassungen. Zu den durch Krafttraining induzierten Anpassungen gehören eine Muskelhypertrophie [13, 14] und eine Erhöhung der Rekrutierung (Hinzuschaltung weiterer Muskelfasern) und Frequenzierung (Erhöhung der Feuerungsrate von Motoneuronen) motorischer Einheiten [15–17]. Diese neuromuskulären Anpassungen führen schlussendlich zu einem Mehr an Muskelkraft und einer verbesserten Kraftentwicklungsrate [18]. Im Gegensatz dazu führt Ausdauertraining zu zentralen und peripheren Anpassungen, die die kardiovaskuläre Funktion und die Fähigkeit der Skelettmuskulatur zur Energiegewinnung über den oxidativen Stoffwechsel verbessern [19, 20]. Daher ist eine Kombination aus Kraft- und Ausdauertraining (d. h. kombiniertes Training) bei älteren Menschen der effektivste Weg, um sowohl die neuromuskulären als auch die kardiorespiratorischen Funktionen zu verbessern und folglich die funktionelle Kapazität zu erhalten [21–25]. Ein weiterer Vorteil von kombiniertem Kraft- und Ausdauertraining bei älteren Men-

E. L. Cadore (✉)
Exercise Research Laboratory, School of Physical Education, Physiotherapy and Dance, Universidade Federal do Rio Grande do Sul, Porto Alegre, Brasilien
E-Mail: edu.cardore@ufrgs.br

M. Izquierdo
Department of Health Sciences, Public University of Navarre, Pamplona, Spanien

M. Schumann, B. R. Rønnestad (Hrsg.), *Kombiniertes Ausdauer- und Krafttraining*, https://doi.org/10.1007/978-3-031-36310-8_18

schen besteht darin, dass sich in der Regel die Gesamttrainingszeit erhöht (d. h. ein erhöhtes Trainingsvolumen und Ausdauer- und Krafttrainingsinhalte), was sich ebenfalls positiv auf die Prävention und Kontrolle kardiometabolischer Erkrankungen auswirkt [26]. Wie in den vorangegangenen Kapiteln dieses Buches beschrieben, kann die gleichzeitige Entwicklung von neuromuskulären und kardiovaskulären Anpassungen jedoch eine Herausforderung darstellen. Um das kombinierte Training zu optimieren, scheint es wichtig zu sein, die effektivste Kombination von Trainingsvariablen (d. h. Intensität, Umfang, wöchentliche Häufigkeit, Reihenfolge der Übungen) zu identifizieren, um sowohl neuromuskuläre als auch kardiovaskuläre Anpassungen bei älteren Menschen zu fördern.

Tab. 18.1 zeigt eine Zusammenfassung der Methoden und Ergebnisse von Studien, die neuromuskuläre, kardiorespiratorische und funktionelle Anpassungen an singulärem Kraft- oder Ausdauertraining sowie deren Kombination bei verschiedenen Gruppen älterer Menschen (d. h. Durchschnittsalter über 60 Jahre) verglichen haben.

Auswirkungen von kombiniertem Ausdauer- und Krafttraining auf die Maximalkraft, die Kraftentwicklungsrate und adie Schnellkraft

Die meisten Studien geben an, dass bei älteren Menschen die ein kombiniertes Kraft- und Ausdauertraining mit jeweils zwei wöchentlichen Einheiten (d. h. 2× Kraft- und 2× Ausdauertraining) durchführen, vergleichbare Anpassungen wie nach einem singulären Krafttraining erreicht werden können [33–38]. Wir haben jedoch zuvor gezeigt, dass jeweils 3 Einheiten pro Woche bei älteren Männern durchaus zu einem Interferenzeffekt führen können [25]. Darüber hinaus kann der zeitliche Verlauf der Kraftentwicklung (d. h. Kraftentwicklungsrate) während eines kombinierten Trainings von der wöchentlichen Trainingsfrequenz beeinflusst werden [39, 40]. Auch haben wir gezeigt, dass die Trainingssequenz innerhalb einer Trainingseinheit das Ausmaß der Kraftanpassungen bei älteren Menschen beeinflussen kann, und dass dabei die neuromuskulären Anpassungen optimiert werden können, wenn das Krafttraining vor einem Ausdauertraining durchgeführt wird [27, 28].

In einer früheren Studie unseres Labors untersuchten Izquierdo et al. [22] die Auswirkungen von 16 Wochen singulären Kraft- und Ausdauertraining sowie deren Kombination bei älteren Männern. In dieser Studie führten die Kraft- und Ausdauertrainingsgruppen zweimal wöchentlich das jeweilige Training durch, während die kombinierte Gruppe jeweils nur eine Ausdauer- und Krafttrainingseinheit pro Woche umsetzte. Die Ergebnisse der Studie zeigten, dass nach 16 Wochen Training ähnliche Kraftzuwächse im Unterkörper in der singulären Krafttrainings- sowie der kombinierten Gruppe beobachtet wurden, was darauf hindeutet, dass eine niedrige wöchentliche Frequenz von kombiniertem Training einen optimalen Stimulus für Kraftzuwächse bei zuvor untrainierten älteren Personen fördern kann [22].

Karavirta et al. [38] beobachteten bei 40–67-jährigen Männern, die zweimal wöchentlich für 21 Wochen trainierten, ähnliche Kraftzuwächse (d. h. 21 bzw. 22 %

Tab. 18.1 Neuromuskuläre, funktionelle und kardiorespiratorische Anpassungen an singuläres Ausdauer- und Krafttraining sowie deren Kombination bei älteren Menschen

Autoren	Trainingsdauer (Wochen)	Wöchentliche Frequenz	Volumen und Intensität	Wichtigste Ergebnisse
Wood et al. [21]	12	ST: 3×/Woche; ET: 2×/Woche; CT: ST + ET	ST: 2 Sätze, 12–15 Wiederholungen (75 % 5 RM) von 8–12 RM ET: 60–70 % der geschätzten HR_{max}, 20–45 min Radfahren CT: 1 Satz von 8–12 RM + 30 min Radfahren	ST: ↑ 5 RM (44 %) CT: ↑ 5 RM (38 %) Keine Unterschiede zwischen CT und ST in Bezug auf das 5 RM. Alle Gruppen: ↑funktionale Fitness, aber größerer ↑ bei CT
Izquierdo et al. [22]	16	ST: 2×/Woche; ET: 2×/Woche; CT: 1×/Woche ST + 1×/Woche ET	ST: 3–5 Sätze, 6–15 Wiederholungen (50–80 % 1 RM) langsame + schnelle Kontraktionen (20 % des Gesamtvolumens, 30–50 % des 1 RM) ET: 30–40 min Radfahren, bei Belastungen (W) von 2, 3 und 4 mmol/l der Blutlaktatkonzentration	ST: ↑ 1 RM (41 %); ↑ Muskelkraft (37 %). ↑ CSA QF (11 %). CT: ↑ 1 RM (38 %); ↑ Muskelkraft (38 %). ↑ CSA QF (11 %). Keine Unterschiede zwischen CT und ST bei Kraft- und CSA-Zunahme. ↑ W_{max} (16 %) in ST-, CT- und ET-Gruppen
Cadore et al. [25]	12	ST: 3×/Woche; ET: 3×/Woche: CT: ST + ET, ET vor ST in derselben Trainingseinheit	ST: 18–20 RM mit progressiver Steigerung auf 6–8 RM ET: 20–30 min Radfahren, 80–100 % der HR bei VT_2	ST: ↑ 1 RM (67 %); ↑ PT (14 %); ↑ EMG QF (30 %). CT: ↑ 1 RM (41 %); ST zeigte größere Steigerungen in Bezug auf das 1 RM, PT und EMG als CT. ↑ VO_{2peak} (20 %); ET: ↑ VO_{2peak} (20 %); ↑ 1 RM (22 %)

(Fortsetzung)

Tab. 18.1 (Fortsetzung)

Autoren	Trainingsdauer (Wochen)	Wöchentliche Frequenz	Volumen und Intensität	Wichtigste Ergebnisse
Cadore et al. [24]	12	ST: 3×/Woche; ET: 3×/Woche: CT: ST + ET, ET vor ST in derselben Trainingseinheit	ST: 18–20 RM mit progressiver Steigerung auf 6–8 RM ET: 20–30 min Radfahren, 80–100 % der HR bei VT_2	ST: ↑ der dynamischen neuromuskulären Ökonomie bei 100 W VL (14 %); CT und ET: ↑ W_{max} (19 %); ↑ der ynamischen neuromuskulären Ökonomie bei 100 W VL (10 %) und 50, 75 und 100 W RF (14–35 %)
Cadore et al. [27]	12	ST: 3×/Woche; ET: 3×/Woche; CT: ST + ET am gleichen Tag	ST: 18–20 RM mit progressiver Steigerung auf 6–8 RM ET: 20–30 min Radfahren, 80–100 % der HR bei VT_2 CT mit ET vor (ES-Gruppe) vs. nach ST (SE-Gruppe)	SE: ↑ Kraft pro Einheit der Muskelmasse (27 %); ↑ MT QF (9 %); ES: ↑ Kraft pro Einheit der Muskelmasse (15 %); ↑ MT QF (9 %);
Cadore et al. [28]	12	ST: 3×/Woche; ET: 3×/Woche; CT: ST + ET am gleichen Tag	ST: 18–20 RM mit progressiver Steigerung auf 6–8 RM ET: 20–30 min Radfahren, 80–100 % der HR bei VT_2 CT mit ET vor (ES-Gruppe) vs. nach ST (SE-Gruppe)	SE: ↑ 1 RM (35 %); ↑ PT (8 %)*; ↑ MT von VL, VM, RF, und VI (4–16 %); ↑ QF EMG (~ 20 %); ↑ der neuromuskulären Ökonomie von RF in SE (22 %). ES: ↑ 1 RM (21 %); ↑ PT (5,7 %); ↑ MT von VL, VM, RF und VI (416 %); ↑ QF EMG (~ 20 %).
Ferrari et al. [29]	10 Wochen nach vorherigem Training für 20 Wochen	2×/Woche (CT2) vs. 3×/Woche (CT3) am selben Tag	ST: 10–12 RM mit progressiver Steigerung auf 6–8 RM ET: 30 min Radfahren, 85 bis zu 95 % der HR bei VT_2 CT mit ST vor ET durchgeführt	↑ Ober- und Unterkörper 1 RM (35 %) in beiden Gruppen; ↑ QF MT in beiden Gruppen (8 %); ↑ VO_{2peak} in beiden Gruppen; ↑ W_{max} nur in CT3

Tab. 18.1 (Fortsetzung)

Autoren	Trainingsdauer (Wochen)	Wöchentliche Frequenz	Volumen und Intensität	Wichtigste Ergebnisse
Wilhelm et al. [30]	12	ST: 2×/Woche; ET: 2×/Woche; CT: ST + ET am gleichen Tag	ST: 15–18 RM mit progressiver Steigerung auf 8–10 RM ET: 20–40 min Radfahren, 85–95 % der HR bei VT_2 CT mit ET vor (ES-Gruppe) vs. nach ST (SE-Gruppe)	↑ 1 RM; ↑ Peak-Power; ↑ MT QF; ↑ RFEI; ↑ 30SS*; ↑ TUG-Leistung; ↑ QF EMG; Keine Unterschiede zwischen SE und ES
Ferrari et al. [31]	10 Wochen nach vorherigem Training für 20 Wochen	2×/Woche (CT2) vs. 3×/Woche (CT3) am selben Tag	ST: 10–12 RM mit progressiver Steigerung auf 6–8 RM ET: 30 min Radfahren, 85 bis zu 95 % der HR bei VT_2 CT mit ST vor ET durchgeführt	↑ isokinetische PT bei 60 und 180° s^{-1}; ↑ Kraft pro Einheit der Muskelmasse; ↑ CMJ-Höhe; Keine Unterschiede zwischen den Gruppen
Da Silva et al. [32]	12	2×/Woche	ST: 65 % mit progressiver Steigerung auf 75 % des 1 RM. RFG führte Wiederholungen bis zum konzentrischen Muskelversagen aus; NFG führt 50 % der möglichen maximalen Wiederholungen aus; ENFG führt 50 % der möglichen maximalen Wiederholungen aus, verdoppelte aber die Anzahl der Sätze ET: 20–30 min bei 60–65 % der maximalen HR, mit progressiver Steigerung auf 70–75 %.	↑ 1 RM in den einzelnen Gruppen ähnlich; ↑ Kraft pro Einheit der Muskelmasse; in den einzelnen Gruppen ähnlich; ↑ FTE in den Gruppen ähnlich; ↑ SJ- und CMJ-Sprunghöhe in allen Gruppen ähnlich; Größere ↑ MT QF bei ENFG und RFG im Vergleich zu NFG

↑ Anstieg; 1 RM: Unterkörper Eine-Wiederholungs-Maximum; PT: maximales isometrisches Drehmoment; CSA: Querschnittsfläche; MT: Muskeldicke; QF: quadriceps femoris; VL: vastus lateralis; VM: vastus medialis; RF: rectus femoris; VI: vastus intermedius; EI: Echo-Intensität; 30SS: 30-Sekunden-Sitz-Steh-Test; TUG: Timed-up-and-go-Test; SJ: Squat Jump; CMJ: Counter Movement Jump; ST: Krafttraining; ET: Ausdauertraining; CT kombiniertes Kraft- und Ausdauertraining; ES: Ausdauer vor Krafttraining; SE: Kraft vor Ausdauertraining; RFG Wiederholungen bis zum Muskelversagen-Gruppe; NFG Wiederholungen nicht bis zum Muskelversagen-Gruppe; ENFG Wiederholungen nicht bis zum Muskelversagen Gruppe mit ausgeglichenem Volumen; EMG Elektromyographie; VT_1 und VT_2: erste bzw. zweite ventilatorische Schwelle; VO_{2peak}: Peak-Sauerstoffaufnahme; W_{max}: maximale Leistung auf dem Radergometer; HR: Herzfrequenz. NB: Alle genannten Differenzen sind statistisch signifikant

in der dynamischen Beinpresse) und ähnliche Verbesserungen der konzentrischen Kraft der Beinstrecker (~ 16 %), wenn an separaten Tagen entweder 4× wöchentlich Kraft- oder jeweils 2× wöchentlich Kraft- und Ausdauertraining (d. h. 4 Einheiten pro Woche) durchgeführt wurden. Andere Studien mit ähnlichen Trainingsprogrammen (im Hinblick auf Intensität, Frequenz und Volumen), zeigten vergleichbare Zuwächse der Maximal- und Schnellkraft durch Kraft- und kombiniertes Training bei älteren Männern [34–36, 38] und Frauen [37].

Eine Erhöhung der wöchentlichen Trainingsfrequenz des kombinierten Trainings von jeweils zwei auf drei wöchentliche Einheiten kann jedoch bei älteren Männern einen Interferenzeffekt hervorrufen. Dies zeigte unsere Studie mit älteren Männern (65 ± 5 Jahre), in welcher 3 wöchentliche Einheiten Krafttraining über einen Zeitraum von 12 Wochen zu größeren Zuwächsen der dynamischen und isometrischen Kraft der Beinstrecker führte als jeweils 3 Kraft- und Ausdauertrainingseinheiten (dynamische Kraft: 67 % versus 41 %; isometrische Kraft: 14 % versus 2 %) [25]. Interessanterweise wurde diese Überschneidung aber nicht für den Oberkörper verzeichnet (30–33 %). Aufgrund dieser Ergebnisse vermuten wir, dass der Interferenzeffekt des Ausdauertrainings auf die Kraftanpassung nur in den spezifischen Muskelgruppen auftritt, die sowohl Kraft- als auch Ausdauerübungen ausführen (d. h. die unteren Extremitäten). Obwohl in der Gruppe mit kombiniertem Training ein Interferenzeffekt beobachtet wurde, wies diese Gruppe im Vergleich zu den Ergebnissen der oben genannten Studien eine ähnlich große Kraftzunahme auf (d. h. etwa 20–30 %) [33, 34, 36–38], und die gleichen Kraftanpassungen traten in einem kürzeren Zeitraum auf (12 vs. 21 Wochen). Diese unterschiedlichen Zeitverläufe in der Kraftentwicklung könnten durch die unterschiedliche wöchentliche Trainingsfrequenz erklärt werden. In unserer Studie [25] absolvierten die Probanden drei Trainingseinheiten pro Woche, während in anderen früheren Studien nur zwei Trainingseinheiten pro Woche durchgeführt wurden (d. h. ein um ~ 30 % geringeres Volumen) [33, 34, 36–38].

Im Gegensatz dazu haben wir zuvor gezeigt, dass dreimaliges wöchentliches Training bei gut trainierten gesunden älteren Menschen keine größeren Steigerungen der Maximalkraft [29] und der Sprungleistungsfähigkeit [31] bewirkt als zweimaliges Training pro Woche (jeweils 20–22 %). Aufgrund dieser Ergebnisse vermuten wir, dass bei älteren Personen, die zuvor kombiniertes Kraft- und Ausdauertraining durchgeführt haben, eine optimale wöchentliche Trainingsfrequenz zur Verbesserung der Kraft- und Sprungleistungsfähigkeit erreicht werden kann. In einer anderen Studie mit älteren Frauen haben Fisher et al. [41] jedoch gezeigt, dass 16 Wochen mit jeweils 1, 2 und 3 wöchentlichen Ausdauer- und Krafttrainingseinheiten zu ähnlichen Verbesserungen der Maximalkraft, der kardiovaskulären Fitness und der funktionellen Fitness führen. Daher scheint es, dass die empfohlene wöchentliche Häufigkeit des kombinierten Trainings für ältere Männer und Frauen unterschiedlich sein könnte. Ob dies tatsächlich der Fall ist, sollte allerdings in zukünftigen Untersuchungen belegt werden.

Ein weiterer Faktor, der das Ausmaß der Kraftanpassung bei älteren Menschen beeinflussen kann, ist die Trainingssequenz innerhalb einer Trainingseinheit. Größere maximale dynamische Kraftzuwächse (35 vs. 21 %) und eine größere Kraft pro Einheit Muskelmasse (27 vs. 15 %) wurden in einer Gruppe beobachtet, die über 12 Wochen das Krafttraining vor einem Ausdauertraining durchführte, verglichen mit der umgekehrten Reihenfolge [27, 28]. In dieser Studie entsprach der Aufbau des Trainings (einschließlich der Periodisierung), dessen, welches in unserer früheren Studie einen Interferenzeffekt hervorgerufen hatte [25]. Es könnte also sein, dass die geringeren Kraftzuwächse, die nach der Ausdauer-Kraft-Trainingssequenz erzielt wurden, mit der geringeren umgesetzten Arbeit in dieser Gruppe zusammenhängen, was wahrscheinlich auf Residualermüdung durch das hochintensive Ausdauertraining auf dem Fahrradergometer zurückzuführen ist [28]. Hinsichtlich der Explosivkraft wurden beim Vergleich der beiden Trainingssequenzen keine Unterschiede in der maximalen Kraftentwicklungsrate und der Kraftentwicklungsrate über 100 ms festgestellt. Umgekehrt beobachteten Wilhelm et al. [30] ähnliche Steigerungen der Maximal- und Schnellkraft, unabhängig von der Übungsreihenfolge. Einige Unterschiede zwischen den Studien von Cadore et al. [28, 42] und Wilhelm et al. [30] könnten jedoch die abweichenden Ergebnisse erklären: In unseren Studien [27, 28] wurde dreimal pro Woche trainiert, die Intensität des Ausdauertrainings erreichte 100 % der zweiten ventilatorischen Schwelle (VT_2), und das Krafttraining wurde in den letzten zwei Wochen mit 6–8 RM durchgeführt. In der Studie von Wilhelm et al. [30] hingegen wurde zweimal pro Woche trainiert, die Intensität des Ausdauertrainings erreichte 95 % der VT_2 und das Krafttraining wurde mit 8–10 RM in den letzten 2 Wochen durchgeführt, was wahrscheinlich eine geringere Intensität des Krafttrainings in der Endphase des Trainings bedeutet. Neben den Unterschieden in der Trainingsintensität in beiden Modalitäten (d. h. Kraft und Ausdauer) waren die unterschiedlichen wöchentlichen Frequenzen im Durchschnitt mit einem um etwa 50 % höheren Trainingsvolumen für die Knie- und Hüftstrecker verbunden, wenn das Training dreimal pro Woche durchgeführt wurde [27, 28], was wiederum diese unterschiedlichen Ergebnisse verursacht haben könnte. Da bei jungen Männern und Frauen nach 24 Wochen Training kein Unterschied zwischen den beiden Trainingssequenzen festgestellt wurde [43], liegt die Vermutung nahe, dass ältere Menschen beim anschließenden Krafttraining empfindlicher auf Residualermüdung reagieren. Wichtig ist jedoch, dass wir kürzlich gezeigt haben, dass ein kombiniertes Training mit Krafttraining bis zum konzentrischen Muskelversagen bei gesunden älteren Personen keine zusätzliche Steigerung der Maximal- und Schnellkraft der Beinstrecker bewirkt. Interessanterweise wurden sogar Verbesserungen der Maximal- und Schnellkraft verzeichnet, wenn ältere Männer nur 50 % der möglichen maximalen Wiederholungen (ohne Ausgleich des Trainingsvolumens) durchgeführt haben [32]. Aus praktischer Sicht führt die Durchführung von submaximalen Sätzen zu Kraftsteigerungen im gleichen Umfang, was zeigt, dass dies eine effiziente Alternative zur Verbesserung der neuromuskulären Funktion bei älteren Männern ist [32].

Auswirkungen von kombiniertem Training auf die Muskelhypertrophie

Obwohl mehrere Studien die Auswirkungen von Krafttraining auf die Muskelmasse älterer Menschen untersucht haben, gibt es nur wenige Studien, die morphologische muskuläre Anpassungen nach kombiniertem Training untersucht haben. In der Studie von Izquierdo et al. [22] wurden nach 16 Wochen Training keine Unterschiede in der Hypertrophie zwischen der Kraftgruppe (zweimal pro Woche) und der Gruppe mit kombiniertem Training (jeweils eine wöchentliche Einheit Kraft- und Ausdauertraining) festgestellt (Zuwächse von ~ 11 %). Ein einzigartiges Ergebnis dieser Studie war, dass nur ein Tag Krafttraining in Kombination mit einem weiteren Tag Ausdauertraining auf dem Radergometer nach 16 Wochen zu einer Zunahme der Muskelmasse bei älteren Menschen führte.

In einer anderen Studie haben Karavirta et al. [38] eine Zunahme der Querschnittsfläche der Typ-II-Muskelfasern des vastus lateralis nur in der Krafttrainingsgruppe (~ 16 %) nachgewiesen, während in der Gruppe mit kombiniertem Training keine Veränderungen beobachtet wurden. Dieser morphologische Unterschied führte jedoch nicht zu Unterschieden im Zuwachs der Maximalkraft. In anderen Studien führte eine zwei- bis dreimalige wöchentliche Trainingsfrequenz mit Intensitäten von 40–80 % des 1 RM (progressive Steigerung der Belastung über den Trainingszeitraum) mit mehreren Sätzen zu einer deutlichen Zunahme der Muskelmasse (9–16 %), wobei keine Unterschiede zwischen singulärem Krafttraining kombiniertem Training beobachtet wurden [33, 34, 36–38]. Darüber hinaus ist zu beachten, dass die Sequenz von Kraft- und Ausdauertraining keinen Einfluss auf die Zunahme der Muskelmasse hatte, obwohl die Abfolge der Übungen innerhalb einer Trainingseinheit die Kraftanpassung beeinflusste [28, 30]. Unabhängig von der Sequenz der Trainingseinheiten beeinträchtigt die Durchführung von Ausdauertraining also nicht die durch Krafttraining induzierte Hypertrophie, wenn beide Trainingsarten gleichzeitig durchgeführt werden. Analog zur Kraftleistungsfähigkeit, konnten Ferrari et al. [29] bei trainierten älteren Personen eine ähnliche Muskelhypertrophie nachweisen, wenn 3 wöchentliche Einheiten mit nur jeweils 2 Einheiten verglichen wurden (etwa 5 % im Quadrizeps). Um die Effekte von maximalen versus sub-maximalen Sätzen (d. h. Wiederholungen bis zum Muskelversagen oder keinem Muskelversagen) zu untersuchen, haben da Silva et al. [32] drei Arten des kombinierten Trainings bei gesunden älteren Männern untersucht: 1) Krafttraining, welches bis zum konzentrischen Muskelversagen (RFG) durchgeführt wurde; 2) Krafttraining, welches mit 50 % der Wiederholungen bis zum konzentrischen Versagen (NFG) durchgeführt wurde; und 3) Krafttraining, das mit 50 % der Wiederholungen bis zum konzentrischen Versagen durchgeführt wurde, wobei jedoch das Gesamtvolumen durch Hinzufügen weiterer Sätze angeglichen wurde. Hier konnten wir zeigen, dass die Gruppen, die ein höheres Trainingsvolumen durchführten, eine größere Muskelhypertrophie aufwiesen, obwohl die Wiederholungen bis zum Versagen im Vergleich zu den nicht bis zum Versagen durchgeführten Wiederholungen bei gleicher Gesamtbelastung keine zusätzlichen Muskelzuwächse erbrachten [32].

Erklären Veränderungen der anabolen und katabolen Hormonkonzentrationen den Interferenzeffekt bei älteren Menschen?

Die Ergebnisse zu den Auswirkungen des kombinierten Trainings auf die Zunahme der Muskelmasse bei älteren Menschen stimmen mit den Studien überein, die an jungen Menschen durchgeführt wurden und keinen Unterschied zwischen singulären Krafttraining und kombiniertem Kraft- und Ausdauertraining gefunden haben [44, 45]. Allerdings wurden in diesen Studien bildgebende Verfahren zur Bestimmung der Muskelmasse genutzt. Studien, die Muskelbiopsien verwendeten, zeigen jedoch eine mögliche Interferenz im Hinblick auf den Querschnitt von Typ-1 Fasern, insbesondere bei jungen Männern, welche eine hohe Intensität bzw. ein hohes Volumen an kombiniertem Training durchgeführt haben [13, 46]. Zusätzlich zu den beobachteten Interferenzeffekten wurde auch ein gleichzeitiger Anstieg des Cortisolspiegels beobachtet, was darauf hindeutet, dass sich diese Probanden in einem verschärften katabolen Zustand befanden [13, 47]. Bei älteren Menschen wurden keine Hinweise auf einen Übertrainingszustand beobachtet. In der Studie von Karavirta et al. [38] führte ein moderates Trainingsvolumen nur in der Krafttrainingsgruppe zu einem Anstieg der Typ-II-Faserfläche, während in der Gruppe mit kombiniertem Training keine Veränderungen beobachtet wurden. Allerdings wurden in dieser Studie keine Veränderungen der basalen anabolen oder katabolen Hormonspiegel nachgewiesen [38]. Darüber hinaus haben Cadore et al. [25] in einer früheren Studie unseres Labors gezeigt, dass der Interferenzeffekt auf neuromuskuläre Anpassungen ohne Veränderungen der Spiegel von freiem und gesamtem Testosteron oder Cortisol auftrat, was darauf hindeutet, dass das Interferenz-Phänomen ohne Hinweise auf einen Übertrainingszustand bei älteren Menschen auftrat.

Auswirkungen von kombiniertem Training auf die maximale und submaximale neuromuskuläre Aktivität

Zu den frühen Anpassungen an das Krafttraining bei älteren Menschen gehört eine Zunahme der maximalen neuromuskulären Aktivität (d. h. der EMG-Amplitude) [48–52]. Diese Veränderungen können auf neuronale Anpassungen hindeuten, wie z. B. eine Zunahme der maximalen Rekrutierung motorischer Einheiten [15], der maximalen Feuerungsrate der motorischen Einheiten [16], der spinalen motorneuronalen Erregbarkeit und der efferenten motorischen Aktivierung [17]. Obwohl Beeinträchtigungen der neuronalen Anpassung als Mechanismus zur Erklärung des Interferenzeffekts vorgeschlagen werden, haben nur wenige Studien die neuronalen Anpassungen an kombiniertes Training untersucht. Bei älteren Probanden könnte der Interferenzeffekt mit beeinträchtigten neuronalen Anpassungen an das Krafttraining zusammenhängen, da die geringeren Kraftzuwächse, die durch das kombinierte Training im Vergleich zum alleinigen Krafttraining induziert werden, parallel zu verringerten Anpassungen der maximalen neuromuskulären Aktivität auftreten können, die durch das kombinierte Training induziert werden [25].

Bei der Untersuchung der Mechanismen, die den Kraftanpassungen durch singuläres Kraft- und kombiniertes Kraft- und Ausdauertraining bei älteren Menschen zugrunde liegen, beobachteten wir einen signifikanten Anstieg der maximalen EMG-Amplitude des rectus femoris und vastus lateralis nur in der Krafttrainingsgruppe (~ 30 %), und diese Veränderungen waren signifikant größer als die in der kombinierten Trainingsgruppe (~ 1,5 %, statistisch nicht signifikant) [25]. Darüber hinaus beobachteten wir eine verbesserte isometrische neuromuskuläre Ökonomie (reduziertes submaximales EMG bei gleicher absoluter Belastung nach dem Training) im rectus femoris und im vastus lateralis nur in der Krafttrainingsgruppe. Dabei ist es allerdings wichtig hervorzuheben, dass die größeren Veränderungen der neuromuskulären Aktivität, die beim Krafttraining im Vergleich zum kombinierten Training beobachtet wurden, parallel zu größeren Kraftzuwächsen beim Krafttraining auftraten [25], was darauf hindeutet, dass der Interferenzeffekt zumindest teilweise auf Beeinträchtigungen der neuronalen Veränderungen zurückzuführen ist.

In einer anderen Studie fanden Cadore et al. [27] signifikant größere Veränderungen der Kraft pro Einheit aktiver Muskelmasse bei älteren Personen, die direkt vor einem Krafttraining ein Ausdauertraining absolvierten, im Vergleich zur umgekehrten Reihenfolge (27 vs. 15 %, $P < 0{,}01$). Die Kraft pro Einheit aktiver Muskelmasse liefert eine grobe Schätzung des Beitrags neuromuskulärer Faktoren, die mit Veränderungen in der Kraftentwicklung einhergehen, da eine erhöhte Kraft bei gleicher Muskelmasse auf neuronale Anpassungen an das Training schließen lässt [53–55]. Darüber hinaus zeigten Cadore et al. [28] größere Veränderungen in der neuromuskulären Ökonomie des *rectus femoris* bei älteren Personen, die Krafttraining immer vor dem Ausdauertraining absolvierten, im Vergleich zu der umgekehrten Reihenfolge. Zusammengenommen deuten diese Ergebnisse darauf hin, dass der Interferenzeffekt bei älteren Menschen zumindest teilweise durch Beeinträchtigungen der neuronalen Anpassungen an das Krafttraining erklärt werden könnte. Aus praktischer Sicht scheint die Durchführung eines Krafttrainings vor einer Ausdauertrainingseinheit diesen negativen Effekt zu minimieren und sollte in Betracht gezogen werden, um die Vorteile des kombinierten Trainings für die neuromuskuläre Funktion bei älteren Menschen zu optimieren, auch wenn das gleichzeitige Training die neuromuskulären Anpassungen beeinträchtigen kann.

Auswirkungen von kombiniertem Training auf kardiorespiratorische Anpassungen

Neben der Abnahme des maximalen Herzzeitvolumens [56, 57] haben mehrere Autoren gezeigt, dass eine Reduktion der kardiorespiratorischen Fitness auch mit der altersbedingten Abnahme von Maximal- und Schnellkraft zusammenhängt [1, 2, 27, 58]. Dementsprechend haben einige Studien gezeigt, dass die Kombination von Kraft- und Ausdauertraining eine bessere Strategie zum Erhalt oder gar einer Verbesserung der kardiorespiratorischen Fitness älterer Menschen darstellt als Ausdauer- und insbesondere Krafttraining allein. Darüber hinaus beeinträchtigt die gleichzeitige Durchführung von Kraft- und Ausdauertraining nicht die aeroben Anpassungen, die durch Ausdauertraining allein hervorgerufen werden [21, 22, 33–36, 38, 58, 59].

Studien, in denen die kardiovaskulären Anpassungen an kombiniertes Training untersucht wurden, haben bei älteren Personen nach einem 12–21 wöchigen Training mit 2–3 wöchentlichen Trainingseinheiten eine Zunahme der maximalen Sauerstoffaufnahme und der maximalen Leistung auf dem Radergometer von 10 bis 18 % nachgewiesen [21, 22, 24, 36–38, 58, 59]. Ähnlich wie bei den oben erwähnten Ergebnissen zur Kraftleistungsfähigkeit und Hypertrophie, beobachteten Izquierdo et al. [22] nach 16 Wochen Training eine ähnliche Verbesserung der aeroben Leistung bei älteren Männern, die jeweils eine wöchentliche Ausdauer- und Krafttrainingseinheit (28 %) wie eine Gruppe die zwei wöchentliche Ausdauertrainingseinheiten ohne Krafttraining durchgeführt hat.

Interessanterweise wurden in der Studie von Cadore et al. [27] ähnliche Verbesserungen bei der maximalen Sauerstoffaufnahme, der maximalen Leistung auf dem Radergometer und der Leistung an der zweiten ventilatorischen Schwelle in den Gruppen beobachtet, die das Krafttraining vor einer Ausdauertrainingseinheit und in umgekehrter Trainingsreihenfolge durchführten. Für die Leistung an der ersten ventilatorischen Schwelle wurde jedoch eine größere Verbesserung in der Gruppe festgestellt, die das Krafttraining vor dem Ausdauertraining durchführte. Es ist möglich, dass dieser Unterschied auf die größere Steigerung der Muskelkraft zurückzuführen ist, die durch das Krafttraining vor dem Ausdauertraining erreicht wurde, da Kraftsteigerungen mit Steigerungen der maximalen und submaximalen Ausdauer [2] und der dynamischen neuromuskulären Ökonomie bei älteren Menschen in Verbindung gebracht wurden [24]. In einer anderen Studie haben wir gezeigt, dass unabhängig von der Trainingsreihenfolge (d. h. Kraft- vor Ausdauertraining oder vice versa) ein 12-wöchiges kombiniertes Training die Sauerstoffaufnahme bei der höchsten submaximalen Intensität (d. h. 100 W) bei älteren Männern signifikant reduziert [60]. Auf der Grundlage dieser Studie kamen wir auch zu dem Schluss, dass die Prävalenz von Non-Respondern in Bezug auf die maximale aerobe Leistung bei älteren Menschen geringer ist, wenn das Ausdauer- vor dem Krafttraining durchgeführt wird [60]. Im Hinblick auf die unterschiedlichen wöchentlichen Trainingsfrequenzen, zeigte die oben erwähnte Studie von Ferrari et al. [29] ähnliche Steigerungen der VO_{2peak} nach 10 Wochen kombiniertem Training, welches zwei- oder dreimal pro Woche bei gut trainierten älteren Männern durchgeführt wurde. Allerdings wurden in der Gruppe, die dreimal pro Woche trainierte, größere Zuwächse für die maximale Leistung auf dem Radergometer (W_{max}) beobachtet, was darauf hindeutet, dass bei trainierten älteren Menschen eine höhere wöchentliche Trainingsfrequenz notwendig sein könnte, um die Gesamtausdauer zu verbessern.

Auswirkungen von kombiniertem Training auf die funktionelle Kapazität

Nur wenige Studien haben die Auswirkungen von Kraft-, Ausdauer- und kombiniertem Training auf die funktionelle Kapazität bei älteren Menschen verglichen. In einer Untersuchung von Wood et al. [21] wurden keine Unterschiede zwischen den

Gruppen mit Kraft-, Ausdauer- und kombiniertem Training in Bezug auf die Verbesserung der funktionellen Leistungsfähigkeit festgestellt, die durch einen sit-and-reach sowie einen TUG-Test (timed up and go; d. h. wiederholtes Aufstehen von einem Stuhl, das Umlaufen von Kegeln und die Rückkehr zum Stuhl), sowie andere Koordinationstests gemessen wurde. Holviala et al. [59] zeigten nur in der Gruppe mit kombiniertem Training (4,5 %) eine Steigerung der Leistung bei einem spezifischen Geh-Test auf dem Laufband mit einem Gewicht von 10,1 kg in jeder Hand, während in den Gruppen mit Kraft- und Ausdauertraining keine Veränderungen beobachtet wurden. In einer anderen Studie haben Wilhelm et al. [30] gezeigt, dass das kombinierte Training bei gesunden älteren Männern unabhängig von der Trainingssequenz zu einer Verbesserung der Fähigkeit des Aufstehens von einem Stuhl (d. h. der Anzahl der Wiederholungen in 30 s) sowie der Leistung im TUG-Test führte. Insgesamt deuten diese Ergebnisse darauf hin, dass die Kombination von Kraft- und Ausdauertraining die funktionelle Kapazität von älteren Menschen verbessert. Es sollte jedoch auch erwähnt werden, dass bei älteren Menschen, insbesondere bei Personen mit Gebrechlichkeitssyndrom oder größeren Funktionseinbußen, Gleichgewichts- und Gangübungen mit Kraft- und Ausdauerreizen kombiniert werden müssen, um die Funktionsfähigkeit zu verbessern und das Sturzrisiko zu verringern [42, 61, 62]. Im Hinblick auf die Verbesserung durch kombiniertes Kraft- und Ausdauertrainings sollte außerdem ein Krafttraining verordnet werden, das langsame und explosive Kontraktionen kombiniert, um die Verbesserung der funktionellen Kapazität zu optimieren. Diese Empfehlung beruht darauf, dass die Kraftentwicklungsrate und Schnellkraft stärker mit der funktionellen Kapazität in Verbindung stehen als die Maximalkraft an sich [12, 63, 64].

Zusammenfassung

Krafttraining ist eine wirksame Maßnahme zur Verbesserung von Maximal- und Schnellkraft sowie der Muskelmasse bei älteren Menschen. Ausdauertraining führt bei Älteren zu Verbesserungen der VO_{2max} und der submaximalen Ausdauerleistung. Daher scheint eine Kombination aus Kraft- und Ausdauertraining (d. h. kombiniertes Training) der effektivste Weg zu sein, um sowohl die neuromuskulären als auch die kardiorespiratorischen Funktionen zu verbessern. Jüngsten Erkenntnissen zufolge kann ein kombiniertes Training mit moderater wöchentlicher Frequenz (d. h. jeweils zweimal pro Woche) bei älteren Menschen zu einer deutlichen Muskelhypertrophie sowie eine Steigerung der Maximal- und Schnellkraft führen. Das Krafttraining sollte mit mäßiger bis hoher Intensität (d. h. 60–80 % des 1RM) und mäßigem Umfang (d. h. 2–3 Sätze pro Übung) durchgeführt werden. Jede Trainingseinheit sollte die wichtigsten Muskelgruppen des Körpers ansprechen. Auch das Ausdauertraining sollte mit mäßiger bis hoher Intensität durchgeführt werden (d. h. 60–85 % der VO_{2max}) und 25–40 min dauern. Bei kombinierten Trainingsprotokollen, bei denen sowohl Kraft- als auch Ausdauertraining am selben Tag durchgeführt werden, kann der Kraft- und Ausdauerzuwachs optimiert werden, indem das Krafttraining vor dem Ausdauertraining durchgeführt wird. Darüber hinaus können zwei wöchentliche Einheiten sowohl des Kraft- als auch des Ausdauertrainings eine optimale wöchentliche Frequenz darstellen, um zusätzliche Muskelmasse und Kraftzuwächse sowie die kardiorespiratorische Fitness bei bereits trainierten älteren Menschen zu fördern. Auch führt ein Krafttraining bis hin zum konzentrischen Muskelversagen nicht zu weiteren neuromuskulären Leistungssteigerungen und Muskelhypertrophie im Vergleich zu einer geringeren Anzahl von Wiederholungen. Um die funktionelle Leistungsfähigkeit älterer Menschen zu verbessern, sollte das kombinierte Kraft- und Ausdauertraining auch Schnellkrafttraining beinhalten, das auf die Verbesserung der Kraftleistungsfähigkeit abzielt, da die Kraftleistungsfähigkeit mit der funktionellen Leistungsfähigkeit in Verbindung gebracht wird.

Literatur

1. Izquierdo M, Häkkinen K, Antón A, Garrues M, Ibañez J, Ruesta M, et al. Maximal strength and power, endurance performance, and serum hormones in middle-aged and elderly men. Med Sci Sports Exerc. 2001;33:1577–87.
2. Izquierdo M, Häkkinen K, Ibanez J, Antón A, Garrués M, Ruesta M, et al. Effects of strength training on submaximal and maximal endurance performance capacity in middle-aged and older men. J Strength Cond Res. 2003;17:129–39.
3. Snijders T, Verdijk LB, van Loon LJC. The impact of sarcopenia and exercise training on skeletal muscle satellite cells. Ageing Res Rev. 2009;8:328–38.
4. Aagaard P, Suetta C, Caserotti P, Magnusson SP, Kjaer M. Role of the nervous system in sarcopenia nad muscle atrophy with aging: strength training as a countermeasure. Scand J Med Sci Sports. 2010;20:49–64.
5. Cadore EL, Izquierdo M, Conceição M, Radaelli R, Pinto RS, Baroni BM, et al. Echo intensity is associated with skeletal muscle power and cardiovascular performance in elderly men. Exp Gerontol. 2012a;47:473–8.
6. Izquierdo M, Ibanez J, Gorostiaga EM, Garrues M, Zuñiga A, Antón A, et al. Maximal strength and power characteristics in isometric and dynamic actions of upper and lower extremities in middle-aged and older med. Acta Physiol Scand. 1999a;167:57–68.
7. Izquierdo M, Aguado X, Gonzalez R, López JL, Häkkinen K. Maximal and explosive force production capacity and balance performance in men of different ages. Eur J Appl Physiol Occup Physiol. 1999b;79:260–7.
8. Sayers SP, Bean J, Cuoco A, Le Brasseur NK, Jette A, Fielding RA. Changes in function and disability after resistance training: does velocity matter? A pilot study. Am J Phys Med Rehabil. 2003;82:605–13.
9. Henwood TR, Riek S, Taaffe DR. Strength versus muscle power specific resistance training in community-dwelling older adults. J Gerontol A Biol Sci Med Sci. 2008;63:83–91.
10. Miszko TA, Cress ME, Slade JM, Covey CJ, Agrawal SK, Doerr CE. Effect of strength and power training on physical function in community-dwelling older adults. J Gerontol A Biol Sci Med Sci. 2003;58:171–5.
11. Bottaro M, Machado SN, Nogueira W, Scales R, Veloso J. Effect of high versus low-velocity resistance training on muscular fitness and functional performance in older men. Eur J Appl Physiol. 2007;99:257–64.
12. Reid KF, Fielding RA. Skeletal muscle power and functioning in older adults. Exerc Sport Sci Rev. 2012;40:1–12.
13. Kraemer WJ, Patton JF, Gordon SE, Harman EA, Deschenes MR, Reynolds K, et al. Compatibility of high-intensity strength and endurance training on hormonal and skeletal muscle adaptations. J Appl Physiol. 1995;78:976–89.

14. Pinto RS, Correa CS, Radaelli R, Cadore EL, Brown LE, Bottaro M. Short-term strength training improves muscle quality and functional capacity of elderly women. Age (Dordr). 2014;36(1):365–72. https://doi.org/10.1007/s11357-013-9567-2.
15. Knight CA, Kamen G. Adaptations in muscle activation of the knee extensor muscle with strength training in young and older adults. J Electromyogr Kinesiol. 2001;11:405–12.
16. Kamen G, Knight CA. Training-related adaptations in motor unit discharge rate in young and older adults. J Gerontol A Biol Sci Med Sci. 2004;59:1334–8.
17. Aagaard P, Simonsen EB, Andersen JL, Magnusson P, Dyhre-Poulsen P. Neural adaptation to resistance training: changes in evoked V-wave and H-reflex responses. J Appl Physiol. 2002;92:2309–18.
18. Izquierdo M, Häkkinen K, Ibañez J, Garrues M, Antón A, Zúniga A, et al. Effects of strength training on muscle power and serum hormones in middle-aged and older men. J Appl Physiol. 2001b;90:1497–507.
19. Seals DR, Hagberg JM, Hurley BF, Ehsani AA, Holloszy JO. Endurance training in older men and women: I. Cardiovascular responses to exercise. J Appl Physiol. 1984;57:1024–31.
20. Meredith CN, Frontera WR, Fisher EC, Hughes VA, Herland JC, Edwards J, et al. Peripheral effects of endurance training in young and old subjects. J Appl Physiol. 1989;66:2844–9.
21. Wood RH, Reyes R, Welsch MA, Favarolo-Sabatier J, Sabatier M, Lee CM, et al. Concurrent cardiovascular and resistance training in healthy older adults. Med Sci Sports Exerc. 2001;33:1751–8.
22. Izquierdo M, Ibañez J, Häkkinen K, Kraemer WJ, Larrión JL, Gorostiaga EM. Once weekly combined resistance and cardiovascular training in healthy older men. Med Sci Sports Exerc. 2004;36:435–43.
23. Izquierdo M, Häkkinen K, Ibañez J, Kraemer WJ, Gorostiaga EM. Effects of combined resistance and cardiovascular training on strength, power, muscle cross-sectional area, and endurance markers in middle-aged men. Eur J Appl Physiol. 2005;94:70–5.
24. Cadore EL, Pinto RS, Lhullier FLR, Correa CS, Alberton CL, Pinto SS, et al. Effects of strength, endurance and concurrent training on aerobic power and dynamic neuromuscular economy in elderly men. J Strength Cond Res. 2011a;25:758–66.
25. Cadore EL, Pinto RS, Lhullier FLR, Correa CS, Alberton CL, Pinto SS, et al. Physiological effects of concurrent training in elderly men. Int J Sports Med. 2010;31:689–97.
26. Cadore EL, Izquierdo M. Exercise interventions in polypathological aging patients that coexist with diabetes mellitus: improving functional status and quality of life. Age (Dordr). 2015;37:64. https://doi.org/10.1007/s11357-015-9800-2.
27. Cadore EL, Izquierdo M, Alberton CL, Pinto RS, Conceição M, Cunha G, et al. Strength prior to endurance intra-session exercise sequence optimizes neuromuscular and cardiovascular gains in elderly men. Exp Gerontol. 2012b;47:164–9.
28. Cadore EL, Izquierdo M, Pinto SS, Alberton CL, Pinto RS, Baroni BM, et al. Neuromuscular adaptations to concurrent training in the elderly: effects of intrasession exercise sequence. Age (Dordr). 2013a;35(3):891–903. https://doi.org/10.1007/s11357-012-9405-y.
29. Ferrari R, Kruel LF, Cadore EL, Alberton CL, Izquierdo M, Conceição M, et al. Efficiency of twice weekly concurrent training in trained elderly men. Exp Gerontol. 2013;48:1236–42.
30. Wilhelm EN, Rech A, Minozzo F, Botton CE, Radaelli R, Teixeira BC, et al. Concurrent strength and endurance training exercise sequence does not affect neuromuscular adaptations in older men. Exp Gerontol. 2014;60:207–14.
31. Ferrari R, Fuchs SC, Kruel LF, Cadore EL, Alberton CL, Pinto RS, et al. Effects of different concurrent resistance and aerobic training frequencies on muscle power and muscle quality in trained elderly men: a randomized clinical trial. Aging Dis. 2016;7(6):697–704. https://doi.org/10.14336/AD.2016.0504.
32. Da Silva LXN, Teodoro JL, Menger E, Lopez P, Grazioli R, Farinha J, et al. Repetitions to failure versus not to failure during concurrent training in healthy elderly men: a randomized clinical trial. Exp Gerontol. 2018;108:18–27. https://doi.org/10.1016/j.exger.2018.03.017.
33. Holviala J, Häkkinen A, Alen M, Sallinen J, Häkkinen K. Effects of prolonged and maintenance strength training on force production, walking, and balance in aging women and men. Scand J Med Sci Sports. 2014;24(1):224–33. https://doi.org/10.1111/j.1600-0838.2012.01470.x.

34. Karavirta L, Tulppo MP, Laaksonen DE, Nyman K, Laukkanen RT, Kinnunen H, et al. Heart rate dynamics after combined endurance and strength training in older men. Med Sci Sports Exerc. 2009;41:1436–43.
35. Sillampää E, Häkkinen A, Nyman K, Cheng S, Karavirta L, Laaksonen DE, et al. Body composition and fitness during strength and/or endurance training in older men. Med Sci Sports Exerc. 2008;40:950–8.
36. Sillampää E, Häkkinen A, Punnonen K, Häkkinen K, Laaksonen DE. Effects of strength and endurance training on metabolic risk factors in healthy 40–65-year-old men. Scand J Med Sci Sports. 2009a;19:885–95.
37. Sillampää E, Laaksonen DE, Häkkinen A, Karavirta L, Jensen B, Kraemer WJ, et al. Body composition, fitness, and metabolic health during strength and endurance training and their combination in middle-aged and older women. Eur J Appl Physiol. 2009b;106:285–96.
38. Karavirta L, Häkkinen A, Sillanpää E, Garcia-Lopez D, Kauhanen A, Haapasaari A, et al. Effects of combined endurance and strength training on muscle strength, power and hypertrophy in 40–67-year-old men. Scand J Med Sci Sports. 2011;21:402–11.
39. Cadore EL, Izquierdo M. How to simultaneously optimize muscle strength, power, functional capacity, and cardiovascular gains in elderly: an update. Age (Dordr). 2013a;35:2329–44. https://doi.org/10.1007/s11357-012-9503-x.
40. Cadore EL, Izquierdo M. New strategies for the concurrent strength-, power-, and endurance-training prescription in elderly individuals. J Am Med Dir Soc. 2013b;14:623–4.
41. Fisher G, McCarthy JP, Zuckerman PA, Bryan DR, Bickel CS, Hunter GR. Frequency of combined resistance and aerobic training in older women. J Strength Cond Res. 2013;27(7):1868–76. https://doi.org/10.1519/JSC.0b013e31827367e0.
42. Cadore EL, Rodríguez-Mañas L, Sinclair A, Izquierdo M. Effects of different exercise interventions on risk of falls, gait ability and balance in physically frail older adults. A systematic review. Rejuvenation Res. 2013b;16:105–14. https://doi.org/10.1089/rej.2012.1397.
43. Schumann M, Küüsmaa M, Newton RU, Sirparanta AI, Syväoja H, Häkkinen A, et al. Fitness and lean mass increases during combined training independent of loading order. Med Sci Sports Exerc. 2014;46:1758–68. https://doi.org/10.1249/MSS.0000000000000303.
44. McCarthy JP, Pozniak MA, Agre JC. Neuromuscular adaptations to concurrent strength and endurance training. Med Sci Sports Exerc. 2002;34:511–9.
45. Häkkinen K, Alen M, Kraemer WJ, Gorostiaga EM, Izquierdo M, Rusko H, et al. Neuromuscular adaptations during concurrent strength and endurance training versus strength training. J Appl Physiol. 2003;89:42–52.
46. Bell GJ, Syrotuik D, Martin TP, Burnham R, Quinney HÁ. Effect of concurrent strength and endurance training on skeletal muscle properties and hormone concentrations in humans. Eur J Appl Physiol. 2000;81:418–27.
47. Bell GJ, Syrotuik D, Socha T, Maclean I, Quinney HÁ. Effect of strength and endurance training on strength, testosterone, and cortisol. J Strength Cond Res. 1997;11:57–64.
48. Häkkinen K, Alen M, Kallinen M, Newton RU, Kraemer WJ. Neuromuscular adaptation during prolonged strength training, detraining and re-strength-training in middle-aged and elderly people. Eur J Appl Physiol. 2000;83:51–62.
49. Häkkinen K, Kraemer WJ, Newton RU, Alen M. Changes in electromyografic activity, muscle fibre and force production characteristics during heavy resistance/power strength training in middle-aged and older men and women. Acta Physiol Scand. 2001;171:51–62.
50. Häkkinen K, Kallinen M, Izquierdo M, Jokelainen K, Lassila H, Mälkiä E, et al. Changes in agonist-antagonist EMG, muscle CSA, and force during strength training in middle-aged and older people. J Appl Physiol. 1998;84:1341–9.
51. Cannon J, Kay D, Tarpenning KM, Marino FE. Comparative effects of resistance training on peak isometric torque, muscle hypertrophy, voluntary activation and surface EMG between young and elderly women. Clin Physiol Funct Imaging. 2007;27:91–100.
52. Brentano MA, Cadore EL, Silva EM, Ambrosini AB, Coertjens M, Petkowics R, et al. Physiological adaptations to strength and circuit training in postmenopausal women with bone loss. J Strength Cond Res. 2008;22:1816–25.

53. Frontera WR, Suh D, Krivickas LS, Hughes VA, Goldstein R, Roubenoff R. Skeletal muscle fiber quality in older men and women. Am J Phys Cell Physiol. 2000;279:C611–8.
54. Narici MV, Maganaris C, Reeves N. Myotendinous alterations and effects of resistive loading in old age. Scand J Med Sci Sports. 2005;15:392–401.
55. Tracy BL, Ivey FM, Hurlbut D, Martel GF, Lemmer JT, Siegel EL, et al. Muscle quality. II. Effects of strength training in 65- to 75-yr-old men and women. J Appl Physiol. 1999;86:195–201.
56. Astrand I, Astrand PO, Hallback I, Kilbom A. Reduction in maximal oxygen uptake with age. J Appl Physiol. 1973;35:649–54.
57. Fleg JL, Lakatta EG. Role of muscle loss in the age-associated reduction in VO_{2max}. J Appl Physiol. 1988;65:1147–51.
58. Cadore EL, Pinto RS, Alberton CL, Pinto SS, Lhullier FLR, Tartaruga MP, et al. Neuromuscular economy, strength and endurance in healthy elderly men. J Strength Cond Res. 2011b;25:997–1003.
59. Holviala J, Häkkinen A, Karavirta L, Nyman K, Izquierdo M, Gorostiaga EM, et al. Effects of combined strength and endurance training on treadmill load carrying walking performance in aging men. J Strength Cond Res. 2010;24:1584–95.
60. Cadore EL, Pinto RS, Teodoro JL, Silva LXN, Menger E, Alberton CL, et al. Cardiorespiratory adaptations in elderly men following different concurrent training regimes. J Nutr Health Aging. 2018;22:483–90. https://doi.org/10.1007/s12603-017-0958-4.
61. Cadore EL, Casas-Herrero A, Zambom-Ferraresi F, Idoate F, Millor N, Gómez M, et al. Multicomponent exercises including muscle power training enhance muscle mass, power output, and functional outcomes in institutionalized frail nonagenarians. Age (Dordr). 2014;36(2):773–85. https://doi.org/10.1007/s11357-013-9586-z.
62. Izquierdo M, Cadore EL. Muscle power training in the institutionalized frail: a new approach to counteracting functional declines and very late-life disability. Cur Med Res Opinion. 2014;30:1385–90.
63. Pereira A, Izquierdo M, Silva AJ, Costa AM, Bastos E, González-Badillo JJ, et al. Effects of high-speed power training on functional capacity and muscle performance in older women. Exp Gerontol. 2012;47:250–5.
64. Casas-Herrero A, Cadore EL, Zambom-Ferraresi F, Idoate F, Millor N, Martínez-Ramírez A, et al. Functional capacity, muscle fat infiltration, power output and cognitive impairment in institutionalized frail oldest-old. Rejuvenation Res. 2013;16(5):396–403. https://doi.org/10.1089/rej.2013.1438.

Einfluss von kombiniertem Ausdauer- und Krafttraining auf die Körperzusammensetzung und Gesundheit

19

Eurico Nestor Wilhelm und Ronei Silveira Pinto

Einführung

Die Kombination von Ausdauer- und Krafttraining (CT) wird bereits in einer Vielzahl von Sportarten zur Verbesserung der sportlichen Leistung durchgeführt, allerdings bieten sich auch für die Allgemeinbevölkerung entscheidende Vorteile im Hinblick auf die Gesundheitsförderung. Durch CT werden sowohl das kardiovaskuläre als auch das neuromuskuläre System beansprucht. Neben traditionellen Anpassung in Bezug auf die Ausdauerleistungsfähigkeit (z. B. maximale aerobe Kapazität, Laktatschwelle, Bewegungsökonomie) und der Skelettmuskelfunktion (Maximal- und Schnellkraft, muskuläre Ausdauer usw.) kann CT auch die Körperzusammensetzung sowie und kardiometabolische Risikofaktoren positiv beeinflussen. In diesem Kapitel werden die Auswirkungen von CT auf gesundheitsbezogene Anpassungen erörtert, wobei der Schwerpunkt auf der Körperzusammensetzung und kardiometabolischen Biomarkern liegt.

E. N. Wilhelm
Physical Education School, Federal University of Pelotas (UFPel), Pelotas, Brasilien

Exercise Research Laboratory, Physical Education School, Federal University of Rio Grande do Sul (UFRGS), Porto Alegre, Brasilien

R. S. Pinto (✉)
Exercise Research Laboratory, Physical Education School, Federal University of Rio Grande do Sul (UFRGS), Porto Alegre, Brasilien
E-Mail: ronei.pinto@ufrgs.br

M. Schumann, B. R. Rønnestad (Hrsg.), *Kombiniertes Ausdauer- und Krafttraining*, https://doi.org/10.1007/978-3-031-36310-8_19

Körperzusammensetzung

Körperfettmasse und Körperfettanteil

Adipositas ist zu einem weltweiten Problem geworden, und abgesehen davon, dass es sich um einen modifizierbaren Risikofaktor handelt, haben nach Schätzungen der Weltgesundheitsorganisation Adipositas und Übergewicht in den letzten Jahrzehnten dramatisch zugenommen. 2014 waren etwa 13 % der erwachsenen Weltbevölkerung betroffen, wobei fast 39 % der Erwachsenen als übergewichtig eingestuft wurden [1]. Adipöse Menschen haben ein höheres Risiko für Stoffwechsel-, orthopädische und kardiovaskuläre Erkrankungen sowie für einige Krebsarten [1, 2]. Die Reduzierung des Körperfettanteils ist für übergewichtige und fettleibige Personen von besonderer Bedeutung, und regelmäßige Teilnahme an personalisierten Bewegungsprogrammen als Teil der Strategie zur Gewichtsabnahme und -kontrolle kann eine wirksame Strategie sein [3]. Die Effekte von CT auf den Körperfettanteil wurden in frühen Studien oftmals mittels Hautfaltenmessung erfasst [4, 5]. Obwohl dies eine valide Methode ist, haben neuere Experimente die Vorteile von Röntgenstrahlen, bspw. DXA (Dual-X-Ray-Absorptiometry) genutzt, um Veränderungen der Körperzusammensetzung darzustellen [6–8]. Dieser Abschnitt befasst sich mit den Ergebnissen von Studien, bei denen DXA oder bildgebende Verfahren zur Analyse der gesamten oder regionalen Körperfettmasse genutzt wurden.

Die Effekte von CT auf die Gesamtfettmasse wurden in einer Reihe von Studien untersucht, wobei deren Ergebnisse in der Literatur kontrovers diskutiert werden. Donges et al. [6] berichteten über eine Verringerung der Gesamtkörperfettmasse bei Männern mittleren Alters bzw. im Seniorenalter nach einem dreimonatigen Ausdauertraining (ET) und CT. Eine gleichzeitige Zunahme der Muskelmasse wurde allerdings nur bei Männern der reinen Krafttrainings- (ST) oder CT-Gruppe beobachtet. Ähnliche positive Effekte von CT auf die Fettmasse oder des prozentualen Körperfettanteils wurden auch in anderen Studien beobachtet [8–11]. Allerdings ist unklar worauf die überlegenen Effekte von CT im Vergleich zu singulärem Training (z. B. ST) zurückzuführen sind. Möglicherweise liegt dies maßgeblich an dem höheren Trainingsvolumen was in der Regel mit CT im Vergleich zu reinem ET oder ST einhergeht (in der Regel werden z. B. jeweils 2 Kraft- und Ausdauertrainingseinheiten in CT mit lediglich 2 ET oder ST Einheiten verglichen). Tatsächlich deuten gepoolte Daten aus 21 Studien darauf hin, dass CT im Vergleich zu ET oder ST eine ähnliche Reduktion des Körperfetts bewirkt, dabei wurden aber unterschiedliche Trainingsvolumina nicht mit in Betracht bezogen [12]. Darüber hinaus berichteten auch einige Studien, von keinen Veränderungen der Körperfettmasse nach CT [7, 9]. Diese unterschiedlichen Ergebnisse bedeuten jedoch nicht, dass CT die Körperzusammensetzung nicht verbessern kann, sondern spiegeln vielmehr Unterschiede im Studiendesign (z. B. hinsichtlich des Trainingsprograms) wider, wie im Folgenden erläutert wird.

Mehrere der beschriebenen Studien waren nicht darauf ausgelegt, den direkten Einfluss von Training auf die Körperfettmasse zu ermitteln, und entsprechend wurden die Kalorienzufuhr, der Energieverbrauch und zusätzliche körperliche Aktivität nicht kontrolliert. Der Thermodynamik folgend, werden Veränderungen der Körpermasse durch die Netto-Energiebilanz reguliert. Der Verlust von Körperfettmasse wird auf eine anhaltende negative Energiebilanz zurückgeführt [3, 13], was experimentell durch Untersuchungen belegt wird, bei denen sowohl die Energiezufuhr als auch der Energieverbrauch der Teilnehmer manipuliert wird, um über einen bestimmten Zeitraum ein Energiedefizit oder einen Energieüberschuss zu erzeugen. Ross et al. [3] wiesen beispielsweise nach, dass eine Diät oder sportliche Betätigung allein eine gleichwertige Verringerung des Körperfettanteils bewirken kann, solange ein ähnliches Energiedefizit aufrechterhalten wird.

Dennoch scheint es offensichtlich, dass für eine Reduktion der Fettmasse Trainingsprogramme bevorzugt werden sollten, die einen großen Gesamtenergieverbrauch erzeugen. In diesem Kontext führt chronisches ET (z. B. hochintensives Intervalltraining) in der Regel zu einer Verbesserung der aeroben Kapazität und des muskulären Mitochondriengehalts [14], und einer verbesserten Ausnutzung des Fettstoffwechsels in Ruhe und bei submaximaler Belastung [15, 16]. Auf der anderen Seite kann eine Erhöhung der Muskelmasse durch ST ebenso eine Erhöhung des Gesamtenergieumsatzes mit sich bringen, da die fettfreie Masse eine wichtige Determinante des Ruheumsatzes ist [17]. Allerdings ist der absolute Beitrag einer erhöhten Skelettmuskelmasse zum Gesamtumsatz relativ gering [18]. Ausdauersportarten, die eine große Muskelmasse beanspruchen, wie z. B. Gehen/Laufen und Schwimmen, sind daher die naheliegendste Wahl zur Steigerung des Energieverbrauchs, da sie über längere Zeiträume eine relativ hohe Stoffwechselbelastung ermöglichen, obwohl eine ähnliche Verringerung der Fettmasse von isokalorischen Krafttrainingseinheiten zu erwarten wäre. In einer Metaanalyse von CT-Studien kamen Wilson et al. [12] zu dem Schluss, dass ST zusammen mit Lauftraining im Vergleich zum Radfahren zu einer geringfügig stärkeren Abnahme des Körperfetts führt. Obwohl beim Laufen eine größere Menge an Muskelmasse beansprucht wird, kann dies auch die Hypertrophie durch CT stärker beeinträchtigen [12]. Es besteht also ein Zielkonflikt zwischen der akuten Erhöhung des Energieverbrauchs beim Laufen und der Verbesserung der fettfreien Masse und damit des Ruheumsatzes beim Radfahren. Darüber hinaus stellten dieselben Autoren fest, dass die Intensität der Ausdauertrainingskomponente in direktem Zusammenhang mit der Abnahme des Körperfettanteils stand, was wahrscheinlich einen höheren Energieverbrauch widerspiegelt, wenn die Trainingsdauer zwischen den Bedingungen gleichgehalten wurde.

Es ist jedoch anzumerken, dass es immer auch eine Obergrenze des Trainingsvolumens gibt, und vor diesem Hintergrund ist es weniger wahrscheinlich (wenn auch möglich), dass normale Personen umfangreiche Trainingsroutinen mit nur einer Modalität (z. B. > 1,5 h/Trainingseinheit) durchführen, ohne die Motivation zu verlieren. Auch muss hier ein erhöhtes Verletzungsrisiko im Zusammenhang mit sich wiederholenden skelettalen Belastungen durch wiederholte Bewegungsmuster berücksichtigt werden. Somit kann CT eine strategische Alternative darstellen, um den wöchentlichen Energieumsatz zu erhöhen, indem zusätzliches Volumen und mehr Abwechslung in eine einzige Trainingseinheit integriert werden (wenn CT am selben Tag durchgeführt wird) oder indem die Trainingsfrequenz erhöht wird (wenn die Ausdauer- und Krafttrainingskomponenten an alternierenden Tagen durchgeführt werden).

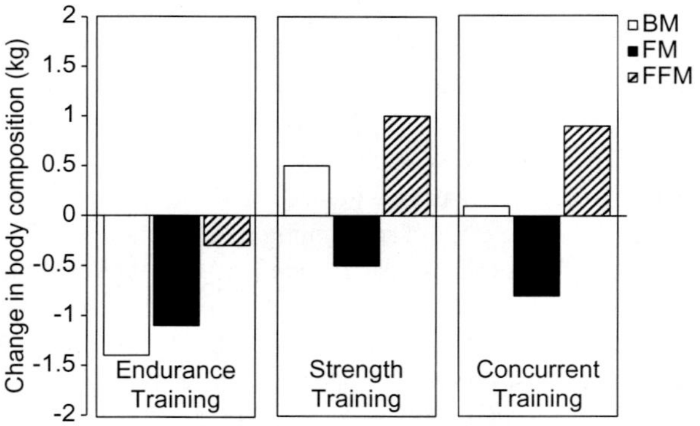

Abb. 19.1 Hypothetisches Modell zur Veranschaulichung typischer Veränderungen ausgewählter Parameter der Körperzusammensetzung bei verschiedenen Trainingsmodalitäten. Ausdauertraining, bei dem eine große Muskelmasse beansprucht wird, birgt das Potenzial für einen hohen Kalorienverbrauch, was zu einer negativen Energiebilanz und einer Verringerung der Gesamtkörper- und Fettmasse (BM bzw. FM) führen kann. Krafttraining führt in der Regel zu einer Verringerung oder sogar zu einer Zunahme der Gesamt-BM aufgrund einer Zunahme der fettfreien Masse (FFM), wohingegen kombiniertes Training sowohl die FM als auch die FFM verbessern kann. Letztendlich hängen die Veränderungen der Körperzusammensetzung von einer komplexen Interaktion zwischen der Trainingsmodalität und Nettoenergiebilanz ab

Kombiniertes Training kann auch zur Verringerung des Körperfettanteils beitragen, indem auf der einen Seite die Fettmasse direkt reduziert oder auf der anderen Seite die fettfreie Masse erhöht wird (oder eine Kombination aus beidem). Der Körperfettanteil spiegelt den Anteil der Fettmasse im Verhältnis zur Gesamtkörpermasse wider, so dass eine Zunahme der Skelettmuskelmasse zu einer Verringerung des Fettanteils führen kann, unabhängig von Veränderungen der reinen Fettmasse. Da längerfristiges CT eine Zunahme der Muskelmasse bei gleichzeitiger Abnahme der Fettmasse bewirken kann (Abb. 19.1), kann diese Trainingsform als ideale Alternative zur Reduzierung des Körperfettanteils angesehen werden [11].

Abdominale Fettmasse

Die Körperfettverteilung spielt eine Rolle für die allgemeine Gesundheit, wobei eine übermäßige Adipositas im Bereich der Taille (abdominale Adipositas) ein wichtiger Risikofaktor für Herz-Kreislauf-Erkrankungen und Stoffwechselstörungen ist [19, 20]. Der negative Einfluss der zentralen Adipositas als kardiometabolischer Risikofaktor ist höchstwahrscheinlich auf die übermäßige Anhäufung von viszeralem Fett (viszerale Adipositas) im Vergleich zu subkutanem Fett in der Bauchregion zurückzuführen [20]. Obwohl die Verringerung des Gesamtkörperfettgehalts ein wichtiges Ziel für übergewichtige und adipöse Personen ist, ist die Verringerung oder Verhinderung übermäßiger Fettablagerungen im intraabdominalen Bereich auch für schlanke Personen von großer Bedeutung. Viszerale Adipositas ist mit dem Taillenumfang assoziiert [21, 22], lässt sich aber besser mit Hilfe der axialen Computertomographie oder der

Magnetresonanztomographie quantifizieren, da mit diesen Techniken zwischen Fett im subkutanen und im intraabdominalen Bereich unterschieden werden kann, während mit der DXA durch Messungen des androiden Fetts faire Schätzungen erzielt werden können [21].

Derzeit gibt es zahlreiche Hinweise darauf, dass körperliches Training die viszeralen Fettdepots wirksam reduzieren kann. Die Ergebnisse einer systematischen Übersichtsarbeit und einer Metaanalyse zeigen, dass ET bei der Verringerung von Bauchfett wirksam zu sein scheint, während der positive Effekt von ST weniger deutlich ist [23]. Eine Verringerung des viszeralen Fettgewebes kann mit CT erreicht werden, aber die Ergebnisse sind nicht so eindeutig wie bei singulärem ET, was höchstwahrscheinlich darauf zurückzuführen ist, dass in vielen Studien der Umfang der Ausdauertrainingskomponente in CT-Trainingseinheiten reduziert wurde. Nichtsdestotrotz haben randomisierte Studien das Potenzial von CT zur Verringerung zentraler Fettdepots bestätigt [6, 24], sofern ein ausreichendes Trainingsvolumen erreicht wird. Eine kürzlich durchgeführte Metaanalyse von 15 Studien, in denen ET, ST und/oder CT in Bezug auf metabolische und anthropometrische Parameter verglichen wurden, ergab, dass letzteres bei der Verringerung des Taillenumfangs wirksamer ist, was darauf hindeutet, dass CT ein wirksamerer Ansatz zur Prävention und Therapie von Adipositas ist [25].

In jüngster Zeit sind auch unterschiedliche Trainingsmodi des CT in den Fokus wissenschaftlicher Untersuchungen getreten (Abb. 19.2). Kontroverse Ergebnisse wurden hinsichtlich des Einflusses der Reihenfolge von ET und ST auf die Muskelmasse und -kraft veröffentlicht, wobei einige Autoren über größere Anpassungen berichteten, wenn ET vor ST durchgeführt wurden [26, 27], während andere nur geringe oder keine Auswirkungen der Reihenfolge der Trainingsarten auf neuromuskuläre Parameter feststellten [7, 9, 28–31].

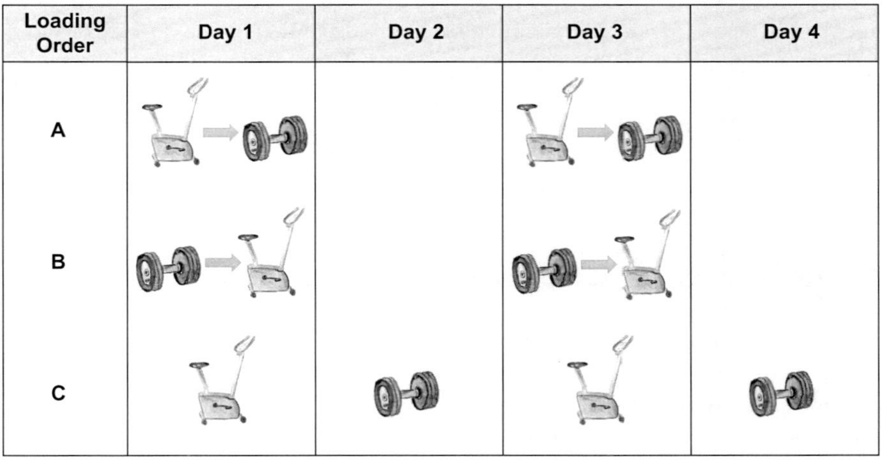

Abb. 19.2 Beispiel für ein kombiniertes Ausdauer- und Krafttraining mit unterschiedlicher Belastungssequenz. Kombiniertes Training in derselben Einheit kann mit der Ausdauerkomponente vor den Kraftübungen (A) oder in umgekehrter Übungsreihenfolge (B) durchgeführt werden. Alternativ Ausdauer- und Krafttraining in separaten Trainingseinheiten durchgeführt werden (C). Letzteres optimiert Untersuchungen zufolge die Veränderungen der androiden Fettmasse [9]

Anders als für das neuromuskuläre System scheint es konsistente (jedoch begrenzte) Belege für die Sequenz von ET und ST auf die Körperzusammensetzung zu geben. Eine Reihe finnischer Studien hat sich mit diesem Thema befasst und zunächst gezeigt, dass die Abfolge des CT in einer Trainingseinheit keine relevante Rolle bei der Veränderung des Körperfettanteils spielt, zumindest dann nicht, wenn ein Trainingsprogramm mit relativ geringem Trainingsumfang durchgeführt wird (d. h. 60–100 min Training pro Einheit, 2–2,5 Einheiten pro Woche) [7]. Eine spätere Studie bestätigte diese Ergebnisse und zeigte weiter, dass CT aufgeteilt auf alternierende Tage zu einer größeren positiven Effekten auf die Fettmasse führt, als CT in der gleichen Trainingseinheit [9]. Schaut man sich hierbei die lokalen Veränderungen der Fettmasse an, so wurden sowohl bei Männern als auch bei Frauen eine stärkere Reduzierung der androiden (zentralen) Fettmasse beobachtet. Diese Ergebnisse sind verblüffend, da erwartet wurde, dass jedes Protokoll einen ähnlichen Energieverbrauch während der Trainingseinheiten hervorruft. Man könnte spekulieren, dass die Probanden die CT in der gleichen Einheit durchgeführt haben mit einer geringeren relativen Intensität trainiert haben könnten, da ein vorheriges Ausdauertraining die Qualität der darauffolgenden Krafttrainingskomponente verringert [32]. Allerdings wurden keine Beeinträchtigungen der Maximalkraft gefunden [32, 33]. Eine weitere Erklärung könnte in der Nachatmung der Belastung liegen (in Englisch Excess-Post-Exercise Oxygen Consumption; EPOC). Obwohl EPOC (und damit der Energieumsatz) durch die Intensität des ST beeinflusst wird, schätzten Thornton et al. [34], dass der Unterschied im Energieverbrauch nach ST zwischen einer Krafttrainingseinheit mit hoher (z. B. 85 % von 15 RM) und niedriger (45 % von 15RM) Intensität gering ist. Daher scheint es unwahrscheinlich, dass eine intensitäts-bedingte Erhöhung von EPOC mit der stärkeren Verringerung der Körperfettmasse in der Gruppe die CT an alternieren Tagen durchgeführt hat, zusammenhängt. Vielmehr könnte eine höhere Frequenz kürzerer Trainingseinheiten zu einem höheren Gesamtenergieumsatz führen (also ein kumulativer Effekt), aber auch diese Hypothese bleibt zunächst spekulativ. Trotz der ungeklärten zugrundeliegenden Mechanismen sind dies vielversprechende Ergebnisse mit praktische Relevanz für die Optimierung der Körperzusammensetzung. Allerdings stehen weitere Studien die diese Daten auch für andere Populationen reproduzieren (z. B. Übergewichtige und Patienten mit Typ-2-Diabetes) weiterhin aus.

Kardiometabolische Gesundheit

Neben der Erhöhung der fettfreien Masse und der Verringerung des zentralen Fettanteils birgt CT das Potenzial, weitere Risikofaktoren für kardiovaskuläre und metabolische Erkrankungen zu verbessern. Eine schlechte Regulierung der Blutfette, des Glukosestoffwechsels und ein erhöhter systemischer Blutdruck gehören zu den wichtigsten veränderbaren kardiometabolischen Risikofaktoren, die sich durch Sport verbessern lassen. Die nächsten Abschnitte befassen sich mit der Wechselwirkung zwischen CT und diesen gesundheitsbezogenen Parametern.

Blutfette und Lipoproteine

Langfristiges Training wird empfohlen, um die Blutfett- und Lipoproteinkonzentrationen zu verbessern. Die Ergebnisse von Querschnittsstudien lieferten die ersten Belege dafür, dass ein erhöhtes Maß an körperlicher Aktivität mit einem verbesserten Nüchtern-Lipidprofil einhergeht, wobei Sportler höhere Serumwerte an High-Density-Lipoprotein-Cholesterin (HDL-c) aufweisen, die bis zu 50 % höher sind als bei inaktiven Kontrollpersonen. Die Triglycerid (TG)-Konzentrationen schwanken in die entgegengesetzte Richtung, wobei ein höheres Fitnesslevel mit niedrigeren TG-Werten im Blut zusammenhängt. Weniger Daten gibt es für konsistente Veränderungen des Gesamtcholesterins (TC) und des Low-Density-Lipoprotein-Cholesterins (LDL-c), und die Effekte von körperlicher Aktivität reduzieren sich oder verschwinden gänzlich, wenn die Daten hinsichtlich möglicher Confounder bereinigt werden [35]. Langzeitexperimente, in denen Bewegungsinterventionen untersucht wurden, stimmen im Allgemeinen mit den epidemiologischen Daten überein, aber die Veränderungen bei Lipiden und Lipoproteinen sind in der Regel von geringerem Ausmaß. Daten einer Meta-Analyse von 25 Studien mit 1404 offensichtlich gesunden Teilnehmern deuten darauf hin, dass ET zu einem geringen (+2,5 mg/dL), wenn auch signifikanten Anstieg von HDL-c führt [36]. Im Hinblick auf die Effekte von ST auf die Blutfettwerte wurden in randomisierten kontrollierten Studien widersprüchliche Ergebnisse gefunden. Allerdings gibt es Hinweise darauf, dass ST die Konzentration von TC, das Verhältnis von TC/HDL-c, TG, LDL-c und non-HDL-c bei Erwachsenen verbessern kann [37]. Dem gegenüber steht eine wesentlich geringere Anzahl an Studien, die die Effekte von CT auf Veränderungen der Blutfette untersucht haben. Nichtsdestotrotz scheint auch CT Parameter einer Dyslipidämie in unterschiedlichen Populationen zu verbessern [10, 38, 39], was angesichts der bekannten Effekte von singulären ET und ST auf HDL-c und TC nicht überrascht.

Die präventive Wirkung von HDL-c auf die Entwicklung von CVD ist wahrscheinlich auf seine Rolle beim reversiblen Cholesterintransport zurückzuführen, ganz abgesehen von den antioxidativen, entzündungshemmenden und gefäßaktiven Funktionen. Einfach ausgedrückt handelt es sich beim reversen Cholesterintransport um einen Mechanismus, bei dem gespeicherte Cholesterinester, beispielsweise in Makrophagen der Gefäßwand, mit extrazellulärem Apolipoprotein A1 interagieren können, um naszierendes HDL-c zu bilden, das dann weiterhin Cholesterin lagert, um reife HDL-c-Spezies zu bilden [40]. Reife HDL-c können ihren Cholesteringehalt selektiv an die Leber abgeben, um dort eliminiert zu werden, und zwar (1) über einen direkten Weg, bei dem der Efflux von Cholesterinester direkt von HDL-c zu den Hepatozyten erfolgt, oder (2) über indirekte Wege, einschließlich des Cholesterin-Triglycerid-Austauschs mit anderen Lipoproteinen, um cholesterinreiche LDL-c-Formen zu bilden, die dann Cholesterin an die Hepatozyten abgeben können [40].

Es liegt die Vermutung nahe, dass CT eine additive Wirkung auf die Verbesserung des Nüchtern-Lipidprofils haben könnte. Tseng et al. [39] führten eine dreimonatige Trainingsstudie durch, bei der die Teilnehmer entweder ET- (5 Tage/Woche, ~60 min/Tag bei 50–70 % der maximalen Herzfrequenz), ST- (5 Tage/Woche, ~60 min/Einheit, mehrere Sätze bei 60–80 % des Ein-Wiederholungsmaximums), CT (das jeweilige

Ausdauer- und Krafttraining an alternierenden Tagen) oder kein Training durchführten (Kontrolle). Obwohl alle Trainingsgruppen die kardiometabolischen Parameter verbesserten, wiesen die ET- und CT-Gruppen im Vergleich zur ST-Gruppe einen größeren Anstieg des HDL-c auf. Interessanterweise wiesen die Teilnehmer der CT-Gruppe im Vergleich zu den anderen beiden Trainingsmodalitäten einen stärkeren Rückgang des Nüchtern-Blutzuckers und des TG auf, obwohl das Gesamttrainingsvolumen (in dieser Studie durch die Trainingszeit geschätzt) in der CT-Gruppe nicht höher war als in den anderen Gruppen. In ähnlicher Weise berichteten Libardi et al. [41], dass Männer mittleren Alters von ST und CT profitierten, indem sie den Nüchtern-TC verringerten, aber nur CT verbesserte die TG-Konzentrationen im Blut. Dies sind wichtige Ergebnisse, da sie darauf hindeuten, dass CT singulärem ET und ST überlegen sein könnte, um das Lipidprofil zu verbessern. Allerdings scheint dies nicht in allen Studien der Fall zu sein. So zeigten Schwingshackl und Kollegen in einer Metaanalyse, dass CT und ET bei übergewichtigen und fettleibigen Personen eine ähnliche Verbesserung der Blutfette und Lipoproteine bewirken [25], jedoch wurden überlegene Effekte von CT auf TG bei Patienten mit Diabetes mellitus Typ 2 gefunden [42].

Nach derzeitigem Kenntnisstand kann körperliches Training also zu einer Verbesserung des Blutfett- und Lipoproteinprofils führen. Die Hinzufügung von ST zu einem ET-Programm beeinträchtigt diese positiven Anpassungen nicht, und es gibt sogar Hinweise darauf, dass CT jeder Modalität allein überlegen sein könnte, obwohl noch unklar ist, ob dies eine additive Interaktion zwischen den Anpassungen durch verschiedene Trainingsmodalitäten oder eher ein größeres Trainingsvolumen bei CT widerspiegelt.

Kontrolle des Blutzuckerspiegels

Gesunde Personen weisen Nüchtern-Blutzuckerwerte von unter 100 mg/dL und ein glykiertes Hämoglobin (HbA1c) von unter 5,7 % auf. Chronische Beeinträchtigungen der normalen Glukoseregulierung, wie Diabetes mellitus, stellen ein erhöhtes Risiko für Mortalität und langfristige Komplikationen wie Neuropathie, Nephropathie, Herz-Kreislauf-Erkrankungen und Amputationen dar. Änderungen des Lebensstils, einschließlich einer gesunden Ernährung und regelmäßiger körperlicher Aktivität, gelten als wichtige nicht-pharmakologische Strategien zur Prävention und Behandlung von Diabetes mellitus Typ 2 und des metabolischen Syndroms [43–45]. Es hat sich gezeigt, dass supervidiertes körperliches Training besonders geeignet ist, die Blutzuckereinstellung zu verbessern, indem es den Nüchtern-Blutzucker und den absoluten Prozentsatz des HbA1c bei Typ-2-Diabetikern senkt [46]. Die Wirksamkeit von ET zur Verbesserung des Glukosestoffwechsels bei diesen Patienten ist seit Jahrzehnten dokumentiert [47], und spätere Daten zeigten, dass supervidiertes ST sowie CT wirksame Alternativen zur Verbesserung der glykämischen Kontrolle der Patienten sind [46].

Da CT die Vorteile von ET und ST kombiniert, hat es das Potenzial, die Stoffwechselreaktionen bei Typ-2-Diabetikern zu optimieren. In einer großen Studie, in der die drei Trainingsmodalitäten hinsichtlich langfristiger Veränderungen des HbA1c-Wertes verglichen wurden, führte das CT im Vergleich zu singulärem ET oder

ST zu überlegenen Verbesserungen der Blutzuckerspiegel [48]. Darüber hinaus profitierten nur Personen mit einem niedrigeren HbA1c-Ausgangswert von CT. Obwohl die genannte Arbeit auf favorisierende Effekte durch CT hinweist, ist es wichtig hervorzuheben, dass die Patienten in der kombinierten Trainingsgruppe ein größeres wöchentliches Trainingsvolumen absolvierten als die Patienten in den Gruppen mit den einzelnen Trainingsmodalitäten. Daher ist es schwierig final zu beurteilen, ob die beobachteten Effekte auf positive Effekte des CT oder schlicht das Mehr an zusätzlich umgesetzter Arbeit zurückzuführen sind.

Bei dem Versuch, diesbezüglich Licht ins Dunkel zu bringen, haben Church und Kollegen [49] in einer neunmonatigen Studie versucht, das Gesamttrainingsvolumen zwischen den unterschiedlichen Gruppen anzugleichen, so dass die CT-Gruppe im Vergleich zu den ET- und ST-Gruppen jeweils kürzere Ausdauer- und Krafteinheiten durchgeführt haben. Nur die Patienten in CT erreichten eine Reduktion des HbA1c-Wertes im Vergleich zur Kontrollgruppe (ohne Training). Eine spätere Studie bestätigte diese Ergebnisse und zeigte größere Verbesserungen der Nüchtern-Glukosekonzentration bei gesunden Männern in der CT- im Vergleich zur ET- und ST-Gruppe, auch wenn die Ausdauer- und Kraftkomponenten in der CT-Gruppe um die Hälfte reduziert waren [39]. Diese Ergebnisse deuten auf einen potenziell favorisierenden Effekt von CT auf den Glukosestoffwechsel hin, der unabhängig vom Trainingsumfang zu sein scheint. Nichtsdestotrotz wurde in einer Meta-Regression randomisierter kontrollierter Studien festgestellt, dass das CT-Volumen, insbesondere die Kraftkomponente, mit Verbesserungen des HbA1c-Wertes bei Patienten mit Typ-2-Diabetes verbunden ist [50], was unterstreicht, wie wichtig es ist, die Interaktion zwischen Trainingsvolumen und -modus bei chronischen Anpassungen der Glukoseregulation zu berücksichtigen.

Die Trainingsintensität wurde ursprünglich in Studien zum Ausdauertraining als Prädiktor für Verbesserungen des HbA1c-Wertes identifiziert [47], nicht jedoch in einer neueren Meta-Regression zum CT [50]. In der Literatur finden sich widersprüchliche Ergebnisse über den vermeintlichen Nutzen von CT mit höherer Intensität für die Glukoseregulation. Dies ist wahrscheinlich auf die Wechselwirkung zwischen Trainingsintensität und -volumen zurückzuführen, was bei gleicher Trainingsdauer zu mehr physikalischer Arbeit in Gruppen mit hoher Intensität im Vergleich zu Gruppen mit niedriger Intensität führt. Eine Sub-Gruppen Analyse der Italian Diabetes Exercise Study hat dazu beigetragen, etwas Licht in dieses Thema zu bringen, da die Forscher die Ergebnisse von Typ-2-Diabetikern verglichen, die ein dem Energieverbrauch angepasstes CT mit niedriger bzw. mittlerer bis hoher Intensität durchführten. Nach einer 12-monatigen Trainingsintervention zeigten die Patienten, die mit höherer Intensität trainierten, eine stärkere Senkung des Hb1Ac-Wertes um −0,5 % im Vergleich zu −0,33 % in der CT-Gruppe mit niedriger Intensität. Obwohl eine Dosis-Wirkungsbeziehung der Intensität festgestellt werden konnte, wurde der zusätzliche Nutzen von CT mit höherer Intensität von den Forschern als wenig klinisch relevant eingestuft [38], aber wir betonen, dass ein Unterschied von ~0,15 % beim Hb1Ac nicht übersehen werden sollte.

Der Nutzen von CT für die Blutzuckerkontrolle bei scheinbar gesunden Personen ist weniger klar. In der Literatur scheint es kontroverse Ergebnisse zu geben, die CT mit einzelnen Trainingsmodalitäten vergleichen. So wird berichtet, dass sich die

Nüchtern-Glukosekonzentration bei jungen Männern nach CT im Vergleich zu ET oder ST stärker verbessert [39], während andere Studien potenziell größere positive Effekte auf die Glukosetoleranz während eines oralen Glukosetoleranztests bei Männern [6] oder sogar eine bessere Wirkung von ST und CT bei der Senkung der Nüchtern-Glukosekonzentration bei älteren Frauen im Vergleich zu ET feststellen [8]. Auch kann körperliches Training in manchen Szenarien zwar die Nüchtern-Glukosekonzentration nach einer der beiden Modalitäten nicht verbessern, aber eine Beeinträchtigung der glykämischen Kontrolle im Laufe der Zeit verhindern [41], was wahrscheinlich auf ein schmaleres Fenster für physiologische Anpassungen bei ansonsten gesunden Personen mittleren Alters im Vergleich zu Patienten mit etablierten Stoffwechselstörungen widerspiegelt.

Zusammengenommen scheint CT bei gesunden Personen mindestens so wirksam wie ET und ST zu sein, um die Blutzuckerregulation zu verbessern (oder deren Verschlechterung zu verhindern). Es gibt Hinweise darauf, dass CT den Glukosestoffwechsels bei Personen mit Typ-2-Diabetes mellitus stärker positiv beeinflusst, als ST oder ET allein. Allerdings bleibt auch hier die Frage unterschiedlicher Trainingsvolumina bestehen und es liegt auf der Hand, dass weitere Studien zum direkten Vergleich verschiedener CT-Volumina erforderlich sind, um definitivere Schlussfolgerungen ziehen zu können.

Blutdruck und vaskuläre Anpassungen

Bluthochdruck ist ein wichtiger kardiovaskulärer Risikofaktor, der mit Veränderungen in der Struktur und Funktion des Gefäßsystems einhergeht. Traditionell wurde die systemische Hypertonie als (anhaltender) systolischer und/oder diastolischer Blutdruck der Arteria brachialis ≥ 140/90 mmHg in Ruhe definiert. 2017 veröffentlichten das American College of Cardiology und die American Heart Association aber neue Leitlinien mit strikteren Blutdruckschwellenwerten für die US-Bevölkerung, wobei Hypertonie als systolischer Blutdruck ≥ 130 mmHg und/oder diastolischer Blutdruck ≥ 80 mmHg definiert wird [51]. Patienten die unter Hypertonie leiden, sind anfälliger für unerwünschte Ereignisse wie Schlaganfall, Herzinsuffizienz, periphere Arterienerkrankungen und andere Organschäden [52]. Darüber hinaus können die erhöhten hämodynamischen Kräfte die Gefäßwand schädigen, was zu einer endothelialen Dysfunktion und einer weiteren Beeinträchtigung der Gefäßgesundheit führt [52]. Eine Korrelation zwischen dem Anstieg des Blutdrucks und dem kardiovaskulären Risiko wird selbst im normotensiven Bereich beobachtet, was die Notwendigkeit geeigneter Ansätze zur Verhinderung oder Verzögerung eines progressiven Blutdruckanstiegs unterstreicht [52].

ET wurde klassischerweise als wesentlicher Bestandteil einer antihypertensiven Strategie empfohlen, und es scheint sicher zu sein, dass hypertensive Patienten von einer Senkung des Ruheblutdrucks um 5–7 mmHg durch langfristiges ET profitieren [53]. Entgegen früherer Annahmen fördert dynamisches ST keinen chronischen Blutdruckanstieg und kann daher als adjuvante blutdrucksenkende Strategie mit vergleichbarer Wirkung wie ET eingesetzt werden [53]. Die Kombination beider Trainingsmodalitäten (d. h. CT) ist allgemein anerkannt und wird zur Prävention und Behandlung von Bluthochdruck empfohlen. Eine Meta-Analyse von 68 Studien, die den Einfluss von CT auf den Blutdruck untersuchten, ergab eine Gesamtsenkung des systolischen Blutdrucks um −3,2 mmHg und des diastolischen Blutdrucks um −2,5 mmHg im Vergleich zu den entsprechenden Kontrollgruppen [54]. Wichtig ist, dass die langfristige blutdrucksenkende Wirkung von CT besonders bei höheren Ausgangswerten ausgeprägt war und sich bei Hypertonikern auf −5,3 mmHg für den systolischen Blutdruck und −5,6 mmHg für den diastolischen Blutdruck belief. Betrachtet man nur Studien die als methodisch hochwertig eingestuft wurden, konnte soga eine Senkung um fast 9 mmHg beobachtet werden. Diese Ergebnisse deuten darauf hin, dass Menschen die eine Blutdrucksenkung am dringendsten benötigen, auch am meisten von einem Training profitieren.

Die Mechanismen, die einer chronischen Senkung des Blutdrucks nach körperlichem Training führen, müssen mit Veränderungen des Herzzeitvolumens und/oder des peripheren Gefäßwiderstands zusammenhängen [52]. Da das Herzzeitvolumen in der Ruhephase durch körperliches Training nur geringfügig oder gar nicht beeinflusst wird [55], dürften Veränderungen des Gefäßwiderstands den größten Teil des Nutzens von körperlicher Betätigung ausmachen. Die lang anhaltende blutdrucksenkende Wirkung von körperlicher Betätigung resultiert aus einem komplexen Zusammenspiel von verbesserter vaskulärer Reaktionsfähigkeit, neurohumoralen Anpassungen und/oder struktureller vaskulärer Anpassungen [52, 55]. Mehrere dieser Mechanismen bedürfen weiterer Untersuchungen, aber insbesondere die funktionellen und strukturellen vaskulären Anpassungen an körperliches Training wurden bereits deutlich beschrieben. Das vaskuläre Endothel spielt eine zentrale Rolle bei der Kontrolle der Gefäßgesundheit und der Koagulation. Endothelzellen können durch chronischen Bluthochdruck und Dyslipidämie geschädigt werden, wobei eine endotheliale Dysfunktion mit Myokardinfarkt, Bluthochdruck und sogar mit dem Altern ohne klinische Anzeichen von CVD in Verbindung gebracht wird [56, 57]. Die Folgen der Endotheldysfunktion sind mindestens zweifach: (1) ein für Atherosklerose anfälliges Gefäßbett und (2) eine eingeschränkte vasodilatatorische Kapazität, die zur Entwicklung und zum weiteren Fortschreiten von Bluthochdruck beitragen kann.

Eine beeinträchtigte Gefäßfunktion kann sowohl durch singuläres ET als auch ST verbessert werden [56, 58]. Akutes dynamisches Training übt eine direkte Stimulation auf die Blutgefäße aus, indem es den anterograden vaskulären Scherstress erhöht, der als starker Stimulus zur Auslösung endothelialer Anpassungen wirkt. Vorübergehende Erhöhungen des anti-atherogenen Scherstresses können sogar in nicht direkt involvierten Gefäßen (d. h. Gefäße anderer Körperpartien) auftreten, sofern ein längeres dynamisches Training mit großer Muskelmasse durchgeführt wird. Darüber hinaus wirken sich Veränderungen systemischer Faktoren, einschließlich eines trainingsinduzierten Anstiegs zirkulierender Myokine (wie Interleukin-6), sowie eine chronische Verringerung proinflammatorischer Substanzen (z. B. C-reaktives Protein, Tumornekrosefaktor α) und eine Verbesserung des Insulinstoffwechsels in Endothelzellen positiv auf die Gefäße aus [59]. Neben akuten hämodynamischen Anpassungen hat CT das Potenzial, Lipid- und niedrig-gradige chronische Entzündungsmarker in ausgewählten Populationen zu verbessern [6, 25] und kann als wirksame Strategie zur Verbesserung der Endothelfunktion betrachtet werden. Dementsprechend zeigen Personen mit Risikofaktoren für eine vaskuläre Dysfunktion oder eine manifestierte kardiovaskuläre Erkrankung im Allgemeinen bereits nach kurzfristigem CT eine erhöhte endothelabhängige Vasodilatation [60, 61]. Interessanterweise gibt es Hinweise darauf, dass die Reihenfolge der CT-Belastung innerhalb einer Trainingseinheit die vaskulären Anpassungen an das Training beeinflussen kann. So wurde berichtet, dass ST vor ET zu einer Verbesserung der Endothelfunktion bei jungen Frauen und Männern führt, während bei der entgegengesetzten Reihenfolge keine Verbesserungen der Gefäßfunktion beobachtet wurden [62]. Obwohl die genauen zugrundeliegenden Mechanismen nach wie vor nicht klar sind, wurde spekuliert, dass ET vor ST zu einer Hemmung von Wachstumshormonen führt [63], was die endothelialen Anpassungen behindert haben könnte. Dies ist auf Zusammenhänge zwischen Wachstumshormonen und der Produktion von Stickstoffmonoxid und damit der endothelabhängigen Vasodilatation zurückzuführen [64].

Obwohl es umstritten ist, ob die arterielle Steifigkeit zur Hypertonie beiträgt oder eine Folge davon ist, steht fest, dass eine erhöhte Aortensteifigkeit mit dem kardiovaskulären Risiko zusammenhängt [65]. Die Ablagerung von Kollagenfasern und die Verringerung des Elastingehalts in den Blutgefäßen führen schließlich zu steiferen Arterien mit einer geringeren Fähigkeit, pulsierende intravaskuläre Spannungen aufzunehmen. Hochintensives ST wird im Allgemeinen mit einer erhöhten arteriellen Steifigkeit bei jungen gesunden Erwachsenen in Verbindung gebracht [66], was wahrscheinlich auf eine kompensatorische Anpassung an den starken Blutdruckanstieg während des Trainings zurückzuführen ist. Es ist unwahrscheinlich, dass die erhöhte Gefäßsteifigkeit bei jungen Menschen nach ST eine pathologische Anpassung darstellt, allerdings können alternativ niedrigere ST-Intensitäten gewählt werden, die die zentrale arterielle Compliance bei jungen Menschen nicht zu beeinträchtigen scheint [67]. Alternativ scheint sich auch die Zuschaltung ET zu ST (d. h. CT) positiv auf die arterielle Steifigkeit auszuwirken [62, 68]. Dies wurde insbesondere bei Kawano et al. [68] gezeigt. Ähnlich wie bei der vaskulären Reaktivität, beobachteten auch Okamoto et al. [62], dass eine Verringerung der Pulswellengeschwindigkeit zwischen Oberschenkel und Knöchel (ein Surrogat Marker für die zentrale arterielle Steifigkeit) nach acht Wochen CT nur bei den Teilnehmern zu beobachten war, die das CT mit ST begannen (also ST ->ET) was wiederum darauf hindeutet, dass die Reihenfolge der CT-Belastung einen gewissen Einfluss auf die Gefäßfunktion und den Gefäßumbau haben könnte. Die zugrundeliegenden Mechanismen, die zu den von Okamoto und Kollegen berichteten besseren vaskulären Anpassungen bei ST vor ET führen, sind jedoch noch weitgehend unbekannt.

Zusammenfassung

Anders als bei der Entwicklung von Maximalkraft beeinträchtigt CT die gesundheitsbezogenen Anpassungen nicht. CT ist wirksam bei der Verbesserung der Körperzusammensetzung, des Blutdrucks und des Blutfett-/Lipoproteinprofils, wobei es einige Hinweise darauf gibt, dass diese Trainingsmodalität von singulärem ET und ST bei der Verbesserung des Glukosestoffwechsels übertreffen kann. Die Aufrechterhaltung und sogar Verbesserung der Gefäßgesundheit kann auch durch CT erreicht werden, und insbesondere die Ausdauerkomponente des CT kann wirksam sein, um eine durch ST verursachte Zunahme der Arteriensteifigkeit zu verhindern. Aus pragmatischer Sicht kann die Intensität der Ausdauerkomponente des CT für die Reduzierung des Körperfetts eine Rolle spielen, wobei sich ein kurzes (20–30 min) Ausdauertraining bei höherer Intensität empfiehlt, die Körperfettmasse zu reduzieren und gleichzeitig einen möglichen negativen Interferenzeffekt des CT auf die Muskelhypertrophie zu hemmen [12]. Sollte es das Ziel sein insbesondere die Muskelkraft zu erhöhen, bietet sich eine Kombination aus ST und Radtraining an, während Laufen als Ausdauertraining für den Abbau von Körperfett leicht vorteilhaft sein kann [12]. Auch wenn Umfang und Intensität des ST eine wichtige Rolle bei der Verbesserung der Blutzuckerkontrolle und weiterer kardiometabolischer Risikofaktoren bei spezifischen Bevölkerungsgruppen spielen können, gibt es Hinweise darauf, dass CT größere Effekte als singuläres ST oder ET zu haben scheint. Somit kombiniert CT die Vorteile jeder einzelnen Trainingsmodalität und kann als optimale Trainingsalternative zur Verbesserung und Erhaltung der Gesundheit angesehen werden.

Literatur

1. WHO. Obesity and overweight – fact sheet [internet]. World Health Organization. 2017. http://www.who.int/mediacentre/factsheets/fs311/en/.
2. Haslam D, Sattar N, Lean M. Obesity – time to wake up. BMJ. 2006;333(7569):640–2.
3. Ross R, Dagnone D, Jones PJH, Smith H, Paddags A, Hudson R, et al. Reduction in obesity and related comorbid conditions after diet-induced weight loss or exercise-induced weight loss in men. A randomized, controlled trial. Ann Intern Med. 2000;133(2):92–103.
4. Hickson RC. Interference of strength development by simultaneously training for strength and endurance. Eur J Appl Physiol Occup Physiol. 1980;45(2–3):255–63.
5. Häkkinen K, Alen M, Kraemer WJ, Gorostiaga E, Izquierdo M, Rusko H, et al. Neuromuscular adaptations during concurrent strength and endurance training versus strength training. Eur J Appl Physiol. 2003;89(1):42–52.
6. Donges CE, Duffield R, Guelfi KJ, Smith GC, Adams DR, Edge JA. Comparative effects of single-mode vs. duration-matched concurrent exercise training on body composition, low-grade inflammation, and glucose regulation in sedentary, overweight, middle-aged men. Appl Physiol Nutr Metab. 2013;38(7):779–88.
7. Schumann M, Küüsmaa M, Newton RU, Sirparanta A-I, Syväoja H, Häkkinen A, et al. Fitness and lean mass increases during combined training independent of loading order. Med Sci Sport Exerc. 2014;46(9):1758–68.
8. Sillanpää E, Laaksonen DE, Häkkinen A, Karavirta L, Jensen B, Kraemer WJ, et al. Body composition, fitness, and metabolic health during strength and endurance training and their combination in middle-aged and older women. Eur J Appl Physiol. 2009;106(2):285–96.
9. Eklund D, Häkkinen A, Laukkanen JA, Balandzic M, Nyman K, Häkkinen K. Fitness, body composition and blood lipids following 3 concurrent strength and endurance training modes. Appl Physiol Nutr Metab. 2016;41(7):767–74.
10. Monteiro PA, Chen KY, Lira FS, Saraiva BTC, Antunes BMM, Campos EZ, et al. Concurrent and aerobic exercise training promote similar benefits in body composition and metabolic profiles in obese adolescents. Lipids Health Dis. 2015;14(1):153.
11. Willis LH, Slentz CA, Bateman LA, Shields AT, Piner LW, Bales CW, et al. Effects of aerobic and/or resistance training on body mass and fat mass in overweight or obese adults. J Appl Physiol. 2012;113(12):1831–7.

12. Wilson JM, Marin PJ, Rhea MR, Wilson SM, Loenneke JP, Anderson JC. Concurrent training: a meta-analysis examining interference of aerobic and resistance exercises. J Strength Cond Res. 2012;26(8):2293–307.
13. Bouchard C, Tremblay A, Nadeau A, Dussault J, Després J-P, Threiault G, et al. Long-term exercise training with constant energy intake. 1: effect on body composition and selected metabolic variables. Int J Obes. 1990;14:57–73.
14. Howald H, Hoppeler H, Claassen H, Mathieu O, Straub R. Influences of endurance training on the ultrastructural composition of the different muscle fiber types in humans. Pflügers Arch Eur J Physiol. 1985;403(4):369–76.
15. Calles-Escandón J, Goran MI, O'Connell M, Nair KS, Danforth E. Exercise increases fat oxidation at rest unrelated to changes in energy balance or lipolysis. Am J Physiol Endocrinol Metab. 1996;270:E1009–14.
16. Friedlander AL, Casazza GA, Horning MA, Buddinger TF, Brooks GA. Effects of exercise intensity and training on lipid metabolism in young women. Am J Physiol Endocrinol Metab. 2011;275(5 Pt 1):853–63.
17. Sparti A, DeLany JP, de la Bretonne JA, Sander GE, Bray GA. Relationship between resting metabolic rate and the composition of the fat-free mass. Metabolism. 1997;46(10):1225–30.
18. Byrne HK, Wilmore JH. The effects of a 20-week exercise training program on resting metabolic rate in previously sedentary, moderately obese women. Int J Sport Nutr Exerc Metab. 2001;11:15–31.
19. Huxley R, Mendis S, Zheleznyakov E, Reddy S, Chan J. Body mass index, waist circumference and waist:hip ratio as predictors of cardiovascular risk – a review of the literature. Eur J Clin Nutr. 2010;64(1):16–22.
20. Fox CS, Massaro JM, Hoffmann U, Pou KM, Maurovich-Horvat P, Liu C-Y, et al. Abdominal visceral and subcutaneous adipose tissue compartments: association with metabolic risk factors in the Framingham Heart Study. Circulation. 2007;116(1):39–48.
21. Kaul S, Rothney MP, Peters DM, Wacker WK, Davis CE, Shapiro MD, et al. Dual-energy x-ray absorptiometry for quantification of visceral fat. Obesity. 2012;20(6):1313–8.
22. Pouliot M-C, Després J, Lemieux S, Moorjani S, Bouchard C, Tremblay A, et al. Waist circunference and abdominal sagittal diameter: best simple anthropometric indexes of abdominal visceral adipose tissue accumulation and related cardiovascular risk in men and women. Am J Cardiol. 1994;73(1):460–8.
23. Ismail I, Keating SE, Baker MK, Johnson NA. A systematic review and meta-analysis of the effect of aerobic vs. resistance exercise training on visceral fat. Obes Rev. 2012;13(1):68–91.
24. Dutheil F, Lac G, Lesourd B, Chapier R, Walther G, Vinet A, et al. Different modalities of exercise to reduce visceral fat mass and cardiovascular risk in metabolic syndrome: the RESOLVE* randomized trial. Int J Cardiol. 2013;168(4):3634–42.
25. Schwingshackl L, Dias S, Strasser B, Hoffmann G. Impact of different training modalities on anthropometric and metabolic characteristics in overweight/obese subjects: a systematic review and network meta-analysis. PLoS One. 2013;8(12):e82853.
26. Cadore EL, Izquierdo M, Pinto SS, Alberton CL, Pinto RS, Baroni BM, et al. Neuromuscular adaptations to concurrent training in the elderly: effects of intrasession exercise sequence. Age (Omaha). 2013;35(3):891–903.
27. Pinto S, Cadore E, Alberton C, Zaffari P, Bagatini N, Baroni B, et al. Effects of intra-session exercise sequence during water-based concurrent training. Int J Sports Med. 2013;35(1):41–8.
28. Wilhelm EN, Rech A, Minozzo F, Botton CE, Radaelli R, Teixeira BC, et al. Concurrent strength and endurance training exercise sequence does not affect neuromuscular adaptations in older men. Exp Gerontol. 2014;60:207–14.
29. Collins MA, Snow TK. Are adaptations to combined endurance and strength training affected by the sequence of training? J Sports Sci. 1993;11(6):485–91.
30. Chtara M, Chaouachi A, Levin GT, Chaouachi M, Chamari K, Amri M, et al. Effect of concurrent endurance and circuit resistance training sequence on muscular strength and power development. J Strength Cond Res. 2008;22(4):1037–45.

31. Gravelle BL, Blessing DL. Physiological adaptation in women concurrently training for strength and endurance. J Strength Cond Res. 2000;14(1):5–13.
32. de Souza EO, Tricoli V, Franchini E, Paulo AC, Regazzini M, Ugrinowitsch C. Acute effect of two aerobic exercise modes on maximum strength and strength endurance. J Strength Cond Res. 2007;21(4):1286–90.
33. Wilhelm EN, Radaelli R, Perin D, Cunha GS, Cadore EL, Laitano O, et al. The influence of running and cycling on subsequent maximal muscular performance. Isokinet Exerc Sci. 2014;22(2):115–22.
34. Thornton MK, Potteiger JA. Effects of resistance exercise bouts of different intensities but equal work on EPOC. Med Sci Sport Exerc. 2002;34(4):715–22.
35. Durstine JL, Grandjean PW, Davis PG, Ferguson MA, Alderson NL, DuBose KD. Blood lipid and lipoprotein adaptations to exercise: a quantitative analysis. Sport Med. 2001;31(15): 1033–62.
36. Kodama S, Tanaka S, Saito K, Shu M, Sone Y, Onitake F, et al. Effect of aerobic exercise training on serum levels of high-density lipoprotein cholesterol. Arch Intern Med. 2007;167(10):999–1008.
37. Kelley GA, Kelley KS. Impact of progressive resistance training on lipids and lipoproteins in adults: a meta-analysis of randomized controlled trials. Prev Med (Baltim). 2009;48(1):9–19.
38. Balducci S, Zanuso S, Cardelli P, Salvi L, Bazuro A, Pugliese L, et al. Effect of high- versus low-intensity supervised aerobic and resistance training on modifiable cardiovascular risk factors in type 2 diabetes; the Italian Diabetes and Exercise Study (IDES). PLoS One. 2012;7(11):e49297.
39. Tseng M-L, Ho C-C, Chen S-C, Huang Y-C, Lai C-H, Liaw Y-P. A simple method for increasing levels of high-density lipoprotein cholesterol: a pilot study of combination aerobic- and resistance-exercise training. Int J Sport Nutr Exerc Metab. 2013;23(3):271–81.
40. Singh IM, Shishehbor MH, Ansell BJ. High-density lipoprotein as a therapeutic target. J Am Med Assoc. 2007;298(7):786–98.
41. Libardi CA, de Souza GV, Cavaglieri CR, Madruga VA, Chacon-Mikahil MPT. Effect of resistance, endurance, and concurrent training on TNF-α, IL-6, and CRP. Med Sci Sport Exerc. 2012;44(1):50–6.
42. Schwingshackl L, Missbach B, Dias S, König J, Hoffmann G. Impact of different training modalities on glycaemic control and blood lipids in patients with type 2 diabetes: a systematic review and network meta-analysis. Diabetologia. 2014;57(9):1789–97.
43. Colberg SR, Albright AL, Blissmer BJ, Braun B, Chasan-Taber L, Fernhall B, et al. Exercise and type 2 diabetes: American College of Sports Medicine and the American Diabetes Association: joint position statement. Med Sci Sport Exerc. 2010;42(12):2282–303.
44. Diabetes Prevention Program Research Group, Knowler WC, Barrett-Connor E, Fowler SE, Hamman RF, Lachin JM, et al. Reduction in the incidence of type 2 diabetes with lifestyle intervention or metformin. N Engl J Med. 2002;346(6):393–403.
45. Anderssen SA, Carroll S, Urdal P, Holme I. Combined diet and exercise intervention reverses the metabolic syndrome in middle-aged males: results from the Oslo Diet and Exercise Study. Scand J Med Sci Sports. 2007;17(6):687–95.
46. Umpierre D, Ribeiro PAB, Kramer C, Leitão CB, Zucatti ATN, Azevedo MJ, et al. Physical activity advice only or structured exercise training and association with HbA 1c levels in type 2 diabetes. JAMA. 2011;305(17):1790.
47. Boulé NG, Kenny GP, Haddad E, Wells GA, Sigal RJ. Meta-analysis of the effect of structured exercise training on cardiorespiratory fitness in type 2 diabetes mellitus. Diabetologia. 2003;46(8):1071–81.
48. Sigal RJ, Kenny GP, Boulé NG, Wells GA, Prud'homme D, Fortier M, et al. Effects of aerobic training, resistance training, or both on glycemic control in type 2 diabetes. Ann Intern Med. 2007;147:357–69.
49. Church TS, Blair SN, Cocreham S, Johnson W, Kramer K, Mikus CR, et al. Effects of aerobic and resistance training on hemoglobin A 1c levels in patients with type 2 diabetes. JAMA. 2010;304(20):2253–62.

50. Umpierre D, Ribeiro PAB, Schaan BD, Ribeiro JP. Volume of supervised exercise training impacts glycaemic control in patients with type 2 diabetes: a systematic review with meta-regression analysis. Diabetologia. 2013;56(2):242–51.
51. Whelton PK, Carey RM, Aronow WS, Casey DE, Collins KJ, Dennison Himmelfarb C, et al. 2017 ACC/AHA/AAPA/ABC/ACPM/AGS/APhA/ASH/ASPC/NMA/PCNA guideline for the prevention, detection, evaluation, and management of high blood pressure in adults: a report of the American College of Cardiology/American Heart Association Task Force on Clinical Practice guidelines. Hypertension. 2017;71(6):e13–115.
52. Pescatello LS, Franklin BA, Fagard R, Farqhar WB, Kelley GA, Ray CA. American College of Sports Medicine position stand. Exercise and hypertension. Med Sci Sport Exerc. 2004;36(3):533–53.
53. Pescatello LS, MacDonald HV, Lamberti L, Johnson BT. Exercise for hypertension: a prescription update integrating existing recommendations with emerging research. Curr Hypertens Rep. 2015;17(11):87.
54. Corso LML, MacDonald HV, Johnson BT, Farinatti P, Livingston J, Zaleski AL, et al. Is concurrent training efficacious antihypertensive therapy? A meta-analysis. Med Sci Sport Exerc. 2016;48(12):2398–406.
55. Fagard RH, Cornelissen VA. Effect of exercise on blood pressure control in hypertensive patients. Eur J Cardiovasc Prev Rehabil. 2007;14(1):12–7.
56. DeSouza CA, Shapiro LF, Clevenger CM, Dinenno FA, Monahan KD, Tanaka H, et al. Regular aerobic exercise prevents and restores age-related declines in endothelium-dependent vasodilation in healthy men. Circulation. 2000;102(12):1351–7.
57. Rush JWE, Denniss SG, D a G. Vascular nitric oxide and oxidative stress: determinants of endothelial adaptations to cardiovascular disease and to physical activity. Can J Appl Physiol. 2005;30(4):442–74.
58. Olson TP, Dengel DR, Leon AS, Schmitz KH. Moderate resistance training and vascular health in overweight women. Med Sci Sport Exerc. 2006;38(9):1558–64.
59. Padilla J, Simmons GH, Bender SB, Arce-Esquivel AA, Whyte JJ, Laughlin MH. Vascular effects of exercise: endothelial adaptations beyond active muscle beds. Physiology. 2011;26(3):132–45.
60. Maiorana A, O'Driscoll G, Cheetham C, Dembo L, Stanton K, Goodman C, et al. The effect of combined aerobic and resistance exercise training on vascular function in type 2 diabetes. J Am Coll Cardiol. 2001;38(3):860–6.
61. Vona M, Codeluppi GM, Iannino T, Ferrari E, Bogousslavsky J, von Segesser LK. Effects of different types of exercise training followed by detraining on endothelium-dependent dilation in patients with recent myocardial infarction. Circulation. 2009;119(12):1601–8.
62. Okamoto T, Masuhara M, Ikuta K. Combined aerobic and resistance training and vascular function: effect of aerobic exercise before and after resistance training. J Appl Physiol. 2007;103(5):1655–61.
63. Goto K, Higashiyama M, Ishii N, Takamatsu K. Prior endurance exercise attenuates growth hormone response to subsequent resistance exercise. Eur J Appl Physiol. 2005;94(3):333–8.
64. Napoli R, Guardasole V, Angelini V, D'Amico F, Zarra E, Matarazzo M, et al. Acute effects of growth hormone on vascular function in human subjects. J Clin Endocrinol Metab. 2003;88(6):2817–20.
65. Mitchell GF, Hwang S-J, Vasan RS, Larson MG, Pencina MJ, Hamburg NM, et al. Arterial stiffness and cardiovascular events: the Framingham Heart Study. Circulation. 2010;121(4):505–11.
66. Miyachi M. Effects of resistance training on arterial stiffness: a meta-analysis. Br J Sports Med. 2013;47(6):393–6.
67. Rakobowchuk M, McGowan CL, de Groot PC, Bruinsma D, Hartman JW, Phillips SM, et al. Effect of whole body resistance training on arterial compliance in young men. Exp Physiol. 2005;90(4):645–51.
68. Kawano H, Tanaka H, Miyachi M. Resistance training and arterial compliance: keeping the benefits while minimizing the stiffening. J Hypertens. 2006;24(9):1753–9.

Geschlechtsspezifische Unterschiede in Bezug auf kombiniertes Ausdauer- und Krafttraining

20

Olav Vikmoen

Einführung

Wie in den verschiedenen Kapiteln dieses Buches dargestellt, gibt es viele verschiedene Aspekte des kombinierten Ausdauer- und Krafttrainings. Die grundlegendste Frage ist jedoch, ob die gleichzeitige Durchführung dieser beiden Trainingsarten zu unterschiedlichen physiologischen Anpassungen im Vergleich zur Durchführung nur einer Trainingsart führt. Die meiste Aufmerksamkeit wurde in der Literatur den potenziellen negativen Auswirkungen auf die traditionellen Anpassungen an ein Krafttrainingsprogramm durch die gleichzeitige Durchführung von Ausdauertraining gewidmet, was oft als Interferenzeffekt bezeichnet wird. Darüber hinaus wurde auch den potenziellen positiven Auswirkungen Aufmerksamkeit geschenkt, die Ausdauersportler erzielen können, wenn sie ihr normales Training durch Krafttraining ergänzen. Letzteres wird in Teil V dieses Buchs eingehend erörtert.

In vielen Studien wurde berichtet, dass ein kombiniertes Training im Vergleich zu singulärem Krafttraining zu schlechteren neuromuskulären Anpassungen führen kann [1–11]. Außerdem wurde berichtet, dass ein zusätzliches Krafttraining zum normalen Training von Ausdauersportlern die Leistung in vielen Ausdauersportarten verbessern kann [12–26]. Die Datenlage ist jedoch kontrovers, und viele Studien berichten von keinen negativen Auswirkungen auf die kraftbezogenen Anpassungen nach kombiniertem Training [27–34] oder von keinen positiven Auswirkungen auf die Ausdauerleistung, wenn Ausdauersportler zusätzlich Krafttraining durchführen [35–45]. Die Gründe für die unterschiedlichen Ergebnisse zu diesen spezifischen Aspekten des kombinierten Ausdauer- und Krafttrainings werden in anderen Teilen dieses Buches ausführlich erörtert. Der Schwerpunkt dieses Kapitels liegt auf der

O. Vikmoen (✉)
Division for Comprehensive Defence, Norwegian Defence Research Establishment, Kjeller, Norwegen
E-Mail: olav.vikmoen@ffi.no

M. Schumann, B. R. Rønnestad (Hrsg.), *Kombiniertes Ausdauer- und Krafttraining*, https://doi.org/10.1007/978-3-031-36310-8_20

Diskussion möglicher geschlechtsspezifischer Unterschiede bei den Anpassungen an das kombinierte Training. Insbesondere soll in diesem Kapitel überprüft werden, ob die Anpassungen an kombiniertes Training geschlechtsspezifisch sind. Darüber hinaus wird erörtert, ob bei Ausdauersportlern geschlechtsspezifische Unterschiede in Bezug auf die Auswirkungen eines zusätzlichen Krafttrainings zum normalen Ausdauertraining festzustellen sind.

Geschlechtsspezifische Unterschiede der Leistungsfähigkeit und zugrundeliegende physiologische Mechanismen

Männer sind im Durchschnitt etwa 5–10 % größer und 20–25 % schwerer als Frauen [46, 47]. Darüber hinaus haben Männer etwa 40–50 % bzw. 30 % mehr Muskelmasse im Ober- und Unterkörper, während Frauen in der Regel etwa 20–25 % Körperfett aufweisen, verglichen mit 13–16 % bei Männern [47, 48]. Darüber hinaus wurde berichtet, dass Männer sowohl im Oberkörper (M. biceps brachii) als auch im Unterkörper (M. vastus lateralis) eine größere durchschnittliche Muskelfaserfläche haben als Frauen [49].

So wird in Übersichtsarbeiten berichtet, dass Männer 40–55 % stärker sind als Frauen, wobei dieser Unterschied im Oberkörper besonders ausgeprägt ist. Männer erbringen auch eine größere Muskelkraft und eine höhere anaerobe Leistung als Frauen [48]. Der Unterschied bei der absoluten Kraft und der anaeroben Leistung verringert sich, wenn er mit der Körpermasse und der fettfreien Körpermasse in Beziehung gesetzt wird [47], bleibt aber dennoch bestehen.

Frauen verfügen insgesamt über dünnere Ventrikelwände, bestehend aus weniger Myokardgewebe und kleineren Hohlräumen, was zu einem niedrigeren Schlagvolumen als bei Männern führt [48]. Darüber hinaus haben Frauen im Vergleich zu Männern durchschnittlich 10–16 % niedrigere Hämoglobinkonzentrationen [48] und eine geringere Gesamthämoglobinmasse sowohl in absoluten als auch in relativen Werten [50, 51]. Daher haben Frauen im Durchschnitt eine 15–30 % niedrigere maximale Sauerstoffaufnahme (VO_{2max}) als Männer [48].

Es hat sich gezeigt, dass Frauen bei der Durchführung von Muskelkontraktionen mit der gleichen relativen Intensität resistenter gegen Ermüdung sind als Männer [48, 52]. Da einer der vorgeschlagenen Mechanismen für den Interferenzeffekt darin besteht, dass die durch das Ausdauertraining hervorgerufene Residualermüdung das anschließende Krafttraining beeinträchtigt [53, 54], könnte man vermuten, dass geschlechtsspezifische Unterschiede in der Ermüdungsfähigkeit zu geschlechtsspezifischen Unterschieden in den Anpassungen auf kombiniertes Training führen. Der Grund für die geringere Ermüdbarkeit bei Frauen ist nicht vollständig geklärt, hängt aber wahrscheinlich damit zusammen, dass Frauen bei einer relativen Arbeitsbelastung weniger absolute Kraft aufbringen, was zu einer geringeren Kompression der Mikrozirkulation und einem niedrigeren Sauerstoffbedarf der Muskeln führt [47, 52]. Beim Heben der gleichen absoluten Last ist die muskuläre Ausdauer bei Männern größer [47, 48].

Auch bei der Substratverwertung während des Trainings gibt es Unterschiede zwischen Männern und Frauen [55, 56]. Bei Ausdauertraining mit submaximaler Intensität oxidieren Frauen proportional mehr Fett und weniger Kohlenhydrate und Proteine als Männer [55]. Da vermutet wurde, dass niedrige Glykogenspeicher nach dem Ausdauertraining zu weniger effektiven Krafttrainingseinheiten und einer beeinträchtigten anabolen Signalkaskade nach dem Krafttraining führen können [53, 54, 57], können geschlechtsspezifische Unterschiede bei der Substratverwertung während Ausdauertrainingseinheiten theoretisch zu geschlechtsspezifischen Unterschieden bei der Anpassung an gleichzeitig durchgeführte Krafttrainingseinheiten führen.

Es gibt auch einige hormonelle Unterschiede zwischen Männern und Frauen, von denen der offensichtlichste die unterschiedliche Sekretion von Sexualhormonen ist. Die oben erwähnten Unterschiede in Bezug auf Muskelmasse und Kraft werden in der Regel durch den höheren Serumtestosteronspiegel bei Männern erklärt [48, 58], während die höhere Fettoxidation bei Frauen auf das von den Eierstöcken ausgeschüttete Östradiol zurückgeführt wird [55]. Der Testosteronspiegel im Blut kann sowohl bei Männern als auch bei Frauen als Reaktion auf körperliche Betätigung ansteigen, auch wenn der Anstieg bei Frauen oft geringer ist [59]. Auch bei Frauen kann körperliches Training den Östradiolspiegel erhöhen [59].

Der Menstruationszyklus hat einen tiefgreifenden Einfluss auf die Sekretion der Eierstockhormone bei Frauen [60]. Während der follikulären Phase kommt es zu einem allmählichen Anstieg der Östrogenkonzentration, während in der Lutealphase das Progesteron dominiert. Die verschiedenen Phasen des Menstruationszyklus scheinen sich jedoch nur in geringem Maße auf die Maximalkraft, die Ermüdbarkeit der Muskeln und die maximale aerobe Leistung auszuwirken, auch wenn hierzu widersprüchliche Ergebnisse vorliegen [60, 61]. Das Gleiche scheint für die meisten physiologischen Reaktionen auf submaximales Training zu gelten, auch wenn ein erhöhter Sauerstoffverbrauch (VO_2) bei hohen Intensitäten während der mittleren Lutealphase berichtet wurde [60].

Aufgrund der Unterschiede in der körperlichen Leistungsfähigkeit und im Hormonspiegel von Männern und Frauen könnte man vermuten, dass es geschlechtsspezifische Unterschiede in den Anpassungen an Kraft- und Ausdauertraining gibt, wenn diese getrennt durchgeführt werden. Die typischen muskulären Anpassungen an ein Krafttraining scheinen jedoch zwischen den Geschlechtern ähnlich zu sein, da Studien zeigen, dass es keine Unterschiede in der relativen Zunahme der Maximalkraft [62, 63], der Zunahme der Muskelmasse [63] und der Verschiebung des Fasertyps vom Typ IIX zum Typ IIA nach einem Krafttraining gibt [62]. Dasselbe gilt für den relativen Anstieg der VO_{2max} nach Ausdauertraining [64].

Geschlechtsunterschiede bei kombiniertem Ausdauer- und Krafttraining

Leider wurden die meisten Untersuchungen, die sich mit kombiniertem Training befassen, mit männlichen Teilnehmern durchgeführt. Außerdem fehlt es an Studien, die die Wirkung von kombiniertem Training zwischen Männern und Frauen direkt vergleichen. Daher stützt sich dieses Kapitel hauptsächlich auf die Ergebnisse separater Studien, die mit männlichen und weiblichen Teilnehmern durchgeführt wurden, oder auf die Ergebnisse der wenigen Studien, die sowohl weibliche als auch männliche Teilnehmer eingeschlossen. Die Herausforderung beim ersten Ansatz besteht darin, dass sich verschiedene Studien mit männlichen und weiblichen Teilnehmern in der Regel auch in vielen anderen methodischen Aspekten unterscheiden, die relevant sein könnten. Das Problem des zweiten Ansatzes besteht darin, dass die meisten dieser Studien sowohl Männer als auch Frauen einbeziehen, um eine größere Anzahl von Teilnehmern zu erhalten, und dass die Gesamtzahl der Teilnehmer beider Geschlechter für aussagekräftige Vergleiche oft zu gering ist. Daher werden in diesen Studien in der Regel gepoolte Daten aus den männlichen und weiblichen Untergruppen berichtet.

Gibt es geschlechtsspezifische Unterschiede hinsichtlich der Auswirkungen von kombiniertem Training auf die Anpassungen an das Krafttraining?

Oben wurde kurz erörtert, dass viele Studien über abgeschwächte Anpassungen bei verschiedenen Aspekten der Muskelkraft und des Muskelwachstums nach kombiniertem Training berichten, auch wenn die Ergebnisse widersprüchlich sind. Es gibt zahlreiche Variablen, die beim Design dieser Studien manipuliert werden können, und die widersprüchlichen Ergebnisse hängen wahrscheinlich mit vielen verschiedenen methodischen Aspekten zusammen, die von Studie zu Studie variieren. So scheint beispielsweise die Verbesserung der Schnellkraft nach kombiniertem Training schwächer auszufallen als die Maximalkraft und die Muskelhypertrophie [11, 65, 66]. Es könnte auch vermutet werden, dass der Einschluss von männlichen und weiblichen Teilnehmern einige der unterschiedlichen Ergebnisse erklären könnte. Leider gibt es nicht viele Studien in diesem Bereich, die mit weiblichen Teilnehmern durchgeführt wurden [29, 67–69], und einige dieser Studien untersuchen nicht direkt, ob ein Interferenzeffekt vorliegt [68, 69]. Die Studien, in denen der Interferenzeffekt mit weiblichen Teilnehmern untersucht wurde, berichten jedoch nicht über beeinträchtigte neuromuskuläre Anpassungen [29, 67]. Auf der Grundlage dieser Studien könnte man also zu dem Schluss kommen, dass es keinen Interferenzeffekt gibt oder dass er bei Frauen zumindest geringer ausgeprägt ist als bei Männern. Es gilt jedoch zu beachten, dass in diesen Studien das Gesamttrainingsvolumen recht gering war und dass auch bei männlichen Teilnehmern, die ein geringes Gesamttrainingsvolumen oder eine geringe Anzahl von Trainingseinheiten pro Woche absolvieren, keine Beeinträchtigung der Trainingsanpassung zu beobachten ist [27, 28, 30–34]. Daher ist es schwierig zu interpretieren, ob das Fehlen eines Interferenzeffekts geschlechtsspezifisch ist oder einfach nur auf ein geringes Trainingsvolumen oder andere Aspekte im Zusammenhang mit dem Studiendesign zurückzuführen ist.

In einer neueren Arbeit unserer Gruppe untersuchten wir, ob gut trainierte Ausdauersportlerinnen ohne Krafttrainingserfahrung, die 11 Wochen Krafttraining zu ihrem Training hinzufügten, unterschiedliche Veränderungen der Muskelquerschnittsfläche (CSA), der Maximalkraft und der Explosivkraft im Vergleich zu einer Gruppe untrainierter Frauen, die das gleiche Krafttrainingsprogramm durchführten, aufweisen würden [70]. Wir beobachteten in beiden Gruppen eine ähnliche Zunahme der fettfreien Masse der Beine, des Ein-Wiederholungs-Maximums (RM) in der unilateralen Beinpresse und des maximalen isometrischen Drehmoments in der Kniestreckung. Die Verbesserung des isokinetischen Drehmoments bei einer Kontraktionsgeschwindigkeit von $240°s^{-1}$ und die Verbesserung der Sprunghöhe im Squat-Jump waren bei den Ausdauersportlerinnen jedoch geringer als bei den untrainierten Teilnehmern. Die Ergebnisse dieser Studie können mit einer Studie mit männlichen Teilnehmern verglichen werden, die ein ähnliches Design und Krafttrainingsprogramm hatte [71]. Hier wurde berichtet, dass gut trainierte männliche Radsportler nach 12 Wochen kombiniertem Trainings geringere Steigerungen des 1RM und der CSA der Oberschenkelmuskulatur, der Sprunghöhe im Counter-Movement-Jump und der maximalen Kraftentwicklungsrate (RFD) aufwiesen als eine Gruppe von Freizeitsportlern, die nur Krafttraining absolvierten. Auch diese beiden Studien deuten darauf hin, dass das Ausmaß des Interferenzeffekts bei Frauen geringer sein könnte als bei Männern, zumindest was die Maximalkraft bei langsamen Kontraktionsgeschwindigkeiten und das Muskelwachstum betrifft. Die unterschiedlichen Ergebnisse in diesen beiden Studien könnten jedoch wiederum durch den Umfang des durchgeführten Ausdauertrainings erklärt werden. Die Sportlerinnen absolvierten etwa 5 h Ausdauertraining pro Woche, während die männlichen Radsportler etwa 10 h pro Woche Ausdauertraining absolvierten. Es ist daher unklar, ob die unterschiedlichen Ergebnisse durch den Umfang des Ausdauertrainings oder ausschließlich durch das Geschlecht erklärt werden. Berichte darüber, dass ein wöchentliches Ausdauertraining von 1–3 h bei Freizeitläufern und -Läuferinnen nicht zu einer Beeinträchtigung der Kraftanpassung führte [5], legen nahe, dass der Umfang des Ausdauertrainings wahrscheinlich am wichtigsten ist. Darüber hinaus zeigt die geringere Verbesserung der leistungsbezogenen Messungen bei den weiblichen Athleten im Vergleich zu den untrainierten Personen, dass auch bei den weiblichen Athleten ein Interferenzeffekt auftrat [70]. Die Feststellung, dass die negativen Auswirkungen des kombinierten Trainings bei der Entwicklung der Schnellkraft im Vergleich zur Maximalkraft am stärksten ausgeprägt sind, steht im Einklang mit Studien mit überwiegend männlichen Teilnehmern [65, 66].

Wie bereits beschrieben, gibt es Studien, die das Phänomen des kombinierten Trainings untersuchen und kleine Stichproben sowohl männlicher als auch weiblicher Teilnehmer umfassen [1, 2, 4, 5, 8, 27, 65, 72]. Leider geben die meisten dieser Studien gepoolte Daten für beide Geschlechter an. Der Grund dafür ist in der Regel, dass vorläufige Analysen gezeigt haben, dass die Ergebnisse für männliche und weibliche Teilnehmer ähnlich waren [1, 5, 8, 65, 72]. Andere dieser Studien berichten darüber hinaus keine Geschlechtsunterschiede in Bezug auf den Interferenzeffekt [2]. Auch wenn diese Analysen mit kleinen Stichprobengrößen durchgeführt wurden, deuten diese Studien darauf hin, dass der Interferenzeffekt bei beiden Geschlechtern ähnlich ist.

Aus den obigen Überlegungen geht hervor, dass die möglichen Interferenzwirkungen von gleichzeitigem Kraft- und Ausdauertraining in den meisten Fällen bei Männern und Frauen ähnlich sind. Es könnte jedoch andere Aspekte des kombinierten Trainings geben, die sich unterscheiden können, z. B. wie das kombinierte

Training optimal organisiert werden sollte, damit ein möglicher Interferenzeffekt möglichst auf ein Minimum begrenzt wird. In zwei neueren Studien, an denen sowohl Männer als auch Frauen teilnahmen, wurde untersucht, ob es am besten ist, Kraft- und Ausdauertraining an verschiedenen Tagen oder am selben Tag durchzuführen, und ob die Reihenfolge des Trainings in einer Einheit eine Rolle spielt [73, 74]. Diese Studien berichteten über ähnliche Veränderungen bei Männern und Frauen nach den verschiedenen Trainingsmodi und keine geschlechtsspezifischen Unterschiede. Ein weiterer Beleg dafür ist der Vergleich separater Studien mit männlichen und weiblichen Teilnehmern, die fast identische Trainingsprogramme verwendeten [68, 75–77]. Es scheint also, dass die optimale Organisation des kombinierten Trainings bei Männern und Frauen ähnlich ist.

Gibt es Geschlechtsunterschiede hinsichtlich der Effekte von Krafttraining auf die Ausdauerleistungsfähigkeit?

Wie oben beschrieben, wurde in einigen Studien berichtet, dass ein zusätzliches Krafttraining zu einem normalen Ausdauertraining die Laufleistung verbessert, während in anderen Studien keine positiven Auswirkungen festgestellt wurden. Allerdings scheinen diese Studien keine geschlechtsspezifischen Unterschiede in Bezug auf die Auswirkungen des Krafttrainings auf die Laufleistung zu zeigen. Eine verbesserte Laufleistung oder Laufökonomie wurde in Studien mit männlichen [13, 15, 18, 19, 78] und weiblichen Athleten [37, 79] sowie in Studien mit gepoolten Daten von männlichen und weiblichen Athleten [12, 16, 80, 81] berichtet. Darüber hinaus wurde auch bei männlichen [36, 39] und weiblichen Athleten [82] oder gemischten Gruppen von Athleten [35, 83] kein Effekt von Krafttraining auf die Laufleistung festgestellt. Auch wenn die oben genannten Studien keine geschlechtsspezifischen Unterschiede in den Auswirkungen des Krafttrainings auf die Laufleistung erkennen lassen, war keine dieser Studien darauf ausgerichtet, diese Frage direkt zu beantworten. Eine der wenigen Studien, die eine ausreichend große Anzahl von männlichen und weiblichen Läufern umfasst, um aussagekräftige Vergleiche anzustellen, ist die Studie von Barnes et al. [12]. In dieser Studie wurde die Auswirkung eines 7–10-wöchigen traditionellen Krafttrainings (d. h. Maximalkrafttraining) oder eines Krafttrainings in Kombination mit plyometrischem Training auf die Ausdauerleistungsfähigkeit im Labor und in der Wettkampfsaison bei männlichen und weiblichen Collegeläufern untersucht. Die Studie ergab, dass sich sowohl bei den männlichen als auch bei den weiblichen Läufern die Spitzengeschwindigkeit beim Laufen auf dem Laufband und die Laufökonomie verbesserten, und dass die Anpassungen in beiden Geschlechtern nach dem Maximalkrafttraining am höchsten waren. Die tatsächlichen Wettkampfzeiten verbesserten sich jedoch nur bei den Läuferinnen, und zwar bei beiden Arten von Krafttraining. Beide Arten des Krafttrainings waren möglicherweise kontraproduktiv für die Wettkampfzeiten der Männer. Der offensichtliche Geschlechtsunterschied in dieser Studie ist etwas schwierig zu erklären, aber die Autoren spekulieren, dass er mit einem größeren Anteil an Training über 80 % der VO_{2max} und kürzeren Wettkampfdistanzen bei den weiblichen Läufern zusammenhängen könnte. Die Ergebnisse könnten aber auch darauf hindeuten, dass die Wirkung des Krafttrainings auf die reale Laufleistung bei Frauen etwas größer ist als bei Männern.

Auch im Radsport wurde über eine Leistungsverbesserung durch zusätzliches Krafttraining zum normalen Ausdauertraining berichtet, aber wie beschrieben sind die Ergebnisse nicht eindeutig. Leider gibt es nach bestem Wissen des Autors keine Studien, die die Auswirkungen eines zusätzlichen Krafttrainings zum normalen Ausdauertraining auf die Radfahrleistung von Männern und Frauen vergleichen. Darüber hinaus wurden bis vor kurzem fast alle Untersuchungen mit männlichen Radsportlern durchgeführt, und eine der wenigen Studien, die auch weibliche Radsportler einschloss, berichtete über keine Verbesserung der Radfahrleistung oder der Radökonomie [41]. Die Radsportlerinnen in dieser Studie führten jedoch nur zweimal pro Woche ein Krafttraining durch, so dass das Trainingsvolumen recht niedrig war. Dies könnte eine Erklärung für die fehlende Leistungsverbesserung sein, da Studien, die ein geringes Krafttrainingsvolumen verwenden, in der Regel auch bei Männern keine Verbesserung der Radfahrleistung feststellen [44, 84].

Aus diesem Grund hat unsere Gruppe vor einigen Jahren eine gründlichere Untersuchung zu den Auswirkungen des Krafttrainings auf verschiedene Aspekte der Radfahrleistung und anderen Leistungsdeterminanten bei Radfahrerinnen durchgeführt [25, 26]. Außerdem nutzten wir ein Krafttrainingsprogramm, welches schon vorher zu Verbesserungen der Leistung bei männlichen Radsportlern führte [21, 23]. Das Krafttrainingsprogramm erstreckte sich über 12 Wochen mit zwei Einheiten pro Woche und einer Trainingsbelastung von 10–4 RM. Die Effekte des 12-wöchigen Krafttrainings auf die Muskelkraft, die Muskelhypertrophie und verschiedene Aspekte der Radfahrleistung waren sowohl bei den männlichen [21, 23] als auch bei den weiblichen Radfahrern [25, 26] sehr ähnlich. Die detaillierten Ergebnisse dieser Studien sind in Tab. 20.1 zusammengefasst. Weder bei Männern noch bei Frauen hatte das Krafttraining einen Einfluss auf die VO_{2max} im Vergleich zur Kontrollgruppe, die nur ihr normales Ausdauertraining absolvierte. Darüber hinaus verbesserten sich die Leistung in einem 40-minütigen All-Out-Test, die Leistung an der Laktatschwelle und die Leistung im Wingate-Test bei männlichen und weiblichen Radfahrern nach dem Krafttraining in ähnlicher Weise. Andererseits führte das Krafttraining nur bei den weiblichen Radfahrern zu einer Verbesserung der Radökonomie. Dies ist jedoch wahrscheinlich darauf zurückzuführen, dass sich die männlichen Radfahrer auf einem etwas höheren Leistungsniveau befanden als die weiblichen Radfahrer, und es scheint schwierig zu sein, die Radökonomie bei sehr gut trainierten Radfahrern zu verbessern [20]. Bei männlichen Radsportlern auf einem niedrigeren Leistungsniveau wurde eine Verbesserung der Radökonomie nach intensivem Krafttraining festgestellt [17]. Um ein typisches Massenstartrennen im Radsport zu simulieren, führten wir einen Test durch, der aus einer 3-stündigen submaximalen Radbelastung und einem anschließenden 5-minütigen All-Out-Test bestand. Die Auswirkungen des Krafttrainings auf die Ergebnisse dieses Tests waren bei den männlichen und weiblichen Radfahrern ebenfalls auffallend ähnlich. Beide wiesen eine niedrigere VO_2 und damit eine verbesserte Radökonomie während der letzten Stunde der submaximalen Belastung auf, verglichen mit der Zeit vor der Krafttrainingsintervention. Dies führte wahrscheinlich zu einem geringeren Ausmaß an Ermüdung während der 3-stündigen submaximalen Belastung, und sowohl die männlichen als auch die weiblichen Radsportler verbesserten sich nach dem Krafttrainingsprogramm in ähnlicher Weise im 5-minütigen All-out-Test (Tab. 20.1). Keine dieser Veränderungen wurde bei den männlichen und weiblichen Kontrollgruppen beobachtet. Die Ergebnisse dieser Studien an männlichen und weiblichen Radsportlern deuten darauf hin, dass es keine geschlechtsspezifischen Unterschiede bei der Verbesserung der radspezifischen Leistung gibt, wenn Radsportler ihr normales Training durch Krafttraining ergänzen. Es ist jedoch Vorsicht geboten, da in diesen Studien nicht direkt untersucht wurde, ob Geschlechtsunterschiede vorliegen. Künftige Studien sollten eine ausreichende Anzahl männlicher und weiblicher Radfahrer einschließen, die parallel dasselbe Krafttrainingsprogramm durchführen, um die Auswirkungen zwischen den Geschlechtern direkt zu vergleichen.

Mehrere Anpassungen an das Krafttraining wurden als wichtige Mechanismen für die verbesserte Radfahrleistung nach dem Krafttraining vorgeschlagen. Dazu gehören eine vergrößerte Muskel-CSA, welche zu einer erhöhten Muskelkraft führt, eine Muskelfasertransformation vom Typ IIX zum Typ IIA, eine erhöhte RFD, die den Radfahrer in die Lage versetzt, sein maximales Drehmoment früher in einer Pedalumdrehung zu erreichen, eine geringere Rekrutierung der motorischen Einheiten bei gleicher absoluter Leistung und andere neuromuskuläre Faktoren [25, 26, 84, 85]. Diese Anpassungen an das Krafttraining scheinen bei Männern und Frauen ähnlich zu sein und sprechen dafür, dass die aus diesen Anpassungen resultierenden Verbesserungen der Ausdauerleistung ähnlich ausfallen sollten. So wurde beispielsweise bei männlichen und weiblichen Radsportlern nach intensivem Krafttraining eine Verschiebung des Fasertyps von Typ IIX zu Typ IIA festgestellt [20, 25], und auch die Zunahme der Muskelmasse nach Krafttraining ist bei Männern und Frauen ähnlich [63].

Tab. 20.1 Prozentuale Veränderung der Kraft und der Radfahrleistung nach 12 Wochen intensivem Krafttraining bei männlichen und weiblichen Radfahrern

	Radfahrer	Radfahrerinnen
1RM	2,6 ± 6,6 %	38,6 ± 19,0 %
CSA	4,6 ± 1,7 %	7,4 ± 5,3 %
VO_{2max}	3,3 ± 4,6 %	− 1,1 ± 2,6 % (ns)
Radökonomie	Keine Änderung	3,5 ± 3,1 %
Leistung an der Laktat-Schwelle	4,1 ± 5,1 %	7,3 ± 12 %
40 min Vollgas	6,0 ± 5,6 %	6,4 ± 7,9 %
VO_2 letzte Stunde, 3 h submax	− 2,2 ± 2,0 %	− 3,3 ± 4,4 %
5 min All-Out	7,2 ± 6,6 %	7,0 ± 4,5 %
Wingate-Peak-Power	9,4 ± 9,6 %	12,7 ± 12,6 %
Wingate durchschnittliche Leistung	1,2 ± 3,6 % (ns)	3,4 ± 4,3 %

Die Ergebnisse der männlichen Radfahrer stammen von Ronnestad et al. [21, 23], und die Ergebnisse der weiblichen Radfahrer stammen von Vikmoen et al. [25, 26]
Werte sind Mittelwerte ± SD. *RM* Wiederholungsmaximum, VO_{2max} maximale Sauerstoffaufnahme, *VO_2 letzte Stunde, 3 h submax* Sauerstoffverbrauch während der letzten Stunde einer 3 h submaximalen Radbelastung *ns* nicht statistisch signifikante Veränderung

Zusammenfassung

In diesem Kapitel wurde erörtert, ob die physischen und physiologischen Unterschiede zwischen Männern und Frauen zu geschlechtsspezifischen Unterschieden beim kombinierten Ausdauer- und Krafttraining führen. Männer haben mehr Muskelmasse und sind magerer als gleichaltrige Frauen. Außerdem sind Männer stärker, verfügen über eine größere Muskelkraft, eine höhere anaerobe Leistung und eine höhere VO_{2max} als Frauen. Allerdings sind Frauen bei gleichen relativen Intensitäten weniger ermüdungsanfällig als Männer und können bei submaximalen Intensitäten besser Fett verbrennen. Darüber hinaus gibt es auch hormonelle Unterschiede zwischen Männern und Frauen.

Leider reicht die vorhandene Literatur nicht aus, um eine finale Antwort auf die Frage zu geben, ob es Geschlechtsunterschiede beim kombinierten Ausdauer- und Krafttraining gibt. Studien mit Teilnehmern nur eines Geschlechts und Studien mit einer geringen Anzahl von Teilnehmern beider Geschlechter deuten jedoch darauf hin, dass die Interferenzeffekte bei Männern und Frauen ähnlich sind, auch wenn einige Ergebnisse auf einen geringeren Interferenzeffekt bei Frauen hindeuten. Es liegt daher nahe, dass andere Faktoren, die das Trainingsprogramm betreffen, im Hinblick auf mögliche Interferenzeffekte schwerer wiegen, als das Geschlecht. Dies wird in anderen Kapiteln dieses Buches ausführlich erörtert. Aus der aktuellen Literatur geht auch hervor, dass sowohl männliche als auch weibliche Ausdauersportler in ähnlicher Weise von einem zusätzlichen Krafttraining zu ihrem Ausdauertrainingsprogramm profitieren, auch wenn eine Studie darauf hinweist, dass weibliche Läuferinnen die in Labortests erzielten Fortschritte besser in reale Wettkampfleistungen umsetzen können. Die Untersuchungen zu Geschlechtsunterschieden in diesen Bereichen ist jedoch begrenzt, und es sollten weitere Studien durchgeführt werden, die mögliche direkte Geschlechtsunterschiede im Hinblick auf kombiniertes Ausdauer- und Krafttraining untersuchen. Diese Studien sollten eine ausreichende Anzahl von Teilnehmern beider Geschlechter umfassen, die genau die gleichen Trainingsprogramme durchführen, damit aussagekräftige Vergleiche zwischen Männern und Frauen angestellt werden können.

Literatur

1. Hickson RC. Interference of strength development by simultaneously training for strength and endurance. Eur J Appl Physiol Occup Physiol. 1980;45(2–3):255–63.
2. Bell GJ, Syrotuik D, Martin TP, Burnham R, Quinney HA. Effect of concurrent strength and endurance training on skeletal muscle properties and hormone concentrations in humans. Eur J Appl Physiol. 2000;81(5):418–27.
3. Cadore EL, Pinto RS, Lhullier FL, Correa CS, Alberton CL, Pinto SS, et al. Physiological effects of concurrent training in elderly men. Int J Sports Med. 2010;31(10):689–97. https://doi.org/10.1055/s-0030-1261895.
4. Gergley JC. Comparison of two lower-body modes of endurance training on lower-body strength development while concurrently training. J Strength Cond Res. 2009;23(3):979–87. https://doi.org/10.1519/JSC.0b013e3181a0629d.
5. Hunter G, Demment R, Miller D. Development of strength and maximum oxygen uptake during simultaneous training for strength and endurance. J Sports Med Phys Fitness. 1987;27(3):269–75.

6. Izquierdo-Gabarren M, De Txabarri G, Exposito R, Garcia-pallares J, Sanchez-medina L, De Villarreal ES, Izquierdo M. Concurrent endurance and strength training not to failure optimizes performance gains. Med Sci Sports Exerc. 2010;42(6):1191–9. https://doi.org/10.1249/MSS.0b013e3181c67eec.
7. Jones TW, Howatson G, Russell M, French DN. Performance and neuromuscular adaptations following differing ratios of concurrent strength and endurance training. J Strength Cond Res. 2013;27(12):3342–51. https://doi.org/10.1519/JSC.0b013e3181b2cf39.
8. Putman CT, Xu X, Gillies E, MacLean IM, Bell GJ. Effects of strength, endurance and combined training on myosin heavy chain content and fibre-type distribution in humans. Eur J Appl Physiol. 2004;92(4–5):376–84. https://doi.org/10.1007/s00421-004-1104-7.
9. Karavirta L, Hakkinen A, Sillanpaa E, Garcia-Lopez D, Kauhanen A, Haapasaari A, et al. Effects of combined endurance and strength training on muscle strength, power and hypertrophy in 40–67-year-old men. Scand J Med Sci Sports. 2011;21(3):402–11. https://doi.org/10.1111/j.1600-0838.2009.01059.x.
10. Kraemer WJ, Patton JF, Gordon SE, Harman EA, Deschenes MR, Reynolds K, et al. Compatibility of high-intensity strength and endurance training on hormonal and skeletal muscle adaptations. J Appl Physiol. 1995;78(3):976–89.
11. Hakkinen K, Alen M, Kraemer WJ, Gorostiaga E, Izquierdo M, Rusko H, et al. Neuromuscular adaptations during concurrent strength and endurance training versus strength training. Eur J Appl Physiol. 2003;89(1):42–52. https://doi.org/10.1007/s00421-002-0751-9.
12. Barnes KR, Hopkins WG, McGuigan MR, Northuis ME, Kilding AE. Effects of resistance training on running economy and cross-country performance. Med Sci Sports Exerc. 2013;45(12):2322–31. https://doi.org/10.1249/MSS.0b013e31829af603.
13. Damasceno MV, Lima-Silva AE, Pasqua LA, Tricoli V, Duarte M, Bishop DJ, et al. Effects of resistance training on neuromuscular characteristics and pacing during 10-km running time trial. Eur J Appl Physiol. 2015. https://doi.org/10.1007/s00421-015-3130-z.
14. Hickson RC, Dvorak BA, Gorostiaga EM, Kurowski TT, Foster C. Potential for strength and endurance training to amplify endurance performance. J Appl Physiol. 1988;65(5):2285–90.
15. Sedano S, Marin PJ, Cuadrado G, Redondo JC. Concurrent training in elite male runners: the influence of strength versus muscular endurance training on performance outcomes. J Strength Cond Res. 2013;27(9):2433–43. https://doi.org/10.1519/JSC.0b013e318280cc26.
16. Storen O, Helgerud J, Stoa EM, Hoff J. Maximal strength training improves running economy in distance runners. Med Sci Sports Exerc. 2008;40(6):1087–92.
17. Sunde A, Storen O, Bjerkaas M, Larsen MH, Hoff J, Helgerud J. Maximal strength training improves cycling economy in competitive cyclists. J Strength Cond Res. 2010;24(8):2157–65. https://doi.org/10.1519/JSC.0b013e3181aeb16a.
18. Paavolainen L, Hakkinen K, Hamalainen I, Nummela A, Rusko H. Explosive-strength training improves 5-km running time by improving running economy and muscle power. J Appl Physiol. 1999;86(5):1527–33.
19. Spurrs RW, Murphy AJ, Watsford ML. The effect of plyometric training on distance running performance. Eur J Appl Physiol. 2003;89(1):1–7. https://doi.org/10.1007/s00421-002-0741-y.
20. Aagaard P, Andersen JL, Bennekou M, Larsson B, Olesen JL, Crameri R, et al. Effects of resistance training on endurance capacity and muscle fiber composition in young top-level cyclists. Scand J Med Sci Sports. 2011;21(6):e298–307. https://doi.org/10.1111/j.1600-0838.2010.01283.x.
21. Ronnestad BR, Hansen EA, Raastad T. Effect of heavy strength training on thigh muscle cross-sectional area, performance determinants, and performance in well-trained cyclists. Eur J Appl Physiol. 2010;108(5):965–75.
22. Ronnestad BR, Hansen EA, Raastad T. In-season strength maintenance training increases well-trained cyclists' performance. Eur J Appl Physiol. 2010;110(6):1269–82. https://doi.org/10.1007/s00421-010-1622-4.
23. Ronnestad BR, Hansen EA, Raastad T. Strength training improves 5-min all-out performance following 185 min of cycling. Scand J Med Sci Sports. 2011;21(2):250–9. https://doi.org/10.1111/j.1600-0838.2009.01035.x.
24. Koninckx E, Van Leemputte M, Hespel P. Effect of isokinetic cycling versus weight training on maximal power output and endurance performance in cycling. Eur J Appl Physiol. 2010;109(4):699–708. https://doi.org/10.1007/s00421-010-1407-9.

25. Vikmoen O, Ellefsen S, Troen O, Hollan I, Hanestadhaugen M, Raastad T, et al. Strength training improves cycling performance, fractional utilization of VO2max and cycling economy in female cyclists. Scand J Med Sci Sports. 2016;26(4):384–96. https://doi.org/10.1111/sms.12468.
26. Vikmoen O, Ronnestad BR, Ellefsen S, Raastad T. Heavy strength training improves running and cycling performance following prolonged submaximal work in well-trained female athletes. Physiol Rep. 2017;5(5). https://doi.org/10.14814/phy2.13149.
27. Abernethy PJ, Quigley BM. Concurrent strength and endurance training of the elbow extensors. J Strength Cond Res. 1993;7(4):234–40.
28. Cantrell GS, Schilling BK, Paquette MR, Murlasits Z. Maximal strength, power, and aerobic endurance adaptations to concurrent strength and sprint interval training. Eur J Appl Physiol. 2014;114(4):763–71. https://doi.org/10.1007/s00421-013-2811-8.
29. Gravelle BJ, Blessing DI. Physiological adaptations in women concurrently training for strength and endurance. J Strength Cond Res. 2000;14(1):5–13.
30. Holviala J, Kraemer WJ, Sillanpaa E, Karppinen H, Avela J, Kauhanen A, et al. Effects of strength, endurance and combined training on muscle strength, walking speed and dynamic balance in aging men. Eur J Appl Physiol. 2012;112(4):1335–47. https://doi.org/10.1007/s00421-011-2089-7.
31. McCarthy JP, Agre JC, Graf BK, Pozniak MA, Vailas AC. Compatibility of adaptive responses with combining strength and endurance training. Med Sci Sports Exerc. 1995;27(3):429–36.
32. McCarthy JP, Pozniak MA, Agre JC. Neuromuscular adaptations to concurrent strength and endurance training. Med Sci Sports Exerc. 2002;34(3):511–9.
33. Nelson AG, Arnall DA, Loy SF, Silvester LJ, Conlee RK. Consequences of combining strength and endurance training regimens. Phys Ther. 1990;70(5):287–94.
34. Shaw BS, Shaw I, Brown GA. Comparison of resistance and concurrent resistance and endurance training regimes in the development of strength. J Strength Cond Res. 2009;23(9):2507–14. https://doi.org/10.1519/JSC.0b013e3181bc191e.
35. Bertuzzi R, Pasqua LA, Bueno S, Damasceno MV, Lima-Silva AE, Bishop D, et al. Strength-training with whole-body vibration in long-distance runners: a randomized trial. Int J Sports Med. 2013;34(10):917–23. https://doi.org/10.1055/s-0033-1333748.
36. Ferrauti A, Bergermann M, Fernandez-Fernandez J. Effects of a concurrent strength and endurance training on running performance and running economy in recreational marathon runners. J Strength Cond Res. 2010;24(10):2770–8. https://doi.org/10.1519/JSC.0b013e3181d64e9c. 00124278-201010000-00026 [pii].
37. Kelly CM, Burnett AF, Newton MJ. The effect of strength training on three-kilometer performance in recreational women endurance runners. J Strength Cond Res. 2008;22(2):396–403.
38. Mikkola J, Vesterinen V, Taipale R, Capostagno B, Hakkinen K, Nummela A. Effect of resistance training regimens on treadmill running and neuromuscular performance in recreational endurance runners. J Sports Sci. 2011;29(13):1359–71. https://doi.org/10.1080/02640414.2011.589467.
39. Schumann M, Mykkanen OP, Doma K, Mazzolari R, Nyman K, Hakkinen K. Effects of endurance training only versus same-session combined endurance and strength training on physical performance and serum hormone concentrations in recreational endurance runners. Appl Physiol Nutr Metab. 2015;40(1):28–36. https://doi.org/10.1139/apnm-2014-0262.
40. Bastiaans JJ, van Diemen AB, Veneberg T, Jeukendrup AE. The effects of replacing a portion of endurance training by explosive strength training on performance in trained cyclists. Eur J Appl Physiol. 2001;86(1):79–84.
41. Bishop D, Jenkins DG, Mackinnon LT, McEniery M, Carey MF. The effects of strength training on endurance performance and muscle characteristics. Med Sci Sports Exerc. 1999;31(6):886–91.
42. Bishop D, Jenkins DG. The influence of resistance training on the critical power function & time to fatigue at critical power. Aust J Sci Med Sport. 1996;28(4):101–5.
43. Jackson NP, Hickey MS, Reiser RF 2nd. High resistance/low repetition vs. low resistance/high repetition training: effects on performance of trained cyclists. J Strength Cond Res. 2007;21(1):289–95. https://doi.org/10.1519/R-18465.1.
44. Levin GT, McGuigan MR, Laursen PB. Effect of concurrent resistance and endurance training on physiologic and performance parameters of well-trained endurance cyclists. J Strength Cond Res. 2009;23(8):2280–6. https://doi.org/10.1519/JSC.0b013e3181b990c2.
45. Psilander N, Frank P, Flockhart M, Sahlin K. Adding strength to endurance training does not enhance aerobic capacity in cyclists. Scand J Med Sci Sports. 2014. https://doi.org/10.1111/sms.12338.

46. Janssen I, Heymsfield SB, Wang ZM, Ross R. Skeletal muscle mass and distribution in 468 men and women aged 18–88 yr. J Appl Physiol (1985). 2000;89(1):81–8. https://doi.org/10.1152/jappl.2000.89.1.81.
47. Nindl BC, Jones BH, Van Arsdale SJ, Kelly K, Kraemer WJ. Operational physical performance and fitness in military women: physiological, musculoskeletal injury, and optimized physical training considerations for successfully integrating women into combat-centric military occupations. Mil Med. 2016;181(1 Suppl):50–62. https://doi.org/10.7205/MILMED-D-15-00382.
48. Epstein Y, Yanovich R, Moran DS, Heled Y. Physiological employment standards IV: integration of women in combat units physiological and medical considerations. Eur J Appl Physiol. 2013;113(11):2673–90. https://doi.org/10.1007/s00421-012-2558-7.
49. Miller AE, MacDougall JD, Tarnopolsky MA, Sale DG. Gender differences in strength and muscle fiber characteristics. Eur J Appl Physiol Occup Physiol. 1993;66(3):254–62.
50. Boning D, Cristancho E, Serrato M, Reyes O, Mora M, Coy L, et al. Hemoglobin mass and peak oxygen uptake in untrained and trained female altitude residents. Int J Sports Med. 2004;25(8):561–8. https://doi.org/10.1055/s-2004-820963.
51. Boning D, Rojas J, Serrato M, Ulloa C, Coy L, Mora M, et al. Hemoglobin mass and peak oxygen uptake in untrained and trained residents of moderate altitude. Int J Sports Med. 2001;22(8):572–8. https://doi.org/10.1055/s-2001-18530.
52. Hunter SK. Sex differences in human fatigability: mechanisms and insight to physiological responses. Acta Physiol (Oxf). 2014;210(4):768–89. https://doi.org/10.1111/apha.12234.
53. Leveritt M, Abernethy PJ, Barry BK, Logan PA. Concurrent strength and endurance training. A review. Sports Med. 1999;28(6):413–27.
54. Fyfe JJ, Bishop DJ, Stepto NK. Interference between concurrent resistance and endurance exercise: molecular bases and the role of individual training variables. Sports Med. 2014;44(6):743–62. https://doi.org/10.1007/s40279-014-0162-1.
55. Tarnopolsky MA. Gender differences in substrate metabolism during endurance exercise. Can J Appl Physiol. 2000;25(4):312–27.
56. Hausswirth C, Le Meur Y. Physiological and nutritional aspects of post-exercise recovery: specific recommendations for female athletes. Sports Med. 2011;41(10):861–82. https://doi.org/10.2165/11593180-000000000-00000.
57. Wilson JM, Marin PJ, Rhea MR, Wilson SM, Loenneke JP, Anderson JC. Concurrent training: a meta-analysis examining interference of aerobic and resistance exercises. J Strength Cond Res. 2012;26(8):2293–307. https://doi.org/10.1519/JSC.0b013e31823a3e2d.
58. Shephard RJ. Exercise and training in women, Part I: influence of gender on exercise and training responses. Can J Appl Physiol. 2000;25(1):19–34.
59. Kraemer WJ, Ratamess NA. Hormonal responses and adaptations to resistance exercise and training. Sports Med. 2005;35(4):339–61.
60. Janse de Jonge XA. Effects of the menstrual cycle on exercise performance. Sports Med. 2003;33(11):833–51.
61. Shephard RJ. Exercise and training in women, Part II: influence of menstrual cycle and pregnancy. Can J Appl Physiol. 2000;25(1):35–54.
62. Staron RS, Karapondo DL, Kraemer WJ, Fry AC, Gordon SE, Falkel JE, et al. Skeletal muscle adaptations during early phase of heavy-resistance training in men and women. J Appl Physiol. 1994;76(3):1247–55.
63. Abe T, DeHoyos DV, Pollock ML, Garzarella L. Time course for strength and muscle thickness changes following upper and lower body resistance training in men and women. Eur J Appl Physiol. 2000;81(3):174–80. https://doi.org/10.1007/s004210050027.
64. Skinner JS, Jaskolski A, Jaskolska A, Krasnoff J, Gagnon J, Leon AS, et al. Age, sex, race, initial fitness, and response to training: the HERITAGE Family Study. J Appl Physiol (1985). 2001;90(5):1770–6.
65. Dudley GA, Djamil R. Incompatibility of endurance- and strength-training modes of exercise. J Appl Physiol. 1985;59(5):1446–51.
66. Glowacki SP, Martin SE, Maurer A, Baek W, Green JS, Crouse SF. Effects of resistance, endurance, and concurrent exercise on training outcomes in men. Med Sci Sports Exerc. 2004;36(12):2119–27.

67. Silva RF, Cadore EL, Kothe G, Guedes M, Alberton CL, Pinto SS, et al. Concurrent training with different aerobic exercises. Int J Sports Med. 2012;33(8):627–34. https://doi.org/10.1055/s-0031-1299698.
68. Eklund D, Schumann M, Kraemer WJ, Izquierdo M, Taipale RS, Hakkinen K. Acute endocrine and force responses and long-term adaptations to same-session combined strength and endurance training in women. J Strength Cond Res. 2016;30(1):164–75. https://doi.org/10.1519/JSC.0000000000001022.
69. Davitt PM, Pellegrino JK, Schanzer JR, Tjionas H, Arent SM. The effects of a combined resistance training and endurance exercise program in inactive college female subjects: does order matter? J Strength Cond Res. 2014;28(7):1937–45. https://doi.org/10.1519/JSC.0000000000000355.
70. Vikmoen O. Effects of heavy strength training on performance determinants and performance in cycling and running [Doctoral dissertation]. Oslo: Norwegian School of Sports Sciences; 2015.
71. Ronnestad BR, Hansen EA, Raastad T. High volume of endurance training impairs adaptations to 12 weeks of strength training in well-trained endurance athletes. Eur J Appl Physiol. 2012;112(4):1457–66. https://doi.org/10.1007/s00421-011-2112-z.
72. Sale DG, MacDougall JD, Jacobs I, Garner S. Interaction between concurrent strength and endurance training. J Appl Physiol. 1990;68(1):260–70.
73. Eklund D, Hakkinen A, Laukkanen JA, Balandzic M, Nyman K, Hakkinen K. Fitness, body composition and blood lipids following 3 concurrent strength and endurance training modes. Appl Physiol Nutr Metab. 2016;41(7):767–74. https://doi.org/10.1139/apnm-2015-0621.
74. Schumann M, Yli-Peltola K, Abbiss CR, Hakkinen K. Cardiorespiratory adaptations during concurrent aerobic and strength training in men and women. PLoS One. 2015;10(9):e0139279. https://doi.org/10.1371/journal.pone.0139279.
75. Eklund D, Pulverenti T, Bankers S, Avela J, Newton R, Schumann M, et al. Neuromuscular adaptations to different modes of combined strength and endurance training. Int J Sports Med. 2015;36(2):120–9. https://doi.org/10.1055/s-0034-1385883.
76. Schumann M, Kuusmaa M, Newton RU, Sirparanta AI, Syvaoja H, Hakkinen A, et al. Fitness and lean mass increases during combined training independent of loading order. Med Sci Sports Exerc. 2014;46(9):1758–68. https://doi.org/10.1249/MSS.0000000000000303.
77. Schumann M, Walker S, Izquierdo M, Newton RU, Kraemer WJ, Hakkinen K. The order effect of combined endurance and strength loadings on force and hormone responses: effects of prolonged training. Eur J Appl Physiol. 2014;114(4):867–80. https://doi.org/10.1007/s00421-013-2813-6.
78. Saunders PU, Telford RD, Pyne DB, Peltola EM, Cunningham RB, Gore CJ, et al. Short-term plyometric training improves running economy in highly trained middle and long distance runners. J Strength Cond Res. 2006;20(4):947–54. https://doi.org/10.1519/R-18235.1. R-18235 [pii].
79. Johnston RE, Quinn TJ, Kertzer R, Vroman NB. Strength training in female distance runners: impact on running economy. J Strength Cond Res. 1997;11(4):224–9.
80. Turner AM, Owings M, Schwane JA. Improvement in running economy after 6 weeks of plyometric training. J Strength Cond Res. 2003;17(1):60–7.
81. Guglielmo LG, Greco CC, Denadai BS. Effects of strength training on running economy. Int J Sports Med. 2009;30(1):27–32. https://doi.org/10.1055/s-2008-1038792.
82. Vikmoen O, Raastad T, Seynnes O, Bergstrom K, Ellefsen S, Ronnestad BR. Effects of heavy strength training on running performance and determinants of running performance in female endurance athletes. PLoS One. 2016;11(3):e0150799. https://doi.org/10.1371/journal.pone.0150799.
83. Roschel H, Barroso R, Tricoli V, Batista MA, Acquesta FM, Serrao JC, et al. Effects of strength training associated with whole-body vibration training on running economy and vertical stiffness. J Strength Cond Res. 2015;29(8):2215–20. https://doi.org/10.1519/JSC.0000000000000857.
84. Ronnestad BR, Mujika I. Optimizing strength training for running and cycling endurance performance: a review. Scand J Med Sci Sports. 2014;24(4):603–12. https://doi.org/10.1111/sms.12104.
85. Ronnestad BR, Hansen J, Hollan I, Ellefsen S. Strength training improves performance and pedaling characteristics in elite cyclists. Scand J Med Sci Sports. 2015;25(1):e89–98. https://doi.org/10.1111/sms.12257.

Teil V

Kombiniertes Ausdauer- und Krafttraining zur Verbesserung der sportlichen Leistung

Langfristige Auswirkungen von Krafttraining auf die aerobe Kapazität und die Ausdauerleistungsfähigkeit

21

Øyvind Sandbakk

Einführung

Krafttraining wird derzeit als wichtiger Bestandteil des längerfristigen Leistungsaufbaus von Ausdauersportlern angesehen. Die wissenschaftlichen Erkenntnisse über die langfristigen Auswirkungen eines kombinierten Kraft- und Ausdauertrainings sind jedoch limitiert und nur wenige Krafttrainingsinterventionen bei Ausdauersportlern dauern länger als 15 Wochen. Dieses Kapitel: (1) fasst die aktuellen wissenschaftlichen Erkenntnisse über die Auswirkungen eines langfristigen Krafttrainings (d. h. definiert als Interventionen mit einer Dauer von mehr als 12 Wochen) auf die aerobe Kapazität und die Ausdauerleistungsfähigkeit zusammen und (2) erörtert die potenziellen neuronalen und zellulären Mechanismen, die mit diesen Effekten zusammenhängen, um eine Grundlage für die Entwicklung neuer Hypothesen in diesem spannenden Bereich zu schaffen.

Wissenschaftliche Evidenz

Die Anforderungen an die Kraft für die Ausdauerleistung im Sport hängen von der Dauer und dem Wettkampfformat sowie von der Art des Trainings ab. Ausdauertraining ist der wesentliche Stimulus für Ausdauersportler, und Ausdauerathleten legen traditionell keinen Wert auf hohe Krafttrainingsumfänge (d. h. Training zur Steigerung der Maximalkraft und/oder Muskelhypertrophie). Wie jedoch in anderen Kapiteln dieses Buches hervorgehoben wird, haben neuere Forschungsarbeiten positive kurzfristige Interventionseffekte eines ergänzenden Krafttrainings bei gleich-

Ø. Sandbakk (✉)
Department of Neuromedicine and Movement Science, Centre for Elite Sports Research, Norwegian University of Science and Technology, Trondheim, Norwegen
E-Mail: oyvind.sandbakk@ntnu.no

M. Schumann, B. R. Rønnestad (Hrsg.), *Kombiniertes Ausdauer- und Krafttraining*, https://doi.org/10.1007/978-3-031-36310-8_21

zeitigem Ausdauertraining auf die aerobe Kapazität und die Leistung gezeigt. Diese Studien eindrücklich herausgestellt, dass die aerobe Kapazität vor allem durch Verbesserungen der Bewegungsökonomie/-effizienz und einer verzögerten Ermüdung verbessert wird, wenn Krafttraining supplementär durchgeführt wird. Aufgrund der zunehmenden Anzahl an Belegen für positive Auswirkungen ist das Krafttraining in den letzten Jahren zum Bestandteil des Trainingsplans vieler erfolgreicher Ausdauersportler geworden. Da die meisten Trainingsinterventionen jedoch nur 8–12 Wochen dauerten, ist bei der Betrachtung von Langzeiteffekten immer noch Vorsicht geboten. Nach wie vor kennen wir die genauen Auswirkungen eines langfristigen Krafttrainings auf die Ausdauerleistung nicht. Basierend auf Erkenntnissen aus den Kraftsportarten scheint es jedoch logisch anzunehmen, dass eine progressive und periodisierte Steigerung der Belastung und Geschwindigkeit und/oder Änderungen der Krafttrainingsübungen weitere langfristige Anpassungen der Kraft bei Ausdauersportlern stimulieren würden.

Die bisher längste Krafttrainingsintervention bei Ausdauersportlern wurde von Rønnestad et al. [1] durchgeführt, in welcher hochtrainierte Radsportler für 25 Wochen Krafttraining durchführten. Diese Studie zeigte substanzielle positive Effekte auf die Maximal- und Schnellkraft sowie auf die Leistung bei einer Blutlaktatkonzentration von 4 mmol/l und die maximale aerobe Leistung. Die Größe der beobachteten Effekte steht jedoch im Einklang mit Studien von kürzerer Dauer, und es wurde kein Zwischentest durchgeführt, um die Auswirkungen der Interventionsdauer auf die Anpassungen zu untersuchen. Eine kürzlich durchgeführte Meta-Analyse von Beattie et al. [2] bestätigt, dass abgesehen von der 25-wöchigen Kraftintervention von Rønnestad et al. [1] die in der Literatur verwendeten Interventionszeiträume 16 Wochen oder weniger betrugen, wobei die durchschnittliche Dauer bei etwa 10 Wochen lag. Vieles von dem, was wir über neurologische und strukturelle Anpassungen durch Krafttraining wissen, stammt also aus Kurzzeitinterventionen, und in der Regel handelt es sich um Interventionen mit relativ untrainierten oder unerfahrenen Probanden. Tatsächlich gibt es nur wenige Studien, die die langfristigen Kraftanpassungen bei gut trainierten Athleten untersuchen; diese stammen jedoch aus Kraft- und Ausdauersportarten, z. B. Rugbyspieler [3]. Künftige Untersuchungen bei gut trainierten Ausdauersportlern sollten sich auf langfristige Kraftinterventionen und die anschließenden Veränderungen der Ausdauerleistung konzentrieren.

Interessanterweise ergab die jüngste Metaanalyse von Berryman et al. [4] zum Krafttraining bei gut trainierten Ausdauersportlern einen signifikanten Effekt der Dauer des Krafttrainings, bei dem Protokolle mit mehr als 24 Trainingseinheiten im Vergleich zu Protokollen mit weniger als 24 Einheiten zu größeren Verbesserungen der Bewegungsökonomie führten. Darüber hinaus wurde in einer Fallstudie sowohl Kraft- als auch Ausdauervariablen systematisch über den Jahreszyklus hinweg gemessen [5]. In dieser Studie stellten die Autoren eine Steigerung der 6-Wiederholungs-Maximums in der Beinpresse über einen Zeitraum von 10 Wochen fest, allerdings stagnierte die Entwicklung der Kraft daraufhin im weiteren Verlauf des Jahres. Ob sich das Krafttraining auf die über das Jahr weiter verbesserte aerobe Leistungsfähigkeit ausgewirkt hat, ist jedoch nicht bekannt.

Eine weitere wichtige Frage ist, ob die Auswirkungen eines intensiven Krafttrainings in Perioden ohne oder mit weniger Krafttraining erhalten bleiben. Dies ist im Hinblick auf die Periodisierung des Krafttrainings über den jährlichen Trainingszyklus von großem Interesse. Untersuchungen zeigen, dass nur ein kleiner Teil der während einer Intervention gewonnenen Kraft nach 8–12 Wochen ohne Krafttraining erhalten bleibt, was mit einer relativ schnellen Abnahme der Muskelquerschnittsfläche und der Peak-Power einhergeht. Selbst nach der 25-wöchigen Trainingsintervention von Rønnestad et al. [1] kam es in den folgenden 8 Wochen zu einem raschen Rückgang der Anpassungen. Daher scheint bei der langfristigen Periodisierung des Krafttrainings für Ausdauersportler ein Art Erhaltungsphase erforderlich zu sein, wie es zuvor von Rønnestad et al. [6] als wirksam nachgewiesen wurde. Allerdings muss Krafttraining über längere Zeiträume bei hochtrainierten Athleten mit bereits hohen Trainingsumfängen oft andere Trainingsarten ersetzen, um Übertraining zu vermeiden. In Anlehnung daran, könnte man annehmen, dass das Ersetzen von Ausdauertrainingseinheiten durch Krafttraining einen negativen Einfluss auf die Entwicklung der Ausdauerleistungsfähigkeit nehmen kann. Dies wurde jedoch in einer Studie von Paavolainen et al. [7] wiederlegt. In dieser Studie wurden ca. 30 % des Ausdauertraining durch ein kombiniertes Schnellkraft- und plyometrisches Training über einen relativen kurzen Trainingszeitraum von etwa 10 Wochen ersetzt. Dennoch wurden positive Auswirkungen auf die Entwicklung der Ausdauerleistungsfähigkeit beobachtet. Bisher wurde jedoch in keiner Studie untersucht, ob sich ein solcher Ersatz über einen längeren Zeitraum positiv oder negativ auf die Leistungsfähigkeit auswirken würde. Es stellt sich also nicht nur die Frage nach den möglichen positiven Effekten des Krafttrainings, sondern auch, ob dies mit einem negativen Effekt aufgrund eines geringeren Anteils des ersetzten Trainings kollidiert.

Derzeit gibt es keine Berichte über negative Auswirkungen eines intensiven Krafttrainings auf die Bewegungsökonomie, die maximale Sauerstoffaufnahme oder die Leistung an der Laktatschwelle im Ausdauersport. Darüber hinaus wurde in einer Studie mit hochtrainierten Ausdauersportlern nach 16 Wochen kombiniertem Maximalkraft- und Ausdauertraining kein negativer Effekt auf die Muskelkapillarisierung beobachtet [8], und es scheint auch keine Beeinträchtigung der oxidativen Enzymaktivität zu geben [9, 10]. Im Hinblick auf die Vaskularisierung der Muskeln und das oxidative Potenzial scheint es also keine Hinweise auf negative Auswirkungen des Krafttrainings zu geben – zumindest nicht, wenn das Krafttraining über einen kürzeren Zeitraum durchgeführt wird. In der Tat würde eine erhöhte Muskelmasse ohne verringerte Kapillarisierung theoretisch das gesamte oxidative Potenzial des Muskels erhöhen und damit die Ausdauerleistung verbessern. Vor diesem Hintergrund kann Muskelhypertrophie ein „langfristiger" Mechanismus zur Verbesserung der aeroben Kapazität sein, und Vikmoen et al. [11] berichteten kürzlich über eine Korrelation zwischen einer erhöhten Muskelmasse und der fraktionellen Ausnutzung der VO_{2max} (und der Leistungsfähigkeit) bei Radfahrerinnen.

Obwohl Krafttraining nicht zu einer Zunahme der Gesamtkörpermasse führt, scheint es über einen Zeitraum von 10–12 Wochen zu einem geringen Anstieg der gemessenen Muskelhypertrophie in der Antriebsmuskulatur zu kommen (~ 3–6 %)

[6, 8, 12, 13]. Wenn sich dieser Trend über längere Krafttrainingsinterventionen fortsetzten würde bzw. wenn auch nicht an der Zielbewegung beteiligte Muskeln involviert sind, könnte es unter Umständen zu negativen Effekten auf die Ausdauerleistungsfähigkeit kommen. Entsprechend sollte das Krafttraining insbesondere für Antriebsmuskulatur umgesetzt werden.

Auf der Grundlage der allgemeinen wissenschaftlichen Erkenntnisse empfiehlt es sich für Ausdauerathleten in der Vorbereitungsphase zwei Krafttrainingseinheiten im Rahmen einer wellenförmigen Periodisierung durchzuführen, um damit die Maximalkraft der für die Zielbewegung wichtigen Muskeln zu erhöhen [14]. Üblicherweise werden dazu Belastungen zwischen 4RM und 10RM empfohlen, mit 2–3 Sätzen pro Übung und etwa 2–3 min Pause zwischen den Sätzen. In den nachfolgenden Trainingsperioden und sogar während der Wettkampfsaison, in der die Entwicklung der Kraft nicht im Vordergrund steht, scheint jedoch schon eine Krafttrainingseinheit pro Woche, mit geringem Volumen und hoher Intensität, ausreichend zu sein, um die vorherigen Krafttrainingsanpassungen aufrechtzuerhalten [6]. Jedoch muss bei diesen Empfehlungen die individuelle Trainingshistorie der Athleten, die Art des Ausdauertrainings und die Dauer der Intervention beachtet werden. Da diese Empfehlungen hauptsächlich auf Kurzzeitstudien in Verbindung mit Erfahrungswerten aus der Trainingspraxis von Elite-Ausdauersportlern beruhen, sollten künftige Untersuchungen die tatsächlichen Auswirkungen verschiedener langfristiger Periodisierungsstrategien untersuchen. Dies wäre hilfreich, um präzisere Richtlinien zu entwickeln, z. B. in Bezug auf den optimalen Zeitpunkt für die Umsetzung des Krafttrainings im Rahmen des jährlichen Trainingsplans für verschiedene Athletengruppen.

Obwohl die sportartspezifischen Anforderungen an Kraft und Ausdauer in vielen Ausdauersportarten relativ gut bekannt sind, wissen wir weniger über das optimale Verhältnis von Kraft- und Ausdauertraining für Elite-Ausdauersportler. Wie sollten optimalerweise die Mikro- und Makrozyklen im Hinblick auf unterschiedliche Ausdauer- und Krafttrainingsvolumina gestaltet werden? Können unterschiedliche Muskelgruppen gleichzeitig trainiert werden? Was gilt es hinsichtlich der Ernährung vor, während und nach dem Kraft- bzw. Ausdauertraining zu beachten und welchen Einfluss nehmen verschiedene Erholungsstrategien? Dies sind Beispiele für Bereiche, die relativ unerforscht sind, zumindest in einer langfristigen Perspektive. Tatsächlich scheinen wissenschaftliche Untersuchungen hier etwas hinter der Zeit zu liegen. So können beispielsweise Weltklasse-Ruderer oder XC-Skiläufer eine große Muskelmasse aufbauen und aufrechterhalten, während sie gleichzeitig eine hervorragende aerobe Ausdauerleistung entwickeln.

Mögliche neuronale und zelluläre Mechanismen

Obwohl es derzeit nur wenige wissenschaftliche Belege für die positiven Auswirkungen eines langfristigen Krafttrainings auf die Ausdauerleistung gibt, nutzen viele Spitzensportler im Ausdauersport verschiedene Arten des Krafttrainings über längere Zeiträume. Zusammen mit den Ergebnissen aus Kurzzeitstudien gehen wir davon aus, dass ähnliche Effekte auch über längere Zeiträume zu verzeichnen sind, obwohl möglicherweise eine Progression und Periodisierung sowohl des Kraft- als auch des Ausdauertrainings erforderlich ist, um langfristige Fortschritte zu erzielen. Wie bei anderen Trainingsarten ist es jedoch wahrscheinlich, dass die Magnitude dieser Effekte mit der Zeit abnimmt, da sich der Körper an die „neue" Belastung anpasst. Im Folgenden werden einige der wichtigsten langfristigen Mechanismen erörtert, die die Effekte von Krafttraining auf die Ausdauerleistungsfähigkeit erklären können. Allerdings muss beachtet werden, dass die wissenschaftlichen Belege für diese Aussagen stark limitiert sind. Entsprechend sollte das bisherige Wissen als Basis für neue Hypothesen genutzt werden.

Das Muster der Muskelfaserrekrutierung kann sich bei langfristigem Krafttraining ändern. Eine Steigerung der Kraftfähigkeit der Typ-I-Fasern kann zu einer geringeren relativen Aktivität des Muskels führen und die Ermüdung bei lang andauernden Belastungen hinauszögern, wodurch auch die Rekrutierung der weniger ökonomischen Typ-II-Fasern verzögert wird. Da die Typ-II-Fasern somit erst wesentlich später hinzugeschaltet werden müssen, würde dies erklären, dass einige Studien positive Auswirkungen des Krafttrainings erst nach 2 h submaximalen Rad- oder Skifahrens zeigen [15]. Eine geringere Inanspruchnahme der Typ-II-Fasern kann auch die Ökonomie durch eine längere Aufrechterhaltung der Glykogenspeicher erhöhen, was wiederum die Leistungsfähigkeit nach längerer Belastung steigert. Langfristiges Krafttraining kann jedoch auch den Anteil der Typ-IIA-Fasern erhöhen und damit den Anteil der Typ-IIX-Fasern reduzieren, wie Aagaard et al. bereits gezeigt haben [8]. Die Fasern vom Typ-IIA sind ermüdungsresistenter, können aber dennoch relativ hohe Leistung erbringen. Die Ergebnisse diesbezüglich sind aber kontrovers [9], so dass künftige Forschungsarbeiten diese potenziellen Effekte bestätigen müssen.

Eine höhere Maximalkraft und/oder eine höhere Kraftentwicklungsrate nach einem Krafttraining kann auch eine bessere Durchblutung der arbeitenden Muskeln fördern [8, 14]. Eine erhöhte Kraftentwicklungsrate wird wahrscheinlich durch eine erhöhte neuronale Aktivierung verursacht und wurde mit Verbesserungen bei Bewegungen/Sportarten in Verbindung gebracht, bei denen sich eine schnellere Kraftentwicklung positiv auf die Leistung auswirkt, z. B. zur Verbesserung der Krafteffizienz. Dies führt zu einer geringeren relativen Belastung des Muskels oder längeren Erholungsphasen während eines Zyklus (z. B. einer Pedalumdrehung). Entsprechend verkürzt sich auch die Zeit der Vasokonstriktion (also einer Verengung der Gefäße), was wiederum mit einem verbesserten Blutfluss einhergeht. Obwohl dies noch nicht direkt nachgewiesen wurde, vermuten wir, dass es dadurch zu einer verbesserten Versorgung mit Sauerstoff und Substraten während des Trainings kommen kann.

Ebenfalls widersprüchliche Theorien gibt es hinsichtlich der Frage, wie Krafttraining die Aktivierung der Muskelfasern bei Ausdauerbelastungen beeinflussen kann. Eine Theorie besagt, dass weniger Muskelmasse die gleiche Arbeit leisten kann, wenn der Muskel stärker ist, wodurch der Sauerstoffbedarf der Belastung gesenkt werden würde. Andere Theorien besagen, dass dieselbe Muskelmasse dieselbe Arbeit bei geringerer relativer Aktivierung leisten kann, wenn der Muskel stärker ist, wodurch sich die Leistungsfähigkeit am Ende längerer Belastungen (z. B. beim Zielspurt) erhöht werden kann. Langfristige Anpassungen können jedoch auch auf der Muskel-Sehnen-Ebene stattfinden. In einigen Sportarten, wie z. B. dem Laufsport, kann eine erhöhte Muskel-Sehnen-Steifigkeit aufgrund von Krafttraining bei einigen Personen zu einer Leistungssteigerung führen [14]. Dieser Effekt wird jedoch von der Lauftechnik und anderen individuellen Prädispositionen (wie die Grundsteifigkeit der Muskel und Sehnen) beeinflusst. Bei anderen Sportarten, wie z. B. dem Radfahren, ist es unwahrscheinlich, dass dieser Mechanismus eine Auswirkung auf die Leistung hat.

Neben den neuronalen Mechanismen, gibt es auch zelluläre Effekte des Krafttrainings, wie die Aktivierung des phosphatidylinositol 3-kinase (PI3-k)-Akt mammalian target of rapamycin (mTOR) Signalwegs. Es wird davon ausgegangen, dass dieser die Geschwindigkeit der Proteinsynthese reguliert und bei langfristigem Training zu Muskelhypertrophie führen kann. Die Aktivierung der adenosine monophosphate-activated protein kinase (AMPK) durch ein hohes Maß an Ausdauertraining kann jedoch mTOR hemmen und die myofibrilläre Proteinsynthese unterdrücken. Daher können sich große Ausdauertrainingsvolumina unter Umständen negativ auf intrazelluläre Signalwege auswirken, die für die myofibrilläre Proteinsynthese von Bedeutung sind [16]. Entsprechend scheint das Timing des Krafttrainings für Ausdauersportler entscheidend zu sein, insbesondere dann, wenn in spezifischen Phasen die Muskelmasse erhöht werden soll. Dies unterstreicht auch die Bedeutung eines ausreichenden Krafttrainings zur Erhaltung der Muskelmasse und -kraft in Phasen mit hohem Ausdauertrainingsvolumen oder bei Wettkämpfen. Es ist jedoch zu beachten, dass die molekulare Forschung in diesem Bereich noch in den Kinderschuhen steckt und die Erkenntnisse derzeitig noch nicht direkt auf Ausdauerathleten übertragen werden können.

Während eine ausreichende mechanische Belastung notwendig ist, um optimale Krafttrainingseffekte zu erzielen, ist auch das Bewegungsmuster der Krafttrainingsübungen nicht zu vernachlässigen. Dieses sollte der Bewegung in der entsprechenden Disziplin ähnlich sein, um gezielt die optimalen Aktivierungsmuster der beteiligten Muskeln auszulösen und zelluläre Anpassungen zu induzieren. Darüber hinaus sollten Trainingsmodelle darauf abzielen, Interferenzen zwischen Kraft- und Ausdauertraining in Phasen des gleichzeitigen Ausdauer- und Krafttrainings zu vermeiden, indem das Training unter Berücksichtigung der möglichen molekularen Interferenzen geplant und eine optimale Ernährung einbezogen wird. Insgesamt ist davon auszugehen, dass sich diese Mechanismen bei verschiedenen Personen und verschiedenen Sportarten unterscheiden, und je nach den Anforderungen der Sportart im Verhältnis zur individuellen Leistungsfähigkeit stehen. Dies beeinflusst in der Folge die Wahl der Belastungsnormative für individuelle Athleten, was darauf hindeutet, dass es kein „ideales" Krafttrainingsprogramm für eine bestimmte Sportart gibt, sondern eher einen Werkzeugkasten, aus dem Trainer und Athleten in unterschiedlichen Kontexten wählen sollten.

Zusammenfassung

Insgesamt deuten sowohl wissenschaftliche als auch Erfahrungen aus der Trainingspraxis darauf hin, dass Krafttraining erfolgreich in das Trainingsprogramm von Elite-Ausdauersportlern aufgenommen werden kann, und zwar zweimal pro Woche zum Kraftaufbau in der Vorbereitungsphase und einmal pro Woche zur Erhaltung der Kraft in der Wettkampfphase. Durch sportartspezifische Krafttrainingsprogramme scheint die aerobe Kapazität vor allem durch die Ökonomie/Effizienz der Belastung und in manchen Fällen auch durch verzögerte Ermüdung verbessert zu werden. Bisher wurden keine negativen Auswirkungen des Krafttrainings auf die aerobe Kapazität nachgewiesen. Zu den möglichen neuronalen und zellulären Mechanismen gehören: (1) eine Veränderung des Rekrutierungsmusters der Muskelfasern, die die Ermüdung des Muskels bei lang andauernden Belastungen hinauszögert und zu einer längeren Aufrechterhaltung der Glykogenspeicher führt, (2) eine mögliche Erhöhung des Anteils der Typ-IIA-Fasern, die in der Lage sind, gleichzeitig hohe Kraft- und Ausdauerleistungen zu erbringen, (3) eine verbesserte Kraftentwicklungsrate, die eine bessere Durchblutung der arbeitenden Muskeln ermöglicht, (4) eine erhöhte Muskel-Sehnen-Steifigkeit bei Bewegungen, bei denen dies von Vorteil ist, und (5) die Aufrechterhaltung von Signalen aus intrazellulären Signalwegen, die für die myofibrilläre Proteinsynthese von Bedeutung sind und durch ein Trainingsmuster mit geringer negativer Beeinflussung durch hohe Ausdauertrainingsvolumina induziert werden. Die Auswirkungen eines langfristigen Krafttrainings auf diese Faktoren sowie die Frage, wie Progressions- und Periodisierungsstrategien eingesetzt werden können, um die positiven Auswirkungen des Krafttrainings auf die Ausdauerleistung auch längerfristig aufrecht zu erhalten, sind jedoch nicht durch wissenschaftliche Studien belegt und müssen weiter untersucht werden.

Literatur

1. Ronnestad BR, Hansen J, Hollan I, Spencer M, Ellefsen S. Impairment of performance variables after in-season strength-training cessation in elite cyclists. Int J Sports Physiol Perform. 2016;11(6):727–35.
2. Beattie K, Kenny IC, Lyons M, Carson BP. The effect of strength training on performance in endurance athletes. Sports Med. 2014;44(6):845–65.
3. Appleby B, Newton RU, Cormie P. Changes in strength over a 2-year period in professional rugby union players. J Strength Cond Res. 2012;26(9):2538–46. National Strength & Conditioning Association.
4. Berryman N, Mujika I, Arvisais D, Roubeix M, Binet C, Bosquet L. Strength training for middle- and long-distance performance: a meta-analysis. Int J Sports Physiol Perform. 2018;13(1):57–63.
5. Ronnestad BR, Hansen J. A scientific approach to improve physiological capacity of an elite cyclist. Int J Sports Physiol Perform. 2018;13(3):390–3.
6. Ronnestad BR, Hansen EA, Raastad T. In-season strength maintenance training increases well-trained cyclists' performance. Eur J Appl Physiol. 2010;110(6):1269–82.
7. Paavolainen L, Hakkinen K, Hamalainen I, Nummela A, Rusko H. Explosive-strength training improves 5-km running time by improving running economy and muscle power. J Appl Physiol (1985). 1999;86(5):1527–33.

8. Aagaard P, Andersen JL, Bennekou M, Larsson B, Olesen JL, Crameri R, et al. Effects of resistance training on endurance capacity and muscle fiber composition in young top-level cyclists. Scand J Med Sci Sports. 2011;21(6):e298–307.
9. Bishop D, Jenkins DG, Mackinnon LT, McEniery M, Carey MF. The effects of strength training on endurance performance and muscle characteristics. Med Sci Sports Exerc. 1999;31(6):886–91.
10. Hickson RC, Dvorak BA, Gorostiaga EM, Kurowski TT, Foster C. Potential for strength and endurance training to amplify endurance performance. J Appl Physiol (1985). 1988;65(5): 2285–90.
11. Vikmoen O, Ellefsen S, Troen O, Hollan I, Hanestadhaugen M, Raastad T, et al. Strength training improves cycling performance, fractional utilization of VO_{2max} and cycling economy in female cyclists. Scand J Med Sci Sports. 2016;26(4):384–96.
12. Losnegard T, Mikkelsen K, Ronnestad BR, Hallen J, Rud B, Raastad T. The effect of heavy strength training on muscle mass and physical performance in elite cross country skiers. Scand J Med Sci Sports. 2011;21(3):389–401.
13. Taipale RS, Mikkola J, Nummela A, Vesterinen V, Capostagno B, Walker S, et al. Strength training in endurance runners. Int J Sports Med. 2010;31(7):468–76.
14. Ronnestad BR, Mujika I. Optimizing strength training for running and cycling endurance performance: a review. Scand J Med Sci Sports. 2014;24(4):603–12.
15. Mujika I, Ronnestad BR, Martin DT. Effects of increased muscle strength and muscle mass on endurance-cycling performance. Int J Sports Physiol Perform. 2016;11(3):283–9.
16. Hawley JA. Molecular responses to strength and endurance training: are they incompatible? Appl Physiol Nutr Metab. 2009;34(3):355–61.

Krafttraining für Radsportler

22

Bent R. Rønnestad

Auswirkungen von Krafttraining auf wichtige Determinanten der Ausdauerleistung

Hickson et al. [1] gehörten zu den Ersten, die Hinweise darauf gaben, dass sich ein intensives Krafttraining positiv auf die Radfahrleistung auswirken könnte. Ihre Studie wurde zwar mit untrainierten Personen durchgeführt, aber in letzter Zeit hat sich unser Verständnis über die Auswirkungen von Krafttraining zusätzlich zum Ausdauertraining bei Freizeitsportlern, gut trainierten Radfahrern und Elitesportlern deutlich verbessert. Dieses Kapitel befasst sich hauptsächlich mit den Auswirkungen von Krafttraining zusätzlich zum laufenden Ausdauertraining bei gut trainierten Radsportlern. Zu diesem Zweck werden die Auswirkungen des Krafttrainings auf wichtige physiologische Leistungsdeterminanten untersucht. Dabei ist insbesondere die Interaktion zwischen maximaler Sauerstoffaufnahme (VO_{2max}), der fraktionellen Nutzung der VO_{2max} (%VO_{2ma}) und der anaeroben Kapazität von Bedeutung. Diese erklärt, wie lange eine bestimmte Rate des aeroben und anaeroben Stoffwechsels aufrechterhalten werden kann, was insgesamt die VO_2 der Radleistung bestimmt [2]. Die Radökonomie oder Effizienz bestimmt dann die Leistung bei einem gegebenen Energieumsatz und beeinflusst somit maßgeblich die Leistungsfähigkeit [2]. Zunächst wird nun genauer beschrieben, wie Krafttraining diese Leistungsdeterminanten und die Leistungsfähigkeit beeinflusst.

Die Kombination von intensivem Krafttraining mit normalem Ausdauertraining scheint weder positive noch negative Auswirkungen auf die Entwicklung der VO_{2max} zu haben [3–15]. In Bezug auf die Bruttowirkungsgrade oder die Radökonomie sind die Ergebnisse allerdings weniger eindeutig. Bei der Messung der Radeffizienz mit

B. R. Rønnestad (✉)
Department of Sports Sciences, Lillehammer, Inland Norway University of Applied Sciences, Lillehammer, Norwegen
E-Mail: bent.ronnestad@inn.no

M. Schumann, B. R. Rønnestad (Hrsg.), *Kombiniertes Ausdauer- und Krafttraining*, https://doi.org/10.1007/978-3-031-36310-8_22

der traditionellen Methode (d. h. kurze, 3–5-minütige, submaximale Belastungen) wurde bei gut trainierten Radsportlern und Eliteradfahrern kein zusätzlicher Effekt des Krafttrainings beobachtet [3, 10–12]. Bei Nutzung desselben Ansatzes zur Messung der Radökonomie wurden jedoch Verbesserungen durch Krafttraining bei moderat trainierten Radsportlern festgestellt [4, 9, 14]. Interessanterweise wurde bei einer 3-stündigen submaximalen Radbelastung bei gut trainierten männlichen und weiblichen Radfahrern in der ersten Stunde kein Effekt des Krafttrainings auf die Radeffizienz beobachtet, aber in der letzten Stunde kam es in der Krafttrainingsgruppe zu einer Verbesserung der Effizienz [16, 17]. Letzteres deutet darauf hin, dass auch gut trainierte Radsportler die Radökonomie verbessern können, wenn diese über eine längere Belastungszeit erfasst wird

Zur Berechnung des Anteils der VO_{2max} wird in der Regel der Prozentsatz der VO_{2max} an der Laktatschwelle verwendet. Anders als der Name vermuten lässt, gibt es in der Praxis jedoch keine einheitliche Laktatschwelle, da diese auf zahlreiche Arten berechnet werden kann [18]. Um jedoch trainingsbedingte Veränderungen messen zu können, ist es wichtig, vor und nach der Trainingsperiode die gleiche Berechnungsmethode anzuwenden [19]. Theoretisch beschreibt die Laktatschwelle eine Schätzung eines Haltepunkts auf der Kurve der Blutlaktatkonzentration ($[la^-]$) in Abhängigkeit von der Trainingsintensität [19]. Die als Prozentsatz der VO_{2max} ausgedrückte Laktatschwelle ist dabei weitgehend unabhängig von der Bewegungsökonomie und der VO_{2max}, was die geringe Korrelation zwischen der als $\%VO_{2max}$ ausgedrückten Laktatschwelle und der Zeitfahrleistung bei Radsportlern erklären könnte [20]. Die wenigen Studien, die die Effekte von kombiniertem Ausdauer- und Krafttraining auf die Laktatschwelle, ausgedrückt als $\%VO_{2max}$, bei Radsportlern untersucht haben, haben weder einen positiven noch einen negativen Effekt festgestellt [12, 14]. Wir haben jedoch kürzlich berichtet, dass kombiniertes Training bei gut trainierten Radfahrerinnen die fraktionelle Nutzung der VO_{2max} während eines 40-minütigen Ausdauertests verbesserte, während in der Gruppe, die nur Ausdauertraining absolvierte, keine Veränderungen auftraten [15]. Interessanterweise wurde in der gleichen Studie keine signifikante Veränderung beobachtet, wenn die Laktatschwelle als $\%VO_{2max}$ ausgedrückt wurde, was darauf hindeutet, dass diese Methode zur Darstellung der fraktionellen Auslastung der VO_{2max} möglicherweise nicht sensibel genug ist, um kleine Veränderungen zu erkennen [15].

Es gibt zahlreiche Methoden zur Bestimmung der Leistung an der Laktatschwelle, die zu verschiedenen „Schwellenwerten“ auf der $[la^-]$ vs. Leistungskurve führen und alle gut mit der langfristigen Ausdauerleistung zu korrelieren scheinen [18, 19]. Die Leistung an der Laktatschwelle wird unter anderem von der Radökonomie beeinflusst. Daher ist der Befund einer verbesserten Leistung an der Laktatschwelle in mehreren Studien nach einem supplementärem Krafttraining zu erwarten [10–13, 15, 21]. Es gibt jedoch auch Studien, die keine Verbesserung der Leistung an einer definierten $[la^-]$ Schwelle beobachten [3, 14, 22].

Die herkömmliche Methode zur Messung der Radleistung besteht in der Durchführung von 30- bis 60-minütigen Ausbelastungstests, bei denen in der Regel die mittlere Leistung erfasst wird. Wenn über positive Auswirkungen von kombiniertem Training berichtet wird, wird in der Regel ein intensives Krafttraining mit verschiedenen Übungen für die Beinmuskulatur über einen Zeitraum von mindestens 8 Wochen durchgeführt [3, 7, 11–13, 15, 17, 21]. Im Gegensatz dazu umfassten Studien die keine nennenswerten Verbesserungen der Leistung einen wesentlich kürzeren Zeitraum, ein geringeres Krafttrainingsvolumen oder ein explosives Krafttraining [5, 6, 8, 22]. Eine Variable die als maximale Leistungsfähigkeit bezeichnet werden kann, ist die Leistung an der VO_{2max} (d. h. W_{max}). Die W_{max} wird von der VO_{2max}, der Radökonomie, der anaeroben Kapazität und neuromuskulären Eigenschaften beeinflusst [23]. Dementsprechend hat sich gezeigt, dass W_{max} die Ausdauerleistung von Radsportlern vorhersagen kann [24, 25] und die Ausdauerleistung von gut trainierten Radsportlern unterscheidet [25]. Es wird berichtet, dass gleichzeitiges Ausdauer- und Krafttraining die W_{max} oder die Zeit bis zur Erschöpfung bei W_{max} bei trainierten bis gut trainierten Radfahrern erhöht [7, 10–12, 14, 26]. Eine relativ neue Methode zur Erfassung der Radleistung im Labor ist der Versuch, Radrennen auf der Straße zu imitieren, indem über viele Stunden hinweg eine submaximale Radbelastung durchgeführt wird, gefolgt von einem kurzen 5-minütigen all-out Sprint. Supplementäres Krafttraining kann die all-out Leistung nach langen sub-maximalen Belastungen sowohl bei gut trainierten Radfahrerinnen als auch bei Radfahrern verbessert [16, 17].

Ein weiterer wichtiger Faktor für den Ausgang eines Radrennens ist die Fähigkeit, eine Lücke zu schließen, sich vom Feld abzusetzen oder im Endspurt eine gute Leistung zu zeigen. Der Ausgang dieser entscheidenden Momente eines Rennens wird weitgehend von der Masse der beteiligten Muskeln und der Maximalkraft der Beine bestimmt [27]. Die Fähigkeit, über einen kurzen Zeitraum eine hohe Leistung zu erbringen, wird im Labor häufig als mittlere oder maximale Leistung in einem 30-Sekunden-all-out-Test gemessen. Aufgrund der positiven Auswirkungen von Maximalkrafttraining auf die Kraftleistungsfähigkeit und Muskelmasse ist zu erwarten, dass kombiniertes Training die Fähigkeit verbessert, über einen kurzen Zeitraum eine hohe Leistung zu erbringen [10–13]. Eine weitere Leistungsdeterminanten ist die Krümmungskonstante (W′) des Verhältnisses zwischen Leistung und Dauer, und es wurde kürzlich festgestellt, dass W′ sowohl mit der Masse der Oberschenkelmuskulatur als auch mit der Maximalkraft der Kniestrecker bei Elite-Radsportlern in einem starken positiven Zusammenhang steht [28]. Dies hat praktische Auswirkungen, da die Fähigkeit, während eines kurzen Zeitraums eine hohe Leistung zu erzeugen, ein wichtiger Aspekt der Leistungsfähigkeit im Radsport ist [29].

Mögliche Mechanismen die den Auswirkungen von Krafttraining auf die Radleistung zu Grunde liegen

Es gibt mehrere potenzielle Mechanismen, die den Effekten von Krafttraining auf die Radleistung zu Grunde liegen. Ein möglicher Mechanismus für die Leistungsverbesserung nach kombiniertem Kraft- und Ausdauertraining ist ein erhöhtes Kraftpotenzial in den effizienten Muskelfasern des Typs I und damit eine verzögerte Aktivierung der weniger effizienten Muskelfasern des Typs II, was zu einer verbesserten Radökonomie und -Leistung führt [30]. Da bei herkömmlichen submaximalen Messungen der Radökonomie hauptsächlich Fasern des Typs I aktiviert werden, könnte dies erklären, warum die Daten hinsichtlich möglicher Verbesserungen der Radökonomie bei gut trainierten Radfahrern nicht eindeutig sind. Eine verzögerte Aktivierung von Muskelfasern des Typs II ist eine plausible Erklärung für die Befunde einer verbesserten Radökonomie bei gut trainierten Radfahrern nach 2 h submaximaler Belastung [16, 17]. Es ist wahrscheinlich, dass längere Radbelastungen einige der Typ-I-Fasern erschöpft und daher eine verzögerte Rekrutierung der weniger effizienten Typ-II-Fasern die verbesserte Radeffizienz erklären kann. Letzteres stimmt mit der Beobachtung überein, dass Krafttraining zu einer Verringerung der Muskelaktivität während der zweiten Stunde eines 2-stündigen Radbelastungstests führt [31], was auf eine verzögerte Aktivierung der Typ-II-Fasern hinweist. Letztere könnten einen glykogensparenden Effekt haben, der dazu beitragen könnte, die Verbesserungen in der 5-minütigen all-out-Leistung im Anschluss an eine 3-stündige sub-maximale Vorbelastung zu erklären [16, 17]. Ein weiterer möglicher Mechanismus im Zusammenhang mit der Muskelfaserrekrutierung ist ein erhöhter Anteil von Fasern des Typs IIA auf Kosten von Fasern des Typs IIX. Ein erhöhter Anteil von Typ-IIA Fasern auf Kosten von Fasern des Typs IIX wurde nach 12–16 Wochen Krafttraining sowohl bei gut trainierten weiblichen als auch bei männlichen Spitzen-Radsportlern beobachtet [3, 15]. Die Zunahme der ermüdungsresistenteren, aber leistungsfähigen Fasern des Typs IIA könnte zu einer verbesserten Ausdauerleistung beitragen. Jüngste Daten aus unserem Labor zeigen in der Tat eine starke Korrelation zwischen der Veränderung der mittleren Leistung während eines 40-minütigen All-Out-Tests und der Verringerung der Typ-IIX-Fasern ($r = -0{,}63$, $p < 0{,}05$)[15].

Ein weiterer mutmaßlicher Mechanismus, der die Verbesserung ausdauerbezogener Messungen nach kombiniertem Training erklärt, ist eine höhere Maximalkraft und/oder eine höhere Kraftentwicklungsrate (RFD), die eine bessere Durchblutung der trainierenden Muskeln ermöglicht [3, 14, 32]. Eine Verbesserung der Maximalkraft und/oder der RFD könnte die relative Belastungsintensität reduzieren und eine geringere Restriktion des Blutflusses bewirken. Alternativ kann eine verbesserte RFD die Zeit bis zum Erreichen der maximalen Kraft in jedem Bewegungszyklus (z. B. während einer Pedalumdrehung) verkürzen und dadurch möglicherweise die Relaxationsphase mit verbessertem Blutfluss verlängern. Interessanterweise führte ein 25-wöchiges kombiniertes Kraft- und Ausdauertraining bei Elite-Radsportlern zu einem früheren Kraftmaximums in einer Pedalumdrehung, während dies bei einem reinen Ausdauertraining nicht der Fall war [12]. Ob der Blutfluss nach durch Krafttraining verbessert wird, wurde bisher nicht abschließend untersucht, aber theoretisch führt ein erhöhter Blutfluss zu einer verstärkten Zufuhr von O_2 und Substraten zu den arbeitenden Muskeln und trägt somit zu einer erhöhten Leistung bei einer fixen [la^-], aber nicht unbedingt zu einer verbesserten Radökonomie bei. Dementsprechend wurde beobachtet, dass die Verbesserung der Leistung bei 4 mmol•L^{-1} [la^-] und der mittleren Leistung in einem 40-minütigen All-Out-Versuch weitgehend mit Veränderungen hin zu einem früheren maximalen Drehmoment während einer Pedalumdrehung korrelierte ($r = -0{,}50$ bzw. $r = -0{,}63$, $p < 0{,}05$; [12]). Andererseits zeigte eine neuere Studie von Barrett-O'Keefe et al. [4]

mit moderat trainierten Radfahrern, dass ein achtwöchiges intensives Krafttraining die Bewegungsökonomie bei einer Trittfrequenz von 60 U/min verbesserte, den muskulären Blutfluss verringerte und gleichzeitig die muskuläre arteriell-venöse Sauerstoffdifferenz aufrecht erhielt. Letzteres deutet darauf hin, dass die Verbesserung der Muskeleffizienz ein wichtiger Mechanismus für eine verbesserte Bewegungsökonomie und eine verbesserte Ausdauerleistung ist.

Coyle et al. [33] zeigten einen positiven Zusammenhang zwischen der fettfreien Körpermasse und der Leistung über eine Stunde bei gut- und hochtrainierten Radfahrern, was darauf hindeutet, dass die verbesserte Fähigkeit, bei jedem Pedaltritt eine relativ große Muskelmasse zu rekrutieren, mit der maximalen Leistung in Verbindung steht. Darüber hinaus wurde bei Radfahrern, die einen größeren Teil ihrer Muskelmasse einsetzen, eine höhere Auslastung der VO_{2max} beobachtet [33]. Dies hing mit einer größeren Anzahl von Mitochondrien zusammen, die an der Energieerzeugung beteiligt sind und zu einer geringeren Stoffwechselbelastung bei einer bestimmten Belastungsintensität führen. Eine erhöhte fraktionelle Auslastung wurde in einer Studie festgestellt, in der Elite-Radsportler nach 16 Wochen zusätzlichem Krafttraining ihre 45-minütige Leistung verbessern konnten. Die Autoren vermuteten, dass die Leistung während des Tests von 76 % auf 83 % der Leistung an der VO_{2max} gestiegen war [3]. Es kann also spekuliert werden, dass Krafttraining zu einer Zunahme der fettfreien Masse und damit einer Erhöhung der absolut verfügbaren Menge an aeroben Enzymen (bei gleichbleibender relativer Konzentration) führen könnte. Diese Vermutung ist in Einklang mit jüngsten Ergebnissen aus unserem Labor, wo eine starke Korrelation zwischen der Veränderung der mittleren Leistung während des 40-minütigen All-Out-Tests und der Veränderung der Querschnittsfläche des M. quadriceps ($r=0{,}73$, $p<0{,}05$) bei unveränderter Konzentration der aeroben Enzyme festgestellt wurde [15]. Außerdem verbesserte sich in dieser Studie die fraktionelle Nutzung der VO_{2max} während des 40-minütigen All-Out-Tests in der Interventionsgruppe stärker als in der Kontrollgruppe [15].

Praktische Empfehlungen für die Durchführung von Krafttraining

In diesem Kapitel wurde dargestellt, dass die Ergänzung des normalen Ausdauertrainings durch ein intensives Krafttraining einen positiven Effekt auf die Radfahrleistung haben kann, zumindest wenn es über einen Zeitraum von mehr als 8 Wochen mit mehreren Übungen für die Antriebsmuskulatur des Radfahrens durchgeführt wird. Dennoch ist es wichtig zu beachten, dass das Ausdauertraining auf dem Rad der wichtigste Schwerpunkt für einen Radsportler ist. Wenn normalerweise nur drei Trainingseinheiten in der Woche zur Verfügung stehen, ist es wahrscheinlich, dass die größten Leistungszuwächse auf dem Rad erzielt werden. Steht jedoch mehr Zeit zur Verfügung, so zeigt die wissenschaftliche Literatur, dass ein zusätzliches intensives Krafttraining die Radfahrleistung verbessern kann.

Bei der Auswahl der Krafttrainingsübungen sollten das Prinzip der Spezifität im Auge behalten werden. Das bedeutet, dass die Muskelaktion, die beanspruchten

Muskeln und das Bewegungsmuster nah an der Radbelastung sein sollten. Spezifität empfiehlt sich zum einen aufgrund von Anpassungen im neuronalen System (z. B. optimale Aktivierung der beteiligten Muskeln) und zum anderen aufgrund von strukturellen Anpassungen (z. B. Optimierung der Anzahl der aktiven Querbrücken im jeweiligen Bewegungsbereich). Letzteres wird durch die Ergebnisse einer Studie zum isometrischen Krafttraining belegt, bei der die Kraftverbesserung bei der trainierten Muskellänge doppelt so hoch war wie bei anderen Muskellängen [34]. Der größte Beitrag zur Leistung beim Radfahren wird durch konzentrische Muskelbewegungen während des Tretvorgangs erzielt. Das maximale Drehmoment tritt auf, wenn der Kurbelarm einen Winkel von etwa 90° erreicht, was normalerweise einem Kniewinkel von etwa 100° entspricht. Daher sollte man sich im Allgemeinen auf Krafttrainingsübungen konzentrieren, bei denen der Kniewinkel zwischen 90° und fast voller Kniestreckung liegt. Allerdings sollten die Gewichte nicht so schwer sein, dass die mechanische Belastung und dem entsprechend die involvierte Muskelmasse zu gering sind. Mechanische Belastung ist ein wichtiger Stimulus für Anpassungen im Krafttraining. So hat sich beispielsweise gezeigt, dass das so genannte „Krafttraining“ auf dem Fahrrad oder das „Power-Pedalieren“, bei dem mit niedriger Trittfrequenz (etwa 40 U/min) und relativ hoher Kraft gefahren wird, weder die Maximalkraft der Beine noch die Radleistung beeinflusst [35].

Es scheint, dass eher die beabsichtigte (antizipierte) als die tatsächliche Geschwindigkeit die geschwindigkeitsspezifischen Trainingsanpassungen bestimmen [36]. Das bedeutet, dass, auch wenn die tatsächliche Bewegungsgeschwindigkeit recht niedrig ist, die RFD erhöht werden kann, wenn die Konzentration darauf liegt, die Bewegung so schnell wie möglich auszuführen. Daher wird empfohlen, in der konzentrischen, zyklusspezifischen Phase maximale Belastungen so schnell wie möglich auszuführen, während die exzentrische, nicht zyklusspezifische Phase langsamer ausgeführt werden sollte (Dauer etwa 2–3 s).

In Bezug auf die Trainingsperiodisierung wird empfohlen, die Maximalkraft ersten Abschnitt der Vorbereitungsphase vor der Wettkampfsaison aufzubauen. Zwei Krafttrainingseinheiten pro Woche reichen in der Regel aus, um in einem Zeitraum von 8–12 Wochen einen ausreichenden Kraftzuwachs zu erzielen [10, 13–15]. Wir haben eine Steigerung der Maximalkraft von 23–26 % nach 10–12 Wochen mit einem Krafttrainingsprogramm beobachtet, das wellenförmig periodisiert wurde, beginnend mit 10 maximalen Wiederholungen (RM) und endend bei 4RM (d. h. progressive Belastungssteigerung). Bei dieser Periodisierung wird die Trainingsbelastung von Einheit zu Einheit variiert, wobei längerfristig die Anzahl der Wiederholungen reduziert und die Gewichte erhöht werden. Es wird empfohlen, zwischen 4RM und 10RM und 2–3 Sätzen mit etwa 2–3 min Pause zwischen den Sätzen zu trainieren. Bevor mit schweren Lasten begonnen wird, sollte sichergestellt werden, dass zunächst eine korrekte Bewegungsausführung möglich ist.

Beachtet werden sollte außerdem, dass es zu Beginn des Krafttrainings üblich ist, nach den Krafttrainingseinheiten „schwere“ und „schmerzende“ Beine zu bekommen. Daher ist es wichtig, das Ausdauertraining in den ersten zwei bis drei Wochen des Krafttrainings zu reduzieren. Es kann ratsam sein, nach dem Ende einer Wettkampfsaison relativ schnell mit dem Krafttraining zu beginnen, wenn das Ausdauertraining eine geringere Priorität hat. Mögliche Übungen die für das Krafttraining in Frage kommen beinhalten: parallele Kniebeuge, unilaterale parallele Kniebeuge, Step-up, unilaterale Beinpresse, unilaterale Hüftbeugung (imitiert den Aufwärtshub der Pedale) und Zehenheben (um die richtige Kraftübertragung von den großen Oberschenkelmuskeln auf die Pedale zu gewährleisten). Vor jeder Einheit sollte ein 5–10-minütiges allgemeines Aufwärmtraining durchgeführt werden, gefolgt von einem spezifischen Aufwärmtraining mit einer allmählichen Steigerung der Belastung der Kraftübungen. Es wird empfohlen, das Training mit der Übung zu beginnen, die die größte Muskelmasse beansprucht, oft die koordinativ anspruchsvollste Übung. Danach werden 2–3 weitere Übungen durchgeführt, die sich auf die für die Tretbewegung wichtigen Muskeln konzentrieren. Krafttrainingseinheiten zur Steigerung der Radleistung müssen nicht zeitaufwändig sein, einschließlich des Aufwärmens sollten 45 min pro Einheit ausreichen.

In der Vorbereitungszeit gibt es Phasen, in denen man sich verstärkt auf das Ausdauertraining konzentrieren soll. In diesen Phasen sollte versucht werden, die Kraftleistungsfähigkeit aufrecht zu erhalten. Es scheint, dass dies durch eine Krafttrainingseinheit alle 7–10 Tage erreicht werden kann [11, 12]. Zur Vermeidung von De-Trainingseffekten wird empfohlen, in der konzentrischen Phase hochintensive Belastungen und eine maximale Mobilisierung durchzuführen, wobei jedoch kein Muskelversagen notwendig ist. Das bedeutet, dass z. B. 2–3 × 5 Wiederholungen mit Gewichten umgesetzt werden können, mit welchen auch 10 Wiederholungen möglich wären. Es wird auch empfohlen, während der Wettkampfsaison ein Kraft-Erhaltungstraining durchzuführen. Wir haben kürzlich festgestellt, dass fast alle Krafttrainingsanpassungen verloren gehen, wenn z. B. on Mitte April bis Mitte Juni kein Krafttraining durchgeführt wird [37].

Zusammenfassung

Dieses Kapitel bietet einen aktualisierten Überblick über die Auswirkungen eines zusätzlichen Krafttrainings zum Ausdauertraining auf die wichtigsten physiologischen Determinanten der Ausdauerleistung bei gut trainierten Radfahrern. Obwohl kontrovers diskutiert, gibt es Erkenntnisse über eine verbesserte Radökonomie, eine verbesserte fraktionelle Ausnutzung der VO_{2max} und Verbesserungen der Indizes der anaeroben Leistung nach intensivem Krafttraining. Noch wichtiger und konsistenter sind die Effekte einer verbesserten Radleistung und/oder einer verbesserten W_{max} und Zeit bis zur Erschöpfung bei W_{max} nach Krafttraining mit verschiedenen Übungen, welche auf die Antriebsmuskulatur des Radfahrens abgestimmt sind und über einen längeren Zeitraum (mehr als 8 Wochen) umgesetzt werden.

Literatur

1. Hickson RC, Rosenkoetter MA, Brown MM. Strength training effects on aerobic power and short-term endurance. Med Sci Sports Exerc. 1980;12:36–9.
2. Joyner MJ, Coyle EF. Endurance exercise performance: the physiology of champions. J Physiol. 2008;586:35–44.

3. Aagaard P, Andersen JL, Bennekou M, Larsson B, Olesen JL, Crameri R, Magnusson SP, Kjaer M. Effects of resistance training on endurance capacity and muscle fiber composition in young top-level cyclists. Scand J Med Sci Sports. 2011;21:e298–307.
4. Barrett-O'Keefe Z, Helgerud J, Wagner PD, Richardson RS. Maximal strength training and increased work efficiency: contribution from the trained muscle bed. J Appl Physiol. 2012;113:1846–51.
5. Bastiaans JJ, van Diemen AB, Veneberg T, Jeukendrup AE. The effects of replacing a portion of endurance training by explosive strength training on performance in trained cyclists. Eur J Appl Physiol. 2001;86:79–84.
6. Bishop D, Jenkins DG, Mackinnon LT, McEniery M, Carey MF. The effects of strength training on endurance performance and muscle characteristics. Med Sci Sports Exerc. 1999;31:886–91.
7. Hickson RC, Dvorak BA, Gorostiaga EM, Kurowski TT, Foster C. Potential for strength and endurance training to amplify endurance performance. J Appl Physiol. 1988;65:2285–90.
8. Levin GT, Mcguigan MR, Laursen PB. Effect of concurrent resistance and endurance training on physiologic and performance parameters of well-trained endurance cyclists. J Strength Cond Res. 2009;23:2280–6.
9. Louis J, Hausswirth C, Easthope C, Brisswalter J. Strength training improves cycling efficiency in master endurance athletes. Eur J Appl Physiol. 2012;112(2):631–40.
10. Rønnestad BR, Hansen EA, Raastad T. Effect of heavy strength training on thigh muscle cross-sectional area, performance determinants, and performance in well-trained cyclists. Eur J Appl Physiol. 2010a;108:965–75.
11. Rønnestad BR, Hansen EA, Raastad T. In-season strength maintenance training increases well-trained cyclists' performance. Eur J Appl Physiol. 2010b;110:1269–82.
12. Rønnestad BR, Hansen J, Hollan I, Ellefsen S. Strength training improves performance and pedaling characteristics in elite cyclists. Scand J Med Sci Sports. 2015;25(1):e89–98.
13. Rønnestad BR, Hansen J, Nygaard H. 10 weeks of heavy strength training improves performance-related measurements in elite cyclists. J Sports Sci. 2017;35(14):1435–41.
14. Sunde A, Støren O, Bjerkaas M, Larsen MH, Hoff J, Helgerud J. Maximal strength training improves cycling economy in competitive cyclists. J Strength Cond Res. 2010;24:2157–65.
15. Vikmoen O, Ellefsen S, Trøen Ø, Hollan I, Hanestadhaugen M, Raastad T, Rønnestad BR. Strength training improves cycling performance, fractional utilization of VO_{2max} and cycling economy in female cyclists. Scand J Med Sci Sports. 2016;26:384–96.
16. Rønnestad BR, Hansen EA, Raastad T. Strength training improves 5-min all-out performance following 185 min of cycling. Scand J Med Sci Sports. 2011;21:250–9.
17. Vikmoen O, Rønnestad BR, Ellefsen S, Raastad T. Heavy strength training improves running and cycling performance following prolonged submaximal work in well-trained female athletes. Phys Rep. 2017;5(5):pii: e13149.
18. Faude O, Kindermann W, Meyer T. Lactate threshold concepts: how valid are they? Sports Med. 2009;39(6):469–90.
19. Tokmakidis SP, Leger LA, Pilianidis TC. Failure to obtain a unique threshold on the blood lactate concentration curve during exercise. Eur J Appl Physiol Occup Physiol. 1998;77:333–42.
20. Støren Ø, Ulevåg K, Larsen MH, Støa EM, Helgerud J. Physiological determinants of the cycling time trial. J Strength Cond Res. 2013;27(9):2366–73.
21. Koninckx E, Van Leemputte M, Hespel P. Effect of isokinetic cycling versus weight training on maximal power output and endurance performance in cycling. Eur J Appl Physiol. 2010;109:699–708.
22. Psilander N, Frank P, Flockhart M, Sahlin K. Adding strength to endurance training does not enhance aerobic capacity in cyclists. Scand J Med Sci Sports. 2015;25(4):e353–9.
23. Jones AM, Carter H. The effect of endurance training on parameters of aerobic fitness. Sports Med. 2000;29:373–86.
24. Hawley JA, Noakes TD. Peak power output predicts maximal oxygen uptake and performance time in trained cyclists. Eur J Appl Physiol Occup Physiol. 1992;65:79–83.

25. Lucía A, Pardo J, Durántez A, Hoyos J, Chicharro JL. Physiological differences between professional and elite road cyclists. Int J Sports Med. 1998;19(5):342–8.
26. Beattie K, Carson BP, Lyons M, Kenny IC. The effect of maximal- and explosive-strength training on performance indicators in cyclists. Int J Sports Physiol Perform. 2017;12(4):470–80.
27. Izquierdo M, Ibanez J, Hakkinen K, Kraemer WJ, Ruesta M, Gorostiaga EM. Maximal strength and power, muscle mass, endurance and serum hormones in weightlifters and road cyclists. J Sports Sci. 2004;22:465–78.
28. Kordi M, Menzies C, Parker Simpson L. Relationship between power-duration parameters and mechanical and anthropometric properties of the thigh in elite cyclists. Eur J Appl Physiol. 2018;118(3):637–45.
29. Atkinson G, Davison R, Jeukendrup A, Passfield L. Science and cycling: current knowledge and future directions for research. J Sports Sci. 2003;21:767–87.
30. Mujika I, Rønnestad BR, Martin DT. Effects of increased muscle strength and muscle mass on endurance-cycling performance. Int J Sports Physiol Perform. 2016;11(3):283–9.
31. Hausswirth C, Argentin S, Bieuzen F, Le Meur Y, Couturier A, Brisswalter J. Endurance and strength training effects on physiological and muscular parameters during prolonged cycling. J Electromyogr Kinesiol. 2010;20(2):330–9.
32. Heggelund J, Fimland MS, Helgerud J, Hoff J. Maximal strength training improves work economy, rate of force development and maximal strength more than conventional strength training. Eur J Appl Physiol. 2013;113:1565–73.
33. Coyle EF, Feltner ME, Kautz SA, Hamilton MT, Montain SJ, Baylor AM, Abraham LD, Petrek GW. Physiological and biomechanical factors associated with elite endurance cycling performance. Med Sci Sports Exerc. 1991;23:93–107.
34. Mansell S, Phillips SK, Rutherford OM. Muscle length changes following strength training of the adductor pollicis muscle. J Physiol. 1997;499P:83P.
35. Kristoffersen M, Gundersen H, Leirdal S, Iversen VV. Low cadence interval training at moderate intensity does not improve cycling performance in highly trained veteran cyclists. Front Physiol. 2014;5:34.
36. Behm DG, Sale DG. Intended rather than actual movement velocity determines velocity-specific training response. J Appl Physiol (1985). 1993;74(1):359–68.
37. Rønnestad BR, Hansen J, Hollan I, Spencer M, Ellefsen S. Impairment of performance variables after in-season strength-training cessation in elite cyclists. Int J Sports Physiol Perform. 2016;11(6):727–35.

Krafttraining für Ausdauerläufer

23

Kris Beattie

Einführung

Seit den 1960er-Jahren ist die maximale Sauerstoffaufnahme (VO_{2max}) das beliebteste Maß zur Beurteilung der Leistung von Langstreckenläufern. Frühe Untersuchungen der VO_{2max} ergaben Werte von mehr als 80 mL·kg·min^{-1} bei Spitzenathleten [1]. Die Forschung hat starke Zusammenhänge zwischen VO_{2max} und der Leistung von Mittel- (800 m, r = 0,75) und Langstreckenläufern (Marathon, r = 0,78) in heterogenen Gruppen gezeigt [2, 3]. In Elitepopulationen (Marathonzeit < 2:30, r = 0,01) ist dieser Zusammenhang jedoch trivial [3]. Während eine hohe VO_{2max} (> 70 mL·kg·min^{-1}) eine Voraussetzung für einen Eliteläufer sein mag, sind weitere körperliche Eigenschaften erforderlich, um auf diesem Niveau erfolgreich zu sein. Daher spielen andere physiologische Marker wie die Laufökonomie, die fraktionelle Nutzung der VO_{2max}, die Geschwindigkeit bei VO_{2max} und die Sprintfähigkeit eine entscheidende Rolle bei Leistungen auf Weltklasseniveau [4]. Dies wird häufig bei Endläufen von Mittel- und Langstreckenmeisterschaften demonstriert, bei denen nach einer Phase hochintensiver Rennen in der Regel der Läufer gewinnt, der in der letzten Runde den besten „Kick" zeigen kann. Zum Beispiel sprintete der Goldmedaillengewinner bei den Olympischen Spielen 2016 in Rio im Finale über 5000 und 10.000 m mit einer Geschwindigkeit von über 7,5 m/s in der Endphase jedes Rennens (siehe Abb. 23.1).

K. Beattie (✉)
Department of Sport and Health Sciences, Athlone Institute of Technology, Athlone, Irland
E-Mail: kbeattie@ait.ie

M. Schumann, B. R. Rønnestad (Hrsg.), *Kombiniertes Ausdauer- und Krafttraining*, https://doi.org/10.1007/978-3-031-36310-8_23

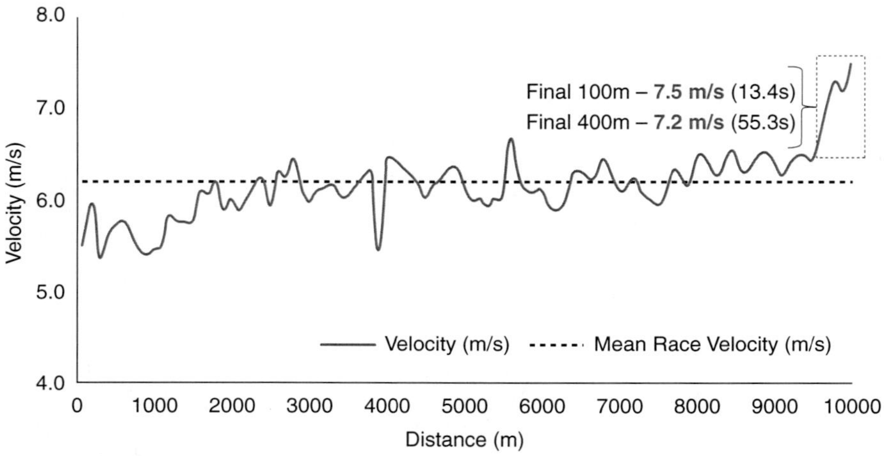

Abb. 23.1 Geschwindigkeit der Goldmedaillengewinnerin der Olympischen Spiele 2016 in Rio während des 10.000-m-Finales. Beachten Sie den plötzlichen Anstieg der Geschwindigkeit während des Zielsprints (mittlere Geschwindigkeit im Rennen: 6,2 m/s)

Krafttraining

Neben einem überragenden Herz-Kreislauf-System kann daher auch die Kraftentwicklungsrate (RFD) des neuromuskulären Systems die Grenzen für eine Weltklasseleistung im Langstreckenlauf bestimmen. Eine Trainingstechnik zur Verbesserung der Kraftgenerierungsqualitäten bei Langstreckenläufern ist das Krafttraining (siehe Abb. 23.2). Zu den Unterkategorien des Krafttrainings gehören: (1) Maximalkraft (zielt auf die Entwicklung maximaler Kraft durch Bewegungen mit hoher Belastung und geringer Geschwindigkeit ab, z. B. Kniebeugen, Kreuzheben, Bulgarian Split-Squat); (2) Explosiv- oder Schnellkraft (zielt auf RFD durch Bewegungen mit mittlerer bis hoher Belastung und mittlerer bis hoher Geschwindigkeit ab, z. B. Olympische Hebungen, Kniebeugen und Hocksprünge); und (3) Reaktionskrafttraining (oder plyometrisches Krafttraining, zielt auf die Muskel-Sehnen-Steifigkeit und die „schnelle" Dehnungs-Verkürzungs-Zyklus-Funktion (SSC) durch Übungen mit geringer Belastung und hoher Geschwindigkeit ab, z. B. Pogo-Sprünge, Drop-Jumps, Sprünge, Sprints). Durch den angemessenen Einsatz aller drei Kraftmethoden wäre ein „krafttrainierter" Langstreckenläufer theoretisch (1) ökonomischer, da die bei jedem Schritt erzeugten submaximalen Kräfte auf einen geringeren Prozentsatz der Maximalkraftwerte sinken würden, und (2) in der Lage, durch eine verbesserte Fähigkeit zur schnellen Kraftaufnahme und -erzeugung gegen den Boden höhere Höchstgeschwindigkeiten zu erzielen.

Wissenschaftliche Untersuchungen haben gezeigt, dass alle Arten von Krafttraining (Maximal-, Explosiv- und/oder Reaktivkraft) die 3 km [6] und 5 km Leistung [4], die Laufökonomie [4, 6–12], vVO_{2max} [7, 8, 10] und die maximale anaerobe Laufgeschwindigkeit ($_V$ MART) bei Wettkampf-Distanzläufern verbessern können [4, 10]. Es ist jedoch zu beachten, dass die meisten der Kraftinterventionen in früheren Stu-

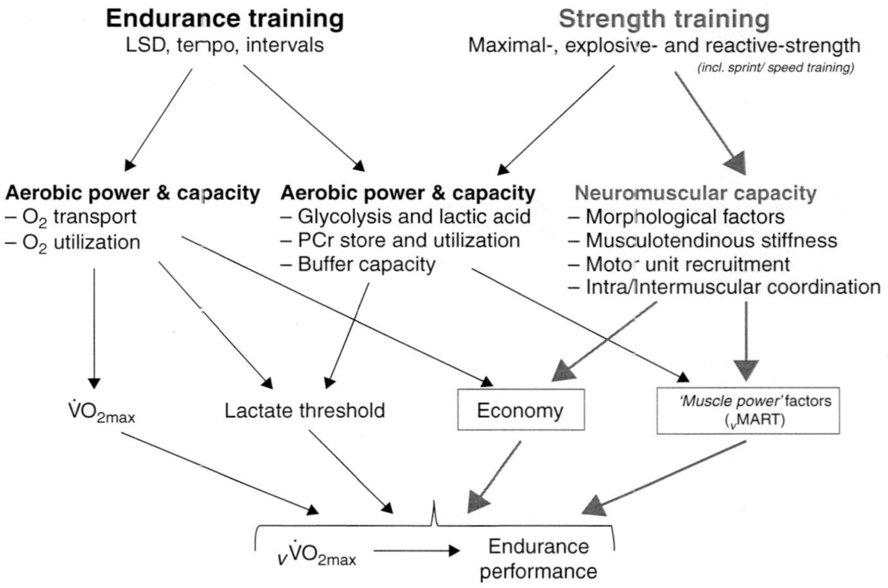

Abb. 23.2 Hypothetisches Modell der Determinanten der Ausdauerleistung von Spitzenläufern und des potenziellen Nutzens von Kraft- und Schnelligkeitstraining. Rote Schrift und fett gedruckte Pfeile heben den potenziellen Nutzen von Kraft- und Schnelligkeitstraining für die Leistung beim Langstreckenlauf hervor [5] [LSD: langes langsames Distanztraining; Intervalle: wiederholte Belastungen von 1–8 min Dauer, mit einen Sauerstoffbedarf von 90–100 % der VO_{2max} PCr: Phosphokreatin; VO_{2max} maximale O_2 Aufnahme; $_V$ MART: maximale Geschwindigkeit im maximalen anaeroben Lauftest; vVO_{2max} Geschwindigkeit bei VO_{2max}

dien relativ kurz waren (~ 8 Wochen). Außerdem fehlt es an Studien, die die Wirkung von Sprinttraining bei Langstreckenläufern untersuchen. Für eine langfristige Kraft- und Geschwindigkeitsentwicklung bei Langstreckenläufern ist es wichtig, einen ganzheitlichen Ansatz für das Trainingsprogramm zu wählen, der alle Kraftqualitäten (Maximal-, Explosiv- und Reaktionskraft) und Sprinttrainingsmethoden (technische Übungen, Sprints mit maximaler Geschwindigkeit) umfasst [13, 14]. Der Anteil der einzelnen Kraftqualitäten und die Intensität des Sprinttrainings unterscheiden sich jedoch in Abhängigkeit vom Trainingsalter des Athleten und der Trainingsphase des Makrozyklus (d. h. allgemeine Vorbereitungsphase [GPP], spezielle Vorbereitungsphase [SPP], Wettkampf) (siehe Tab. 23.4).

Maximalkraft

Maximalkraft ist die Fähigkeit, willkürlich und ohne Zeitbegrenzung eine maximale Kraft zu erzeugen [15]. Maximalkrafttraining (auch bekannt als „Max-Effort"-Methode) zielt auf die Entwicklung maximaler Kraft durch Übungen mit hoher Belastung (> 80 % einer maximalen Wiederholung [RM]) und geringer Geschwindigkeit, wie z. B. Kniebeugen und Trap-Bar-Deadlifts. Die Durchführung von Maximalkrafttraining wird unter Leichtathleten seit langem kontrovers diskutiert. Einige Trainer sind der Ansicht, dass es dem Maximalkrafttraining an Spezifität für den Langstreckenlauf mangelt [7]. Es gibt jedoch eine wachsende Zahl von Untersuchungen, die die Wirksamkeit des Maximalkrafttrainings auf die Laufökonomie, vVO_{2max} und die Gesamtleistung beim Langstreckenlauf belegen [7, 9, 12, 16]. Darüber hinaus kann ein Maximalkrafttraining bei relativ schwachen Athleten gleichzeitig auch andere Kraftqualitäten [17–19] und die Sprintfähigkeit [20] verbessern.

Es ist wichtig zu beachten, dass der Sportler für eine langfristige Entwicklung der Maximalkraft letztendlich relativ hohen Belastungen ausgesetzt werden muss (> 80 % des 1RM) [21]. Hohe Lasten führen zu langsamen Geschwindigkeiten, so dass hohe Kräfte generiert werden können (d. h. die Kraft-Geschwindigkeits-Beziehung). Vor diesem Hintergrund kann die Auswahl der Übung wichtig sein. Einige Leichtathletiktrainer vertreten die Auffassung, dass eine Kraftübung für eine optimale Übertragung „spezifisch" für die Laufbewegung sein sollte (d. h. eine einbeinige Übung mit geringer Belastung). Das Ziel des Maximalkrafttrainings ist jedoch die Förderung spezifischer neuromuskulärer Anpassungen (z. B. Rekrutierung der motorischen Einheiten, intramuskuläre Koordination), um die maximale Kraftfähigkeit zu steigern [22]. Um hohe Kräfte generieren zu können, muss der Sportler also stabil sein. Daher bieten traditionelle Mehrgelenkübungen wie Kniebeugen und Kreuzheben eine ausreichende Stabilität, um relativ große Lasten zu heben. Kann der Sportler weder Kniebeugen noch Kreuzheben ausführen, kann eine einbeinige Übung wie der bulgarische Split-Squat eine stabile unilaterale Alternative darstellen. Andernfalls können diese einbeinigen Übungen als unterstützende Übung im Anschluss an Kniebeugen oder Kreuzheben eingesetzt werden, um die Kraftentwicklung weiter zu fördern (siehe Abschn. „unterstützende Übungen") [23].

Eine einfache lineare Periodisierung bietet eine solide Strategie für die Entwicklung der Maximalkraft bei Langstreckenläufern. Während des GPP kann es eine Anfangsphase geben, in der die Belastung < 80 % 1RM beträgt (d. h. 5–8 Wiederholungen pro Satz). Diese relativ umfangreichen Sätze ermöglichen das Erlernen der Technik und bereiten die Muskulatur auf intensivere Belastungen in den nachfolgenden Trainingsphasen vor. Während der letzten Mesozyklen des GPP oder während des SPP kann die Belastung auf > 80 % 1RM (d. h. 3–5 Wiederholungen pro Satz) gesteigert werden. Bei Langstreckenläufern, die über wenig Krafttrainingserfahrung verfügen, können schrittweise Teilbelastungen wie die parallele Kniebeuge oder auch nur ¼ Kniebeuge eingeführt werden, um den Transfer zu den Anpassungen im Bereich der Explosivkraft und des Sprints zu erhöhen [24]. Während der Wettkampfphase, in der das Rennen im Vordergrund steht, können konzentrische oder isometrische Kontraktionen eingebaut werden, um die Maximalkraft zu erhalten, aber die Wahrscheinlichkeit von Muskelkater oder Ermüdung zu verringern (siehe Tab. 23.4).

Die Maximalkraft kann während des gesamten Makrozyklus durch RM-Tests (d. h. 2–5RM), submaximale Kraft-Geschwindigkeits-Berechnungen oder isometrische Testverfahren überwacht werden [25]. Wenn der Trainingstransfer nachlässt (d. h. keine Verbesserung der Ökonomie, vVO_{2max} oder der maximalen Sprintgeschwindigkeit), hat der Athlet ein angemessenes Niveau an Maximalkraft für den Langstreckenlauf erreicht. An diesem Punkt sollte die Maximalkraft beibehalten werden, und das Training sollte sich auf spezifischere Reize wie Reaktionskraft und Sprinttraining konzentrieren. Dieser Schwellenwert kann jedoch bei verschiedenen Athleten sehr unterschiedlich ausfallen (z. B. > 1,6 kg*kg des 1RM der Kniebeuge) und unterstreicht die Bedeutung von Ökonomie und vVO_{2max}.

Explosiv-/Schnellkraft

Explosivkraft ist die Fähigkeit, große Kräfte in kürzester Zeit zu erzeugen [15]. Das Training der Explosivkraft verbessert die RFD und den Impuls durch Bewegungen mit mittlerer bis hoher Belastung und mittlerer bis hoher Geschwindigkeit (z. B. olympisches power lifting, Squat-Jumps) [15]. Das Maximalkrafttraining ist jedoch ein grundlegender Bestandteil der Entwicklung der Explosivkraft [21]. Die Forschung hat gezeigt, dass die neuromuskulären Anpassungen des Maximalkrafttrainings sowohl die Explosivkraft als auch die Maximalkraft bei relativ schwachen Sportlern verbessern können [17–19]. Eine einfache Explosivkraftübung wie der Counter-Movement Jump (CMJ) ist eine zeitsparende Übung vor (oder zwischen) einer Maximalkraftübung (siehe Tab. 23.4). Darüber hinaus erzeugt ein CMJ im Vergleich zu anderen explosiven Übungen die höchsten Maximalwerte für die Kraft [26]. Die regelmäßige Überwachung von Variablen des CMJs (d. h. Sprunghöhe, relative maximale Leistung) mithilfe von Kraftmessplatten, Kontaktmatten oder mobilen Apps kann helfen, einen schnellen und informativen Einblick in die Anpassungen der Explosivkraft zu gewinnen [25].

Reaktivkraft

Die reaktive Kraft ist die Fähigkeit der Muskel-Sehnen-Einheit, unmittelbar nach einer schnellen exzentrischen Kontraktion (dem Dehnungs-Verkürzungs-Zyklus [SSC]) eine kräftige konzentrische Kontraktion zu erzeugen [27]. Untersuchungen mit Langstreckenläufern haben gezeigt, dass Maßnahmen, die sich auf die reaktive Kraft konzentrieren, die 3 km [6] und 5 km Zeit [4], die Laufökonomie [4, 6] und vMART [4] verbessern können. Das Training der reaktiven Kraft wird gemeinhin als „Plyometrie" bezeichnet. Bei der Plyometrie, die ursprünglich von Yuri Verkhoshanky als „Schockregime" bezeichnet wurde, handelt es sich um eine Methode des Sprungtrainings, bei der die muskulotendinöse Einheit durch einen schnellen exzentrischen „Schock" stimuliert wird [28]. Die kinematischen und kinetischen Merkmale der schnellen SSC-Plyometrie (d. h. Springen, Hürdensprünge) ähneln denen des Laufens (d. h. elastische Kraftproduktion; akute Knie- und Hüftwinkelverschiebung) [29].

Niedrigintensive plyometrische Übungen

Herkömmliche „Schock"-Plyometrien können die Sprung- und Kniegelenksmuskulatur stark beanspruchen. Um den Athleten auf diese intensiven Sprünge vorzubereiten, ist es daher wichtig, die Muskel-Sehnen-Strukturen während des GPP durch grundlegende

Tab. 23.1 Extensives plyometrisches Training während der allgemeinen und spezifischen Vorbereitungsperiode für Langstreckenläufer mit wenig, moderater und viel Erfahrung im plyometrischen Training

Intensität	Submaximal (niedrig/mäßig)
Häufigkeit pro Woche	2
Entfernung	2 × 10 m pro Übung
Oberfläche	Gras oder weicher Bodenbelag
Wiederholungen	20–40 Kontakte pro Übung (d. h. 10–20 Kontakte pro 10 m)
Anfänger	Pogo-Sprünge (beidbeinig) – 2 × 10 m vorwärts – 2 × 10 m seitlich – 2 × 10 m rückwärts
Mittelstufe/Fortgeschrittene	Pogo-Sprünge (beidbeinig) – 2 × 10 m vorwärts – 2 × 10 m seitlich – 2 × 10 m rückwärts Pogo-Sprünge (einbeinig) – 2 × 10 m vorwärts – 2 × 10 m seitlich-medial – 2 × 10 m rückwärts
Hinweise an die Athleten	*‚federnd' ‚entspannt' ‚rhythmisch' ‚flachfüßig landen'*

und submaximale plyometrische Übungen zu konditionieren (d. h. Pogo-Sprünge – Sprünge mit steifem Bein und akuter Winkelverschiebung von Sprunggelenk, Knie und Hüfte). Diese Grundsprünge sind auch ein hervorragendes Lehrmittel zur Verbesserung der Nachgiebigkeit (Timing der Voraktivierung von Sprunggelenk, Knie und Hüfte vor dem Bodenkontakt), der Position der Gliedmaßen, der Koordination und des Rhythmus – Eigenschaften, die für intensive plyometrische Übungen und kompetentes Sprinten erforderlich sind [30]. Ausgedehnte Pogo-Sprünge sollten submaximal und rhythmisch ausgeführt werden, wobei der Schwerpunkt auf der Dorsalflexion und flachfüßigen Landungen liegen sollte [30]. Die Höhe des Pogo-Sprungs beträgt selten mehr als 10 cm, die Sprungweite zwischen 20 und 50 cm (siehe Tab. 23.1).

Intensive plyometrische Übungen

Sobald der Athlet eine angemessene physiologische und technische Grundlage erreicht hat, können die Sprünge während der SPP intensiviert werden. Der [beidbeinige] Pogo-Sprung aus der extensiven Phase kann intensiviert werden, indem der Fokus auf schnelle Bodenkontakte und maximale Sprunghöhe gelegt wird. Aufgrund der größeren Sprunghöhe wird die exzentrische Belastung in der Landephase zunehmen, wodurch weitere SSC-Anpassungen angestrebt werden. Bei Langstreckenläufern mit mittlerem Trainingsalter (in Bezug auf plyometrisches Training) können maximale Pogo-Sprünge zu Tuck-Sprüngen weiterentwickelt werden (wiederum mit Schwerpunkt auf schnellem

Tab. 23.2 Intensives plyometrisches Training während der spezifischen Vorbereitungsperiode und Wettkampfphasen für Langstreckenläufer mit wenig, moderater und viel Erfahrung im plyometrischen Training

Intensität	Maximal (hoch)
Häufigkeit pro Woche	1–2
Wiederholungen	3–8 Sprünge
Sätze	3–5
Erholung	> 3 min pro Satz
Anfänger	Pogo-Sprünge
Fortgeschrittene	Tuck Sprünge oder Hürdensprünge
Profis	Drop-Jumps (Kastenhöhe größer als Sprunghöhe)
Hinweise an die Athleten	*so schnell wie möglich vom Boden abheben und so hoch wie möglich springen* *‚schwungvoll'* *auf dem Trockenen landen*

Bodenkontakt und maximaler Sprunghöhe). Bei Tuck-Sprüngen werden Hüfte und Knie während des Flugs gebeugt (als ob der Athlet über Hürden springt) und vor der Landung schnell gestreckt [29]. Sobald der Athlet das Tuck-Jumping beherrscht, kann er zum Hürdensprung übergehen. Hürden in angemessenen Abständen sind ein hervorragender äußerer Anhaltspunkt, um die Sprunghöhe zu fördern und gleichzeitig den Bodenkontakt gering zu halten. Die intensivsten Sprünge in der Progression des plyometrischen Trainings sind schließlich Drop-Jumps [28]. Beim Drop-Jump springt der Athlet von einem Kasten ab, landet mit minimalem Bodenkontakt und springt mit maximaler Höhe. Drop-Jumps sind aufgrund der supramaximalen exzentrischen Belastung echte „Schock"-Übungen (insbesondere wenn die Fallhöhe vom Kasten die normale vertikale Sprunghöhe des Athleten übersteigt) und sollten nur von Langstreckenläufern mit fortgeschrittenem Trainingsalter ausgeführt werden (siehe Tab. 23.2).

Es ist wichtig zu beachten, dass während des gesamten Makrozyklus (GPP → Wettkampf) ein fließender und logischer Übergang von extensiven zu intensiven Sprüngen stattfinden sollte (siehe Tab. 23.4). Je nach Sprungkompetenz und plyometrischem Trainingsalter des Athleten können einige Elemente der extensiven Sprünge während der SPP- und Wettkampfphase beibehalten werden. Die Reaktionskraft wird in der Regel mit dem „Reaktionskraft-Index" (RSI) für drop-jumps gemessen. Der ursprünglich in den frühen 1990er-Jahren am Australian Institute of Sport entwickelte RSI (RSI = Sprunghöhe ÷ Kontaktzeit) wird in der Regel aus einer bestimmten Kastenhöhe (z. B. 0,3 m) ermittelt, um die exzentrischen Dehnungslasten zu kontrollieren [31]. Die regelmäßige Überwachung des RSI mit Hilfe von Kraftmessplatten, Kontaktmatten oder mobilen Applikationen bietet einen schnellen und informativen Einblick in die Anpassungen der reaktiven Kraft [25].

Unterstützende Übungen

Unterstützende Übungen können in Anlehnung an ein Zirkeltraining nach der Methode der „submaximalen Anstrengung“ durchgeführt werden (8–15 Wiederholungen, 50–80 % 1RM) [15]. Je nach Phase des Makrozyklus und der körperlichen Voraussetzungen des Athleten werden am Ende einer Krafteinheit 1–5 unterstützende Übungen durchgeführt. Diese zielen auf die Muskeln ab, die in der „Wettkampfübung“ beansprucht werden, wie z. B. Quadrizeps (z. B. Split-Squat, Goblet Squat), Hamstrings (z. B. kurze und lange Hamstring-Brücken, Nordics, einbeinige RDLs), Gesäßmuskulatur (z. B. Hip Thrusts, X-Band-Walks), Rumpfmuskulatur (z. B. Planks, Crunches, unterer Rücken) und Waden (z. B. Straight- und Bent-Leg Calf Raises). Ziel der Assistenzübungen ist es, (1) eine weitere Kraftentwicklung durch spezifische Muskelhypertrophie (d. h. Quadrizeps, Hamstrings, Waden, Gesäßmuskulatur, Bauchmuskeln und unterer Rücken) anzustreben [15], (2) die lokale muskuläre Ausdauer zu verbessern [28] und (3) die Verletzungsprävalenz durch verbesserte muskulotendinöse Anpassungen und verbesserte Becken-, Oberschenkel- und allgemeine Haltungskontrolle zu verringern [32].

Sprinttraining

Schnelligkeit ist eine wesentliche Komponente der Weltklasseleistung im Langstreckenlauf. Wie bereits erwähnt, können erfolgreiche Weltklasse-Langstreckenläufer bei Langstreckenläufen Geschwindigkeiten von über 7,5 m/s und bei Mittelstreckenläufen von über 8,5 m/s erreichen [33]. Die Geschwindigkeit kann bei Sportlern im Entwicklungsstadium durch allgemeine Maßnahmen wie Maximalkrafttraining und plyometrische Übungen verbessert werden [20]. Für eine optimale Entwicklung der Schnelligkeit ist jedoch ein progressives und konsequentes Sprinttraining erforderlich [14]. Das Sprinten stellt jedoch eine komplexe Fähigkeit dar. Wie die meisten Fertigkeiten kann auch der Sprint durch ein solides technisches Training und eine geeignete Programmierung verbessert werden. Kompetentes Sprinttraining und technisches Wissen ist in der Leichtathletik weit verbreitet, im Langstreckenlauf jedoch weniger.

Die neuromuskulären Anpassungen des Sprinttrainings (d. h. intermuskuläre Koordination, Feuerrungsrate, Muskel-Sehnen-Steifigkeit) können das Potenzial haben, wichtige physiologische Faktoren wie die Laufökonomie, vVO_{2max} und die anaerobe Geschwindigkeitsreserve (ASR) zu verbessern [7]. Die anaerobe Geschwindigkeitsreserve (ASR) ist die Differenz zwischen der Geschwindigkeit eines Langstreckenläufers auf VO_{2max} und seiner maximalen Sprintgeschwindigkeit [34]. Abb. 23.3 veranschaulicht die Bedeutung der ASR für zwei Athleten mit einer ähnlichen vVO_{2max}, aber unterschiedlichen maximalen Sprintgeschwindigkeiten [34]. Während eines Rennens (insbesondere bei Mittelstreckenläufen, bei denen die Durchschnitts-

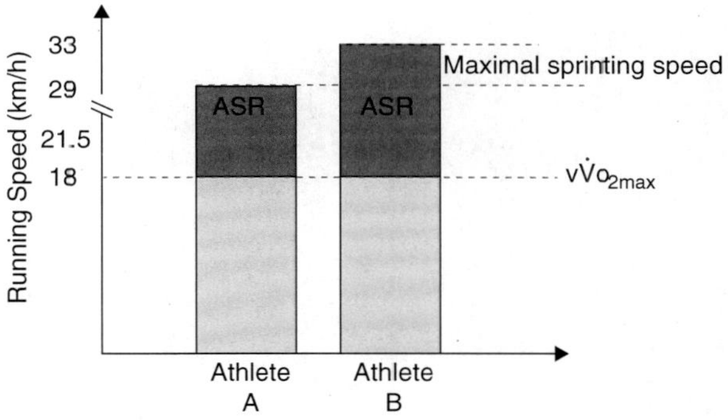

Abb. 23.3 Eine Illustration, die die Bedeutung der anaeroben Geschwindigkeitsreserve (ASR) bei Langstreckenläufern mit ähnlichen vVO_{2max} aber unterschiedlichen maximalen Sprintgeschwindigkeiten hervorhebt. (Angepasst aus [34])

geschwindigkeit über vVO_{2max} liegen kann) wird ein Athlet mit einem hohen ASR (d. h. Athlet B) theoretisch mit einem geringeren Prozentsatz seiner Maximalgeschwindigkeit arbeiten und daher eine geringere Stoffwechselbelastung haben als andere Athleten (d. h. Athlet A). Außerdem erhöht eine höhere Maximalgeschwindigkeit das Potenzial eines Athleten, am Ende eines Rennens zu „anzutreten" und erfolgreich zu sein.

Sprintübungen

Sprintübungen sollen als vereinfachte oder reduzierte Version eines technisch einwandfreien Sprintzyklus dienen [14]. Sprintübungen wie Dribblings und Scherenläufe mit geradem Bein (siehe unten) können für Langstreckenläufer effektiv sein, um die Position der Gliedmaßen, den Rhythmus und die Koordinationsstrategien zu trainieren, die für einen kompetenten Lauf mit maximaler Geschwindigkeit erforderlich sind. Darüber hinaus bieten diese Übungen einen spezifischen plyometrischen Konditionierungsreiz in Bereichen wie der Hamstrings und den muskulotendinösen Strukturen im Sprunggelenk.

Dribblings

Die Mechanik des Dribbelns ähnelt der des Sprints mit maximaler Geschwindigkeit, allerdings sind der Bewegungsumfang und die Geschwindigkeit des Sprintzyklus verkürzt. Dribblings verbessern die Koordination des Sprintzyklus, das Ti-

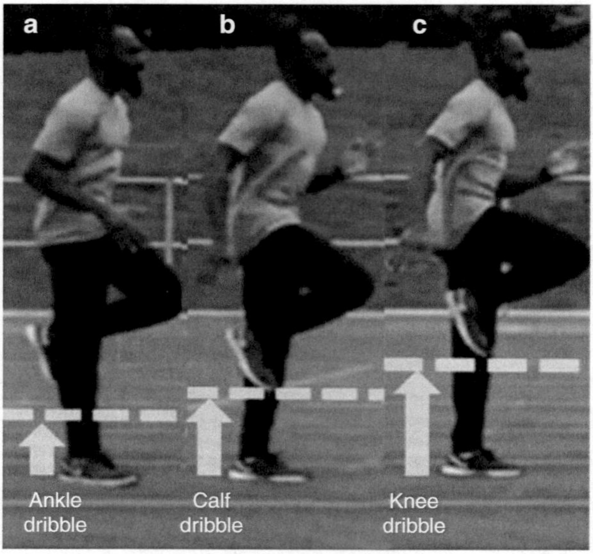

Abb. 23.4 Höhenunterschied des Schwungbeinfußes beim (**a**) Sprunggelenkdribbling, (**b**) Wadendribbling, (**c**) Kniedribbling

ming und die Positionierung des vorderen Beins [35]. Außerdem sind Dribblings weniger intensiv als Sprints mit maximaler Geschwindigkeit und bieten daher eine hervorragende Gelegenheit, eine technisch einwandfreie Sprintmechanik regelmäßig zu trainieren.

In der Trainingsprogression werden 3 Arte von Dribblings unterschieden: Sprunggelenk-, Waden- und Kniedribblings. Das Training kann mit dem Sprunggelenkdribbling beginnen, das den kürzesten Bewegungsumfang in der Schwungphase hat (siehe Abb. 23.4a). Sobald ein Athlet dies beherrscht, kann er zu Wadendribblings (Abb. 23.4b), Kniedribblings (Abb. 23.4c) und schließlich zu Dribble-Bleeds (Übergang eines Dribblings zu einem vollen Sprint) übergehen [35]. Die Coaching-Aspekte während eines Dribblings sollten sich auf folgende Punkte konzentrieren: (1) Schritt über den Sprunggelenk/die Wade/das Knie (siehe Abb. 23.4) (z. B. „*Stell dir vor, du läufst durch eine kniehohe Brandung/langes Gras*“), (2) Plattfußauftritt direkt unter dem Masseschwerpunkt (siehe Abb. 23.4), (3) vertikales „Springen“ und (4) kreisförmige und symmetrische Beinzyklen (siehe Abb. 23.5).

Abb. 23.5 Der kreisförmige und symmetrische Beinzyklus beim (**a**) Sprunggelenkdribbling, (**b**) Wadendribbling, (**c**) Kniedribbling

Abb. 23.6 Der Beinzyklus bei einem Scherenschlag mit geradem Bein

Geradlinige Schere

Die Scherenübung mit geradem Bein konzentriert sich auf den letzten Teil der späten Schwungphase eines Sprint-Zyklus, wobei der Schwerpunkt auf dem langen „Abschlag", der Voraktivierung der hinteren Beinmuskulatur vor dem Bodenkontakt und der Hüftprojektion während der Standphase liegt. Darüber hinaus bietet diese Übung einen spezifischen plyometrischen Stimulus für die Konditionierung der Hamstring-Muskulatur bei langen Muskellängen. Die Coaching-Aspekte während eines Scherensprungs mit geradem Bein sollten sich auf (1) das gerade Bein, (2) das „Einschnappen" des Beins/Fußes nach unten und hinten und (3) das vertikale und horizontale „Hüpfen" (d. h. das vertikale und horizontale Vorstehen der Hüfte) konzentrieren (Abb. 23.6).

Aufwärmübungen und Übungskombinationen

Dribblings und Scherenübungen eignen sich am besten für das Aufwärmen bei Sprint- und Krafteinheiten, Ausdauereinheiten und Rennen (siehe Tab. 23.4). Gegen Ende des Aufwärmtrainings können „Bleed"-Übungen eingebaut werden, um die Dribbel- oder Scherenübung in den vollen Sprintzyklus zu integrieren. Ein Dribblebleed würde zum Beispiel als Kniedribbling beginnen (siehe Abb. 23.5c). Sobald der Sportler jedoch mit hoher Geschwindigkeit dribbelt (d. h. etwa 20–30 m), wird das Kniedribbling nahtlos in einen vollen Sprintzyklus überführt. Das kinästhetische Gefühl des rhythmischen Trittes über das Knie und des Abprallens vom Boden während des Knie-Dribblings wird sofort in einen vollen Sprintzyklus integriert.

Sprinttraining

Um Langstreckenläufer auf das Laufen mit maximaler Geschwindigkeit vorzubereiten, sollte das Sprinten schrittweise und progressiv eingeführt werden. Ein Ansatz für das Schnelligkeitstraining besteht darin, sich während der GPP-Phase zu-

Tab. 23.3 Vorschläge für Sprinttraining und Aufwärmen für Langstreckenläufer während allgemeinen und spezifischen Vorbereitungsperiode und Wettkampfphase

Intensität	Maximal (hoch)
Häufigkeit pro Woche	1–2
Wiederholungen	5–10
Erholung	3–5 min
Allgemeine Vorbereitungsperiode	5–10 × [10–20 m Beschleunigungen oder submaximale fliegende Starts]
Spezifische Vorbereitungsperiode/ Wettkampfphase	5 × [30–40 m Sprints oder fliegende Läufe]
Aufwärmen	2 × 20 m: – Sprunggelenk-Dribbling – Waden-Dribbling – Knie-Dribbling – Geradlinige Schere – Dribble-Spring-Übergang – Scheren-Sprint-Übergang

nächst auf kurze, maximale Beschleunigungen (aus dem Stand) zu konzentrieren (d. h. 10–20 m) und die Sprintdistanzen in jedem Mikro-/Mesozyklus zu steigern, bis die maximale Geschwindigkeit erreicht ist (d. h. 30 oder 40 m). Ein anderer Ansatz besteht darin, „fliegende Sprints" aus einem rollenden Start heraus durchzuführen, mit einer längeren submaximalen (und weniger intensiven) Beschleunigung. Diese Art des Anlaufs ermöglicht es, die Höchstgeschwindigkeit ohne übermäßige anaerobe Kosten und Ermüdung zu erreichen. Sobald die Höchstgeschwindigkeit erreicht ist, wird sie über eine bestimmte Strecke (z. B. 10 m) gehalten. Diese Einheit kann im Rahmen des GPP schrittweise eingeführt werden, wobei sich der Athlet zunächst darauf konzentriert, auf 80 % der Maximalgeschwindigkeit zu beschleunigen und seine Geschwindigkeit in jedem Mesozyklus zu steigern (siehe Tab. 23.4). Sobald der Athlet in der Lage ist, 10 m mit maximaler Geschwindigkeit zu sprinten, kann diese Distanz allmählich gesteigert werden (d. h. 20–30 m). Um die Entwicklung der Schnelligkeit zu gewährleisten, ist es wichtig, dass jede Wiederholung aus maximaler Anstrengung besteht, mit vollständigen Erholungsphasen zwischen den Wiederholungen (5–10 Wiederholungen, mit 3–5 min Erholung dazwischen). Die Sprintentwicklung erfordert Qualität, nicht Quantität (siehe Tab. 23.3).

Trainingsplanung

Die Literatur, die sich mit der Vereinbarkeit von Kraft- und Ausdauertraining (d. h. kombiniertem Training) und den Auswirkungen auf die der Proteinsynthese zugrunde liegenden Mechanismen befasst, hat zugenommen [36, 37]. Daher ist es wichtig, dass Trainer sich dieses potenziellen „Interferenzeffektes" bewusst sind, der mit kombiniertem Kraft- und Ausdauertraining verbunden ist. Während nachgewiesen wurde, dass ein hochvoluminöses Ausdauertraining die absoluten Zuwächse bei der Maximalkraft beeinträchtigen kann [38], haben sich die neuro-

Tab. 23.4 Kraft- und Geschwindigkeitsprogrammierung während GPP, SPP und Wettkampf

	GPP	SPP	Competition
Warm-Up (Sprint Drills)	**Sprint Drills** (i.e dribbles, straight-leg scissors, bleeds)		
1. Speed	**Sub-max sprints** (i.e 80% of max V) →	**10m 'Flying' sprints** (i.e 90% of max V) →	**10m 'Flying' sprints** (i.e 100% of max V)
2. Reactive-Strength	**Extensive Plyometrics** (i.e sub-max pogo-jumps) →	**Ext / Int Plyometrics** (i.e maximal pogo-jumps) →	**Intensive Plyometrics** (i.e tuck jumps)
3. Explosive-Strength	**Countermovement Jumps** (i.e 3 × 3 – can be implemented between sets of squats)		
4. Maximal-Strength	**Squats (full ROM)*** (i.e 3 × 8) →	**½ Squat*** (i.e 3 × 5) →	**¼ Squat (Con / Iso)*** (i.e 3 × 3)
5. Assistance	**Single-leg squats, hamstrings, glutes, core, calves** (i.e 1 – 5 exercises 'circuit' style, 8 – 15 repetitions)		

max V **maximum-velocity,** *ext* **extensive,** *int* **intensive,** *ROM* **range of motion,** *con* **concentric,** *iso* **isometric**
[a]Can be replaced with trap-bar deadlift or a single-leg squat alternative

muskulären Zuwächse, die durch regelmäßiges Krafttraining bei Ausdauersportlern erzielt werden, als ausreichend für die Verbesserung der Ausdauerleistung erwiesen. Für eine optimale Anpassung und Entwicklung eines Langstreckenläufers sollten jedoch Schnelligkeits- und Krafttrainingseinheiten (beide zusammen, siehe Tab. 23.4) sorgfältig um ein „intensives" aerobes Ausdauertraining herum programmiert werden (d. h. Zone 4 und 5, > LT2 > 80 % VO_{2max}) – möglicherweise an denselben Tagen wie Erholungseinheiten oder aerobes Training mit niedriger Intensität. Untersuchungen haben ergeben, dass erfolgreiche Elite-Langstreckenläufer etwa 80 % ihres Trainings in diesen aerob-dominierten Trainingsbereichen mit niedriger Intensität absolvieren [39], was die Möglichkeit bietet, Kraft- und Schnelligkeitstrainingseinheiten zu programmieren, ohne die Vorbereitung oder Erholung von spezifischeren und intensiveren aeroben Einheiten zu behindern.

Für die langfristige neuromuskuläre Entwicklung von Langstreckenläufern wird ein gemischter Trainingsansatz empfohlen, bei dem alle Kraftqualitäten (Maximal-, Explosiv- und Reaktionskraft) und Sprinttrainingsmethoden (technische Übungen, Sprints mit maximaler Geschwindigkeit) in ein und derselben Trainingseinheit eingesetzt werden [13, 14]. Der Anteil und das Volumen der einzelnen Kraftqualitäten (einschließlich des Schnelligkeitstrainings) sind jedoch je nach Trainingsalter des Athleten und der Trainingsphase des Makrozyklus (d. h. allgemeine Vorbereitungsphase [GPP], spezielle Vorbereitungsphase [SPP], Wettkampf) unterschiedlich (siehe Tab. 23.4). Bei entsprechender Planung und Betreuung sollte die kombinierte Schnelligkeits- und Krafteinheit (einschließlich Sprintübungen zum Aufwärmen) nicht länger als 45–60 min dauern. Für professionelle Distanzläufer wird empfohlen, die kombinierte Schnelligkeits- und Krafteinheit 1–2 Mal pro Woche während der GPP und SPP und einmal alle 7–10 Tage während der Wettkampfphasen durchzuführen [7]. Für erfahrene Langstreckenläufer, die bereits „stark" sind und über ein hohes Kraftvermögen verfügen, kann es jedoch erforderlich sein, einen größeren Schwerpunkt auf intensive plyometrische Übungen und Sprints mit maximaler Geschwindigkeit zu legen, um weitere Verbesserungen in Bezug auf Geschwindigkeit, Ökonomie und Kraft zu erzielen.

Zusammenfassung

Die Ökonomie und die Sprintfähigkeit spielen eine entscheidende Rolle bei der Leistung von Spitzenläufern. Wissenschaftliche Untersuchungen haben gezeigt, dass die neuromuskulären Anpassungen des Krafttrainings diese wichtigen Leistungsindikatoren verbessern können. Daher kann Kraft- und Sprinttraining zur Verbesserung der Leistung im Langstreckenlauf beitragen. Für die langfristige Entwicklung von Kraft und Schnelligkeit ist es wichtig, einen gemischten Ansatz für das Kraft- (Maximal-, Explosiv- und Reaktionskraft) und Schnelligkeitstraining (technische Übungen und Training der maximalen Geschwindigkeit) zu wählen. Der Schwerpunkt der einzelnen Kraftqualitäten und die Intensität des Schnelligkeitstrainings hängen jedoch von der Phase des Makrozyklus (d. h. GPP, SPP, Wettkampf) und dem Trainingsalter des Athleten ab. Um eine optimale Anpassung zu erreichen, sollten Kraft- und Schnelligkeitstrainingseinheiten sorgfältig auf „intensives" Ausdauertraining und Rennen abgestimmt werden.

Literatur

1. Saltin B, Åstrand PO. Maximal oxygen uptake in athletes. J Appl Physiol. 1967;23(3):353–8.
2. Ingham SA, Whyte GP, Pedlar C, et al. Determinants of 800m and 1500m running performance using allometric models. Med Sci Sports Exerc. 2008;40(2):345–50.
3. Sjödin B, Svedenhag J. Applied physiology of marathon running. Sports Med. 1985;2:83–9.
4. Paavolainen LM, Nummela AT, Rusko HK. Neuromuscular characteristics and muscle power as determinants of 5 km running performance. Med Sci Sports Exerc. 1999;31:124–30.
5. Beattie K, Kenny IC, Lyons M, Carson BP. The effect of strength training on performance in endurance athletes. Sports Med. 2014;44(6):845–65.
6. Spurrs RW, Murphy AJ, Watsford ML. The effect of plyometric training on distance running performance. Eur J Appl Physiol. 2003;89:1–7.
7. Beattie K, Carson BP, Lyons M, Rossiter A, Kenny IC. The effect of strength training on performance indicators in distance runners. J Strength Cond Res. 2017;31(1):9–23.
8. Berryman N, Maurel D, Bosquet L. Effect of plyometric vs. dynamic weight training on the energy cost of running. J Strength Cond Res. 2010;24(7):1818–25.
9. Johnston RE, Quinn TJ, Kertzer R. Strength training in female distance runners: impact on running economy. J Strength Cond Res. 1997;11(4):224–9.
10. Mikkola J, Rusko H, Nummela A, et al. Concurrent endurance and explosive type strength training improves neuromuscular and anaerobic characteristics in young distance runners. Int J Sports Med. 2007;28(7):602–11.
11. Saunders PU, Telford RD, Pyne DB, et al. Short-term plyometric training improves running economy in highly trained middle and long distance runners. J Strength Cond Res. 2006;20(4):947–54.
12. Støren O, Helgerud J, Støa EM, et al. Maximal strength training improves running economy in distance runners. Med Sci Sports Exerc. 2008;40:1089–94.
13. Haff GG, Nimphius S. Training principles for power. Strength Cond J. 2012;34(6):2–12.
14. Hansen D. Successfully translating strength into speed. In: Joyce D, Lewindon D, Herausgeber. High-performance training for sports Leeds. Leeds: Human Kinetics; 2014. S. 145–166.

15. Zatsiorsky VM, Kraemer WJ. Science and practice of strength training. Champaign: Human Kinetics; 2004.
16. Fletcher JR, Esau SP, MacIntosh BR. Changes in tendon stiffness and running economy in highly trained distance runners. Eur J Appl Physiol. 2010;110:1037–46.
17. Cormie P, McGuigan MR, Newton RU. Adaptations in athletic performance after ballistic power versus strength training. Med Sci Sports Exerc. 2010;42(8):1582–98.
18. Cormie P, McGuigan MR, Newton RU. Changes in eccentric phase contribute to improved stretch-shorten cycle performance after training. Med Sci Sports Exerc. 2010;42(9):1731–44.
19. Cormie P, McGuigan MR, Newton RU. Influence of strength on magnitude and mechanisms of adaptation to power training. Med Sci Sports Exerc. 2010;42(8):1566–81.
20. Seitz LB, Reyes A, Tran TT, de Villarreal EZ, Haff GG. Increases in lower-body strength transfer positively to sprint performance: a systematic review with meta-analysis. Sports Med. 2014;44(12):1693–702.
21. Stone MH, Cormie P, Lamont H, Stone M. Developing strength and power. In: Jeffreys I, Moody J, Herausgeber. Strength and conditioning for sports performance. New York: Routledge; 2016. S. 230–249.
22. Cormie P, McGuigan MR, Newton RU. Developing maximal neuromuscular power. Part 1 – biological basis of maximal power production. Sports Med. 2011;41(1):17–38.
23. Wendler J. 5/3/1 forever – simple and effective programming for size, speed and strength. London: Jim Wendler LLC; 2017. S. 24–34.
24. Rhea MR, Kenn JG, Peterson MD, Massey D, Simão R, Marin PJ, Favero M, Cardozo D, Krein D. Joint-angle specific strength adaptations influence improvements in power in highly trained athletes. Hum Mov. 2016;17(1):43–9.
25. McMaster DT, Gill N, Cronin J, McGuigan M. A brief review of strength and ballistic assessment methodologies in sport. Sports Med. 2014;44(5):603–23.
26. Cormie P, McCauley GO, Triplett NT, McBride JM. Optimal loading for maximal power output during lower-body resistance exercises. Med Sci Sports Exerc. 2007;39(2):340–9.
27. Newton RU, Laursen PB, Young W. Clinical exercise testing and assessment of athletes. In: Schwellnus MP, Herausgeber. Olympic textbook of medicine in sport. Oxford: Wiley-Blackwell; 2008.
28. Verkhoshanky Y, Verkhoshanky N. Special strength training manual for coaches. Rome: Verkhoshansky SSTM; 2011. S. 274.
29. Wild J, Bezodis N, Blagrove R, Bezodis IA. Biomechanical comparison of accelerative and maximum velocity sprinting: specific strength training considerations. Strength Cond J. 2011;21:23–36.
30. Pfaff D. Alternate methods for developing strength, power and mobility. 2008. http://speedendurance.com/2008/09/19/dan-pfaff-alternate-methods-for-developing-strength-power-and-mobility/. Zugegriffen am June 2017.
31. Young WB. Laboratory assessment of athletes. IAAF. 1995;10(1):89–96.
32. Wiley RW, Davis IS. The effect of a hip-strengthening program on mechanics during running and during a single-leg squat. J Orthop Sports Phys Ther. 2011;41(9):625–32.
33. Sandford GN, Pearson S, Allen SV, Malcata RM, Kilding AE, Ross A, Laursen PB. Tactical behaviours in men's 800 m olympic and world championship medallists: a changing of the guard. Int J Sports Physiol Perform. 2018;13(2):246–9.
34. Buchheit M, Laursen PB. High-intensity interval training, solutions to the programming puzzle: part I: cardiopulmonary emphasis. Sports Med. 2013;43(5):313–38.
35. McMillan S. Why we dribble. 2016. http://spyre.co.za/dribbles/. Zugegriffen am June 2017.
36. Baar K. Using molecular biology to maximise concurrent training. Sports Med. 2014;44: S. 117–25.
37. Schuman M, Pelttari P, Doma K, Karavirta L, Häkkinen K. Neuromuscular adaptations to same-session combined endurance and strength training in recreational endurance runners. Int J Sports Med. 2016;37(14):1136–43.
38. Wilson JM, Marin PJ, Rhea MR, Wilson SM, Loenneke JP, Anderson JC. Concurrent training: a meta-analysis examining interference of aerobic and resistance exercises. J Strength Cond Res. 2012;26(8):2293–307.
39. Seiler S, Tønnessen E. Intervals, thresholds, and long slow distance: the role of intensity and duration in endurance training. Sportscience. 2009;13:32–53. http://ww.w.sportsci.org/2009/ss.htm. Zugegriffen am June 2017.

Krafttraining für Skilangläufer

24

Thomas Losnegard

Einführung

In den letzten Jahrzehnten haben sich im Skilanglauf bemerkenswerte Veränderungen vollzogen. Dazu gehören die Einführung von Rennen wie Sprint und Massenstart, eine bessere Streckenpräparierung, eine verbesserte Skiausrüstung und veränderte Streckenprofile [1]. So hat sich beispielsweise die Renngeschwindigkeit im Langlauf (> 10/15 km für Frauen bzw. Männer) bei Weltcuprennen in den letzten zehn Jahren um ~ 5–8 % erhöht, und im Sprint (< 1,8 km; ~ 3 min) ist eine ~ 20 % höhere Durchschnittsgeschwindigkeit im Vergleich zu längeren Strecken zu beobachten [2]. Außerdem sind bei Weltmeisterschaften und Olympischen Spielen fünf von sechs Wettkämpfen für jedes Geschlecht Sprints oder Massenstarts, und die Platzierungen werden oft durch einen Schlusssprint bestimmt. Daher ist die Fähigkeit, Kraft für den Endspurt zu „sparen" und folglich supramaximale Belastungen zu bewältigen, ein wichtiger Faktor für die Leistung im heutigen Skilanglauf. Obwohl das Ausdauertraining für Skiläufer schon immer obligatorisch war, erfordern die „Hochgeschwindigkeitstechniken", wie z. B. der Doppelstockschub (DP) und die V2-Skating-Technik, auch eine gut entwickelte Kraft des Oberkörpers. Daher hat das spezifische Oberkörpertraining, das als Maximal- und Schnellkraft oder Kraftausdauertraining durchgeführt wird, in den letzten zehn Jahren zunehmend an Bedeutung gewonnen [3–7]. Dieses Kapitel gibt daher einen aktuellen Überblick über die Anforderungen an die Muskelkraft der heutigen Skilangläufer, mit besonderem Augenmerk auf den Oberkörper. Es gibt auch einen Überblick über die Wirkung von Trainingsmodellen zur Verbesserung der Oberkörperkraft, mit besonderem Schwerpunkt auf Krafttraining mit

T. Losnegard (✉)
Department of Physical Performance, Norwegian School of Sport Sciences, Oslo, Norwegen
E-Mail: thomas.losnegard@nih.no

M. Schumann, B. R. Rønnestad (Hrsg.), *Kombiniertes Ausdauer- und Krafttraining*, https://doi.org/10.1007/978-3-031-36310-8_24

hohen Lasten in der Ausdauerleistung bei hochtrainierten Skilangläufern. Darüber hinaus werden alternative Modelle wie sportartspezifisches Schnelligkeitstraining und muskuläres Ausdauertraining angesprochen. Schließlich werden praktische Ableitungen für ein effizientes Krafttraining auf der Grundlage der Besonderheiten der Bewegungsmuster in der Skitechnik und somit der Spezifität des Trainings für Langläufer vorgestellt.

Zusammensetzung der Skilanglauf-Leistung

Skilanglauf ist eine typische Ausdauersportart, bei der die Durchschnittsgeschwindigkeit ($m\ s^{-1}$) für eine bestimmte Strecke hauptsächlich durch den Energieumsatz ($J\ s^{-1}$) und die Arbeitsökonomie ($J\ m^{-1}$) bestimmt wird [8].

$$\text{Speed}\left(\mathrm{m}\cdot\mathrm{s}^{-1}\right)=\frac{\text{Energy turnover}\left(\mathrm{J}\cdot\mathrm{s}^{-1}\right)}{\text{Work economy}\left(\mathrm{J}\cdot\mathrm{m}^{-1}\right)}$$

Dementsprechend führt ein höherer (aerober und/oder anaerober) Energieumsatz und/oder eine verbesserte Ökonomie zu einer höheren Geschwindigkeit und damit zu einer Leistungssteigerung. Obwohl weithin anerkannt ist, dass der aerobe Energieumsatz in engem Zusammenhang mit der Leistung beim Skilanglauf steht (z. B. [9–11]), hat die Bedeutung eines hohen anaeroben Energieumsatzes in den letzten Jahren an Aufmerksamkeit gewonnen (z. B. [12, 13]). Insbesondere Sprints und Massenstarts erfordern die Fähigkeit, während Teilen des Rennens supramaximale Arbeitslasten zu erbringen. Daher ist die Kombination einer hohen aeroben und anaeroben Leistung/Kapazität in Verbindung mit einer effizienten Technik ein charakteristisches Merkmal der heutigen Skiläufer [12, 13]. Diese Komplexität der Energiequellen, die während des Rennens genutzt werden, erfordert verschiedene Trainingsmodelle, um spezifische Anpassungen zu erreichen. Obwohl das aerobe Ausdauertraining schon immer obligatorisch war, haben Skiläufer im Laufe der Jahre verschiedene Krafttrainingspläne entwickelt, um ihre Leistung zu optimieren. Es ist gut dokumentiert, dass Skiläufer ihre Kraft anfänglich um 0,5–1,2 % pro Trainingseinheit steigern können, wenn sie mit einem systematischen, intensiven Krafttraining beginnen, obwohl bereits hohe Ausdauertrainingsvolumina absolviert wurden [4, 6]. Darüber hinaus ist zumindest in der Oberkörpermuskulatur eine Vergrößerung der Querschnittsfläche zu erwarten, die ein wichtiger Faktor für weitere Kraftzuwächse zu sein scheint [4]. Um den Kraftzuwachs jedoch in eine verbesserte Skileistung umzusetzen, muss der Energieumsatz und/oder die Ökonomie verbessert werden. Im folgenden Abschnitt werden die potenziellen Auswirkungen des Krafttrainings auf die Leistung erörtert und es wird gezeigt, wie das Krafttraining den Energieumsatz und die Bewegungsökonomie von Skiläufern beeinflussen kann.

Die Wirkung von Krafttraining auf die Leistung im Skilanglauf

Ein Überblick über die Auswirkungen von Krafttraining mit hohen Lasten auf die Skileistung ist in Abb. 24.1 dargestellt. Die frühen Studien von Hoff et al. [3, 14] und Østerås et al. [15] fanden große Effekte von Krafttraining auf die Skileistung, während neuere Untersuchungen [4, 6, 16, 17] meist triviale Effekte fanden. Der Grund für diese Diskrepanz ist nicht bekannt, aber unterschiedliche Testverfahren (z. B. Zeit bis zur Erschöpfung vs. Tests mit konstanter Dauer) könnten einige der Unterschiede erklären. Darüber hinaus ist die technologische Ausrüstung ein wichtiger Faktor, wenn es darum geht, eine spezifisch gesteigerte Fähigkeit in tatsächliche Leistung umzusetzen. In den meisten Studien, in denen ein „signifikanter" Effekt von intensivem Krafttraining auf die Leistung festgestellt wurde (Abb. 24.1) [3, 4, 14, 15], wurde ein Ergometer zum Doppelstockschub verwendet. Ergebnisse aus sportartspezifischeren Bewegungen (z. B. Rollerski-Laufen im Freien) deuten je-

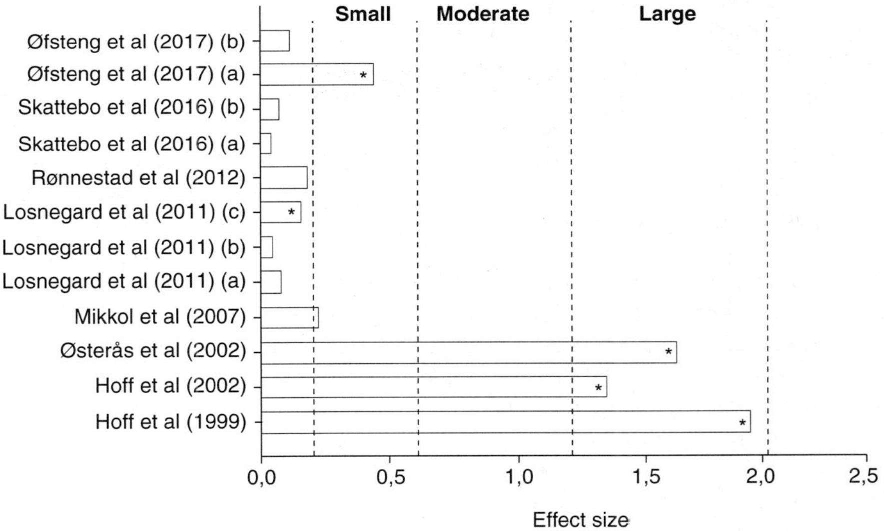

Abb. 24.1 Die Effektstärke des zusätzlichen Krafttrainings zum Ausdauertraining auf die Leistung im Vergleich zur Kontrollgruppe. Berechnet als Differenz der Veränderungswerte zwischen den Gruppen (Rohdaten), standardisiert durch die gepoolte Standardabweichung vom Ausgangswert. *Signifikante Unterschiede zwischen der Kraft- und der Kontrollgruppe von vor bis nach dem Test ($P<0{,}05$). Hoff et al. [3, 14] und Østerås et al. [15]: Doppelstock-Ergometer mit einem Test der Zeit bis zur Erschöpfung (>~4 min); Mikkola et al. [16]: 2-km-Zeitfahren im Doppelstockschub (>~4,5 min); Losnegard et al. [4]: (**a**) 1,1 km Zeitfahren im klassischen Stil bergauf (>~4,5 min), (**b**) 1,3 km Zeitfahren im Freistil bergauf (>~5 min), (**c**) Doppelstock-Ergometer (5 min all-out); Rønnestad et al. [17]: 7,5-km-Zeitfahren bergauf (>~19 min); 6: (**a**) 3-minütiges All-Out-Doppelstock-Ergometer aus dem „ausgeruhten Zustand", (**b**) 3-minütiges All-Out-Doppelstock-Ergometer aus dem ermüdeten Zustand; [18]: (**a**) Zeit bis zur Erschöpfung, gefolgt von einem verlängerten submaximalen Test im Doppelstockschub auf einem Skiroller-Laufband. (**b**) Zeit bis zur Erschöpfung beim Doppelstockschub im „Ruhezustand" auf einem Skiroller-Laufband

doch darauf hin, dass der Effekt des Krafttrainings weniger ausgeprägt ist [4, 16, 17]. Dies ist wahrscheinlich darauf zurückzuführen, dass das Rollerski-Laufen im Freien eine höhere technische Fähigkeit erfordert als ein Doppelstock-Ergometer, das wiederum eine höhere technische Fähigkeit erfordert als ein reiner Krafttest (z. B. komplexeres Timing der Kraftgenerierung). Die Auswirkung einer erhöhten Muskelkraft auf die Leistung nimmt also deutlich ab und verschwindet manchmal gänzlich, wenn die Übungsmodi ein höheres Maß an Koordination der Skibewegungen erfordern.

Die in Abb. 24.1 gezeigten trivialen Effekte könnten auch mit der Dauer der Leistungstests zusammenhängen. Die Art der heutigen Wettkampfformate wie Massenstarts hat die Bedeutung der Krafterhaltung für den Endspurt erhöht, was auch in einigen neueren Studien untersucht wurde [6, 18, 19]. Kürzlich untersuchten Øfsteng et al. [18] die Auswirkung von intensivem Krafttraining auf die DP-Leistung im „Ruhezustand" und nach einer verlängerten 90-minütigen submaximalen Intensität. Obwohl im „Ruhezustand" keine signifikanten Effekte gefunden wurden, verbesserte die Krafttrainingsgruppe die Leistung nach submaximaler Intensität stärker als die Kontrollgruppe (Abb. 24.1). Außerdem führten Børve et al. [19] eine ähnliche Studie durch (DP-Leistungstest nach 50-minütigem submaximalen Test), allerdings mit Schwerpunkt auf muskulärem Ausdauertraining (4 × 30 Wiederholungen zweimal pro Woche). Hier fanden wir ähnliche Auswirkungen auf die DP-Leistung wie bei Øfsteng et al. [18]. Zusammengenommen deuten diese Studien darauf hin, dass ein Training des Oberkörpers (Maximalkraft oder muskuläre Ausdauer) die „Zielspurt-Fähigkeiten" von Skilangläufern nach einer längeren Vorbelastung verbessern kann. Die Mechanismen, die hinter diesen Verbesserungen stehen, sind jedoch noch nicht klar, und es muss weiter untersucht werden, ob diese auf einem Laufband durchgeführten Tests auch auf Schnee reproduziert werden können.

In einer umfassenden Studie zur Untersuchung der Auswirkungen eines intensiven Krafttrainings auf die Skileistung fanden wir eine starke Korrelation zwischen Maximalkraft und Leistung bei Frauen, während diese Beziehung bei Männern trivial war [4]. Wir argumentierten, dass Skiläuferrinnen (und vielleicht auch schwächere männliche Skiläufer) von einem zusätzlichen Krafttraining zu ihrem normalen Training profitieren könnten. Da die Leistungsunterschiede zwischen den Geschlechtern bei Übungen, die einen signifikanten Beitrag des Oberkörpers beinhalten, größer sind [20], kann eine verbesserte Kraft des Oberkörpers die Skileistung bei weiblichen Skiläufern möglicherweise stärker verbessern als bei männlichen. Aus diesem Grund haben wir eine weitere kontrollierte Studie mit weiblichen Elite-Skiläuferinnen (~ 16 Jahre) durchgeführt und ihre Sprintfähigkeiten sowohl in einem 3-minütigen All-Out-Test in Ruhe als auch in einem 3-minütigen All-Out-Test nach 27 min DP auf einem Ergometer untersucht [6]. Überraschenderweise wurden trotz einer signifikanten Kraftzunahme (~ 24 % in 8 Wochen) keine positiven, aber auch keine negativen Auswirkungen des Krafttrainings auf die 3-min-Leistungstests, die Ökonomie, die VO_{2max} oder den 20-s-All-Out-DP festgestellt. Wir kamen zu dem Schluss, dass Athleten und Trainer sorgfältig abwägen sollten, ob junge Skiläufer einem solchen Training Vorrang einräumen sollten. Des Weiteren wurde festgestellt, dass die Skiläufer das Krafttraining als sehr anstrengend empfanden, was darauf hindeutet, dass eine akkumulierte Ermüdung den Posttest beeinflusste. Daher sollten Trainer das Krafttraining sorgfältig planen und bewerten, um das Risiko einer ungeplanten „Überlastung“ zu minimieren, insbesondere in der späten Vorbereitungsphase, wenn die Intensität des Ausdauertrainings erhöht wird. Diese Studie zeigt also auf, welche Art von Training junge Skiläufer durchführen sollten, um ihre Leistung zu optimieren. Im Gegensatz zu ihren älteren Kollegen haben diese Sportler aufgrund der Schule und anderer Aktivitäten sowie der mit der Pubertät einhergehenden Entwicklungsfaktoren nur wenig Zeit für das Training. Es ist gut dokumentiert, dass der aerobe Energieumsatz und die Bewegungsökonomie (einschließlich der Technikentwicklung) die wichtigsten Faktoren für das Erreichen eines Weltklasseniveaus sind [9, 11, 13, 21, 22]. Es liegt auf der Hand, dass diesen Aspekten Vorrang eingeräumt werden muss und das Krafttraining daher individuell und vielleicht anders (einschließlich des Ausdauertrainings) als bei erwachsenen Sportlern gestaltet werden kann.

Bei erwachsenen Athleten müssen Skiläufer ihr Krafttraining in Verbindung mit ihrem Ausdauertraining planen, um den potenziellen Kraftzuwachs zu maximieren. Das Krafttraining für Skilangläufer wird vorzugsweise in der Vorsaison durchgeführt, während über die Wettkampfsaison die Körpermasse reduziert wird, um die Leistung zu optimieren [22]. Dies ist eindeutig eine Herausforderung, da Muskelkraft und Muskelquerschnittsfläche eng miteinander verbunden sind [4]. Persönliche Gespräche mit Weltklasse-Athleten und unveröffentlichte Daten aus unserem Labor deuten darauf hin, dass das Kraftniveau im Einklang mit den anthropometrischen Veränderungen reduziert wird.

Aerober Energieumsatz

Der aerobe Energieumsatz ist das Produkt aus der maximalen aeroben Leistung (VO_{2max}) und fraktionellen Ausnutzung der VO_{2max}, auch „Leistungs-VO_2“ genannt. Eine Reihe von Studien in verschiedenen Sportarten, einschließlich Skilanglauf, haben gezeigt, dass die VO_{2max} nicht durch Krafttraining beeinflusst wird, z. B. [6, 17, 23]. Die fraktionelle Nutzung der VO_{2max} steht in engem Zusammenhang mit der Leistung in zahlreichen Ausdauersportarten wie Laufen, Radfahren auf der Straße und im Gelände und möglicherweise Skilanglauf [24, 25]. Jüngste Studien im Radsport legen nahe, dass die fraktionelle Auslastung während eines 40-minütigen Zeitfahrens nach einem zusätzlichen intensivem Krafttraining verbessert wurde [26]. Da sich die Mitochondriendichte nicht veränderte, vermuteten die Autoren, dass die vergrößerte Querschnittsfläche der Muskeln zu einer größeren Anzahl aktivierter Mitochondrien und damit zu einer höheren fraktionellen Auslastung führte. Beim Skilanglauf liegen keine Daten über die Auswirkungen des Krafttrainings auf die fraktionelle Auslastung VO_{2max} vor.

Ein einzigartiger Aspekt des Skilanglaufs ist die Vielfalt der Techniken, die während eines Wettkampfs eingesetzt werden, mit unterschiedlichem Einsatz des Ober- und Unterkörpers. Dies wirkt sich auf die maximale aerobe Leistung aus, die in den Teiltechniken erreicht wird, wobei die Skiläufer beim Skating und der DP-Technik normalerweise eine um 3–10 % niedrigere aerobe Spitzenleistung (VO_{2peak}) aufweisen als beim Laufen [27]. Daher wurde bei bereits hochtrainierten Skilangläufern, bei denen sich die VO_{2max} während einer gleichzeitigen Belastung des Ober- und Unterkörper im Laufe der Zeit nicht zu ändern scheint [22], spekuliert, dass die Verringerung der „Lücke" zwischen anderen Techniken einer der möglichen Trainingsvorteile eines verstärkten Oberkörpertrainings sein könnte [28]. Diese Aspekte sind in den letzten Jahrzehnten in den Blickpunkt gerückt, insbesondere durch den zunehmenden Einsatz der V2-Skating- und DP-Techniken in bestimmten Terrains. Es wurde festgestellt, dass die geringere VO_{2peak} beim DP mit intrinsischen Faktoren (z. B. O_2-Extraktion) in den Armmuskeln im Vergleich zu den Beinen zusammenhängt, selbst bei hochtrainierten Skilangläufern [29]. Es wurde auch vorgeschlagen, dass der Oberkörper ein großes Potenzial hat, seine aerobe Energieumsatzrate zu erhöhen, was zu einer erhöhten VO_{2peak} des Oberkörpers als Reaktion auf intensives Ausdauertraining führt [29]. Bislang konnte ein solcher Effekt jedoch in keiner Studie nachgewiesen werden [5, 19, 30]. Zusätzlich zu den intrinsischen Faktoren ist die beteiligte Muskelmasse ein limitierender Faktor für die VO_{2peak} bei vielen Belastungsarten [31] und speziell bei DP [32]. Hegge et al. [32] untersuchten die VO_{2peak} bei DP mit unterschiedlichen Muskelmassen und stellten fest, dass die VO_{2peak} mit zunehmender Körpermasse sequentiell anstieg. Theoretisch könnte also eine größere Muskelmasse die VO_{2peak} erhöhen und die „Lücke" zwischen Teiltechniken wie DP oder Skaten und Laufen verringern. Losnegard et al. [4] fanden heraus, dass 12 Wochen intensives Krafttraining die fettfreie Körpermasse des Rumpfes bei Skilangläufern erhöhte. Interessanterweise erhöhte sich auch die VO_{2peak} beim Skaten, während sich die VO_{2max} beim Laufen nicht veränderte. Spätere Studien haben diese Annahme jedoch nicht bestätigt [6, 17], und die Ergebnisse sollten daher mit Vorsicht betrachtet werden. Zusammenfassend lässt sich sagen, dass nur wenige Daten die Vermutung stützen, dass ein spezifisches Oberkörpertraining im Allgemeinen (Maximalkraft-, Explosivkraft oder muskuläres Ausdauertraining) zu einer erhöhten VO_{2peak} in den Teiltechniken des Skilanglaufs führt.

Anaerober Energieumsatz

Der anaerobe Energieumsatz wird in anaerobe Leistung und anaerobe Kapazität unterteilt. Während die anaerobe Leistung eine wichtige Determinante für die Leistung bei kurzen Sprints und Beschleunigung ist, steht die anaerobe Kapazität mehr im Zusammenhang mit der Leistung bei Mittelstreckenwettkämpfen [33]. Aufgrund des Charakters von Skilanglaufwettkämpfen mit wiederholten hochintensiven Perioden liegt der O_2 -Bedarf während Teilen des Wettkampfs weit über der VO_{2peak} [12, 13, 34–37]. Dies beeinflusst den Beitrag des Energiesystems während eines Rennens und deutet darauf hin, dass sowohl die anaerobe Leistung als auch Kapazität wichtige Determinanten der Skileistung sind. Losnegard et al. [12] fanden eine starke Korrelation zwischen der Leistung und dem akkumulierten Sauerstoffdefizit (ΣO_2-Defizit) in einem simulierten Sprintrennen auf einem Rollerski-Laufband in einer Gruppe bestehend aus Langstrecken- (>50 km), Distanz- (>15 km) und

Sprint-Skiläufern (< 1,8 km). Außerdem haben Sprint-Skiläufer aufgrund der Art des Wettkampfformats und der daraus resultierenden Rennanforderungen eine höhere Körpermasse und einen höheren Body-Mass-Index als Langstreckenläufer [2, 13]. Da das ΣO_2-Defizit mit der an der Belastung beteiligten Muskelmasse zusammenhängt [38, 39], könnte ein langfristiges intensives Krafttraining mit einer anschließenden Zunahme der Muskelquerschnittsfläche das ΣO_2-Defizit erhöhen. Darüber hinaus scheint der Gesamtumfang des Maximalkraft- und Schnelligkeitstrainings bei internationalen Sprint-Skiläufern in der Vorbereitungsphase (6 Monate vor der Saison) signifikant höher zu sein als bei internationalen Langläufern (~ 12 % gegenüber 7 % der Gesamttrainingszeit), ist aber in Bezug auf die Gesamttrainingszeit während des Jahres ähnlich [2]. Daher kann angenommen werden, dass einige der Unterschiede im ΣO_2-Defizit (und in der Körpermasse) zwischen den Skiläufern mit Unterschieden im Trainingsschwerpunkt in Bezug auf Maximalkraft, Geschwindigkeit und Ausdauertraining zusammenhängen.

Mehrere Studien im Skilanglauf haben die Beziehung zwischen „Kraft" und kurzen Leistungstests untersucht, bei denen der anaerobe Leistungsumsatz die Hauptenergiequelle darstellt [4, 6, 13, 40–42]. Sandbakk et al. [13] untersuchten physiologische und trainingsbedingte Unterschiede zwischen Weltklasse- und Landesklasse-Sprintläufern und stellten fest, dass sich die Beschleunigung (30-m-Test) und die Maximalkraft zwischen den Gruppen nicht unterschieden. Dies wird durch die Ergebnisse von Losnegard et al. [4] gestützt, die keinen Einfluss von intensivem Krafttraining auf die Beschleunigungsphase beim Skaten auf Rollskiern feststellten. Es wurde jedoch eine Tendenz zu einer verkürzten Zeit während eines 100-m-Tests für die Krafttrainingsgruppe festgestellt, was darauf hindeutet, dass Krafttraining möglicherweise die maximale Geschwindigkeit verbessern könnte [4]. Stöggl et al. [41] analysierten den Zusammenhang zwischen allgemeiner Kraft und „Maximalgeschwindigkeit" (Testdauer ~ 60 s) mit den dazugehörigen kinetischen und kinematischen Variablen. Sie kamen zu dem Schluss, dass die Maximalkraft nur eine geringe bis mäßige Korrelation mit der „Maximalgeschwindigkeit" aufweist, während das Timing der Kraftgenerierung der Hauptunterscheidungsfaktor zwischen den verschiedenen Niveaus von Skiläufern war. Sie schlugen jedoch vor, dass die Kraftfähigkeit von der Technik abhängig ist, was darauf hindeutet, dass das Bewegungsmuster ein wichtiger Faktor ist, der beim Krafttraining berücksichtigt werden muss.

Bewegungsökonomie

Die Bedeutung der Bewegungsökonomie wird durch einen engen Zusammenhang mit der Leistung in Gruppen von heterogenen Skilangläufern unterstrichen (z. B. [43]). Darüber hinaus haben neuere Studien gezeigt, dass eine Veränderung der Ökonomie (O_2-cost) innerhalb des Probanden auf der Grundlage von Änderungen der Ausrüstung und der Technik zu einer höheren Geschwindigkeit bei VO_{2max} und damit zu einer besseren Leistung führt [44, 45]. Mehrere Studien in verschiedenen Sportarten deuten darauf hin, dass sowohl intrinsische Faktoren (Muskelfasertypen, neuromuskuläre Eigenschaften) als auch biomechanische Faktoren (Technik) wesentlich zu den Unterschieden in der Ökonomie zwischen hochtrainierten Probanden beitragen (siehe Übersicht von [23]). Außerdem wurde gezeigt, dass Krafttraining die Ökonomie in Ausdauersportarten wie Radfahren [46, 47] und Laufen [23] beeinflusst. Beim Skilanglauf zeigten Mikkola et al. [16], Østerås et al. [15] und Rønnestad et al. [17] eine signifikante Verringerung des O_2-Bedarfs zwischen Prä- und Posttests in den Kraftgruppen, wobei sich die Veränderungen nicht signifikant von denen der Kontrollgruppen unterschieden. Skattebo et al. [6], Carlsson et al. [48], Øfsteng et al. [18] und Losnegard et al. [4] fanden keinen Effekt des Krafttrainings auf die Ökonomie beim Doppelstockschub auf einem Doppelstock-Ergometer oder beim Skating auf einem Rollski-Laufband. Darüber hinaus verwendeten Hoff et al. [3, 14] unkonventionelle Methoden zur Messung der Ökonomie, und es wurde kürzlich argumentiert, dass sie die O_2-Kosten tatsächlich nicht gemessen haben (siehe Skattebo et al. [6] für Details). Insgesamt wurde in keiner Studie ein überzeugender positiver Effekt eines intensiven Krafttrainings auf die Ökonomie von Skilangläufern festgestellt. Die Unterschiede zwischen den Ausdauersportarten könnten mit der Tatsache zusammenhängen, dass Skilanglauf eine extrem technisch anspruchsvolle Sportart ist, bei der Arme und Beine in unterschiedlichem Maße beansprucht werden. Darüber hinaus wurde bei Elite-Skiläufern gezeigt, dass die O_2-Kosten während der Vorbereitungsphase mit einem „traditionellen norwegischen Trainingsregime" typischerweise um ~ 3 % reduziert sind. In dieser Zeit haben die Skiläufer ~ 7 % Krafttraining als Teil des Gesamttrainingsvolumens einbezogen [22], wobei anzumerken ist, dass es keinen eindeutigen Beleg für eine „Ursache-Wirkungs-Beziehung" gibt. Nichtsdestotrotz entsprechen die reduzierten O_2-Kosten 0,5 % pro Monat oder 1–1,5 % während einer typischen Krafttrainingsinterventionsperiode (8–12 Wochen), die in der Forschung verwendet wird. Dies bedeutet, dass ein möglicher Effekt des Krafttrainings schwer zu erkennen ist und dass künftige Forschungen geeignete Methoden nutzen sollten, um zu bewerten, ob solche Effekte existieren.

Praktische Empfehlungen

Um die gewünschten körperlichen Anpassungen zu erreichen, ist es wichtig, vor der Durchführung eines Krafttrainings den korrekten Muskeleinsatz und das Bewegungsmuster zu bewerten. Beim Skilanglauf sind DP und V2-Skating die am häufigsten verwendeten Techniken bei Rennen und beides sind technisch sehr anspruchsvoll. Hier werden die Gelenke in einem sequenziellen Muster vor und während der Schub-Phase beansprucht, um den Vortrieb zu optimieren und die potenzielle und rotatorische Energie in kinetische Vorwärtsenergie umzuwandeln (z. B. [44, 49]). Die Oberkörpermuskeln werden daher nach einem „First-in-first-out-Muster" beansprucht, an dem (I) die Bauchmuskeln und Hüftstrecker beteiligt sind, gefolgt von (II) den Schulterstreckern latissimus dorsi, teres major, deltoideus und pectoralis major und (III) dem Schulter- und Ellbogenstrecker triceps brachii [49–51]. Das Timing des Krafteinsatzes wird daher als eines der wichtigsten Merkmale einer effektiven Technik und der daraus resultierenden Leistung angesehen

[41, 45]. Zur Optimierung des Krafttrainings ist es daher erforderlich, (I) einen Übungsmodus zu wählen, der den korrekten Muskeleinsatz abdeckt, und (II) die spezifischen Bewegungsmuster zu simulieren, die bei den jeweiligen Techniken verwendet werden. Beim Maximalkrafttraining in der Halle verwendeten Losnegard et al. [4] zwei relativ einfache Übungen: „Sitzender Klimmzug“ und „Stehender Doppelstockschub“. Diese beiden Übungen dienten als Hauptübungen und ergänzende Übungen für die Rumpfstabilität (einschließlich der Verwendung von Medizinbällen, Schlingentraining und verschiedenen Mattenübungen) als zusätzliche Trainingsmodelle entweder vor oder nach dem Hauptprogramm.

Wie bereits erwähnt, besteht allgemein Einigkeit darüber, dass „stärker nicht unbedingt besser“ ist, wenn es darum geht, die Leistung im Skilanglauf zu optimieren [4, 6, 13, 41]. Für Skiläufer, die bereits über ein hohes Kraftniveau verfügen, könnte das übergeordnete Ziel daher darin bestehen, die maximale Kraft zu erhalten und andere physiologische oder technische Mechanismen zu verbessern. Ein interessanter Faktor ist die metabolische Beanspruchung während des DP, die für Arme und Beine unterschiedlich zu sein scheint [29, 52, 53], was darauf hindeutet, dass ein intensives Ausdauertraining des Oberkörpers die Fähigkeit der Arme, Sauerstoff zu extrahieren, erhöhen und somit die DP-Leistung verbessern könnte. Um die muskuläre Ausdauer zu verbessern, ist die Anzahl der Wiederholungen hoch, während die Belastungen relativ gering sind (20–100 Wiederholungen/Satz; [54]). Ein solches Ausdauertraining hat in verschiedenen Sportarten wie Laufen [55, 56] und Rudern [57, 58] Beachtung gefunden, da es im Vergleich zum Maximalkrafttraining auf andere muskuläre und neurologische Anpassungen abzuzielen scheint [54]. Speziell für den Skilanglauf zeigten Nilsson et al. [5], dass 20-s- oder 180-s-Intervalltraining auf einem DP-Ergometer sowohl die 30-s- als auch die 6-min-Leistung bei gut trainierten Skilangläufern steigerte, während Vandbakk et al. [30] eine Verlängerung der Zeit bis zur Erschöpfung nach 8 Wochen 30-s-DP-Intervallen nachwiesen. Das Kurzzeit-Schnelligkeitstraining („explosiv“; >30 s) ist ein weit verbreitetes Trainingsmodell für Skilangläufer und könnte als Trainingsmodell zur Erhaltung oder Verbesserung der Leistung dienen. Allerdings sind solche Trainingsmethoden im Skilanglauf relativ neu, und es werden weitere Studien empfohlen, um solche Modelle (in Kombination mit Techniktraining) direkt für den Skilanglauf zu entwickeln.

Carlsson et al. [48] testeten zwei verschiedene Trainingspläne bei jungen Skiläufern (indem sie ihr normales Training durch ein intensives Krafttraining oder ein Intervalltraining auf einem Skiergometer ergänzten) und fanden heraus, dass beide Gruppen die Maximalgeschwindigkeit während der DP auf einem Laufband verbesserten. Es gab jedoch keine Unterschiede zwischen den Gruppen bei der VO_{2peak}, der maximalen Geschwindigkeit oder der Bewegungsökonomie. Darüber hinaus zeigten Børve et al. [19], dass das Ersetzen eines Teils der hochintensiven Laufintervalle durch ein Training mit einem stehenden Doppelstockschub aus dem Stand (4×30 Wiederholungen zweimal pro Woche) die Endspurtfähigkeit gut trainierter Skiläufer während eines simulierten Rennens auf einem Rollski-Laufband verbesserte. Obwohl das Ziel des Trainings die Steigerung der muskulären Ausdauer war, lag der Kraftzuwachs (1RM) pro Trainingseinheit im Bereich von Studien, die intensives Krafttraining für Skilangläufer mit ähnlichem Krafttrainingsmodus verwendeten

Tab. 24.1 Beispiel für ein 6-wöchiges Trainingsprogramm für Krafttraining mit hohen Lasten

Woche	1–2	3–4	5–6
Tag 1 (Sätze/Wiederholungen)	4/10RM	4/8RM	4/6RM
Tag 2 (Sätze/Wiederholungen)	4/6RM	4/5RM	4/4RM

Anmerkung: RM; Wiederholungsmaximum. Wenn der Sportler mehr Wiederholungen schafft als geplant, erhöht sich die Belastung. Der Test des 1RM wird vor und nach der Trainingsperiode durchgeführt

Tab. 24.2 Beispiel für ein 6-wöchiges Trainingsprogramm für die muskuläre Ausdauer

Woche	1–2	3–4	5–6
Tag 1 (Sätze/Wiederholungen)	4/40	4/35	4/30
Tag 2 (Sätze/Wiederholungen)	4/30	4/25	4/20

Hinweis: Die Belastungen entsprechen 60–70 % des 1RM, je nach Niveau der Athleten. Tests mit 1RM/60 % des 1RM werden vor und nach der Trainingsperiode durchgeführt

(0,6 % vs. 0,5–1,2 % pro Trainingseinheit) [4, 6, 17]. Dies deutet darauf hin, dass ein Krafttraining mit niedrigem Widerstand und hoher Wiederholungszahlen bei gut trainierten Skiläufern eine Alternative zu einem Krafttraining mit hohen Lasten sein könnte, zumindest für kurzfristige Anpassungen vor Wettkämpfen oder während einer kurzen Blockperiodisierung. Zusammengenommen deuten diese Studien darauf hin, dass ein kurzzeitiges Ausdauertraining des Oberkörpers ein vielversprechendes Trainingsmodell sein könnte, das für gut trainierte Skiläufer, die ihre DV-Leistung verbessern wollen, direkt anwendbar wäre. Aus praktischer Sicht könnten Rollerski-Läufe im Freien mit zusätzlichem Gewicht (z. B. eine Gewichtsweste), Skifahren bergauf oder langsamer Widerstand (Manipulation der Rollerski-Räder) als geeignete Trainingsformen dienen, um das sportartspezifische „muskuläre Ausdauertraining" für Skilangläufer zu verbessern.

Ein detailliertes Trainingsprogramm für das Kraft- bzw. Muskelausdauertraining, wie es von Weltklasse-Skiläufern verwendet wird, ist in den Tab. 24.1 und 24.2 dargestellt. Beide Programme bestehen aus einem 6-wöchigen Zeitraum, der linear periodisiert ist.

Zusammenfassung

Dieses Kapitel bietet eine aktualisierte, auf wissenschaftlichen Erkenntnissen basierende Übersicht über die spezifischen Bedürfnisse und Auswirkungen des Krafttrainings auf die Leistung im Skilanglauf auf hohem Niveau. Aus der verfügbaren Literatur geht hervor, dass für die Optimierung der Leistung im Skilanglauf ein bestimmtes Kraftniveau erforderlich ist, das auf den Rennvorlieben und Techniken der Skiläufer beruht. Beim Sprint scheint ein höheres Kraftniveau erforderlich zu sein als bei längeren Strecken, da die Durchschnittsgeschwindigkeiten um ca. 20 % höher sind und die intermittierenden Arbeitsbelastungen sehr hoch sind. Außerdem scheint das Kraftniveau von der Technik abhängig zu sein, da der Ober- und der Unterkörper unterschiedliche Beiträge leisten. Insbesondere die V2-Skating- und die klassische DP-Technik sind die wichtigsten Techniken, die bei den heutigen Rennen zum Einsatz kommen. Diese Techniken erfordern eine gut entwickelte Kraft des Oberkörpers; daher scheint die Entwicklung eines spezifischen Oberkörpertrainings wichtig. Die meisten Studien, die die Auswirkungen eines intensiven Krafttrainings untersuchten, zeigten jedoch triviale Auswirkungen auf die Leistung im Skilanglauf, was darauf hindeutet, dass es eine erhebliche individuelle Heterogenität gibt. Diese Ergebnisse unterstreichen, dass im Allgemeinen „stärker nicht unbedingt besser" ist, wenn es um die Optimierung der Leistung beim Skilanglauf geht. Trainer und Athleten werden daher ermutigt, Trainingsprogramme zu entwickeln, die Folgendes beinhalten: (I) Möglichkeiten, das Krafttraining mit dem Ausdauertraining der Skiläufer zu kombinieren, um das Risiko einer ungeplanten Überlastung zu minimieren und in der Folge eine optimale Leistungsentwicklung zu erreichen; (II) Trainingsreize (maximal, explosiv oder muskuläre Ausdauer), die auf die Bedürfnisse des einzelnen Skiläufers abgestimmt sind; (III) sportartspezifische Kraftübungen, die so konzipiert sind, dass sie den korrekten Muskeleinsatz bei den erforderlichen Techniken stimulieren, aber ausreichend sind, um die notwendige Überlastung zu erreichen; und (IV) Möglichkeiten, die Bewegungsmuster und das Timing des Krafteinsatzes, die bei bestimmten Techniken erforderlich sind, auf Kraftübungen zu übertragen, um die Technik zu optimieren.

Danksagung Der Autor dankt Prof. Øyvind Sandbakk für wertvolle Kommentare zum Manuskript und Doktorand Øyvind Skattebo für seine Ideen zu Abb. 24.1 in diesem Kapitel.

Literatur

1. Sandbakk Ø. The evolution of champion cross-country-skier training: from Lumberjacks to Professional Athletes. Int J Sports Physiol Perform. 2017;12(2):254–9. https://doi.org/10.1123/ijspp.2016-0816. Epub 2017 Jan 17.
2. Losnegard T, Hallén J. Physiological differences between sprint- and distance-specialized cross-country skiers. Int J Sports Physiol Perform. 2014;9(1):25–31. https://doi.org/10.1123/ijspp.2013-0066.
3. Hoff J, Helgerud J, Wisløff U. Maximal strength training improves work economy in trained female cross country skiers. Med Sci Sports Exerc. 1999;31(6):870–7.
4. Losnegard T, Mikkelsen K, Ronnestad BR, Hallén J, Rud B, Raastad T. The effect of heavy strength training on muscle mass and physical performance in elite cross country skiers. Scand J Med Sci Sports. 2011;21(3):389–401.
5. Nilsson J, Holmberg HC, Tveit P, Hallén J. Effects of 20-s and 180-s double poling interval training in cross-country skiers. Eur J Appl Physiol. 2004;92:121–7. https://doi.org/10.1007/s00421-004-1042-4.
6. Skattebo Ø, Hallen J, Rønnestad BR, Losnegard T. Upper body heavy strength training does not affect performance in junior female crosscountry skiers. Scand J Med Sci Sports. 2015;29:1007–16. https://doi.org/10.1111/sms.12517.
7. Terzis G, Stattin B, Holmberg HC. Upper body training and the triceps brachii muscle of elite cross country skiers. Scand J Med Sci Sports. 2006;16:121–6. https://doi.org/10.1111/j.1600-0838.2005.00463.x.

8. di Prampero PE, Atchou G, Brückner JC, Moia C. The energetics of endurance running. Eur J Appl Physiol Occup Physiol. 1986;55(3):259–66.
9. Ingjer F. Maximal oxygen uptake as a predictor of performance ability in women and men elite cross-country skiers. Scand J Med Sci Sports. 1991;1(1):25–30.
10. Saltin B, Astrand PO. Maximal oxygen uptake in athletes. J Appl Physiol. 1967;23(3):353–8.
11. Sandbakk Ø, Hegge AM, Losnegard T, Skattebo Ø, Tønnessen E, Holmberg HC. The physiological capacity of the world's highest ranked female cross-country skiers. Med Sci Sports Exerc. 2016;48(6):1091–100.
12. Losnegard T, Myklebust H, Hallén J. Anaerobic capacity as a determinant of performance in sprint skiing. Med Sci Sports Exerc. 2012;44(4):673–81.
13. Sandbakk O, Holmberg HC, Leirdal S, Ettema G. The physiology of world-class sprint skiers. Scand J Med Sci Sports. 2011;21(6):e9–16.
14. Hoff J, Gran A, Helgerud J. Maximal strength training improves aerobic endurance performance. Scand J Med Sci Sports. 2002;12(5):288–95.
15. Østerås H, Helgerud J, Hoff J. Maximal strength-training effects on force velocity and force-power relationships explain increases in aerobic performance in humans. Eur J Appl Physiol. 2002;88(3):255–63.
16. Mikkola JS, Rusko HK, Nummela AT, Paavolainen LM, Häkkinen K. Concurrent endurance and explosive type strength training increases activation and fast force production of leg extensor muscles in endurance athletes. J Strength Cond Res. 2007;21(2):613–20.
17. Rønnestad BR, Kojedal O, Losnegard T, Kvamme B, Raastad T. Effect of heavy strength training on muscle thickness, strength, jump performance, and endurance performance in well-trained Nordic Combined athletes. Eur J Appl Physiol. 2012;112(6):2341–52.
18. Øfsteng S, Sandbakk Ø, van Beekvelt M, Hammarström D, Kristoffersen R, Hansen J, Paulsen G, Rønnestad BR. Strength training improves double-poling performance after prolonged submaximal exercise in cross-country skiers. Scand J Med Sci Sports. 2017;28(3):893–904. https://doi.org/10.1111/sms.12990.
19. Børve J, Jevne SN, Rud B, Losnegard T. Upper-body muscular endurance training improves performance following 50 min of double poling in well-trained cross-country skiers. Front Physiol. 2017;22(8):690.
20. Sandbakk Ø, Ettema G, Holmberg HC. Gender differences in endurance performance by elite cross-country skiers are influenced by the contribution from poling. Scand J Med Sci Sports. 2014;24(1):28–33.
21. Sandbakk Ø, Losnegard T, Skattebo Ø, Hegge A, Tønnesen E, Kocbach J. Analysis of classical time-trial performance and technique-specific physiological determinants in elite female cross-country skiers. Front Physiol. 2016b;7:326. https://doi.org/10.3389/fphys.2016.00326.
22. Losnegard T, Myklebust H, Spencer M, Hallén J. Seasonal variations in VO_{2max}, O_2-cost, O_2-deficit and performance in elite cross-country skiers. J Strength Cond Res. 2013;27(7):1780–90.
23. Saunders PU, Pyne DB, Telford RD, Hawley JA. Factors affecting running economy in trained distance runners. Sports Med. 2004;34:465–85. https://doi.org/10.2165/00007256-200434070-00005.
24. Costill DL, Thomason H, Roberts E. Fractional utilization of the aerobic capacity during distance running. Med Sci Sports Exerc. 1973;5(4):248–52.
25. Impellizzeri FM, Marcora SM, Rampinini E, Mognoni P, Sassi A. Correlations between physiological variables and performance in high level cross country off road cyclists. Br J Sports Med. 2005;39(10):747–51.
26. Vikmoen O, Ellefsen S, Trøen Ø, Hollan I, Hanestadhaugen M, Raastad T, Rønnestad BR. Strength training improves cycling performance, fractional utilization of VO_{2max} and cycling economy in female cyclists. Scand J Med Sci Sports. 2016;26(4):384–96.
27. Losnegard T, Hallén J. Elite cross-country skiers do not reach their running VO_{2max} during roller ski skating. J Sports Med Phys Fitness. 2014;54(4):389–93.
28. Sandbakk Ø, Holmberg HC. Physiological capacity and training routines of elite cross-country skiers: approaching the upper limits of human endurance. Int J Sports Physiol Perform. 2017;12(8):1003–11. https://doi.org/10.1123/ijspp.2016-0749.

29. Rud B, Secher NH, Nilsson J, Smith G, Hallen J. Metabolic and mechanical involvement of arms and legs in simulated double pole skiing. Scand J Med Sci Sports. 2014;24:913–9.
30. Vandbakk K, Welde B, Kruken AH, Baumgart J, Ettema G, Karlsen T, et al. Effects of upper-body sprint-interval training on strength and endurance capacities in female cross-country skiers. PLoS One. 2017;12:e0172706. https://doi.org/10.1371/journal.pone.0172706.
31. Bergh U, Kanstrup IL, Ekblom B. Maximal oxygen uptake during exercise with various combinations of arm and leg work. J Appl Physiol. 1976;41(2):191–6.
32. Hegge AM, Bucher E, Ettema G, Faude O, Holmberg HC, Sandbakk Ø. Gender differences in power production, energetic capacity and efficiency of elite cross-country skiers during whole-body, upper-body, and arm poling. Eur J Appl Physiol. 2016;116(2):291–300.
33. Spencer M, Gastin PB. Energy system contribution during 200- to 1500-m running in highly trained athletes. Med Sci Sports Exerc. 2001;33(1):157–62.
34. Karlsson Ø, Gilgien M, Gløersen ØN, Rud B, Losnegard T. Exercise intensity during cross-country skiing described by oxygen demands in flat and uphill terrain. Front Physiol. 2018;9:846. https://doi.org/10.3389/fphys.2018.00846.
35. Andersson E, Holmberg HC, Ørtenblad N, Björklund G. Metabolic responses and pacing strategies during successive sprint skiing time trials. Med Sci Sports Exerc. 2016;48(12):2544–54.
36. McGawley K, Holmberg HC. Aerobic and anaerobic contributions to energy production among junior male and female cross-country skiers during diagonal skiing. Int J Sports Physiol Perform. 2014;9(1):32–40. https://doi.org/10.1123/ijspp.2013-0239.
37. Norman RW, Ounpuu S, Fraser M, Mitchell R. Mechanical power output and estimated metabolic rates of Nordic skiers during Olympic competition. Int J Sports Biomech. 1989;5:169–84.
38. Bangsbo J, Gollnick PD, Graham TE, Juel C, Kiens B, Mizuno M, Saltin B. Anaerobic energy production and O_2 deficit-debt relationship during exhaustive exercise in humans. J Physiol. 1990;422:539–59.
39. Bangsbo J, Michalsik L, Petersen A. Accumulated O_2 deficit during intense exercise and muscle characteristics of elite athletes. Int J Sports Med. 1993;14(4):207–13.
40. Stöggl T, Lindinger S, Müller E. Biomechanical validation of a specific upper body training and testing drill in cross-country skiing. Sports Biomech. 2006;5(1):23–46.
41. Stöggl T, Müller E, Ainegren M, Holmberg HC. General strength and kinetics: fundamental to sprinting faster in cross country skiing? Scand J Med Sci Sports. 2011;21(6):791–803.
42. Østerås S, Welde B, Danielsen J, van den Tillaar R, Ettema G, Sandbakk Ø. Contribution of upper-body strength, body composition, and maximal oxygen uptake to predict double poling power and overall performance in female cross-country skiers. J Strength Cond Res. 2016;30(9):2557–64. https://doi.org/10.1519/JSC.0000000000001345.
43. Ainegren M, Laaksonen MS, Carlsson P, Tinnsten M. Skiing economy and efficiency in recreational and elite cross-country skiers. J Strength Cond Res. 2012;27(5):1239–52.
44. Losnegard T, Myklebust H, Skattebo Ø, Stadheim HK, Sandbakk Ø, Hallén J. The influence of pole length on performance, O_2-cost and kinematics in double poling. Int J Sports Physiol Perform. 2017a;12(2):211–7.
45. Losnegard T, Myklebust H, Ehrhardt A, Hallén J. Kinematical analysis of the V2 ski skating technique: a longitudinal study. J Sports Sci. 2017b;35(12):1219–27.
46. Montero D, Lundby C. The effect of exercise training on the energetic cost of cycling. Sports Med. 2015;45(11):1603–18.
47. Rønnestad BR, Mujika I. Optimizing strength training for running and cycling endurance performance: a review. Scand J Med Sci Sports. 2014;24(4):603–12.
48. Carlsson T, Wedholm L, Nilsson J, Carlsson M. The effects of strength training versus ski-ergometer training on double-poling capacity of elite junior cross-country skiers. Eur J Appl Physiol. 2017;117(8):1523–32.
49. Holmberg HC, Lindinger S, Stöggl T, Eitzlmair E, Müller E. Biomechanical analysis of double poling in elite cross-country skiers. Med Sci Sports Exerc. 2005;37(5):807–18.
50. Bojsen-Møller J, Losnegard T, Kemppainen J, Viljanen T, Kalliokoski KK, Hallén J. Muscle use during double poling evaluated by positron emission tomography. J Appl Physiol. 2010;109(6):1895–903.

51. Lindinger SJ, Holmberg HC, Müller E, Rapp W. Changes in upper body muscle activity with increasing double poling velocities in elite cross-country skiing. Eur J Appl Physiol. 2009;106(3):353–63.
52. Calbet JA, Holmberg HC, Rosdahl H, van Hall G, Jensen-Urstad M, Saltin B. Why do arms extract less oxygen than legs during exercise? Am J Phys Regul Integr Comp Phys. 2005;289(5):R1448–58.
53. Calbet JA, Jensen-Urstad M, van Hall G, Holmberg HC, Rosdahl H, Saltin B. Maximal muscular vascular conductances during whole body upright exercise in humans. J Physiol. 2004;558(Pt 1):319–31.
54. Campos GE, Luecke TJ, Wendeln HK, Toma K, Hagerman FC, Murray TF, et al. Muscular adaptations in response to three different resistance-training regimens: specificity of repetition maximum training zones. Eur J Appl Physiol. 2002;88:50–60.
55. Mikkola J, Vesterinen V, Taipale R, Capostagno B, Häkkinen K, Nummela A. Effect of resistance training regimens on treadmill running and neuromuscular performance in recreational endurance runners. J Sports Sci. 2011;29:1359–71. https://doi.org/10.1080/02640414.2011.589467.
56. Sedano S, Marin PJ, Cuadrado G, Redondo JC. Concurrent training in elite male runners: the influence of strength versus muscular endurance training on performance outcomes. J Strength Cond Res. 2013;27:2433–43. https://doi.org/10.1519/JSC.0b013e318280cc26.
57. Ebben WP, Kindler AG, Chirdon KA, Jenkins NC, Polichnowski AJ, Ng AV. The effect of high-load vs. high-repetition training on endurance performance. J Strength Cond Res. 2004;18:513–7. https://doi.org/10.1519/R-12722.1.
58. Gallagher D, DiPietro L, Visek AJ, Bancheri JM, Miller TA. The effects of concurrent endurance and resistance training on 2,000-mrowing ergometer times in collegiate male rowers. J Strength Cond Res. 2010;24:1208–14.

Krafttraining für Schwimmer

25

Iñigo Mujika und Emmet Crowley

Kombiniertes Ausdauer- und Krafttraining ist heutzutage ein integraler Bestandteil des Vorbereitungsprozesses der meisten Wettkampfschwimmer, Dabei werden die langen, meist aeroben Schwimmeinheiten oft mit einer Form des Krafttrainings entweder an Land oder im Wasser kombiniert. Die Dauer der Schwimmwettkämpfe bei Weltmeisterschaften liegt zwischen etwa 21 s bei den 50 m Freistil der Männer und 5 h und 15 min bei den 25 km Freiwasserschwimmen der Frauen. Aufgrund dieser enormen Spannbreite bei Distanz und Dauer sowie der Beteiligung explosiver Aktionen wie Starts und Wenden an der gesamten Schwimmleistung ist der relative Beitrag der aeroben und anaeroben Energiebereitstellung zur Leistung sehr unterschiedlich. Daher scheint ein Training, das sowohl die Muskelkraft als auch die aerobe Ausdauer verbessert, für die Verbesserung der Schwimmleistung im Wettkampf unerlässlich zu sein.

Grundsätzliche Implikationen für Krafttraining im Schwimmen

Um auf nationaler oder internationaler Ebene erfolgreich zu sein, müssen Schwimmer das ganze Jahr über Krafttraining absolvieren, um die Maximal- und Schnellkraft zu erhalten oder zu steigern, die Bewegungsabläufe zu verbessern und das

I. Mujika (✉)
Department of Physiology, Faculty of Medicine and Odontology, University of the Basque Country, Leioa, Spanien

Exercise Science Laboratory, School of Kinesiology, Faculty of Medicine, Universidad Finis Terrae, Santiago, Chile
E-Mail: inigo.mujika@inigomujika.com

E. Crowley
Biomechanics Research Unit, Department of Physical Education and Sport Sciences, University of Limerick, Limerick, Irland

M. Schumann, B. R. Rønnestad (Hrsg.), *Kombiniertes Ausdauer- und Krafttraining*, https://doi.org/10.1007/978-3-031-36310-8_25

Verletzungsrisiko zu verringern [1, 2]. Die eingesetzte Muskelkraft beim Schwimmen führt zu einer horizontalen Bewegung des Athleten mit einer Geschwindigkeit, die proportional zur Größe, Richtung und Dauer der resultierenden Kraft ist. Das Hauptziel der von einem Schwimmer geleisteten mechanischen Arbeit ist die Überwindung des hydrodynamischen Widerstands, der proportional zum Quadrat der Geschwindigkeit ansteigt, während die erforderliche Stoffwechselleistung proportional zur Kubikzahl der Geschwindigkeit ist. Daher erfordert jede Erhöhung der Schwimmgeschwindigkeit einen proportionalen Anstieg der Muskelkraft, um den aktiven Widerstand zu überwinden und die Vortriebskraft zu erhöhen, was darauf hindeutet, dass die Muskelkraft als leistungsbestimmender Faktor beim Schwimmen angesehen werden kann [3].

Eine Verbesserung der Kraftleistungsfähigkeit sollte sich theoretisch in einer erhöhten Fähigkeit zur Erzeugung von Vortriebskraft im Wasser niederschlagen, aber auch technische Aspekte der Schwimmstilmechanik bestimmen das Ausmaß, in dem sich die erhöhte Kraft in eine höhere Schwimmgeschwindigkeit umsetzt [4–10] (Abb. 25.1). In dieser Hinsicht ist es wichtig zu bedenken, dass das Krafttraining für Schwimmer das sportartspezifische Training im Wasser nicht ersetzen, sondern ergänzen sollte, und dass es die Trainingseinheiten des Schwimmers im Wasser ver-

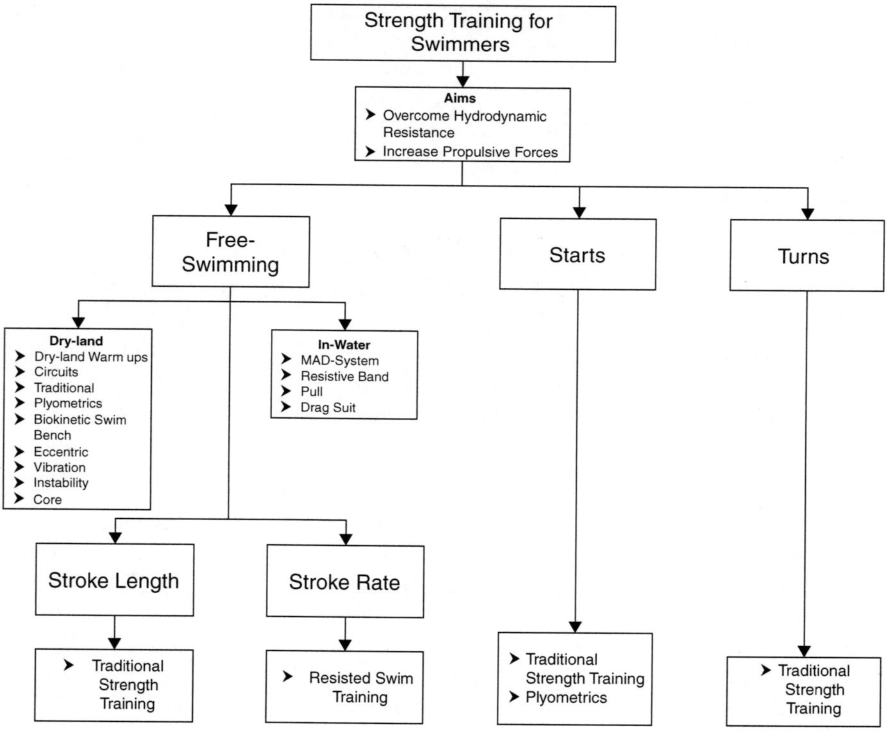

Abb. 25.1 Illustration der vorgeschlagenen Krafttrainingsmethoden zur Verbesserung der Schwimmleistung und Ergebnisse aus der Literatur

bessern und nicht behindern sollte, indem es die Qualität des Trainings erhöht, zur Erholung beiträgt und das Risiko von Überlastungsschäden verringert [2].

Auswirkungen von Maximal- und Schnellkraft auf die Schwimmleistung

Krafttraining wird eingesetzt, um die Kraft-Geschwindigkeits-Kurve und die Fähigkeit, unter sportartspezifischen Bedingungen große Muskelkräfte aufzubringen, zu verändern. Ein positiver Transfer auf die Schwimmleistung sollte durch Verbesserungen sowohl der physiologischen als auch der biomechanischen Parameter erreicht werden. Insbesondere die Kraft des Oberkörpers ist beim Schwimmen von entscheidender Bedeutung, da ein Großteil der Vortriebskräfte [11–13] und der Schwimmgeschwindigkeit [11, 14–16] von der Oberkörpermuskulatur erzeugt wird. In der Tat berichteten Carl et al. [17] über eine starke Korrelation zwischen des Ein-Wiederholungs-Maximums (1RM) beim Bankdrücken, der im Wasser erzeugten Kraft, die während des Schwimmens mit Wiederstand (d. h. tethered swimming) gemessen wurde, und einem 22,9-m-Schwimmen auf Zeit. Solche Korrelationen waren besonders bei männlichen Schwimmern relevant. Das 1RM in der Beinpresse hingegen zeigte eine schwache Korrelation mit der Schwimmleistung und korrelierte nicht mit der Schwimmkraft. Morouço et al. [18] untersuchten die mittlere Kraft der Antriebsphase in drei Tests an Land (Kniebeuge, konzentrische Phase des Bankdrückens und Latissimus-Ziehen nach hinten) und analysierten ihren Zusammenhang mit der Kraftproduktion im Wasser (mittlere Kraftproduktion während 30 s maximaler Anstrengung beim Kraulschwimmen mit dem ganzen Körper, nur mit den Armen und nur mit den Beinen) und der Schwimmgeschwindigkeit bei einem maximalen Durchgang von 50 m Kraulen vorwärts. Die mittlere Vortriebskraft beim Bankdrücken und Latissimus-Ziehen zeigte mäßig starke Zusammenhänge mit der mittleren Kraftproduktion im ganzen Körper und nur mit den Armen, während die Schwimmleistung mit der mittleren Kraft beim Latissimus-Ziehen nach hinten zusammenhing. Die Autoren kamen zu dem Schluss, dass der Latissimus-Zug nach hinten der Test an Land ist, der am stärksten mit der Schwimmleistung zusammenhängt. Bankdrücken hingegen korrelierte am besten mit der Kraftproduktion der Arme im Wasser, während die physikalische Arbeit im Counter-Movement-Jump (CMJ) mit der Schwimmkraft der Beine zusammenhing. Diese und ähnliche Ergebnisse [19] unterstreichen die Notwendigkeit einer getrennten Bewertung der Kraft-Geschwindigkeits-Eigenschaften von Armen und Beinen und die Berücksichtigung dieser Maße bei der Trainingsgestaltung.

Allerdings muss die Steigerung der Kraftentwicklung auf schwimmspezifische Weise erfolgen. Es wird angenommen, dass neuromuskuläre Anpassungen wie verbesserte Rekrutierung der motorischen Einheiten, Synchronisation, Ko-Kontraktionen, Feuerrungsraten, intra- und inter-neuromuskuläre Koordination und neuronale Hemmung für eine Verbesserung der Schwimmleistung verantwortlich sind. Ob eine Transfer-Trainingsmethode, die auf einer Kombination aus Krafttraining an Land und Schwimmen mit maximaler Geschwindigkeit basiert, ein nützliches Mittel zur Steigerung der Schwimmleistung sein könnte, muss noch bestätigt werden [20].

Das Schwimmen im Becken besteht aus drei verschiedenen Phasen: Freies Schwimmen, Starts und Wenden (Abb. 25.1). Die Auswirkungen des Krafttrainings auf die Leistung beim Freischwimmen sind umfassend erforscht worden. In einer kürzlich erschienenen Übersichtsarbeit von Crowley et al. [21] wird berichtet, dass Trainingsprogramme mit geringem Volumen, hoher Geschwindigkeit und/oder Kraft sowie schwimmspezifische Krafttrainingsprogramme einen positiven Einfluss auf die Schwimmleistung haben, aber der Mangel an qualitativ hochwertigen methodischen Studien mit Eliteschwimmern macht die Interpretation der Literatur schwierig. Außerdem sind trotz der Ähnlichkeiten zwischen den Armbewegungen bei Simulationen des Trockenschwimmens und des Sprintschwimmens nur die im Wasser durchgeführten Leistungsmessungen spezifisch für die Vortriebskräfte des Kraulschwimmens. Außerdem variieren der Beitrag der einzelnen Gliedmaßen [22, 23] sowie die zyklusinterne Kraftproduktion und Leistung während der verschiedenen Vortriebsphasen des Kraulschwimmens [24, 25].

Schwimmstart

Schwimmstarts bestehen aus einer einzigartigen koordinativen Anstrengung von Reaktionszeit, vertikalen Kräften und horizontalen Kräften. Die Schlüsselkomponente der Startleistung ist die Kraft des Unterkörpers, die stark mit der Schwimmstartleistung korreliert [26]. Die Spitzengeschwindigkeit, die bei Sprüngen mit externen Lasten im Verhältnis zur Körpermasse erreicht wird, ist ein guter Indikator für die Startleistung beim Schwimmen [27], und Schwimmer, die in der Lage sind, ein hohes Maß an Kraft zu erzeugen, sind in der Lage, schneller die ersten 10 m zu schwimmen [28]. In der Tat erzeugen Eliteschwimmer höhere horizontale und vertikale Impulse als Nicht-Eliteschwimmer [29]. Plyometrisches Training für den Unterkörper scheint sich positiv auf die Startleistung beim Schwimmen auszuwirken [30–32], was ebenfalls die Schlüsselrolle der Maximal- und Schnellkraft des Unterkörpers für die Startleistung unterstreicht.

Wenden

Die Literatur zum Wenden im Schwimmen ist stark limitiert und bietet keinen klaren Einblick in die Vorteile eines Krafttrainings. Geringere Luftwiderstand, hohe maximale propulsive Kräfte und eine verlängerte Abstoßzeit an der Wand führen zur schnellsten Wendeleistung, d. h. 2,5 m beim Anschwimmen und Abstoßen [33]. Lyttle et al. [34] untersuchten die Nettokräfte, die während des Gleitens und Abstoßens unter Wasser entstehen, um eine geeignete Geschwindigkeit für den Beginn des Abstoßens unter Wasser sowie die effektivste Gleitposition und Abstoßtechnik nach einer Wende zu ermitteln. Der optimale Geschwindigkeitsbereich für den Beginn des Abstoßes unter Wasser, um Energieverluste durch übermäßigen aktiven

Widerstand zu vermeiden, lag bei 1,9–2,2 m/s, aber es wurden keine Unterschiede zwischen der liegenden und der seitlichen Stromliniengleitposition oder zwischen den drei Unterwasserkicktechniken (prone freestyle kick, prone dolphin kick, lateral dolphin kick) festgestellt. Schnellere Schwimmer zeigen jedoch eine größere Sprungkraft im Squat-Jump, eine größere Sprunghöhe im CMJ sowie eine größere vertikale Höhe und eine höhere Geschwindigkeit beim Abstoßen [35]. Eliteschwimmer und -Schwimmerinnen weisen auch beim Springen an Land (insbesondere bei der maximalen Absprunggeschwindigkeit und Leistung im Squat-Jumps ohne Zusatzgewicht) und beim Wenden im Wasser eine um 30–50 % höhere Kraft der Beinstrecker auf als Schwimmer in der unteren Leistungsklasse [36]. Kurzfristiges ballistisches Training und Maximalkrafttraining können die Kraftcharakteristika der Beinstrecker verbessern und Aspekte der Abstoßphase der Schwimmwende bei Eliteschwimmern verbessern [37]. Ein gut geplantes und durchgeführtes Kraft- und Konditionierungsprogramm ist daher für Nachwuchs- und Eliteschwimmer erforderlich, um diese Eigenschaften zu entwickeln [36, 37].

Auswirkungen von Krafttraining auf biomechanische Parameter beim Schwimmen

Die Schwimmgeschwindigkeit ist das Produkt aus Schlaglänge und Schlagfrequenz und spielt eine wichtige Rolle bei der Verbesserung der Schwimmleistung. Faktoren wie Training, Intensität, physiologische Fähigkeiten, Wettkampfdistanzen, Geschlecht und Schwimmtechnik beeinflussen das Verhältnis zwischen Schlaglänge und Schlagzahl [38–40], und Trainer empfehlen häufig Training zur Verbesserung einer dieser technischen Parameter [41–43]. Leider gibt es bisher keine Untersuchungen, die sich speziell mit der Verbesserung der Schlaglänge oder der Schlagfrequenz durch Krafttraining befassen.

Die Schlaglänge sorgt für die Aufrechterhaltung der Schwimmantriebskräfte in horizontaler Richtung, verbessert die Schwimmeffizienz und bestimmt die Schwimmgeschwindigkeit [13, 44–50]. Obwohl einige Studien darauf hindeuten, dass ein Training mit geringen Wiederholungen und hoher Kraft eine Zunahme der Schlaglänge bewirkt [51, 52], zeigten andere keine signifikante Zunahme [10, 53], so dass weitere Untersuchungen gerechtfertigt sind. Dennoch zeigen Beispiele aus der Praxis, dass Schwimmer, die die schnellsten Zeiten der Welt erzielen, die größte Schlaglänge haben, was ein hohes Maß an Kraft erfordert. Die Schlagfrequenz hat einen großen Einfluss auf die Schwimmgeschwindigkeit bei Wettkämpfen mit kürzerer Dauer, wie z. B. bei 50-m-Leistungen [10, 46, 49, 54]. Eine Trainingsintervention, bei der mit Widerstand geschwommen wird, kann die 100-m-Schwimmleistung verbessern, da der Schwimmer genügend Antriebskraft aufbringen muss, um sich durch Erhöhung der Schlagfrequenz vorwärts zu bewegen, anstatt vom Widerstandsband zurückgezogen zu werden. Die schnellere zweite Hälfte der 100-m-Schwimmleistung deutet außerdem darauf hin, dass das Schwimmen mit Widerstand die Kraftausdauer verbessert [48].

Kombiniertes Kraft- und Ausdauertraining im Schwimmen

Berryman et al. [55] untersuchten kürzlich die Nettoeffekte des Krafttrainings auf die Leistung bei mittleren und langen Distanzen anhand einer Metaanalyse der verfügbaren Literatur. Die Ergebnisse zeigten, dass Krafttraining mit moderaten Leistungsverbesserungen beim Laufen, Radfahren, Skilanglauf und Schwimmen verbunden war. Diese Leistungsvorteile waren hauptsächlich auf Verbesserungen der Energiekosten für die Fortbewegung, der Maximalkraft und der maximalen Leistung zurückzuführen. Das Training der Maximalkraft (Sätze von 1–5 Wiederholungen isoinertialer Kontraktionen bei 80 % des 1RM oder mehr) und eine Kombination von verschiedenen Methoden erbrachte dabei größere Vorteile als das submaximale Training (Sätze von 6–25 Wiederholungen isoinertialer Kontraktionen zwischen 60 und 80 % des 1RM) und das Training der Schnellkraft (plyometrisches Training, Sprinttraining und Sätze von 4–6 Wiederholungen bei der Belastung, die während einer bestimmten isoinertialen Bewegung die maximale Leistung hervorruft), und die positiven Auswirkungen waren konsistent, unabhängig vom Leistungsstand der Athleten. Der Umfang des Krafttrainings wurde mit Reduktion der Energiekosten in Verbindung gebracht, und kombiniertes Training mit mehr als 24 Krafttrainingseinheiten führte zu größeren Auswirkungen auf die Reduktion des Energiebedarfs als kürzere Interventionsdauern. Alle in die Analyse einbezogenen Sportarten, einschließlich Schwimmen, schienen in ähnlicher Weise von einer solchen Trainingsstrategie zu profitieren [55].

Krafttraining an Land

Kraft- und Leistungsverbesserungen eines Schwimmers werden vorwiegend im Trockentraining (d. h. im Fitnessstudio) erzielt, aber ein angemessenes Programm mit den richtigen Übungen kann die im Wasser erzielbaren Ergebnisse von Maximal- und Schnellkrafttraining verbessern [1] (Abb. 25.1). Schwimmer, die zusätzlich zu ihrem regulären Schwimmtraining 11 Wochen lang zweimal pro Woche ein kombiniertes Programm aus Maximalkraft- und hochintensivem Intervallausdauertraining absolvierten, verbesserten ihre Kraft an Land, ihre Schwimmkraft im Wasser und ihre Leistung über 400 m Freistil stärker als eine Kontrollgruppe, die weiterhin regulär in ihrer Mannschaft trainierte. Die Verbesserung der 400-m-Leistung korrelierte nur bei den weiblichen Schwimmern mit dem Zuwachs an im Wasser gemessener Schwimmkraft (d. h. tethered swimming), während es keine Veränderungen bei der Schlagfrequenz und -länge, der Leistung bei 50 oder 100 m Freistil, der Schwimmökonomie oder der maximalen Sauerstoffaufnahme gab. Diese Ergebnisse deuten darauf hin, dass diese Art des Krafttrainings zur Verbesserung der Schwimmleistung über mittlere Distanzen wirksam sein könnte [53]. Angesichts der positiven Auswirkungen des Krafttrainings auf die anaerobe Leistungsfähigkeit ist ein besseres Verständnis der Beziehung zwischen Krafttraining, anaeroben Faktoren und Mittel- und Langstreckenleistungen bei Ausdauerwettkämpfen im Allgemeinen und Schwimmwettkämpfen im Besonderen erforderlich. Ein besseres Verständnis ist auch hinsichtlich des Einflusses der Dauer des Krafttrainings erforderlich. Berryman et al. [55] berichteten über größere positive Effekte im Hinblick auf die Energiebedarf nach längeren Trainingsprotokollen (> 24 Trainingseinheiten), aber die chronischen Auswirkungen eines solchen Trainingsprogramms sind weniger bekannt. Es sind weitere Untersuchungen erforderlich, um die Auswirkungen verschiedener langfristiger Periodisierungsstrategien zu untersuchen und den Athleten und Trainern detaillierte Leitlinien an die Hand zu geben, z. B. in Bezug auf den am besten geeigneten Zeitpunkt für die Umsetzung des Krafttrainings im Rahmen des jährlichen Trainingsplans [55].

Krafttraining im Wasser

Mujika et al. [56] berichteten über die Trainingsinhalte einer Gruppe von 18 100- und 200-m-Eliteschwimmern während einer 44-wöchigen Saison. Das Trainingsvolumen dieser Schwimmer lag zwischen 749 und 1475 km, von denen 95 % bei Intensitäten geschwommen wurden, die unter, bei oder leicht über dem Beginn der Laktatakkumulation im Blut lagen. Beim Trockentraining gab es große Unterschiede: Einige Schwimmer absolvierten während der Saison bis zu 40 h Trockentraining, während andere überhaupt kein Training an Land absolvierten. Interessanterweise bestand kein Zusammenhang zwischen dem Umfang des Trockentrainings und den Leistungen während der Saison. Alle Schwimmer führten jedoch ein umfangreiches submaximales Krafttraining im Wasser durch, z. B. Armzug, Stoßen und schwimmspezifisches Krafttraining, indem sie gegen einen erhöhten Widerstand schwammen. Interessanterweise schien das schwimmspezifische Krafttraining kurzfristig einen negativen Einfluss auf die Leistungsfähigkeit zu haben, aber sein mittel- bis langfristiger Beitrag zur Leistung konnte nicht bestimmt werden [41].

Methoden des Krafttrainings für Schwimmer

Schwimmerinnen und Schwimmer nutzen heute eine Vielzahl von Krafttrainingsmethoden für ihre Wettkampfvorbereitung. Dazu gehören u. a. Aufwärmübungen im Trockenen, Zirkeltraining, traditionelles Krafttraining, plyometrische Übungen, biokinetisches Training auf der Schwimmbank, Measurement of Active Drag System (d. h. MAD-System), Core-Training (d. h. Training der Rumpfkraft), Training mit Widerstandsbändern, Training mit erhöhtem Wiederstand (d. h. drag suit training), exzentrisches Training, Vibrationstraining und Instabilitätstraining. Eine systematische Übersicht der verfügbaren kontrollierten Trainingsinterventionsstudien ergab Hinweise darauf, dass maximales Krafttraining an Land (1–5 maximale Wiederholungen mit Pull-Downs für 3 Sätze mit maximaler Anstrengung in der konzentrischen Phase) oder Sprintschwimmen mit Widerstand effizient für eine Leistungssteigerung sein können. Solche Strategien können auch positive Auswirkungen auf die Mechanik des Schwimmschlages haben, wobei die größte Effektstärke bei 50 m Freistil nach einem Krafttraining an Land mit 3 Sätzen von maximal 6 Wiederholungen in den relevanten Muskelgruppen und nach einem Training mit Widerstand und assistiertem Sprint mit elastischen chirurgischen Schläuchen zu verzeichnen ist [57]. Im folgenden Abschnitt werden die wissenschaftlichen Belege für diese Trainingsmethoden, soweit vorhanden, sowie ihre praktische Anwendung erörtert.

Aufwärmübungen im Trockenen

Aufwärmübungen an Land sind ein fester Bestandteil jedes Elite-Schwimmzentrums. Sie werden sowohl zur Aktivierung als auch zur Verletzungsprävention umgesetzt. Die Einbeziehung von Aktivierungsübungen im Trockenen vor einem Wettkampf kann die Sprintleistung im Freistil um 0,7–0,8 % verbessern [58, 59]. Das Aufwärmprogramm im Trockenen bestand in diesen Studien aus 3 x Medizinballwerfen (2 kg), 3 x 10 s simuliertem Unterwasser-Schmetterlings-Kick mit einer Seilzugvorrichtung über dem Kopf des Schwimmers und 3 x 0,4 m Boxsprüngen. Die dynamische Komponente dieses Aufwärmprogramms würde zu einer Verbesserung der Körpertemperatur, des Stoffwechsels, der neuronalen und psychologischen Mechanismen führen [60]. Dies deutet darauf hin, dass Aufwärmübungen im Trockenen ein wichtiger Bestandteil des Trainingsplans eines Schwimmers sind, um auf höchstem Niveau zu konkurrieren, und eine großartige Möglichkeit sowohl für die Prävention und Therapie darstellen.

Zirkeltraining

Zirkeltraining wird in vielen Sportarten als zusätzlicher Kraft- und Ausdauerreiz eingesetzt. Es umfasst eine Reihe von Übungen und kann auf unterschiedliche Art und Weise durchgeführt werden. Eine typische Struktur des Zirkeltrainings ist der Einsatz von leichten Lasten (40–60 % 1RM), kurzen Ruhepausen und wiederholten Zirkeln mit 3–5 Sätzen [61, 62]. Zirkeltraining kann zur Verbesserung der Körperzusammensetzung, der Muskelkraft, der muskulären Ausdauer und der kardiovaskulären Fitness bei freizeitlich aktiven Probanden führen [63, 64]. Untrainierte Personen zeigen außerdem große Verbesserungen der VO_{2max} als Ergebnis dieser Art von Training, aber für trainierte Sportler zeigt der Trainingsreiz für Verbesserungen der VO_{2max} nicht ausreichend zu sein [65]. Ähnliche Ergebnisse zeigen sich bei der Messung von Maximal- und Schnellkraft. Obwohl das Zirkeltraining bei Spitzensportlern keine eindeutigen Verbesserungen zu bewirken scheint, bietet es mehrere praktische Vorteile, wie z. B. Konditionierung zu Beginn der Saison (aerobes Training, Körperzusammensetzung, Pufferkapazität usw.), Struktur für Anfänger im Krafttraining und Zeiteffizienz. Daher sollte das Zirkeltraining nicht vernachlässigt werden und kann ein wirksames Trainingsinstrument für Schwimmprogramme zu Beginn der Saison oder für Schwimmer sein, die eine zusätzliche aerobe Konditionierung benötigen.

Traditionelles Krafttraining

Traditionelles Krafttraining wird am häufigsten in Elite-Schwimmzentren umgesetzt und umfasst die Durchführung konventioneller Krafttrainingsübungen aus dem Fitnessstudio wie Bankdrücken, Latissimus-Ziehen, Trizeps-Streckung, Trizeps-Dips, Armbeugen, Klimmzüge und Kniebeugen. Krafttrainingsprogramme mit geringem Volumen und hoher Geschwindigkeit/Kraft führen zu einer deutlichen Verbesserung der Schwimmleistung [21]. So fanden Girold et al. [52] eine 2 %ige Steigerung der 50-m-Leistung nach 4 Wochen Krafttraining; Strass [51] berichtete über eine 2,1 %ige Verbesserung und Girold et al. [10] über eine 2,8 %ige Steigerung nach einem 12-wöchigen Programm. Strass [51] nutzte Training der Explosivkraft, während Girold et al. [10, 52] und Aspenes et al. [53] ein traditionelles Krafttraining umsetzten. Aspenes et al. [53] stellten große Verbesserungen bei der Kraft fest (20,7 %), was für alle Krafttrainingsprogramme für Schwimmer und andere Sportarten nicht ungewöhnlich ist. Die Notwendigkeit hoher Geschwindigkeiten während der konzentrischen Phase sollte betont werden, da dies größere neuromuskuläre Anpassungen und eine höhere Rekrutierung von Muskelfasern des Typs II hervorrufen kann [66–68].
Die praktische Anwendung traditioneller Krafttrainingsprogramme sollte sportartspezifisch sein (z. B. Gelenkwinkelbereiche, rekrutierte Muskeln, Kontraktionsmodus, erforderliche Kraftqualität), aber ein spezifisches Training der muskulären Ausdauer, die eine entscheidende Komponente der Schwimmleistung ist, muss nicht Teil eines Krafttrainingsprogramms für Schwimmer sein. Der Schwerpunkt sollte darauf liegen, die Schwimmer stärker und leistungsfähiger zu machen, während die Entwicklung der muskulären Ausdauer dem Schwimmtraining im Wasser überlassen werden sollte [1].

Plyometrisches Training

Plyometrisches Training ist eine sportartspezifische Trainingsmethode, die in einer Vielzahl von Sportarten eingesetzt wird, insbesondere in solchen, die Sprint- und Sprungleistungen erfordern, und die den Dehnungs-Verkürzungs-Zyklus nutzen, um ein hohes Maß an Maximal- und Schnellkraft zu erzeugen [69]. Plyometrische Übungen können die Startleistung beim Schwimmen und auch die Wendeleistung verbessern. Die grundlegenden Prinzipien der Plyometrie erfordern eine exzentrische Kontraktion, auf die schnell eine konzentrische Kontraktion folgt, wodurch die Muskelfunktion, die Koordination und die Richtung der resultierenden Kraft verbessert werden [32]. Untersuchungen von Rebutini et al. [32] ergaben, dass plyometrisches Weitsprungtraining das Drehmoment in den Gelenken der unteren Gliedmaßen und die Leistung beim Schwimmstart verbesserte. Bishop et al. [31] zeigten positive Auswirkungen einer 8-wöchigen Interventionsphase mit plyometrischem Training auf die Schwimmstartleistung durch Explosivkrafttraining. Potdevin et al. [30] fanden einen Anstieg der Schwimmgeschwindigkeit über 50 und 400 m Schwimmen, aber der Einfluss der Startleistung ist unbekannt. Die Wende-

leistung von jugendlichen Schwimmern hingegen schien sich nach einem plyometrischen Trainingsprogramm nicht zu verbessern [70].
Zusammengenommen deuten die oben genannten Daten darauf hin, dass plyometrisches Training eine wichtige Rolle bei der Steigerung der Schwimmleistung im Allgemeinen und der Startleistung im Besonderen spielt. Der große exzentrische Beitrag des plyometrischen Trainings kann auch die Leistung beim Abstoß unterstützen. Eine größere exzentrische Kraft ermöglicht es dem Schwimmer, eine größere Knie- und Hüftstreckung beizubehalten, was zu einer größeren Verdrängung des Wassers führt. Es ist jedoch wichtig, plyometrisches Training in Bezug auf die Intensität und den Umfang prorgessiv zu steigern, um Überlastungen zu vermeiden [32].

Biokinetische Schwimmbank

Die biokinetische Schwimmbank ist ein Trainingsgerät, das in vielen Schwimmzentren verwendet wird, um die Schwimmtechniken im Trockenen zu simulieren [5]. Der Schwimmer liegt in Bauchlage auf einer leicht geneigten Gleitbank, die Arme über den Kopf gestreckt und die Hände in Handschuhen gesichert. Der Schwimmer kann dann entlang der Gleitbank ziehen und so die Kinematik des Kraulschwimmens imitieren. Die auf der biokinetischen Schwimmbank erbrachte maximale Leistung steht in engem Zusammenhang ($r = 0{,}92$) mit der Schwimmgeschwindigkeit [71]. Die biokinetische Schwimmbank hat jedoch auch ihre Grenzen. Ihre mangelnde Spezifität wurde bereits mehrfach hervorgehoben. Dies ist auf den längeren Zugweg und die Verteilung der Zugkräfte über eine Reihe von Gelenkwinkeln zurückzuführen, die nicht mit dem freien Schwimmen vergleichbar sind [72]. Roberts et al. [73] konzipierten eine dreiwöchige Intervention, bei der dreimal wöchentlich die biokinetische Schwimmbank verwendet wurde. Die Ergebnisse zeigten keine Verbesserung der Schwimmleistung. Tanaka et al. [8] nutzten die biokinetische Schwimmbank, um die Verbesserung der Kraft durch ein traditionelles Krafttrainingsprogramm zu überwachen, aber obwohl es eine signifikante Verbesserung der Schwimmleistung gab, wurde keine Verbesserung der Leistung auf der biokinetischen Schwimmbank festgestellt. Diese Ergebnisse zeigen in ihrer Gesamtheit keine vorteilhaften Ergebnisse der biokinetischen Schwimmbank, aber ähnliche Hilfsmittel im Trockenen könnten von Vorteil sein, wenn es darum geht, die technischen und kraftbezogenen Defizite der Schwimmer zu verbessern.

MAD-System

Das Measurement of Active Drag System (MAD-System) misst direkt die Kräfte der Hand beim Abstoßen von einer Reihe von Pads, die in einem Abstand von 1,35 m an einem 22 m langen starren Aluminiumstab befestigt sind, der 0,8 m unter der Wasseroberfläche angebracht ist. Die Stange ist mit einem Kraftaufnehmer verbunden, der die direkte Messung der Abstoßkräfte ermöglicht. Die Schwimmer benutzen nur ihre Arme für den Antrieb, und ihre Beine werden mit einer kleinen Boje schwimmend gehalten [74]. Das MAD-System wurde bereits zur Analyse des individuellen Kraftbedarfs für das Schwimmen eines Weltrekords im 50-m-Freistil [75], aber auch als Gerät für das Krafttraining im Wasser eingesetzt. In einer Studie wurde berichtet, dass Schwimmer, die dreimal pro Woche mit dem MAD-System sprinteten, gleichzeitig ihre Leistung und ihre 50-, 100- und 200-m-Freischwimmzeiten signifikant stärker verbesserten als eine Kontrollgruppe [76]. Das MAD-System sollte jedoch mit Vorsicht eingesetzt werden, da Schwimmer bekanntermaßen übliche Technik anpassen, um sich sorgfältig auf die räumliche Anordnung der Pads einzustellen [77].

Training der Rumpfmuskulatur

Core-Training ist eine weit verbreitete Trainingsmethode in einer Vielzahl von Sportarten und sollte Teil jedes Krafttrainingsprogramms sein. Die Schwimmleistung erfordert ein einzigartiges Gleichgewicht und Stabilität, um die instabile und dynamische Natur des Wassers zu überwinden. Bei jedem Schwimmschlag werden durch die Hand Antriebskräfte erzeugt, die eine dynamische Reaktion der Rotationsaspekte der Wirbelsäule hervorrufen, was zu einer Zunahme der seitlichen Bewegung und zu übermäßigen Stoßbewegungen führt, was wiederum eine Verringerung der Vortriebseffizienz zur Folge hat. Die Überwindung dieser Instabilität erfordert ein hohes Maß an Rumpfkraft und -stabilität. Es ist wichtig zu beachten, dass die besten Schwimmer sich in horizontaler Richtung beschleunigen und vertikale und seitliche Abweichungen minimieren. Jede übermäßige Bewegung in vertikaler oder lateraler Richtung ist kontraproduktiv für die Gesamtleistung des Schwimmers. Weston et al. [78] führten ein 12-wöchiges Core-Trainingsprogramm durch und stellten signifikante Verbesserungen der Schwimmleistung sowie einen Anstieg der der Elektromyographie fest. Dingley et al. [79], die ein ähnliches Programm bei querschnittsgelähmten Schwimmern einsetzten, fanden ebenfalls eine signifikante Verbesserung der Schwimmleistung. Es ist anzunehmen, dass diese Verbesserung größtenteils mit einer Verbesserung der allgemeinen Rumpfkraft und -stabilität zusammenhängen muss. Es scheint plausibel, und Weston et al. [78] spielten darauf an, dass die Rumpfkraft die Stabilität im Lenden- und Brustbereich durch eine Vielzahl von Übungen erhöht, was wiederum zu einer besseren Kontrolle über die Rotationsachsen führt.

Widerstands-Bänder

Widerstandsbänder werden von Schwimmern häufig während des Trainings zu Hilfszwecken verwendet, können aber auch als Trainingstool eingesetzt werden. Das Widerstandsband wird mit einem Gürtel um die Taille des Schwimmers gelegt und dann am Sprungblock befestigt. Der Sportler schwimmt gegen den Widerstand des elastischen Bandes aus und behält dann seine Position im Becken bei. Girold et al. [48] zeigten eine Leistungsverbesserung von 1,9 % über 100 m nach einem 3-wöchigen Training mit dem Widerstandsband und schlossen an diese Untersuchung eine weitere an, die eine signifikante Verbesserung der Schwimmleistung über 50 m zeigte [10]. Juárez Santos-García et al. [80] zeigten ebenfalls, dass vier Runden mit Widerstandsbändern, gefolgt von einem Maximalsprint, die Schwimmleistung verbessern. Diese Trainingsmethode impliziert, dass ein schwimmspezifisches Widerstandstraining [81, 82] notwendig ist, um eine Verbesserung der Schwimmleistung zu erzielen. Sportartspezifisches Widerstandstraining wurde auch im Wasserball beobachtet, und es wurde vermutet, dass der Grund für die Leistungsverbesserung in der Entwicklung spezifischer Leistungsfähigkeiten liegt, was wiederum die Notwendigkeit der Trainingsspezifität unterstreicht. Es ist jedoch zu beachten, dass diese Art von Training zu Überlastungsschäden führen kann und sorgfältig überwacht werden muss.

Zugtraining

Die Isolierung der Arme während des Schwimmtrainings ist eine weit verbreitete Trainingstechnik, da der Großteil des Impulses beim Schwimmen vom Oberkörper ausgeht. Es wird angenommen, dass die Isolierung der Arme zu einer Steigerung der Kraft des Oberkörpers und damit zu einer Verbesserung der Schwimmleistung führt. Leider scheint dies nicht der Fall zu sein, denn im Vergleich zum Ganzkörperschwimmen verringert sich beim Schwimmen nur mit den Armen die maximale Sauerstoffaufnahme [83, 84], was vermutlich auf den erhöhten Auftrieb durch den Pull-Buoy zurückzuführen ist. Konstantaki et al. [85] bestätigten dies, als sie dreimal wöchentlich das reguläre Schwimmtraining durch ein Training nur mit den Armen ersetzten. Das reine Armtraining bestand aus Atemübungen, einarmigen Übungen, Handpaddles, Pull-Buoy usw. Die Ergebnisse dieser Studie zeigten, dass sich durch das Training nur mit den Armen die maximale Belastungsintensität, die ventilatorische Schwelle und die Bewegungsökonomie verbesserten, aber keine Verbesserung der Schwimmleistung beobachtet wurde. Diese mangelnde Übertragung kann zahlreiche Gründe haben, darunter den Verlust der Koordination zwischen Armen und Beinen, den zusätzlichen Auftrieb und damit eine Verringerung der Rumpfkraft und -stabilität sowie Veränderungen des Drehmoments aufgrund der veränderten Körperrolle und Stabilität im Wasser. Ein reines Armtraining kann jedoch für Schwimmanfänger vorteilhaft sein, um die Kraft des Oberkörpers zu verbessern, die technischen Anforderungen zu erhöhen oder mehr zu schwimmen, ohne viel Energie aufwenden zu müssen. Um bessere Ergebnisse beim reinen Armschwimmen zu erzielen, kann der Verzicht auf den Pull-Buoy und das Anlegen eines elastischen Bandes um die Knöchel zu einer stärkeren Aktivierung der Körpermitte führen, um eine optimale Körperposition zu halten [86]. Es ist wichtig anzumerken, dass viele Trainer Handpaddles in ihren Schwimmgruppen vorschreiben, aber leider hat keine Studie die Auswirkungen von Handpaddle-Interventionen auf die Schwimmleistung untersucht. Aus der Beobachtungsperspektive betrachtet, bieten Handpaddles einen schwimmspezifischen Kraftreiz für Schwimmer, aber ihr übermäßiger Gebrauch kann zu einer schlechten Antriebsmechanik und einer Überlastung des Schultergelenks führen. Es wird empfohlen, Handpaddles in Maßen zu verwenden und sorgfältig zu überwachen.

Drag Suit Training

Trainingsspezifizität ist ein Schlüsselelement für die Verbesserung der Schwimmleistung, und die Schwimmanzüge bieten den Schwimmern ein zusätzliches Trainingsmittel. Die Logik hinter den Schwimmanzügen besteht darin, dass die Netzkleidung Wasser zurückhält und daher die Widerstandskräfte erhöht, was dazu führt, dass der Schwimmer mehr Antriebskräfte auf das Wasser ausübt, um die gleiche Zeit für eine bestimmte Strecke zu erreichen. In einer Studie von Dragunas et al. [87] wurde keine signifikante Verbesserung der Schwimmleistung festgestellt, wenn der Stimulus des Schwimmanzugs entfernt wurde. Das Training unter diesen Bedingungen kann dazu führen, dass Schwimmer ihr „Gefühl für das Wasser" verlieren [88], was zu einer veränderten Körperhaltung und damit zu langsameren Schwimmzeiten führen kann. Es muss dokumentiert werden, dass die meisten Spitzenschwimmer heute aufgrund der oben genannten Bedenken von der Verwendung von Schwimmanzügen abgekommen sind. Ein weiteres Trainingsmittel sind „Fallschirme", die nachweislich keine Veränderungen der kinematischen Eigenschaften des Kraulschwimmens bewirken [89]. Weitere Untersuchungen in diesem Bereich sind erforderlich, aber Fallschirme könnten das optimale Trainingsmittel sein, um die Widerstandskräfte zu erhöhen, was dazu führt, dass der Schwimmer mehr Antriebskräfte im Wasser aufbringen muss, um die gleiche Zeit für eine bestimmte Strecke zu erreichen.

Exzentrisch-akzentuiertes Training

Konzentrisch-exzentrische Muskelkontraktionen sind die gebräuchlichsten Modalitäten des Krafttrainings im Trockenen, aber auch exzentrisch-akzentuiertes könnte als alternativer Trainingsreiz für Leistungsschwimmer eingesetzt werden. Exzentrische Kontraktionen kommen vor, wenn die auf den Muskel ausgeübte Last die erzeugte Kraft übersteigt, was zu einer Verlängerung und hohen Muskelkräften führt (d. h. abbremsende Kontraktionen). Beim traditionellen konzentrisch-exzentrischen Krafttraining wird die Belastung auf der Grundlage der konzentrischen Kraft vorgegeben, was dazu führt, dass die exzentrische Phase der Bewegung nicht ausreichend belastet wird. Exzentrisches Training ist ein wirksamer Stimulus zur Verbesserung der mechanischen Muskelfunktion und der morphologischen und architektonischen Anpassungen der Muskel-Sehnen-Einheit. Jüngste Forschungsergebnisse deuten darauf hin, dass ein exzentrisches Training dem traditionellen Krafttraining überlegen sein kann, wenn es um die Verbesserung von Variablen geht, die mit der Kraft, Leistung und Schnelligkeit verschiedener Athletengruppen

in Verbindung stehen [90], und es könnte eine interessante Ergänzung zu Krafttrainingsprogrammen für Schwimmer darstellen.
Zu diesem Zweck ist die Verwendung eines Schwungrads ein wirksames Mittel, um eine exzentrische Überlast zu erzeugen. Schwungrad-Trägheitsgeräte erzeugen einen Widerstand in Abhängigkeit von der Masse, der Massenverteilung und der Winkelbeschleunigung des Schwungrads und erfordern eine mechanische Beanspruchung, die am besten für Übungen mit dynamischen Muskelaktionen der unteren und oberen Extremitäten geeignet ist [91].

Vibrations- und Instabilitätstraining

Das Ganzkörper- und Oberkörpervibrationstraining ist in letzter Zeit zu einer beliebten alternativen und/oder ergänzenden Methode zum Krafttraining geworden, da es potenziell positive Auswirkungen auf das neuromuskuläre, endokrine, kardiovaskuläre, sensorische, zirkulatorische und Knochensystem hat [92, 93]. In ähnlicher Weise ist Krafttraining mit instabiler Basis oder Plattform durch Stehen, Sitzen, Knien oder Liegen auf Bällen, Scheiben, Wackelbrettern, Schaumstoffrollen, Matten mit geringer Stabilität und ähnlichen Geräten, die einen unterschiedlichen Grad an Instabilität hervorrufen, in letzter Zeit zu einer beliebten Trainingsmethode geworden. Da Schwimmer ihre Aktivität in einer instabilen Umgebung ausüben, könnte diese Trainingsmethode für sie besonders geeignet sein, da sie den Athleten dazu zwingt, synergistische, stabilisierende und antagonistische Muskelgruppen zu beanspruchen und zu koordinieren [94, 95]. Die Auswirkungen solcher Trainingsmethoden auf die Kraftproduktion beim Schwimmen wurden jedoch noch nicht untersucht.

Periodisierung des Krafttrainings für die Schwimmleistung

Ein gut geplantes und zeitlich abgestimmtes Krafttrainingsprogramm sollte eine angemessene langfristige Entwicklung des Sportlers ermöglichen, das Verletzungsrisiko reduzieren und die Wettkampfleistung maximieren [4]. Sowohl das Krafttraining im Trockenen als auch im Wasser kann sich direkt auf die Fähigkeit eines Schwimmers auswirken, Kraft aufzubringen und sich im Wasser zu bewegen, daher sollten Krafttrainingspläne das Schwimmtraining während der gesamten Saison angemessen ergänzen.

Hellard et al. [96] führten kürzlich eine systematische Untersuchung der Beziehungen zwischen periodisierten Trainingsbelastungen und Leistung in einer großen Kohorte von Spitzenschwimmern in den letzten 11 Trainingswochen vor einem großen Wettkampf durch. Es zeigte sich zwar, dass die Kraftbelastung im Trockenen während der Taper-Phase der Leistung abträglich war, aber relativ höhere Belastungen in den mittleren (6–8 Wochen vor dem Wettkampf) und langfristigen (9–11 Wochen vor dem Wettkampf) Meso-Zyklen waren typischerweise mit schnelleren Wettkampfzeiten verbunden. Unterschiede wurden auch zwischen verschiedenen Distanzspezialisten beobachtet. Bei den Sprintern lag die Priorität im langfristigen Mesozyklus (Wochen 9, 10 und 11 vor dem Wettkampf) auf maximaler Kraft und Leistung. Darauf folgte eine Phase des Trainings mit niedriger bis mittlerer Intensität im mittelfristigen Mesozyklus (Wochen 6, 7 und 8). Die hochintensive Spitzenbelastung wurde in den mittelfristigen und kurzfristigen Meso-Zyklen (3–8 Wochen vor dem Hauptwettkampf) periodisiert. Bei den Mittelstreckenschwimmern wurden die maximalen Volumina des Krafttrainings typischerweise im langfristigen Zyklus umgesetzt, während das Training mit niedriger bis mittlerer Intensität in den mittel- und langfristigen Zyklen am effektivsten war und die hochintensive Belastung 3–5 Wochen vor dem letzten Wettkampf der Saison die größten positiven Auswirkungen hatte. Insgesamt deuten diese Daten darauf hin, dass die Kraft- und Leistungsfähigkeiten von Schwimmern in den mittel- und langfristigen Trainings-Meso-Zyklen progressiv entwickelt, im kurzfristigen Meso-Zyklus beibehalten und die Belastungen schließlich reduziert werden sollten, um nachteilige Auswirkungen während der Taper-Periode zu vermeiden [96].

Newton et al. [1] schlugen vor, dass sich das Trainingsprogramm vor dem Wettkampf ändern sollte, um die neuronale Aktivierung zu verstärken und den Schwimmern im Taper-Prozess zu helfen, koordinierter zu sein und die Kräfte dort einzusetzen, wo sie benötigt werden. Es ist bekannt, dass Taper-Perioden vor großen Wettkämpfen zu einer Steigerung der Schwimmkraft und -leistung führen [97–99], selbst wenn kein Krafttraining an Land stattfindet. All diese Erkenntnisse stimmen mit den Praktiken führender internationaler Schwimmer überein und deuten darauf hin, dass die Periodisierungspläne an die Langstreckenspezialisierung der Schwimmer angepasst werden sollten.

Zusammenfassung

Derzeitige Erkenntnisse deuten darauf hin, dass ein kombiniertes Kraft- und Ausdauertraining für die Mehrheit der Leistungsschwimmer eine vorteilhafte Strategie sein könnte. Eine Steigerung der Muskelkraft- und Leistung des Oberkörpers sollte sich in einer verbesserten Fähigkeit zur Erzeugung von Vortriebskraft im Wasser, einer verbesserten Schlaglänge und/oder Schlagfrequenz und einer höheren Schwimmgeschwindigkeit niederschlagen. Kraft und Leistung des Unterkörpers können sich in schnelleren Starts und Wenden zeigen. Die Fähigkeit eines Schwimmers, diese Leistungskomponenten mit einem hohen Maß an Technik, Geschicklichkeit und Kraft auszuführen, führt zu einer höheren Schwimmleistungsfähigkeit. Sowohl das Krafttraining im Trockenen als auch im Wasser kann sich positiv auf die Schwimmleistung auswirken. Die Schwimmer von heute beziehen eine Vielzahl von Krafttrainingsmethoden in ihre Wettkampfvorbereitung ein, darunter Aufwärmübungen an Land, Zirkeltraining, traditionelles Krafttraining, plyometrische Übungen, biokinetische Schwimmbank, MAD-System, Core-Training, Widerstandsbänder, Zug- und Schleppanzugtraining, exzentrisch-akzentuiertes Training, und Vibrations- und instabilitätstraining. Ein gut geplantes und periodisiertes Krafttrainingsprogramm sollte das Schwimmtraining während der gesamten Saison angemessen ergänzen, eine angemessene langfristige Entwicklung des Athleten ermöglichen, das Verletzungsrisiko begrenzen und schließlich die Wettkampfleistung maximieren.

Literatur

1. Newton RU, Jones J, Kraemer WJ, Wardle H. Strength and power training in Asutralian Olympic swimmers. Strength Cond J. 2002;24:7–15.
2. Pelot T, Darmiento A. Strength and power training for the elite swimmer: can weights positively impact elite swim performance when "elite performance" requires 15–25 hours/week of practice? Olympic Coach. 2012;23:22–31.
3. Vorontsov A. Strength and power training in swimming. In: Seifert L, Chollet D, Mujika I, Herausgeber. World book of swimming: from science to performance. New York: Nova Science Publishers; 2011. S. 313–43.
4. Riewald S. Strength and conditioning for performance enhancement. In: Riewald S, Rodeo S, Herausgeber. Science of swimming faster. Champaign: Human Kinetics; 2015. S. 401–48.
5. Sharp RL, Troup JP, Costill DL. Relationship between power and sprint freestyle swimming. Med Sci Sports Exerc. 1981;14:53–6.
6. Costill D, Rayfield F, Kirwan J, Thomas R. A computer based system for the measurement of force and power during front crawl swimming. J Swim Res. 1986;2:16–9.
7. Hawley JA, Williams MM, Vickovic MM, Handcock PJ. Muscle power predicts freestyle swimming performance. Br J Sports Med. 1992;26:151–5.
8. Tanaka H, Costill DL, Thomas R, Fink WJ, Widrick JJ. Dry-land resistance training for competitive swimming. Med Sci Sports Exerc. 1993;25:952–9.
9. Tanaka H, Swensen T. Impact of resistance training on endurance performance. Sports Med. 1998;25:191–200.
10. Girold S, Maurin D, Dugué B, Chatard J-C, Millet G. Effects of dry-land vs. resisted-and assisted-sprint exercises on swimming sprint performances. J Strength Cond Res. 2007;21:599–605.
11. Hollander AP, de Groot G, van Ingen Schenau GJ, Kahman R, Toussaint HM. Contribution of the legs to propulsion in front crawl swimming. In: Ungerechts BE, Wilke K, Reischle K, Herausgeber. Swimming science V, Bd. 5. Champaign: Human Kinetics; 1988. S. 39–44.
12. Toussaint HM, Beek PJ. Biomechanics of competitive front crawl swimming. Sports Med. 1992;13:8–24.
13. Smith DJ, Norris SR, Hogg JM. Performance evaluation of swimmers. Sports Med. 2002;32:539–54.
14. Bucher W. The influence of the leg kick and the arm stroke on the total speed during the crawl stroke. In: Lewillie L, Clarys JP, Herausgeber. Swimming II. Brussels: University Park Press; 1975. S. 180–7.
15. Deschodt V, Arsac L, Rouard A. Relative contribution of arms and legs in humans to propulsion in 25-m sprint front-crawl swimming. Eur J Appl Physiol Occup Physiol. 1999;80:192–9.
16. Zamparo P, Pendergast D, Mollendorf J, Termin A, Minetti A. An energy balance of front crawl. Eur J Appl Physiol. 2005;94:134–44.
17. Carl DL, Leslie N, Dickerson T, Griffin B, Marksteiner A. Bench press and leg press strength and its relationships with in-water force and swimming performance when measured in-season in male and fenale age-group swimmers. In: Kjendlie PL, Stallman RK, Cabri J, Herausgeber. Biomechanics and medicine in swimming XI. Oslo: Norwegian School of Sport Science; 2010. S. 247–8.
18. Morouço P, Neiva H, González-Badillo JJ, Garrido N, Marinho DA, Marques MC. Associations between dry land strength and power measurements with swimming performance in elite athletes: a pilot study. J Hum Kinet. 2011;29A:105–12. https://doi.org/10.2478/v10078-011-0065-2.

19. Nikolaidis PT. Age- and sex-related differences in force-velocity characteristics of upper and lower limbs of competitive adolescent swimmers. J Hum Kinet. 2012;32:87–95. https://doi.org/10.2478/v10078-012-0026-4.
20. Gatta G, Leban B, Paderi M, Padulo J, Migliaccio GM, Pau M. The development of swimming power. Muscles Ligaments Tendons J. 2015;4:438–45.
21. Crowley E, Harrison AJ, Lyons M. The impact of resistance training on swimming performance: a systematic review. Sports Med. 2017;47(11):2285–307. https://doi.org/10.1007/s40279-017-0730-2.
22. Swaine IL, Hunter AM, Carlton KJ, Wiles JD, Coleman D. Reproducibility of limb power outputs and cardiopulmonary responses to exercise using a novel swimming training machine. Int J Sports Med. 2010;31:854–9. https://doi.org/10.1055/s-0030-1265175.
23. Toubekis AG, Gourgoulis V, Tokmakidis SP. Tethered swimming as an evaluation tool of single arm-stroke force. In: Kjendlie PL, Stallman RK, Cabri J, Herausgeber. Biomechanics and medicine in swimming XI. Oslo: Norwegian School of Sport Science; 2010. S. 296–9.
24. Domínguez-Castells R, Izquierdo M, Arellano R. An updated protocol to assess arm swimming power in front crawl. Int J Sports Med. 2013;34:324–9. https://doi.org/10.1055/s-0032-1323721.
25. Formosa DP, Mason B, Burkett B. The force-time profile of elite front crawl swimmers. J Sports Sci. 2011;29:811–9. https://doi.org/10.1080/02640414.2011.561867.
26. West DJ, Owen NJ, Cunningham DJ, Cook CJ, Kilduff LP. Strength and power predictors of swimming starts in international sprint swimmers. J Strength Cond Res. 2011;25:950–5.
27. García-Ramos A, Tomazin K, Feriche B, Strojnik V, De la Fuente B, Argüelles-Cienfuegos J, et al. The relationship between the lower-body muscular profile and swimming start performance. J Hum Kinet. 2016;50:157–65. https://doi.org/10.1515/hukin-2015-0152.
28. Beretić I, Đurović M, Okičić T, Dopsaj M. Relations between lower body isometric muscle force characteristics and start performance in elite male sprint swimmers. J Sports Sci Med. 2013;12:639.
29. Vantorre J, Seifert L, Fernandes RJ, Boas JP, Chollet D. Comparison of grab start between elite and trained swimmers. Int J Sports Med. 2010;31:887–93. https://doi.org/10.1055/s-0030-1265150.
30. Potdevin FJ, Alberty ME, Chevutschi A, Pelayo P, Sidney MC. Effects of a 6-week plyometric training program on performances in pubescent swimmers. J Strength Cond Res. 2011;25:80–6.
31. Bishop DC, Smith RJ, Smith MF, Rigby HE. Effect of plyometric training on swimming block start performance in adolescents. J Strength Cond Res. 2009;23:2137–43.
32. Rebutini VZ, Pereira G, Bohrer RC, Ugrinowitsch C, Rodacki AL. Plyometric long jump training with progressive loading improves kinetic and kinematic swimming start parameters. J Strength Cond Res. 2016;30:2392–8.
33. Lyttle AD, Blanksby BA, Elliott BC, Lloyd DG. Investigating kinetics in the freestyle flip turn push-off. J Appl Biomech. 1999;15:242–52.
34. Lyttle AD, Blanksby BA, Elliott BC, Lloyd DG. Net forces during tethered simulation of underwater streamlined gliding and kicking techniques of the freestyle turn. J Sports Sci. 2000;18:801–7. https://doi.org/10.1080/026404100419856.
35. Cronin J, Jones J, Frost D. The relationship between dry-land power measures and tumble turn velocity in elite swimmers. J Swim Res. 2007;17:17–23.
36. Jones JV, Pyne DB, Haff GG, Newton RU. Comparison between elite and sub-elite swimmers on dry-land and tumble turn leg extensor force-time characteristics. J Strength Cond Res. 2018;32(6):1762–9. https://doi.org/10.1519/JSC0000000000002041.
37. Jones JV, Pyne DB, Haff GG, Newton RU. Comparison of ballistic and strength training on swimming turn and dry-land leg extensor characteristics in elite swimmers. Int J Sports Sci Coach;13:262–9. https://doi.org/10.1177/1747954117726017.
38. Craig AB, Pendergast DR. Relationships of stroke rate, distance per stroke, and velocity in competitive swimming. Med Sci Sports Exerc. 1979;11:278–83.
39. Schnitzler C, Seifert L, Chollet D. Arm coordination and performance level in the 400-m front crawl. Res Q Exerc Sport. 2011;82:1–8.

40. Laffite LP, Vilas-Boas JP, Demarle A, et al. Changes in physiological and stroke parameters during a maximal 400-m free swimming test in elite swimmers. Can J Appl Physiol. 2004;29:17–31.
41. Mujika I, Chatard JC, Busso T, Geyssant A, Barale F, Lacoste L. Use of swim-training profiles and performance data to enhance training effectiveness. J Swim Res. 1996;11:23–9.
42. Alberty M, Potdevin F, Dekerle J, et al. Changes in swimming technique during time to exhaustion at freely chosen and controlled stroke rates. J Sports Sci. 2008;26:1191–200.
43. Huot-Marchand F, Nesi X, Sidney M, et al. Is improvement in performance linked to higher stroke length values in top-level 100-m front crawl swimmers? J Hum Mov Stud. 2005;6:12–8.
44. Costill D, Sharp R, Troup J. Muscle strength: contributions to sprint swimming. Swim World. 1980;21:29–34.
45. Hay J, Guimaraes A, Grimston S. A quantitative look at swimming biomechanics. Swim Tech. 1983;20(2):11–7.
46. Craig AB, Skehan PL, Pawelczyk JA, Boomer WL. Velocity, stroke rate, and distance per stroke during elite swimming competition. Med Sci Sports Exerc. 1985;17:625–34.
47. Chatard J-C, Mujika I. Training load and performance in swimming. In: Keskinen KL, Komi PV, Hollander AP, Herausgeber. Biomechanics and medicine in swimming VIII. Jyväskylä: University of Jyväskylä; 1999. S. 429–34.
48. Girold S, Calmels P, Maurin D, Milhau N, Chatard J-C. Assisted and resisted sprint training in swimming. J Strength Cond Res. 2006;20:547–54.
49. Figueiredo P, Zamparo P, Sousa A, Vilas-Boas JP, Fernandes RJ. An energy balance of the 200 m front crawl race. Eur J Appl Physiol. 2011;111:767–77.
50. Fernandes RJ, Marinho DA, Barbosa TM, Vilas-Boas JP. Is time limit at the minimum swimming velocity of VO_2 max influenced by stroking parameters? Percept Mot Skills. 2006;103:67–75.
51. Strass D. Effects of maximal strength training on sprint performance of competitive swimmers. In: Swimming science V: international series on sport sciences, Bd. 18. Champaign: Human Kinetics Books; 1988. S. 149–56.
52. Girold S, Jalab C, Bernard O, Carette P, Kemoun G, Dugué B. Dry-land strength training vs. electrical stimulation in sprint swimming performance. J Strength Cond Res. 2012;26:497–505.
53. Aspenes S, Kjendlie PL, Hoff J, Helgerud J. Combined strength and endurance training in competitive swimmers. J Sports Sci Med. 2009;8:357–65.
54. Wakayoshi K, D'Acquisto L, Cappaert J, Troup J. Relationship between oxygen uptake, stroke rate and swimming velocity in competitive swimming. Int J Sports Med. 1995;16:19–23.
55. Berryman N, Mujika I, Arvisais D, Roubeix M, Binet C, Bosquet L. Strength training for middle- and long-distance performance: a meta-analysis. Int J Sports Physiol Perform. 2018;13(1):57–63. https://doi.org/10.1123/ijspp.2017-0032.
56. Mujika I, Chatard JC, Busso T, Geyssant A, Barale F, Lacoste L. Effects of training on performance in competitive swimming. Can J Appl Physiol. 1995;20:395–406.
57. Aspenes ST, Karlsen T. Exercise-training intervention studies in competitive swimming. Sports Med. 2012;42:527–43. https://doi.org/10.2165/11630760-000000000-00000.
58. McGowan CJ, Pyne DB, Thompson KG, Raglin JS, Osborne M, Rattray B. Elite sprint swimming performance is enhanced by completion of additional warm-up activities. J Sports Sci. 2017;35:1493–9. https://doi.org/10.1080/02640414.2016.1223329.
59. McGowan CJ, Thompson KG, Pyne DB, Raglin JS, Rattray B. Heated jackets and dryland-based activation exercises used as additional warm-ups during transition enhance sprint swimming performance. J Sci Med Sport. 2016;19:354–8.
60. McGowan CJ, Pyne DB, Thompson KG, Rattray B. Warm-up strategies for sport and exercise: mechanisms and applications. Sports Med. 2015;45:1523–46.
61. Gettman LR, Ayres JJ, Pollock ML, Jackson A. The effect of circuit weight training on strength, cardiorespiratory function, and body composition of adult men. Med Sci Sports. 1977;10:171–6.
62. Tabata I, Nishimura K, Kouzaki M, Hirai Y, Ogita F, Miyachi M, et al. Effects of moderate-intensity endurance and high-intensity intermittent training on anaerobic capacity and VO_{2max}. Med Sci Sports Exerc. 1996;28:1327–30.

63. Katch FI, Freedson PS, Jones CA. Evaluation of acute cardiorespiratory responses to hydraulic resistance exercise. Med Sci Sports Exerc. 1985;17:168–73.
64. Ballor DL, Becque MD, Katch VL. Metabolic responses during hydraulic resistance exercise. Med Sci Sports Exerc. 1987;19:363–7.
65. La Torre A, Vernillo G, Fiorella P, Mauri C, Agnello L. Combined endurance and resistance circuit training in highly trained/top-level female race walkers: a case report. Sport Sci Health. 2008;4:51–8.
66. Coyle EF, Feiring D, Rotkis T, Cote R, Roby F, Lee W, et al. Specificity of power improvements through slow and fast isokinetic training. J Appl Physiol. 1981;51:1437–42.
67. Kanehisa H, Miyashita M. Specificity of velocity in strength training. Eur J Appl Physiol Occup Physiol. 1983;52:104–6.
68. Sadowski J, Mastalerz A, Gromisz W, Niźnikowski T. Effectiveness of the power dry-land training programmes in youth swimmers. J Hum Kinet. 2012;32:77–86.
69. Markovic G. Does plyometric training improve vertical jump height? A meta-analytical review. Br J Sports Med. 2007;41:349–55.
70. Cossor JM, Blanksby BA, Elliott BC. The influence of plyometric training on the freestyle tumble turn. J Sci Med Sport. 1999;2:106–16.
71. Shimonagata S, Taguchi M, Miura M. Effect of swimming power, swimming power endurance and dry-land power on 100 m freestyle performance. In: Chatard JC, Herausgeber. Biomechanics and medicine in swimming IX. Saint Etienne: University of Saint-Etienne; 2003. S. 391–6.
72. Clarys J. Hydrodynamics and electromyography: ergonomics aspects in aquatics. Appl Ergon. 1985;16:11–24.
73. Roberts AJ, Termin B, Reilly M, Pendergast D. Effectiveness of biokinetic training on swimming performance in collegiate swimmers. J Swim Res. 1991;7:5–11.
74. Hollander AP, de Groot G, van Ingen Schenau GJ, Toussaint HM, de Best H, Peeters W. Measurement of active drag forces during swimming. J Sports Sci. 1986;4:21–30.
75. Toussaint HM, Truijens M. Power requirements for swimming a world-record 50-m front crawl. Int J Sports Physiol Perform. 2006;1:61–4.
76. Toussaint HM, Vervoorn K. Effects of specific high resistance training in the water on competitive swimmers. Int J Sports Med. 1990;11:228–33.
77. David A, Poizat G, Gal-Petitfaux N, Toussaint H, Seifert ML. Analysis of elite swimmers' activity during an instrumented protocol. J Sports Sci. 2009;27:1043–50. https://doi.org/10.1080/02640410902988669.
78. Weston M, Hibbs AE, Thompson KG. Isolated core training improves sprint performance in national-level junior swimmers. Int J Sports Physiol Perform. 2015;10:204–10.
79. Dingley AA, Pyne DB, Youngson J, Burkett B. Effectiveness of a dry-land resistance training program on strength, power, and swimming performance in paralympic swimmers. J Strength Cond Res. 2015;29:619–26.
80. Juárez Santos-García D, González-Ravé JM, Legaz Arrese A, Portillo Yabar LJ, Clemente Suárez VJ, Newton RU. Acute effects of two resisted exercises on 25~ m swimming performance. Isokinet Exerc Sci. 2013;21:29–35.
81. Costill D. Training adaptations for optimal performance. In: Keskinen KL, Komi PV, Hollander AP, Herausgeber. Biomechanics and medicine in swimming VIII. Jyväskylä: University of Jyväskylä; 1999. S. 381–90.
82. Stewart AM, Hopkins WG. Seasonal training and performance of competitive swimmers. J Sports Sci. 2000;18:873–84.
83. Ribeiro J, Figueiredo P, Sousa A, Monteiro J, Pelarigo J, Vilas-Boas J, et al. VO_2 kinetics and metabolic contributions during full and upper body extreme swimming intensity. Eur J Appl Physiol. 2015;115:1117–24.
84. Rodríguez F, Lätt E, Jürimäe J, Maestu J, Purge P, Rämson R, et al. VO_2 kinetics in all-out arm stroke, leg kick and whole stroke front crawl 100-m swimming. Int J Sports Med. 2016;37:191–6.
85. Konstantaki M, Winter E, Swaine I. Effects of arms-only swimming training on performance, movement economy, and aerobic power. Int J Sports Physiol Perform. 2008;3(3):294–304.

86. Morris KS, Osborne MA, Shephard ME, Skinner TL, Jenkins DG. Velocity, aerobic power and metabolic cost of whole body and arms only front crawl swimming at various stroke rates. Eur J Appl Physiol. 2016;116:1075–85.
87. Dragunas AJ, Dickey JP, Nolte VW. The effect of drag suit training on 50-m freestyle performance. J Strength Cond Res. 2012;26:989–94.
88. McGowan CJ, Pyne DB, Raglin JS, Thompson KG, Rattray B. Current warm-up practices and contemporary issues faced by elite swimming coaches. J Strength Cond Res. 2016;30:3471–80.
89. Telles T, Barbosa AC, Campos MH, Junior OA. Effect of hand paddles and parachute on the index of coordination of competitive crawl-strokers. J Sports Sci. 2011;29:431–8.
90. Douglas J, Pearson S, Ross A, McGuigan M. Chronic adaptations to eccentric training: a systematic review. Sports Med. 2017;47:917–41. https://doi.org/10.1007/s40279-016-0628-4.
91. Chiu LZF, Salem GJ. Comparison of joint kinetics during free weight and flywheel resistance exercise. J Strength Cond Res. 2006;20:555–62.
92. Moras G, Rodríguez-Jiménez S, Tous-Fajardo J, Ranz D, Mujika I. A vibratory bar for upper body: feasibility and acute effects on EMGrms activity. J Strength Cond Res. 2010;24:2132–42. https://doi.org/10.1519/JSC.0b013e3181aa3684.
93. Wilcock IM, Whatman C, Harris N, Keogh JW. Vibration training: could it enhance the strength, power, or speed of athletes? J Strength Cond Res. 2009;23:593–603. https://doi.org/10.1519/JSC.0b013e318196b81f.
94. Behm DG, Anderson KG. The role of instability with resistance training. J Strength Cond Res. 2006;20:716–22.
95. Serra N, Carvalho DD, Fernandes RJ. The importance of agonistic, antagonist, and synergistic muscles coordination on swimming dry land training. Trends Sport Sci. 2017;3(24):101–4.
96. Hellard P, Scordia C, Avalos M, Mujika I, Pyne DB. Modelling of optimal training load patterns during the 11 weeks preceding major competition in elite swimmers. Appl Physiol Nutr Metab. 2017;42(10):1106–17. https://doi.org/10.1139/apnm-2017-0180.
97. Trappe S, Costill D, Thomas R. Effect of swim taper on whole muscle and single muscle fiber contractile properties. Med Sci Sports Exerc. 2000;32:48–56.
98. Trinity JD, Pahnke MD, Reese EC, Coyle EF. Maximal mechanical power during a taper in elite swimmers. Med Sci Sports Exerc. 2006;38:1643–9.
99. Papoti M, Martins LEB, Cunha SA, Zagatto AM, Gobatto CA. Effects of taper on swimming force and swimmer performance after an experimental ten-week training program. J Strength Cond Res. 2007;21:538–42.

Allgemeine Aspekte des kombinierten Ausdauer- und Krafttrainings zur Steigerung der Leistungsfähigkeit in den Spielsportarten

26

Julien Robineau

Einführung

Viele Spielsportarten sind durch intermittierende hochintensive Belastungen charakterisiert. Spezifische Trainingsstrategien, wie z. B. kombiniertes Kraft- und Ausdauertraining, bieten sich daher an, um die Fähigkeit der Spieler auf die wiederholten hochintensiven Belastungen vorzubereiten [1]. Die Anpassungen des aeroben Energiestoffwechsels tragen dazu bei, die Erholung zwischen den Belastungen zu verbessern, indem Phosphokreatin wieder aufgefüllt und die Pufferkapazität der Muskeln verbessert wird [2, 3]. Es wird auch angenommen, dass der aerobe Stoffwechsel die Regeneration nach einem Spiel unterstützt. Diese Eigenschaft hat insbesondere Auswirkungen auf Sportarten, bei denen mehrere Spiele innerhalb einer Woche (z. B. Basketball, Handball, Volleyball, Rugby, Futsal, Wasserball) oder an einem Tag und an aufeinanderfolgenden Tagen mit nur wenigen Stunden Abstand zwischen den Spielen (z. B. Rugby Sevens) ausgetragen werden [1]. Zwar gibt es Hinweise darauf, dass sich Krafttraining positiv auf die Leistung einzelner maximaler Belastungen (Sprint, Sprung, Zweikampf usw.) auswirken könnte, doch sind die Effekte des Krafttrainings auf die Fähigkeit der Spieler Belastungen wiederholt zu erbringen weniger eindeutig [3]. In mehreren Studien wurde jedoch festgestellt, dass Krafttraining bei einem wiederholten Sprinttest zu ähnlichen Steigerungen der durchschnittlichen Leistung führt (~ 12 %) [4], im Vergleich zu hochintensivem Intervalltraining (~ 13 %) [5]. Das Krafttraining verbesserte außerdem sowohl die anfängliche Sprintleistung (8–9 %) als auch den Verlust der Geschwindigkeit (~ 20 %) [5] in einem wiederholten Sprinttest. Die zuvor berichteten Steigerungen der

J. Robineau (✉)
Research and Performance Department, French Rugby Union Federation, Marcoussis, Frankreich
E-Mail: Julien.ROBINEAU@ffr.fr

M. Schumann, B. R. Rønnestad (Hrsg.), *Kombiniertes Ausdauer- und Krafttraining*, https://doi.org/10.1007/978-3-031-36310-8_26

wiederholten Sprintfähigkeit (RSA) stehen wahrscheinlich mit Kraftzuwächsen in Zusammenhang [3].

Die Frage des kombinierten Kraft- und Ausdauertrainings steht im Mittelpunkt des Interesses vieler moderner Mannschaftssportler. In einer von Jones et al. [6] durchgeführten Umfrage wurden die Trainings- und Überwachungsstrategien von Kraft- und Konditionstrainern für Rugbyspieler untersucht. Die Ergebnisse zeigten, dass 77 % der Befragten bei der Planung des Trainings für Rugbyspieler den oben erwähnten Interferenzeffekt berücksichtigten. Darüber hinaus hielten es 47 % der Trainer für sehr wichtig, bei der Erstellung von Konditionierungsplänen mögliche Inkompatibilitäten zwischen Ausdauer- und Krafttraining zu berücksichtigen. Die Ergebnisse dieser Umfrage betonen, dass die Periodisierung das wirksamste Mittel zur Vermeidung möglicher Auswirkungen von Ausdauerreizen auf die Entwicklung von Kraft und Leistung ist [6].

Einfluss von Trainingsvariablen auf den Interferenzeffekt: Eine Fallstudie mit der französischen Rugby-Union

Frühere Studien haben gezeigt, dass Krafttraining in Kombination mit Ausdauertraining die Maximal- und Schnellkraft im Vergleich zum alleinigen Krafttraining beeinträchtigt, wenn die Trainingsfrequenz hoch ist [7–9]. Dies wurde in früheren Kapiteln dieses Buches, aber auch in einer Metaanalyse von Wilson et al. diskutiert [10]. Modalität, Dauer und Frequenz des Ausdauertrainings wurden als die wichtigsten Faktoren identifiziert, die die Interferenzwirkungen des Ausdauertrainings auf die erwartete Verbesserung von Maximal- und Schnellkraft als Reaktion auf ein gleichzeitiges Krafttraining beeinflussen. Darüber hinaus wurde der Einfluss verschiedener Trainingsfaktoren wie Intensität und Umfang des kombinierten Trainings sowie die Reihenfolge der Trainingseinheiten untersucht, um eine mögliche neuromuskuläre Interferenz zu minimieren [11–13]. Ein wichtiger Faktor, der sich möglicherweise auf das Ausmaß der Interferenz bei Spielsportlern auswirkt, könnte auch die Dauer der Erholungsphase zwischen Kraft- und Ausdauertraining sein.

Regeneration zwischen Trainingseinheiten

In einer früheren Studie mit Rugby-Union-Spielern [14] haben wir untersucht, ob die Erholungsphase zwischen einem Krafttraining und einem hochintensiven Intervalltraining das Ausmaß möglicher Interferenzen bestimmen würde. Die Reihenfolge des Krafttrainings vor dem Ausdauertraining wurde gewählt, um eine Restmüdigkeit durch die metabolische Einheit zu vermeiden und somit die Intensität des Krafttrainings beizubehalten. Die Frage der Erholungsdauer ist gerechtfertigt, da die Trainingsbelastung im Spitzensport in den letzten Jahren zugenommen hat. Häufig werden zwei Trainingseinheiten pro Tag angesetzt, zwischen denen keine oder nur wenige Stunden liegen. In unserer oben erwähnten Studie schien tägliches Training ohne Erholung zwischen den einzelnen Sequenzen und, in geringerem

Maße, zweimal tägliches Training mit 6 h Erholung zwischen Kraft- und Ausdauertrainingseinheiten nicht optimal für Kraft- und Leistungszuwächse und auch nicht für Anpassungen der peak Sauerstoffaufnahme (VO_{2peak}) zu sein, während tägliches Training mit 24 h Erholung zwischen den Einheiten die Leistungszuwächse optimierte. Diese Ergebnisse legen nahe, dass Kraft- und Athletiktrainer es vermeiden sollten, zwei verschiedene Trainingsmodalitäten (Krafttraining vs. Ausdauertraining) in unmittelbarer Nähe zueinander anzusetzen, sondern vielmehr eine 24-stündige Erholungsphase anstreben sollten, um optimale neuromuskuläre und kardiovaskuläre Anpassungen zu gewährleisten.

Bei Spielsportarten wie Rugby müssen die Trainer auch spezielle technische und taktische Trainingseinheiten einplanen. Diese können hohe aerobe Anforderungen stellen, die denen beim traditionellen Ausdauertraining ähneln. Daher sollte darauf geachtet werden, dass spezifische Technik-Einheiten nicht in unmittelbarer Nähe von Krafttrainingseinheiten geplant werden. Es wird auch empfohlen, die spezifischen technischen und taktischen Trainingsbelastungen und die daraus resultierenden physiologischen Reaktionen zu überwachen, z. B. mit Hilfe von GPS und tragbarer Herzfrequenzmessgeräte. Diese Geräte ermöglichen eine Regulierung der Intensität des spezifischen Trainings und können somit dazu beitragen, das Risiko von Interferenzen bei der Kraftentwicklung zu minimieren [14].

Art des Ausdauertrainings

Hochintensives Intervalltraining (HIT) in verschiedenen Formen (d. h. unterschiedlich lange Belastungs- und Erholungsphasen) gilt heute als eines der wirksamsten Mittel zur Verbesserung der kardiorespiratorischen und metabolischen Systeme und damit der körperlichen Leistungsfähigkeit von Sportlern. HIT umfasst wiederholte kurze bis lange Belastungen mit hoher Intensität, die von Erholungsphasen (kurze und lange Intervalle) unterbrochen werden. Für Spielsportler hat sich die Einbeziehung von Sprints und all-out in HIT-Programme ebenfalls als wirksame Methode erwiesen. Diese Arten von HIT (kurze und lange Intervalle, wiederholte Sprints und Sprintintervalltraining) lösen unterschiedliche akute physiologische Stoffwechselreaktionen und neuromuskuläre Anpassungen aus [15]. Vor diesem Hintergrund erscheint es relevant zu untersuchen, ob die Art des Ausdauertrainings das Ausmaß der Beeinträchtigung der neuromuskulären Anpassungen beeinflusst. Die Forschungs- und Entwicklungsabteilung des französischen Rugby-Verbandes untersuchte daher die Auswirkungen von 2 HIT-Protokollen (d. h. Kurzzeitintervalle vs. Sprintintervalle, Abb. 26.1) bei Amateur-Siebener-Rugby-Spielern, die über einen Zeitraum von 8 Wochen durchgeführt wurden, auf die Maximal- und Schnellkraft sowie den RSA [16] (Abb. 26.1). Das Hauptergebnis dieser Studie war, dass die Kraftentwicklung bei kombiniertem Training mit kurzen Intervallen (INT) nicht beeinträchtigt wurde, aber eine leichte Beeinträchtigung der langsamen konzentrischen Drehmomente bei kombiniertem Training mit Sprintintervallen (SIT) zu beobachten war. Während die Kraftzuwächse in der Kraft- und SIT-Gruppe etwas beeinträchtigt waren, führte dieses Training jedoch zu den größten Zuwächsen bei

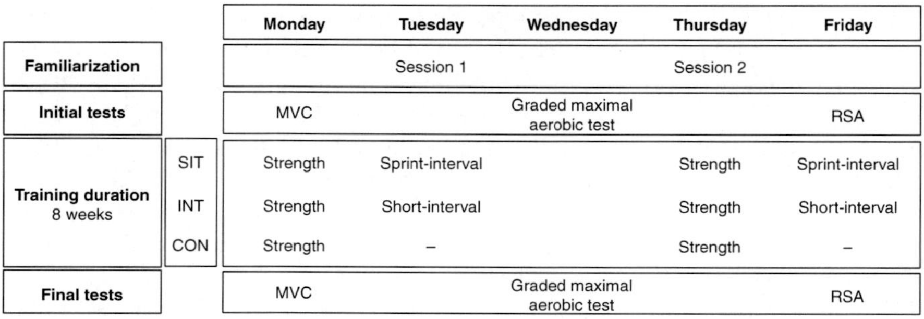

Abb. 26.1 Experimenteller Aufbau der Studie. Abkürzungen: *CON* Krafttraining, *INT* Kombiniertes Kraft- und Kurzzeitintervalltraining, *MVC* maximale isometrische Kontraktion, *RSA* wiederholte Sprintfähigkeit, *SIT* Kombiniertes Kraft- und Sprintintervalltraining. Sprint-Intervall-Workload: 4–8 Läufe mit maximaler Geschwindigkeit und 4 min passiver Erholung. Kurzes Intervalltraining: zwei Serien von 8–12 min mit je 30 s Lauf mit maximaler aerober Geschwindigkeit (MAV) und 30 s aktiver Erholung bei 50 % MAV, 3 min passive Erholung zwischen den Serien

der VO_{2peak}. Diesen Ergebnissen zufolge müssen Trainer die Bedürfnisse eines bestimmten Sportlers sorgfältig abwägen, da sowohl eine optimale Entwicklung der VO_{2Peak} als auch Kraftzuwächse bei Amateur-Siebener-Rugby Spielern schwer zu erreichen sein könnten. Die Tab. 26.1 und 26.2 geben ein Beispiel dafür, wie die Rugby Spieler ein wöchentliches INT oder SIT planen. Der beobachtete Interferenzeffekt könnte durch einen verstärkten Mechanismus der Residualermüdung erklärt werden. Während wir in dieser Studie 48 h Ruhezeit zwischen aufeinanderfolgenden Trainingseinheiten erlaubten, weisen Howatson und Milak [17] darauf hin, dass dies möglicherweise nicht ausreicht. In ihrer Studie wurde gezeigt, dass wiederholte Sprintübungen eine signifikante Abnahme der isometrischen Maximalkraft der Beinstrecker, bei gleichzeitigem Anstieg des Muskelkaters für bis zu 48 h verursachen können. Diese Ergebnisse bestätigen, dass die durch SIT verursachte Muskelermüdung die Qualität eines nachfolgenden Krafttrainings beeinträchtigen kann, auch wenn dieses mehrere Tage später durchgeführt wird.

Es wird daher empfohlen, die durch wiederholtes Sprint- oder Sprintintervalltraining hervorgerufene Ermüdung konsequent zu überwachen, um die Wahrscheinlichkeit neuromuskulärer Fehlanpassungen zu begrenzen. Viele Variablen, wie z. B. eine verlängerte Erholungszeit zwischen den Trainingseinheiten oder verschiedene Erholungsstrategien (Eisbad, Kryotherapie und Ernährungsstrategien), können zur Optimierung der Erholung eingesetzt werden. Die Trainingskonfiguration mit einer Trainingseinheit pro Tag und einer verlängerten Erholungszeit zwischen den Ausdauer- und den Krafteinheiten muss insbesondere dann genutzt werden, wenn das HIT aus wiederholten kurzen oder langen Sprints besteht. Auch kann das SIT auf dem Radergometer durchgeführt werden, um das Ausmaß akuter Mikrotraumen bzw. einer zu starken Ermüdung durch die hochintensiven Belastungen zu verringern. In der Tat hat sich gezeigt, dass die gleichzeitige Durchführung von Intervalltraining auf dem Radergometer und Krafttraining die Anpassungen der neuromuskulären Leistungsfähigkeit im Vergleich zum alleinigen Krafttraining nicht abzuschwächen scheint [18].

Tab. 26.1 Ein Beispiel für einen wöchentlichen Siebener-Rugby-Trainingsplan mit kurzem/langem Intervalltraining

	Montag	Dienstag	Mittwoch	Donnerstag	Freitag	Samstag	Sonntag
Morgen	Subjektives Befinden Krafttraining für den Unterkörper	Aufwärmen Rugby-Technik und Taktik Ausdauertraining (kurze/lange Intervalle)	Aufwärmen Beweglichkeit/Sprint Rugby-Taktik Erholung	Aufwärmen Rugby-Technik/Taktik Ausdauertraining (kurze/lange Intervalle)	Aufwärmen Rumpfstabilisation Läuferische Fertigkeiten	Aufwärmen Rugby-Technik Aktive Erholung (Schwimmbad)	
Nachmittag	Mittagsschlaf Rugby-Taktik Erholung	Mittagsschlaf Krafttraining für den Oberkörper Erholung		Mittagsschlaf Krafttraining für Unter- und Oberkörper Erholung	Mittagsschlaf Rugby-Taktik Ausdauertraining Erholung		

Tab. 26.2 Ein Beispiel für einen wöchentlichen Siebener-Rugby-Trainingsplan mit Sprint-Intervalltraining (SIT)

	Montag	Dienstag	Mittwoch	Donnerstag	Freitag	Samstag	Sonntag
Morgen	Subjektives Befinden Krafttraining für Unter- und Oberkörper	Aufwärmen Rugby-Taktik	Aufwärmen Läuferische Fertigkeiten Rugby-Technik Erholung	Aufwärmen Krafttraining für Unter- und Oberkörper	Aufwärmen Rugby-Technik/ Taktik	Aufwärmen Rugby-Technik Aktive Erholung (Schwimmbad)	
Nachmittag	Mittagsschlaf Läuferische Fertigkeiten Rugby-Taktik Erholung	Mittagsschlaf Rumpfstabilisation Ausdauertraining (SIT) Erholung		Mittagsschlaf Rugby-Taktik Erholung	Mittagsschlaf Rumpfstabilisation Ausdauertraining (SIT) Erholung		

Auswirkungen von kombiniertem Training vor und nach der Saison anderer Spielsportarten

Die Auswirkungen von kombiniertem Training vor und während der Saison auf die Maximal- und Schnellkraft wurden in anderen Spielsportarten unter realen Trainingsbedingungen beobachtet und berücksichtigen die technische und taktische Belastung. Die Auswirkungen von zwei verschiedenen HIT-Programmen (lange Intervalle, d. h. 4 × 4 min vs. kurze Intervalle, d. h. 16 × 100 m), die gleichzeitig mit Maximalkraft- und spezifischem Wasserballtraining während der Saisonvorbereitung durchgeführt wurden, wurden verglichen [19]. Die Ergebnisse zeigten, dass sich die Schwimmausdauerparameter und die Maximalkraft bei den nationalen Spitzenspielern nach beiden Programmen verbesserten. Es ist jedoch anzumerken, dass die Trainingsfrequenz mit zwei kombinierten Einheiten pro Woche eher gering war, aber möglicherweise ausreichend und effektiv war, um signifikante Kraft- und Ausdauerzuwächse bei nationalen Elite-Wasserballspielern zu erzielen [19]. Ähnliche Ergebnisse wurden auch bei Futsalspielern mit gleichzeitigem Kraft- und Sprinttraining (RST) festgestellt. Die wichtigsten Ergebnisse dieser Studie legen dar, dass die durchschnittliche RSA-Zeit nach einem kombinierten Training schneller war als nach einem reinen Futsal-Training [20]. Daher können zusätzliches Kraft- und RST-Training eine effektive Strategie zur Verbesserung der futsalspezifischen Leistung sein.

Obwohl sich Kraft und Leistung in der Vorsaison relativ leicht entwickeln lassen, wie in den beiden vorangegangenen Studien festgestellt wurde [21, 22], herrscht Uneinigkeit darüber, ob das vorsaisonale Kraft- und Leistungsniveau während der langen Spielzeiten in der Saison aufrechterhalten werden kann, insbesondere wenn sowohl der aerobe als auch anaerobe Energiestoffwechsel konditioniert oder lange Team-Trainings durchgeführt werden [23–25]. Scheidner et al. [23] und dos Remedios et al. [24] berichteten über eine signifikante Abnahme der Maximalkraft bei College-Footballspielern nach 13–14 Wochen in der Saison. Legg und Burnham [25] berichteten über eine Abnahme der Kraftleistungsfähigkeit der Schultermuskulatur um bis zu 25 % im Laufe einer 10-wöchigen Saison bei College-Fußballspielern. Neben dem Ziel, neuromuskuläre Qualitäten in der Saison zu entwickeln, sollte das Hauptziel des kombinierten Trainings für Spielsportler daher darin bestehen, die Kraft-, Leistungs- und Schnelligkeitsleistungen aufrechtzuerhalten. Auf diese Weise untersuchte Baker [26] die Auswirkungen eines saisonbegleitenden Trainingsprogramms bei professionellen Rugby-Liga-Spielern und stellte fest, dass die maximale Kraft und Leistung über lange Zeiträume von bis zu 29 Wochen auf dem maximalen Niveau der Vorsaison gehalten werden kann. Der Schlüssel zum Erhalt von Kraft und Leistung während der Saison könnte zusammengefasst darin liegen:

- Die Athleten sind anfangs besser auf das kombinierte Training vorbereitet.
- Es wurde postuliert, dass Athleten, die in der Saisonvorbereitung typischerweise wenig Ausdauertraining absolvieren und möglicherweise über eine geringe aerobe Kapazität verfügen, während der Saison eine stärkere Abnahme der Maximalkraft erfahren als Athleten mit langer Trainingserfahrung mit kombiniertem Kraft- und

Ausdauertraining [26]. Wenn Athleten besser konditioniert sind, um gleichzeitig Kraft- und Ausdauertraining zu absolvieren, können die Interferenzeffekte von Training, Spiel und Übung auf die Kraftentwicklung oder -erhaltung bis zu einem gewissen Grad reduziert werden.
- Eine ausreichende Belastungsintensität
- Gemäß den von Rønnestad et al. [27] herausgegebenen praktischen Empfehlungen für Profifußballer, kann eine Krafterhaltungseinheit pro Woche über einen Zeitraum von 12 Wochen ausreichen, um den anfänglichen Zuwachs an Kraft und Sprintleistung zu erhalten, der in einer vorangegangenen Vorbereitungsphase erzielt wurde. Im Gegensatz dazu schien die Durchführung von nur einer Krafterhaltungseinheit alle 2 Wochen zu gering zu sein, um die Beinkraft und die 40-m-Sprintleistung zu erhalten.
- Die Priorisierung von Trainingszielen, die Abfolge und der Zeitpunkt des Trainings
- Leveritt und Abernethy [28] schlugen vor, die Trainingsziele so zu priorisieren, dass das primäre Trainingsziel zuerst in einem erholten Zustand trainiert werden sollte. Diese Priorisierung der Trainingsziele würde dann die Abfolge und/oder den Zeitpunkt anderer Trainingseinheiten bestimmen.
- Verwendung eines geeigneten Periodisierungsmodells, das Perioden mit hohem, mittlerem und niedrigem Trainingsvolumen und -intensität vorsieht. Diese Variation der Trainingsbelastung würde eine Überlastung vermeiden und physiologische Anpassungen stimulieren [22].

Eine im Mannschaftssport weit verbreitete Trainingsmethode, sind die so genannten Small-sided Games (SSGs). Diese sind in jüngster Zeit auch in den Mittelpunkt der wissenschaftlichen Forschung gerückt, da dadurch körperliche Fähigkeiten zusammen mit sportartspezifischen taktischen und technischen Fertigkeiten entwickelt werden können [29]. Die hauptsächlichen Vorteile des SSG-Trainings bestehen darin, dass das Spiel die spezifischen Bewegungsmuster, die physiologischen Anforderungen und die technischen Anforderungen eines Wettkampfspiels nachbilden kann [29] und von den Spielern gleichzeitig verlangt, dass sie unter Druck und Ermüdung Entscheidungen treffen. Darüber hinaus wird davon ausgegangen, dass das SSG-Training im Vergleich zu herkömmlichen Fitnesstrainingseinheiten die Compliance und Motivation der Spieler erhöht, da es als sportartspezifische Übung wahrgenommen wird, die die mit dem Ball verbrachte Trainingszeit maximiert [29]. Iacono et al. [30] haben gezeigt, dass das HIT- und das SSG-Training bei Elite-Handballspielern gleichermaßen effektiv bei der Entwicklung der aeroben Fähigkeiten und der supramaximalen intermittierenden Leistung (gemäß dem Yo-Yo-Test für intermittierende Belastungsstufe 1) waren. Darüber hinaus führte ein achtwöchiges SSG-Training zu einer größeren Verbesserung der anaeroben Leistung, die anhand von 10- und 20-m-Sprints, vertikalen Sprüngen und Beweglichkeitstests ermittelt wurde, als dies beim HIT der Fall war. Folglich könnten Handballtrainer während der Saison das SSG-Training dem HIT vorziehen, um die aerobe und anaerobe Leistungsfähigkeit zu verbessern. Schließlich können dadurch die physischen Anforderungen über das in normalen Spielen geforderte Maß hinaus erhöht werden (maximale aerobe Leistung, Richtungswechsel und hochintensive Aktionen), um dadurch die Fitnesskomponenten der Handballspieler kontinuierlich zu entwickeln und gleichzeitig handballspezifische technische und taktische Elemente einzubeziehen. Andere Studien, insbesondere mit Junioren-Elite-Basketballern [31] und Volleyballern [32], bestätigten diese Ergebnisse und betonten, dass sich die Fitness und die technischen Fertigkeiten nach der SSG-Trainingszeit deutlich verbessert haben. Daher könnten SSGs als eine optimale Trainingsmethode während der Saison angesehen werden, nicht nur um die aeroben und anaeroben Qualitäten zu erhalten, sondern auch zu entwickeln.

Zusammenfassung

Zusammenfassend lässt sich sagen, dass spezifische Variablen des kombinierten Trainings, wie die Reihenfolge der Trainingseinheiten, die Erholungszeit sowie die Art und Modalität (Lauf oder Zyklus) des HIT den Interferenzeffekt beeinflussen können. Praktiker sollten bedenken, dass das Trainingsprogramm entsprechend dem vorrangigen Ziel strukturiert werden sollte. Außerdem sollte darauf geachtet werden, den Erholungsprozess zu unterstützen, wenn die Erholungszeit begrenzt ist.

Die Strategien und Ziele für die Minimierung möglicher Interferenzen sollten je nach Saisonphase unterschiedlich sein. In der Saisonvorbereitung besteht das Hauptziel darin, die Entwicklung der körperlichen Qualitäten zu maximieren und dann über den Verlauf der Saison zu erhalten. Es wurde aber gezeigt, dass das SSG-Training die Entwicklung sowohl aerober als auch anaerober Qualitäten (durch Agilität und Vertikalsprünge) auch in der Wettkampfphase ermöglichen könnte. Die Effekte von SSG-Training auf die Kraftleistungsfähigkeit muss jedoch noch nachgewiesen werden.

Alle in diesem Kapitel erwähnten früheren Studien verdeutlichen die Komplexität der Umsetzung von kombiniertem Training. Oftmals wird die Umsetzung aber auch durch die Präferenzen des Trainers, die Philosophie des sportwissenschaftlichen Personals, die Anforderungen des Wettkampfs und die Verfügbarkeit von Trainings- und Testeinrichtungen beeinflusst [33]. Ziel weiterer Studien sollte es sein, die Entwicklung spezifischer Periodisierungsmodelle für das kombinierte Ausdauer- und Krafttraining, insbesondere für Spielsportler, voran zu treiben.

Literatur

1. Ross A, Gill N, Cronin J. Match analysis and player characteristics in rugby sevens. Sports Med. 2014;44:357–67.
2. Tomlin DL, Wenger HA. The relationship between aerobic fitness and recovery from high intensity intermittent exercise. Sports Med. 2001;31:1–11.
3. Bishop D, Girard O, Mendez-Villanueva A. Repeated-sprint ability part II: recommendations for training. Sports Med. 2011;41:741–56.
4. Edge J, Bishop D, Goodman C. Effects of high- and moderate-intensity training on metabolism and repeated sprints. Med Sci Sports Exerc. 2005;37:1975–82.

5. Edge J, Hill-Haas S, Goodman C, et al. Effects of resistance training on H+ regulation, buffer capacity, and repeated sprints. Med Sci Sports Exerc. 2006;38:2004–11.
6. Jones TW, Smith A, Macnaughton LS, French DN. Strength and conditioning and concurrent training practices in elite rugby union. J Strength Cond Res. 2016;30:3354–66.
7. Hickson RC. Interference of strength development by simultaneously training for strength and endurance. Eur J Appl Physiol. 1980;45:255–63.
8. Dudley GA, Djamil R. Incompatibility of endurance- and strength-training modes of exercise. J Appl Physiol. 1985;59:1446–51.
9. Hennessy LC, Watson AWS. The interference effects of training for strength and endurance simultaneously. J Strength Cond Res. 1994;8:12–9.
10. Wilson JM, Marin PJ, Rhea MR, Wilson SMC, Loenneke JP, Anderson JC. Concurrent training: a meta-analysis examining interference of aerobic and resistance exercises. J Strength Cond Res. 2012;26:2293–307.
11. Collins MA, Snow TK. Are adaptations to combined endurance and strength training affected by the sequence of training? J Sports Sci. 1993;11:485–91.
12. Chtara M, Chamari K, Chaouachi M, Chaouachi A, Koubaa D, Feki Y, Millet GP, Amri M. Effects of intra-session concurrent endurance and strength training sequence on aerobic performance and capacity. Br J Sports Med. 2005;39:555–60.
13. Chtara M, Chaouachi A, Levin GT, Chaouachi M, Chamari K, Amri M, Laursen PB. Effect of concurrent endurance and circuit resistance training sequence on muscular strength and power development. J Strength Cond Res. 2008;22:1037–45.
14. Robineau J, Babault N, Piscione J, Lacome M, Bigard AX. The specific training effects of concurrent aerobic and strength exercises depend on recovery duration. J Strength Cond Res. 2016;30:672–83.
15. Buchheit M, Laursen PB. High-intensity interval training, solutions to the programming puzzle: part1: cardiopulmonary emphasis. Sports Med. 2013;43:313–38.
16. Robineau J, Lacome M, Piscione J, Bigard X, Babault N. Concurrent training in Rugby Sevens: effects of high-intensity interval exercises. Int J Sports Physiol Perform. 2017;12:336–44.
17. Howatson G, Milak A. Exercise-induced muscle damage following a bout of sport specific repeated sprint. J Strength Cond Res. 2009;23:2419–24.
18. Cantrell GS, Schilling BK, Paquette MR, Murlasits Z. Maximal strength, power, and aerobic endurance adaptations to concurrent strength and sprint interval training. Eur J Appl Physiol. 2014;114:763–71.
19. Botonis PG, Toubekis AG, Platanou TI. Concurrent strength and interval endurance training in Elite Water Polo Players. J Strength Cond Res. 2016;30:126–33.
20. Phongsri K, Tongnillpant N, Ajjimaporn A. Silalertdetkul. Effect of additional concurrent specific strength and repeated sprint training during preseason on performance in futsal players. In: ECSS MetropolisRuhr. 2017.
21. Baker D. Applying the in-season periodisation of strength and power training to football. Strength Cond J. 1998;20:18–24.
22. Fleck SJ, Kraemer WJ. Designing resistance training programs. Champaign: Human Kinetics; 1997.
23. Scheidner V, Arnold B, Martin K, Bell D, Crocker P. Detraining effects in college football players during the competitive season. J Strength Cond Res. 1998;12:42–5.
24. Dos Remedios KA, Dos Remedios RL, Loy SF, Holland GF, Vincent WJ, Conley LM, Hing M. Physiological and field test performance changes of community college football players over a season. J Strength Cond Res. 1995;9:211–5.
25. Legg D, Burnham D. In-season shoulder abduction strength changes in football players. J Strength Cond Res. 1999;13:4381–3.
26. Baker D. The effects of an in-season of concurrent training on the maintenance of maximal strength and power in professional and college-aged rugby league football players. J Strength Cond Res. 2001;15:172–7.
27. Rønnestad BR, Nymark BS, Raastad T. Effects of in-season strength maintenance training frequency in professional soccer players. J Strength Cond Res. 2011;25:2653–60.

28. Leveritt M, Abernethy PJ. Acute effects of high-intensity endurance exercise on subsequent resistance activity. J Strength Cond Res. 1999;13:47–51.
29. Buchheit M, Laursen PB, Kuhnle J, Ruch D, Renaud C, Ahmaidi S. Game-based training in young elite handball players. Int J Sports Med. 2009;30:251–8.
30. Iacono AD, Eliakim A, Meckel Y. Improving fitness of elite handball players: small-sided games vs. high-intensity intermittent training. J Strength Cond Res. 2015;29(3):835–43.
31. Delextrat A, Martinez A. Small-sided game training improves aerobic capacity and technical skills in basketball players. Int J Sports Med. 2014;35(5):385–91.
32. Gabbett TJ. Do skill-based conditioning games offer a specific training stimulus for junior elite volleyball players? J Strength Cond Res. 2008;22(2):509–17.
33. Enright K, Morton J, Iga J, Drust B. The effect of concurrent training organisation in youth elite soccer players. Eur J Appl Physiol. 2015;115:2367–81.

Kombiniertes Ausdauer- und Krafttraining zur Leistungssteigerung im Fußball

27

Joao Renato Silva

Fußball als Kombination aus Ausdauer- und Kraftleistungsfähigkeit

Die Anforderungen des Fußballs

Elite-Fußballer legen während eines Spiels 8–13 km zurück [1], und zwar mit einer durchschnittlichen Intensität nahe der anaeroben Schwelle (70–75 % der VO_{2max}) [1–3], was darauf schließen lässt, dass die Leistung auf Spitzenniveau zum Teil durch die aerobe Fitness bestimmt wird [2]. Obwohl das Laufen mit niedriger bis mittlerer Intensität das vorherrschende Aktivitätsmuster von Fußballspielern ist, erfordern hochimpulsive Anstrengungen wie Sprints, Sprünge, Zweikämpfe und Schüsse maximale neuromuskuläre Anstrengungen [4]. Diese haben das Ziel, den erzeugten Impuls zu maximieren [5], da dieser die entscheidenden Manöver im Profifußball bestimmt (z. B. Geschwindigkeit) [6]. Darüber hinaus ist das Aktivitätsprofil im Fußball durch vermehrte Beschleunigungen und Bremsmanöver gekennzeichnet, was zu hohen neuromuskulären Belastungen führt, selbst wenn die Geschwindigkeit gering ist [7]. Die körperlichen Anforderungen an die Spieler im Spiel sind über die Jahre gestiegen, was zum Teil auf die kürzeren Erholungszeiten zwischen den Spielen und die hohen neuromuskulären Belastungen zurückzuführen ist (z. B. eine größere Anzahl von Laufbewegungen mit hoher Intensität und Beschleunigung) [2, 8, 9]. Der Leistungsfußball stellt eine erhebliche Belastung für die physiologischen und biomechanischen Struk-

J. R. Silva (✉)
National Sports Medicine Programme, Excellence in Football Project, Aspetar – Qatar Orthopaedic and Sports Medicine Hospital, Doha, Katar

Center of Research, Education, Innovation and Intervention in Sport (CIFI2D), Porto, Portugal

M. Schumann, B. R. Rønnestad (Hrsg.), *Kombiniertes Ausdauer- und Krafttraining*, https://doi.org/10.1007/978-3-031-36310-8_27

turen (z. B. Belastung der Gelenke und Muskeln) dar. Es scheint, dass dabei das Spiel einen wichtigen Stimulus für Kraft- und Ausdauer darstellt; in der Tat wird eine höhere Spielbelastung mit verbesserten neuromuskulären Eigenschaften wie Sprunghöhe und Leistung in Verbindung gebracht [10–12].

Im Fußball stellen verbesserte neuromuskuläre und ausdauerbezogene Qualitäten einen Wettbewerbsvorteil dar, da sie mit einer verbesserten Ermüdungsresistenz während des Spiels [13, 14], einer schnelleren Erholung nach dem Spiel [15] und der Prävention von Verletzungen [16–18] in Verbindung gebracht werden. Daher führen die Spieler intensive Trainingsprogramme durch (z. B. Kraft/Kraftausdauer, Ausdauer, Schnelligkeitsausdauer), die auf eine Verbesserung der neuromuskulären und spezifischen Ausdauerleistung abzielen.

Methodische Überlegungen

In jüngster Zeit wurde hervorgehoben, dass der Auswahl der Trainingsformen für Maximal- und Schnellkraft und Ausdauer besondere Aufmerksamkeit geschenkt werden sollte [19]. Es wird davon ausgegangen, dass die anatomischen und leistungsbezogenen Anpassungen kompromittiert werden können, wenn sie an entgegengesetzten Enden des biomechanischen und neuro-koordinativen Spektrums liegen, und sich dadurch die Präzision und Ästhetik der Zielbewegung unter Umständen verringert [19]. Diese methodischen Überlegungen erfordern einen integrierten Ansatz bei der Trainingsgestaltung (z. B. Übung, Trainingsplan), an dem alle involvierten Personen wie Trainer, Sportlehrer und Physiologen beteiligt sind. So können beispielsweise zwei Ausdauer-orientierte Belastungen (z. B. 4×4′ Intervalltraining bei 15 km/h vs. 4×4′ Technik/Taktik-Training) zu einer ähnlichen internen Belastung führen (z. B. 90 % maximale Herzfrequenz), sich aber in den hochgradig impulsiven Anforderungen unterscheiden (z. B. mehr Beschleunigungen/Verzögerungen während der Übungen). Daher scheint die Manipulation der Übungsstruktur der Schlüssel für den Transfer von Kraftzuwächsen auf die fußballspezifische Drills zu sein [19]. In der Tat werden deswegen oftmals Small-Sided-Games eingesetzt, um die Ausdauerqualitäten der Spieler zu entwickeln [20] und gleichzeitig den technisch-taktischen Verhaltensweisen der Spieler und der Mannschaft in Vorbereitung auf das nächste Spiel zu festigen. Der letztgenannte Aspekt macht den größten Teil der Trainingszeit in strategischen Sportarten aus. Tatsächlich können unterschiedliche Spielstrukturen (Spielfeldgröße und Spieleranzahl) die Häufigkeit und Ermüdungsentwicklung hochimpulsiver Drills beeinflussen [21, 22]. Folglich ist die neuromuskuläre Beteiligung während der „gesamten" Trainingseinheiten ein wichtiger Aspekt im Fußball. Insbesondere die physiologischen und molekularen Vorgänge, die mit der Entwicklung und Aufrechterhaltung der Ausdauerleistungsfähigkeit verbunden sind (Expression von PGC-1α mRNA) [23], werden in der Regel während des typischen Fußballtrainings angestrebt (z. B. Technik- und Taktiktraining mit schnellen Richtungswechseln oder Small-Sided-Games) [19].

Wissenschaftliche Untersuchungen zum kombinierten Training im Fußball

Die physiologischen und leistungsbezogenen Anpassungen an verschiedene kombinierte Trainingsprogramme (CT; Tab. 27.1 und 27.2) wurden bei Jugendlichen (13–15 Jahre), [24] jungen Erwachsenen (17–19 Jahre), [25, 26] und erwachsenen Fußballspielern [27–30] untersucht. Im Allgemeinen haben die Studien die Trainingseffekte von zwei Trainingseinheiten pro Woche untersucht [24–27, 30]. Es wurden jedoch auch die Auswirkungen einer höheren Frequenz gleichzeitiger Trainingseinheiten (d. h. drei) [29] und einer Kombination verschiedener Frequenzen von Ausdauer- und Krafttrainingseinheiten während des CT (Ausdauerblock bestehend aus zwei Ausdauertrainingseinheiten und einer Krafttrainingseinheit pro Woche und *umgekehrt*) untersucht [28].

Die trainingsinduzierten Anpassungen von CT mit alternierender Reihenfolge (z. B. Krafttraining am Dienstag gefolgt von Ausdauer am Mittwoch oder Ausdauer am Vormittag und Kraft am Nachmittag, Tab. 27.1) [24, 26–28] oder innerhalb einer Trainingseinheit (Kraft- gefolgt von Ausdauertraining oder Ausdauer gefolgt von Krafttraining, SE + END bzw. END + SE) [24–26, 29] wurden untersucht (Tab. 27.2 und Abb. 27.2).

Die Kraft-/Krafttrainingskomponente des CT umfasste isolierte (z. B. traditionelle Mehrgelenksübungen mit geschlossener Kette, TRE) oder eine Kombination verschiedener Bewegungsmuster (z. B. TRE, ballistische Übungen, plyometrische Übungen und sportartspezifische kraftbasierte Übungen innerhalb desselben Trainings) mit verschiedenen Lasten (z. B. 4RM, 6RM und 75 % 1RM) und einem breiten Spektrum von Bewegungsgeschwindigkeiten, um die Leistung des Spielers bei relevanten motorischen Aufgaben zu verbessern (Tab. 27.1 und 27.2). Ausdauerbasierte Elemente bestanden aus isolierten (hochintensives aerobes Training, HIA) oder einer Kombination von hochintensiven Trainingsmethoden (z. B. HIA + Schnelligkeitsausdauer + wiederholte Sprintfähigkeit, Tab. 27.1 und 27.2). Diese Belastungsschemata umfassten unterschiedliche Intensitätsbereiche (z. B. % der maximalen Herzfrequenz und % der maximalen Sprintgeschwindigkeit) und Übungsformate/-strukturen (laufbasiert, Dribbelstrecken und Small-Sided-Games). Darüber hinaus wurden die unabhängigen Variablen (z. B. Intensität, Häufigkeit, Volumen, Verhältnis von Belastung zu Erholung) des Kraft- oder Ausdauertrainings auf unterschiedliche Weise manipuliert, was zu unterschiedlichen Trainingsreizen führte (Teil II). Auf diese Weise waren die Spieler einer breiten Palette von CT-Kombinationen ausgesetzt (Tab. 27.1 und 27.2). Geringe Unterschiede in der Manipulation der verschiedenen mechano-biologischen Deskriptoren des Maximal- oder Schnellkraftreizes (z. B. Höhe des externen Gewichtes, Volumen) können zu unterschiedlichen Leistungsanpassungen bei Fußballspielern führen [19]; sie bestimmen die Reaktionen der zellulären und molekularen Signalwege [31] (Teil II). Folglich ergibt sich die für die Planung von CT eine komplexe Gleichung. Dies hängt zusammen mit: (1) der großen Vielfalt der angewandten Trainingsmethoden; (2) der kurzfristigen Dauer der Interventionen; (3) den unterschiedlichen Zeitpläne, die in der Vorsaison [25, 27–30] und/oder während der Saison [24–26, 28] verwendet werden; (4) den unterschiedlichen wöchentlichen Belastungsschemata (Ausdauer vs. Kraft); und (5) dem unterschiedlichen Niveau der Spieler.

Tab. 27.1 Physiologische und funktionelle Anpassungen an das kombinierte Ausdauer- und Krafttraining in alternierenden Trainingseinheiten

Studie	Niveau/Herkunft/ Anzahl, (Alter)	Trainingsinhalte	Trainingsdauer und -Frequenz	Zeitpunkt der Intervention	Physiologische Anpassungen	Veränderungen der Leistungsfähigkeit
Nunez et al. [25]	Semiprofessionell/ Spanien/16 (28 ± 3,7)	Kraft und Ausdauer mit 24 h Pause zwischen den Trainingseinheiten; **SE** und **END** – allgemeine, spezielle und spezifische Übungen, die in verschiedene Trainingsblöcke integriert wurden. ET-Block (2 Einheiten END + 1 Einheit SET) SET-Block (1 Einheit END + 2 Einheiten SE)	4 Blöcke à 12 Wochen	In der Saison		↑73–80 % Probst-Test ↑11,1–16,2 % SJ ↑8–8,7 % CMJ ↑6–7 % CMJWAS
Wong et al. [24]	Berufstätige/Hong-Kong/9 (24,6 ± 1,5)	Kraft am Morgen und Ausdauer am Nachmittag (5-Stunden-Intervall) **SE**: (5 Übungen; Schulterheben, Squat-Jump, Bankdrücken, Parallel-Squat und Klimmzug; 4 Sätze mit 6RM mit 3 min Pause zwischen den Sätzen) **ENDE**: 16 × 15 s bei 120 % der MAS mit 15 s Pause	2 ×/ Woche/8 Wochen	Vor der Saison		↑4 % VJ, ↑5,9 % $T_{10\,m}$ ↑2,8 % $T_{30\,m}$ ↑19,7 % YYIR1, ↑3,1 % MAS ↑9,2 % MAS-Entfernung
Makhlouf et al. [30]	Elite-Jugend/ Tunesien/14 (13,7 ± 0,5)	Kraft und Ausdauer mit 24 h Pause zwischen den Einheiten **SE**: (traditionelles Krafttraining, Olympischer Dreikampf, plyometrische Übungen, 3 Sätze, 5–10 Wiederholungen) **ENDE**: (2 × 12–16 Läufe bei 110–120 % MAS)	2 ×/ Woche/12 Wochen	In der Saison	↑40,1 % $1RM_{Squat}$	↑6,9 % $T_{10\,m}$ ↑5,7 % $T_{30\,m}$ ↑5,7 % $Agilität_{15\,m}$ ↑13,6 % SJ ↑8 % CMJ ↑4,1 % MAV ↑54,5 % YYIR1 ↔5JT

Enright et al. [29]	Profi/Premier League Club/7 (17 ± 2)	Ausdauer und Kraft und mit 120 min Pause zwischen den Trainingseinheiten, **SE**: (5 traditionelles Krafttraining, 4 Sätze × 6 Wiederholungen 85 % 1RM) **ENDE**: Small-Sided-Games, 4 gegen 4, 4, 4 × 4 min/3 min Pause, 85–95 % maximale Herzfrequenz	2 ×/ Woche/5 Wochen	In der Saison	19,1 % $1RM_{Squat}$* ↑27,3 % IMVC LR ↑13,3 % $ConcQuads_{180°}$ ↑11–19,2 % $Hams_{60–180°}$ ↑23,1 % $EccHams_{120°}$ ↑14,3 % AoP* ↔ $MVIC_{peak\ force}$, $EccQuads_{120°}$, $ConcQuads_{60°}$, FL, MTdistal/media/proximal	↑8,2 % SJ ↑5,6 % 10 m* ↔ $T_{30\ m}$, CMJ

*signifikant unterschiedlich zwischen den Gruppen [29]

Tab. 27.2 Physiologische und funktionelle Anpassungen an kombiniertes Training mit in der gleichen Trainingseinheit mit unterschiedlicher Trainingsreihenfolge. (Kraft- gefolgt von Ausdauertraining und vice versa)

Studie	Niveau/ Herkunft/Anzahl (Alter)	Trainingsinhalte	Trainingsdauer und -Frequenz	Zeitpunkt	Physiologische Anpassungen	Veränderungen der Leistungsfähigkeit
Kraft- gefolgt von Ausdauertraining						
McGawley und Andersson [26]	Halb- und Vollprofis/ Schweden/9 (23 ± 4)	5 min Pause zwischen den Trainingseinheiten **ENDE**: (wiederholte Sprintfähigkeit, Geschwindigkeitsausdauer, hochintensive Intervall-Dribbelstrecken und Schnelligkeits- und Beweglichkeitstraining) **SE**: (Olympischer Dreikampf und traditionelles Krafttraining, 2–3 Sätze/5–10 Wiederholungen, 75–85 % 1RM; plyometrische Übungen 3–4 Sätze/4–15 Wiederholungen, Rumpfkraft)	3×/ Woche/5 Wochen	Vor der Saison	↑6–7,6 % Fett (%, kg) ↑1,5–3 % Magermasse (% und KG) ↑18,7 % 1RM Parallel-Squat ↑28,5 % 1RM Split-Squat ↑97,3 % Iliopsoas (°) ↑5,3 % Hamstrings (°)	↑1,4 % T_{10} ↑7 % CMJ ↑1,1 % Beweglichkeit ↑1,9 % RSA ↑19,6 % Ermüdungswiederstand im RSA ↑15,4 % YYIR2
Helgerud et al. [27]	Elite/ Spanien/23(25; Spanne 20–31)	15 min Pause zwischen den Trainingseinheiten **ENDE**: 4×4-minütige Läufe auf einem Laufband (5,5 % Steigung) mit 90–95 % maximaler Herzfrequenz, separiert durch 3-minütiges Joggen bei 50–60 % maximaler Herzfrequenz **SE**: 4 Sätze×4 RM Parallelsquat 90° mit 3 min Pause zwischen den Sätzen	2×/ Woche/8 Wochen	Vor der Saison	↑8,6 % VO_{2max} ↑3,7 % $RE_{(11\ km/h)}$ ↑52 % $1RM_{Squat}$ ↑49 % 1RM/BW	↑3,2 % T_{10} ↑1,6 % T_{20} ↑5,2 % CMJ

Makhlouf et al. [30]	14 (13,7 ± 0,5)	15 min Pause zwischen den Trainingseinheiten **SE**: (traditionelles Krafttraining, Olympischer Dreikampf, plyometrische Übungen, 3 Sätze, 5–10 Wiederholungen) **ENDE**: 2 × 12–16 Läufe mit 110–120 % maximaler aerober Geschwindigkeit	2 ×/ Woche/12 Wochen	IS	↑47,2 % $1RM_{Squat}$	↑5,8 % T_{10} ↑2,6 % T_{30} ↑4,3 % $Beweglichkeit_{15\,m}$ ↑78,6 % YYIR1 ↑5,3 % MAS ↔ SJ, CMJ, 5JT
Ausdauer- gefolgt von Krafttraining						
Makhlouf et al. [30]	Elite-Jugend/ Tunesien/15 (13,7 ± 0,5)	15 min Pause zwischen den Trainingseinheiten **SE**: (traditionelles Krafttraining, Olympischer Dreikampf, plyometrische Übungen, 3 Sätze, 5–10 Wiederholungen) **ENDE**: 2 × 12–16 Läufe mit 110–120 % maximaler aerober Geschwindigkeit	2 ×/ Woche/12 Wochen	In der Saison	↑40,5 % $1RM_{Squat}$	↑3,2–4,3 % T_{10} und T_{30} ↑1,6 % $Beweglichkeit_{15\,m}$ ↑7–11 % SJ und CMJ ↑4,7 % MAS ↑58,8 % YYIR1 ↔5JT
McGawley und Andersson [26]	Semi- und Professionell/ Schweden/9 (23 ± 4)	5 min Pause zwischen den Trainingseinheiten **ENDE**: (wiederholte Sprintfähigkeit, Geschwindigkeitsausdauer, hochintensive Intervall-Dribbelstrecken und Schnelligkeits- und Beweglichkeits-Drills) **SE**: (Olympischer Dreikampf und traditionelles Krafttraining, 2–3 Sätze/5–10 Wiederholungen, 75–85 % 1RM; plyometrische Übungen 3–4 Sätze/4–15 Wiederholungen, Rumpfkraft)	3 ×/ Woche/5 Wochen	Vor der Saison	↑5,2–7,1 % Fett (% und kg) ↑1,6–3,6 % Magermasse (% und KG) ↑19,1 % 1RM Parallel-Squat ↑19,1 % 1RM Split-Squat ↑165,2 % Iliopsoas (°) ↑10,3 % Oberschenkelmuskulatur (°)	↑2,2 % T_{10} ↑1,9 % CMJ ↑0,9 % Beweglichkeit ↑0,8 % RSA ↑16,8 % Ermüdungswiederstand im RSA ↑22,9 % YYIR2

(Fortsetzung)

Tab. 27.2 (Fortsetzung)

Studie	Niveau/ Herkunft/Anzahl (Alter)	Trainingsinhalte	Trainingsdauer und -Frequenz	Zeitpunkt	Physiologische Anpassungen	Veränderungen der Leistungsfähigkeit
Lopez-Segovia et al. [28]	Elite/Spanien/19 (18,4±0,6)	**SE+END** **SE**: Sprünge mit und ohne externe Lasten, traditionelles Krafttraining. Schnelligkeit, Agilität und Schnelligkeitsübungen mit und ohne externe Lasten **ENDE**: Läufe mit hoher Intensität, technisches Zirkeltraining und Small-Sided-Games, mit maximaler Intensität während 4–6 min.	2×/ Woche/16 Wochen	Vor und in der Saison	↑5,8 % $Fsquats_{20\,kg}$ ↑7,1 % $Fsquats_{30\,kg}$ ↑5,2 % $Fsquats_{40\,kg}$	↑6,8 % $CMJ_{(20\,kg)}$ ↓ 2,3 % T_{20} und T_{30} ↓3,2 % $T_{st/10–20-}$ ↓1,6 % $T_{st/10–30-}$ ↓2,6 % $T_{st/20–30-}$
Enright et al. [29]	Profi/Premier League Club/8 (17±2)	**SE+END** mit 30–45 min Pause zwischen den Trainingseinheiten **SE**: (5 traditionelles Krafttraining, 4 Sätze×6 Wiederholungen 85 % 1RM) **ENDE**: Small-Sided-Games, 4 gegen 4, 4×4 min/3 min Pause, 85–95 % maximale Herzfrequenz	2×/ Woche/5 Wochen	IS	↑10,3 % $1RM_{Squat}$* ↑20,3 % $IMVC_{LR}$ ↑2,6 % $ConcQuads_{180°}$ ↑9–12 % $ConcHams_{60–180°}$ ↑16,5 % $EccHams_{120°}$ ↑7,5 % AoP* ↔$MVIC_{peak\ force}$, $EccQuads_{120°}$, $ConcQuads_{60°}$, FL, und $MT_{distal,\ media\ and\ proximal}$	↑7,5 % SJ ↔ $T_{10\,m}$*, $T_{30\,m}$, CMJ

↑ signifikante Verbesserung, ↓ signifikante Verschlechterung, ↔ keine signifikanten Veränderungen, ~ ungefähr, *NS* keine Angabe, *SE* Krafttraining, *END* Ausdauertraining, *SJ* Kniebeugensprung, *CMJ* Counter-Movement-Jump, *CMJWAS* Counter-Movement-Jump mit Armschwung, *MAS* maximale aerobe Geschwindigkeit, *VJ* Vertikalsprung, $Fsquats_{(20–40\,kg)}$, Geschwindigkeit der Bewegung während der tiefen Kniebeuge (Range des externen Gewichts); $T_{5–30\,m}$, Sprintleistung; $T_{st/10–30}$, Sprintleistung über definierte Distanzen; VO_{2max}, maximale Sauerstoffaufnahme; $RE_{(11\,km/h)}$, Laufökonomie (Geschwindigkeit); $1RM_{HS}$, Wiederholungsmaximum im Parallel-Squat; 1RM/BW, Kraft pro kg Körpergewicht; *Rec* Recovery, *CJS* kontinuierliche Sprünge mit gestreckten Beinen, *YYIR1* Yo-Yo intermittent recovery level one, *MASdistance* maximum aerobic distance, *SSG* small-sided game, $CMJ_{(20\,kg)}$ countermovement jump (externes Gewicht), *SAQ* speed, agility, and quickness, *HRmax* maximale Herzfrequenz, *RSA* wiederholte Sprintfähigkeit, *YYIR2* Yo-Yo intermittent recovery level two, *FL* Faszikellänge, *MT* Muskeldicke, *AoP* Fiederungswinkel; Traditionelles Krafttraining (z. B. geschlossene-kette, Mehrgelenksübungen wie Kniebeugen, Kreuzheben, Ausfallschritte)

*signifikant unterschiedlich zwischen den Gruppen [29]

Tatsächlich hat nach Kenntnis der Autoren nur eine Studie die Gesamtexposition (z. B. zurückgelegte Gesamtstrecke, Volumen) während der Trainingsintervention detailliert beschrieben [26]. Nichtsdestotrotz können CT-Programme, wie weiter unten erörtert, unabhängig von der Manipulation der verschiedenen Belastungsnormative zu erheblichen kurzfristigen physiologischen und leistungsbezogenen Verbesserungen führen (Tab. 27.1 und 27.2). Darüber hinaus ist das Ausmaß der physiologischen und leistungsbezogenen Verbesserungen vergleichbar mit denen, die nach Maximal- und Schnellkrafttraining im Fußball berichtet wurden [19].

Physiologische und leistungsbezogene Anpassungen an kombiniertes Training im Fußball

Die Daten zu den physiologischen Parametern (z. B. % 1RM) und Leistungsparametern (z. B. fußballspezifische Ausdauertests und Sprungtests) der Spieler wurden extrahiert und als prozentuale Veränderung, Trainingseffizienz und korrigierte Effektstärke dargestellt (Formeln siehe Anhang).

Physiologische Anpassungen

Die Effekte eines Trainingsprogramms werden anhand des Ausmaßes der sportartspezifischen Verbesserungen (z. B. Sprung-, Sprint- und intermittierende Laufleistung) bewertet. Unsere Analyse deutet darauf hin, dass CT zu Verbesserungen bei verschiedenen motorischen Aufgaben und Leistungsqualitäten, gleichermaßen bei Spielern auf hohem und niedrigem Niveau führen kann (Tab. 27.1 und 27.2 und Abb. 27.1). CT fördert Verbesserungen der Körperzusammensetzung (Zunahme der Magermasse und Abnahme des Körperfetts) [29], der Ausdauer (VO_{2max} und Laufökonomie) [30] und der neuromuskulären Eigenschaften (z. B. 1RM, Kraftentwicklungsrate) [24–26, 29, 30]. In der Tat kann unabhängig vom Leistungsniveau der Spieler eine stark verbesserte dynamische Maximalkraft [24, 26, 29, 30] bei verschiedenen kombinierten Ansätzen [24, 26–30] (z. B. Durchführung an alternierenden Tagen und unterschiedliche Reihenfolge innerhalb einer Trainingseinheit) erzielt werden. Insbesondere wurden so Verbesserungen des 1RM bei der Durchführung von bilateralen (Kniebeuge, Abb. 27.1) [24, 26, 29, 30] und unilateralen (Ausfallschritt) Mehrgelenkübungen [29] beobachtet. CT kann auch zu einer Steigerung der relativen Maximalkraft und des maximalen Drehmoments bei Kniestreckung und -beugung führen, und zwar sowohl bei konzentrischen als auch bei exzentrischen isokinetischen Muskelkontraktionen [26]. Insbesondere die Steigerung der exzentrischen Kraft der Hamstring-Muskulatur ist angesichts der hohen Verletzungsrate und der anschließenden Rückfälle, die auf diesen spezifischen „verwundbaren" Muskel im Fußball zurückzuführen sind, besonders relevant [32–34].

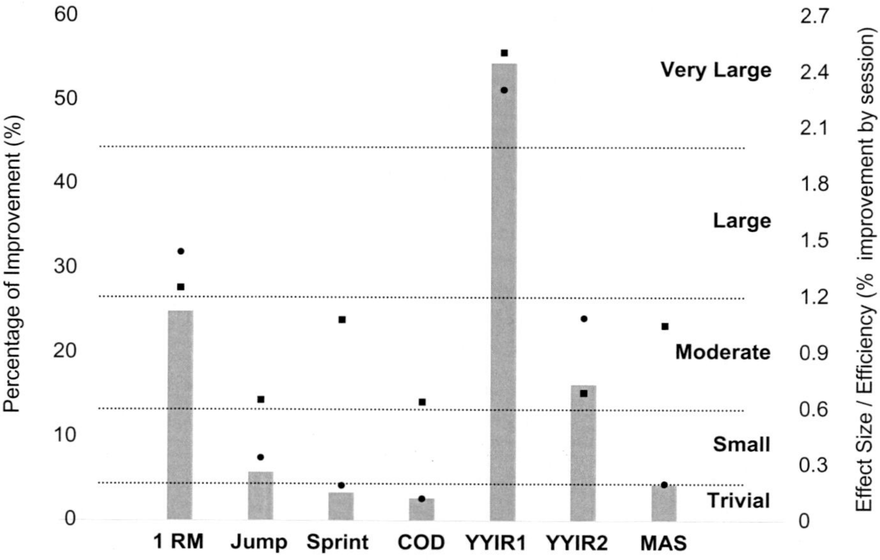

Abb. 27.1 Leistungssteigerungen (durchgezogene Balken), Trainingseffizienz (prozentuale Verbesserung pro Trainingseinheit, Kreise) und Ausmaß der Veränderung (gewichtete Effektstärke, ES, Quadrate) in 1 RM [24, 26, 29, 30], Sprung [24, 26, 27, 29, 30], Sprint [24, 26, 27, 29, 30], COD [24, 29], YYIR1 [24, 27], YYIR2 [29] und MAS [24, 27] nach kurzzeitigen kombinierten Trainingsinterventionen (5–12 Wochen); Es wurden nur Studien eingeschlossen, die die Veränderungen des 1RM dargestellt haben. Trainingseffizienz = % Leistungsverbesserung/Anzahl der Trainingseinheiten; *1RM* One Repetition Maximum, *COD* Schnelle Richtungswechsel (Agilität), *YYIR1* Yo-Yo Intermittent Recovery Test Level 1, *YYIR2* Yo-Yo Intermittent Recovery Test Level 2, *MAS* maximale aerobe Geschwindigkeit. Die gestrichelten horizontalen Linien stellen die Schwellenwerte für korrigierte Effektstärken dar (siehe Anhang)

Anpassungen der Leistungsfähigkeit

Gepoolte Daten aus verschiedenen Studien (Abb. 27.1) [24–30] zeigen eine Verbesserung der neuromuskulären Leistungsfähigkeit (mit moderatem Ausmaß), wenn diese mittels der Leistung verschiedener Mehrgelenksübungen wie Springen (SJ, CMJ und CMJ-WAS), Sprinten (10–30 m) [24, 26–30] und COD-Fähigkeiten (*t-Test* und Agility15 s-Test) [24, 29] gemessen wird. Obwohl eine ähnliches Ausmaß and Veränderung zwischen diesen verschiedenen motorischen Aufgaben beobachtet wird, ist die Trainingseffizienz bei den Sprungfähigkeiten größer, gefolgt von den Sprint- und COD-Fähigkeiten (Abb. 27.1). Es gibt systematische [19] und meta-analytische Belege [35], die klar zeigen, dass sich Kraftzuwächse in traditionellen Krafttrainingsübungen (z. B. Squat und Split-Squat) positiv auf die Spring- und Sprungleistung auswirken [19, 35]. Tatsächlich wurden Zusammenhänge zwischen der Messung der Maximalkraft (1RM) [36] und der relativen Kraft (1RM/BM) [37] sowie zwischen den mechanischen Eigenschaften bestimmter Muskeln (z. B. Quadrizeps), wie dem maximalen Drehmoment [19, 38] und der peak-Power[39], aber auch komplexeren Bewegungsabläufen wie Sprinten und Springen berichtet [11, 36–39]. Darüber hinaus führt CT zu erheblichen Leistungssteigerungen bei unspezifischen (Abb. 27.1, Probs-Test und MAS, extrem große bzw. moderate Werte) [24, 27] und spezifischen Ausdauertests (Abb. 27.1, YYIR1 und YYIR2, sehr große bzw. moderate Werte) [24, 27, 29]. Diese Leistungsverbesserungen sind insbesondere für eine weitere Optimierung der Spielleistung von Fußballspielern relevant. Eine verbesserte neuromuskuläre Kapazität (z. B. Kraft und Leistung) und fußballspezifische Ausdauer (bewertet durch die Yo-Yo-Tests) wurden mit einer größeren Ermüdungsresistenz (z. B. während simulierter extremer Spielsituationen) [13, 14], einer schnelleren Erholung nach dem Spiel (z. B. geringere Konzentration belastungsinduzierter Muskelschädigungsmarker) [15, 40] und einer Verletzungsprävention (z. B. insbesondere in Bezug auf schnelle Belastungsänderungen) [16–18] in Verbindung gebracht.

Überlegungen zur Gestaltung des kombinierten Trainings im Fußball

Es gibt eine Vielzahl potenzieller CT-Variablen (Reihenfolge des Trainings innerhalb einer Trainingseinheit, Länge der Erholungsphase zwischen den Ausdauer- und Krafttraining, Intensität und Umfang des Ausdauertrainings), die bei der akuten und chronischen Interferenz eine Rolle spielen können [41] und somit die chronischen Anpassungen beeinflussen (siehe Teil II dieses Buches).

Reihenfolge innerhalb einer Trainingseinheit

Die Verpflichtungen der Vereine können dazu führen, dass die Mannschaft während der Saison häufig reist und an Wettkämpfen teilnimmt, was strukturiertes Training und die dazugehörige Erholung in diesem wichtigen Zeitraum einschränkt [42]. Die begrenzte Trainingszeit führt dazu, dass Trainer Trainingseinheiten planen, bei denen verschiedene körperliche Komponenten (Kraft- und fußballspezifisches Ausdauertraining) am selben Tag (z. B. Vormittags- und Nachmittagseinheiten in Trainingslagern) oder innerhalb derselben Einheit trainiert werden. Es wird jedoch angenommen, dass die Reihenfolge, in der diese Trainingsarten durchgeführt werden, möglicherweise das Ausmaß der möglichen Interferenz moduliert und somit zu unterschiedlichen Trainingsreizen führt [41]. Obwohl es insgesamt nur wenige Studien dazu gibt, haben einige Autoren den kurzfristigen Einfluss von SE + END [24–26, 29] und END + SE [24, 29, 30] innerhalb derselben Trainingseinheit untersucht. Im Allgemeinen führen beide Sequenzen innerhalb einer Trainingseinheit zu erheblichen Verbesserungen der neuromuskulären Leistung, welche anhand von 1RM (Kniebeuge und/oder Kniestrecker und -beuger), Sprung-, Sprint- und COD-Fähigkeiten bewertet wird (Tab. 27.2, Abb. 27.2b). Insbesondere die gepoolten Daten der Studien, die Kraftzuwächse messen, zeigen, dass END + SE zu einer größeren Veränderung (Abb. 27.2a) bei 1RM, Beschleunigung (10 m Sprint) und COD-Aktionen führt. Nichtsdestotrotz führten beide Sequenzen zu einer ähnliche

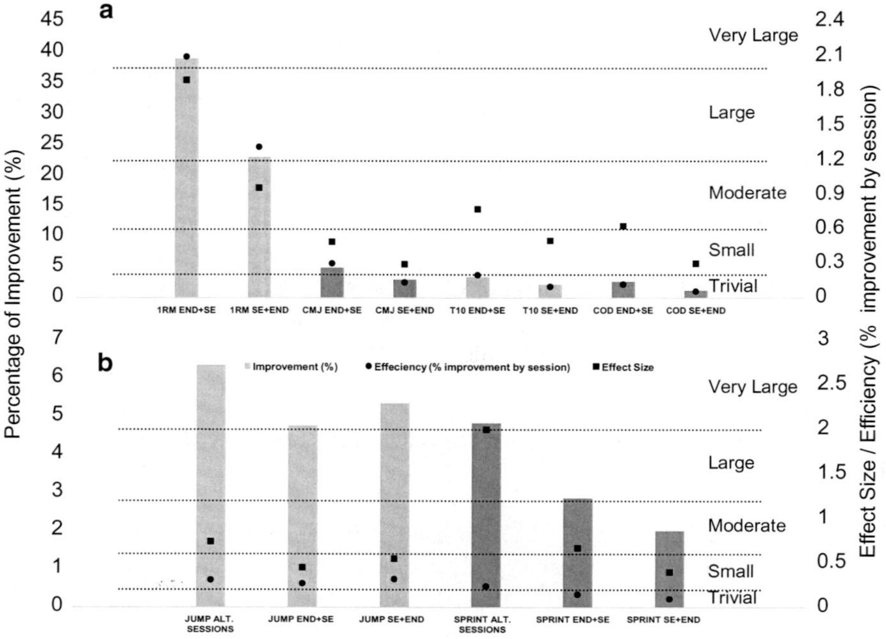

Abb. 27.2 Leistungssteigerungen (durchgezogene Balken), Trainingseffizienz (prozentuale Verbesserung pro Trainingseinheit, Kreise) und Ausmaß der Veränderung (gewichtete Effektstärke, ES, Quadrate) nach (**a**) kombiniertem Training innerhalb einer Trainingseinheit mit END + SE [24, 29, 30] und SE + END [24, 26, 29] (5–12 Wochen). (**b**) Kombiniertes Training in alternierenden Trainingseinheiten [24, 26–28] (5–12 Wochen) und in der selben Einheit (5–12 Wochen). Trainingseffizienz = % Leistungsverbesserung/Anzahl der Trainingseinheiten, *END + SE* Ausdauer- gefolgt von Krafttraining, *SE + END* Kraft gefolgt von Ausdauertraining, *1RM* Ein-Wiederholungs-Maximum, *CMJ* Counter-Movement-Jump, *T10* 10 m Sprintzeit. Die gestrichelten horizontalen Linien stellen die Schwellenwerte für die korrigierten Effektstärken dar (siehe Anhang); Anmerkung: Die Daten aus der Studie [28] stammen aus dem zweiten Saisonblock (SE-6 Sätze/8 RM/schnelle Belastungen, END-6 mittelschwere Intervalle von 8 min)

Steigerung der CMJ-Leistung. Der überlegene Trainingseffekt von END + SE bei den Sprintfähigkeiten wird weiter bestätigt, wenn man die verschiedenen Sprintdistanzen zusammenfasst (Abb. 27.2b). Bemerkenswert ist, dass die „Trainingseffizienz“ im Sprint, die den Prozentsatz der Verbesserung pro Trainingseinheit darstellt, bei END + SE unabhängig von der Analysemethode höher ist (10 m Sprint vs. gepoolte Sprintdaten, Abb. 27.2a, b).

Fast 90 % aller Muskelverletzungen bei Profifußballern betreffen die unteren Gliedmaßen [34], wobei Zerrungen der Hamstrings 12–16 % aller Verletzungen ausmachen [34, 43, 44]. Die Verletzungsrate ist vor allem in der Schlussphase der Fußballspiele höher [45]. Dabei stellt die exzentrische Belastbarkeit der Hamstrings einen grundlegenden ätiologischen Faktor im Zusammenhang mit Zerrungen der Oberschenkelrückseite dar [46]. Aus diesem Grund haben Studien die kurzfristigen [46, 47] und akuten

[48] Effekte vom „Timing“ des Trainings der Hamstrings (Nordic Hamstring Training, NHE), d. h. vor oder nach dem fußballspezifischen Training untersucht. Lovell und Kollegen [47] führten vor diesem Hintergrund eine Trainingsintervention mit zwei wöchentlichen Trainingseinheiten über 12 Wochen durch. Die Daten legten nahe, dass die Trainingsanpassungen nicht durch das Timing der NHE innerhalb einer Trainingseinheit beeinflusst wurde. Im Gegenteil, es wurden sehr ähnliche Zuwächse bei Kraft, Muskeldicke und Flexibilität sowie Veränderungen der Muskelarchitektur (Fiederungswinkel) beobachtet. Diese Ergebnisse stehen allerdings etwas im Kontrast zu Daten von Small und Kollegen [46], welche ein identisches Studiendesign aber mit einem wesentlich kürzeren Expositionszeitraum (8 Wochen, 2 Mal pro Woche, 3 Sätze von 12-10-8 Wiederholungen) durchführten. In dieser Studie wurde gezeigt, dass NHE zu Beginn einer Trainingseinheit zwar zu optimaleren Anpassungen der Kraftleistungsfähigkeit der Hamstrings sowie dem funktionellen Verhältnis von Hamstrings und Quadrizeps (eccHams:concQuad) führt, sich aber akut negativ auf die Ermüdung des fußballspezifischen Trainings auswirkt. So wurden wesentlich größere Drehmomente nach 45 und 90 min des fußballspezifische Trainings erreicht wenn NEH am Ende im Vergleich zu dem Beginn der Trainingseinheit durchgeführt wurde. In ähnlicher Weise zeigten Lovel und Kollegen [48] das NHE zu Beginn der Trainingseinheit die Kraftleistungsfähigkeit der Hamstrings über ein 60-Minütiges simuliertes Spiel verringert. Interessanterweise wurden in dieser Untersuchung jedoch positive Effekte auf die akute Sprintleistung beobachtet [48].

Diese Ergebnisse legen nahe, dass sich NHE akut auf die Leistungsfähigkeit auswirken kann, was die Spieler grundsätzlich anfälliger für mögliche Verletzung in der darauffolgenden Trainingseinheit machen kann [48]. Dementsprechend ist die von den Spielern umgesetzte externe Belastung innerhalb und zwischen fußballspezifischen Übungen, wie z. B. Small-Sided-Games und taktischen Übungen, sehr unterschiedlich. Insbesondere unterschiedliche taktische und technische Aufgaben führen zu einer hohen Variabilität zwischen den Spielern bei spezifischen Bewegungsaufgaben[49, 50]. Da ähnliche Trainingsanpassungen erzielt werden können, wenn NHE am Ende der Trainingseinheit durchgeführt, sollte dies bei der Trainingsplanung berücksichtig werden. Dennoch ist es wichtig zu betonen, dass diese früheren Studien [46–48] mit Amateurfußballern durchgeführt wurden, die grundsätzlich einer geringeren Trainingsbelastung (2–3 Einheiten pro Woche) ausgesetzt sind als Profispieler [46–48]. Insbesondere im Profifußball sollten in Bezug auf die Durchführung kraftbezogener Komponenten im Rahmen von Trainingseinheiten folgende Aspekte Berücksichtigung finden:

- Kehrt der Spieler nach einer Verletzung zurück oder nicht?
- Soll die Maximalkraft oder die Kraftausdauer verbessert werden?
- Befindet sich das Team in einer Phase mit vielen Spielen?
- Wie hoch ist die zu erwartende metabolische/mechanische Belastung während der „gesamten“ Trainingseinheit?
- Verfügt der Spieler über genügend technische Kompetenz, um eine komplexe Kraftübung im ermüdeten Zustand durchzuführen?

Erholungsdauer zwischen den Trainingsmodi

Eine weitere wichtige Überlegung bezieht sich auf die Länge der Erholungszeit zwischen den einzelnen Trainingseinheiten [41]. Sollte ausreichend Zeit zur Verfügung stehen (z. B. während der Saison mit einem Spiel pro Woche oder in der Vorsaison und in der Übergangperiode), können isolierte Kraft- bzw. Ausdauerorientierte Einheiten [42] an alternierenden Tagen [24, 28] oder am selben Tag (Trainingseinheiten am Morgen und am Nachmittag) durchgeführt werden [26, 27]. Entgegen dem Training in einer einzelnen Trainingseinheit, wird davon ausgegangen, dass eine Verlängerung der Erholungszeit zwischen aufeinanderfolgenden Trainingsinhalten die Residualermüdung verringert und dadurch die Auswirkungen auf die anabolen Akuteffekte geringer ausfallen (durch Vermeidung molekularer Interferenz, Teil II) [41]. In diesem Zusammenhang beobachteten Enright und Kollegen [26] kleine, aber substanzielle Verbesserungen (größere korrigierte Effektstärken) in Bezug auf die körperliche Leistungsfähigkeit in der Reihenfolge END + SE vs. SE + END. Allerdings unterschied sich die Erholungszeit zwischen den Einheiten drastisch. So betrug die Erholungszeit zwischen END und SE 120 min, während diese in SE + END bei nur 45 min lag. Entsprechen führten die Autoren die favorisierenden Anpassungen nach END + SE auf die längere Erholungszeit zwischen den Einheiten sowie eine verbesserte Ernährungsstrategie die während längerer Pausen umgesetzt werden kann zurück [26]. Die Relevanz der Erholungszeit zwischen den Trainingseinheiten wird auch in der Studie von Wong und Kollegen [27] bestätigt (5 h Erholungszeit zwischen der Kraft- und der Ausdauereinheit). In dieser Studie [27] wurden unter den sieben ausgewählten Studien die größten Verbesserungen bei den Sprung- (große Effektstärke) und Sprintfähigkeiten (sehr große Effektstärke) beobachtet. Dies ist besonders relevant, wenn man bedenkt, dass im Profifußball unerwartete Änderungen im Trainingsplan der Mannschaft auftreten, die die Organisation des CT und den Zeitpunkt der Nahrungsaufnahme rund um jede Trainingseinheit verändern [51]. Die Ernährung spielt eine Schlüsselrolle bei der Modulation der physiologischen Anpassungen an das CT (siehe Teil dieses Buches III) [51].

CT durchgeführt an alternierenden Tagen [24, 27, 28, 52], kann zu größeren Veränderungen in der Sprint- und Sprungleistung führen (Abb. 27.2b) als zu CT welches in der gleichen Einheit [24, 29, 30, 51] oder am selben Tag [26] durchgeführt wird. Das verbesserte Anpassungspotenzial könnte allerdings nicht nur durch eine Verringerung möglicher Interferenzen erklärt werden, sondern auch durch eine möglicherweise bessere Organisation der Trainingseinheit an sich. So können die Trainer die einzelnen Trainingseinheiten mit strategischen und technisch-taktischen Übungen strukturieren, die von Kraft- oder Ausdauerqualitäten abhängig sind. Diese Art der Organisation (Maximalkraft/Schnellkraft- vs. Ausdauer-basierte Einheiten) könnte die neuromuskulären oder ausdauerbezogenen Anpassungen sowie andere relevante Faktoren der Fußballleistung (technisch-taktisch) optimieren [42].

Intensität und Umfang

Auch die Intensität und der Umfang des Ausdauertraining sollte in der Trainingsplanung Berücksichtigung finden [53]. Grundsätzlich wird angenommen, dass aufgrund des Anforderungsprofils des Fußballs kombiniertes hochintensives Krafttraining (d. h. hohe Lasten, wenige Wiederholungen) und hochintensives Ausdauertraining (z. B. Schnelligkeitsausdauer) zu einer Leistungssteigerungen der Spieler führt [19]. So ist es wenig überraschend, dass die meisten Studien die sich mit CT im Fußball beschäftigt haben den Schwerpunkt auf hochintensives Training gelegt haben (Tab. 27.1 und 27.2).

Eine Kombination aus klassischem Krafttraining, plyometrischen und sportartspezifischen Kraftübungen (z. B. Agilität) wird empfohlen, um möglichst breite Anpassungen des Kraft-Geschwindigkeits-Spektrums zu erreichen [19, 42]. Diese Art des Trainings ist nicht nur besonders effizient, sondern bietet sich auch aufgrund der direkten Übertragbarkeit auf die Spielleistung an [19]. Entsprechend sollten sich Trainer im Klaren darüber sein, dass der Transfer von Kraftzuwächsen auf die fußballspezifische Leistung nur gelingen kann, wenn die biomechanische Spezifizität berücksichtig wird [54]. In dieser Hinsicht können isolierte und maschinenbasierte Übungen mit offener Kette (z. B. Beinstrecker, Beinpresse) zwar die intra- und intermuskulären Aspekte der sportlichen Leistung beeinflussen, bieten möglicherweise aber keine ausreichende Spezifität der Bewegungsmuster für optimale Leistungsverbesserungen bei sportlichen Bewegungen mit geschlossener Kette (z. B. Sprinten und Richtungswechsel) [55]. Angesichts des Mangels an CT-Studien im Fußball könnte eine Analyse der im Fußball durchgeführten Krafttrainingsstudien bessere Schlussfolgerungen hinsichtlich der Effizienz verschiedener Kraft- und Ausdauertrainingsmethoden ermöglichen. Tatsächlich wurden die meisten Krafttrainingsstudien im Fußball in der Vorsaison durchgeführt (Referenzen siehe [19]). Die geringeren Trainingsumfänge in der Übergangsperiode führen in der Regel zwangsläufig zu einer starken Reduktion der Ausdauerleistungsfähigkeit (z. B. VO_{2max} und Zeit bis zur Erschöpfung) und der Leistung bei fußballspezifischen Ausdauertest (Yo-Yo intermittent test, Stufe 2) [42]. Daher wird in der Saisonvorbereitung ein erheblicher Anteil an Ausdauertraining empfohlen [42]. Vor diesem Hintergrund untersuchten Bogdanis und Kollegen [56, 57] die Auswirkungen von Krafttrainingsprogrammen mit moderater Belastung und hohen Wiederholungszahlen (d. h. Hypertrophietraining) und hohen Belastung mit niedrigen Wiederholungszahlen (d. h. Maximalkrafttraining) auf die Kraft- und Ausdauerleistungsfähigkeit. Zusätzlich zum Krafttraining wurden außerdem hohe Umfänge an Intervalltraining und Small-Sided-Games durchgeführt [56, 57]. Das Hypertrophietraining führte zu einer Zunahme der Muskelmasse der unteren Extremitäten, während sich das Maximalkrafttraining als effektiver für die Verbesserung der maximalen Kraftleistungsfähigkeit sowie die Sprintleistung und Agilität in Form von schnellen Richtungswechseln, der Laufökonomie und der Ermüdungsresistenz während wiederholter Sprinttests auf dem Radergometer erwies [56, 57]. Andere Gruppen [58] zeigten, dass ein parallel zum Ausdauertraining durchgeführtes Explosivkrafttraining zu einer Verbesserung der individuellen anaeroben Schwelle und der neuromuskulären Leistungsfähigkeit führte. Diese Ergebnisse deuten, zumindest teilweise, auf eine bessere Effizienz neural-basierter Krafttrainingsprogramme bei Spitzenspielern hin [56, 57, 59].

Mit Blick auf das Ausdauertraining, scheint sich hochintensive Trainingsmodi (z. B. HIT Tab. 27.1 und 27.2) optimaler in die Periodisierung des Fußballtrainings einzugliedern, als Training mit hohem Volumen und niedriger Intensität [19]. Diese Begründung beruht auf den folgenden Beobachtungen: (1) Die akuten anabolen Reize (z. B., Wachstumshormone) [60–64] und die Redoxumgebung ähnelt der des Krafttrainings; (2) HIT zielt auf ähnliche Muskelphänotypen ab wie Krafttraining [65]; (3) Die Spannungsdauer der Muskelkontraktionen ähnelt der vieler Kraftübungen [19]; (4) die kardiovaskulären und muskulären Anpassungen sind vergleichbar mit Anpassungen durch hochvoluminöses Ausdauertraining [66–71]; (5) Gleichzeitige Verbesserungen der Ausdauer- und Kraftleistungsfähigkeit [72]; und (6) die Verbesserung schnellkräftiger Bewegungsmuster [71–73]. Unabhängig vom HIT-Trainingsmodus sollte das Trainingsdesign jedoch die hochimpulsive Struktur/Natur des Fußballs imitieren (z. B. Beschleunigungen, abruptes Abbremsen, multidirektionale Laufmuster).

Zusammenfassung

Die Untersuchungen im Bereich des kombinierten Trainings im Fußball zeigen ähnliche physiologische und leistungsbezogene Anpassungen wie die, die typischerweise nach reinem Krafttraining im Fußball beobachtet werden. Die gleichzeitige Durchführung von hochintensivem Kraft- und Ausdauertraining scheint dabei die effizienteste Kombination für ein periodisiertes Training im Fußball zu sein. Die Ausprägung der durch kombiniertes Training induzierten Anpassungen scheint wie folgt von methodischen Aspekten abzuhängen: Alternierende Trainingseinheiten > Ausdauer- vor dem Krafttraining in der gleichen Einheit > Kraft vor dem Ausdauertraining in der gleichen Einheit. Wie in diesem Kapitel diskutiert, sollten Trainer einen integrierten Ansatz verfolgen, welches insbesondere das Timing des Krafttrainings berücksichtig (z. B. individuelle Prädispositionen, Trainingsstruktur, Trainingsziele, Trainingsmethoden, Zeitpunkt der Saison). Tatsächlich unterstreicht das Anforderungsprofil des Fußballs an sich die Notwendigkeit von Kraft- und Ausdauertraining unter Berücksichtigung anderer relevanter Leistungskomponenten wie Technik und Taktik.

Anhang A. Anhang: Analyse und Interpretation der Ergebnisse

Um die Ausprägung der Effekte verschiedener Interventionen zu bewerten, wurde die prozentuale Veränderung für jede abhängige Variable für der einzelnen Studien anhand der folgenden Formel berechnet:

$$\left[M_{\text{post}} - M_{\text{pre}}\right] / M_{\text{pre}} \times 100 \qquad (27.1)$$

wobei M_{post} den Mittelwert nach und M_{pre} der Mittelwert zu Beginn der Intervention darstellt. ES (Effektstärke) wurden berechnet, um den standardisierten trainingsbezogenen Effekt auf die entsprechenden Zielvariablen darzustellen [74]. Die unterschiedlichen ES innerhalb der einzelnen Studien wurden mit Cohen's *d* berechnet, indem die ursprüngliche ES (Differenz der Mittelwerte) durch die gepoolten Standardabweichungen geteilt wurde, wie von Bornstein et al. [75] wie folgt vorgeschlagen (Gl. 27.1):

$$\mathrm{ES} = g = \frac{\left(M_{\text{post}} - M_{\text{pre}}\right)}{\mathrm{SD}_{\text{pooled}}} \tag{27.2}$$

$\mathrm{SD}_{\text{pooled}}$ ist die gepoolte SD der Messungen und wurde wie folgt berechnet (Gl. 27.2):

$$\mathrm{SD}_{\text{pooled}} = \sqrt{\frac{\left((n-1)\times \mathrm{SD}^2_{\text{Pre}} + (n-1)\times \mathrm{SD}^2_{\text{Post}}\right)}{(2n-2)}} \tag{27.3}$$

wobei $\mathrm{SD}^2_{\text{Pre}}$ die Standardabweichung des vor der Trainingsintervention durchgeführten Leistungstests und $\mathrm{SD}^2_{\text{Post}}$ die Standardabweichung des nach der Trainingsintervention durchgeführten Leistungstests darstellt. Um einer möglichen Überschätzung der tatsächlichen Population Rechnung zu tragen, wurden die ES unter Berücksichtigung der Größe der Stichprobe jeder Studie korrigiert [76]. Daher wurde ein Korrekturfaktor (CF) berechnet, wie von Hedges und Olkin [76] vorgeschlagen.

$$\mathrm{CF} = 1 - \frac{3}{4\mathrm{df} - 1} \tag{27.4}$$

mit $\mathrm{df} = n - 1$. Das korrigierte ES wurde wie folgt berechnet:

$$\text{Corrected } \mathrm{ES}_{\text{c}} = g \times \mathrm{CF} \tag{27.5}$$

Die Schwellenwerte für ES_c wurden als geringfügig (<0,2), klein (0,2–0,6), moderat (0,6–1,2), groß (1,2–2,0) und sehr groß (>2,0) definiert [77].

Die Trainingseffizienz für jede abhängige Variable wurde wie folgt berechnet:

$$\text{Efficiency} = \frac{\%\text{ of improvement}\left[M_{\text{post}} - M_{\text{pre}}\right] / M_{\text{pre}} \times 100}{\text{Number of training sessions}\left(\text{number of weeks} \times \text{number of sessions per week}\right)} \tag{27.6}$$

Literatur

1. Bangsbo J, Mohr M, Krustrup P. Physical and metabolic demands of training and match-play in the elite football player. J Sports Sci. 2006;24(7):665–74.
2. Reilly T, Ekblom B. The use of recovery methods post-exercise. J Sports Sci. 2005;23(6):619–27.

3. Stolen T, Chamari K, Castagna C, Wisloff U. Physiology of soccer: an update. Sports Med. 2005;35(6):501–36.
4. Cometti G, Maffiuletti NA, Pousson M, Chatard JC, Maffulli N. Isokinetic strength and anaerobic power of elite, subelite and amateur soccer players. Int J Sports Med. 2001;22:45–51.
5. Winter EM, Abt G, Brookes FB, Challis JH, Fowler NE, Knudson DV, et al. Misuse of "Power" and other mechanical terms in sport and exercise science research. J Strength Cond Res. 2016;30(1):292–300.
6. Faude O, Koch T, Meyer T. Straight sprinting is the most frequent action in goal situations in professional football. J Sports Sci. 2012;30(7):625–31.
7. Akenhead R, Hayes PR, Thompson KG, French D. Diminutions of acceleration and deceleration output during professional football match play. J Sci Med Sport. 2013;16(6):556–61.
8. Barnes C, Archer DT, Hogg B, Bush M, Bradley PS. The evolution of physical and technical performance parameters in the english premier league. Int J Sports Med. 2014;35(13):1095–100.
9. Bush M, Barnes C, Archer DT, Hogg B, Bradley PS. Evolution of match performance parameters for various playing positions in the English Premier League. Hum Mov Sci. 2014;39C:1–11.
10. Sporis G, Jovanovic M, Omrcen D, Matkovic B. Can the official soccer game be considered the most important contribution to player's physical fitness level? J Sports Med Phys Fitness. 2011;51(3):374–80.
11. Silva JR, Magalhaes JF, Ascensao AA, Oliveira EM, Seabra AF, Rebelo AN. Individual match playing time during the season affects fitness-related parameters of male professional soccer players. J Strength Cond Res. 2011;25(10):2729–39.
12. Morgans R, Di Michele R, Drust B. Soccer match-play represents an important component of the power training stimulus in premier league players. Int J Sports Physiol Perform. 2018;13(5):665–7.
13. Bangsbo J, Iaia FM, Krustrup P. The Yo-Yo intermittent recovery test: a useful tool for evaluation of physical performance in intermittent sports. Sports Med. 2008;38(1):37–51.
14. Silva JR, Magalhaes J, Ascensao A, Seabra AF, Rebelo AN. Training status and match activity of professional soccer players throughout a season. J Strength Cond Res. 2013;27(1):20–30.
15. Tofari P, Kemp J, Cormack S. A self-paced team sport match simulation results in reductions in voluntary activation and modifications to biological, perceptual and performance measures at half-time, and for up to 96 hours post-match. J Strength Cond Res. 2017. https://doi.org/10.1519/JSC.0000000000001875.
16. Malone S, Owen A, Newton M, Mendes B, Collins KD, Gabbett TJ. The acute:chonic workload ratio in relation to injury risk in professional soccer. J Sci Med Sport. 2017;20(6):561–5.
17. Al Attar WSA, Soomro N, Sinclair PJ, Pappas E, Sanders RH. Effect of injury prevention programs that include the nordic hamstring exercise on hamstring injury rates in soccer players: a systematic review and meta-analysis. Sports Med. 2017;47(5):907–16.
18. Zouita S, Zouita AB, Kebsi W, Dupont G, Ben Abderrahman A, Ben Salah FZ, et al. Strength training reduces injury rate in elite young soccer players during one season. J Strength Cond Res. 2016;30(5):1295–307.
19. Silva JR, Nassis GP, Rebelo A. Strength training in soccer with a specific focus on highly trained players. Sports Med Open. 2015;2(1):1–27.
20. Hill-Haas SV, Dawson B, Impellizzeri FM, Coutts AJ. Physiology of small-sided games training in football: a systematic review. Sports Med. 2011;41(3):199–220.
21. Rebelo AN, Silva P, Rago V, Barreira D, Krustrup P. Differences in strength and speed demands between 4v4 and 8v8 small-sided football games. J Sports Sci. 2016;34(24):2246–54.
22. Hodgson C, Akenhead R, Thomas K. Time-motion analysis of acceleration demands of 4v4 small-sided soccer games played on different pitch sizes. Hum Mov Sci. 2014;33:25–32.
23. Jeong TS, Bartlett JD, Joo CH, Louhelainen J, Close GL, Morton JP, et al. Acute simulated soccer-specific training increases PGC-1alpha mRNA expression in human skeletal muscle. J Sports Sci. 2015;33(14):1493–503.
24. Makhlouf I, Castagna C, Manzi V, Laurencelle L, Behm DG, Chaouachi A. Effect of sequencing strength and endurance training in young male soccer players. J Strength Cond Res. 2016;30(3):841–50.

25. Lopez-Segovia M, Palao Andres JM, Gonzalez-Badillo JJ. Effect of 4 months of training on aerobic power, strength, and acceleration in two under-19 soccer teams. J Strength Cond Res. 2010;24(10):2705–14.
26. Enright K, Morton J, Iga J, Drust B. The effect of concurrent training organisation in youth elite soccer players. Eur J Appl Physiol. 2015;115(11):2367–81.
27. Wong PL, Chaouachi A, Chamari K, Dellal A, Wisloff U. Effect of preseason concurrent muscular strength and high-intensity interval training in professional soccer players. J Strength Cond Res. 2010;24(3):653–60.
28. Nunez VM, Da Silva-Grigoletto ME, Castillo EF, Poblador MS, Lancho JL. Effects of training exercises for the development of strength and endurance in soccer. J Strength Cond Res. 2008;22(2):518–24.
29. McGawley K, Andersson PI. The order of concurrent training does not affect soccer-related performance adaptations. Int J Sports Med. 2013;34(11):983–90.
30. Helgerud J, Rodas G, Kemi OJ, Hoff J. Strength and endurance in elite football players. Int J Sports Med. 2011;32(9):677–82.
31. Spiering BA, Kraemer WJ, Anderson JM, Armstrong LE, Nindl BC, Volek JS, et al. Resistance exercise biology: manipulation of resistance exercise programme variables determines the responses of cellular and molecular signalling pathways. Sports Med. 2008;38(7):527–40.
32. Ekstrand J, Walden M, Hagglund M. Hamstring injuries have increased by 4 % annually in men's professional football, since 2001: a 13-year longitudinal analysis of the UEFA Elite Club injury study. Br J Sports Med. 2016;50(12):731–7.
33. Hagglund M, Walden M, Ekstrand J. Previous injury as a risk factor for injury in elite football: a prospective study over two consecutive seasons. Br J Sports Med. 2006;40(9):767–72.
34. Hawkins RD, Hulse MA, Wilkinson C, Hodson A, Gibson M. The association football medical research programme: an audit of injuries in professional football. Br J Sports Med. 2001;35(1):43–7.
35. Seitz LB, Reyes A, Tran TT. Saez de Villarreal E, Haff GG. Increases in lower-body strength transfer positively to sprint performance: a systematic review with meta-analysis. Sports Med. 2014;44(12):1693–702.
36. Wisloff U. Strong correlation of maximal squat strength with sprint performance and vertical jump height in elite soccer players. Br J Sports Med. 2004;38(3):285–8.
37. Keiner M, Sander A, Wirth K, Schmidtbleicher D. Long-term strength training effects on change-of-direction sprint performance. J Strength Cond Res. 2014;28(1):223–31.
38. Dauty M, Potiron JM. Corrélations et différences de performance entre des footballeurs, professionnels, en formation et amateurs à partir du test de sprint (10 mètres départ arrêté) et de tests isocinétiques du genou. Sci Sports. 2004;19(2):75–9.
39. Requena B, Gonzalez-Badillo JJ, de Villareal ES, Ereline J, Garcia I, Gapeyeva H, et al. Functional performance, maximal strength, and power characteristics in isometric and dynamic actions of lower extremities in soccer players. J Strength Cond Res. 2009;23(5):1391–401.
40. Owen A, Dunlop G, Rouissi M, Chtara M, Paul D, Zouhal H, et al. The relationship between lower-limb strength and match-related muscle damage in elite level professional European soccer players. J Sports Sci. 2015;33(20):2100–5.
41. Fyfe JJ, Bishop DJ, Stepto NK. Interference between concurrent resistance and endurance exercise: molecular bases and the role of individual training variables. Sports Med. 2014;44(6):743–62.
42. Silva JR, Brito J, Akenhead R, Nassis GP. The transition period in soccer: a window of opportunity. Sports Med. 2016;46(3):305–13.
43. Arnason A, Andersen TE, Holme I, Engebretsen L, Bahr R. Prevention of hamstring strains in elite soccer: an intervention study. Scand J Med Sci Sports. 2008;18(1):40–8.
44. Woods C, Hawkins RD, Maltby S, Hulse M, Thomas A, Hodson A. The Football Association Medical Research Programme: an audit of injuries in professional football--analysis of hamstring injuries. Br J Sports Med. 2004;38(1):36–41.
45. Rahnama N, Reilly T, Lees A. Injury risk associated with playing actions during competitive soccer. Br J Sports Med. 2002;36(5):354–9.

46. Small K, McNaughton L, Greig M, Lovell R. Effect of timing of eccentric hamstring strengthening exercises during soccer training: implications for muscle fatigability. J Strength Cond Res. 2009;23(4):1077–83.
47. Lovell R, Knox M, Weston M, Siegler JC, Brennan S, Marshall PWM. Hamstring injury prevention in soccer: before or after training? Scand J Med Sci Sports. 2018;28(2):658–66.
48. Lovell R, Siegler JC, Knox M, Brennan S, Marshall PW. Acute neuromuscular and performance responses to Nordic hamstring exercises completed before or after football training. J Sports Sci. 2016;34(24):2286–94.
49. Gregson W, Drust B, Atkinson G, Salvo VD. Match-to-match variability of high-speed activities in premier league soccer. Int J Sports Med. 2010;31(4):237–42.
50. Bradley PS, Carling C, Archer D, Roberts J, Dodds A, Di Mascio M, et al. The effect of playing formation on high-intensity running and technical profiles in English FA Premier League soccer matches. J Sports Sci. 2011;29(8):821–30.
51. Enright K, Morton J, Iga J, Drust B. Implementing concurrent-training and nutritional strategies in professional football: a complex challenge for coaches and practitioners. Sci Med Football. 2017;1(1):65–73.
52. Enright K, Morton J, Iga J, Drust B. Hormonal responses during two different concurrent-training trials in youth elite soccer players: does changing the organisation of training impact the hormonal response to concurrent exercise? J Sports Med Phys Fitness. 2018;58(5):699–706.
53. Wilson JM, Marin PJ, Rhea MR, Wilson SM, Loenneke JP, Anderson JC. Concurrent training: a meta-analysis examining interference of aerobic and resistance exercises. J Strength Cond Res. 2012;26(8):2293–307.
54. Beattie K, Kenny IC, Lyons M, Carson BP. The effect of strength training on performance in endurance athletes. Sports Med. 2014;44(6):845–65.
55. Stone M, Stone M. Resistance training modes: a practical perspective. In: Cardinale M, Newton R, Nosaka K, Herausgeber. Strength and conditioning: biological principles and practical application. Oxford: Wiley-Blackwell; 2011. S. 353.
56. Bogdanis GC, Papaspyrou A, Souglis AG, Theos A, Sotiropoulos A, Maridaki M. Effects of two different half-squat training programs on fatigue during repeated cycling sprints in soccer players. J Strength Cond Res. 2011;25(7):1849–56.
57. Bogdanis GC, Papaspyrou A, Souglis A, Theos A, Sotiropoulos A, Maridaki M. Effects of hypertrophy and a maximal strength training programme on speed, force and power of soccer players. In: Reilly T, Korkusuz F, Herausgeber. Science and Football VI. The proceedings of the sixth world congress on science and football. New York: Routledge; 2009. S. 290–5.
58. Los Arcos A, Yanci J, Mendiguchia J, Salinero JJ, Brughelli M, Castagna C. Short-term training effects of vertically and horizontally oriented exercises on neuromuscular performance in professional soccer players. Int J Sports Physiol Perform. 2013;9(3):480–8.
59. Gorostiaga EM, Izquierdo M, Ruesta M, Iribarren J, Gonzalez-Badillo JJ, Ibanez J. Strength training effects on physical performance and serum hormones in young soccer players. Eur J Appl Physiol. 2004;91(5–6):698–707.
60. Meckel Y, Nemet D, Bar-Sela S, Radom-Aizik S, Cooper DM, Sagiv M, et al. Hormonal and inflammatory responses to different types of sprint interval training. J Strength Cond Res. 2011;25(8):2161–9.
61. Wahl P. Hormonal and metabolic responses to high intensity interval training. J Sports Med Doping Stud. 2013;3(1):e132.
62. Wahl P, Mathes S, Achtzehn S, Bloch W, Mester J. Active vs. passive recovery during high-intensity training influences hormonal response. Int J Sports Med. 2014;35(7):583–9.
63. Wahl P, Mathes S, Kohler K, Achtzehn S, Bloch W, Mester J. Acute metabolic, hormonal, and psychological responses to different endurance training protocols. Horm Metab Res. 2013;45(11):827–33.
64. Zinner C, Wahl P, Achtzehn S, Reed JL, Mester J. Acute hormonal responses before and after 2 weeks of HIT in well trained junior triathletes. Int J Sports Med. 2014;35(4):316–22.

65. Gunnarsson TP, Christensen PM, Holse K, Christiansen D, Bangsbo J. Effect of additional speed endurance training on performance and muscle adaptations. Med Sci Sports Exerc. 2012;44(10):1942–8.
66. Gibala MJ, Little JP, van Essen M, Wilkin GP, Burgomaster KA, Safdar A, et al. Short-term sprint interval versus traditional endurance training: similar initial adaptations in human skeletal muscle and exercise performance. J Physiol. 2006;575(Pt 3):901–11.
67. Burgomaster KA, Hughes SC, Heigenhauser GJ, Bradwell SN, Gibala MJ. Six sessions of sprint interval training increases muscle oxidative potential and cycle endurance capacity in humans. J Appl Physiol. 2005;98(6):1985–90.
68. Gibala M. Molecular responses to high-intensity interval exercise. Appl Physiol Nutr Metab. 2009;34(3):428–32.
69. Jensen L, Bangsbo J, Hellsten Y. Effect of high intensity training on capillarization and presence of angiogenic factors in human skeletal muscle. J Physiol. 2004;557(Pt 2):571–82.
70. Christensen PM, Krustrup P, Gunnarsson TP, Kiilerich K, Nybo L, Bangsbo J. VO2 kinetics and performance in soccer players after intense training and inactivity. Med Sci Sports Exerc. 2011;43(9):1716–24.
71. Ingebrigtsen J, Shalfawi SA, Tonnessen E, Krustrup P, Holtermann A. Performance effects of 6 weeks of aerobic production training in junior elite soccer players. J Strength Cond Res. 2013;27(7):1861–7.
72. Iaia FM, Rampinini E, Bangsbo J. High-intensity training in football. Int J Sports Physiol Perform. 2009;4(3):291–306.
73. Dupont G, Akakpo K, Berthoin S. The effect of in-season, high-intensity interval training in soccer players. J Strength Cond Res. 2004;18(3):584–9.
74. Rhea MR. Determining the magnitude of treatment effects in strength training research through the use of the effect size. J Strength Cond Res. 2004;18(4):918–20.
75. Borenstein M, Higgins J, Rothstein H. Introduction to meta-analysis (statistics and practice). London: Wiley; 2009.
76. Hedges L, Olkin I. Statistical methods for meta-analysis. New York: Academic Press; 1985.
77. Hopkins WG, Marshall SW, Batterham AM, Hanin J. Progressive statistics for studies in sports medicine and exercise science. Med Sci Sports Exerc. 2009;41(1):3–13.

SPRINGER NATURE

GPSR Compliance

The European Union's (EU) General Product Safety Regulation (GPSR) is a set of rules that requires consumer products to be safe and our obligations to ensure this.

If you have any concerns about our products, you can contact us on ProductSafety@springernature.com

In case Publisher is established outside the EU, the EU authorized representative is:

Springer Nature Customer Service Center GmbH
Europaplatz 3
69115 Heidelberg, Germany

FSC
www.fsc.org
MIX
Papier | Fördert gute Waldnutzung
FSC® C083411

Zeitfracht Medien GmbH
Ferdinand-Jühlke-Straße 7
99095 Erfurt, Deutschland
produktsicherheit@kolibri360.de